Wissenschaft — Das Problem ihrer Entwicklung

Band 1

Kritische Studien zu bürgerlichen Wissenschaftskonzeptionen

Wissenschaft
und
Gesellschaft

Herausgegeben vom
Institut für Theorie,
Geschichte und Organisation
der Wissenschaft der
Akademie der Wissenschaften der DDR
durch Günter Kröber

Band 24/1

Wissenschaft
Das Problem ihrer Entwicklung

Band 1

Kritische Studien zu bürgerlichen Wissenschaftskonzeptionen

Herausgegeben von
Günter Kröber und Hans-Peter Krüger

Akademie-Verlag Berlin
1987

ISBN 3-05-000241-7
ISSN 0138-5755

Erschienen im Akademie-Verlag Berlin, DDR-1086 Berlin, Leipziger Str. 3—4

Lizenznummer: 202 · 100/29/87
Printed in the German Democratic Republic
Gesamtherstellung: VEB Druckerei „Thomas Müntzer", 5820 Bad Langensalza
Einbandgestaltung: Rolf Kunze
LSV 0155
Bestellnummer: 754 706 2 (2162/24/1)

02800

Inhaltsverzeichnis

Vorwort

In unserem Jahrhundert unterliegen Funktion und Rolle der Wissenschaft in der gesellschaftlichen Entwicklung einem qualitativen Wandel. Dies ist insbesondere seit dem Einsetzen der wissenschaftlich-technischen Revolution um die Jahrhundertmitte und in der Auseinandersetzung zwischen den Gesellschaftssystemen des Sozialismus und des Imperialismus deutlich geworden. Die zunehmende Bedeutung des wissenschaftlich-technischen Fortschritts und seiner Beschleunigung für die ökonomische und gesellschaftliche Entwicklung erzeugte in den letzten Jahrzehnten in fast allen industriell entwickelten Ländern ein starkes Interesse an wissenschaftstheoretischen Untersuchungen. Das Bedürfnis nach Aufdeckung der Triebkräfte und Mechanismen der Wissenschaftsentwicklung ist international und hat zur Herausbildung interdisziplinärer Wissenschaftsforschung geführt.

Die Autoren des vorliegenden Studienbandes stellen die Frage nach der Leistungsfähigkeit von Konzeptionen der Wissenschaftsentwicklung, die in den letzten Jahrzehnten in den USA und Westeuropa entstanden sind. Ohne der detaillierten Erörterung der Vorzüge und Grenzen der einzelnen Konzeptionen vorgreifen zu wollen, lassen sich im Ergebnis der vorliegenden Untersuchungen drei grundlegende Defizite nichtmarxistischen Herangehens an das Problem der Entwicklung von Wissenschaft erkennen, die als Verzicht auf Entwicklung, Wahrheit und Fortschritt resümiert werden können.

In dem Band werden diese Defizite in der sogenannten postempiristischen Wende der bürgerlichen Wissenschaftsforschung, die sich seit den 50er Jahren unseres Jahrhunderts vollzogen hat, nachgewiesen. Um das Problem, wie sich Wissenschaft entwickelt, wissenschaftstheoretisch lösen zu können, muß die soziale und kognitive Spezifik des komplexen Phänomens der Wissenschaftsentwicklung theoretisch erfaßt werden. Für die Lösung dieser Aufgabe war Wissenschaftstheorie schon immer auf die gesellschaftstheoretische und erkenntnistheoretische Erklärung von sozialer und kognitiver Entwicklung angewiesen. Wissenschaftsforschung, sofern sie der bürgerlichen Ideologie verpflichtet ist, kann aber, im Unterschied zur marxistisch-leninistischen Theorie der Wissenschaftsentwicklung, weder gesellschaftstheoretisch noch erkenntnistheoretisch auf die Entwicklungskonzeption des historischen Materialismus und der materialistischen Dialektik zurückgreifen. Sie unterliegt von Anfang an dem ideologischen Zwang zur Abgrenzung und Bekämpfung von marxistischen Konzeptionen. In der bürgerlichen

Wissenschaftsforschung werden jene Defizite, die für die spätbürgerliche Philosophie und Soziologie überhaupt charakteristisch sind, auf modifizierte Weise reproduziert. Dies schließt, wie die Autoren ebenfalls zeigen, wissenschaftstheoretische Teilerkenntnisse nicht aus. Insgesamt erwächst aber der bürgerlichen Wissenschaftsforschung ein grundlegendes entwicklungstheoretisches Dilemma.

Die Verankerung bürgerlicher Wissenschaftstheorien in der spätbürgerlichen Philosophie und Soziologie läßt sich nicht nur aktuell für die „postempiristische" Wende nachweisen. Sie geht schon auf Wissenschaftskonzeptionen zurück, die innerhalb der spätbürgerlichen Philosophie und Soziologie während der ersten Hälfte unseres Jahrhunderts entstanden sind und die als Vorboten des heutigen „Postempirismus" angesehen werden können. Im ersten Teil des vorliegenden Bandes beschränken wir uns auf die Darstellung ausgewählter Wissenschaftskonzeptionen innerhalb der deutschen spätbürgerlichen Philosophie und Soziologie während der ersten Hälfte des 20. Jahrhunderts, soweit sie für den heutigen „Postempirismus" der bürgerlichen Wissenschaftsforschung relevant sind. Im zweiten Teil behandeln wir Konzeptionen, die für die gegenwärtige Problemlage der „postempiristischen" Wissenschaftsforschung charakteristisch sind, vor allem in der angelsächsischen, aber auch in der französisch- und deutschsprachigen Diskussion.

Der vorliegende Band entstand auf Initiative des Instituts für Theorie, Geschichte und Organisation der Wissenschaft der AdW der DDR in interdisziplinärer und internationaler Zusammenarbeit mit Philosophen, Soziologen, Wissenschaftstheoretikern und Wissenschaftshistorikern der DDR, der UdSSR und der VR Bulgarien, denen wir für ihr Engagement, mit dem sie unser Anliegen tatkräftig auch zu dem ihren gemacht haben, zu Dank verpflichtet sind. Herausgeber und Autoren wissen sich in der Dankesschuld auch bei vielen Helfern, die das Gelingen des Vorhabens durch Schreiben der Manuskripte, Ausführen von Korrekturen, Herstellung des Personenregisters und anderer technisch-organisatorischer Arbeiten qualifiziert unterstützt haben. Stellvertretend für alle möchten wir diesen Dank besonders an Frau R. Führer, Frau I. Müller, Frau M. Pilkun und Herrn G. Wegmarshaus aussprechen. Dem Akademie-Verlag schließlich danken wir für die verständnisvolle Betreuung.

Berlin, im April 1985 — Die Herausgeber

Günter Kröber/ Hans-Peter Krüger

Das entwicklungstheoretische Dilemma nichtmarxistischer Erklärungsversuche der Wissenschaftsentwicklung

„Wir sind da in eine üble Sache hineingestolpert, rechte Narren sind wir, und um die schöne Physik tut's mir leid. Dazu hab'n wir nachgedacht, bloß um den Menschen zu helfen, sich von dieser schönen Erde schnell wegzubefördern! Ich verstehe gar nichts mehr von Politik, . . ."
M. Born in seinem Brief an A. Einstein v. 4. 3. 1948.

„Wie es nun steht, ist das Höchste, was man erhoffen kann, ein Geschlecht erfinderischer Zwerge, die für alles gemietet werden können. . . . Ich habe meinen Beruf verraten."
(„Galilei" in: B. Brecht, Leben des Galilei, zweite Fassung, USA 1945/46)

1. Der Einschnitt

Spätestens nach Hiroshima ließ sich über Wissenschaft nicht mehr wie je zuvor philosophieren. Das humanistische Selbstverständnis der Wissenschaft, das diese auch der Gesellschaft gegenüber öffentlich legitimierte, war nicht mehr selbstverständlich. Besiegelte Hiroshima das Ende der Aufklärung? War Bacons Wahlspruch klassisch-bürgerlicher Aufklärung — „Wissen ist Macht" — in dieser machtpolitischen Demonstration der technologisch inhumanen Anwendbarkeit von Wissenschaft wider alle Vernunft erfüllt worden? Ließen sich die US-imperialistischen Atombombenabwürfe überhaupt noch im Rahmen der Aufklärung denken? Gab es da noch einen „Ausgang des Menschen aus seiner selbstverschuldeten Unmündigkeit", wie Kant einst Aufklärung definiert hatte? Oder handelte es sich um ein „Seinsgeschick" im Sinne des späten Heidegger, der in der

„Verbergung“ und „Entbergung“ des „Seins“ eine Apokalypse des Menschengeschlechts prophezeite, der zu entkommen wir wieder eines Gottes bedürfen?

Das Ideal neuzeitlicher Wissenschaft, auf rational gesichertem Wege voranzuschreiten, hatte der klassischen bürgerlichen Aufklärung als das Modell für auch gesellschaftlichen, ökonomischen, politischen und geistig-kulturellen Fortschritt gegolten. War nur die Übertragung dieses Modells eine Selbsttäuschung oder schon die Annahme, daß Wissenschaft selbst rational voranschreite? Wie konnte noch plausibel vom rationalen Fortschritt der Wissenschaft gesprochen werden, wenn sich Nobelpreisträger in der Rolle des Narren sahen, der seine Rolle nicht einmal zu verstehen vermochte? War eine Wissenschaft, die nicht nur Arbeitserleichterung, Wohlstand und die Ausmerzung der Tuberkulose, sondern auch die Vernichtung der Menschheit ermöglichte, „wahr“ zu nennen? Und wenn auch dies die „Wahrheit“ der Wissenschaft sein konnte, was hatte diese dann noch mit der Einheit der Werturteile in der klassischen Aufklärung zu tun, nach der im 18. Jahrhundert das Wahre mit dem Guten und das Gute mit dem Schönen vereinbar schien?

Oder leitete gerade die Absage an die Einheit aufklärerischer Werturteile in die Irre? Das positivistische Selbstverständnis des disziplinierten Wissenschaftsbetriebes, der seit dem 19. Jahrhundert durchgesetzt worden war, hielt die wissenschaftlichen Teilarbeiter längst fern von jedem Werturteilsstreit. Hatte sich das Ende der Aufklärung nicht erst im Zeichen Hiroshimas, sondern viel früher ereignet? War die „Teilung der Vernunft“[1], die sich im 19. Jahrhundert durchgesetzt, aber von Anfang an die Herausbildung der neuzeitlichen Wissenschaft in Europa begleitet hatte, — die Teilung zwischen Wissenschaft und Philosophie, die Teilung zwischen Wissenschaft, Moral und Kunst, die Teilung zwischen Wissenschaft und sozialpolitischen Bewegungen, die Teilung zwischen Natur und Kultur, die Teilung zwischen Natur- und Gesellschaftswissenschaft, die Teilungen innerhalb dieser . . . — schon das „Ende der Vernunft“? War der schon im 19. Jahrhundert umfassend begründete Positivismus, der den disziplinierten wissenschaftlichen Teilarbeiter auf nichts weiter als ein formallogisch korrektes und empirisch verifizierbares Resultat verpflichtete, die Ideologie der zwar erfinderischen, aber mietbaren Zwerge?

Wie anachronistisch war es im Angesichte Hiroshimas, daß bis dato in den kapitalistischen Ländern sowohl die Öffentlichkeit als auch die Naturwissenschaftler selbst mit dem naiven Fortschrittsglauben der Aufklärung des 18. Jahrhunderts ausgerüstet worden waren, als gleichsam der humanistischen Zierde für die positivistische Disziplinierung! Aber dieser Anachronismus hatte eine ideologische Funktion, nämlich die Ruhigstellung der Wissenschaftler, damit Wissenschaft für die Reproduktion der imperialistischen Gesellschaft verfügbar blieb. Die sich bis heute übersteigernden „Fundamentalkritiken“ an der Aufklärung überhaupt

[1] M. Hahn/H. J. Sandkühler (Hrsg.), Die Teilung der Vernunft. Philosophie und empirisches Wissen im 18. und 19. Jahrhundert, Köln 1982.

führen in den Irrationalismus. Mögen auch berechtigte Ängste vor der Verwandlung der Welt in ein Hiroshima in den gegenwärtigen irrationalen Strömungen der kapitalistischen Länder zum Ausdruck kommen, der Verzicht auf die rationale Aufdeckung der sozialen Ursachen für die Verwandlung der Wissenschaft in eine Destruktivkraft entmächtigt den Protest.[2] Ja, der Irrationalismus kann objektiv sogar der Rechtswende in der staatsmonopolistischen Herrschaftssicherung dienen, wie die Geschichte des deutschen Faschismus zeigt. Die positivistischen Standards wissenschaftlicher Teilrationalität und der irrationale Protest gegen rationale sozialkritische Aufklärung sind gleichermaßen weit entfernt von der Herausbildung einer progressiven Alternative zur staatsmonopolistischen Verkehrung der Wissenschaftsentwicklung.

Die marxistische Wissenschaftstheorie steht in einer grundsätzlich anderen Tradition als der des Positivismus und des Irrationalismus, die sich, bei allem vordergründigen Gegensatz, in der heutigen spätbürgerlichen Diskussion ergänzen und miteinander verschmelzen. Seit Hegel steht der philosophische Fortschritt im Zeichen einer dialektischen Selbstkritik der Aufklärung, im Zeichen der Fortsetzung der Aufklärung unter Kritik ihrer Selbsttäuschungen. Mit dem Marxismus bildete sich eine alternative Art und Weise der wissenschaftlichen Produktion und ihrer theoretischen Reflexion heraus, in der die Teilungen der Vernunft theoretisch wie praktisch überwunden werden.

Wissenschaft als das „Produkt der allgemeinen geschichtlichen Entwicklung in ihrer abstrakten Quintessenz“[3] theoretisch zu fassen und darzustellen: Dieses Programm einer historisch-materialistisch fundierten Wissenschaftstheorie impliziert das Mit- und Ineinander (nicht das Neben- und Auseinander) von wissenschaftlicher und gesellschaftlicher Entwicklung; es besteht auf der engen Verbindung zwischen Wissenschafts-, Philosophie-, Kultur- und Kunstentwicklung einer gesellschaftlichen Epoche und beim Übergang einer Epoche in eine andere; es faßt Naturwissenschaften und Geschichts-, Gesellschafts- sowie Geisteswissenschaften nicht als unüberbrückbar voneinander geschiedene Bereiche wissenschaftlicher Tätigkeit, wie es auch Natur und menschliche Gesellschaft nicht als abstrakten Gegensatz begreift; es impliziert die Korrespondenz von Original und Abbild, die Dialektik von Objektivem und Subjektivem in der wissenschaftlichen Erkenntnis ebenso wie die von wissenschaftlicher Theorie und gesellschaftlicher Praxis. Die marxistisch-leninistische Wissenschaftstheorie ist selbst ein historisches Produkt. Ihre theoretischen Fundamente wurzeln in den Werken der Klassiker des Marxismus-Leninismus, in der Weltanschauung der Arbeiterklasse und dem aus ihr folgenden Wissenschaftsverständnis. Eine wichtige Form ihrer Praxis ist die Wissenschaftspolitik der kommunistischen und Arbeiterparteien in den Ländern

[2] Vgl. J.-M. Legay, Wer hat Angst vor der Wissenschaft? Über Wissenschaftler, Politik und Gesellschaft, Leipzig—Jena—Berlin 1984.

[3] K. Marx, Theorien über den Mehrwert. Erster Teil, in: K. Marx/F. Engels, Werke (im folgenden MEW), Bd. 26.1., Berlin 1974, S. 367.

des realen Sozialismus und dort, wo diese die Interessen der arbeitenden Menschen gegen den imperialistischen Mißbrauch verteidigen. Ihre Herausbildung und theoretische Formierung erfolgte in einem historischen Prozeß, der längst noch nicht abgeschlossen ist und es grundsätzlich wohl auch nicht sein kann, da theoretische Flexibilität und konzeptionelle Entwicklungsfähigkeit ein unabdingbares Pendant der sich dynamisch entwickelnden Wissenschaftswirklichkeit sind.

Doch schon das historisch erste Auftreten marxistischer (sowjetischer) Vertreter auf einem internationalen wissenschaftshistorischen Forum — dem II. Internationalen Kongreß für Wissenschaftsgeschichte 1931 in London — sollte in der westlichen wissenschaftstheoretischen Szene tiefergreifende, über Jahrzehnte hinaus wirkende, grundsätzliche Veränderungen nach sich ziehen. Selbst noch nicht ganz frei sowohl von vulgärökonomischen als auch von positivistischen Zügen, hatte Boris Hessens Vortrag über die „Sozialökonomischen Wurzeln von Newtons ‚Principia‘ “[4] ob seiner historisch-materialistischen Grundhaltung Signalwirkung. Was aus heutiger Sicht als eine Gesamttendenz der bürgerlichen Wissenschaftsforschung in den letzten 50 Jahren erscheint, nämlich der „Aufstand der Wissenschaftshistoriker gegen den Positivismus“[5], nahm seinen Anfang auf und unmittelbar nach eben jenem Kongreß und war einerseits, z. B. bei J. D. Bernal, J. Needham und anderen, vor allem britischen Naturwissenschaftlern der dreißiger Jahre, die direkte Folge und Auswirkung des Auftretens der sowjetischen Delegation in London,[6] andererseits — und zunehmend in dem Maße, wie die marxistisch-leninistische Wissenschaftsforschung sich in den 50er und 60er Jahren auch weiter international unüberhörbar artikulierte — die Reaktion auf sie, der bürgerliche Versuch, den Positivismus in gleichzeitiger Abwehr des Marxismus zu überwinden. Die Front der „Aufständischen“ war deshalb von Anfang an und erst recht später keineswegs einheitlich, weder ideologisch noch theoretisch-konzeptionell und methodisch.

War es vorerst vorwiegend die historische und soziale Dimension der Wissenschaftsentwicklung, die seit den dreißiger Jahren auch in Arbeiten bürgerlicher Wissenschaftshistoriker zunehmend ins Blickfeld rückte und sie partiell zur „Überwindung vereinfachter positivistischer Vorstellungen über die Wissenschaft und

[4] Die bisher einzige, wenngleich nicht sorgfältige deutsche Übersetzung vgl. in: P. Weingart (Hrsg.), Wissenschaftssoziologie 2. Determinanten wissenschaftlicher Entwicklung, Frankfurt/M. 1974.

[5] S. R. Mikulinskij, Džeral'd Cholton i ego koncepcija tematičeskogo analiza, in: Dž. Cholton, Tematičeskij analiz nauki, Moskva 1981, S. 357; vgl. auch S. R. Mikulinskij, Neskol'ko zamečanij ob analize koncepcij razvitija nauki, in: S. R. Mikulinskij/V. S. Černjak (Hrsg.), V poiskach razvitija nauki, Moskva 1982, S. 3.

[6] Vgl. G. Kröber, „Science at the Cross Roads“ — Voraussetzungen und Folgen, in: Human Implications of Scientific Advance. Proceedings of the XVth International Congress of the History of Science. Edinburgh 10.—19. August 1977 (Ed. by E. T. Forbes), Edinburgh 1978, S. 105—107.

ihre Entwicklung“[7] befähigte, wird — nach der kriegsbedingten Unterbrechung in den 40er Jahren — von der neuen Generation der Wissenschaftshistoriker und -theoretiker seit den 50er und 60er Jahren vor allem die soziologische und psychologische Dimension vereinnahmt. Dieser „zweite Akt“ der sogenannten antipositivistischen Wende[8] wurde eingeleitet durch das Londoner Kolloquium von 1965 über die Philosophie der Wissenschaft;[9] als seine Hauptakteure gelten für gewöhnlich Thomas Kuhn, Imre Lakatos und Stephen Toulmin, als Hauptobjekt der Kritik der „kritische Rationalismus“ Karl Poppers. Dieser „zweite Akt“ sollte — *objektiv*, d. h. unbeschadet der subjektiven Intentionen seiner Akteure und derer, die sich später zu ihnen bekannten oder sie analysierten, differenzierten, teils negierten und ergo teils akzeptierten — zugleich den Boden bereiten für das zunehmende Erstarken irrationalistischer Tendenzen und Züge. Die bürgerliche Wissenschaftstheorie (im Singular!), genommen als Gesamtphänomen, das nicht mit der Summe seiner einzelnen Vertreter identisch ist, stellt den spätbürgerlichen *ideologischen* Reflex auf die allgemeine Krisensituation des imperialistischen Systems und der in ihm widerstreitenden und zugleich komplementären Tendenzen des pragmatisch-harten Setzens auf Wissenschaft und Technik und des lebensweltlich-irrationalen Rückzugs auf Innerlichkeit, Individualität und Relativität dar. Die bürgerliche Wissenschaftstheorie gleicht so einem Pendel, das zwischen Positivismus und Irrationalismus hin und her ausschlägt, sich bald dem einen, bald dem anderen zuwendet, nur kurzzeitig — wenn überhaupt — ganz bei einem Extrem verweilt, immer aber mit der Spitze gegen den Marxismus weist.

Auf dem akademischen Meinungsmarkt der westlichen Welt haben seit Ende der 70er Jahre alle möglichen, natürlich ungeheuer „neuen“ Post-Ismen Konjunktur. „Poststrukturalisten“[10] und „Neue Philosophen“[11] schießen wie die Pilze nicht mehr nur aus dem französischen Boden. „Neue Mythologien“[12] verbreiten sich unter Wissenschaftlern selbst wie Epidemien. Die „Postmodernisten“[13] der Wissenschaft, der Künste, der Ethik haben das Wort. Karriereaussicht hat, wer den neusten „Postmodernismus“ über den Atlantik bringt. Der auf Grund der allgemeinen und akuten Krise des ganzen staatsmonopolistischen Systems ohnehin schon vorhandene Massenbedarf an schnell konsumierbarer Erlösungs-

[7] S. R. Mikulinskij, Džeral'd Cholton i ego koncepcija tematičeskogo analiza, a. a. O., S. 359.

[8] Vgl. G. Kröber, Zum Problem der Entwicklung in wissenschaftstheoretischen Konzeptionen der Gegenwart, in: NTM. Schriftenreihe zur Geschichte der Naturwissenschaft, Technik und Medizin, 1/1984, S. 5.

[9] Vgl. I. Lakatos/A. Musgrave (Hrsg.), Kritik und Erkenntnisfortschritt, Braunschweig 1974.

[10] Vgl. M. Frank, Was ist Neostrukturalismus?, Frankfurt/M. 1984.

[11] V. v. Wroblewsky, Die „neuen Philosophen“ — Legende und Wirklichkeit, in: Deutsche Zeitschrift für Philosophie, 8/1980.

[12] Vgl. M. Frank, Der kommende Gott, Vorlesungen über die Neue Mythologie. I. Teil, Frankfurt/M. 1982; K. H. Bohrer (Hrsg.), Mythos und Moderne. Begriff und Bild einer Rekonstruktion, Frankfurt/M. 1983.

[13] Vgl. u. a.: C. Schnaid, Umweltbürger und Umweltmacher, Dresden 1982.

literatur wird im Zuge der Rechtswende verschärft über Medien und Staatsapparaturen gesteuert. M. Buhr und R. Steigerwald haben den grundsätzlichen und insbesondere seit Ende der 70er Jahre wieder aktuellen Bruch der spätbürgerlichen Philosophie- und Ideologieproduktion mit dem Vernunftanspruch der klassischen bürgerlichen Philosophie aufgezeigt.[14] Die von A. Gedö dargestellten „Tendenzen" des Krisenbewußtseins haben sich in den letzten Jahren in einem rasanten Tempo verschärft.[15] Das durchgängige Wiedererstarken der konservativen Tradition[16] ist in praxi mit sozialtechnologischen Verfahren, in der Ideologie mit einem Scheinoptimismus der Krisenbewältigung und einem liberalen Gewand verbunden.

Vom Standpunkt des offiziell herrschenden Neokonservatismus und der diesem Neokonservatismus, freiwillig oder unfreiwillig, zuarbeitenden „anarchistischen Lichtung der Postmoderne"[17] sind die grundlagentheoretisch anspruchsvollen Versuche zur spätbürgerlichen Rettung der aufklärerischen Vernunft bereits altmodisch geworden. Andererseits bleibt das staatsmonopolistische System gerade in seiner allgemeinen Krise, von der Umweltkrise über die ökonomische und politische bis zur kulturellen Krise, auf kreative Leistungen angewiesen, insbesondere auf Wissenschaftsentwicklung. Auch können neue Erfahrungen im sich formierenden Widerstand gegen die Rechtswende in den hoch entwickelten kapitalistischen Ländern, neue Lernprozesse in der internationalen Systemauseinandersetzung, in der Arbeiterbewegung und den neuen sozialen Bewegungen[18], auch in den Wissenschaftlergemeinschaften nicht ausgeschlossen werden. Die Entscheidung darüber, nach welcher Seite die gegenwärtig ambivalente Protesthaltung insbesondere der jüngeren Generation ausschlagen wird, ist noch nicht gefallen. Im Vordergrund stehen akademische Moden, die der politisch-ideologischen Rechtswende im Gleichschritt folgen oder ihr wider Willen zuarbeiten, akademische Konjunkturen, sich an kleinbürgerlich-romantischer „Fundamentalopposition" zu übertreffen.

Diese populären Moden mögen hier vorab an drei Beispielen, die für die erste Hälfte der 80er Jahre exemplarisch sind, verdeutlicht werden.

[14] Vgl. M. Buhr/R. Steigerwald, Verzicht auf Fortschritt, Geschichte, Erkenntnis und Wahrheit. Zu den Grundtendenzen der gegenwärtigen bürgerlichen Philosophie, Berlin 1981.

[15] A. Gedö, Philosophie der Krise, Berlin 1978, S. 160—204.

[16] Vgl. Autorenkollektiv (Ltg.: E. Fromm), Denken gegen die Zeit. Die geistige Krise des Imperialismus, Berlin 1981; B. Ihme, Tendenzwende zur Unvernunft. Zum irrationalistischen Rüstzeug konservativer Ideologen, Berlin 1981; S. F. Oduev, Auf den Spuren Zarathustras. Der Einfluß Nietzsches auf die bürgerliche deutsche Philosophie. Berlin 1977; L. Elm (Hrsg.), Falsche Propheten. Studien zum konservativ-antidemokratischen Denken im 19. und 20. Jahrhundert, Berlin 1984.

[17] J. Habermas, Untiefen der Rationalitätskritik, in: Die Zeit (Hamburg), 10. 8. 1984, S. 30.

[18] Vgl. R. Steigerwald, Protestbewegung. Streitfragen und Gemeinsamkeiten, Frankfurt/M. 1982.

2. Bestseller der intellektuellen Kritik oder: Die abstrakte Negation als Mode

Die Ambivalenz abstrakt-kritischer Positionen ist für das philosophisch-sozialwissenschaftliche und geistig-kulturelle Umfeld auch der wissenschaftstheoretischen Konzeptbildung in der westlichen Welt charakteristisch geworden. Die oft zutreffende Teilproblematisierung steht schon immer an der Schwelle zu gesamtkonzeptionell irrationalistischen und relativistischen Konsequenzen, die konservativ umfunktioniert werden können. Diese Ambivalenz wird nicht nur über den Buchmarkt ökonomisch stimuliert, ergibt sich nicht nur aus der Disziplinteilung des Wissenschaftsbetriebes, wird auch nicht nur politisch-ideologisch forciert. Sie folgt nicht zuletzt auch aus dem Vakuum an grundlagentheoretisch gesicherten interdisziplinären Forschungsstrategien.

Dieses Vakuum führt zu einem „eigentümlichen Synkretismus“[19] früher getrennter Forschungstraditionen, ohne daß eine theoretisch konkrete Alternative mit synthetischer Leistung begründet werden könnte. Die Ambivalenz, die sowohl den offiziellen Repräsentanten der „Wende“, vor allem aber den „Kritikern“ eigen ist, soll kurz an drei Beispielen illustriert werden, denen gemeinsam ist, daß sie international zu intellektuellen Bestsellern der letzten Jahre wurden.

Beispiel Nr. 1: Rortys Verabschiedung der Philosophie

Vor allem in den USA dominierten in den 50er und 60er Jahren die Vertreter des logischen Positivismus in Gestalt der analytischen Philosophie. Letztere versuchte in logisch-positivistischer Tradition, d. h. unter der Voraussetzung einer empiristisch verkürzten Widerspiegelungsauffassung, mit sprachanalytischen Mitteln ahistorische formale Standards zu begründen, die den Wissenschaften objektiv gültige Rationalität vorschreiben sollten. Fragen nach dem sozialhistorischen und psychischen Kontext oder nach dem Sinn der Wissenschaft wurden als der Wissenschaft äußerlich und als nicht rational lösbar vorgestellt. Demgegenüber formierte sich seit den 60er Jahren die „postempiristische“ Wende der Wissenschaftsphilosophie, die in den USA wesentlich mit dem Namen von Th. Kuhn verbunden ist und sich in den 70er Jahren durchsetzen konnte.

Richard Rorty, der selbst die Etappen der analytischen Philosophie und „postempiristischen Wende“ biographisch durchlaufen hat, legte erstmals 1979 (in den folgenden Jahren in veränderter Version mit wachsenden Auflagen) seine Generalabrechnung mit der analytischen Philosophie vor. Dabei handelt es sich zweifellos um eine intime und glänzend geschriebene Kritik dieser Philosophie. Aber die starke internationale Rezeption dieses Buches verdankt sich nicht der spezifisch antianalytischen Polemik des Autors. Rortys Buch heißt „Philosophie und der Spiegel der Natur“. Von seinem Standpunkt ist „die Differenz zwischen ‚analytischer‘ und

[19] J. Habermas, Untiefen der Rationalitätskritik, a. a. O., S. 30.

anderen Arten der Philosophie relativ unwichtig".[20] Ganz richtig lautet der deutsche Untertitel „Kritik der Philosophie".[21]

Rorty steigert seine berechtigte Kritik an der analytischen Philosophie, in scheinbarer Radikalität, zu einer Verabschiedung von Philosophie überhaupt, insbesondere aber solcher Philosophien, die, wie auch die marxistische Philosophie, an der Fragestellung festhalten, wie objektiv wahre Erkenntnis historisch möglich und wirklich wird, oder in den Rorty näher liegenden Formulierungen: inwiefern Wissenschaftssprachen objektiv reale Phänomene repräsentieren, eine objektive Referenz haben. Rorty zieht die gleichsam metaphilosophischen Konsequenzen der „postempiristischen Wende". Dies heißt für ihn, den Trend zur „therapeutischen" Verabschiedung der Philosophie und damit der obengenannten Fragestellung zu verstärken, eine Verabschiedung, die im Werk von J. Dewey, dem späten Wittgenstein und Heidegger eingeleitet wurde.

Rorty unterscheidet, Kuhns Differenzierung zwischen „normaler" und „revolutionärer" Wissenschaft verallgemeinernd, zwischen normalen und anormalen Diskursen. Philosophie überhaupt sei bestenfalls ein sinnbezogenes Gespräch während anormaler Diskurse gewesen, in denen keine Kommensurabilität der Konzeptionen und keine Lösungskriterien für Probleme gegeben sind.[22] Natürlich kann die Philosophie nicht die ihr auch noch bei Kant zugedachte Rolle des allgemeinen und insbesondere kulturellen Richters ausüben, aber Rortys „Restphilosophie" verwandelt die Not ihrer Wissenschaftsferne in die Tugend, sich aller Problematik objektiver Rationalitätsformen entledigt zu haben. Rortys Positivismus-Kritik wird mit der Verabschiedung aller Philosophie selbst wieder positivistisch. Er enthüllt die historische „Wende" als eine historizistische, die soziologische als eine sozialpragmatische. Seine sonst so souverän klingende Kritik am Mythos positiver Wissenschaft ist nichts weiter als die Ohnmacht einer nur negativen Therapeutik: „Bildende Philosophen werden die Philosophie nicht zu einem Ende bringen können, sie können jedoch verhindern, daß sie auf dem sicheren Pfad einer Wissenschaft zu wandeln beginnt."[23]

Beispiel Nr. 2: Feyerabends dadaistischer Ausstieg

Verabschiedung der Philosophie als Wissenschaft, Ausstieg aus Erkenntnistheorie und Wissenschaftstheorie ist auch das Thema Paul Feyerabends. Zentrale Ansatzpunkte seines Angriffs sind die Begriffe „Wahrheit" und „Fortschritt" der Wissenschaft. War er 1965 — in der Diskussion mit Popper, Kuhn, Toulmin und Lakatos auf dem Londoner Kolloquium — noch geneigt, „Wahrheit" als einen Wert

[20] R. Rorty, Philosophy and the Mirror of Nature, korr. 2. Aufl., Princeton 1980, S. 8.
[21] R. Rorty, Der Spiegel der Natur. Kritik der Philosophie, Frankfurt/M. 1981.
[22] Ebenda, S. 424/425.
[23] Ebenda, S. 418.

institutionalisierter Lebensformen anzuerkennen,[24] so gilt ihm zehn Jahre später „Wahrheitssuche“ als eine jener „tiefsinnigen, aber bereits in Fäulnis übergegangenen Wendungen“, „ die sich in Jahrtausenden angesammelt haben“ und von denen die Sprache gereinigt werden müssen.[25] Erkenntnis ist, ihm zufolge, „keine allmähliche Annäherung an die Wahrheit. Sie ist ein stets anwachsendes Meer miteinander unverträglicher (und vielleicht sogar inkommensurabler) Alternativen.“[26] Der Wissenschaftler habe demzufolge auch „nicht mehr die Aufgabe, ‚die Wahrheit zu suchen‘“.[27] Die Frage, die Kuhn sich vorgelegt hatte und von der er bekannte, daß er auf sie keine Antwort wisse, nämlich wie die Wissenschaft in praktischer Hinsicht immer leistungsfähiger habe werden können,[28] beantwortet Feyerabend, indem er wissenschaftliche Theorien mit Ideologien gleichsetzt, die nicht deshalb erfolgreich seien, weil sie gut mit den Tatsachen übereinstimmen, sondern weil die Tatsachen entsprechend ausgewählt würden.[29]

Wie aber unter diesen Umständen von Entwicklung und Fortschritt der Wissenschaft gesprochen werden kann, bleibt unerfindlich. Feyerabend lehnt den Begriff „Fortschritt der Wissenschaft“ zwar nicht rundweg ab, definiert aber nirgends, was darunter zu verstehen sei. Jeder könne ihn „auf seine Art verstehen und gemäß der Tradition, der er angehört“.[30] Es gibt demzufolge auch keine allgemeingültigen Methoden, Regeln, Grundsätze oder Prinzipien, deren rationale Anwendung wissenschaftlichen Fortschritt befördert. „Der einzige Grundsatz, der den Fortschritt nicht behindert, lautet: Anything goes (Mach, was Du willst).“[31] Dieser methodologische Pluralismus, der eine Konsequenz der Eliminierung des Wahrscheinlichkeitskriteriums wissenschaftlicher Theorien ist, führt, seinerseits konsequent weitergedacht, zu dem, was Feyerabend seinen erkenntnistheoretischen Anarchismus oder Dadaismus nennt. War er 1965 noch mit Popper davon ausgegangen, „daß die Wissenschaft durch eine kritische Diskussion alternativer Ansichten gefördert wird“,[32] so wollte er das rationale Korrektiv freilich schon damals in dem Sinne ausgeschaltet wissen, „daß auch das ausgefallenste Erzeugnis menschlicher Gehirne nicht unterdrückt“ werden darf.[33] Merkwürdigerweise aber soll ausgerechnet Galilei von der Inquisition zu Recht verurteilt worden

[24] Vgl. P. K. Feyerabend, Kuhns Struktur wissenschaftlicher Revolutionen — ein Trostbüchlein für Spezialisten? In: I. Lakatos/A. Musgrave (Hrsg.), Kritik und Erkenntnisfortschritt, a. a. O., S. 203.

[25] P. K. Feyerabend, Wider den Methodenzwang, Skizze einer anarchistischen Erkentnistheorie, Frankfurt/M. 1976, S. 34.

[26] Ebenda, S. 48.

[27] Ebenda, S. 49.

[28] Vgl. Th. S. Kuhn, Die Entstehung des Neuen, Frankfurt/M. 1977, S. 435.

[29] Vgl. P. K. Feyerabend, Wider den Methodenzwang, a. a. O., S. 64.

[30] Ebenda, S. 44.

[31] Ebenda, S. 35; vgl. auch ebenda, S. 45 u. a.

[32] P. K. Feyerabend, Kuhns Struktur wissenschaftlicher Revolutionen — ein Trostbüchlein für Spezialisten? a. a. O., S. 204.

[33] Ebenda, S. 203.

sein! Der Grund? „Die Kopernikanische Lehre war damals in der Tat unwissenschaftlich und unbegründet“; überdies hatte „das Urteil der kirchlichen Fachleute ... auch die rechte soziale Intention, die Intention nämlich, die Öffentlichkeit vor den Machenschaften der Wissenschaftler zu schützen“.[34] Man kommt nach solchem nicht umhin, der Feststellung eines Theologen in einer Diskussion mit Feyerabend zuzustimmen, daß dieser versuche, „auf wissenschaftliche Weise antiwissenschaftlich zu sein“;[35] es wäre höchstens zu fragen, ob es nicht vielmehr die Manier ist, auf positivistische Weise irrationalistisch zu sein.

Mit der Wahrheit fällt das entscheidende Kriterium, das die Wissenschaft von anderen, unwissenschaftlichen Formen des gesellschaftlichen Bewußtseins, wie Religion, Aberglaube usw. unterscheidet. Die Wissenschaft könne deshalb auch nur als eine Tradition neben vielen anderen akzeptiert werden, insbesondere neben religiösen Mythen, die alle gleichberechtigt sind, von der Wissenschaft aber unterdrückt werden. Worauf es heute ankomme, sei also, „die Macht der Wissenschaften und des Rationalismus mit allen nur möglichen Mitteln auszuhöhlen“.[36] Als *ein* Mittel dazu wird die Trennung von Staat und Wissenschaft empfohlen, ähnlich wie der Staat ja bereits von religiösen Traditionen getrennt ist.[37] Das heißt, man muß wählen können, ob man in der Schule Wissenschaft oder Magie, die Darwinsche Entstehung der Arten oder die biblische Schöpfungsgeschichte lernen will.[38] Untersucht man die Wissenschaft auf ihre praktische Brauchbarkeit, so sollen nicht Wahrheit und praktische Nützlichkeit die obersten Kriterien sein, an denen sie zu messen ist, sondern „Glückseligkeit und die volle Entfaltung individueller menschlicher Wesen“ sind der höchstmögliche Wert,[39] denen die Wissenschaft und alle anderen ihr gleichberechtigten Traditionen genügen müssen.

Dieses „Plädoyer für den Hedonismus“ empfiehlt Bürgerinitiativen als „das Filter, das brauchbare von unbrauchbaren Ideen und Maßnahmen trennt“, übersieht aber dabei geflissentlich, daß auch Bürgerinitiativen neben lebensweltlichen Kriterien wissenschaftlicher Analysen und wissenschaftlich begründeter Kriterien bedürfen, wenn ihre Forderungen berechtigte Aussicht auf Erfolg haben sollen und von der politischen Administration des imperialistischen Staates nicht mit allen ihr zur Verfügung stehenden Machtmitteln von vornherein unterdrückt oder bestenfalls in die ergebnislose Leere geleitet werden sollen. Feyerabends abstraktes „Plädoyer für den Hedonismus“ empfiehlt dagegen eine prinzipienlose Gesellschaft, die Traditionen nicht nur respektiert, sondern zur Mitarbeit auf-

[34] P. K. Feyerabend/Ch. Thomas (Hrsg.), Wissenschaft und Tradition, Zürich 1983, S. 192.
[35] Ebenda, S. 131.
[36] P. K. Feyerabend, Erkenntnis für freie Menschen, Frankfurt/M. 1981, S. 210/211.
[37] Vgl. Ebenda, S. 22, 75.
[38] Vgl. P. K. Feyerabend, Wider den Methodenzwang, a. a. O., S. 397.
[39] P. K. Feyerabend, Kuhns Struktur wissenschaftlicher Revolutionen — ein Trostbüchlein für Spezialisten?, a. a. O., S. 203.

fordert, und Prinzipien von Fall zu Fall durchsetzt.[40] Das von Fall zu Fall gültige „Mach, was Du willst" mündet so folgerichtig auf der gesellschaftspolitischen Ebene in einen totalen Hedonismus, der in seiner Absolutheit zur ausdrücklichen Befürwortung der Vernichtung menschlicher Wesen und Werte pervertiert: Finden „Menschen ihr Glück darin, daß sie sich in gefährlichen Kriegsspielen gegenseitig abschlachten, dann lasse man ihnen dieses Vergnügen".[41]

Das wissenschaftspolitische Fazit dieses antirationalistischen erkenntnistheoretischen und wissenschaftstheoretischen Anarchismus ist: Eine staatliche Bevorzugung der Wissenschaft und ihrer Förderung gegenüber religiösen Mythen darf nicht zugelassen werden. Die Wissenschaft muß der öffentlichen Kontrolle unterworfen werden, um zu verhindern, daß sie andere Bewußtseinsformen dominiert. Vernunft und Widervernunft, Sinn und Unsinn, Humanismus und Antihumanismus gehören für den erkenntnistheoretischen Anarchismus folgerichtig „als notwendige Teile eines Ganzen" zusammen.[42] Indem sowohl die Idee der Wahrheit und der Rationalität als auch die des Fortschritts und der Entwicklung der Wissenschaft auf dem Altar des erkenntnistheoretischen Anarchismus geopfert werden, steigen aus dem Opferrauch zwangsläufig Irrationalismus, Relativismus und Subjektivismus auf.

Beispiel Nr. 3: Capras mythische Wende

„Die Menschheit durchläuft gegenwärtig eine epochale Krise. Die Pragmatiker kriegen die Welt nicht mehr in den Griff, die Realisten die Realität nicht zu fassen. Der Pragmatismus läuft sich tot — in der Wirtschaft nicht anders als in der Politik, sogar in der Wissenschaft. Denn nicht bloß die praktische Umsetzung geht fehl, die ganze Gesellschaft ist falsch programmiert. Unaufhörlich geschehen Dinge, die nach menschlicher Vernunft ausgeschlossen sein sollten." So der Klappentext eines Buches, das sich Anfang der 80er Jahre in den Schaufenstern vieler Buchhandlungen der BRD dem Bürger präsentiert, der das Krisenhafte seiner politischen, sozialen und kulturellen Situation natürlich schon längst am eigenen Leibe verspürt hat. „Weiterleben kann die Menschheit nur, wenn sie von Grund auf anders denken lernt. An die Stelle von quantitativem Messen muß qualitatives Werten treten — eine ganzheitliche, ökologische Anschauungsweise, die unser bankrottes mechanisches Weltbild ablöst. Denn unsere Welt ist mehr als die Summe ihrer Teile. Capra gibt uns das geistige Rüstzeug, um diese Herausforderungen der Zukunft zu bewältigen." Der Titel des so angekündigten Buches ist: „Wendezeit. Bausteine für ein neues Weltbild"[43]; sein Autor: Fritjof Capra,

[40] P. K. Feyerabend, Erkenntnis für freie Menschen, a. a. O., S. 77.
[41] Ebenda, S. 147.
[42] P. K. Feyerabend, Wider den Methodenzwang, a. a. O., S. 265.
[43] F. Capra, Wendezeit. Bausteine für ein neues Weltbild, 3. Aufl., Bern—München—Wien 1983.

Physiker, der schon Mitte der siebziger Jahre durch sein „Tao der Physik“[44] auf sich aufmerksam machte.

Als Physiker ist ihm natürlich jedwede Wissenschaftsfeindlichkeit fremd. Die heutigen Probleme der theoretischen Synthese, vor denen die Elementarteilchenphysik steht und die gewiß nicht ohne allgemeine philosophisch-weltanschauliche Ideen und Konzeptionen allein durch immer weitere instrumentelle Verfeinerung und den Einsatz immer mächtigerer und damit auch immer kostenaufwendigerer technischer Ausrüstungen gelöst werden können, verlangen — ihm zufolge — ein Weltbild, das Dynamik, Ganzheit und organischer Synthese den Vorzug gibt gegenüber Struktur, Teil und tötender Analyse. Von hier aus erfolgt der Rückgriff auf die fernöstliche Mystik, auf Hinduismus, Taoismus, Buddhismus. Was für die Physik gelte, gelte auch für die Gesellschaft: „Wie schon bei der Krise in der Physik der zwanziger Jahre ist die heutige gesamtgesellschaftliche Krise eine Folge der Tatsache, daß wir versuchen, die Begriffe einer längst überholten Weltanschauung — des mechanistischen Weltbildes der kartesianisch-Newtonschen Naturwissenschaft — auf eine Wirklichkeit anzuwenden, die sich mit den Begriffen dieser Vorstellungswelt nicht mehr begreifen läßt. Wir leben heute in einer in allen Aspekten auf globaler Ebene verwobenen Welt, in der sämtliche biologischen, psychologischen, gesellschaftlichen und ökologischen Phänomene voneinander abhängig sind. Um diese Welt angemessen beschreiben zu können, brauchen wir eine ökologische Anschauungsweise, welche das kartesianische Weltbild uns jedoch nicht bietet.“[45]

Die Diagnose der „gesamtgesellschaftlichen Krise“ weist folgende Symptome auf: *1.* Es handelte sich um eine „vielschichtige, multidimensionale Krise, deren Facetten jeden Aspekt unseres Lebens berühren — unsere Gesundheit und Lebensführung, die Qualität unserer Umwelt und unsere gesellschaftlichen Beziehungen, unsere Wirtschaft, Technologie und Politik . . . Zum ersten Male sind wir von der sehr realen Gefahr der Auslöschung der menschlichen Rasse und des gesamten Lebens auf diesem Planeten bedroht.“[46] Neben den „gesellschaftlichen Pathologien sind wir auch Zeugen wirtschaftlicher Anomalien“: Erschöpfung der Energiequellen, Inflation, Arbeitslosigkeit.[47] *2.* Die Tiefe der Krise sei eine Folge dessen, daß heute „mehrere Übergangsbewegungen“ gleichzeitig erfolgen und zusammenfließen[48]: *a)* der „Verfall des Patriarchats“, weshalb die feministische Bewegung eine der stärksten kulturellen Zeitströmungen sei und sich tiefgreifend auf unsere weitere Evolution auswirken werde; *b)* das „nahe Ende des Zeitalters der fossilen Brennstoffe“, weshalb der Übergang vom Zeitalter der konventionellen Brenn-

[44] In deutscher Sprache erschienen als: F. Capra, Der kosmische Reigen. Physik und östliche Mystik — ein zeitgemäßes Weltbild, 3. Aufl., Bern—München—Wien 1980.

[45] F. Capra, Wendezeit, a. a. O., S. 10.

[46] Ebenda, S. 15.

[47] Ebenda, S. 19.

[48] Vgl. ebenda, S. 24—29.

stoffe ins Solarzeitalter auf der Tagesordnung stehe, und *c*) das Ende des Glaubens „an die wissenschaftliche Methode als einzig gültigen Zugang zur Erkenntnis" und „an den unbegrenzten materiellen Fortschritt, der durch wirtschaftliches und technologisches Wachstum erreicht werden kann", weshalb ein Paradigmenwechsel im gesamten gesellschaftlichen und kulturellen Wertesystem erforderlich sei.

Natürlich wird die kapitalistische Produktionsweise als entscheidende Krisenursache ausgeklammert; der Zusammenhang zwischen ihr, dem mechanistischen kartesianisch-Newtonschen Weltbild und den für die gegenwärtige Welt von ihr heraufbeschworenen Gefahren wird nur vage angedeutet.[49] Und natürlich kommt der Marxismus nicht als Kandidat für den Paradigmenwechsel in Frage, dazu sei er zu kampfbetont.[50] Das Protestpotential, das sich hier artikuliert, ist ein nichtproletarisches; es ist als solches „geprägt vom doppelten Enttäuschungseffekt über Kapitalismus und realen Sozialismus . . . solche Enttäuschung wendet sich begreiflicherweise gegen das, was — vordergründig beurteilt — beiden Systemen eigen ist: Technik, Organisation, Disziplin, Wachstum, Leistung, Großstrukturen. Das wird verdächtig, und der ‚dritte' Weg besteht in der Abkehr davon."[51]

Die Leitbilder dieses Wegs werden den Modellen von Toynbee, Sorokin und dem taoistischen I Ging entnommen.[52] Gesellschaftspolitisch und ökonomisch läuft die Alternative auf das hinaus, was Buhr und Steigerwald als Kernthesen der ökologischen Alternativbewegung bereits vor Jahren festgemacht haben: „klein gegen groß, Basis gegen zentral, Selbstbestimmung gegen Fremdbestimmung, natürlich gegen künstlich, handwerklich gegen industriell, Land gegen Stadt, biologisch gegen chemisch, Holz (Stein) gegen Beton, Plaste, chemische Stoffe; Konsumbeschränkung gegen Konsumfetischismus, Recycling gegen Verschwendung, sanft gegen hart"[53]. Philosophisch-erkenntnistheoretisch aber — und damit auch wissenschaftstheoretisch — sind Relativismus, eine vielleicht als „idealistischer Dynamismus" kennzeichenbare Mischung aus subjektivem und objektivem Idealismus, und der Rückgriff auf Mystik die bestimmenden Züge des „neuen Weltbildes": „Wissenschaftler befassen sich nicht mit der Wahrheit, sie befassen sich mit begrenzten und annähernden Beschreibungen der Wirklichkeit"[54]; „das Elektron besitzt keine von meinem Bewußtsein unabhängigen Eigenschaften"[55]; „die Strukturen der Materie reflektieren Strukturen des Geistes, gefärbt durch sub-

[49] Vgl. ebenda, S. 211—213.
[50] Vgl. ebenda, S. 31.
[51] M. Buhr/R. Steigerwald, Verzicht auf Fortschritt, Geschichte, Erkenntnis und Wahrheit, a. a. O., S. 88.
[52] F. Capra, Wendezeit, a. a. O., S. 31.
[53] M. Buhr/R. Steigerwald, Verzicht auf Fortschritt, Geschichte, Erkenntnis und Wahrheit, a. a. O., S. 99.
[54] F. Capra, Wendezeit, a. a. O., S. 47.
[55] Ebenda, S. 91.

jektive Gefühle und Werte"[56]; materielle Strukturen können „nicht länger als die primäre Wirklichkeit angesehen werden"[57]; „es herrscht Bewegung, doch gibt es letzten Endes keine sich bewegenden Objekte; es gibt Aktivität, jedoch keine Handelnden; es gibt keine Tänzer, sondern nur den Tanz"[58]; Gott ist „die Selbstorganisations-Dynamik des gesamten Kosmos"[59]; alle Strukturen des Universums — von den subatomaren Teilchen bis zu den Galaxien und von den Bakterien bis zum Menschen — sind „Manifestationen der Selbstorganisations-Dynamik des Universums, die wir . . . mit dem kosmischen Geist identifiziert haben. Das ist jedoch fast schon eine mystische Anschauung . . ."[60]

Diese drei Belege für die wechselseitige Nähe antipositivistischer und irrationalistischer Strömungen in der bürgerlichen Ideologie generell und der nichtmarxistischen Wissenschaftstheorie im besonderen, für abstrakte Kritik konkreter, historisch und gesellschaftlich, letztlich sozialökonomisch bedingter Prozesse gegenwärtiger Gesellschafts- und Wissenschaftsentwicklung mögen genügen, um anzudeuten, worauf der vorliegende Band abzielt: Zu zeigen, daß ihr Verzicht auf Entwicklung, Wahrheit und Fortschritt die entscheidenden Defizite benennt, die es den gegenwärtigen nichtmarxistischen wissenschaftstheoretischen Konzeptionen letztlich unmöglich machen, bei aller Beschwörung von „Evolution" und „Selbstorganisation" das Phänomen „Entwicklung" mit Blick auf die Wissenschaft zu erklären und daraus Kriterien für deren rationale und humanistische Gestaltung abzuleiten.

3. Die doppelte Tendenz

Die Autoren des vorliegenden Bandes vereint das Anliegen, die entwicklungstheoretischen Grenzen jener nichtmarxistischen Wissenschaftstheorien zu untersuchen, die sich der „antipositivistischen Wende" der Wissenschaftsforschung im angelsächsischen, aber auch französischen und deutschen Sprachraum zuordnen lassen. Wie ernst ist es dieser Wende nach dem zweiten Weltkrieg, im Angesicht der staatsmonopolistischen Verkehrung der Entwicklungspotenz Wissenschaft in Destruktionskraft, mit dem von ihr deklarierten „Anti-Positivismus" oder „Postpositivismus"? Diese Frage heißt, im Sinne einer positiven theoretischen Alternative zum Positivismus, im Sinne seiner konkreten Negation gestellt: Inwiefern

[56] Ebenda, S. 327.
[57] Ebenda, S. 331.
[58] Ebenda, S. 97.
[59] Ebenda, S. 324.
[60] Ebenda, S. 331.

vermögen diese wissenschaftstheoretischen Konzepte das komplexe Phänomen der Wissenschaftsentwicklung in seinen Makro- und Mikrokontexten zu erklären?

Die spätbürgerliche wissenschaftstheoretische Diskussion in Nordamerika und Westeuropa hat in den 70er Jahren das Stadium ihrer entwicklungstheoretischen Selbstüberforderung erreicht. Dem entstandenen und von uns im folgenden näher charakterisierten entwicklungstheoretischen Dilemma in der gegenwärtigen spätbürgerlichen wissenschaftstheoretischen Diskussion soll durch Kombination zweier Trends begegnet werden.

Auf dem Wege der *Internationalisierung* der wissenschaftstheoretischen Diskussion sollen die bisher relativ unabhängig voneinander verlaufenen angelsächsischen, französischen und deutschen Forschungstraditionen sich ergänzen, ihre Defizite wechselseitig kompensieren. Dem unmittelbar nach dem zweiten Weltkrieg in Westeuropa dominierenden Import vor allem US-amerikanischer Konzeptionen ist in den 60er, vor allem aber 70er Jahren eine Neubegründung europäischer Forschungstraditionen gefolgt, die erneut von der US-amerikanischen Intelligenz importiert werden.

Die starke Internationalisierung der wissenschaftstheoretischen Diskussion ist mit einer Art *Jahrhundertbilanz bürgerlicher Wissenschaftsforschung* verbunden. Die in den 70er Jahren offenbar gewordene entwicklungstheoretische Krise der „postempiristischen Wende“ führt zu einer Rekonstruktion der Geschichte der Wissenschaftstheorie selbst und ihrer unmittelbaren, vor allem philosophisch-soziologischen Vorgeschichte seit der Jahrhundertwende. Ob diese doppelte Tendenz, die auch in einer entsprechenden Rekrutierung einer neuen Generation von Wissenschaftstheoretikern zum Ausdruck kommt, konzeptionell nur zu einem Auf-der-Stelle-Treten oder zu einem neuen Anlauf führt, bleibt von marxistischer Seite nicht abzuwarten. Die weitere Entwicklung der sozialistischen Gesellschaft und die Politik der „Koalition der Vernunft“ bedürfen strategisch auch einer marxistischen Theorie der Wissenschaftsentwicklung,[61] die sich der spätbürgerlichen Diskussion offensiv stellt.

Wir spiegeln diese doppelte Tendenz in der westlichen wissenschaftstheoretischen Diskussion der Gegenwart in der Zweiteilung des vorliegenden Bandes wider, dessen erster Teil der Analyse von Konzepten zur Erklärung der Wissenschaftsentwicklung in der spätbürgerlichen deutschen Philosophie und Soziologie der ersten Hälfte des 20. Jahrhunderts gewidmet ist, während für den zweiten Teil Konzepte aus der gegenwärtigen angelsächsischen, französisch- und deutschsprachigen Diskussion ausgewählt wurden, in denen das entwicklungstheoretische Dilemma spätbürgerlicher Wissenschaftstheorien in der zweiten Jahrhunderthälfte repräsentativ zum Ausdruck kommt.

[61] Vgl. G. Kröber, Zu Stand und Problemen der Wissenschaftsforschung der DDR, in: Deutsche Zeitschrift für Philosophie, 2/1981.

4. Die Diagnose der „Krise neuzeitlicher Wissenschaft"

Wir untersuchen zunächst Diagnosen der „Krise neuzeitlicher Wissenschaft", die in der deutschen spätbürgerlichen Philosophie und Soziologie während der ersten Hälfte des 20. Jahrhunderts getroffen wurden. Hierbei streben wir keinen philosophie- und soziologiehistorisch vollständigen Überblick an, sondern eine repräsentative problemgeschichtliche Auswahl. Uns interessieren solche philosophischen und soziologischen Problemstellungen, die die spätbürgerlichen Begründungsversuche von Wissenschaftstheorie nach dem zweiten Weltkrieg vorbereitet haben und inzwischen in diesem Begründungsstreit auch rekapituliert werden.

Unsere Einschränkung auf deutsche Beiträge zur philosophisch-soziologischen Vorbereitung spätbürgerlicher Konzeptionen der Wissenschaftsentwicklung entspringt keinesfalls einer Geringschätzung angelsächsischer oder französischsprachiger Beiträge aus der ersten Hälfte unseres Jahrhunderts. Sie erfolgt aus Kapazitätsgründen und in Ergänzung des bereits erschienenen Projekts unseres Moskauer Partnerinstituts.[62] Auch soll die Formulierung von der philosophisch-soziologischen Vorbereitung spätbürgerlicher Wissenschaftstheorien nicht ausschließen, daß in Einzelfällen bereits vor dem zweiten Weltkrieg der Übergang von innerphilosophischen und innersoziologischen Wissenschaftsauffassungen zu relativ selbständigen Wissenschaftstheorien erfolgt ist, der gesonderter Untersuchung bedürfte.

Die wirkungsgeschichtliche Bedeutung der deutschen Beiträge aus der ersten Hälfte unseres Jahrhunderts in der gegenwärtigen nordamerikanischen und westeuropäischen Diskussion bezieht sich vor allem auf folgende seinerzeit erarbeitete Problemstellungen.

1. Philosophisch interessiert heute die damalige Diskussion, insofern das positivistische Selbstverständnis des disziplinären Wissenschaftsbetriebes in Frage gestellt wurde. Dies schloß einerseits die Kritik an der empiristischen Widerspiegelungsauffassung ein, insbesondere an deren ontologischen Vorannahmen, deren Individualismus und deren objektivistischen Konsequenzen. Es schloß andererseits die Kritik an der traditionellen transzendentalen Legitimation des Subjekts der wissenschaftlichen Erkenntnis ein, insbesondere an dem Dualismus zwischen reiner und praktischer Vernunft und am ahistorischen Charakter der apriorischen Erkenntnisformen. Die Entweihung der empiristischen und transzendentalen Philosophietradition, auf die sich das positivistische Selbstverständnis berief, thematisierte Wissenschaft wieder als theoretische Praxis. In den Vordergrund traten die Historizität, die Intersubjektivität und die lebenspraktischen Einbindungen der wissenschaftlichen Erkenntnis. Die transzendentalphänomenologische, existentialistische und metaphysische Rücknahme der Verselbständigung von Erkenntnistheorie und Wissenschaftsmethodologie barg freilich neue Gefahren

[62] Vgl. S. R. Mikulinskij/V. S. Černjak (Hrsg.), V. poiskach teorii razvitija nauki, a. a. O.

in sich. Sie erfolgte innerhalb der spätbürgerlichen Philosophie, d. h. ohne ein dialektisch-materialistisches Verständnis von Entwicklung und ohne eine historisch-materialistische Geschichtskonzeption. Sie führte daher in Irrationalismus, Relativismus, Subjektivismus oder substanzmetaphysische Annahmen zurück.

2. Im Hinblick auf das Übergangsfeld von der Philosophie und allgemeinen Soziologie zur interdisziplinären Wissenschaftstheorie interessiert heute die damalige Diskussion, insofern die neuzeitliche Wissenschaft rationalitätstheoretisch problematisiert wurde. Dies schloß die radikale Kritik der positivistischen und scientistisch fortgesetzten Annahme ein, daß die positive Wissenschaft die höchste Form von Rationalität darstelle, oder gar, daß die Rationalitätsform der positiven Wissenschaft andere Rationalitätsformen, da diese inzwischen irrational geworden seien, ersetzen könne. Diese Kritik führte, zunächst philosophisch und soziologisch, dann insbesondere wissenssoziologisch, zu großangelegten Versuchen, die Rationalitätsform positiver Wissenschaft in den Prozeß der gesamtgesellschaftlichen Rationalisierung einzuordnen. Objektiver Bezugspunkt für die Bestimmung des gesamtgesellschaftlichen Rationalisierungsprozesses war die Spezifik der Herausbildung, der Stabilisierung und der allgemeinen Krise der kapitalistischen Gesellschaftsformation in Europa und Nordamerika. Diese Spezifik erschien aber als die Eigenart des okzidentalen Rationalismus. Sie wurde vorwiegend handlungstheoretisch, von individuellen und gruppenspezifischen Intentionen sozialen Handelns ausgehend, diskutiert, ohne formationstheoretische Objektivierungen im Sinne des historischen Materialismus vornehmen zu können, der fälschlicherweise als Ökonomismus interpretiert wurde.

Zentral für diese Diskussion war die Verwandtschaft zwischen den Rationalitätsformen des kapitalistischen Betriebes, moderner Beamtenapparate und positiver Wissenschaft. Diese Verwandtschaft schien darin zu bestehen, daß Zweck-Mittel-Relationen nur formal und technisch rationalisiert werden, ohne die vorgegebenen Zwecke zu hinterfragen. Die Kritik dieser nur instrumentellen Vernunft ist zweifellos dem humanistischen Impuls gefolgt, daß Zweck-Mittel-Rationalität, wenn diese schon in der Naturaneignung nötig sein sollte, nicht auch noch auf die zwischenmenschlichen Beziehungen übertragen werden darf. Diese Kritik erfolgte aber in der Regel regressiv, d. h. vom Standpunkt kleinbürgerlich-romantischer, vorbürgerlicher Rationalitätsformen oder gar vom Standpunkt irrationaler Lebensgründe. Auch die, damals wie heute, vorgetragene ästhetische oder ethische Kritik an der Rationalitätsform positiver Wissenschaft klärt nicht, wie innerhalb der Wissenschaft selbst alternative Rationalitätsformen ausgebildet werden können. Diese letztere progressive Fragestellung ist nur in der Tradition dialektischer Philosophie erarbeitet worden, die aber größtenteils unter das Verdikt des antimarxistischen Selbstverständnisses der spätbürgerlichen Philosophie und Sozialwissenschaft fiel.

3. Schließlich ist die damalige Diskussion heute auch in einem engeren Sinne wissenschaftstheoretisch relevant geworden. Die von Max Weber inaugurierte „verstehende Soziologie" war, bei allen auch gegenläufigen positivistischen Zügen

Webers, mit der Lösung hermeneutischer Probleme gekoppelt. Zunächst schienen hermeneutische Probleme nur in den Wissenschaften zu entstehen, deren Gegenstand, im Unterschied zur äußeren Natur, die sozio-kulturelle Spezifik aufweist, daß Menschen bewußt handeln. Sowohl im positivistischen als auch im transzendentalen Erkenntnismodell schien die Objektivität der wissenschaftlichen Erkenntnis davon abzuhängen, daß der Wissenschaftler, wenigstens der Theoretiker, die Perspektive des unbeteiligten Beobachters einnehmen kann. Demgegenüber war in der geschichts-, kultur- und geisteswissenschaftlichen Diskussion die Abhängigkeit der wissenschaftlichen Erkenntnis von der Interpretation in einem doppelten Sinne herausgearbeitet worden.

Jeder Sozialwissenschaftler ist schon immer Teilnehmer des sozialen Geschehens. Darin hatte Vico gerade den Erkenntnisvorteil historischer Wissenschaften gesehen, aber nach dem positivistischen Erkenntnismodell verhinderte dies die Objektivität der wissenschaftlichen Erkenntnis. Doch selbst wenn es dem Sozialwissenschaftler gelänge, die Perspektive des unbeteiligten Beobachters einzunehmen, würde ihm gerade dadurch undurchschaubar, inwieweit die sozialen Verhaltensweisen von den Interpretationsleistungen der zu untersuchenden Akteure abhängen. Das hermeneutische Problem, wie Beobachter- und Teilnehmerperspektive zusammenhängen und wie in diesem Zusammenhang eine objektive wissenschaftliche Erkenntnis entstehen kann, taucht also doppelt auf, sowohl bei dem Sozialwissenschaftler selbst als Tätigem als auch bei seinem Untersuchungsgegenstand als Tätigem. Beides berührt offenbar jede wissenschaftstheoretische Untersuchung.

Die hermeneutische Problemlage nahm um so dramatischere Formen an, als sie auch in der naturwissenschaftlichen Erkenntnis selber, dem traditionellen Hort des Positivismus, nachgewiesen werden konnte. Naturwissenschaftliche Erkenntnis ist nicht nur gegenständlich, sondern auch gesellschaftlich determiniert. Ihre gesellschaftstheoretische Determiniertheit war hinter der Annahme transzendentaler oder anthropologischer Konstanten des erkennenden Bewußtseins überhaupt verborgen geblieben. Sowohl wissenssoziologische und konstruktivistische Vorstöße als auch die kritische philosophische Selbstreflexion führender Naturwissenschaftler lenkten schrittweise die Aufmerksamkeit auf gesellschaftliche Determinanten der naturwissenschaftlichen Erkenntnis. Diese Determinanten reichen von den experimentellen Verfahren, die insbesondere von der ökonomischen und technischen Entwicklung der Gesellschaft abhängig sind, über die den Naturwissenschaften eigentümlichen Verfahren der Symbolisierung und Begründung, die Interpretationsleistungen einschließen, bis zu den gemeinschaftsbezogenen Handlungsweisen der Naturwissenschaftler, deren institutionelle Bedingungen von den gesamtgesellschaftlichen Verhältnissen abhängen, schließlich bis zu den erkenntnisleitenden Orientierungen, die sich im kulturhistorischen Kontext ändern. Auch die ontologische Vorannahme des neukantianischen Positivismus, daß „da draußen" Gegenstände seien, die man nur wahrzunehmen und unter reine Denkformen zu subsumieren brauche, erwies sich als Fiktion. Die naturwissenschaftliche Erkenntnis der „Gegenstände" läßt sich nicht anders als dadurch leisten, daß diese

Gegenstände in der experimentellen Praxis in „Objekte“ verwandelt werden, die nicht nur „an sich“, sondern in praktischer Relation zum Subjekt „da sind“ und insofern bereits einer praktischen Veränderung unterliegen.

Zwar bleibt die naturwissenschaftliche im Vergleich zur gesellschaftswissenschaftlichen Erkenntnis hermeneutisch unterdeterminiert, da sich die „Objekte“ in der experimentellen Praxis nicht unabhängig von den Möglichkeiten verhalten können, die ihnen als objektiv-reale „Gegenstände“ zukommen. Aber auch die traditionell auf die Untersuchung von Naturwissenschaften ausgerichteten Wissenschaftstheorien können nicht mehr die hermeneutische Problemlage einfach umgehen.[63] Dies führte vor allem im letzten Jahrzehnt zu einem enormen Aufschwung der Hermeneutik-Rezeption in der westlichen wissenschaftstheoretischen Diskussion, auch wenn ursprünglich hermeneutische Probleme anhand der sozialwissenschaftlichen Erkenntnis gestellt worden sind, wie der erste Teil unseres Bandes verdeutlicht.[64]

Im ersten Beitrag des ersten Teiles stellt P. P. Gajdenko (Moskau) den exemplarischen Weg des deutschen Philosophen Edmund Husserl vor. Husserl begann, eingedenk der relativistischen und subjektivistischen Gefahren, die im Psychologismus, Naturalismus und Historismus enthalten waren, mit einem Programm, die Philosophie wieder als strenge Wissenschaft zu formieren, und endete mit einer dramatischen Diagnose der Krise europäischer Wissenschaft, des europäischen Rationalismus und abendländischer Kultur überhaupt. In der geschichtsphilosophischen Wendung des Spätwerkes von Husserl gibt es eine transzendentalphänomenologische Kontinuität seines Lebenswerkes, die sich von Anfang an gegen den Empirismus und gleichermaßen die Trennung von theoretischer und praktischer Vernunft richtete. Für die heutige Diskussion sind insbesondere folgende Fragen relevant: Weshalb bleibt *die transzendentalphänomenologische* Rekonstruktion der Wissenschaft als theoretischer Praxis ohnmächtig? Inwiefern diskutiert Husserl unter dem Titel der Intersubjektivität (im Unterschied zum individualistischen Subjekt) das Vergesellschaftsproblem wissenschaftlicher Erkenntnis? Wie hängen Geltungs- und damit Sinnfragen mit propositionalen Aussagen in der Wissenschaft zusammen? Freilich kann Husserl seine tiefe Einsicht, daß die „Krise“ nicht in einem Zuviel an Rationalität gründet, sondern in einem Zuwenig an philosophisch gehaltvoller Rationalität (im Unterschied zur nur formal berechnenden und instrumentell-pragmatischen Rationalität), nicht realisieren. Sein gesellschaftstheoretisches Defizit hindert ihn daran, seine Be-

[63] Vgl. zur marxistischen Einordnung hermeneutischer Probleme H. J. Sandkühler, Praxis und Geschichtsbewußtsein, Frankfurt/M. 1973; L. G. Jonin, Ponimajuščaja soziologija, Moskva 1979.

[64] Vgl. den Rückbezug des gemeinschaftssoziologischen Ansatzes von Th. S. Kuhn auf die sozialwissenschaftliche Erkenntnis bei: B. Barnes, Th. S. Kuhn and Social Science, London-Basingstoke 1982.

schreibung der Krise in eine entwicklungstheoretische Erklärung des Krisenphänomens zu verwandeln.

In den drei folgenden Beiträgen von D. Koop (Leipzig), J. N. Davydov (Moskau) und W. Engler (Berlin) wird das bis heute anhaltende Dilemma spätbürgerlicher Begründungsversuche der Soziologie am Beispiel von Max Weber, Max Scheler und Karl Mannheim vorgeführt. Dieses Dilemma ist mehr als die Schwierigkeit irgendeiner Disziplin. Allgemeine Soziologie oder Gesellschaftstheorie hätte die Brückenfunktion zwischen Philosophie und besonderen Sozialwissenschaften, auch zwischen Philosophie und Wissenschaftstheorie zu erfüllen. Das gesellschaftstheoretische Defizit der spätbürgerlichen Diskussion schlägt die Philosophie, selbst wenn diese kritische Intentionen verfolgt, mit Abstraktheit und die Sozialwissenschaften mit Positivismus. Der Ausfall gesellschaftstheoretischer Begründungen schlägt auch insbesondere auf die Wissenschaftstheorie durch. Die Erkenntnis der Wissenschaft als eines hochkomplexen, sich entwickelnden sozialen Phänomens setzt schon immer gesellschaftstheoretische Orientierungen voraus. Das gesellschaftstheoretische Defizit der spätbürgerlichen Wissenschaftstheorien nach dem zweiten Weltkrieg hat sein Vorspiel: die Soziologie des Wissens, die in jüngster Zeit reaktiviert wurde.

Unsere Vergegenwärtigung des historischen Begründungsdilemmas von bürgerlicher Soziologie und Wissenssoziologie verdeutlicht, wie stark das gesellschaftstheoretische Defizit der spätbürgerlichen Diskussion von Anfang an ideologisch begründet war. Historisch betrachtet hatten Marx und Engels, in kritischer Aufhebung der bürgerlichen Klassik, Gesellschaftstheorie bereits in Gestalt der materialistischen Geschichtsauffassung begründet. Das bürgerliche gesellschaftstheoretische Vakuum konnte ideologisch nur in Abgrenzung vom Marxismus, theoretisch nur durch Übernahme bestimmter Teilerkenntnisse des Marxismus gefüllt werden. Die ideologische Anforderung schien und scheint dadurch erfüllbar, daß die materialistische Geschichtsauffassung als ein ökonomistischer Determinismus diffamiert wird. Das theoretische Defizit schien und scheint dadurch überwindbar, daß „Elemente" des Marxismus theoretisch anerkannt, aus dem marxistischen Gesamtkontext herausgelöst und in idealistische oder metaphysische Gesamtkonzeptionen integriert werden. Die Aktualität der damaligen Diskussion verdankt sich nicht zuletzt dieser ideologisch-theoretischen Doppelstrategie gegenüber dem Marxismus, die M. Weber umfassend begründet hat, die sich aber auch in dem Werk von M. Scheler und dem von K. Mannheim zeigen läßt. Der bürgerlichen Soziologie ist ihre Krise, positivistisch verfahren zu müssen und gleichzeitig positivistisch nicht begründet werden zu können, gleichsam schon in die Wiege gelegt.

Für die heutige Diskussion bleibt Weber relevant durch seine Rationalitätskonzeption, damit in Zusammenhang stehend, durch die in seine Soziologie eingebaute hermeneutische Problematik und die Reichweite seines handlungstheoretischen Verfahrens, dessen Grenzen hervortreten, sobald es um die Erklärung von Makrostrukturen geht. Weber gelingt keine entwicklungstheoretische Erklärung und Lösung, einstweilen aber ein Klassifikationsraster für Problemstellungen, um die noch heute die spätbürgerliche Diskussion kreist: Welchen „Sinn“ hat positive Wissenschaft, d. h. eine Wissenschaft, die in Strukturverwandtschaft zum „Geist des Kapitalismus“ soziales Handeln nur formal und technisch rationalisiert und als „Beruf“ institutionalisiert wird, die die Welt „entzaubert“ und gleichzeitig das allgemeine „Gehäuse der Hörigkeit“ mit schmiedet, aus dem auch keine intellektuelle Romantik mehr herausführt, es sei denn um den Preis, der für „charismatische Führer“ gezahlt werden muß. Webers allgemeines Krisenbewußtsein ist international zu der für spätbürgerliche Diskussionen selbstverständlichen Artikulationsform geworden.

Die Relevanz der Schelerschen Konzeption für die gegenwärtige Diskussion besteht in seinem radikalen Antipositivismus.[65] Scheler rehabilitiert durchgängig die Spezifik von Philosophie gegenüber der positiven Wissenschaft, versucht den Positivismus als eine erst junge und spezifisch westeuropäische Ideologie zu enthüllen und zeigt die Gefahr der antiphilosophischen Gemeinsamkeit von reformierter Religion und positiver Wissenschaft auf. Seine Erklärungsart, Wissensformen, die wissenschaftlichen eingeschlossen, als gruppenspezifische Weltanschauung in Abhängigkeit von Gemeinschaftsstrukturen zu bestimmen, greift der späteren Paradigma-Diskussion und dem späteren gemeinschaftssoziologischen Ansatz bei Kuhn unmittelbar vor. Kultursoziologisch bedeutsam bleibt seine Frage nach den Wechselwirkungen zwischen Weltanschauungsgemeinschaften, so in der Genese neuzeitlicher Wissenschaft, nicht aber seine einfache Umgruppierung des Comteschen Drei-Stadien-Gesetzes, nun zugunsten der Philosophie statt positiven Wissenschaft. Scheler vermag grundsätzlich nicht, den Graben zwischen seiner einerseits kultursoziologischen Bestimmung eines „Ethos“ und seinen andererseits anthropologischen Annahmen mit Rückgriff auf Triebstrukturen gesellschaftstheoretisch zu überbrücken. Seine sinnvoll gleichzeitige Kritik an Positivismus und Eurozentrismus unterliegt aber jener intellektuellen Romantik, die Weber zu Recht kritisiert hat.

W. Engler geht anhand des Werkes von K. Mannheim systematisch die konzeptionellen Möglichkeiten der Wissenssoziologie durch. Das ideologische Bedürfnis, den Marxismus zu widerlegen, vereitelt Mannheims theoretische Absicht, eine Hermeneutik der Gegenwart wissenssoziologisch zu begründen. Die soziologische Funktionalisierung der Wissensformen auf soziales Sein hin entpuppt sich als ein verschämter Internalismus, der aus der immanenten Weltanschauungsanalyse heraus nur Strukturmorphologien mit sozialen Trägerschichten annimmt. Engler zeigt, wie vier wissenssoziologische, alle in der gegenwärtigen wissenschaftstheoretischen Diskussion wieder präsente Anläufe, die Teilnehmerperspektive zu objektivieren, fehlschlagen, ebenso drei Anläufe, die Beobachterperspektive zu objektivieren. Mannheims Übertragung des Konkurrenzmodells auf die Wissenschaft, durch die zunächst die Angabe eines Entwicklungsmechanismus auch der

[65] Vgl. u. a. P. Good, Von der Verantwortung des Wissens, in: P. Good (Hrsg.), Von der Verantwortung des Wissens, Frankfurt/M. 1982.

Wissenschaft möglich schien, opfert die kulturelle Spezifik der Wissenschaft, wahre Erkenntnis zu produzieren. Die Frage nach einer progressiven innerwissenschaftlichen Alternative zur positiven Wissenschaft bedarf eines grundsätzlich anderen Ausgangspunktes: der dialektischen Einheit von Theorie und Praxis, wie sie erstmals im Marxismus entstand.

Das gesellschaftstheoretische Defizit schneidet der spätbürgerlichen Diskussion, in Entsprechung zu ihrer gesellschaftlich-praktischen Ohnmacht, den Weg der Verwirklichung philosophischer Vernunft ab. Offen bleibt ihr der Rückweg in die philosophische Beschwörung der Gesellschafts- und Wissenschaftskritik, aber solche Beschwörung schließt die Wiederbelebung des Geistes der Vergangenheit ein. Wir beschließen den ersten Teil unseres Bandes mit einem Beitrag über einen spätbürgerlichen deutschen Philosophen, der sich in jeder neuen Phase der allgemeinen Krise des Kapitalismus einer neuen wirkungsgeschichtlichen Welle sicher sein kann. H.-M. Gerlach (Halle) untersucht Heideggers Kritik der Wissenschafts- und Technikentwicklung und ihre Rolle in der gegenwärtigen wissenschaftstheoretischen Diskussion.

Martin Heidegger formulierte eine Technik-Kritik, die heute in der „grünen" Bewegung lebendig ist. Aber den ökologischen und inhumanen Auswirkungen großindustrieller Technik ist eine positive Wissenschaft vorgelagert, die diesen Technik-Typ ermöglicht. Diese Wissenschaft folgt ontologischen Vorannahmen und legitimiert sich transzendentalphilosophisch. Heidegger formulierte früh, sowohl gegen die traditionelle Ontologie als auch die Transzendentalphilosophie gerichtet, die historische Endlichkeit des Subjekts kultureller Produktion. Seine Diskussion der verschiedenen Zeitbegriffe „ontischer" Wissenschaften bleibt hochaktuell. Er versuchte, in seiner „existenzialen Daseinsanalytik" die Frage nach dem Sinn von Sein zu beantworten, die auseinanderdriftenden Geltungsfragen nach dem Sinn und die ontischen Fragen nach dem Sein wieder miteinander zu vereinigen. Heidegger bindet die wissenschaftliche Denkhaltung, die nur noch einer irrational werdenden technischen und sozialen Herrschaft zu dienen scheint, zurück an die praktische Lebenstätigkeit und den „existenzialen" Sinn menschlichen Daseins. Aber der existenzialistische Individualismus seiner „Daseinsanalytik" relativiert und subjektiviert die „Welt" darauf, nur ein Strukturmoment dieses Daseins zu sein. Heideggers intellektuelle Romantisierung der entfremdeten Existenz des Individuums in der spätbürgerlichen Gesellschaft widersteht nicht dem „Gehäuse der Hörigkeit", wie es M. Weber beschrieben hat. Heideggers Remythologisierung des Seins ersetzt den Anspruch auf Totalitätserkenntnis zugunsten einer fatal stimmenden Apokalypse. Zwar hält seine Beschwörung einer neuen Denkweise, die der Dichtung entspreche, die Frage nach neuen Rationalitätsformen gegenüber der positiven Wissenschaft offen, aber nicht als die Frage nach einer neuen Rationalität der Wissenschaftsentwicklung selbst.[66]

[66] Vgl. zu dem für die gegenwärtige intellektuelle Romantik symptomatischen Versuch einer gar „Heideggerschen Linken" P. Sloterdijk, Kritik der zynischen Vernunft, Frankfurt/M. 1983, Bd. 1, S. 395.

In der deutschen spätbürgerlichen Philosophie und Soziologie der ersten Hälfte unseres Jahrhunderts werden bereits Wissenschaftsauffassungen konzipiert, die den Traditionsbezug zur klassischen bürgerlichen Aufklärung abbrechen. Wissenschaft wird nicht mehr im Kontext oder gar als Modell für eine rational voranschreitende gesamtgesellschaftliche Entwicklung thematisiert, sondern im Zeichen eines allmächtigen und allgegenwärtigen Krisenbewußtseins kritisiert. Die Denkergeneration von Husserl bis Heidegger hatte noch das sozialkritische Normativ einer rationalen Aufklärung der Gesellschaft verinnerlicht. Ihre Größe bestand noch darin, sich wider Willen den Traditionsabbruch abgerungen zu haben. In ihrem Traditionsabbruch kommt mehr zum Ausdruck als persönliches Versagen. Die spätbürgerliche Toleranz für die staatsmonopolistische Herrschaft schließt letztlich auch theoretisch die Perspektive gesamtgesellschaftlicher Entwicklung, objektiv wahrer Erkenntnis und rationalen Fortschritts aus. Von der Größe der damaligen Denker heute zu sprechen ist im Vergleich mit den gegenwärtigen neuen Popularphilosophen der westlichen Welt berechtigt. Ein Max Weber hat sich offen zu seinem Kulturbürgertum bekannt, ebenso zu seiner konservativen Grundhaltung, die ideologiehistorisch eine Bedingung seines Realismus war. Heutige „neue", „postmoderne" und sonstige sog. Philosophen haben die Diagnose der Krise in das einträgliche Geschäft mit Krisenprophezeiungen verwandelt. Zur Erhöhung der Glaubwürdigkeit dieser Markenartikel muß der Autor eine „linke" Inkubationszeit imitieren können, wie der Fall André Glucksmann zeigt.[67] Aber die Krisenprophezeiung aus dem Munde eines „linken" Büßers ist nur der zynische Vorwand für den Vollzug der Rechtswende.

5. Das entwicklungstheoretische Dilemma spätbürgerlicher Wissenschaftstheorien heute

Das schon im ersten Teil herausgearbeitete spätbürgerliche Defizit an einer Theorie der gesellschaftlichen Entwicklung reproduziert sich in den nichtmarxistischen Wissenschaftstheorien der zweiten Hälfte des Jahrhunderts als deren entwicklungstheoretisches Defizit. Wir gehen dieser Fragestellung anhand ausgewählter repräsentativer Beispiele aus dem angelsächsischen, deutsch- und französischsprachigen Raum nach. Im Mittelpunkt der Analyse steht, was international als die „antipositivistische" oder „postempiristische" Wende der spätbürgerlichen Wissenschaftsforschung bezeichnet wird.

Die kognitive Ausdifferenzierung und soziale Institutionalisierung von Wissenschaftstheorien, die insbesondere gegenüber der Philosophie und Soziologie eine relative Selbständigkeit gewinnen, erfolgte von den 50er bis zu den 70er Jahren durchgängig in allen entwickelten kapitalistischen Ländern. Die allgemeine Durchsetzung spezifischer Wissenschaftstheorien geht wissenschaftshistorisch vor allem

[67] Vgl. A. Glucksmann, Philosophie der Abschreckung, Frankfurt/M. 1984.

auf eine multidisziplinäre Integration von Wissenschaftsphilosophie, Wissenschaftsgeschichtsschreibung, Wissenschaftssoziologie und Wissenschaftspsychologie zurück. Sie schloß, vom Kader- und Theorienpotential her gesehen, einen erheblichen Zugang seitens der Naturwissenschaften ein, insbesondere der Physik als dem klassischen Muster für „strenge Wissenschaft" überhaupt.

Das Bedürfnis nach einer wissenschaftstheoretischen Anleitung der interdisziplinären Wissenschaftsforschung läßt sich aber nur in einem größeren gesellschaftshistorischen Kontext rekonstruieren. Die relative Stabilisierung der kapitalistischen Gesellschaftsformation nach dem zweiten Weltkrieg konnte nur gelingen, wenn vor allem zwei neue Bedingungen staatsmonopolistisch beherrschbar wurden. Das staatsmonopolistische System mußte die ständige politische, ökonomische und militärische, damit wissenschaftlich-technische Auseinandersetzung mit dem inzwischen im Gefolge der Niederlage des Faschismus entstandenen sozialistischen Weltsystem durchstehen, ja, sich nach Möglichkeit in dieser Auseinandersetzung die globale Hegemonie sichern. Nach innen konnte die relative Stabilisierung nur gelingen, wenn ein neues Niveau der Kapitalverwertung und damit die Möglichkeit der Beherrschung von Klassenantagonismen wenigstens in den entwickelten kapitalistischen Ländern erreicht wurde. Für die Beherrschung dieser wichtigsten äußeren und inneren Bedingungen der relativen Stabilisierung war und ist ein entscheidendes Kettenglied, daß das Entwicklungsreservoir der Wissenschaften staatsmonopolistisch verfügbar wird. Für eine stabile strategische Regulierung der Wissenschaftsentwicklung innerhalb des staatsmonopolistischen Systems fehlten aber die grundlagentheoretischen Voraussetzungen und die entsprechende Konzentration der Wissenschaftsforschung.

Das Neuerungsreservoir der Wissenschaften ist nach dem zweiten Weltkrieg ein vom bürgerlichen Standpunkt aus notwendig zu bearbeitendes Thema geworden. Zugleich würde aber die konsequent entwicklungstheoretische Lösung der Frage nach der Entstehung von Neuem die weltanschaulich bürgerlichen Voraussetzungen und die positivistischen Methoden der Sozialwissenschaften sprengen. Das Limit bürgerlicher Weltanschauung und positivistischer Verfahrensweise ist aber notwendig, damit Sozialwissenschaften ideologisch die Funktion der Apologetik und praktisch die Funktion sozialtechnologischer Anleitung der staatsmonopolistischen Regulierung erfüllen. Die Krise der bürgerlichen Soziologie potenziert sich somit in dem entwicklungstheoretischen Dilemma spätbürgerlicher Wissenschaftstheorie. Nach der Krise der bürgerlichen Soziologie, die seit deren Geburtsstunde anhält, ist es vor allem die Herausbildung bürgerlicher Wissenschaftstheorie, die sowohl ideologisch als auch theoretisch zu einer Grundsatzdiskussion im Wissenschaftsbetrieb der westlichen Welt führt. Die Abgrenzungsnot gegenüber dem Marxismus, die schon für die Herausbildung bürgerlicher Soziologie charakteristisch war, wiederholt sich in der Herausbildung bürgerlicher Wissenschaftstheorie, aber unter den neuen Bedingungen und angesichts der Komplexität des Untersuchungsgegenstandes in verschärfter Form.

Das staatsmonopolistische System verkehrt die ökonomisch produktiven und gesellschaftlich progressiven Entwicklungspotenzen der Wissenschaften in destruktive und regressive Wirkungen. Die Vorbereitung und Durchführung von imperialistischen Kriegen, atomare Hochrüstung, das Programm für den „Krieg der Sterne", chronische Massenarbeitslosigkeit, die scientistische und technokratische Entmündigung der Bürger, die Zerstörung der ökologischen Voraussetzung der gesellschaftlichen Entwicklung, die Vergrößerung des Abstandes und der Abhängigkeit der sich entwickelnden Länder von den Hauptländern des Kapitals zeigen diese staatsmonopolistische Verkehrung. Die Umfunktionierungen der gesellschaftlichen Entwicklungspotenzen der Wissenschaft lassen aber im Alltagsbewußtsein spontan Skepsis und Feindschaft gegen Wissenschaft, wissenschaftlich-technischen Fortschritt und Rationalität überhaupt entstehen. Der Schein, daß Wissenschaftsentwicklung mit staatsmonopolistischer Herrschaftssicherung identisch sei, kann für eine konservative und irrationale Wende in den imperialistischen Zentren ausgenutzt werden.

Andererseits unterliegt die spontane, noch von diesem Schein befangene Kritik differenzierten Erfahrungs- und Lernprozessen. Zwar verläuft die Reproduktion der staatsmonopolistischen Ordnung gesamtgesellschaftlich anarchisch. Aber diese Reproduktion ist gerade in ihren Teilprozessen auf hochentwickelte Rationalitätspotentiale angewiesen. Insbesondere im letzten Jahrzehnt haben Differenzierungen in der öffentlichen Diskussion unter dem Eindruck neuer Bewegungen, wie der Friedens-, Öko-, Alternativen- und Emanzipationsbewegung stattgefunden, die die wissenschaftstheoretischen Konzeptbildungen beeinflussen.

Entwicklungstheoretische Fragen in den Mittelpunkt der wissenschaftstheoretischen Auseinandersetzung zu rücken heißt, das ideologisch wie theoretisch grundsätzliche Dilemma bürgerlicher Wissenschaftstheorien zu bestimmen. Da dieses Dilemma darin besteht, den Anspruch auf Erklärung der Wissenschaftsentwicklung erheben zu müssen und gleichzeitig nicht erfüllen zu können, ergibt sich ein ideologisch wie theoretisch differenziertes Spektrum an nichtmarxistischen Wissenschaftstheorien (im Plural!), das wir exemplarisch vorführen möchten. Das entwicklungstheoretische Defizit kommt auf wissenschaftstheoretischem Gebiet vor allem darin zum Ausdruck, daß die Wahrheits- und Fortschrittsproblematik der Wissenschaftsentwicklung unbewältigt bleibt. Die entwicklungstheoretische Problematisierung entspricht sowohl dem immanenten Anspruch nichtmarxistischer Wissenschaftstheorien als auch dem Bedürfnis nach einer marxistischen Theorie der Wissenschaftsentwicklung. Die Aufdeckung der entwicklungstheoretischen Selbstüberforderung nichtmarxistischer Wissenschaftstheorie hilft, die Spezifik des nötigen Einsatzes marxistischer Wissenschaftstheorie zu bestimmen.

Das entscheidende Kriterium dafür, was aus nichtmarxistischen Ansätzen in den theoretischen Bestand der Wissenschaftstheorie einzugehen vermag, ist, inwieweit diese Ansätze in der Lage sind, das Phänomen der Entwicklung von Wissenschaft in seinen Makro- und Mikrokontexten zu erklären. An diesem Kriterium sind bislang sowohl ökonomistische und pragmatistische Reduktionen als auch logisch-positivistische und formalistische Vorstellungen gescheitert.

Solche Ansätze erfassen jeweils nur eine bestimmte Art von Voraussetzungen und Resultaten der Wissenschaft, nicht aber den geschichtlichen Prozeß der Wissenschaftsentwicklung in seiner Komplexität. An letzterer Aufgabe sind auch strukturalistische Varianten der Episteme-Forschung .gescheitert, was zur Betonung des genetischen Charakters der Epistemologie führte. Die theoretische und institutionelle Wirksamkeit des entwicklungstheoretischen Kriteriums zeigte sich nach dem zweiten Weltkrieg in einer entsprechenden Umorientierung wissenschaftstheoretischer Grundlagenforschung. Diese Umorientierung kommt vor allem zum Ausdruck in dem Respekt vor der Wissenschaftsgeschichte und ihrer Rolle für die wissenschaftstheoretische Konzeptbildung; in Bestimmungsversuchen des sozialhistorischen Kontextes der Wissenschaftsentwicklung, wenngleich zumeist nur auf Mikroebene; in der Rezeption evolutionstheoretischer Konzepte aus Natur- und Sozialwissenschaften; im Aufbau einer Argumentations- und Kommunikationsforschung, durch die (im Unterschied zu formallogischen Rekonstruktionen und Analogien zu leeren Sprachspielen) die hermeneutische Problemlage bewältigt werden soll; im Aufschwung des konstruktivistischen Herangehens (in einem nicht spezifischen Erlangener Sinne) und in der Rezeption der genetischen Psychologie J. Piagets; in den epistemologischen Bestimmungsversuchen diskursiver Praktiken für ganze Epochen, um sich der Wissenschaft als einem regulären Kulturphänomen nähern zu können.

Der zweite Teil des vorliegenden Bandes beginnt mit einer Reihe von Beiträgen zur „postempiristischen“ Wende in der angelsächsischen Wissenschaftsforschung. In diesen Beiträgen wird ein repräsentativer Überblick über diese Wende von S. Toulmin, Th. Kuhn und I. Lakatos über L. Laudan bis zur jüngsten „interpretativen“ Wissenschaftssoziologie gegeben.

H.-P. Krüger (Berlin) stellt in seinem Aufsatz die interdisziplinäre grundlagentheoretische Problematik der „anti-positivistischen“ Wende anhand der Problemgeschichte des bisherigen Lebenswerkes von S. Toulmin dar. Toulmin kann nicht nur als der historische und systematisch breiteste Begründer dieser Wende im ganzen gelten, sondern auch als ihr selbstkritischer Kommentator, für den angesichts der Krise dieser Wende seit Mitte der 70er Jahre die Grundlagen spätbürgerlicher Philosophie und Sozialwissenschaft problematisch werden. Aber Toulmin vermag nicht, das gesellschaftstheoretische Defizit als den Grund des entwicklungstheoretischen Dilemmas spätbürgerlicher Wissenschaftstheorie zu überwinden. Er begründet aus der sprachpragmatischen Wende des späten Wittgenstein heraus eine argumentationstheoretische Auffassung von Rationalitätsformen, einschließlich der der Wissenschaft. Er integriert diese Argumentationstheorie in eine gleichfalls von ihm vorgeschlagene Universalisierung des evolutionstheoretischen Erklärungsverfahrens, um die Evolution geistiger Unternehmungen der menschlichen Gesellschaft, insbesondere der Wissenschaft, bestimmen zu können. Aber die durchaus orginäre Integration von Argumentations- und Evolutionstheorie bricht aufgrund des Defizits an einer Theorie der gesellschaftlichen Entwicklung wieder auseinander in Pragmatismus und Evolutionismus.

K. Lüdtke (Berlin) diskutiert die Frage, inwieweit Wissenschaftsentwicklung ein Prozeß des Wandels sozialer Strukturen wissenschaftlicher Gemeinschaften ist, anhand von Kuhns Verständnis der Wissenschaftsentwicklung. Lüdtke setzt die marxistische, bislang vor allem erkenntnistheoretische Kuhn-Kritik voraus und leistet vom Standpunkt einer Soziologie wissenschaftlicher Gemeinschaften, in der am ehesten der rationelle Kern der Kuhnschen Konzeption bestehen kann, eine immanente Kuhn-Kritik, die zur Skizze eines positiven, fallstudiengestützten Gegenmodells führt. Er kehrt in seiner Interpretation Elemente und Konsequenzen der Kuhnschen Konzeption gegen Kuhns gesamtkonzeptionellen Zirkelschluß zwischen Gemeinschaft und Paradigma. Lüdtke setzt, im Unterschied zu Kuhn, auf überzeugende Weise das gemeinschaftssoziologische Modell nicht innerhalb einer Gemeinschaft an, sondern auf der zwischengemeinschaftlichen Ebene. Andererseits bewirkt die gemeinschaftssoziologische Einschränkung seiner Auseinandersetzung mit Kuhn, daß der differenzierte Entwicklungszusammenhang zwischen kognitiven und sozialen Aspekten hier nicht ins Blickfeld gerät. Ebenso führt die Frage nach den epochen- und formationshistorischen Makrostrukturen der Wissenschaftsentwicklung über die Grenzen des gemeinschaftssoziologischen Ansatzes hinaus.

Das Konzept der wissenschaftlichen Forschungsprogramme, das I. Lakatos in kritischer Auseinandersetzung mit der falsifikationistischen Methodologie seines Lehrers K. R. Popper geschaffen hat, wird in der ihm von seinem Autor zugemessenen Rolle als Instrument rationaler Rekonstruktion wissenschaftshistorischer Zusammenhänge von H. Laitko (Berlin) analysiert. Dabei wird gezeigt, daß dieses Konzept als Abbild realer Entwicklungszusammenhänge in Sequenzen von Theorien oder Theorievarianten einen unbestreitbaren deskriptiven Wert hat, jedoch in seinen Möglichkeiten, Entwicklungsmechanismen der Wissenschaft zu beschreiben, prinzipiell begrenzt ist. Diese Begrenzungen hängen mit den philosophischen Prämissen zusammen, mit denen das Konzept massiv an den kritischen Rationalismus Poppers gebunden bleibt und die ihm dogmatische Züge aufprägen. Insgesamt wird das Konzept als Resultat widerstreitender Tendenzen gekennzeichnet — der Tendenz, die dogmatischen Prämissen des kritischen Rationalismus wissenschaftshistorisch zu exemplifizieren, und der Tendenz, den philosophischen Rahmen an die Kompliziertheit wissenschaftshistorischer Entwicklungszusammenhänge anzupassen.

G. Kröber (Berlin) geht in seinem Beitrag zu Larry Laudan von den Arbeiten eines jüngeren Vertreters der „postempiristischen" Wende aus, der, wie in dieser Wende, aber auch schon im kritischen Rationalismus üblich, Wissenschaft als eine problemlösende Tätigkeit untersucht. Dabei stellt Laudan, gegenüber der analytischen Wissenschaftstheorie und dem kritischen Rationalismus, die Bestimmung des Verhältnisses zwischen Rationalität und Fortschritt um. Als theoretischer Fortschritt in der Wissenschaft könne nicht jenes, nur graduelle Mehr bestimmt werden, das sich anhand vorgegebener, ahistorischer Rationalitätsstandards ergäbe. Umgekehrt, der wissenschaftliche Fortschritt lasse sich als höhere Problemlösungseffektivität in der Zeit fassen, womit „Rationalität" nun dem Fortschrittsbegriff untergeordnet wäre und in der Wahl der problemlösungseffektiveren Theorie bestehe. Da Laudan, gleich seinen westlichen Diskussionspartnern, weder gesellschaftstheoretisch die in sich differenzierten Kriterien gesamtgesellschaftlichen Fortschritts zu bestimmen vermag, noch erkenntnistheoretisch den der Wissenschaft spezifischen kognitiven Fortschritt als Fortschreiten im objektiv wahren Charakter wissenschaftlicher Erkenntnis zu begründen vermag, bricht sein Fortschrittsansatz subjektivistisch zusammen. Dadurch bleibt auch Laudans berechtigte Kritik an dem „starken Programm" der Edinburgher wissenssoziologischen Schule begrenzt, ebenso sein Versuch, den Parameter der Zeit in die wissenschaftstheoretische Forschung einzuführen, wodurch diese zwar nicht mehr zeitlos, wohl aber noch immer geschichtslos konzipiert wird.

N. Jachiel (Sofia) stellt den in jüngster Zeit erfolgten Übergang von der „normativen" zur „interpretativen" Wissenschaftssoziologie dar. Er unterscheidet innerhalb der interpretativen Wissenschaftssoziologie die relativistische, diskursanalytische und konstruktivistische Richtung, in gewissem Sinne auch das „starke Programm" der wissenssoziologischen Edinburgher Schule. Die interpretative Wissenschaftssoziologie schließt unmittelbar an die von der „postempiristischen" Wende aufbereitete hermeneutische Problemlage an, deren Vorbereitung wir schon im ersten Teil unseres Bandes untersucht haben. Sie reaktiviert sowohl die Grundprobleme der Wissenssoziologie als auch der, ebenfalls im ersten Teil eingeführten, transzendentalen Phänomenologie, letztere aber vermittelt über die phänomenologische Soziologie von A. Schütz und die Ethnomethodologie von H. Garfinkel. Jachiel deckt gegenüber dem gesamtkonzeptionellen Relativismus und Subjektivismus dieser Richtung die wissenschaftssoziologisch und hermeneutisch rationellen Probleme auf, die diese Richtung im Gegensatz zur strukturell-funktionalistischen und normativen Betrachtungsweise Mertons zu stellen vermag.

Die im zweiten Teil des vorliegenden Bandes behandelte Wende im ganzen, insbesondere ihr interpretativ-wissenschaftssoziologischer Ausgang in der jüngsten englischen Diskussion, enthält insgesamt einen konstruktivistischen Zug. Dieser in allen Konzeptionen wenigstens latente Konstruktivismus (in einem weiteren, nicht auf die Erlanger und Konstanzer Schule eingegrenzten Sinn) ergibt sich aus der generell antipositivistischen Stoßrichtung, in der an die Stelle der positivistisch verkürzten Widerspieglungsauffassung der schöpferische, wirklichkeitsbildende Charakter der menschlichen Tätigkeit rückt. R. Mocek (Halle) geht in seinen Anmerkungen zum Konstruktivismus von der Remythologisierung des naturwissenschaftlichen Weltbildes in der jüngeren westlichen Populärliteratur aus. In dieser Remythologisierung werden neurophysiologische und systemtheoretische Problemstellungen aus ihrem je spezifischen Forschungskontext herausgerissen, um der populären Legitimation subjektiv-idealistischer Grundhaltungen gegenüber einem als Empirismus diffamierten Marxismus zu dienen. Mocek diskutiert einige wichtige Thesen des erkenntnistheoretischen Konstruktivismus einschließlich seiner gesellschaftstheoretischen und ethischen Postulate als einen Aspekt dieser „neuen“ naturwissenschaftlich-populären Weltbilder und des darin enthaltenen Wissenschaftsverständnisses. Im Konstruktivismus scheine, so Mocek, der aktive Impuls der Marxschen ersten Feuerbach-These seine idealistische erkenntnistheoretische Durcharbeitung gefunden zu haben.

Die französischsprachige Diskussion seit der Jahrhundertwende ist nicht nur reich an der Fortbildung des Comteschen Positivismus und des aus Deutschland importierten Neukantianismus, sondern auch an lebens- und existenzialphilosophischen Gegenentwürfen. Unter den wissenschaftsphilosophisch relevanten Versuchen, die positivistische und neukantianische Tradition im Geiste des französischen Rationalismus zu überwinden, spielt zweifellos die ab Ende der 20er Jahre entstandene Epistemologie von G. Bachelard die entscheidende Rolle. Bachelards „epistemologischen Idealismus“ müssen wir hier aber problemgeschichtlich voraussetzen.[68] Zeitlich parallel, wenngleich problemgeschichtlich anders als Bachelard verortet, entsteht Piagets Psychologie des Kindes, die aber erst nach dem zweiten Weltkrieg, im Gefolge der systematischen Rekonstruktion durch Piaget selbst, zur „genetischen Psychologie“ heranwächst und zudem auch den Anspruch auf Begründung einer „genetischen Epistemologie“ erhebt. Die von Bachelard begründete epistemologische Tradition wird ab Ende der 50er Jahre außer von G. Canguilhem vor allem durch Michel Foucault (1926–1984) systematisch fortgebildet. Seine Konzeption der „Archäologie“ des Wissens ist repräsentativ dafür, wie in der französischsprachigen Literatur der letzten Jahrzehnte ausdrücklich die Frage nach der Entwicklung des Wissens und der Wissenschaft gestellt wird.

V. P. Vizgin (Moskau) unterscheidet von Anfang der 60er Jahre bis Mitte der 70er Jahre drei Etappen der Herausbildung dieser Konzeption. Er zeigt, wie Foucault von der synchronen Beschreibung kulturhistorischer Apriori („épistémè“) mittels eines linguistischen Strukturmodells voranschreitet zu der Erfassung des Zusammenhangs zwischen „nichtdiskursiven“ und „diskursiven“ Praktiken sowie einer Theorie der Schwellen, in der die Übergänge von vorreflexiven und vorsprachlichen Verhaltensorientierungen über kontextbezogene Aussageregeln bis zur Wissenschaft und formalen Axiomatik untersucht werden. Foucault vermag aber das von ihm selbst gestellte Problem der Transformation „diskursiver“ Praktiken nicht zu lösen. Seine strukturlinguistische und soziofunktionalistische Bestimmungsart des Wissens abstrahiert von der gegenständlichen Determination der Erkenntnis, wodurch seine Konzeption insbesondere für die Untersuchung von Naturwissenschaften unzureichend ist. Der Zusammenhang zwischen „nichtdiskursiven“ und „diskursiven“ Praktiken kann von Foucault weder gesellschaftstheoretisch objektiviert noch persönlichkeitstheoretisch spezifiziert werden. Sein

[68] Vgl. M. Vadée, Epistemologie oder Philosophie? – Zu G. Bachelards epistemologischem Idealismus, Berlin 1979; A. F. Zotov, Konzepzija nauki i ego razvitija v filosofii G. Bacheljara, in: S. R. Mikulinskij/V. S. Černjak (Hrsg.), V poiskach teorii razvitija nauki, a. a. O., S. 78–118.

gesellschafts- und erkenntnistheoretisches Defizit in der Bestimmung der Spezifik der Wissenschaft treibt ihn zu der lebensphilosophischen Annahme von Willensarten zurück.

Für die bürgerliche sozialwissenschaftliche, einschließlich wissenschaftstheoretische Diskussion in der BRD war außer der zunächst mehr oder weniger versteckten, inzwischen offenen Wiederbelebung konservativer deutscher Traditionen die modifizierte Übernahme der angelsächsischen Konzeptionen charakteristisch[69], im Vergleich dazu die Aneignung grundlagentheoretischer Problemstellungen aus der französischsprachigen Diskussion schon völlig zweitrangig. Selbst die Renaissance Webers und der Wissenssoziologie kam erst im Gefolge der Rezeption der angelsächsischen Diskussion zustande, so z. B. der neue Weber-Streit vermittelt über die Aneignung T. Parsons. Unter dem Gesichtspunkt der spezifisch entwicklungstheoretischen Fragestellung in bezug auf Wissenschaftsforschung wurden zwei neuere sozialkritische, in der Konsequenz aber nichtmarxistische Konzeptionen ausgewählt, von der die eine zur Überwindung des gesellschafts- und entwicklungstheoretischen Defizits der spätbürgerlichen Diskussion überhaupt vor allem Ende der 70er Jahre ausgearbeitet worden ist, während die andere ab Anfang der 70er Jahre zur Auflösung des entwicklungstheoretischen Dilemmas innerhalb der engeren Wissenschaftstheorie entstanden ist. Beide miteinander verwandte, sich aber auch widersprechende Konzeptionen, die „Theorie des kommunikativen Handelns" von Jürgen Habermas und das „Finalisierungskonzept", hängen auch institutionell miteinander zusammen. Sie stammen aus dem einst von C. F. v. Weizsäcker, ab 1971 auch von J. Habermas geleiteten Max-Planck-Institut zur Erforschung der Lebensbedingungen der wissenschaftlich-technischen Welt in Starnberg, das aber 1983 geschlossen wurde.

H.-P. Krüger (Berlin) untersucht die entwicklungstheoretischen Grenzen der u. a. an J. Piaget anschließenden „Theorie des kommunikativen Handelns" von Habermas. Krüger zeigt, daß für die entwicklungstheoretische Durchführung von Gesellschafts- und Wissenschaftstheorie zweifellos Kommunikationstheorie erforderlich ist, die er im Anschluß an die sowjetische Forschungstradition von L. S. Vygotskij bis A. A. Leont'ev versteht. Habermas aber glaubt, den „Paradigma"-Wechsel von der Zweckrationalität im Sinne M. Webers zur kommunikativen Rationalität im Anschluß an Meads symbolischen Interaktionismus und die sprachpragmatische Wende beim späten Wittgenstein begründen zu müssen. Seine Gesamtkonstruktion wird paradox, da er den Dualismus zwischen Handlungs- und Systemtheorie selbst wieder durch eine handlungstheoretische Auffassung von gesellschaftlicher Kommunikation überwinden will. Habermas versucht, dem handlungstheoretischen Zirkel durch die Komplementarität des kommunikativen Handlungsansatzes mit dem transzendentalphänomenologischen Lebenswelt-Konzept Husserls zu entgehen. Krüger zeigt, daß Habermas nur eine inner-

[69] Vgl. H. Holzer, Kapitalismus als Abstraktum?, Berlin 1977; H. Holzer, Evolution oder Geschichte?, Berlin 1979; H. Holzer, Soziologie in der BRD, Berlin 1982.

kommunikationstheoretische Verdoppelung des unterstellten gesellschaftstheoretischen Dualismus und eine strukturalistische Überbrückung desselben gelingt, nicht aber die beabsichtigte entwicklungstheoretische Überwindung. Habermas reproduziert die grundlegenden Defizite „postempiristischer" Wissenschaftstheorie, insbesondere das Defizit an Bestimmung der historisch objektiven Wahrheit wissenschaftlicher Erkenntnis, obgleich der kommunikationstheoretische Standpunkt eine Überwindung der Externalismus-Internationalismus Diskussion ermöglichen könnte.

R. Wegner (Berlin) schließlich untersucht die entwicklungstheoretischen Grenzen des sog. Finalisierungskonzepts am Beispiel der Geschichte der Gärungsforschung. Die ehemalige „Starnberger Gruppe" (G. Böhme, W. Krohn u. a.) versucht, in diesem Konzept die externen und internen Möglichkeiten für eine gesellschaftlich emanzipatorische Steuerung der Wissenschaftsentwicklung in den entwickelten kapitalistischen Ländern heute zu begründen. R. Wegner diskutiert sowohl das Zwei-Phasen-Modell dieser Gruppe, das den Übergang von der „darwinistischen" Phase der Wissenschaftsentwicklung im 19. Jahrhundert zur Möglichkeit der gesellschaftlichen Planung der Wissenschaftsentwicklung in unserem Jahrhundert beschreibt, als auch das disziplinbezogenere Drei-Phasenmodell. Sie zeigt, daß im letzteren Modell der Gegensatz zwischen Externalismus und Internalismus auf Phasen verteilt wird, die dem realen wissenschaftshistorischen Prozeß nicht standhalten. Im Unterschied zu Kuhn wirft das Starnberger Konzept auch makrostrukturelle Fragen nach dem Verhältnis von Gesellschafts- und Wissenschaftsentwicklung auf. Dieses Verhältnis kann aber von den Autoren nur in selbstkritischem Anschluß an die phänomenologische Soziologie beschrieben, nicht gesellschaftstheoretisch begriffen werden. Auch die gegen die Widerspiegelungsauffassung gerichtete Aufspaltung des Wahrheitsproblems in experimentellen Nachweis und argumentative Interaktion läßt sich wissenschaftshistorisch, wie Wegner anhand einer vergleichbaren Fallstudie zur Gärungsforschung zeigt, nicht anwenden.

Der vorliegende Studienband weist zwei konstante Defizite bürgerlicher Wissenschaftsauffassungen in unserem Jahrhundert nach: Das grundlegende Defizit an einer Theorie der gesellschaftlichen Entwicklung und das grundlegende Defizit an einer Erkenntnistheorie, in der die Objektivität wahrer Erkenntnis im historischen Voranschreiten durch relativ wahre Erkenntnis begründet wird. Beide Defizite verlegen den Weg zur sowohl sozial als auch kognitiv hinreichenden Spezifikation von Wissenschaft und führen zu dem entwicklungstheoretischen Dilemma spätbürgerlicher Wissenschaftstheorien.

Teil I: Die Diagnose der „Krise neuzeitlicher Wissenschaft“

Piama P. Gajdenko

Die neuzeitliche Wissenschaft als Problem der transzendentalen Phänomenologie Husserls

In den 60er und 70er Jahren zeichnete sich in der bürgerlichen Wissenschaftsphilosophie eine Wende zur historischen Sicht des wissenschaftlichen Wissens ab. Für den Neopositivismus war eine ahistorische Sichtweise der Wissenschaft kennzeichnend gewesen, und Wissenschaft und Philosophie sollten ihm zufolge streng voneinander getrennt werden; der „Postpositivismus" hingegen rückte das Problem der Entwicklung von Wissenschaft ins Zentrum der Forschung. „Es ist nicht übertrieben zu sagen", schrieb in diesem Zusammenhang S. R. Mikulinskij, „daß diese Jahre eine Periode des Aufstandes der Wissenschaftshistoriker gegen den Positivismus waren. Man bemühte sich um ein komplexeres und tiefergehendes Verständnis der Wissenschaftsentwicklung."[1]

Historisches Herangehen an die Wissenschaft gehört zu den methodologischen Grundprinzipien der marxistischen Philosophie. In den Arbeiten der Klassiker des Marxismus-Leninismus wird das wissenschaftliche Wissen nicht nur unter logisch-methodologischem, sondern auch unter kulturell-historischem Aspekt und im Zusammenhang mit anderen Formen des gesellschaftlichen Bewußtseins gefaßt. Diese marxistische Grundposition ist letztlich auch auf bürgerliche Wissenschaftler und deren kritische Haltung gegenüber einer eng positivistischen Sichtweise nicht ohne Einfluß geblieben, wie man den Arbeiten von Th. Kuhn, S. Toulmin, P. Feyerabend, G. Holton, M. Jammer u. a. entnehmen kann.

Diese in der zweiten Hälfte des 20. Jahrhunderts vollzogene Wende zur historischen Betrachtungsweise wurde durch eine Reihe von Veränderungen im theoretischen Bewußtsein vorbereitet, die bereits in der ersten Hälfte unseres Jahrhunderts stattfanden. Zu den Philosophen, die auf diesen Prozeß wesentlichen Einfluß hatten, gehört auch Edmund Husserl (1859—1938). Seine Kritik am Positivismus und an einem aufklärerischen Wissenschaftsverständnis, die sich besonders in seinem Spätwerk artikulierte („Die Krisis der europäischen Wissenschaften und die transzendentale Phänomenologie" erschien im Jahre 1954), spielte keine geringe Rolle bei der Vorbereitung jener Geisteshaltungen, die später im Postpositivismus ihren Ausdruck fanden, obschon Husserl mit seinem Spätwerk auf die Wissenschaftstheoretiker zumeist keinen unmittelbaren Einfluß hatte.

[1] S. R. Mikulinskij, Džeral'd Cholton i ego koncepcija tematičeskogo analiza, in: Dž. Cholton, Tematičeskij analiz nauki, Moskva 1981, S. 357.

1. Die Philosophie als strenge Wissenschaft

Das Problem der Wissenschaft und der Wissenschaftlichkeit macht, beginnend mit den allerersten Arbeiten Husserls, das zentrale Thema seiner Phänomenologie aus. Im Unterschied zu den im 20. Jahrhundert wahrlich nicht seltenen Philosophen, die die Wissenschaft, ja das rationale Denken überhaupt der Philosophie entgegensetzten, trat Husserl mit der Idee der „Philosophie als strenger Wissenschaft" auf. Die von ihm geschaffene Phänomenologie war seiner Meinung nach angetreten, das bislang noch nicht wahrhaft realisierte Prinzip einer strengen Wissenschaftlichkeit in der Praxis zu verwirklichen.[2] „Dem Anspruch, strenge Wissenschaft zu sein, hat die Philosophie in keiner Epoche ihrer Entwicklung zu genügen vermocht", schrieb Husserl im Jahr 1911. „Auch nicht in der letzten Epoche, die bei aller Mannigfaltigkeit und Gegensätzlichkeit philosophischer Richtungen in einem wesentlich einheitlichen Entwicklungszuge von der Renaissance bis zur Gegenwart fortgeht. . . . Aber die einzige reife Frucht dieser Bemühungen war die Begründung und Verselbständigung der strengen Natur- und Geisteswissenschaften, sowie neuer rein mathematischer Disziplinen."[3]

Ganz im Sinne des traditionellen Rationalismus, der, ausgehend von Descartes und Leibniz, seine Fortführung in der Philosophie des deutschen Idealismus fand, sieht Husserl in der Wissenschaft den wertvollsten und wichtigsten Besitz der Menschheit. „Vielleicht gibt es im ganzen neuzeitlichen Leben keine mächtiger, unaufhaltsamer vordringende Idee, als die der Wissenschaft. Ihren Siegeslauf wird nichts hemmen."[4]

Husserl setzt mit seiner Auffasung von Logik und Mathematik als den exaktesten Wissenschaften die Linie des philosophischen Rationalismus in der von B. Bolzano, R. H. Lotze und F. Brentano, seinem unmittelbaren Lehrer, praktizierten idealistischen Variante fort. Ihre erste Fassung erhält Husserls Philosophie als eine Wissenschaftslehre im Bolzanoschen Sinne. Im ersten Band seiner „Logischen Untersuchungen" von 1900 bestimmt er die Aufgabe der Philosophie dahingehend, daß diese die theoretische Grundlage für die konkreten Wissenschaften zu liefern habe; mit dieser Auffassung steht er nicht nur in der Tradition von Bolzano und Lotze, sondern auch von Descartes, Kant und Fichte.[5]

Für Husserl ist von Anbeginn klar, die Wissenschaft ist durch Relativismus und Skeptizismus gefährdet, deren Quellen er in erster Linie im Subjektivismus und Psychologismus sucht. (In jungen Jahren befand sich allerdings auch Husserl im

[2] Husserl war wie viele seiner Zeitgenossen zum damaligen Zeitpunkt mit der marxistischen Philosophie nicht vertraut.

[3] E. Husserl, Philosophie als strenge Wissenschaft, in: Logos, Bd. 1, Tübingen 1910/11, S. 289.

[4] Ebenda, S. 296.

[5] Die weitere Entwicklung der Husserlschen Lehre zeigte, daß er gerade Fichte besonders nahestand, obschon diese Geistesverwandtschaft nicht durch Fichte-Studien bedingt, sondern dem gemeinsamen Ausgangsprinzip — der transzendentalen Subjektivität mit ihrer Forderung, sich ausschließlich auf die Evidenz zu stützen — geschuldet war.

Fahrwasser des Psychologismus: Sein Aufsatz „Die Philosophie der Arithmetik“ stellt einen Versuch zur psychologischen Begründung der Mathematik dar.) Unter Subjektivismus versteht Husserl nicht nur einen idividualistischen Subjektivismus, wie er beispielsweise für die antiken Skeptiker und Sophisten kennzeichnend war, sondern auch den für Kant und den Neukantianismus charakteristischen, sich auf das „menschliche Bewußtsein überhaupt“ beziehenden Subjektivismus. Der Begriff des subjektiven Relativismus ist, Husserl zufolge, „umschrieben durch die Protagoreische Formel: ‚Aller Dinge Maß ist der Mensch‘, sofern wir sie in dem Sinne interpretieren: Aller Wahrheit Maß ist der individuelle Mensch. Wahr ist für einen Jeden, was *ihm* als wahr erscheint, für den Einen dieses, für den Anderen das Entgegengesetzte. ... Alle Wahrheit (und Erkenntnis) ist relativ — relativ zu dem zufällig urteilenden *Subjekt*. Nehmen wir hingegen statt des Subjektes die zufällige *Spezies* urteilender Wesen als den Beziehungspunkt der Relation, so erwächst eine neue Form des Relativismus. Aller menschlicher Wahrheit Maß ist also der Mensch *als solcher*. Jedes Urteil, das im *Spezifischen* des Menschen ... wurzelt, ist — für uns Menschen — wahr. Sofern diese Urteile zur Form der allgemein menschlichen Subjektivität (des menschlichen ‚Bewußtseins überhaupt‘) gehören, spricht man auch hier von Subjektivismus (von dem Subjekt als letzter Erkenntnisquelle u. dgl.).“[6]

Die Voraussetzung jeglichen Skeptizismus und Relativismus erblickte Husserl im Psychologismus, demzufolge der Erkenntnisakt im Bewußtsein des Subjekts abläuft und folglich auch sein Inhalt durch die Strukturen des Subjekts selbst (individuelles oder anthropologisches Gattungssubjekt) bestimmt wird. Deshalb kann von einer nicht von der subjektiven Verfaßtheit des Erkennenden abhängigen Wahrheit gar keine Rede sein. Die klarste Ausprägung des Psychologismus sieht Husserl in der durch Locke und Hume begründeten Linie, die über J. S. Mill und H. Spencer zu W. Wundt führt und im 19. und 20. Jahrhundert eng mit dem Positivismus verknüpft ist. Dem Relativismus der psychologischen Richtung setzt Husserl die Behauptung entgegen, daß der Inhalt der Erkenntnisakte, wenn diese wahr sind, weder vom einzelnen Menschen, noch von der Menschheit insgesamt abhängt, d. h. daß die Wahrheit keine subjektive sein kann. „Was wahr ist, ist absolut, ist an sich wahr; die Wahrheit ist identisch Eine, ob sie Menschen oder Unmenschen, Engel oder Götter urteilend erfassen.“[7]

In den „Logischen Untersuchungen“, angelegt als „Prolegomena zur reinen Logik“, ist Husserl im Anschluß an Bolzano der Ansicht, daß der Gegenstand

[6] E. Husserl, Logische Untersuchungen. Erster Band, Halle/S. 1928, S. 114/115.

[7] Ebenda, S. 117. — Husserl räumt übrigens ein, daß man von einer Wahrheit für das Menschengeschlecht sprechen kann, worunter jedoch keine spezifische Wahrheit zu verstehen sei (welche für andere Wesen eine Unwahrheit wäre), sondern der der menschlichen Erkenntnis zugängliche Erkenntniskreis.

der Logik die objektiv-reale „Bedeutung an sich" ist, die zeitlose, vom Subjekt und seinen Denkakten unabhängige Sphäre der „reinen Möglichkeiten". Die reine Logik wird von Husserl als eine von der Psychologie unabhängige formale Wissenschaft a priori gedacht. Der „objektiven Bedeutungseinheit" im Subjekt entspricht das die Wahrheit bezeugende Gefühl der Evidenz, weswegen Husserl dieses auch „Erlebnis der Wahrheit" nennt. „Evidenz ist . . . nichts anderes als das ‚Erlebnis' der Wahrheit. Erlebt ist die Wahrheit natürlich in keinem andern Sinne, als in welchem überhaupt ein Ideales im realen Akt Erlebnis sein kann . . . das evident Geurteilte (ist) nicht bloß geurteilt (in urteilender, aussagender, behauptender Weise gemeint), sondern im Urteilserlebnis gegeben als selbst gegenwärtig . . . Das *Erlebnis der Zusammenstimmung* zwischen der Meinung und dem selbst Gegenwärtigen, das sie meint, zwischen dem aktuellen *Sinn der Aussage* und dem selbst gegebenen *Sachverhalt* ist die Evidenz, und die *Idee* dieser Zusammenstimmung die Wahrheit."[8]

Nach Husserls Überzeugung ist es unzulässig, den Inhalt eines Urteils, d. h. dessen *Bedeutung* oder *ideelle Einheit*, mit dem in der menschlichen Psyche ablaufenden Urteils*akt*, welcher ein einzelner empirischer Fakt ist, zu verwechseln. Der Inhalt eines Urteils steht mit keinerlei anthropologischen Eigenschaften der Menschen im Zusammenhang; dieses anzunehmen heißt in den Fehler des Naturalismus zu verfallen.

Der Begriff des Naturalismus ist für die Analyse der Husserlschen Konzeption der Naturwissenschaft von großer Wichtigkeit; er spielt in der „Krisis der europäischen Wissenschaften" eine ebenso große Rolle wie in der Arbeit „Philosophie als strenge Wissenschaft". Husserl versteht unter dem Naturalismus eine solche Denkweise, die vom Begriff der Natur als einer universellen und fundamentalen, weiter nicht zu reduzierenden Realität ausgeht. Dabei wird (was zwecks Vermeidung von Mißverständnissen hervorzuheben ist) Natur im Sinne des mechanistischen, vormarxschen Materialismus verstanden. „Der Naturalismus", schreibt Husserl, „ist eine Folgeerscheinung der Entdeckung der Natur im Sinne einer Einheit des räumlich zeitlichen Seins nach exakten Naturgesetzen. Mit der schrittweisen Realisierung dieser Idee in immer neuen, eine Überfülle strenger Erkenntnisse begründenden Naturwissenschaften greift auch der Naturalismus immer weiter um sich. . . . Den herrschenden Auffassungsgewohnheiten entsprechend neigt eben der Naturwissenschaftler dazu, alles als Natur . . . anzusehen und demgemäß, was so nicht angesehen werden kann, zu mißdeuten."[9]

Als charakteristische Beispiele für die naturalistische Denkungsart verweist Husserl auf Hàeckel und Ostwald, sowie auf den Anfang des Jahrhunderts in

[8] E. Husserl, Logische Untersuchungen, a. a. O., S. 190/191.

[9] E. Husserl, Philosophie als strenge Wissenschaft, a. a. O., S. 294.

Mode gekommenen „Empfindungsmonismus", einer Variante des Positivismus.[10]

Tatsächlich ist es unmöglich, das menschliche Bewußtsein, ausgehend vom Begriff der Natur und ihren mechanischen Gesetzmäßigkeiten, zu erklären; alle Versuche in dieser Richtung sind, wie Marx gezeigt hat, zum Scheitern verurteilt. In der Tat, das Bewußtsein ist Produkt und Voraussetzung des historisch-tätigen Menschen, es ist schlechterdings nicht zu begreifen außerhalb der Gesellschaft und der Geschichte, außerhalb der *Tätigkeit* des gesellschaftlichen Menschen. Die gesamte Marxsche Kritik an Feuerbach ist eine Kritik der naturalistischen Auffassung vom Menschen und dessen Bewußtsein. Dies heißt freilich nicht, daß die marxistische Philosophie das Bewußtsein auf die gleiche Art begreift wie die transzendentale Phänomenologie, welche eine Variante des modernen Idealismus ist.

Bei der Untersuchung des Husserlschen Naturalismusbegriffes in seiner Bedeutung für die Sozialwissenschaften vermerkt L. G. Jonin: „Die Hauptstoßrichtung Husserls (zumindest was die Sozialwissenschaften angeht) war nicht einfach gegen objektive Wissenschaft gerichtet, sondern gegen die naturalistisch-positivistisch orientierte Sozialwissenschaft, die die soziale Realität in Analogie zur Naturwirklichkeit zu begreifen sucht. ... Die Husserlsche Kritik am Naturalismus ist durchaus gerechtfertigt. Berechtigt sind seine Vorwürfe gegen die naturalistische Sozialwissenschaft auch dahingehend, daß diese dem Menschen nicht helfen kann, seinen Platz in der Welt zu begreifen, den Menschen und der Menschheit nichts über den Sinn ihrer Existenz zu sagen vermag."[11]

Die Husserlsche Kritik am Naturalismus wurde von uns deshalb so detailliert behandelt, weil sie für sein Wissenschaftsverständnis, besonders der Wissenschaft der Neuzeit, von prinzipieller Bedeutung ist. Indes wird die Wissenschaft Husserl zufolge vom Psychologismus und Relativismus nicht nur in Gestalt des Naturalismus bedroht, sondern auch durch den sogenannten „Historismus". Dieser,

[10] N. V. Motrošilova weist darauf hin, daß Husserl unter dem Naturalismus den Szientismus versteht, so wie er sich im „alten" Positivismus des 19. Jahrhunderts äußerte. „Treffender für die Beschreibung dieser Herangehensweise scheint uns der Terminus ‚Scientismus' zu sein, ... insofern dieses Herangehen nicht unbedingt mit dem Positivismus als einer bestimmten philosophischen Richtung identisch ist. Der Scientismus als eine spezifische Denkhaltung ist gekennzeichnet: 1.) durch den Glauben an die Wissenschaft und den Fortschritt der wissenschaftlichen Erkenntnis. Die Wissenschaft wird als Haupttriebkraft des gesellschaftlichen Fortschritts und als das entscheidende Mittel zur Bewältigung aller sozialen Probleme angesehen. 2.) Durch die Tendenz, philosophischen Erörterungen sowie soziologischen und gesellschaftswissenschaftlichen Untersuchungen mit Hilfe einer entsprechenden Terminologie, äußerer Schlichtheit und Exaktheit eine wissenschaftliche Form zu verleihen. Als Etalon von Wissenschaft und Wissenschaftlichkeit dienen dabei die Naturwissenschaften, deren Konzepte und ‚Modelle'." (Vgl.: N. V. Motrošilova, Principy i protivorečija fenomenologičeskoj filosofii, Moskva 1968, S. 15–16.)

[11] L. G. Jonin, Ponimajuščaja sociologija, Moskva 1977, S. 104.

so legt Husserl dar, relativiert ebenfalls jegliche Wahrheit, stellt sie jedoch nicht in Abhängigkeit von der Natur, sondern von der Geschichte, nicht von der natürlichen Beschaffenheit des Menschen, sondern vom geschichtlichen Charakter seines Daseins. Nach Husserl liegt dem Historismus die Überzeugung zugrunde, daß jegliche Wahrheit relativ ist, daß sie Gültigkeit hat nur für ihre Zeit, da sie ein Produkt der faktisch zu diesem oder jenem Zeitpunkt gegebenen Situation ist, ein Resultat von sich zufällig kreuzenden, historisch vergänglichen Umständen. Allerdings leugnet Husserl in keiner Weise den vergänglichen Charakter bestimmter historischer Stimmungen, Sympathien oder Antipathien, d. h. all das, was seit der Zeit der griechischen Antike „Meinung“ (doxa) genannt wird, aber er ist nicht bereit, echte Wahrheiten – solche wie mathematische Urteile ($2 \times 2 = 4$) und die Gesetze der Logik, z. B. das Gesetz des Widerspruchs oder des tertium non datur – als von historisch veränderlichen und deshalb notwendig *faktisch gegebenen* Situationen abhängig anzusehen.

Die Husserlsche Kritik am Naturalismus und Historismus als zwei Denkweisen, die jede auf ihre Weise zum Relativismus führen, da beide die absoluten (unbedingten) Wahrheiten (die „Vernunftwahrheiten“ wie sie Leibniz nannte)[12] in Abhängigkeit stellen von den relativen, bedingten Wahrheiten („Tatsachenwahrheiten“), ist für uns von um so größerem Interesse, als diese Kritik das Ziel verfolgt, die Wissenschaft zu verteidigen und deren Grundlagen in einer Epoche neu zu befestigen, in der eben diese Grundlagen von verschiedenen Seiten untergraben und bedroht werden. Nicht zufällig hatten gerade die Husserlschen Arbeiten der Zeitspanne der „Logischen Untersuchungen“ und der „Philosophie als strenge Wissenschaft“ einen großen Einfluß nicht nur auf die Philosophie, sondern auch auf die Wissenschaftsgeschichtsschreibung des 20. Jahrhunderts.

Unter dem Einfluß der Husserlschen Ideen bildete sich beispielsweise die Wissenschaftsauffassung von Alexandre Koyré heraus. Die methodologischen Prämissen der internalistischen wissenschaftshistorischen Konzeption A. Koyrés haben eine deutlich ausgeprägte nicht nur antipsychologische, sondern auch antisoziologische Tendenz; er sieht wie Husserl in der Wissenschaft eine ihre eigene Logik besitzende Ideenentwicklung, die nicht von „Tatsachenwahrheiten“ bestimmt ist. Im Brief an H. Spiegelberg antwortete Koyré auf die Frage, in welchem Maße er sich als Phänomenologe betrachte: „Ich stand unter starkem Husserlschen Einfluß, und möglicherweise lernte ich gerade von ihm, dem in Geschichte nicht besonders bewanderten, eine positive Herangehensweise an die Geschichte. Ihm verdanke ich mein Interesse für den Objektivismus des griechischen und mittelalterlichen Denkens, für den intuitiven Gehalt der Dialektik, welche ja rein konzeptionell erscheint; ich schulde ihm mein Interesse an der historischen und idealen Konstitution ontologischer Systeme. Ich erbte von ihm den Platonschen

[12] „Unter den großen Philosophen, auf welche die hier vertretene Auffassung der Logik zurückweist, nannten wir . . . auch Leibniz. Ihm stehen wir relativ am nächsten.“ (E. Husserl, Logische Untersuchungen. Erster Band, a. a. O., S. 219.)

Realismus, von dem Husserl sich selbst trennte, den Antipsychologismus und Antirelativismus".[13] Während seiner Studienzeit bei Husserl übernahm Koyré zwar dessen kritische Haltung zum Positivismus und skeptischen Historizismus, die Ideen des späten Husserl jedoch akzeptierte er nicht (wie weiter unten gezeigt wird), und bewahrte zum Begriff der Lebenswelt, einem der zentralen Begriffe der „Krisis der europäischen Wissenschaften", eine kritische Distanz. Man darf annehmen, daß schon die Vorstellung einer solchen Krise Koyré nicht sonderlich tangierte; aber diese Frage erheischt eine gesonderte Untersuchung.

Jedoch zurück zu Husserl. Was eigentlich setzt er den verschiedenen Formen des Psychologismus und Relativismus entgegen? Wie seinerzeit Descartes hält Husserl es für unabweislich, solche verläßlichen und evidenten Wahrheiten zu finden, auf denen die Grundfesten aller Wissenschaften zu beruhen haben. Husserls Ansicht zufolge müssen diese Wahrheiten von der Philosophie festgestellt werden, und zwar von der durch ihn ausgearbeiteten Phänomenologie. Das Ausgangsprinzip als methodologisches Fundament der Phänomenologie ist die *Evidenz*. „Im weitesten Sinne bezeichnet Evidenz ein allgemeines Urphänomen des intentionalen Lebens."[14]

Evidenz ist das unmittelbar Gegebene; deshalb liegt das unmittelbare Wissen als das ursprüngliche allem anderen Wissen zugrunde. „Das *unmittelbare ‚Sehen‘*, nicht bloß das sinnliche, erfahrende Sehen, sondern das *sehen überhaupt* . . . ist die letzte Rechtsquelle aller vernünftigen Behauptungen."[15]

Indes, die unmittelbare Gegebenheit ist eine notwendige, aber noch nicht hinreichende Bedingung der Evidenz; alles was evident ist, ist unmittelbar gegeben, aber nicht alles Unmittelbare ist deshalb schon evident. So kommt beispielsweise den sinnlich gegebenen Gegenständen, obwohl sie als unmittelbar gegeben vorgestellt werden, nach Husserls Ansicht keine wirkliche Evidenz zu. Hier argumentiert er wiederum in Cartesianischer Manier; für Descartes war evident (und damit zugleich auch wahr), was dem Geist klar und deutlich gegeben war. Was jedoch die empirischen Erscheinungen betrifft, so seien sie zwar unmittelbar gegeben, unser Wissen von ihnen sei aber stets getrübt und undeutlich. An dieser Stelle endet aber auch schon die Analogie zwischen Descartes und Husserl, denn, obschon sie beide die Forderung nach Evidenz vertreten, unterscheiden sie sich doch in der Durchführung beträchtlich.

Husserl zufolge kann eine wirkliche Evidenz nur mit einer die Bewußtseins-

[13] G. Jorland, La science dans la philosophie. Les recherches epistemologiques d'Alexandre Koyré, Paris 1981, p. 28. — Mit seiner Kennzeichnung des griechischen und mittelalterlichen Denkens als „Objektivismus" hat Koyré ganz im Husserlschen Sinne jene Besonderheit dieses Denkens im Auge, daß es weniger geneigt ist, den Inhalt des Denkens mit den subjektiven Besonderheiten des Denkenden in Verbindung zu bringen und weniger gnoseologisch und psychologisch ist als das Denken der Neuzeit.

[14] E. Husserl, Cartesianische Meditationen, Husserliana, Bd. 1, Den Haag 1950, S. 92.

[15] E. Husserl, Ideen zu einer reinen Phänomenologie und phänomenologischen Philosophie, Husserliana, Bd. 3, a. a. O., S. 44.

haltung verändernden Reduktionsmethode erreicht werden: Aus einer natürlichen, auf die Dinge und Erscheinungen der äußeren Welt gerichteten Haltung wird eine eigentlich philosophische, phänomenologische: mit Hilfe einer Reduktion wird all das eliminiert, „ausgeklammert", was nicht „selbstevident" ist, was kein „reines Phänomen" darstellt.[16]

Um jedoch eine Reduktion vornehmen zu können, muß klar sein, was eigentlich mit ihrer Hilfe erreicht werden soll. Man darf nicht danach streben, eine „Ausklammerung" jeglicher Erfahrung überhaupt vorzunehmen, sondern nur die der empirischen, sinnlichen Erfahrung: denn die Aufgabe besteht darin, mit Hilfe der Ausklammerung all dessen, was kein reines Phänomen ist, die jeglicher empirischer Erfahrung zugrunde liegende eigentliche Ausgangsform der *Bewußtseinserfahrung* zu erhalten. Diese ursprüngliche Erfahrung ist nach Husserls Ansicht die Wahrnehmung. Bei Husserl ist die Wahrnehmung der grundlegende Modus des Bewußtseins, sozusagen die Bedingung der Möglichkeit aller anderen Modi: denn in der Wahrnehmung erschließt sich das Sein des Gegenstandes unmittelbar. Da nach Husserl das Gefühl der Evidenz identisch ist mit der *Selbstgegebenheit* des Gegenstandes, seiner Selbsterscheinung, so muß auch das Bewußtsein in diesem Moment rein rezeptiv sein.[17] Das Bewußtsein darf nichts aus sich hinzufügen, nichts konstruieren, sondern muß dem Gegenstand gestatten, sich zu eröffnen, sich zu zeigen und zu erscheinen.[18]

Hierin sehen wir eines der wichtigsten Merkmale der Phänomenologie — ihren eigentümlichen Empirismus, der sie sowohl vom Empirismus des 17./18. Jahrhunderts als auch vom Rationalismus, u. a. auch vom Cartesianischen, abhebt. Im Unterschied zu Bacon, Locke und Hume appelliert Husserl nicht an die sinnliche Empirie der äußeren und inneren Welt, sondern ist bestrebt, die unmittelbare sinnliche Erfahrung gerade von ihrer sinnlichen Form zu befreien, dabei jedoch die *Erfahrung* als solche belassend — in Gestalt der reinen Bewußtseinsphänomenologie. Es ist vollkommen klar, daß diese idealistische Position Husserls einer dialektisch-materialistischen entgegensteht. Die Phänomenologie Husserls nähert sich hier den verschiedenen Varianten des *Intuitivismus*, insbe-

[16] Husserl unterscheidet zwei Reduktionsstufen — die eidetische Reduktion, die es gestattet, sich von den sinnlichen Erscheinungen frei zu machen und zu den reinen Phänomenen überzugehen, und die phänomenologische Reduktion, bei der alle transphänomenalen Elemente ausgeklammert werden, in erster Linie dabei der Glaube an die transzendente Existenz der Welt.

[17] Vgl. H.-P. Balmer, Produktivität und Rezeptivität, in: H. Kohlenberger/W. Lüttersfelds (Hrsg.), Von der Notwendigkeit der Philosophie in der Gegenwart, Wien—München 1976, S. 77—101.

[18] „Wahrnehmen ist", schreibt Husserl, „die Bewußtseinsweise, in welcher das darin Bewußte sich als es selbst zeigt. Es zeigt ‚sich', als ob es riefe ›ich bin selbst da‹ originaliter, ganz unmittelbar es selbst . . . Wahrnehmung als Bewußtsein von der ‚Sache selbst'." (E. Husserl, Manuskript C 7 II, S. 12, zitiert in: E. Brand, Welt, ich und Zeit. Nach unveröffentlichten Manuskripten E. Husserls, Den Haag 1955, S. 8.)

[19] Z. Kakabadze, Problema „ekzistencial'nogo krizisa" i transcendental'naja fenomenologija E. Gusserlja, Tbilissi 1966, S. 84.

sondere dem Intuitivismus H. Bergsons, wobei jedoch im Unterschied zu letzterem bei Husserl Intuition und Intellekt keinen Gegensatz bilden.

Wodurch aber unterscheiden sich die „reinen Phänomene" von den empirischen Erscheinungen? Eine empirische Erscheinung zeigt sich — um mit Husserl zu sprechen — nie als sie selbst, sie ist uns immer gegeben als ein System von Beziehungen zu anderen Erscheinungen, sie erscheint immer „in Schattierungen", dabei verändert sie sich beständig und tritt immer auf neue Weise auf. Ganz anders dagegen steht es um die „reinen Phänomene": Diese sind uns als „Idee" gegeben, als eine gewisse „reine Wesenheit", ähnlich dem, wie in der Mathematik die Zahlenwelt gegeben ist, unbeschadet davon, wie sich diese Welt in Gestalt einer bestimmten Anzahl von Bäumen, Menschen oder Häusern „vergegenständlichen" mag. Im Unterschied zu den empirischen Erscheinungen erweist sich das Dasein der reinen Phänomene als quasi herausgelöst aus der Zeitlichkeit, jedoch bleibt es dabei unmittelbar gegeben. Nach der „Ausklammerung" der empirischen Welt als eine dem Bewußtsein transzendente Welt bleibt als Gegenstand der unmittelbaren Wahrnehmung die uns immanent gegebene reine Struktur des Bewußtseins selbst übrig. Die Phänomenologie wird somit als eine Variante der Anfang des Jahrhunderts in Deutschland weit verbreiteten Immanenzphilosophie aufgebaut. Wie Z. M. Kakabadze bemerkt, bedeutete die Losung Husserls „Zurück zu den Dingen" die Forderung, sich an die transzendentale Subjektivität als dem „Zentrum der Weltbeziehungen"[19], als der letzten Grundlage zu halten, die die Seinsweise alles Seienden konstruiert.

Man muß sagen, daß dieser Aufruf „Zurück zum Gegenstand", ebenso wie Husserls Rationalismus, seine Verteidigung der „strengen Wissenschaftlichkeit" und seine Kritik am vor dem ersten Weltkrieg weit verbreiteten Geist des Skeptizismus und Relativismus vielen Philosophen und Wissenschaftlern sehr imponierten, und zwar zu einer Zeit, als die Welle des „Methodologismus" aller Schattierungen — vom Neukantianismus bis zum Positivismus — die Philosophie jeglichen gegenständlichen Inhalts zu berauben drohte. Husserls Phänomenologie erklärte die Analyse der methodischen Prinzipien der Erkenntnis nicht zum Hauptgegenstand philosophischer Untersuchungen, sondern thematisierte den Erkenntnis*inhalt* selbst in Gestalt eines *idealen Seins*. Ju. K. Mel'vil' kennzeichnete die Husserlsche Auffassung vom Gegenstand der Philosophie sehr treffend: „Gegenstand der Philosophie — behauptet er (Husserl — P. G.) — muß das Bewußtsein sein, jedoch nicht das reale menschliche Bewußtsein, welches unmittelbar mit der äußeren Welt verbunden, sondern ein gewisses ideales Sein, das zwar im Menschen angesiedelt ist, welches jedoch ein übermenschliches, absolutes Sein darstellt, die Welt des reinen Bewußtseins. Nur in der Sphäre dieses idealen Seins ist absolut wahres, auf dem Wege der unmittelbaren Wesensschau zu erreichendes Wissen möglich. Der Gegenstand der phänomenologischen Untersuchung ist eben der Inhalt dieses reinen Bewußtseins."[20]

[20] Ju. K. Mel'vil', Puti buržuaznoj filosofii XX. veka, Moskva 1983, S. 95.

Husserl bezeichnet seine Phänomenologie nicht zufällig als eine „transzendentale“: Er kehrt tatsächlich zum Transzendentalismus des deutschen Idealismus zurück, jedoch wohl eher in seiner Fichteschen als in der Kantischen Variante. Das Husserl mit Kant und Fichte vereinende Prinzip wurde von dem amerikanischen Philosophen R. Zaner prägnant formuliert: Es gehe darum, „die Bedingungen der eigentlichen Möglichkeit der objektiven Welt in den Grenzen des Bewußtseins festzustellen“.[21] In der „Krisis der europäischen Wissenschaften“ charakterisiert Husserl sein Verständnis des Transzendentalismus folgendermaßen: „Ich selbst gebrauche das Wort ‚transzendental‘ *in einem weitesten Sinne* für das ... originale Motiv, das durch *Descartes* in allen neuzeitlichen Philosophien das sinngebende ist ... Es ist das Motiv des Rückfragens nach der letzten Quelle aller Erkenntnisbildungen, des Sichbesinnens des Erkennenden auf sich selbst und sein erkennendes Leben ... Diese Quelle hat den Titel *Ich-selbst* mit meinem gesamten wirklichen und vermöglichen Erkenntnisleben, schließlich meinem konkreten Leben überhaupt.“[22]

Gleich Kant und Fichte war für Husserl Zeit seines Schaffens die wichtigste Aufgabe, eine Unterscheidung zwischen transzendentalem Ego und psychologischem, empirischem Ego vorzunehmen. Um eben dieses Problem bemühten sich bekanntlich sowohl Kant als auch Fichte, wobei es letzterem jedoch nicht gelang, eine klare Grenze zwischen diesen beiden „Ego“, dem „großen“ und dem „kleinen“ zu ziehen, wofür er von Hegel scharf kritisiert wurde; auch Husserl gelang dies nicht, trotz seines unablässigen Kampfes gegen den „Psychologismus“.[23]

Bei seiner Forschung nach einer „Reduktion“ der empirischen Welt und der psychologischen Bewußtseinsschicht betont Husserl, daß er damit in keiner Weise die Existenz der äußeren Welt bestreitet, sondern lediglich die Frage nach ihrer Existenz „ausklammert“, wobei er der Ansicht ist, daß man sich im Rahmen der Phänomenologie aller Urteile zu dieser Frage durchaus enthalten könne. Damit will Husserl kenntlich machen, daß die transzendentale Phänomenologie keine Metaphysik im traditionellen Sinne ist, daß ihr Untersuchungsgebiet angesiedelt ist zwischen Naturwissenschaft und Geschichte einerseits, die es mit empirischen Realien zu tun haben, und der Metaphysik andererseits, welche sich traditionsgemäß mit dem Problem des Seins beschäftigt, aber nicht einfach mit dem Sein des Bewußtseins (dem reinen Bewußtsein), dem hyperpsychologischen idealen

21 R. M. Zaner, The way of Phenomenology, New York 1970, p. 97.

22 E. Husserl, Die Krisis der europäischen Wissenschaften, Husserliana, Bd. 6, Den Haag 1962, S. 100/101.

23 „Die ganze transzendentale Problematik kreist um das Verhältnis *dieses* meines Ich — das ‚*ego*‘ — zu dem, was zunächst selbstverständlich dafür gesetzt wird: meiner *Seele*, und dann wieder um das Verhältnis dieses Ich und meines Bewußtseinslebens zur *Welt*, deren ich bewußt bin, und deren wahres Sein ich in meinen eigenen Erkenntnisgebilden erkenne.“ (E. Husserl, Die Krisis der europäischen Wissenschaften, a. a. O., S. 101.)

Inhalt des transzendentalen Ego, sondern mit dem jedem Bewußtsein transzendenten Sein. In diesem Punkt ist Husserl bestrebt, auf der Position des transzendentalen Idealismus zu verharren, wobei er zu verhindern sucht, daß dieser unter der Hand zur Metaphysik wird, und dies ungeachtet der Tatsache, daß einige seiner Schüler den Versuch unternahmen, von Positionen der Phänomenologie auf solche der Ontologie überzugehen und Husserl gerade dafür kritisierten, daß er die Seinsfrage ungelöst beließ.[24]

Welche „reinen Strukturen" legt Husserl im Bewußtsein frei, nachdem er jeglichen empirischen Bewußtseinsinhalt „ausgeklammert" hat? Ihm zufolge erweist sich als Grundstruktur des reinen Bewußtseins dessen Intentionalität, d. h. die Gerichtetheit auf einen Gegenstand, auf etwas vom Bewußtsein verschiedenes. Die Intentionalität macht nach Husserls Überzeugung das eigentliche Wesen der transzendentalen Subjektivität aus. „Wir verstanden unter Intentionalität die Eigenheit von Erlebnissen, ‚Bewußtsein *von* etwas zu sein'. Zunächst trat uns diese wunderbare Eigenheit, auf die alle vernunfttheoretischen und metaphysischen Rätsel zurückführen, entgegen im expliziten *cogito*: ein Wahrnehmen ist Wahrnehmen von etwas, etwa einem Dinge; ein Urteilen ist Urteilen von einem Sachverhalt; ein Werten von einem Wertverhalt; ein Wünschen von einem Wunschverhalt usw."[25]

In der Intentionalität ist sozusagen die Identität von reiner Gegenständlichkeit und reiner Subjektivität gegeben; das Bewußtsein hat bei Husserl von Anfang an eine *Gegenstands*bezogenheit, die zugleich grundlegend ist für die Einheit des Bewußtseins.[26]

Im Begriff der Intentionalität ist die gesamte Spezifik der Husserlschen Phänomenologie implizit enthalten. Die Ausrichtung des Bewußtseins auf etwas von ihm verschiedenes bedeutet bei Husserl allerdings kein Überschreiten des eigenen Ego in Richtung auf etwas für das Bewußtsein völlig transzendentes; im

[24] Zu ihnen zählen nicht nur M. Scheler und M. Heidegger (dessen Ontologie wurde von Husserl als eine Abart des Realismus bewertet, als ein Versuch, einige Motive mittelalterlicher Scholastik wiederzubeleben), sondern auch der französische Phänomenologe P. Ricœur und die katholischen Theologen M. Nedoncelle und H. Dumery, ebenso wie die unmittelbaren Schüler Husserls — L. Landgrebe und E. Fink, die „beide über die Konzeption ihres Lehrers hinausgingen und sich von ihr in Richtung einer mehr oder weniger theologischen Metaphysik entfernten" (H. Spiegelberg, The phenomenological movement, vol. 2, The Hague, 1965, p. 601). Umgekehrt sind einige von Husserls Nachfolgern nicht bereit, die Phänomenologie als Metaphysik anzusehen; so gab H. Reiner die Losung aus: „Hände weg von der Methaphysik, solange die Phänomene nicht genügend aufgewiesen und geklärt sind!" (H. Reiner, Pflicht und Neigung. Die Grundlagen der Sittlichkeit, Meisenheim/Glan 1951, S. 110.)

[25] E. Husserl, Ideen zu einer reinen Phänomenologie und phänomenologischen Philosophie, I. Teil, Halle/S. 1922, S. 168.

[26] „Die Intentionalität ist es, die BEWUßTSEIN im prägnanten Sinne charakterisiert, und die es rechtfertigt, zugleich den ganzen Erlebnisstrom als Bewußtseinsstrom und als Einheit EINES Bewußtseins zu bezeichnen." (Ebenda.)

Gegenteil, der Gegenstand befindet sich „außerhalb des Bewußtseins" lediglich in dem Sinne, daß er außerhalb des Bewußtseins*aktes* ist, dies ist also eine *immanente Transzendenz*, und das Beharren Husserls auf diesem Punkt macht gerade seine Differenz zur Metaphysik als einer Theorie und nicht einer Deskription aus.[27]

Eine Deutung der Husserlschen Intentionalität als Transzendenz im Sinne Heideggers oder Merleau-Pontys hieße schon den phänomenologischen Standpunkt zu verlassen, denn wie H. Köchler treffend bemerkt, wird in den „Ideen zu einer reinen Phänomenologie" und den „Cartesianischen Meditationen" die „Transzendenz als ein immanenter, innerhalb des Ego konstituierender Seinscharakter verstanden".[28] Husserl verbleibt in den Grenzen des Idealismus, den er nicht in eine Art Metaphysik verwandelt haben möchte; sowohl der intentionale Gegenstand als auch der auf ihn bezogene intentionale Akt sind im Rahmen des reinen Bewußtseins angesiedelt, machen das Wesen seines Lebens aus. Mit seiner Bestimmung der intentionalen Struktur der transzendentalen Subjektivität kennzeichnet Husserl diese durch zwei Haupteigenschaften: Die Subjektivität erweist sich erstens als eine teleologische und zweitens als eine tätige.[29]

Die Husserlsche Auffassung der Intentionalität als einer *tätigen, leistenden* meint folgende Besonderheit des Transzendentalsubjekts: Der intentionale Gegenstand ist für das Bewußtsein niemals vollkommen als aktueller gegeben, er wird lediglich teilweise aktualisiert und tritt immer in Erscheinung vor dem Hintergrund eines gewissen potentiellen *Horizonts*, dessen Aktualisierung ein unendlicher Prozeß ist. Im intentionalen Akt wird der potentielle Horizont aktualisiert, indes, sogleich taucht ein neuer, seinerseits noch nicht aktualisierter Horizont auf. Nach Husserl besteht gerade in der Aktualisierung dieser Möglichkeiten die zielgerichtete Tätigkeit der transzendentalen Subjektivität.[30] Der Begriff des „Horizonts" als einer passiven *Vorgegebenheit* spielt im Schaffen Husserls eine ge-

[27] Husserl zufolge unterscheidet sich die Phänomenologie von der Naturwissenschaft und von der Metaphysik dadurch, daß beide dem Wesen nach immer Theorien sind, d. h. Verstandeskonstruktionen, während die Phänomenologie stets nur Beschreibung zu bleiben sucht, Beschreibung reiner Wesenheiten, von Erfahrung a priori.

[28] H. Köchler, Die Subjekt-Objekt-Dialektik in der transzendentalen Phänomenologie, Meisenheim/Glan 1974, S. 4.

[29] Es ist hier nicht möglich, den gesamten Entwicklungsweg der transzendentalen Phänomologie Husserls en detail darzulegen: In der ersten Periode stand Husserl dem Platonismus näher, obwohl er niemals ein echter Platoniker war, denn er verneinte die Existenz dem Bewußtsein transzendenter „reiner Wesenheiten" (siehe dazu: K. Bakradze, Očerki po istorii novejšej i sovremennoj buržuaznoj filosofii, Tbilissi 1960, S. 513). In der zweiten Schaffensperiode ging er immer mehr zur Analyse der „konstitutiven Bewußtseinsakte" über, d. h. der Tätigkeit des „transzendentalen Ego" oder des „transzendentalen Lebens" des Bewußtseins.

[30] E. Fink, Das Problem der Phänomenologie E. Husserls, in: Revue international de philosophie, (Bruxelles) 2/1939, S. 266.

wichtige Rolle: mit diesem Begriff wird unserer Ansicht nach der in der „Krisis der europäischen Wissenschaften“ eingeführte Begriff der Lebenswelt als eines allgemeinen Horizonts aller nachfolgenden wissenschaftlichen Konstruktionen und theoretischen Bewußtseinshaltungen vorweggenommen.

Das transzendentale Ego erfährt im weiteren Verlauf bei Husserl noch eine weitere wichtige Bestimmung: Es tritt auf als Intersubjektivität, als eine gewisse ideale Gemeinschaft a priori, die die transzendentale Voraussetzung einer jeglichen empirischen Gemeinschaft ist. Für den transzendentalen Idealismus und dessen Vertreter besteht stets die immanente Gefahr des Solipsismus, die Frage nach der Existenz der „anderen Ego“ ist für diese Richtung nicht ohne weiteres zu beantworten. Schon Fichte stand vor diesem Problem, und in gleicher Weise stellt es sich jetzt für Husserl. Fichte leitete die Existenz des anderen Ich aus der Analyse der Sphäre des praktischen Ich ab und zeigte, daß die Freiheit des Ich unmöglich ist ohne die Annahme der Freiheit des anderen. Daher konnte Fichte die Existenz dieses anderen als eine notwendige denken. Husserl schlägt zur Lösung dieses Problems einen anderen Weg vor. Seiner Ansicht nach kann das transzendentale Ego sich selbst modifizieren und als „sein anderes“ in Erscheinung treten; diese Möglichkeit ist angelegt in der *Zeitlichkeit* des reinen Bewußtseins.[31]

Die transzendentale Phänomenologie Husserls mit ihrem Evidenzprinzip und der unmittelbaren Gegebenheit der Phänomene für das „reine Bewußtsein“ hat aber ihre Achillesferse in eben jenem Psychologismus, der im Verlaufe des gesamten Husserlschen Schaffens der Hauptgegenstand seiner Kritik war. Schon Leibniz kritisierte seinerzeit Descartes dafür, daß mit dem Evidenzkriterium als Hauptmerkmal der Wahrheit der Psychologismus in die Philosophie Einzug hält, denn das, was für einen evident ist, muß es für einen anderen noch lange nicht sein. Eine ähnliche Kritik findet sich auch bei Hegel am Evidenzprinzip von Fichte. Husserl, der *am radikalsten* bestrebt war, die Forderung der *unmittelbaren* Evidenz als einziges Wahrheitskriterium durchzusetzen, gelang es aber paradoxerweise weit weniger als seinen Vorgängern, sich vom Psychologismus zu lösen: es erwies sich als eine fast unerfüllbare Aufgabe, die sogenannten „reinen Phänomene“ vom empirischen Bewußtseinsinhalt abzuheben. Im Grunde tat Husserl häufig fast das gleiche wie sein Lehrer Brentano, d. h. er untersuchte das Bewußtsein als *Psychologe*, wobei er sich und seine Zuhörer zu überzeugen suchte, daß er es mit reinen Phänomenen zu tun habe und damit die von Brentano vorgegebene Auffassungsweise der Intentionalität radikal neu fassen könne. Dies fällt besonders bei der Lektüre der Husserlschen Vorlesungen „Zur Phänomenologie des inneren Zeitbewußtseins“ ins Auge, obschon viele Husserl-Schüler,

[31] Auf dem Prinzip der Intersubjektivität baut heute die sogenannte verstehende Soziologie (Schütz, Garfinkel) auf, eine einflußreiche Richtung in der gegenwärtigen bürgerlichen Soziologie und Kulturphilosophie.

darunter auch der Herausgeber der Vorlesungen M. Heidegger, diese als ein Muster an phänomenologischer Analyse ansahen.

Es scheint, daß Husserl schließlich nicht zufällig zu der Einsicht gelangte, daß die tiefste Schicht des transzendentalen Ego eben in der „Zeitlichkeit“ zu suchen ist. In der Tat ist die Zeit, wie bereits von der Philosophie des 18. Jahrhunderts erkannt wurde, eine Form der inneren Bewußtseinserfahrung und eine der Hauptdeterminanten der menschlichen Psyche. Die von Husserl in der „Krisis der europäischen Wissenschaften“ vollzogene Wende zum Historismus war im Grunde genommen in seinen vorangegangenen Arbeiten bereits angelegt.

In jener Arbeit wirft Husserl zwei Fragen auf: die nach der „Krise“ der europäischen Menschheit und die nach der „Krise“ der europäischen Wissenschaften. Aber in Wirklichkeit ist das natürlich eine Frage: nach Husserls Überzeugung hat die „Krise“ der europäischen Menschheit ihre Ursache im Schicksal der europäischen Wissenschaft, oder noch weiter gefaßt, im Geschick des „sich verirrenden“[32] europäischen Rationalismus. Um eine solche Diagnose stellen zu können, muß man freilich davon überzeugt sein, daß die wissenschaftliche Vernunft im weitesten Sinne den zentralen Kern, sozusagen die „Seele“ der europäischen Kultur und der europäischen Menschheit ausmacht. Und Husserl ist davon tatsächlich überzeugt. In diesem Punkt teilt er, wie es auf den ersten Blick scheinen mag, die Ideen der Aufklärung, für die die Wissenschaft gerade in der ihr vom 17. Jahrhundert gegebenen Form — als mathematische Naturerkenntnis — die Haupttriebkraft der historischen Entwicklung darstellt, welche dazu berufen ist, gemäß der Baconschen Vision den Menschen von allen Übeln und Vorurteilen zu befreien und der Gesellschaft Überfluß und blühendes Leben zu schenken. Jedoch ist Husserl bekanntlich sehr weit entfernt von aufklärerischen,die Vernunft naturalistisch auffassenden Vorstellungen. Seiner Meinung nach ist gerade die Aufklärung eine der Quellen des im 20. Jahrhundert auflebenden Relativismus und Skeptizismus. An diesem Punkt grenzt er sich ganz entschieden von der Aufklärung ab. „Ist, was hier vorgetragen worden, nicht eine in unserer Zeit gerade sehr wenig angebrachte Ehrenrettung des Rationalismus, der Aufklärerei, des . . . Intellektualismus . . .? Heißt das hier nicht wieder zurücklenken wollen in die schicksalsvolle Irrung, daß Wissenschaft den Menschen weise macht, daß sie dazu berufen sei, ein echtes, den Schicksalen überlegenes und sich befriedigendes Menschentum zu schaffen? Wer wird solche Gedanken heute noch ernst nehmen?“[33]

[32] E. Husserl, Die Krisis der europäischen Wissenschaften und die transzendentale Phänomenologie, a. a. O., S. 337. — Die Stelle lautet: „. . . ich bin dessen gewiß, daß die europäische Krisis in einem sich verirrenden Rationalismus wurzelt.“

[33] Ebenda.

2. „Die Krise der europäischen Wissenschaften"

„Die Krise der europäischen Wissenschaften" rief bei ihrer erstmaligen Veröffentlichung im Jahre 1954 sogleich ein breites Echo in Philosophen-, Historiker- und Soziologen-Kreisen hervor. Das Manuskript wurde von Husserl allerdings bereits in den Jahren 1936/37 abgefaßt; die in ihm niedergelegten Ideen stellen das Fazit fast der gesamten vorangegangenen Entwicklung der transzendentalen Phänomenologie dar.

Das unmittelbar auslösende Moment für die Arbeit an der „Krisis" war ein von Husserl im Mai 1935 vor der „Wiener Kulturgesellschaft" gehaltener Vortrag. Dieser trug den Titel „Die Philosophie und die Krise der europäischen Menschheit". Husserl thematisiert die „Krise" der europäischen Menschheit in einer Zeit, die für ihn mit einschneidenden persönlichen Veränderungen verbunden war: Nach dem Machtantritt der Nazis mußte er, ein Philosoph von Weltrang, seine akademische Tätigkeit aufgeben, in den Ruhestand treten und war in Deutschland wegen seiner „nichtarischen Herkunft" aller Publikationsmöglichkeiten beraubt. Husserls Vortrag, der die Frage nach den Ursachen der „Krise" und den Möglichkeiten ihrer Überwindung stellte und sich an den traditionellen humanistischen Werten des alten Europa orientierte, hatte unter den damaligen Bedingungen des Sieges der faschistischen Bewegungen in Deutschland und Italien, in einem Klima der politischen und sozialen Krise, der geistigen Verunsicherung der liberalen Intelligenz einen stürmischen Erfolg und wurde von Husserl zweimal, am 7. und 10. Mai, gehalten.

Indes gingen die in dem Vortrag aufgeworfenen Probleme weit über die aktuellen politischen Tagesprobleme hinaus: *Es waren Fragen nach dem Wesen der Philosophie* und den konkreten Wissenschaften, Fragen nach dem historischen Charakter und der Entwicklung der menschlichen Erkenntnis, nach Platz und Bedeutung der europäischen Kultur in der gesamten Menschheitsentwicklung, nach der Verwurzelung der „universellen wissenschaftlichen Vernunft" in der „umgebenden Lebenswelt" und nach der „Sinnstruktur" der letzteren. Diese, von Husserl in seinem Vortrag lediglich angedeutete Problematik wurde von ihm später in einer Reihe von Untersuchungen entwickelt, die zu seinen Lebzeiten nicht verlegt wurden, welche aber zusammen mit dem Wiener Vortrag im VI. Band der Husserliana zusammengefaßt sind. Dieser Band wurde von dem Husserl-Schüler E. Finck vorbereitet und von W. Biemel 1954 herausgegeben. 1970 kam die amerikanische Ausgabe der „Krisis" in der Übersetzung von D. Carr heraus. Diese bewirkte ein neuerliches Interesse an der Phänomenologie im englischsprachigen Raum.

„Die Krisis der europäischen Wissenschaften" ist für Wissenschaftstheoretiker und -historiker insofern von erstrangigem Interesse, als im Mittelpunkt dieser Arbeit die Wissenschaft (in erster Linie die Naturwissenschaft und die Mathematik), deren Gegenstand und die für die Wissenschaft charakteristischen Forschungsmethoden stehen. Husserl untersucht die komplizierten Beziehungen zwischen neuzeitlicher europäischer Wissenschaft und Philosophie einerseits und der Wissenschaft und alltäglichen „Lebenswelt" andererseits, sowie die theoretischen Voraussetzungen des wissenschaftlichen Wissens im Hinblick auf dessen Genesis und weitere historische Entwicklung.

In der Literatur zu Husserls „Krisis der europäischen Wissenschaften" wird häufig die Frage gestellt, wie denn Sinn und Zielsetzung dieses seines Spätwerks zu begreifen sind — als Absage an den für Husserls frühe Schaffensperiode charakteristischen Rationalismus, als Wende zum Irrationalismus und zur Lebensphilosophie, oder aber als logisch-konsequente Vollendung der gesamten vorangegangenen Entwicklung der transzendentalen Phänomenologie?

Husserl faßt die wissenschaftliche Rationalität selbstredend in der Manier der Phänomenologie. Daher ist für ihn die Philosophie die höchste Wissenschaft, die Grundlage und Quelle der Wissenschaftlichkeit aller konkreten Wissenschaften. „Vernunft ist ein weiter Titel. Nach der guten alten Definition ist der Mensch das vernünftige Lebewesen, und in diesem weiten Sinne ist auch der Papua Mensch und nicht Tier. Er hat seine Zwecke und handelt besinnlich, die praktischen Möglichkeiten überlegend. ... Aber so wie der Mensch und selbst der Papua eine neue Stufe der Animalität, gegenüber dem Tier nämlich, darstellt, so stellt in der Menschlichkeit und ihrer Vernunft die philosophische Vernunft eine neue Stufe dar. Die Stufe menschlichen Daseins und der idealen Normen für unendliche Aufgaben, die Stufe des Daseins sub specie aeterni, ist aber nur möglich in der absoluten Universalität, eben der von vornherein in der Idee der Philosophie beschlossenen. Die universale Philosophie mit allen einzelnen Wissenschaften macht zwar eine Teilerscheinung der europäischen Kultur aus. Es liegt aber im Sinne meiner ganzen Darstellung, daß dieser Teil sozusagen das fungierende Gehirn ist, von dessen normalem Funktionieren die echte, gesunde europäische Geistigkeit abhängt."[34]

Dem ist zu entnehmen, daß Husserl hier, wie auch in seinen Frühschriften, die Rettung vor dem Naturalismus, oder wie wir sagen würden, dem Scientismus, in der phänomenologischen Philosophie sieht, jedoch stellt sich für ihn das Problem der notwendigen philosophischen Grundlegung der Wissenschaften in einer wesentlich erweiterten und radikalisierten Weise: gefährdet sind jetzt nicht allein die Wissenschaften, sondern die europäische Kultur in ihrer Gesamtheit, erschüttert sind die traditionellen europäischen Werte, der geistige Sinn des europäischen Lebens.

An dieser Stelle muß auf einen nicht unwesentlichen Umstand aufmerksam gemacht werden. Husserl war von Anfang an ein gewisses ethisches Pathos eigen; sein Verständnis von Philosophie als strenger Wissenschaft setzte im Unterschied zu den Positivisten keinen solchen Objektivismus voraus, bei dem jegliche Werteproblematik und folglich auch Sinnbehaftetheit der philosophischen Begriffe und Prinzipien auszuschließen ist. Bei seiner Analyse des transzenden-

[34] Ebenda, S. 338.

talen Ego als sinngebender, sinnkonstituierender idealer Sphäre war er der Ansicht, daß die Philosophie nicht nur ein festes Fundament für alle konkreten Wissenschaften, sondern auch für die ethischen und ästhetischen Normen zu liefern habe, denn diese Normen seien ja nicht etwas rein subjektiv Gesetztes, wie der Standpunkt des Naturalismus und Psychologismus glauben machen wolle. Husserl wird deshalb nicht zufällig von einigen seiner zum Positivismus neigenden Zeitgenossen dafür kritisiert, daß die Vernunft bei ihm zu eng mit der ethischen Sphäre verbunden sei.[35] Er kritisiert in der „Krisis" tatsächlich die für die positivistisch-technizistische Richtung in der Wissenschaftsphilosophie kennzeichnende instrumentelle Vernunftsauffassung, wobei er dieser eingeengten Sichtweise ein solches Verständnis von Vernunft entgegensetzt, bei dem das Wahre, das Gute und das Schöne eine Einheit bilden.

Für Husserl ist ausgemacht, „daß Vernunft keine Unterscheidung in ‚theoretische', ‚praktische' und ‚ästhetische' und was immer zuläßt".[36] Die Vernunft ist das tiefste Wesen des Menschen, und nur in Übereinstimmung mit diesem seinem Wesen kann der Mensch Befriedigung und Glück finden. Eine solche Vernunftsauffassung eint Husserl mit dem deutschen Idealismus, dabei steht er aber — wie aus dem Zitat ersichtlich — Fichte und Hegel näher als Kant, und nicht zufällig appelliert er bei seiner Kritik an der Aufklärung gerade an den deutschen Idealismus.[37]

Die Radikalisierung der Husserlschen Forderung nach einer Reflexion der theoretischen Voraussetzungen der Wissenschaft — sowohl der Natur- als auch der Geschichtswissenschaft — besteht in der „Krisis" darin, daß ohne einen derartigen theoretischen Reflex die europäische Zivilisation in eine neue Barbarei zu fallen droht, und diese Gefahr war durchaus real, wie die Ereignisse in und um Deutschland bewiesen. Jene Situation macht auch einen gewissen eschatologischen Ton in Husserls Vortrag verständlich: „Die Krise des europäischen Daseins hat nur zwei Auswege: Den Untergang Europas in der Entfremdung gegen seinen eigenen rationalen Lebenssinn, den Verfall in Geistfeindschaft und Barbarei, oder die Wiedergeburt Europas aus dem Geiste der Philosophie durch einen den Naturalismus endgültig überwindenden Heroismus der Vernunft. Europas größte Gefahr ist die Müdigkeit."[38]

Gemäß den idealistischen Prämissen seines Denkens mußte „das Phänomen ‚Europa' in seinem zentralen Wesenskern erfaßt" werden, d. h., „es mußte gezeigt werden, wie die europäische ‚Welt' aus Vernunftideen, d. h. aus dem Geiste der Philosophie geboren wurde".[39] Die europäische Menschheit ist daher

[35] Siehe: F. Fellmann, Gelebte Philosophie in Deutschland. Denkformen der Lebensweltphänomenologie und der kritischen Theorie, Freiburg—München 1983, S. 56.

[36] E. Husserl, Die Krisis der europäischen Wissenschaften, a. a. O., S. 275.

[37] Ebenda, S. 337.

[38] Ebenda, S. 347/348.

[39] Ebenda, S. 347.

für Husserl nicht einfach ein geographischer oder politischer Begriff, sie ist in erster Linie eine geistige Realität, die ihren Ursprung im antiken Griechenland hat.

Die Wurzeln Europas sind dort, wo die Philosophie entsteht, und Husserl zufolge macht die Philosophie zum ersten Mal von sich reden nicht in China und nicht in Indien, sondern im antiken Griechenland des VII.—VI. Jahrhundert v. u. Z.[40] „Aber nur bei den Griechen haben wir ein universales (‚kosmologisches') Lebensinteresse in der wesentlich neuartigen Gestalt einer rein ‚theoretischen' Einstellung, und als Gemeinschaftsform, in der es sich aus inneren Gründen auswirkt, die entsprechende wesentlich neuartige der Philosophen, der Wissenschaftler (der Mathematiker, der Astronomen usw.). Es sind die Männer, die nicht vereinzelt, sondern miteinander und füreinander, also in interpersonaler Gemeinschaftsarbeit, Theoria und nichts als Theoria erstreben und erwirken, . . ."[41]

Es ist unschwer festzustellen, daß der in der Antike vollzogene Bewußtseinswandel, der die Entstehungsmöglichkeit für Philosophie und Wissenschaft implizierte, verglichen werden kann mit einem der zentralen methodologischen Prinzipien der Husserlschen Phänomenologie: der Reduktion. Denn um sich mit Theorie und nur mit ihr zu befassen, muß man alle lebenspraktischen Interessen, alle psychologischen, sozialen und alle anderen, für eine rein theoretische, „uninteressierte", wissenschaftsadäquate Position hinderlichen Bedingungen und Motive „ausklammern". Nach Husserls Überzeugung entstanden gerade bei den Griechen die ersten wissenschaftlichen Gemeinschaften, in denen das *theoretische Interesse* alle anderen verdrängte. „Die theoretische Einstellung . . . ist ganz und gar unpraktisch. Sie beruht . . . auf einer willentlichen Epoché von aller natürlichen und damit auch höherstufigen, der Natürlichkeit dienenden Praxis . . ."[42]

Es versteht sich von selbst, daß diese Position vom marxistischen Geschichtsverständnis weit entfernt ist. Dieses geht davon aus, daß das praktisch-tätige Verhältnis zur Welt Voraussetzung des theoretischen Verhältnisses ist. Auf welche Weise aber erwies sich die theoretische Einstellung für die weitere europäische Kulturentwicklung als so schicksalhaft? Weshalb ist für Husserl die Wissenschaft in ihrer höchsten Form — der Philosophie — das Sinneszentrum, um welches sich das gesamte Leben der europäischen Menschheit aufbaut und welches immer neue Länder, ganze Kontinente und die die Wissenschaft sich zu eigen machenden Individuen in sich „aufsaugt"? Um auf diese Frage antworten zu

[40] Nach Husserls Überzeugung entstand die nur der Philosophie eigene rein theoretische Einstellung im antiken Griechenland. Was jedoch die alten orientalischen Kulturen anbetrifft, so bewahrt das Bewußtsein in diesen, ungeachtet eines entstehenden universellen Erkenntnisinteresses, seine lebenspraktische Orientierung. Deshalb trennt es sich auch nicht so konsequent von Religion und Mythologie, wie es die griechische Philosophie tat.

[41] E. Husserl, Die Krisis der europäischen Wissenschaften, a. a. O., S. 326.

[42] Ebenda, S. 329.

können, klärt Husserl, worin die hauptsächliche Besonderheit der Wissenschaft besteht. Im Unterschied zu anderen Resultaten menschlicher Tätigkeit — des Handwerks, der Landwirtschaft u. ä. — unterliegen die Leistungen der Wissenschaft nicht dem Einfluß der Zeit: sie werden von der Zeit weder vernichtet noch beeinträchtigt, denn sie sind *nicht real, sondern ideal.* Aus diesem Grund nehmen die einzelnen Wissenschaftler die Leistungen ihrer Kollegen als identisch mit dem auf, was sie selbst tun: Hier in der Wissenschaft tritt der Mensch, der in anderen Bereichen beschränkt und endlich ist, heraus in die Welt des Unendlichen. Die Wissenschaft entdeckt die Unendlichkeit in dem Sinne, daß jede ihrer Leistungen gewissermaßen eine Stufe zu neuen Entdeckungen ist, ihre Aufgaben sind unendlich, gelöste Probleme setzen der wissenschaftlichen Tätigkeit kein Limit, sondern eröffnen ihr immer neue Perspektiven.

Diese spezifische Besonderheit der Wissenschaft wurde Husserl zufolge zum „Keim" der europäischen Kultur; dank Wissenschaft und Philosophie erschloß sich dieser Kultur die *Dimension des Idealen.* Diese ideale Dimension determinierte Sinn und Gestalt der Tätigkeit, den Lebenssinn der europäischen Menschen.

Die Daseinsweise der Philosophen, des uninteressierten Beobachters wird Husserl zufolge zum Keim eines neuen, der Menschheit früher unbekannten Kulturtyps. Im Rahmen dieser Kultur können sich solche supranationalen Gemeinschaften herausbilden, wie sie Husserls Ansicht nach Europa darstellt. „Ein neuer, von Philosophie und ihren Sonderwissenschaften herstammender Geist freier Kritik und Normierung auf unendliche Aufgaben hin durchherrscht das Menschentum, schaffte neue, unendliche Ideale! Es sind solche für die einzelnen Menschen in ihren Nationen, solche für die Nationen selbst. Aber schließlich sind es auch unendliche Ideale für die sich ausbreitende Synthese der Nationen . . ."[43]

Was aber geschah mit dieser „Entelechie" der europäischen Menschheit, weshalb kam es zu der Kulturkrise? Der bereits Anfang des 20. Jahrhunderts voll zutage tretende Zusammenbruch jeglichen Glaubens an die Vernunft hat — Husserl zufolge — weit zurückreichende Wurzeln; die wissenschaftliche Vernunft habe sich bereits in der Epoche der Renaissance „verirrt", als sich die methodologischen Prämissen der „Galileischen Physik" herausbildeten. In der mathematischen Naturwissenschaft des 17.—20. Jahrhunderts mit ihren enormen technischen Erfolgen fand für Husserl der Geist der Philosophie sein Grab.

Galilei als der Stammvater der neuzeitlichen Wissenschaft verwirklichte die Idee einer Mathematisierung der Natur, jedoch benutzte er dabei — Husserl zufolge — die antike Mathematik als reine Rechentechnik, als „Techne", und enthob sie damit ihrer Basis, ihrer sinn- und geistgebenden philosophischen Prämissen. In diesem Punkt trat Husserl entschieden gegen die im Aufsatz von P. Natorp „Galilei als Philosoph" vorgenommene Deutung der Galileischen

[43] Ebenda, S. 336.

„Wende" auf.[44] Die positivistische Interpretation der Verdienste Galileis als eines Verzichts auf jegliche „Metaphysik" und der Schaffung einer rein erfahrungsmäßigen, experimentellen „positiven Wissenschaft" verzerrt nach Natorps Überzeugung den tatsächlichen Sinn der Galileischen Leistung. In der Manier der Marburger Schule sieht Natorp in Galilei einen Vorläufer Kants und des Kantianismus. Natorp sagt über die von Galilei geschaffene Naturphilosophie: „Das ist Naturphilosophie, wie sie *Kant* gewollt; Aufklärung der Naturforschung über sich selbst, über ihr Wesen und nicht bloß über ihre Methode; Aufklärung darüber, was es ist, Natur erkennen ... Feststellung der Gesetze, nach denen Erkenntnis der Natur *wahr* ist und nicht bloß Angabe des Weges, der, durch die bisherige Erfahrung genugsam erprobt, auch ferner Erfolg verheißt."[45] Galileis Verdienst besteht für Natorp darin, daß er gezeigt hat: Die Wissenschaft verallgemeinert nicht einfach die empirische Erfahrung, sondern sie konstruiert ihren Gegenstand. Aus Husserls Sicht hat jedoch jede Konstruktion, die sich nicht auf die Anschauung reiner Phänomene gründet, einen naturalistischen Charakter (daß bei Galilei gerade eine solche Art der Konstruktion vorliegt, darin stimmt Husserl Natorp und Kant zu). Ohne Rückhalt in der Erfahrung der *reinen Anschauung* wurde die Naturwissenschaft der Neuzeit — beginnend mit Galilei — schließlich zu einer Forschungstechnik; sie war damit „Sache der leidenschaftlichen *Forschungspraxis*, und nicht etwa Sache einer ihr vorangehenden systematischen Besinnung auf die prinzipiellen Möglichkeiten, auf die wesensmäßigen Voraussetzungen einer mathematischen Objektivierung ..."[46] Diese seit Galileis Zeiten sich ständig vertiefende Tendenz führte nach Husserls Überzeugung zu eben jenem Zustand der modernen Naturerkenntnis, bei dem jeglicher „Sinn" dessen verschwindet, was untersucht wird. Dieser „Sinnverlust" sei durch den Galileischen Zugriff auf die Natur vorprogrammiert gewesen.

Die Husserlsche Kritik an Galilei ist im Grunde eine im Vergleich zu seinen ersten Arbeiten radikalisierte und zugespitzte Kritik des Naturalismus. Nach Husserls Auffassung schuf Galilei die Grundlagen der neuzeitlichen Naturwissenschaft, für die eine *objektivistisch* begriffene Natur die einzig wahre Realität ist. Für Husserl aber eliminiert der Objektivismus mit seiner alleinigen Anerkennung der Realität des stofflichen Universums und dessen mechanischen Gesetzen jegliche Subjektivität; es sei daher nicht verwunderlich, daß die mathematische Naturwissenschaft als Konsequenz jegliche Beziehung zum Menschen, zum menschlichen Leben, dessen Sinn und dessen Werten verliert. „Was hat über Vernunft und Unvernunft, was hat über uns Menschen als Subjekte (der) Freiheit die Wissenschaft (gemeint ist die mathematische Naturwissenschaft —

[44] P. Natorp, Galilei als Philosoph, in: Philosophische Monatshefte, XVIII. Band, Heidelberg 1882, S. 193—229.

[45] Ebenda, S. 228.

[46] E. Husserl, Die Krisis der europäischen Wissenschaften, a. a. O., S. 39.

P. G.) zu sagen? Die bloße Körperwissenschaft selbstverständlich nichts, sie abstrahiert ja von allem Subjektiven."[47]

Die Prinzipien der Phänomenologie als Wissenschaft, die auf die Methode der unmittelbaren Wahrnehmung, der Beschreibung von Phänomenen ausgerichtet ist, bedingten von Anfang an die heftige Kritik Husserls an der für die mathematische Physik der Neuzeit charakteristischen Unterscheidung von primären und sekundären Qualitäten. Dieser Unterscheidung lag ein mangelndes Vertrauen in die unmittelbare Wahrnehmung zugrunde. In der „Krisis" klingt dieses Thema der Husserlschen Phänomenologie noch schärfer an. So wie Goethe zu seiner Zeit die Newtonsche Erklärung des Wesens von Licht und Farbe nicht akzeptierte, so erkennt Husserl jetzt die Legitimität nicht an, mit der die Mechanik der Neuzeit jegliche qualitative Bestimmtheit der Erscheinungen *negiert*.[48]

Die von der Physik der Neuzeit vorgenommene Mathematisierung der Welt wird von Husserl als eine der Phänomenologie entgegengesetzte Methode angesehen. „Die indirekte Mathematisierung der Welt, die sich nun als *methodische Objektivierung der anschaulichen Welt* abspielt, ergibt allgemeine *Zahlformeln*, die, einmal gefunden, anwendungsmäßig dazu dienen können, an den darunter zu subsumierenden Einzelfällen die faktische Objektivierung zu vollziehen. Offenbar drücken die Formeln allgemeine kausale Zusammenhänge aus, ‚Naturgesetze', Gesetze realer Abhängigkeiten in Form von ‚funktionalen' Abhängigkeiten von Zahlen. Ihr eigentlicher Sinn liegt also nicht in reinen Zusammenhängen von Zahlen . . ., sondern in dem, was die Galileiische Idee einer universalen Physik mit ihrem . . . höchst komplizierten Sinngehalt als eine der wissenschaftlichen Menschheit gestellte Aufgabe vorgezeichnet hat."[49]

Um sich Husserls Einstellung zum Galileiisch-Newtonschen Programm zu verdeutlichen, gilt es zu beachten, daß Husserl in der Mathematik die Position des Intuitionismus verteidigt. Dies erhellt aus der Orientierung der Phänomenologie auf die unmittelbare Anschauung und auf Evidenz.

Die Husserlsche Konzeption des mathematischen Wissens kommt der Sichtweise des deutschen Mathematikers K. Zindler nahe, für den die symbolischen Rechenoperationen ein geist- und gedankenloses Operieren mit Zeichen sind.[50]

[47] Ebenda, S. 4.

[48] Der Galileischen Methode, die zur Beseitigung des Qualitativen als Subjektivem führte, lag Husserl zufolge die Überzeugung zugrunde, daß allen sinnlichen Qualitäten ein mathematisches Charakteristikum zukommt, und daß diese deshalb in der Sprache der Mathematik konstruiert und ausgedrückt werden müssen und auf diese Weise ihre objektive Kennzeichnung erfahren. „Die gesamte unendliche Natur als *konkretes Universum der Kausalität* — das lag in dieser befremdlichen Konzeption — wurde zu einer eigenartig angewandten Mathematik." (Ebenda, S. 36.)

[49] Ebenda, S. 40.

[50] K. Zindler, Beiträge zur Theorie der mathematischen Erkenntnis, in: Schriftenreihe der mathematisch/naturwissenschaftlichen Klasse der Akademie der Wissenschaften zu Wien, 1889, S. 79.

Für Zindler sind die mathematischen Zeichen keine für die Mathematik im Prinzip unentbehrlichen Instrumente. Husserl bezieht sich auf Zindlers Arbeiten und teilt dessen Überzeugung, daß die Anwendung der mathematischen Symbolik auf Kosten der unmittelbaren Anschauung eine Gefahr für das wissenschaftliche Denken darstellt, denn dieses verliert dabei seine eigenen Prämissen aus dem Gesichtsfeld sowie den Sinn dessen, was untersucht und womit operiert wird. Eben aus diesem Grund stellt Husserl in der „Krisis" die These auf, daß die Arithmetisierung der Geometrie sowie die breite Anwendung algebraischer Kalküle in der Mathematik der Neuzeit „in gewisser Weise zur Entleerung ihres Sinnes" führt.[51] Die Naturwissenschaft erziele im Ergebnis der Anwendung der neuen Mathematik allenthalben sichtbare große Erfolge, dies jedoch auf Kosten jeglicher Beziehung zur humanistischen Seite des Lebens; die Naturwissenschaft werde zusehends „technisiert". „Eine Technisierung ergreift ... alle der Naturwissenschaft sonst eigenen Methoden."[52]

Welche Lösung unterbreitet Husserl für die Überwindung der sich zu einer allgemeinen „Kulturkrise" Europas ausweitenden „Krise" der Naturwissenschaft und Rationalität schlechthin? In der „Krisis" wie auch in seinen früheren Arbeiten sieht er die Rettung vor dem Technizismus und naturalistischen Objektivismus der modernen Naturwissenschaft in der *Wiederherstellung der verlorenen Verbindung der Wissenschaft mit dem tätigen Erkenntnissubjekt.* Diese Verbindung wurde Husserl zufolge in der Wissenschaft der Neuzeit nur in einer Form gewahrt: die Wissenschaft wird in ihrer pragmatischen Funktion gefaßt, als einer der Hauptfaktoren der technischen und ökonomischen Gesellschaftsentwicklung. Jedoch könne diese ihre unbestrittene Funktion das Bedürfnis des Menschen nach Begreifen der Welt und seines Lebens in ihr nicht ersetzen. Gerade dieses Ziel aber stellte sich nach Husserls Überzeugung die noch vom philosophischen Geist durchdrungene vorneuzeitliche Wissenschaft.

Die auf Überwindung des Objektivismus im mathematischen Naturwissen abzielende Konzeption Husserls erfährt aber in der „Krisis" eine neue Wendung. Husserl führt hier den Begriff der „Lebenswelt"[53] ein, die das sinnhafte Fundament jeglichen menschlichen Wissens, darunter auch des naturwissenschaftlichen ist. Die mangelnde Beachtung der Lebenswelt, das Abstrahieren von ihr, der durch

[51] E. Husserl, Die Krisis der europäischen Wissenschaften, a. a. O., S. 44.

[52] Ebenda, S. 48.

[53] Der Ausdruck „Lebenswelt" tritt auch in den Arbeiten Husserls vor 1920 auf, so in den Vorlesungen aus den Jahren 1910—1911 „Grundlegende Probleme der Phänomenologie": „Lebenswelt" wird im Sinne der „einfachen Welt der Erfahrung", des „natürlichen Verständnisses der Welt" im Unterschied zum theoretischen Aufbau der Wissenschaft gebraucht. (Vgl. Husserliana, Bd. 13, S. 125.) In den 20er Jahren tritt dieser Begriff öfter auf, besonders in den Vorlesungen zur phänomenologischen Psychologie 1925—1928 (Husserliana, Bd. 9) und in der „Einführung in die phänomenologische Philosophie" 1926—1927 (Husserliana, Bd. 9 und 14).

die Mechanik der Neuzeit vollzogene Bruch mit der Lebenswelt legten den Grundstein für die Verwandlung der Wissenschaft in Objektivismus und Naturalismus und lösten somit die Krisis der europäischen Wissenschaften aus.

Was aber ist die „Lebenswelt“? Im Unterschied zur Welt der Konstruktionen und Idealisierungen sei die Lebenswelt nichts im Rahmen einer besonderen Einstellung künstlich Geschaffenes, sondern sie sei unmittelbar vor jeder besonderen Bewußtseinshaltung jedem Menschen mit voller Evidenz gegeben; die Lebenswelt sei eine vorreflexive Gegebenheit im Unterschied zur Reflexion und Bewußtseinsumstellung erheischenden theoretischen Haltung. Die Lebenswelt sei auch der allgemeine Urgrund, aus dem alle Wissenschaften erwachsen. Man müsse sich daher an diese *Alltagswelt* halten, will man die wissenschaftlichen Begriffe und Prinzipien begreifen.

Die Hauptcharakteristika der Lebenswelt werden von Husserl in Gegenüberstellung zu den naturwissenschaftlichen Konstruktionen vorgestellt: Die Lebenswelt ist erstens die stets *subjektbezogene* Alltagswelt. Zweitens hat sie eine teleologische Struktur insofern, als ihre Elemente einen Bezug haben auf die zwecksetzende, zielgerichtete menschliche Tätigkeit. Wenn im Naturwissen alles Subjektive auszuschließen ist und deshalb auch für den Zielbegriff kein Platz ist, so sind in der Sphäre der Lebenswelt alle Realien auf den Menschen und seine praktischen Aufgaben bezogen. Drittens schließlich ist die von der mathematischen Physik beschriebene Welt ahistorisch; demgegenüber erweist sich die Lebenswelt als *Geschichte*. Während die Naturwissenschaften auf das Prinzip des *Erklärens* zurückgreifen, eröffnet sich die Lebenswelt dem Menschen unmittelbar im Verstehen. Die Kategorien „Erklären“ und „Verstehen“ gebraucht Husserl in einem Dilthey nahekommenden Sinne.

Für Dilthey ist das „Verstehen“ von der für die Naturwissenschaften typischen „Erklärung“ dadurch unterschieden, daß die Bedingung für das „Verstehen“ immer ein gewisses Ganzes, ein Sinnfeld oder ein Sinnkontext ist, dank dem sich der Sinn eines jeden Teilelements eröffnet. Hierbei ist das Ganze durchaus nicht von uns „thematisiert“ (um mit Husserl zu sprechen). Ebenso ist für Husserl die Lebenswelt ein gewisses „nichtthematisiertes“ Ganzes, das den Hintergrund, den *Horizont* liefert für das Verstehen des Sinnes menschlicher Handlungen, Ziele, Interessen, darunter auch beliebiger „partikulärer“ (professioneller) Welten — einschließlich wissenschaftlich-theoretischer Konstruktionen. „Die Lebenswelt ist die ständig vorgegebene, ständig und im voraus seiend geltende, aber nicht

Der Schüler Husserls Iso Kern betrachtet detailliert den Begriff „Lebenswelt“ im Werk Husserls „Natur und Geist“ (1927, nicht veröffentlicht) und kommt zu dem Schluß, daß schon hier im Grunde das Konzept der „Lebenswelt“ angelegt ist, das später in der „Krisis der europäischen Wissenschaften . . .“ entwickelt wurde. (Vgl. I. Kern, Die Lebenswelt als Grundlagenproblem der objektiven Wissenschaften und als universales Wahrheits- und Seinsproblem, in: E. Ströker [Hrsg.], Lebenswelt und Wissenschaft in der Philosophie Edmund Husserls, Frankfurt/M. 1979, S. 68–78.)

geltend aus irgendeiner Absicht, Thematik, nach irgendwelchem universalen Zweck, sie in wissenschaftlicher Wahrheit zu erkennen, setzt sie voraus, und schon voraus, und im Fortgang der Arbeit immer von neuem voraus, als eine in ihrer Weise seiende, aber eben seiende."[54]

Als allgemeine vorreflexive Prämisse jeglicher Handlung und jeglicher theoretischer Konstruktion ist die „Lebenswelt" Husserls — nach einem Wort H.-G. Gadamers — „das Ganze, in das wir als geschichtliche Lebende hineinleben"[55].

Gadamer rückt den Husserlschen Lebensweltbegriff nicht zufällig in die Nähe des Begriffs der „Historizität", der bei Dilthey eine zentrale Rolle spielte und später in Heideggers „Sein und Zeit" Gegenstand der Analyse war. In der Tat fällt es schwer, die große Ähnlichkeit zwischen diesen Begriffen nicht zu bemerken, und es nimmt daher nicht wunder, daß der Lebensweltbegriff für Geschichts- und Kulturphilosophen, Soziologen und Sozialpsychologen sowie für gewisse Wissenschafts- und Philosophiehistoriker eine zentrale Rolle spielte. Nicht ohne den direkten oder indirekten Einfluß Husserls bildete sich in den 60er und 70er Jahren die historische Richtung der Wissenschaftsphilosophie heraus: solche Begriffe wie Foucaults „épistémè", Kuhns „Paradigma" und teilweise (wenn auch in geringerem Maße) Holtons „Themata" u. a. stehen nach Sinn und theoretischer Funktion in einer direkten *geistesverwandtschaftlichen Beziehung* zu Husserls „Lebenswelt" als allgemeinem Bewußtseins*horizont*.

Husserl zufolge führt jegliche Evidenz zurück zur Evidenz der Lebenswelt. „Von der objektiv-logischen Evidenz . . . geht hier der Weg zurück zur Urevidenz, in der die Lebenswelt ständig vorgegeben ist."[56] Husserl betont, daß ein wirkliches Verständnis der Naturwissenschaften unmöglich ist ohne den Bezug auf die Lebenswelt und deren praktische Realien. So erklärt er beispielsweise: „Der Geometrie der Idealitäten ging voraus die praktische Feldmeßkunst, die von Idealitäten nichts wußte. Solche vorgeometrische Leistung war aber für die Geometrie Sinnesfundament."[57]

Durch die Einführung des Lebensweltbegriffes in seiner „Krisis der europäischen Wissenschaften" verwandelt Husserl die transzendentale Phänomenologie in eine Art Geschichtsphilosophie, die sich dem Historizismus des Neuhegelianertums und der historistischen Variante der Lebensphilosophie annähert. Und obwohl dieser Weg Husserls faktisch bereits in seinen der transzendentalen Subjektivität als internationalem Bewußtseinsleben gewidmeten Arbeiten angelegt war, akzeptierten doch längst nicht alle seiner Schüler und Anhänger diese letzte Etappe in der Evolution der Husserlschen Ansichten. Auf den Begriff der Lebenswelt reagierten insbesondere jene Husserl-Schüler mit Skepsis, die die Ideen

[54] E. Husserl, Die Krisis der europäischen Wissenschaften, a. a. O., S. 461.

[55] H.-G. Gadamer, Wahrheit und Methode, Tübingen 1960, S. 233.

[56] E. Husserl, Die Krisis der europäischen Wissenschaften, a. a. O., S. 131.

[57] Ebenda, S. 49.

der ersten „platonisierenden" Schaffensperiode Husserls teilten. So schreibt beispielsweise A. Koyré, der in der Zeit vor und während des ersten Weltkrieges unter starkem Husserlschen Einfluß stand, an Spiegelberger bezüglich einiger Husserlscher Briefe aus dessen später Schaffensperiode: „Was den Brief Husserls angeht, so habe ich ihn — wie es scheint — früher noch nie gesehen, insbesondere die Verwendung des Terminus ‚Ontologie'. Dennoch erweckt dieser bei mir eine gewisse Verwunderung: seine Lebenswelt ist die ursprüngliche ‚Welt', das kann *die* (eine bestimmte) Lebenswelt sein. Diese Welt ist real für ihn, aber nicht für uns. Und nicht nur für uns — dies ist überhaupt keine *reale* Welt. Husserl spricht vom relativen Recht des *Historismus* und von der Unbedingtheit der ‚griechischen' Welt. Die ‚mittelalterliche' Welt — dieser Begriff hat eine wichtige Bedeutung. Welcher Art aber sind die Beziehungen zwischen diesen ‚Welten' und der der ‚Selbstverständlichkeiten'? Ich kann nicht finden, daß die transzendentale Phänomenologie darauf eine Antwort gäbe."[58] Koyré akzeptiert den Lebensweltbegriff nicht, denn dieser untergräbt die Grundlagen seines Internalismus: Husserls Reflexionen über die praktische Feldmeßkunst als Quelle und Sinnfundament der Geometrie sind Koyré fremd. Koyré steht eher auf Platos Standpunkt, demzufolge ihre auf die Praxis der Feldmeßkunst zurückverweisende Bezeichnung der Geometrie als einer theoretischen Wissenschaft nur schadet. In diesem Punkt steht Koyré einer neukantianischen Auffassung von der Natur des wissenschaftlichen Wissens näher als dem Husserlschen Verständnis.

Koyré berührte indessen in seinem Brief ein Problem, das in den 30er Jahren Gegenstand lebhafter Diskussionen war. In der Tat, wie soll man die Husserlsche „Lebenswelt" auffassen: als sich ständig verändernde und relative, für jede historische Epoche verschiedene Welt, oder aber als eine beständige, ursprünglich gegebene Welt, auf die alle historisch veränderlichen „Welten" — die der Antike, des Mittelalters, der Renaissance usw. — als ihrer festen Grundlage bezogen werden können? Diese Frage stellt sich mit noch größerer Schärfe als bei Koyré für D. Carr, den Herausgeber und Übersetzer der „Krisis" ins Englische und überzeugten Anhänger Husserls als eines Kritikers jeglichen Skeptizismus und Relativismus. Nach Carrs Ansicht wird der Lebensweltbegriff gerade im Sinne jenes von Husserl so hartnäckig bekämpften historizistischen Relativismus gedeutet. Husserl — so betont Carr — führte seinen Kampf nach zwei Seiten: zum einen gegen den naturalistischen Objektivismus und zum anderen gegen den Historismus der „Philosophie der Weltanschauungen". Wie steht es heute um diese beiden Gegner der Husserlschen Phänomenologie? Der Naturalismus bzw. physikalische Objektivismus ist wenigstens zum jetzigen Zeitpunkt und mit einigen wenigen Ausnahmen ganz offenkundig überwunden. Jedoch den Sieg errang im Grunde nicht die auf Kant oder Husserl zurückgehende Transzendentalphilosophie, sondern ein sich weit ausbreitender und bis in die Philosophie der Naturwissenschaft eingedrungener Begriffsrelativismus. Dieser Relativismus

[58] Zitiert nach: G. Jorland, La science dans la philosophie, a. a. O., S. 28.

tritt in unterschiedlichstem Gewande auf und kommt aus den verschiedensten Richtungen: teilweise entsteht er wohl unter dem Einfluß einer falsch verstandenen Husserlschen Kritik am Objektivismus oder sogar als Folge eines möglicherweise falsch gedeuteten Husserlschen Lebensweltbegriffes.

In der angelsächsischen Wissenschaftstheorie — zum Beispiel bei Kuhn und Feyerabend — entwickelte sich dieser Relativismus weitgehend unabhängig von der Phänomenologie. Vertreter dieses Begriffsrelativismus sind unserer Ansicht nach (obschon sie sich deutlich voneinander unterscheiden) sowohl Ludwig Wittgenstein mit seinen „Philosophischen Untersuchungen", Hans-Georg Gadamer mit seiner „Wahrheit und Methode", einige der sogenannten Strukturalisten — in erster Linie Michel Foucault —, die ältere Generation der Frankfurter Schule, als auch die „apokalyptischen" Denker, d. h. der späte Martin Heidegger und Jacques Derrida.[59]

Carrs Kritik am historizistischen Relativismus ist durchaus berechtigt: der besonders in den Geisteswissenschaften und in den philosophiegeschichtlichen Konzeptionen der Hermeneutik weit verbreitete Historizismus dringt in den 60er und 70er Jahren auch in die Wissenschaftsgeschichtsschreibung ein und erreicht bei Feyerabend einen Kulminationspunkt. Carr hat auch darin recht, daß Husserls philosophische Ideen, insbesondere seine Lebensweltkonzeption nicht nur in keiner Weise zur Überwindung dieses allenthalben anzutreffenden Relativismus beitrugen, sondern diesen noch verstärkten. Freilich ist Carr der Ansicht, daß daran nicht Husserl schuld ist, sondern lediglich eine falsche Auslegung seiner Ideen. Jedoch gab Husserl zu einer solchen Deutung mehr als genug Anlaß.

Carr begründet seinen Standpunkt damit, daß die falsche Auslegung des Husserlschen Lebensweltbegriffes in einer Identifizierung des nach Carrs Überzeugung tatsächlich relativen „Weltbildes" mit der „Lebenswelt" zu suchen ist, welche als Voraussetzung jeglichen „Weltbildes" diesem vorgelagert ist. Das Weltbild ändert sich — wie Carr schreibt — in der Tat von Epoche zu Epoche, und sogar in einem bestimmten historischen Zeitabschnitt können verschiedene Weltbilder existieren, verschiedene Ideologien oder Weltanschauungen, aber von ihnen gelte es die Lebenswelt zu unterscheiden.[60]

In der Tat gibt es bei Husserl in bezug auf den Lebensweltbegriff keine strenge Eindeutigkeit. Einerseits wird die Lebenswelt begriffen als die *Alltagswelt der Erfahrung*; als solche stellt sie die historisch veränderliche soziale Welt in all ihren konkret-empirischen Erscheinungsformen dar. Diese Seite des Lebensweltbegriffs hat Carr offenbar im Blick, wenn er sagt, daß dies nur ein subjektiv-

[59] Zu den relativistischen Tendenzen der Hermeneutik H.-G. Gadamers siehe: P. P. Gajdenko, Germenevtika i krizis buržuasznoj kul'turno-istoričeskoj tradicii, in: Voprosy literatury (Moskva), 5/1977.

[60] D. Carr, Welt, Weltbild, Lebenswelt. Husserl und die Vertreter des Begriffsrelativismus, in: E. Ströker (Hrsg.), Lebenswelt und Wissenschaft in der Philosophie E. Husserls, Frankfurt/M. 1979, S. 33/34.

vergängliches Weltbild ist, und daß die Versuche, unter Rückgriff auf dieses das theoretisch-wissenschaftliche Wissen zu begründen, nur zu einer Verstärkung der relativistischen Tendenzen im bürgerlichen Gegenwartsbewußtsein führen.

Indes, andererseits gibt es bei Husserl Versuche, die Grenzen dieser sozusagen faktisch-empirischen Lebenswelt zu durchbrechen und die Lebenswelt als eine *reine*, d. h. apriorische Struktur zu fassen, als reines Phänomen, als intentionale-historische Konstruktion, als Korrelat der reinen transzendentalen Subjektivität. Die gewissermaßen „an der Oberfläche" verlaufende Geschichte mit ihren empirisch-veränderlichen Weltbildern findet in Gestalt dieser „Lebenswelt apriori" einen ebensolch tiefliegenden Grund, wie ihn das empirische Bewußtsein im transzendentalen Ego hat. Jedoch kann man auch bezüglich dieser von jeder empirischen Faktizität gereinigten Lebenswelt die Frage stellen: worum handelt es sich hier? Um eine ahistorische Konstruktion oder doch um etwas historisch Veränderliches? Auch hier mangelt es an Klarheit und Bestimmtheit, denn Husserl verweist darauf, daß auch diese Lebenswelt als eine *vor-gebildete*, vor-gegebene, gewisse „Zusätze" in der Form von Traditionen, historisch entstandenen theoretischen Gebäuden usw. erfährt, und dies wiederum bedeutet, daß auch diese Lebenswelt ein historisches Produkt ist, ein Produkt menschlichen Schöpfertums und menschlicher Erfahrung. Diese Erfahrung wird somit von Husserl nicht vorgestellt als eine vor- oder außerhistorische, jenseits aller kulturellen Konstruktionen liegende Welt, sondern dem Wesen nach als Kulturwelt. Eben diesen Gedanken führt Husserl in seiner „Krisis der europäischen Wissenschaften" aus: Die Wissenschaft wie auch die anderen Resultate menschlicher Tätigkeit gehören der konkreten Lebenswelt an.[61] Die Lebenswelt ist die Voraussetzung der Wissenschaft, und diese ist ihrerseits einer der die Lebenswelt beeinflussenden und mitbestimmenden Faktoren.

Dieser Standpunkt kommt dem von Gadamer recht nahe, den Carr für seinen Relativismus scharf kritisiert. Daraus ist ersichtlich, daß es selbst bei Husserl nicht so leicht ist, eine Carr vorschwebende Abgrenzung des Weltbildes von der eigentlichen Lebenswelt auszumachen.[62]

Eine derartige Abgrenzung ist unserer Meinung nach in der tranzendentalen Phänomenologie aufgrund des Husserlschen Idealismus überhaupt nicht streng durchführbar. Wenn wir Husserl folgend das *Weltbild* als etwas rein Subjektives mit dem empirischen Ego in Verbindung bringen, und versuchen, die *Welt als solche* mittels der Ausklammerung alles Empirischen zu erhalten, so steht dennoch diese reine Lebenswelt in Korrelation zum reinen Ego. Und man könnte sagen, daß wir uns wiederum vom „Weltbild" nicht frei gemacht haben, daß wir es nunmehr mit dem „Weltbild" des reinen Ego zu tun haben. Da es aber nicht gelingt — wie die Geschichte der Transzendentalphilosophie lehrt —, eine scharfe Grenze zwischen

[61] Vgl. E. Husserl, Die Krisis der europäischen Wissenschaften, a. a. O., S. 107, 127, 139, 460.

[62] Über die Vieldeutigkeit des Begriffs „Lebenswelt" vgl. auch: K. Claesges/K. Held (Hrsg.), Perspektiven transzendentalphänomenologischer Forschung, Den Haag 1972, S. 85—101.

dem Transzendentalsubjekt und dem empirischen Subjekt zu ziehen, so schwankt auch Husserl beständig zwischen *Weltbild* und der *eigentlichen Welt.* Aus diesem Sachverhalt rührt auch die ununterbrochene Auseinandersetzung zwischen Husserl-Schülern und -Anhängern um den wahren Sinn des Lebensweltbegriffes. Jedoch nicht nur dieser, auch alle anderen Husserlschen Begriffe sind nicht minder problematisch. In der „Krisis" sind die Widersprüche der transzendentalen Phänomenologie aufs äußerste zugespitzt, wird die Hauptquelle aller Schwierigkeiten der Husserlschen Konzeption freigelegt: Es ist derselbe Psychologismus, gegen den Husserl so zahlreiche richtige Argumente vorbrachte, welcher aber dennoch im tiefsten Wesensgrund der Phänomenologie immanent enthalten war.

Einer der sofort ins Auge springenden Widersprüche in der „Krisis" ist folgender: Zuerst demonstriert Husserl, daß der in der Antike vollzogene, die Wissenschaft und die Philosophie begründende und als „Keim" der gesamten europäischen Kultur dienende Wechsel von der natürlichen Einstellung (doxa) zur theoretischen Einstellung („épistémè") den Beginn einer neuen Ära im Leben der Menschheit markiert. Die theoretische Bewußtseinshaltung hob die menschliche Vernunft auf ein höheres Niveau im Vergleich zur natürlichen, religiösmythologischen und ihrem Wesen nach praktischen Einstellung. Dann aber, nachdem Husserl feststellte, daß die menschliche Vernunft in die Irre gegangen war, sich im Objektivismus verfangen und ihre ursprüngliche Freiheit und Kraft eingebüßt hatte, erklärt er, daß der einzige Ausweg aus dieser Situation in der Rückkehr zur natürlich-praktischen Einstellung liegt. In der ersten These finden sich deutliche Spuren jenes für den frühen Husserl charakteristischen Kultes „der reinen Vernunft", der Absage an jegliche Beziehung zur praktisch-utilitären Welt und allem Empirisch-Subjektiven. In der zweiten These artikuliert sich die Enttäuschung des späteren Husserls ob des „Objektivismus" der Wissenschaft und sein Versuch, dem „Stolz" dieser Wissenschaft, ihrer Verachtung des „gewöhnlichen Bewußtseins" die seit Galileis Zeiten bis hin zu Hegel und den Kantianern verfolgte und verachtete „Alltagswelt", die Welt des gesunden Menschenverstandes entgegenzuhalten. Husserl begann als Philosoph ebenfalls mit der Forderung, der Alltagswelt mit ihren empirisch-subjektiven Realien zu entsagen (eben darin bestand der Sinn der phänomenologischen Reduktion), und in diesem Punkte stimmte seine Herangehensweise teilweise mit der Forderung der Wissenschaft und der rationalistischen Philosophie nach einem Übergang aus der empirischen Welt in die Welt theoretischer Idealisierung überein. Jedoch die Art und Weise dieses Überganges in die *ideale Dimension* ist in der Phänomenologie und der Naturwissenschaft nicht identisch (wie bereits oben ausführlich dargestellt). Der Husserlsche Verzicht auf eine theoretische Begriffskonstruktion, auf die „Methode der Hypothese", seine Forderung, stets im Rahmen der (Selbst-)Evidenz zu bleiben, veränderten zunehmend den eigentlichen Inhalt des Husserlschen transzendentalen Idealismus. Die ursprünglich als eine Wissenschaftslehre, als eine Theorie des *Wissens* angelegte Phänomenologie wurde unmerklich zu einer *Seins*theorie, die das Sein idealistisch begreift als *Sein des Bewußtseins für das Bewußtsein* (vom

Standpunkt des Husserlschen Transzendentalismus kann es kein anderes Sein geben, als das in Korrelation zum Bewußtsein existierende); in der „Krisis" schließlich wird aus der Husserlschen Ontologie eine *Philosophie der Geschichte.*

Jedoch vermochte die Husserlsche Transzendentalphilosophie auch als Geschichtsphilosophie nicht, das Entwicklungsproblem zufriedenstellend zu lösen. Husserl diagnostiziert in der „Krisis der europäischen Wissenschaften" einen Bruch zwischen Wissenschaft und Lebenswelt. Worin jedoch die Verbindung beider bestehen soll, auf welche Weise die Wissenschaft ihren abgerissenen Kontakt zur Lebenswelt wieder herstellen soll, oder anders ausgedrückt, worin die Aufhellung und Begründung der naturwissenschaftlichen Methoden mittels der „letzten Evidenzen" der Lebenswelt bestehen soll, all diese Fragen vermochte Husserl nicht zu lösen, er beschränkte sich auf einige vage Andeutungen. Um so mehr blieb das Problem, wie die Entwicklung des wissenschaftlichen Wissens durch die Struktur der Lebenswelt determiniert wird, ungeklärt. Nicht zuletzt verhinderte die Unbestimmtheit des Lebensweltbegriffes, dieses für die Wissenschaftsgeschichte zentrale Problem ernsthaft aufzuwerfen.

Es wäre sicher falsch, die Husserlsche Konzeption der Lebenswelt als eine Annäherung an die durch Marx, Engels und Lenin begründete materialistische Geschichtsphilosophie begreifen zu wollen. Allerdings versuchte Husserl im Grunde genommen, mit dem Lebensweltbegriff die im Marxismus mit Hilfe des Begriffes der „gesellschaftlich-historischen Praxis" gefaßte Realität auf seine Weise zu begreifen. Jedoch ist Husserls Geschichtsphilosophie eine idealistische, dem deutschen Idealismus und einigen Varianten des Neuhegelianertums sowie der Lebensphilosophie (Dilthey) nahestehende Konzeption. „*Der Geist und sogar nur der Geist ist in sich selbst und nur für sich selbst seiend, ist eigenständig und kann in diesem Eigenstande, und nur in diesem, wahrhaft rational, wahrhaft und von Grund auf wissenschaftlich behandelt werden.* Was aber die Natur anlangt, in ihrer naturwissenschaftlichen Wahrheit, so ist sie nur scheinbar eigenständig und nur scheinbar für sich zu rationaler Erkenntnis gebracht in den Naturwissenschaften. Denn wahre Natur in ihrem, in naturwissenschaftlichem Sinne ist Erzeugnis des naturforschenden Geistes, setzt also die Wissenschaft vom Geiste voraus."[63]

Das heutige Interesse an Husserl und dessen „Lebenswelt" als dem Ursprung aller wissenschaftlichen Idealisierungen ist durch eine Vielzahl von Umständen bedingt. Zu ihnen gehört zweifelsohne das Bestreben, eine Lösung der durch den Bruch zwischen natur- und geisteswissenschaftlichem Wissen hervorgerufenen Widersprüche auf dem Gebiet der Wissenschaftsgeschichtsschreibung und -methodologie zu finden. Nicht zuletzt regte auch das breite Interesse an der marxistischen Wissenschafts- und Geschichtskonzeption in Historiker-, Soziologen- und Philosophenkreisen zu einem Studium der Husserlschen Lebensweltkonzeption an.

Allerdings erkannten K. Marx und F. Engels bereits in der Mitte des vorigen Jahrhunderts die Notwendigkeit, die Kluft zwischen Naturwissenschaft

[63] E. Husserl, Die Krisis der europäischen Wissenschaften, a. a. O., S. 345.

und Geschichtswissenschaft zu schließen. „Wir kennen nur eine einzige Wissenschaft, die Wissenschaft der Geschichte. Die Geschichte kann von zwei Seiten aus betrachtet, in die Geschichte der Natur und die Geschichte der Menschen abgeteilt werden. Beide Seiten sind indes nicht zu trennen; solange Menschen existieren, bedingen sich Geschichte der Natur und Geschichte der Menschen gegenseitig.“[64]

Die Untersuchung der Wissenschaftsentwicklung im Rahmen des Gesamtsystems der menschlichen Kultur durch die marxistische Wissenschaftstheorie und -geschichtsschreibung stellt einen gewichtigen Beitrag dar zur Lösung der in den Arbeiten der Klassiker gestellten Aufgabe, eine organische Verbindung herzustellen zwischen der Welt der Natur und der Welt des gesellschaftlichen Menschen. Das methodologische Gerüst zur Bewältigung dieser komplizierten Aufgabe wird indes nicht vom Husserlschen Idealismus geliefert, sondern vom dialektischen und historischen Materialismus.

[64] K. Marx/F. Engels, Die deutsche Ideologie, MEW, Bd. 3, Berlin 1981, S. 18.

Dieter Koop

„Paradoxien“ der Rationalisierung. Zum Verhältnis von Wissenschaft und Gesellschaft bei Max Weber

Max Weber (1864—1920) gilt nicht nur als einer der Begründer der modernen bürgerlichen Soziologie. Mit seiner Rationalitätskonzeption und Idealtypenlehre, dem Postulat der Wertfreiheit der Sozialwissenschaften und nicht zuletzt durch seine dichotomische Bestimmung von Verantwortungsethik und Gesinnungsethik hat er ebenso Grundideen gelegt, die die bürgerliche wissenschaftstheoretische Diskussion bis in die Gegenwart nachhaltig mitgeprägt haben. Dabei war Weber im engeren Sinne kein Wissenschaftstheoretiker — er selbst begriff sich immer als „Fachmann der Einzelwissenschaften“. Vielmehr handelt es sich bei seiner Wissenschaftslehre um eine „*Vorform* der sozialwissenschaftlich orientierten bürgerlichen Wissenschaftstheorie“.[1]

Die Abhandlungen zur Wissenschaftslehre dienen der theoretisch-methodologischen Grundlegung der „verstehenden“ Soziologie und der Auslotung der Möglichkeit und Wirksamkeit sozialwissenschaftlicher Forschung und Theorienbildung. Zugleich ist aber in der „verstehenden“ Soziologie Webers ein Forschungsprogramm angelegt, das konzeptionelle Bedeutung bei Untersuchungen zur Wissenschaft gewinnt.

Dieser Sachverhalt ergibt sich zunächst einmal allgemein aus dem Zusammenhang von Gesellschafts- und Wissenschaftsverständnis. Da Weber die Wissenschaft in ihrem sozialen Kontext betrachtet, bestimmt seine Gesellschaftstheorie den theoretisch-methodologischen Rahmen seiner Wissenschaftsanalyse. Dabei führt der Versuch einer idealtypischen Rekonstruktion der Gesellschaft mit Notwendigkeit zu einer Sicht von Wissenschaft, die die Frage nach objektiven Gesetzmäßigkeiten der Wissenschaftsentwicklung geradezu verbietet. Zum anderen — und darin besteht das Neue bei Weber — integriert er das so gewonnene Wissenschaftsverständnis in seine gesellschaftstheoretischen Erörterungen, fundiert und legitimiert sie mit Hilfe eines speziellen Wissenschaftsbegriffs.

Bei näherer Betrachtung seiner Wissenschaftsauffassung offenbart sich ihre Abhängigkeit von einer Geschichtsphilosophie und Gesellschaftstheorie, die wiederum den Typ von Wissenschaft, den Weber favorisiert, zu einem integralen Bestandteil ihrer Geschichtskonstruktion erheben.

[1] G. Domin, Differenzierungen und Gleichschaltung im bürgerlichen Wissenschaftsverständnis der Gegenwart, in: Deutsche Zeitschrift für Philosophie (Berlin), 11/1971, S. 1341.

Mit dieser Charakterisierung sind zugleich Prämissen für die Analyse der Weberschen Wissenschaftskonzeption gesetzt. Betrachtet man zunächst die Abhandlungen, die unter dem Titel „Wissenschaftslehre" publiziert werden[2], so kristallisieren sich folgende zentrale Problemstellungen heraus: Weber beginnt mit einer Kritik der Auffassungen, die Entwicklungsgesetze in der Geschichte anerkennen und weist jede „materiale" Geschichtsphilosophie als Geschichtsmetaphysik zurück (1903)[3]; konzipiert die Sozialwissenschaften als „Wirklichkeitswissenschaften" und entwickelt seine Methode der „theoretischen Wertbeziehung" und „wertfreien" Forschung (1904); setzt sich mit der These Diltheys von der Irrationalität spezifisch menschlichen Handelns auseinander, um die Basis seines handlungstheoretischen Soziologieansatzes zu begründen (1905) und entwickelt seine Methode der rationalen „Deutung" von Handlungsabläufen (1906).

In seiner Arbeit „R. Stammlers ‚Überwindung' der materialistischen Geschichtsauffassung" (1907) ist seine Methode bereits voll entwickelt und die Grundlage für sein posthum erschienenes Werk „Wirtschaft und Gesellschaft" (1922) gelegt.[4] Dabei scheint es kein Zufall zu sein, daß Weber gerade in Auseinandersetzung mit Stammler seinen Soziologieansatz vorträgt, dient die Kritik an Stammler doch letztlich einer sublimeren und wirksameren Marxismuskritik.

Zugleich muß eine marxistische Analyse des Weberschen Wissenschaftsverständnisses die Aufmerksamkeit auf jene Arbeiten lenken, in denen sich sein theoretisch-methodologisches Instrumentarium zu beweisen hat. Erst hier wird deutlich, welche Momente bei der Erklärung der „allgemeinen Kulturbedeutung" gesellschaftlicher Erscheinungen sowie der Rolle der Wissenschaft in der Gesellschaft seiner Methode zum Opfer fallen.

Vorgeführt hat Weber seinen Forschungsansatz vor allem in seinen religionssoziologischen Studien[5], wobei für das Verständnis seiner Wissenschaftstheorie die Vorbemerkung zu den Aufsätzen „Die protestantische Ethik und der ‚Geist' des Kapitalismus" (1905) sowie die Einleitung und Zwischenbetrachtung zur Sammlung „Die Wirtschaftsethik der Weltreligionen" (1916) von besonderer Bedeutung sind. Gerade in der „Zwischenbetrachtung" zeichnet Weber ein Bild von der Wissenschaft, das von der Diktion und Intention her starke Ähnlichkeit aufweist zu seinem Vortrag „Wissenschaft als Beruf".[6] Kontrastiert durch den Vortrag

[2] Vgl. M. Weber, Gesammelte Aufsätze zur Wissenschaftslehre, Tübingen 1922.

[3] Darunter fallen bei ihm die organologische Geschichtsphilosophie von Roscher und Knies, die morphologische Kulturstufentheorie von Lamprecht, die Kulturzyklentheorie von Spengler, Ostwald mit seinem „Weltformelbedürfnis" und nicht zuletzt auch die materialistische Geschichtsphilosophie von Marx.

[4] Vgl. M. Weber, Wirtschaft und Gesellschaft, Tübingen 1980, S. 1.

[5] Vgl. M. Weber, Gesammelte Aufsätze zur Religionssoziologie, Bd. 1—3, Tübingen 1920/21.

[6] W. Mommsen hat schlüssig nachgewiesen, daß dieser Vortrag nicht wie bisher irrtümlich angenommen wurde, erst 1919, sondern bereits 1917 im Spätherbst gehalten wurde. (Vgl. W. J. Mommsen, Max Weber und die deutsche Politik 1890—1920, Tübingen 1974, S. 289/290.)

„Politik als Beruf“ (1919) bilden beide Abhandlungen die Quintessenz des Weberschen Welt- und Wissenschaftsverständnisses.

1. Zeitdiagnose und Wissenschaftsanalyse

Webers Wissenschaftslehre mündet in eine „Diagnose der Moderne“[7], d. h. aber: Webers Interpretation der Wissenschaft als „Beruf“ und „Betrieb“ steht exemplarisch für eine spezifische Weltsicht. Er, der es für intellektuelle Redlichkeit hielt, dafür einzutreten, daß Wissenschaft keine Weltanschauung lehren dürfte, hat in einem umfassenden Sinne weltanschauungsbildend gewirkt. Gerade weil er glaubte, dieses Postulat in seinen soziologischen Abhandlungen realisiert zu haben und gerade weil eine solche Trennung von Wissenschaft und Weltanschauung eine reine Fiktion bleiben muß, tritt seine Anschauung von der Welt um so deutlicher aus seinem Werk hervor.

Zwei so unterschiedliche bürgerliche Denker wie E. Topitsch und K. Jaspers legen davon Zeugnis ab. Für Topitsch wirkte im Wien der Nachkriegsjahre „die Berührung mit dem Werke Max Webers wie ein Blitz: die verdämmerten Konturen traten plötzlich hart und klar hervor und wer sie einmal gesehen hatte, für den war die Welt eine andere geworden“.[8] Ein ebenso pathetisches Bild zeichnet Anfang der 30er Jahre Jaspers, der gegenüber Marianne Weber bekennt, seine „Idee des existenziellen Philosophierens an Max Webers Gestalt orientiert“ zu haben.[9] „Der Mensch ... hat seine letzte große Gestalt in Max Weber gehabt, die Gestalt unserer Welt, die in so rasendem Tempo sich verwandelt, daß die besonderen Inhalte der Weberschen Welt trotz der Kürze der Zeit schon vergangen sind, aber nicht die Grundfragen des Menschseins, des Wissenkönnens, der entscheidenden Aufgaben. Wir haben keinen großen Menschen mehr, der in dieser Weise uns zu uns selbst brächte. Er war der letzte.“[10] Beide Charakterisierungen der Wirkung des Weberschen Werkes treffen sich an jenem Punkt, der zugleich die Komplementarität von Positivismus und Existenzphilosophie ausmacht — das bürgerliche Krisenbewußtsein.

Weber, dessen Schaffensperiode in eine Zeit historischer Zäsuren fällt, antizipiert in seinen Arbeiten Momente der allgemeinen Krise des Kapitalismus, die sich in der Folgezeit erst in entwickelter Form präsentieren und zugleich zu einem ständigen Thema des spätbürgerlichen Denkens werden sollten. Da die allgemeine Krise gegenüber der Ideologie der Bourgeoisie nicht äußerlich bleibt, sondern

[7] Vgl. W. Schluchter, Rationalismus der Weltbeherrschung, Frankfurt/M. 1980, S. 43.

[8] Max Weber und die Soziologie heute. Verhandlungen des 15. Deutschen Soziologentages, hg. von O. Stammer, Tübingen 1965, S. 19.

[9] Marianne Weber, Lebenserinnerungen, Bremen 1948, S. 190.

[10] K. Jaspers, Max Weber. Deutsches Wesen im politischen Denken, im Forschen und Philosophieren, Oldenburg 1932, S. 78.

im Gegenteil sich als ideologische Krise manifestiert, fixiert das bürgerliche Denken jene Auffassungen als „klassisch“, die originär diesen Prozeß der gesellschaftlichen Veränderungen charakterisieren und zugleich noch mit einer gewissen Freizügigkeit darüber zu reflektieren in der Lage sind.

Weber thematisiert in seinem Werk dieses Krisenbewußtsein. Der Ort, wo er die Krise diagnostiziert, ist die Wissenschaft, das Problem, die Frage nach dem „Sinn der Wissenschaft“.

Hat die Wissenschaft als Moment des Fortschritts „irgendeinen über dies rein Praktische und Technische hinausgehenden Sinn?“[11] „Welches ist der *Beruf der Wissenschaft* innerhalb des Gesamtlebens der Menschheit? und welches ihr Wert?“[12] Mit diesen Fragestellungen greift Weber das Verhältnis von Wissenschaft und Gesellschaft auf, ohne jedoch den inneren Zusammenhang über die sozialökonomische Bestimmtheit der Wissenschaft aufzuzeigen. Marianne Weber beginnt die Biographie ihres Mannes mit einem Zitat von Rilke: „Das war der Mann, der immer wiederkehret, wenn eine Zeit noch einmal ihren Wert, da sie sich enden will, zusammenfaßt.“[13]

Von welcher historischen Zäsur ist hier die Rede? — Weber selbst gibt eine umfangreiche Zeitdiagnose. Für ihn ist seine Zeit bestimmt durch den Kapitalismus als der „schicksalsvollsten Macht unseres modernen Lebens“.[14] Bei der Übernahme der Herausgeberschaft des „Archivs für Sozialwissenschaft und Sozialpolitik“ 1904 formuliert er noch deutlicher: Der Kapitalismus ist „ein nicht mehr aus der Welt zu schaffendes, also schlechthin hinzunehmendes Ergebnis der geschichtlichen Entwicklung . . ., hinter das zurück, zu den patriarchalen Grundlagen der alten Gesellschaft, heute kein Weg mehr führt“.[15]

Weber, der sich als „Mitglied der bürgerlichen Klassen“[16] sieht und der sich den Traditionen des Liberalismus verpflichtet fühlt, weiß um die Wirkung, die vom Kapitalismus ausgeht. Die Entwicklung der kapitalistischen Produktion, die rasche Zunahme von Wissenschaft und Technik hatten in historisch kurzer Frist das Antlitz Deutschlands grundlegend verändert, alte als ewig geltende gesellschaftliche Strukturen, Normen und Werte wurden von ihr erfaßt und beseitigt. Weber erkennt nicht, daß die Bourgeoisie mit der weiteren Revolutionierung der Produktivkräfte an ihrem eigenen Untergang arbeitet. Aber er ahnt, daß diese einmal begonnene Entwicklung sich gegen den Kapitalismus selbst kehren kann. Und er sieht bereits im Auftreten des Proletariats und der revolutionären Sozial-

[11] M. Weber, Gesammelte Aufsätze zur Wissenschaftslehre, a. a. O., S. 536.

[12] Ebenda, S. 537.

[13] Marianne Weber, Max Weber. Ein Lebensbild, Tübingen 1926.

[14] M. Weber, Gesammelte Aufsätze zur Religionssoziologie, Bd. 1, a. a. O., S. 4.

[15] M. Weber, Geleitwort zum Übergang des Archivs für Sozialwissenschaft und Sozialpolitik auf die neuen Hrsg. Werner Sombart, Max Weber und Edgar Jaffé, in: Archiv für Sozialwissenschaft und Sozialpolitik (Tübingen), 19/1904, S. IV.

[16] M. Weber, Gesammelte politische Schriften, München 1921, S. 26.

demokratie Anzeichen dafür. Damit würde aber die Entwicklung und Perspektive dieser Gesellschaft fragwürdig — die Gegenwart schlechthin sinnlos. Ein resignierender Unterton ist bei Weber denn auch nicht zu verkennen. In „Wirtschaft und Gesellschaft" heißt es, daß „die Vorgänge der Welt ... nur noch ‚sind' und ‚geschehen', aber nichts mehr, bedeuten'".[17]

Je objektiv bedeutungsloser die Wirklichkeit wird, um so notwendiger, ihr eine subjektive Bedeutung zu verleihen. Weber führt die Suche in die Geschichte. Die „historische und theoretische Erkenntnis der allgemeinen Kulturbedeutung der kapitalistischen Entwicklung"[18] wird für ihn zum zentralen wissenschaftlichen Problem. Resultat dieser Bemühungen ist seine Rationalitätskonzeption. Treffend urteilt A. Gedö über das dieser Konzeption zugrundeliegende Leitmotiv: Max Weber „sucht *im Schatten des universellen Krisenbewußtseins* nach der Möglichkeit des *‚rationalen Funktionierens des Kapitalismus* (und des dazu nötigen Wissens)".[19] Weber registriert einen „Hunger nach sozialen Theorien" und will mit seiner Soziologie, die er als Sozialtheorie konzipiert, Abhilfe schaffen. Alle wissenschaftstheoretischen und methodologischen Überlegungen stehen damit zunächst im Kontext der Genesis seiner „verstehenden" Soziologie. Was Weber am meisten irritiert, ist das Fehlen einer „harmonischen" Logik der bürgerlichen Sozialwissenschaften. Er selbst begründet daher die Hinwendung zu methodologischen Problemen mit dem Verweis auf die „Unsicherheit über das ‚Wesen' der eigenen Arbeit".[20] Dies geschieht mit einem deutlichen Verweis auf die als Methodenstreit in die Geschichte der Wissenschaftstheorie eingegangenen Auseinandersetzungen in der Nationalökonomie zwischen der jüngeren Historischen Schule (G. Schmoller) und der theoretischen Schule — Grenznutzentheorie — (C. Menger) sowie die zwischen der Treitschke-Schule der altdeutschen Geschichtsschreibung (G. v. Below) und der Geschichtsschreibung K. Lamprechts in der Geschichtswissenschaft Ende des 19. Jahrhunderts in Deutschland. Weber zeichnet die einzelnen Positionen nach und unternimmt den Versuch einer Synthese.

Auf den Kern gebracht, geht es bei der Sichtung der Argumente vor allem um das Problem der Existenz oder Nichtexistenz objektiver Entwicklungsgesetze der Gesellschaft. Da das Erkenntnisinteresse der im Niedergang begriffenen Bourgeoisie gegen die Anerkennung objektiver Gesetze der sozialen Entwicklung gerichtet ist, steht vor den Theoretikern dieser Klasse die Aufgabe, jenes ideologische Erfordernis in den Sozialwissenschaften umzusetzen. Das geschieht natürlich nicht voraussetzungslos, sondern unter Anknüpfung an das, wie Engels allgemein sagte, vorgefundene philosophische und wissenschaftstheoretische Material ihrer Zeit.

[17] M. Weber, Wirtschaft und Gesellschaft, a. a. O., S. 308.

[18] M. Weber, Geleitwort zum Übergang des Archivs für Sozialwissenschaft und Sozialpolitik auf die neuen Herausgeber Werner Sombart, Max Weber und Edgar Jaffé, a. a. O., S. V.

[19] A. Gedö, Philosophie der Krise, Berlin 1978, S. 94.

[20] M. Weber, Gesammelte Aufsätze zur Wissenschaftslehre, a. a. O., S. 218.

2. Das neukantianisch beeinflußte Wissenschaftsverständnis

Weber geht bei der Konzipierung seiner Wissenschaftslehre von den Arbeiten des Neukantianers H. Rickert aus. In seinem ersten Aufsatz zu dieser Thematik schreibt er: „Es ist einer der Zwecke dieser Studie, die Brauchbarkeit der Gedanken dieses Autors für die Methodenlehre unserer Disziplin zu erproben."[21] Gemeint ist damit die Rickertsche Arbeit „Die Grenzen der naturwissenschaftlichen Begriffsbildung" aus dem Jahre 1902. In einem Brief an seine Frau gibt Weber darüber folgende Mitteilung:

„Rickert habe ich aus. Er ist *sehr* gut, zum Teil finde ich darin das, was ich selbst, wenn auch in logisch nicht bearbeiteter Form, gedacht habe. Gegen die Terminologie habe ich Bedenken."[22] Rickert widmet die 3. Auflage seines Werkes dem Andenken Max Webers mit dem Bewußtsein, daß dieser seine Logik der Geschichtswissenschaft in der eigenen Forschungspraxis bestätigt habe. Aus dem Vorwort geht hervor, daß Weber ein besonderes Interesse an den letzten beiden Kapiteln über die historische Begriffsbildung und historische Objektivität zeigte.

Rickert schreibt darüber: Weber überzeugte sich, „daß auf Grund meines Begriffes der theoretischen Wertbeziehung das begriffliche Verfahren der wissenschaftlichen Geschichte als das einer individualisierenden Kulturwissenschaft zutreffend gekennzeichnet sei".[23] Aus diesen engen Beziehungen zwischen Weber und Rickert sollte nun aber nicht der Schluß gezogen werden, als ob keinerlei Differenzen in ihren wissenschaftstheoretischen Auffassungen da wären. Auf diese macht I. S. Kon aufmerksam, indem er auf unterschiedliche Intentionen hinweist, von denen beide ausgehen.[24]

Rickert verfolgte mit seiner Logik der Geschichtswissenschaft das Anliegen, den philosophischen Idealismus gegenüber dem Materialismus zu verteidigen und theoretisch weiter auszubauen. Weber dagegen will eine Sozialwissenschaft begründen, die sich über den Gegensatz von Materialismus und Idealismus hinwegsetzt.[25] Daß das eine Illusion bleiben mußte, zeigt bereits folgendes. Die logische Theorie steht bei Rickert „im Dienste der Bekämpfung des Naturalismus"[26], d. h. aber auch gegen die „sogenannte(n) materialistische *Geschichtsauffassung*, die nur das Extrem dieser ganzen Richtung bildet".[27] Hier zeigt sich auch wieder Webers Interesse. Rickert ist der Meinung, daß Weber durch die „unvermeidliche Bekämpfung der sogenannten materialistischen Geschichtsphilosophie" in die „Nähe philosophi-

[21] Ebenda, S. 7.

[22] Zitiert bei Marianne Weber, Max Weber. Ein Lebensbild, a. a. O., S. 273.

[23] H. Rickert, Die Grenzen der naturwissenschaftlichen Begriffsbildung, Vorwort, Tübingen 1929, S. XXIV.

[24] Vgl. I. S. Kon, Geschichtsphilosophie des 20. Jahrhunderts, Bd. 1, Berlin 1966, S. 137.

[25] Vgl. dazu: Fußnote 3.

[26] H. Rickert, Die Grenzen der naturwissenschaftlichen Begriffsbildung, a. a. O., S. IV.

[27] H. Rickert, Kulturwissenschaft und Naturwissenschaft, Tübingen 1915, S. 5.

scher Probleme" kam.[28] In gleicher Richtung argumentiert E. Troeltsch. Die Hinwendung Webers zu wissenschaftstheoretischen und methodologischen Fragestellungen erfolgte nach ihm in dem Maße, wie er „das Marxistische Problem" aufnahm, „um es um- und fortzubilden": „Er sah darin frühzeitig eine der Grundlagen der Kultur- und Geschichtsbetrachtung. Aber wie jene Theorie bei Marx ihre grimassenhafte Härte einer bestimmten Philosophie, der Feuerbachschen Umstülpung Hegels, verdankte, so ging Webers Um- und Fortbildung auch ihrerseits auf die philosophischen Grundlagen aus. Diese gewann er in einem engen Anschluß an den Neukantianismus und vor allem an die Rickertsche Geschichtslogik, womit *der Marxistische Zwang des Materialismus beseitigt* und die ‚materialistische' Methode *rein* zu dem Problem des Verhältnisses zwischen dem dominierenden ökonomisch-soziologischen und den übrigen Elementen der Kultur wurde."[29]

Es sind drei Ideen der Rickertschen Logik, die Weber übernimmt:

— die Aufspaltung des einheitlichen Wissenschaftsbegriffs und die Dichotomie von Naturwissenschaft und Kulturwissenschaft;
— den irrationalistischen Wirklichkeitsbegriff und die Ablehnung der Widerspiegelungstheorie;
— die Auffassung von der Konstituierung des historischen Gegenstandes durch theoretische Wertbeziehung.

Der Wertphilosophie Rickerts, mit deren Hilfe die Objektivität der historischen Erkenntnis durch die Beziehung auf ein geltendes System absoluter Werte begründet werden soll, steht er ablehnend gegenüber.

Für Weber ist die Sozialwissenschaft nur als empirische Disziplin möglich; insofern bezeichnet er sie auch als „Wirklichkeitswissenschaft". Dem empirischen Wissenschaftsbegriff folgend, werden für die Sozialwissenschaften zwei Verbote ausgesprochen. Zum einen sind sie nicht berechtigt, Weltanschauung zu produzieren und daraus gültige Werturteile bzw. Sollaussagen abzuleiten; zum anderen wird ihnen verwehrt, objektive Gesetze in Geschichte und Gesellschaft aufzuzeigen. Der Entgegensetzung von Erfahrungswissen und Werturteil liegt das Auseinanderreißen von Erkennen und Werten, Sein und Sollen zugrunde. Weber begründet die Notwendigkeit dieser Trennung mit der veränderten Stellung der Wissenschaft in der Gesellschaft. Als Gründe des Ineinanderlaufens von Seinserkenntnis und Sollensaussagen gibt Weber folgende an:

„Gegen diese Scheidung wirkte zunächst die Meinung, daß unabänderlich gleiche Naturgesetze, sodann die andere, daß ein eindeutiges Entwicklungsprinzip die wirtschaftlichen Vorgänge beherrsche und das *Seinsollende* entweder — im ersten

[28] H. Rickert, Max Weber und seine Stellung zur Wissenschaft, in: Logos, Bd. XV, S. 228.

[29] E. Troeltsch, Der Historismus und seine Probleme, I. Buch, Tübingen 1922, S. 565/566 (Hervorhebung — d. Verf.).

Fall mit dem unabänderlichen *Seienden*, oder im zweiten Falle — mit dem unvermeidlich *Werdenden* zusammenfallen."[30]

Weber reflektiert hier die Tatsache, daß die Entwicklungsgesetze der kapitalistischen Gesellschaftsformation beim Übergang zum Monopolkapitalismus in Widerspruch zu den Klasseninteressen der Bourgeoisie geraten. Die Krise innerhalb der bürgerlichen Nationalökonomie — darauf beziehen sich in erster Linie obige Aussagen — ist ihm dafür ein Symptom. Insofern spürt er richtig den Hintergrund auf, auf dem eine Dichotomie von Sein und Sollen so nicht aufkommen kann. Diese setzt die Anerkennung objektiver Gesetze und des Entwicklungsgedankens voraus. Aber genau davon will sich der Webersche Wissenschaftsbegriff freimachen; daher die Verkürzung des theoretischen Wissens auf Erfahrungswissen. Auf dieser Ebene werden Werturteile zu Glaubensentscheidungen, daher ist die „*Geltung* solcher Werte zu *beurteilen* . . . Sache des *Glaubens*".[31]

Weber will mit seinem empiristischen Wissenschaftsbegriff das Denken auf die Faktizität der kapitalistischen Wirklichkeit disziplinieren. Was über den bürgerlichen Denkhorizont hinausgeht, soll mit dem Verdikt der Vor- bzw. Unwissenschaftlichkeit belegt werden. Mit seinem Wissenschaftsansatz richtet er sich daher gegen die progressiven Traditionen der klassischen Philosophie und Ökonomie, vor allem aber gegen den Marxismus.

Welche Bedeutung kommt nun den Sozialwissenschaften zu, wenn eine empirische Wissenschaft niemals lehren kann, was der Mensch soll, sondern nur, was er kann, bzw. was er will? Weber expliziert seine Auffassung am Beispiel der Sozialpolitik. Eine wesentliche Funktion der Sozialwissenschaft besteht für ihn in einer „*technischen* Kritik" an der sozialpolitischen Praxis. Um diese zu verdeutlichen, greift er auf die „letzten Elemente sinnvollen menschlichen Handelns" zurück, auf die Kategorien Zweck und Mittel. Technische Kritik heißt dann, „die Frage der Geeignetheit der Mittel bei gegebenem Zweck" zu prüfen.[32] Die Sozialwissenschaften fördern „wertvolles Handeln", wenn sie „1. die unvermeidlichen Mittel und 2. die unvermeidlichen Nebenerfolge, 3. die dadurch bedingte Konkurrenz mehrerer *möglicher* Wertungen miteinander in ihren *praktischen* Konsequenzen" aufzeigen.[33]

Da inhaltliche Wertungen und die Begründung politischer Zielvorstellungen, weil kein einheitlicher Bewertungsmaßstab gefunden werden kann, aus dem Kompetenzbereich der Wissenschaften verabschiedet werden, degenerieren sie zu rein technisch-formalen Entscheidungshilfen für Politik. Die so vorgenommene Trennung von Wissenschaft und Politik und die Reduzierung der Wissenschaft auf eine abstrakte Instrumentalität, die auf die Bereitstellung von Mitteln und Methoden für vorgegebene, wissenschaftlich nicht mehr zu problematisierende Zwecke

[30] M. Weber, Gesammelte Aufsätze zur Wissenschaftslehre, a. a. O., S. 148.
[31] Ebenda, S. 152.
[32] Ebenda, S. 149/150.
[33] Ebenda, S. 470.

abzielt, läßt einen spezifisch positivistischen Zug im Weberschen Wissenschaftsverständnis hervortreten.[34] Das Postulat der Werturteilsfreiheit soll hier garantieren, daß die Wissenschaft ihren Kompetenzbereich nicht überschreitet. De facto bedeutet es die Unterordnung der Wissenschaft unter die Politik der Bourgeoisie.

Mit der Verlagerung der Zwecksetzungen und Wertungen in die Sphäre des Irrationalen verbindet Weber eine apologetische Absicht. Er stellt damit den Hauptzweck der kapitalistischen Produktion, die Profitmaximierung, die ja besonders im Imperialismus ein beständiges sozialpolitisches Reagieren erfordert, außerhalb jeder wissenschaftlichen Diskussion.

Neben der zu leistenden „technischen Kritik" kommt der sozialwissenschaftlichen Erkenntnis noch eine andere Aufgabe zu. Sie strebt danach, „die uns umgebende Wirklichkeit des Lebens ... *in ihrer Eigenart* (zu) verstehen — den Zusammenhang und die Kultur*bedeutung* ihrer einzelnen Erscheinungen in ihrer heutigen Gestalt einerseits, die Gründe ihres geschichtlichen So-und-nicht-anders-Gewordenseins andererseits".[35]

An welche Voraussetzung ist diese Art historische Erkenntnis gebunden? Weber begreift die Wirklichkeit analog Rickert als „heterogenes Kontinuum", als Chaos, ohne bestimmte Struktur, gesetzeslos und daher dem Bewußtsein zunächst unzugänglich. Erkennen heißt daher für ihn nicht Abbilden, sondern in Anlehnung an den Neukantianismus „Umbilden", d. h. die gedankliche Ordnung der unendlichen, mannigfaltigen Wirklichkeit. Mit seinem irrationalistischen Wirklichkeitsbegriff zielt Weber gegen die Widerspiegelungstheorie des Materialismus — allerdings ohne Kenntnis des dialektischen Materialismus.

Auch Simmel wird nicht verkennen können, schreibt er, „daß nun auch die von ihm zugegebene Unendlichkeit und absolute Irrationalität jedes konkreten Mannigfaltigen die absolute Sinnlosigkeit des Gedankens einer ‚Abbildung' der Wirklichkeit ... zwingend erkenntnistheoretisch *erweist*".[36]

Dieses Umbilden geschieht aber nicht voraussetzungslos, sondern hat sich zu orientieren am Erkenntnisinteresse des erkennenden Subjektes. Weber nennt dies, wiederum Rickert folgend, „theoretische Wertbeziehung". Der Erkenntnisprozeß setzt also voraus, daß sich das Erkenntnissubjekt, nicht ein transzendentales Subjekt wie bei Rickert, sondern der konkrete Forscher, durch sein Interesse den Erkenntnisgegenstand erst schafft.

„Ein winziger Teil der jeweils betrachteten Wirklichkeit wird von unserem durch jene Wertideen bedingten Interesse gefärbt, er allein hat Bedeutung für uns, er hat sie, weil er Beziehungen aufweist, die für uns infolge ihrer Verknüpfung mit Wertideen *wichtig* sind; nur weil und soweit dies der Fall, ist er in seiner individuellen

[34] Vgl. H. Holzer, Kapitalismus als Abstraktum? Makrosoziologische Systemtheorie in der Soziologie der USA und der BRD, Berlin 1977, S. 19.

[35] M. Weber, Gesammelte Aufsätze zur Wissenschaftslehre, a. a. O., S. 170.

[36] Ebenda, S. 92, Fußnote 1.

Eigenart für uns wissenswert."[37] Die Konsequenzen seiner Methodologie führt Weber selbst vor, wenn er zur Gesellschaftsanalyse übergeht: „Die Qualität eines Vorgangs als ‚sozialökonomischer' Erscheinung ist nun nicht etwas, was ihm als solchem ‚objektiv' anhaftet. Sie ist vielmehr bedingt durch die Richtung unseres *Erkenntnisinteresses*, wie sie sich aus der spezifischen Kulturbedeutung ergibt, die wir dem betreffenden Vorgang im einzelnen Fall beilegen."[38] Der gleiche Vorgang könnte also auch, unter einem anderen Gesichtspunkt betrachtet, beispielsweise als religiöse Erscheinung gedeutet werden, was Weber mit seinen religionssoziologischen Aufsätzen zu zeigen versucht, so daß ein sozialer Vorgang nie vollständig erfaßt werden kann.

Der irrationalistische Wirklichkeitsbegriff, die Leugnung des Widerspiegelungscharakters menschlicher Erkenntnis und der Aktivismus des erkennenden Subjekts führen hier nicht nur zur Subjektivierung und Relativierung der sozialwissenschaftlichen und historischen Erkenntnis, sondern Weber zielt vor allem darauf ab, die Materialität gesellschaftlicher Verhältnisse zu leugnen, um so die materialistische Geschichtsauffassung attackieren zu können. Dieses versucht er, indem er sie in eine Weltanschauung und in eine ökonomische Geschichtsinterpretation zerlegt.

Die Analyse der sozialen Erscheinungen „unter dem speziellen Gesichtspunkt ihrer ökonomischen Bedingtheit" bezeichnet er als „ein wissenschaftliches Prinzip von schöpferischer Fruchtbarkeit" und zollt damit Marx seinen Tribut.[39] Gleichzeitig aber wendet er sich gegen die materialistische Geschichtsauffassung, die „als ‚Weltanschauung' oder als Generalnenner kausaler Erklärung der historischen Wirklichkeit . . . auf das Bestimmteste abzulehnen" ist.[40]

3. Die Natur der idealtypischen Begriffsbildung und der handlungstheoretische Soziologieansatz

Die Schaffung einer soziologischen Theorie ist in erster Linie für Weber ein Problem der „Bildung klarer Begriffe". In einem Brief an R. Liefmann bemerkt er: „Wenn ich jetzt nun einmal Soziologe geworden bin . . ., dann wesentlich deshalb, um dem immer noch spukenden Betrieb, der mit Kollektivbegriffen arbeitet, ein Ende zu machen. Mit anderen Worten: auch Soziologie kann nur durch Aus-

[37] Ebenda, S. 175.
[38] Ebenda, S. 161.
[39] Ebenda, S. 166.
[40] Ebenda, S. 166/167.

gehen vom Handeln des oder der weniger oder vieler Einzelner, strikt ‚individualistisch' in der Methode also — betrieben werden."[41]

Das begriffliche Instrumentarium seiner Soziologie entwickelt Weber mit der Lehre vom Idealtypus.

Der neukantianischen Entgegensetzung von Naturwissenschaft und Kulturwissenschaft, generalisierender und individualisierender Methode folgend, hält er die Gesetzeserkenntnis — bei ihm interpretiert als die „Reduktion des Empirischen auf ‚Gesetze'" — als Zweck der wissenschaftlichen Arbeit für „sinnlos", da sie nicht zum Begreifen der Wirklichkeit, sondern von ihr wegführt.[42] Nun kommt Weber aber nicht umhin, anzuerkennen, daß nomologisches Wissen auch in den Kulturwissenschaften notwendig ist. Seine eigenen religionssoziologischen Arbeiten hatten ihn dies gelehrt.[43] Aus diesem Zwiespalt befreit er sich, indem die Aufstellung nomologischen Wissens „nicht *Ziel*", sondern zum „*Mittel*" der Erkenntnis wird. Ein solches Hilfsmittel stellt der Idealtyp dar, der als Begriff die gedankliche Ordnung der irrationalen Wirklichkeit bewirkt. Er „vereinigt bestimmte Beziehungen und Vorgänge zu einem in sich widerspruchslosen Kosmos *gedachter* Zusammenhänge. Inhaltlich trägt diese Konstruktion den Charakter einer *Utopie* an sich, die durch *gedankliche* Steigerung bestimmter Elemente der Wirklichkeit gewonnen ist."[44]

In dieser begrifflichen Reinheit ist der Idealtyp empirisch nicht auffindbar, daher ist es nach Weber notwendig, „in jedem einzelnen Falle festzustellen, wie nahe oder wie fern die Wirklichkeit jenem Idealbilde steht".[45]

Mit Hilfe des idealtypischen Begriffs soll die Wirklichkeit an ihm gemessen werden, bestimmte Erscheinungen berechenbar, d. h. rational gemacht werden. Ziel ist die Rationalisierung der Wirklichkeit: „zunehmende theoretische Beherrschung der Realität durch zunehmend präzise abstrakte Begriffe".[46] Der Idealtyp ist insofern ein rein technisches Mittel der Erkenntnis. Er besitzt daher auch keinen *Wahrheitswert*, sondern sein Wert ist der des *Erfolgs*. Ob es sich „um reines Gedankenspiel oder um eine wissenschaftlich fruchtbare Begriffsbildung handelt, kann a priori niemals entschieden werden: es gibt auch hier nur einen Maßstab: den Erfolg für die Erkenntnis konkreter Kulturerscheinungen".[47] Der Erfolgswert der idealtypischen Begriffsbildung ist wiederum abhängig von den die Er-

[41] M. Weber, Brief an R. Liefmann vom 9. März 1920, zitiert nach: W. J. Mommsen, Max Weber. Gesellschaft, Politik und Geschichte, Frankfurt/M. 1974, S. 256, Fußnote 57.

[42] M. Weber, Gesammelte Aufsätze zur Wissenschaftslehre, a. a. O., S. 180.

[43] Vgl. M. Weber, Gesammelte Aufsätze zur Religionssoziologie, a. a. O., S. 237—239.

[44] M. Weber, Gesammelte Aufsätze zur Wissenschaftslehre, a. a. O., S. 190.

[45] Ebenda, S. 191.

[46] M. Weber, Gesammelte Aufsätze zur Religionssoziologie, a. a. O., S. 266.

[47] M. Weber, Gesammelte Aufsätze zur Wissenschaftslehre, a. a. O., S. 193.

kenntnis leitenden Interessen des Wissenschaftlers. Damit wird die Art der Begriffsbildung zu einer „überaus weitgehende(n) Zweckmäßigkeitsfrage“.[48]

In diesem Sinne erfolgt bei Weber auch die Interpretation aller „spezifisch-marxistischen ‚Gesetze‘ und Entwicklungskonstruktionen“. Sie besitzen „einzigartige *heuristische* Bedeutung“, wenn man „sie zur *Vergleichung* der Wirklichkeit mit ihnen benutzt“, sie zeigen aber ihre „Gefährlichkeit“, „sobald sie als empirisch geltend oder gar als reale (d. h. in Wahrheit metaphysische) ‚wirkende *Kräfte*‘, ‚Tendenzen‘ usw. vorgestellt werden“.[49]

Weber hat, ausgehend von diesen erkenntnistheoretischen Positionen, Schwierigkeiten, das Objektivitätsproblem schlüssig zu klären. Objektivität sozialwissenschaftlicher Erkenntnis begründet er über die Subjektivität der Kategorien und Werte. „Die *objektive* Gültigkeit alles Erfahrungswissens beruht darauf und nur darauf, daß die gegebene Wirklichkeit nach Kategorien geordnet wird.“[5] Das Erkenntnissubjekt ist dabei „hier wie überall an die Normen unseres Denkens gebunden. Denn wissenschaftliche Wahrheit ist nur, was für alle gelten *will*, die Wahrheit *wollen*“.[51]

Die soziologischen Kategorien werden nach dem Muster der Idealtypen gebildet. Dabei ist das soziale Handeln des einzelnen für die Soziologie Webers konstitutiv. „Soziologie . . . soll heißen: eine Wissenschaft, welche soziales Handeln deutend verstehen und dadurch in seinem Ablauf und seinen Wirkungen ursächlich erklären will.“[52] Handeln wird definiert durch die Hervorhebung a) der „Sinnhaftigkeit“ menschlichen Sichverhaltens und b) durch die „Gerichtetheit“ dieses Verhaltens. Das einzelne Individuum und sein Handeln bildet die „unterste Einheit“, sozusagen das „Atom“ der „verstehenden“ Soziologie. Dieser individualistische Ansatz bedingt den Weberschen Begriffsnominalismus. Für ihn gibt es „keine ‚handelnde‘ Kollektivpersönlichkeit“.[53] Alle „Kollektivbegriffe“ wie Feudalismus, Kapitalismus oder Reformation seien lediglich Fiktionen, die von der Fülle der Wirklichkeit abführen.

Probleme bereitet Weber offensichtlich die Definition des für seine Soziologie so zentralen Sinnbegriffs. Sein empiristischer Standpunkt scheint ihm zu verbieten, diesen Begriff transparent zu machen. Und dennoch finden wir bei ihm eine Bestimmung, die mit seiner Auffassung vom Menschen als „Kulturmenschen“ verbunden ist. Für ihn ist Kultur „ein vom Standpunkt des *Menschen* aus mit Sinn und Bedeutung bedachter endlicher Ausschnitt aus der sinnlosen Unendlichkeit des Weltgeschehens“.[54] Insofern ist „die transzendentale Voraus-

[48] Ebenda, S. 403.
[49] Ebenda, S. 205
[50] Ebenda, S. 213.
[51] Ebenda, S. 184.
[52] M. Weber, Wirtschaft und Gesellschaft, a. a. O., S. 1.
[53] Ebenda, S. 6.
[54] M. Weber, Gesammelte Aufsätze zur Wissenschaftslehre, a. a. O., S. 180.

setzung jeder *Kulturwissenschaft* . . ., daß wir *Kulturmenschen sind*, begabt mit der Fähigkeit und dem Willen, bewußt zur Welt *Stellung* zu nehmen und ihr einen Sinn zu verleihen. Welcher immer dieser Sinn sein mag, er wird dazu führen, daß wir im Leben bestimmte Erscheinungen des menschlichen Zusammenseins aus ihm heraus *beurteilen*, zu ihnen als bedeutsam . . . Stellung nehmen."[55]

Hier zeigt sich deutlich, daß Weber allein, vom Boden der Erfahrung ausgehend, zu keiner geistigen Rekonstruktion der Gesellschaft gelangen kann. Er muß daher zu einer transzendentalen Annahme Zuflucht nehmen, indem er den empirisch konstatierbaren Individuen eine Idee „des Menschen" unterlegt. Bei näherer Betrachtung verwandelt sich dieser abstrakte Mensch wieder in einen Bourgeois. Ganz besonders zeigt sich dies bei Webers Bestimmung des für die Soziologie bedeutsamsten Handelns — dem zweckrationalen Handeln. Dieses Handeln kalkuliert das Verhalten seiner Mitmenschen rational als Mittel für seinen subjektiven Zweck und macht davon seinen Handlungserfolg abhängig.[56]

Der subjektivistische Handlungsbegriff Webers versperrt den Zugang zur Erkenntnis der Spezifik der gesellschaftlichen Bewegung und führt zu einer Entgegensetzung von objektiven und subjektiven Faktoren der Gesellschaft.

Mit der Orientierung der Soziologie auf die Analyse Motiv-Handlung tendiert Weber zu einer phänomenologischen Beschreibung individueller Verhaltensformen. Die Erklärung einer Handlung aus deren Motiv heraus ist zunächst einmal nicht falsch, setzt aber voraus, daß das Motiv selbst wiederum ursächlich — d. h. vor allem seinem sozialen Inhalt und Ursprung nach — erklärt werden muß. Der subjektivistische Handlungsbegriff verbietet aber ein solches Vorgehen. Ein erkanntes Handlungsmotiv gilt ihm als soziologisch relevanter Tatbestand, der selbst keinerlei Erklärung mehr bedarf.

Webers Leugnung der objektiven gesellschaftlichen Entwicklungsgesetze und die Denunzierung jener Auffassungen, die zu einer „materialen" Geschichtsphilosophie tendieren, als Geschichtsmetaphysik, ist das Pendant zur Hinwendung auf subjektiv verstehbare Zusammenhänge im menschlichen Handeln.[57]

Da dem „Handeln" bei Weber keine Gesetzmäßigkeiten zugrunde liegen, die Zwecksetzung im autonomen Bereich des Individuums verbleibt und ebenso das Handlungsmotiv rein subjektiv bestimmt wird, führt das in der Konsequenz zu einer Irrationalisierung der gesellschaftlichen Wirklichkeit. Dieses Problem sieht auch Weber. Er versucht daher die „Irrationalität" auf methodologischer Ebene zu bannen, indem er eine Synthese von „Verstehen" und „Kausalität" anstrebt, die die „kompositorische" Grundlage seiner idealtypischen Begriffsbil-

[55] Ebenda, S. 180/181.
[56] Vgl. M. Weber, Wirtschaft und Gesellschaft, a. a. O., S. 12.
[57] Vgl. dazu: ebenda, S. 5/6.

dung abgeben soll.[58] Der idealtypische Begriff wird dem „irrationalen Lebensstrom“ vorgeschaltet, um dessen Rationalisierung zu bewirken. Zweckrationalität ist demnach keine Qualität, die dem Handeln selbst zukommt, sondern die Deutung einer Handlung „mit problematischer empirischer *Geltung*“.

Nur weil die „Kategorien ‚Zweck‘ und ‚Mittel‘ bei ihrer Anwendung auf die empirische Wirklichkeit deren Rationalisierung bedingen, deshalb und nur deshalb ist die Konstruktion solcher Schemata möglich“.[59]

Diese methodologischen Prämissen sind zu berücksichtigen, betrachtet man die geschichtsphilosophische Ausformung der Weberschen Rationalitätskonzeption. Durch sie ist bereits eine Vorentscheidung für das Primat von Bewußtseinsphänomenen gegenüber den objektiven materiellen Bedingungen der Geschichte gefallen, wenngleich diese Tatsache durch die Anhäufung eines riesigen historischen Materials überdeckt wird.

4. Soziologie der Rationalität und die Rolle der Wissenschaft in einer „entzauberten“ Welt

Max Weber nennt seine religionssoziologischen Schriften einen „Beitrag zur Typologie und Soziologie des Rationalismus“. Dabei betont er nachdrücklich, daß er mit seiner Rationalitätskonzeption keine „eigentliche Philosophie“ zu lehren beabsichtige.[60] Insofern diene ihm der Begriff der Rationalität als „technischer Behelf“, als „idealtypisches Orientierungs*mittel*“ zur „Erleichterung der Übersichtlichkeit und Terminologie“ des historischen Materials.[61]

Das „Rationale“ ist aber nicht bloß eine gedankliche Konstruktion, die der geschichtlichen Analyse vorgeschaltet wird. Es gewinnt im „Sinne der logischen oder teleologischen ‚Konsequenz‘ einer intellektuell-theoretischen oder praktisch-ethischen Stellungnahme“ zur Welt zugleich „Gewalt über die Menschen“ und ist daher im „historischen Leben“ auffindbar.[62] Als „historischer Begriff“ kann „‚Rationalismus‘ etwas sehr Verschiedenes bedeuten“[63], denn man kann „das Leben unter höchst verschiedenen letzten Gesichtspunkten und nach sehr verschiedenen Richtungen hin ‚rationalisieren‘“.[64]

[58] „Motiv“ nennt Weber einen Sinnzusammenhang, „welcher dem Handelnden selbst oder dem Beobachtenden als sinnhafter ‚Grund‘ eines Verhaltens erscheint.“ Treffen der äußere Ablauf und das Motiv der Handlung zusammen und kann dieser Zusammenhang als „sinnhaft verständlich“ erkannt werden, dann liegt eine „richtige kausale *Deutung* typischen Handelns“ vor. (M. Weber, Wirtschaft und Gesellschaft, a. a. O., S. 5.)

[59] M. Weber, Gesammelte Aufsätze zur Wissenschaftslehre, a. a. O., S. 131.

[60] M. Weber, Gesammelte Aufsätze zur Religionssoziologie, a. a. O., S. 537.

[61] Ebenda, S. 536/537.

[62] Ebenda, S. 537.

[63] Ebenda, S. 265.

[64] Ebenda, S. 62.

Rationalisierung ist für Weber ein universeller Prozeß, aber es gibt einen bestimmten Typ von Rationalismus, der nur im „Okzident“ anzutreffen sei. Seine Elemente sind: die „mathematische Fundierung“ des Erfahrungswissens und der „rationale Beweis“, eine „fachgeschulte Beamtenorganisation“ und eine „rational gesatzte Verfassung“ des Staates sowie die „rational-kapitalistische Organisation von freier Arbeit“.[65]

Die größte Eindeutigkeit gewinnt der Rationalitätsbegriff bei Weber in einer formalen Bestimmung als technische oder instrumentelle Vernunft. Darunter versteht er die methodische Erreichung eines vorgegebenen praktischen Zieles durch immer präzisere Berechnung der adäquaten Mittel.[66] Maßstab des Rationalen für die Technik bildet das „Prinzip des ‚kleinsten Kraftmaßes‘“[67], für das rationale Wirtschaften gilt als Maßstab der Grad der Übereinstimmung von technisch möglicher und vom Menschen wirklich angewendeter „Rechnung“.[68] Die formale Rechenhaftigkeit erreicht in Gestalt der Geldrechnung, besonders aber als „Kapitalrechnung“, ihr Maximum.[69] Rationalität als Berechenbarkeit und Kalkulation wird so zu einer Bedingung von „Rentabilität“.

Weber gewinnt den Begriff der formalen Rationalität durch die Enthistorisierung einer bestimmten Form von Rationalität. Denn formal rationales Wirtschaften setze voraus, daß die Produktion, von äußeren Zielen befreit, zum Selbstzweck wird, d. h. aber, daß der Mensch „auf das Erwerben als Zweck seines Lebens, nicht mehr das Erwerben auf den Menschen als Mittel zum Zweck der Befriedigung seiner materiellen Lebensbedürfnisse bezogen“ ist.[70]

Damit gerinne aber formale Rationalität zu kapitalistischer Rationalität. Die Apologetik Webers setzt hier ein. In Gestalt des Kapitalismus erreichte die Rationalität ihre höchste und letzte Ausprägung. Die von Weber vorgenommene Gleichsetzung von Rationalismus und Kapitalismus führt zu den von ihm aufgezeigten Paradoxien der Rationalisierung, die sich in der Widersprüchlichkeit von Zweckrationalität und Wertrationalität, von formaler und „materialer“ Rationalität zeigen.[71]

Mit seiner Rationalismuskonzeption will Weber die Frage nach der Genesis und dem Schicksal des Kapitalismus beantworten, eine Frage, die angesichts der Tatsache, daß der Marxismus um die Jahrhundertwende über eine wissenschaftliche Kapitalismustheorie verfügt, die in der Praxis sich bestätigt hatte und das revolutionäre Handeln des Proletariats bestimmte, politisch-ideologisch und wissenschaftlich-theoretisch hochbrisant wurde. Im Revolutionsjahr 1918 trägt Weber

65 Ebenda, S. 1ff.
66 Ebenda, S. 266.
67 M. Weber, Wirtschaft und Gesellschaft, a. a. O., S. 32.
68 Ebenda, S. 44.
69 Ebenda, S. 47/48.
70 M. Weber, Gesammelte Aufsätze zur Religionssoziologie, a. a. O., S. 35/36.
71 Vgl. ebenda, S. 536ff. und M. Weber, Wirtschaft und Gesellschaft, a. a. O., S. 44ff.

daher seine Forschungsresultate auch unter dem Untertitel „positive Kritik der materialistischen Geschichtsauffassung“ vor.[72]

Seine Ausgangsthese lautet: Kapitalismus hat es zu allen Zeiten und an allen Orten der Welt gegeben, nicht aber den „modernen okzidentalen Kapitalismus“. Was ihn geschaffen hat, „ist die rationale Dauerunternehmung, rationale Buchführung, rationale Technik, das rationale Recht, aber auch nicht sie allein; es mußte ergänzend hinzutreten die *rationale Gesinnung, die Rationalisierung der Lebensführung, das rationale Wirtschaftsethos*“.[73] Weber fragt weiter nach dem Ursprung der praktischen Antriebe für eine solche rationale, methodische Lebensführung. Da sie dem Kapitalismus vorausgehen müssen, dies ist eine Konsequenz seines handlungstheoretischen Soziologieansatzes, sind sie auch nur außerhalb von ihm zu suchen. Als Quelle sieht er irrationale, religiöse Mächte — den „asketischen“ Protestantismus mit seiner Prädestinationslehre und Berufsidee.[74] Aus ihm kommt der spezifische „Geist des Kapitalismus“.

Weber charakterisiert seine Religionssoziologie daher auch als Versuch, die Art aufzuzeigen, „in der überhaupt die ‚Ideen‘ in der Geschichte wirksam werden“.[75] Uns sollen bei diesem Versuch in erster Linie die Konsequenzen für sein Wissenschaftsverständnis interessieren.

Weber legt den Ursprung des „okzidentalen Rationalismus“ ins Religiöse, in die jüdische Prophetie mit ihrer Magiefeindlichkeit. Rationale Prophetien „haben die *Entzauberung der Welt* herbeigeführt und damit auch die Grundlage für unsere moderne Wissenschaft, die Technik und den Kapitalismus geschaffen“.[76] Unter „Entzauberung der Welt“ versteht Weber „das Wissen davon oder den Glauben daran . . ., daß es . . . prinzipiell keine geheimnisvollen unberechenbaren Mächte gebe, . . . daß man vielmehr alle Dinge — im Prinzip — durch *Berechnen beherrschen* könne“.[77]

Dieser Entzauberungsprozeß ist Resultat einer umfassenden Intellektualisierung und Rationalisierung, dem die Wissenschaft als Glied und Triebkraft mit angehört. Überall wo das „rational empirische Erkennen“ gewirkt hat, verwandelt es die Welt in einen „kausalen Mechanismus“ und tritt in Spannung zu jenen Anschauungen, die die Welt als einen „ethisch *sinnvoll* orientierten Kosmos“ denken. Eine empirische Weltbetrachtung fragt daher nicht „nach einem ‚Sinn‘ des innerweltlichen Geschehens“, sondern verdrängt eine solche Betrachtungsweise aus dem „Reich des Rationalen ins Irrationale“.[78] Die von der Religion begonnene „Durchrationalisierung des Weltbildes“ wird vom „intellektuali-

[72] Marianne Weber, Max Weber. Ein Lebensbild, a. a. O., S. 616f.

[73] M. Weber, Wirtschaftsgeschichte, Berlin (West) 1958, S. 302.

[74] Vgl. M. Weber, Gesammelte Aufsätze zur Religionssoziologie, a. a. O., S. 88ff.

[75] Ebenda, S. 82.

[76] M. Weber, Wirtschaftsgeschichte, a. a. O., S. 309.

[77] M. Weber, Gesammelte Aufsätze zur Wissenschaftslehre, a. a. O., S. 536.

[78] M. Weber, Gesammelte Aufsätze zur Religionssoziologie, a. a. O., S. 564.

stischen Rationalismus" konsequent fortgesetzt. Die dadurch bedingte Rückwirkung auf die Religion ist folgenreich. Sie führt dazu, „daß die Religion, je weiter diese besondere Art von Rationalisierung fortschritt, desto mehr ihrerseits in das — vom Standpunkt einer intellektuellen Formung des Weltbildes aus gesehen: — Irrationale geschoben wurde."[79] Mit diesem unüberbrückbaren Spannungsverhältnis von Religion und Wissenschaft findet nach Weber die „Entzauberung der Welt" ihren vorläufigen Abschluß.[80]

Weber leitet daraus für die Wissenschaften Konsequenzen ab. Es werde nun erkannt, daß die Welt in bezug auf ihre Struktur ein „Chaos" und in bezug auf ethische Werte spezifisch „irrational" sei. Angesichts des „entgotteten Mechanismus der Welt" könne man daher das Streben nach „überwirklichen Werten" und den Versuch, ausgehend von der Wissenschaft, zu einer allgemeinverbindlichen Weltanschauung zu gelangen, nur mit dem „Opfer des Intellekts" erkaufen.[81] Für jede Weltanschauung müsse daher gelten, daß sie subjektiv, individuell und damit wissenschaftlich nicht beweisbar sei.

Das Ziel der Weberschen Argumentation läuft auf den Nachweis hinaus, daß moderne Wissenschaft in Kontradiktion zu jedweder Weltanschauung steht. Eine wissenschaftliche Weltanschauung erscheint so als Widerspruch in sich.

Es ist unschwer zu erkennen, gegen wen sich diese Auffassung richtet. In einer „Der Sozialismus" überschriebenen Rede vor österreichischen Offizieren aus dem Jahre 1918 bezeichnet Weber das Kommunistische Manifest als ein „prophetisches Dokument" und die Marxsche Lehre als eine „pathetische(n) Prophetie, welche ihr den jubelnden Glauben der Massen zuführte".[82]

Was Weber hier an Marx rügt, ist, daß dieser die historische Mission des Proletariats aus dem „ökonomische(n) Bewegungsgesetz der modernen Gesellschaft"[83] ableitet. Wiederholt tritt er daher gegen die Anerkennung von objektiven Entwicklungsgesetzen in der Geschichte auf, die nur dazu dienen könnten, eine schwache Prophetie zu legitimieren. Daher sei auch der Fortschrittsgedanke aus der Wissenschaft zu verbannen. Er stellt „sich eben erst dann als notwendig ein, wenn das Bedürfnis entsteht, dem religiös entleerten Ablauf des Menschenschicksals einen diesseitigen und dennoch objektiven ‚Sinn' zu verleihen".[84]

Der von Weber beschrittene Weg der Marxismuskritik, den Marxismus aufzuspalten und in eine religiöse Heilslehre einerseits und in ein fruchtbares heu-

[79] Ebenda, S. 253.

[80] Ähnliche Spannungen treten auch zwischen Religion und Ökonomie, Religion und Politik auf, da jede dieser Sphären ihrer „Eigengesetzlichkeit" unterliegt. (Vgl. ebenda, S. 544ff.)

[81] Ebenda, S. 564.

[82] M. Weber, Gesammelte Aufsätze zur Soziologie und Sozialpolitik, Tübingen 1924, S. 505.

[83] K. Marx, Das Kapital. Erster Band, MEW, Bd. 23, Berlin 1962, S. 15.

[84] M. Weber, Gesammelte Aufsätze zur Wissenschaftslehre, a. a. O., S. 33, Fußnote 2.

ristisches Prinzip andererseits zu verwandeln, fand Eingang in das bürgerliche Inventarium zur Bekämpfung der wissenschaftlichen Weltanschauung des Proletariats.[85]

Wenn Weber die Frage nach dem „Sinn" der Welt auch für spezifisch sinnlos hält, so kann er sich der Sinnfrage dennoch nicht entziehen. Sie wird aus der Wissenschaft verbannt und subjektivistisch der weltanschaulichen Entscheidung des einzelnen überantwortet. An dieser Stelle zeigt sich deutlich Webers radikaler Dezisionismus, der sich für ihn als einzig mögliche Konsequenz aus der durchrationalisierten Welt ergibt. „Der Einzelne kann sein Heil, wo diese Konsequenz restlos gezogen ist, nur als Einzelner suchen."[86]

Bildet das Zurückdrängen der Religion ins Irrationale den Abschluß der „Entzauberung der Welt", so ist dies allerdings noch nicht der letzte Akt. Die Religion tritt in wesentlich säkularisierter Form ins weltliche Leben zurück. „Heute aber ist religiöser ‚Alltag'. Die alten vielen Götter, entzaubert und daher in Gestalt unpersönlicher Mächte, steigen aus ihren Gräbern, streben nach Gewalt über unser Leben und beginnen untereinander wieder ihren ewigen Kampf."[87] Aber in einer durchrationalisierten Welt gibt es an der Religion keinen Erlösungswert mehr festzustellen. Daher richtet sich das intellektualistische Erlösungsbedürfnis auf eine „Erlösung von dem Rationalismus und Intellektualismus der Wissenschaft".[88] Weber bezeichnet diese Haltung als „intellektualistische Romantik des Irrationalen" und steht ihr schroff ablehnend gegenüber. Diese „Romantiker stellen den Erlösungswert über den Erfolgswert" sowohl in der Erkenntnissuche als auch im Handeln. Darin sah Weber eine zentrale Gefahr für das rationale Funktionieren des Kapitalismus. Rationalität bedeutet, daß man Dinge, Prozesse und Menschen durch Berechenbarkeit beherrscht. Eine antirationale Haltung ist daher für Weber gleichbedeutend mit dem Verlust der Herrschaft.

Die Rationalisierung, in deren Gefolge Wissenschaft, Technik, Organisation und Bürokratie stehen, wird von Weber als ein fatalistischer Prozeß gedeutet. Der Kapitalismus als die höchste Form der Rationalität sei ethisch indifferent geworden, d. h. kein Handeln — auch nicht revolutionäre Aktionen des Proletariats — können ihn beseitigen, es sei denn, um den Preis der Rationalität.

Als bürgerlicher Liberaler versucht Weber die negativen Folgen zunehmender Rationalisierung im Kapitalismus durch das Abstecken autonomer Freiheitsbereiche des Individuums zu mildern. Mit einer durchgreifenden Sozialisierung

[85] Man denke hier nur an die Arbeit von K. R. Popper: Falsche Propheten. Hegel, Marx und die Folgen, Bern 1958.

[86] M. Weber, Gesammelte Aufsätze zur Religionssoziologie, a. a. O., S. 254.

[87] M. Weber, Gesammelte Aufsätze zur Wissenschaftslehre, a. a. O., S. 547.

[88] Ebenda, S. 540.

sieht er diese Bereiche schwinden, d. h. der Sozialismus — bei ihm interpretiert als Staatskapitalismus — arbeitet weiter an jenem „Gehäuse der Hörigkeit“, aus dem es kein Entrinnen gibt.

Die Webersche Kapitalismusanalyse geht nahtlos über in eine Sozialismuskritik. Bei ihm dankt die „Rationalität“ da ab, wo es um das Begreifen derjenigen objektiven Entwicklungszusammenhänge geht, die über den bürgerlichen Horizont hinausweisen.

Juri N. Davydov

Das Wissenschaftskonzept in der Soziologie des Wissens von Max Scheler

1. Zur Bedeutung Max Schelers

Max Scheler (1874—1928), einer der bedeutendsten deutschen bürgerlichen Philosophen des ersten Drittels unseres Jahrhunderts, spielte auch in der Entwicklung des soziologischen Denkens dieser Periode eine bemerkenswerte Rolle. Er gilt als Begründer der *anthropologischen* Richtung in der Soziologie, die im vergangenen Jahrzehnt in Westeuropa, insbesondere in der BRD, viel von sich reden machte und in dem Maße, wie der sog. Neomarxismus an Boden einbüßte, sich selbst als dessen Alternative anbot. Scheler hatte seine Aufgabe darin gesehen, eine *konsequent antipositivistische* soziologische Theorie aufzubauen. Dieses Problem hat in der bürgerlichen Soziologie bis heute nicht an Schärfe verloren. Scheler sah die Lösung in einer *philosophischen Soziologie.* Er gedachte, die Soziologie in sein umfassenderes *System der Philosophie* einzuordnen, um das er sich in den 20er Jahren bemüht hatte, das er jedoch nicht vollendete, Um die Frage nach dem Verhältnis der Soziologie zur Philosophie und nach ihrem Platz im System des philosophischen Wissens — das Scheler als philosophische Anthropologie verstand — gibt es bis heute in Westeuropa heftigen Streit.

Allein das wäre Grund genug, die soziologischen Ansichten Schelers kritisch zu analysieren, um so mehr als sich nicht nur die anthropologische Richtung in der Soziologie (vertreten etwa durch H. Plessner, A. Gehlen und H. Schelsky) auf sie bezieht, sondern auch deren „neomarxistische“ Kontrahenten (wie z. B. J. Habermas, M. Horkheimer, H. Marcuse). Indes beansprucht nicht nur die anthropologische Richtung in der westlichen Soziologie, eine Alternative zur „neomarxistischen“ zu sein. Entschieden erfolgreicher (jedenfalls in der jüngsten Zeit) erhebt diesen Anspruch die von Max Weber ausgehende Richtung. Wir erlebten zu Beginn der 80er Jahre geradezu eine „Weber-Renaissance“[1], die die vorangegangene „Marx-Renaissance“ ablöste. Das Paradoxe dieser Situation besteht darin, daß Schelers Anliegen, eine philosophische Soziologie zu entwerfen, *ganz*

[1] M. Sprondel/Seyfarth/Konau/Schmidt, „Soziologie soll heißen ...“ — Einige Anmerkungen zur Weber-Rezeption aus Anlaß des 80. Geburtstages von Johannes Winkelmann, in: Kölner Zeitschrift für Soziologie und Sozialpsychologie (im folgenden KZfSS), H. 1/1980; R. Münch, Max Webers „Gesellschaftsgeschichte“ als Entwicklungslogik gesellschaftlicher Rationalisierung, in: KZfSS, H. 4/1980, S. 774.

entscheidend durch sein ausgesprochen *kritisches Verhältnis* zu Weber und vor allem zu dessen berühmten Vortrag „Wissenschaft als Beruf" (1919)[2] bedingt war.

Schelers erster Ansatz, das Verhältnis von Philosophie und Wissenschaft philosophisch-soziologisch zu erfassen, erfolgte in direkter Reaktion auf Webers Vortrag.[3] Unmittelbar danach versuchte er folgerichtig, die Problematik einer Soziologie des Wissens systematisch darzulegen; diese war offensichtlich als Konzeption des Wissens im allgemeinen, der Weltanschauung im besonderen und der Wissenschaft im einzelnen gedacht und widersprach *in allen wichtigen Punkten* derjenigen, die Weber in seinem Vortrag entwickelt hatte.[4]

Interessant ist, daß Scheler diese seine Konzeption erstmals als Einleitung zu dem Kollektivwerk „Versuche zu einer Soziologie des Wissens" veröffentlichte, dessen Herausgeber er war und das er als *ersten* Schritt zu einem *antipositivistischen* Entwurf dieser soziologischen Disziplin verstanden wissen wollte.[5] Und das, obwohl Weber selbst seinen Antipositivismus offen erklärt und aus seinen Sympathien zur neukantianischen Badener Schule von Windelband-Rickert nie ein Hehl gemacht hatte. Schelers Kritik, die auf *soziologischen Positivismus bei Weber* zielte, bildet somit eine interessante Dissonanz zu den gegenwärtigen Bestrebungen der *Neoweberianer*, Weber als Verkünder der antipositivistischen Revolution in der Soziologie auszugeben.

Angesichts der Besonderheiten, welche die Auseinandersetzung zwischen Positivismus und Antipositivismus in der westeuropäischen bürgerlichen Soziologie heute aufweist, erscheint es besonders angebracht, die soziologischen Anschauungen Schelers erneut kritisch zu durchdenken. Es läßt sich so besser verstehen, wie widersprüchlich der soziologische Antipositivismus im Westen schon von Beginn an war. Personifiziert durch das Gegensatzpaar Weber—Scheler, bewahrt er diese seine inzwischen traditionell gewordene Antinomie und widersetzt sich bis heute allen Versuchen bürgerlicher Wissenschaftler, die (von ihnen selbst anerkannte)[6] „Krise der Soziologie" durch ein „synthetisches" antipositivistisches Programm zu überwinden.

[2] M. Weber, Wissenschaft als Beruf, in: M. Weber, Gesammelte Aufsätze zur Wissenschaftslehre, Tübingen 1951.

[3] M. Scheler, Weltanschauungslehre, Soziologie und Weltanschauungssetzung, in: M. Scheler, Schriften zur Soziologie und Weltanschauungslehre, Bd. I: Moralia, Leipzig 1923, S. 1—25.

[4] M. Scheler, Probleme einer Soziologie des Wissens, in: Schriften des Forschungsinstituts für Sozialwissenschaften in Köln, Bd. 2: Versuche zu einer Soziologie des Wissens, hg. von M. Scheler, München—Leipzig 1924, S. 1—150.

[5] M. Scheler, Vorwort, in: Versuche zu einer Soziologie des Wissens, a. a. O., S. 1.

[6] M. Sprondel u. a., „Soziologie soll heißen . . .", a. a. O., S. 8.

2. Schelers Gegenentwurf zu Weber: Eine anthropologische Soziologie des Wissens

Max Scheler konnte seinen Plan, auf der Grundlage einer systematisch aufgebauten philosophischen Anthropologie eine antipositivistische Soziologie vorzulegen, nicht vollenden. Doch gelang es ihm zumindest, einen Teil dieses anspruchsvollen soziologischen Programms zu realisieren, nämlich das Schema für den Aufbau einer Soziologie des Wissens zu entwerfen, das zum zentralen Teil seiner (ebenfalls unvollendet gebliebenen) *Soziologie der Kultur*[7] wurde. Am detailliertesten ausgearbeitet ist in ihm die soziologische Analyse der Geschichte der Wechselbeziehungen von Philosophie (Weltanschauung) und positiver Wissenschaft (Naturwissenschaft). Dieses Problem aber war genau der „wunde Punkt" in Webers Vortrag gewesen. Im Folgenden richten wir unsere Aufmerksamkeit deshalb auf die *sozialen Aspekte der kulturhistorischen Herausbildung wissenschaftlichen Wissens*, wie sie Scheler gesehen hat.

Weber hatte in seiner Rede die Frage nach den sozialhistorischen Grundlagen der Beziehungen zwischen Naturwissenschaft (exakten Wissenschaften überhaupt) und Philosophie (Weltanschauung) stark aktualisiert und äußerst zugespitzt, indem er sie als tragisch unlösbares „Sphinx-Problem" darstellte. Scheler antwortete darauf mit seiner Arbeit „Weltanschauungslehre, Soziologie und Weltanschauungssetzung" (1923), mit der er das Ziel verfolgte, Webers Vortrag seine „Auffassung dieser Dinge gegenüberzustellen und von dieser aus dann auch einiges Kritische zu Max Weber und zur Literatur, die sich an jene Rede angeschlossen hat, zu sagen."[8] Er resümierte Webers Konzeption in fünf Punkten:

„1. Die positive Fachwissenschaft hat für die Setzung von Weltanschauung keinerlei Bedeutung. Sie muß streng wertfrei und weltanschaulich voraussetzungsfrei sein. . . .
2. Gleichwohl ist Weltanschauung zu haben, ‚bestimmten Göttern zu dienen' (so Weber) mit Ausschluß aller anderen, eine viel *wichtigere* Sache für den Menschen als alle Wissenschaft.
3. Da sich Philosophie . . . nur auf eine rein *formale* Erkenntnis- und Normenlehre zu beschränken hat . . ., so könne auch Philosophie niemals ‚Weltanschauung' geben und *setzen*. An Stelle sei es wissenschaftlicher, sei es philosophischer Weltanschauungs*setzung* (auf Grund von Einsicht, Erkenntnis, Weisheit) hat daher eine *Lehre* von den Weltanschauungen zu treten. Ihre Aufgabe ist es . . ., in objektivem *Sinn*verständnis den Inhalt der Weltanschauungen zu beschreiben (deskriptive Weltanschauungslehre), eine vergleichende Idealtypologie ihrer zu entwickeln, eventuell sie auf psychologische

[7] M. Scheler, Probleme einer Soziologie des Wissens, in: M. Scheler, Gesammelte Werke, Bd. 8: Die Wissensformen und die Gesellschaft, Bern—München 1960, S. 15—190.

[8] M. Scheler, Weltanschauungslehre, Soziologie und Weltanschauungssetzung, a. a. O., S. 5.

Grundtypen des Menschentums in einer Psychologie des subjektiven Verstehens zurückzuführen ..., und ihre jeweiligen Beziehungen zu Wirtschaftssystemen, politischen Systemen, Rassen, ferner zu Entwicklungsstadien der Völker und der Menschheit in einer vergleichend soziologischen Forschung (sowohl statisch als dynamisch) zu ‚verstehen' ...

4. Was aber führt nun nach Weber zur ‚Setzung' und zum Haben einer Weltanschauung, da ja Wissenschaft, Philosophie, Weltanschauungslehre hierzu undienlich und ausgeschlossen sind? Weber antwortet: entweder Tradition, Sitte, organisches Hineingeborenwerden und Erzogenwerden in ihrem Herrschaftskreis, Klassenschicksal, Völkerschicksal, *oder* der ‚charismatische Prophet' ...
5. Schließlich aber konstatiert Max Weber noch eine, gerade nach seiner Theorie vom ‚Beruf' der Philosophie und Wissenschaft besonders tragische, ja recht eigentlich schon fast gräßliche Tatsache. Der ‚Prophet', der ‚Heiland' sei nämlich *nicht da* ..." Es gibt „nur *eine* Haltung: eschatologisch gefärbtes Harren auf den Propheten und zugleich schmerzreiches Sich-Gedulden in dem absoluten ‚Dunkel', in der ‚Nacht', die uns umgibt. Asketische ‚Wissenschaft' und nichtsetzende ‚Weltanschauungs*lehre*' allein können in dieser ‚Nacht' noch getrieben werden."[9]

Scheler sah in dieser Rede das „*erschütternde Dokument einer ganzen Zeit*", die, wie er hinzufügt, „leider die *unsrige*" ist[10], und die als zutiefst *krisenhafte* und schier ausweglose Epoche erscheint. Wenngleich auch er die Tiefe dieser Krise nicht unterschätzt, ist er doch optimistischer als Weber und sucht nach einem Ausweg. Als Hauptsymptom der Krise gilt ihm das *nihilistische Verhältnis* der durch Pragmatismus und Technizismus geprägten abendländischen Kultur (deren Verkünder der Positivismus war) zur Philosophie, zum weltanschaulichen Wissen. In den Vorarbeiten zu seinem Artikel klingt diese seine Überzeugung noch klarer und bestimmter an. Die „Ausschaltung der Philosophie", der Ideenanschauung, Weisheit, Metaphysik aus den rechtmäßigen Erkenntnisquellen durch Max Weber sei der getreue Ausdruck dieser äußerst gefährlichen Tendenz der westlichen Zivilisation, die diese in eine Sackgasse führe.[11] Ihr sei nur zu entkommen, wenn der verhängnisvolle soziokulturelle Vektor der szientistisch-technizistischen, bürgerlich-pragmatischen Orientierung in die diametral entgegengesetzte Richtung gedreht würde. Zu diesem Zwecke aber müsse eine alternative Konzeption entwickelt werden, in der die Philosophie (verstanden als Spekulation, Ideenschau, Quelle wahrer Bildung) in ihrer Rolle und Bedeutung als eine der höchsten Wissensformen neben Wissenschaft und Religion *vollständig rehabilitiert* wird.

[9] Ebenda, S. 1–4.

[10] Ebenda, S. 5.

[11] M. Scheler, Zusätze aus den nachgelassenen Manuskripten, in: M. Scheler, Gesammelte Werke, Bd. 8, a. a. O., S. 430–438.

Da er gegen den seinerzeit größten deutschen Soziologen antrat, der zudem durch seine fundamentalen und in Deutschland stark reflektierten Forschungen zur historisch-vergleichenden Religionssoziologie berühmt geworden war, befand es Scheler für notwendig, seine Kritik nicht nur philosophisch, sondern auch soziologisch — in Gestalt eines umfangreichen Forschungsprogramms zur Soziologie des Wissens generell — zu untermauern. Es galt, die Rechte der Philosophie zu verteidigen, und zwar mit Hilfe eben jenes soziologischen Instrumentariums, mit dem die Philosophie lange Zeit „untergraben" worden war. Da die Soziologen positivistischer Provenienz Wissenschaft und Philosophie in der Regel entgegensetzten, legte Scheler in seiner Soziologie des Wissens besonderen Wert auf die Behandlung des Verhältnisses von Wissenschaft und Philosophie. So schreibt er in der letzten und vollständigen Fassung seines Hauptwerkes „Probleme einer Soziologie des Wissens" mit deutlichem Bezug auf die erste und grundlegende These aus Webers Vortrag: „Wissenssoziologisch bedeutet als eine Tendenz auf ‚*Alleinherrschaft*' der positiven wertungsfreien Wissenschaft (wie sie allen positivistischen Gedankenströmen eigen ist) stets auch die Tendenz des *Versinkens der Wissenschaft selbst in den Technizismus*. Denn dies lehrt uns schon der Ursprung der positiven Wissenschaft: Nur wenn die positive Wissenschaft die *Philosophie und Metaphysik* als *reine*, durch das Prinzip möglicher Beherrschung nicht beschränkte Theorie *im Rücken hat*, d. h. die Formen des ‚reinen' Wissensgedankens, vermag sie selbst auf die Dauer sich vor dem Versinken in den Technizismus zu bewahren."[12]

Scheler geht, wie man sieht, das Verhältnis von Wissenschaft und Philosophie nicht zufällig von seiner soziologischen Dimension her an, die ihrerseits eng mit der Frage nach dem soziokulturellen Status und dem sozialhistorischen Werdegang der neuzeitlichen Wissenschaft verknüpft ist. Die Antwort auf diese Frage soll nur durch die systematisch aufzubauende Soziologie des Wissens gegeben werden können, die in erster Linie als soziale Analyse der Beziehungen zwischen den „höchsten Wissensformen" zu verstehen sei.

In der „Webers Ausschaltung der Philosophie" betitelten Vorarbeit war schon der „wesentliche Punkt"[13] benannt, der die Anschauung Schelers von der Webers unterscheidet. Er besteht in der Behauptung Schelers, daß die Wissenschaft gleichfalls auf einer gewissen Metaphysik beruht: „auf der vorkritischen Metaphysik der natürlichen Weltanschauung".[14] Mit der Begründung dieser Behauptung eröffnet Scheler auch seine Einwände gegen Weber in dem Aufsatz „Weltanschauungslehre, Soziologie und Weltanschauungssetzung". Diese Einwände tragen prinzipiellen Charakter. Scheler formuliert in ihnen die Grundsätze seines entgegengesetzten Herangehens an die soziologische Analyse der Wissenschaft und der „höchsten Wissensformen" überhaupt. Gegenüber der Weberschen

[12] M. Scheler, Probleme einer Soziologie des Wissens, in: ebenda, S. 137.
[13] Ebenda, S. 340.
[14] Ebenda.

Versubjektivierung und Formalisierung der Weltanschauung betont er deren inhaltliche Rolle im Prozeß der Genese wissenschaftlichen Wissens und bezeichnet seine Konzeption als einen gegen Webers „Nominalismus“ gerichteten „Antinominalismus“.[15] Webers philosophischer Nominalismus, der auf den Neukantianismus H. Rickerts zurückging, hatte sich zu einem soziologischen Nominalismus gewandelt, der sich, Scheler zufolge, bei der Analyse geistiger Gebilde unheilvoll auswirken mußte. Demgegenüber schloß Scheler seine Soziologie des Wissens bewußt in die Richtung der „großen antinominalistischen Bewegungen der gegenwärtigen Philosophie, die durch Edmund Husserls ‚Logische Untersuchungen‘ (Bd. II) eingeleitet“[16] wurde, ein. Er hielt seine Analyse der Formen und Methoden, durch welche die verschiedenen Typen und Spielarten der Weltanschauung den gesamten menschlichen Erkenntnisprozeß vorbestimmen, für „soziologischen Realismus“. Dieser Realismus gehe sowohl soziogenetisch als auch philosophisch von der „Realität“, ja vom „*Primat*“ des Allgemeinen aus, das ohne Bezug auf das Individuelle gedacht wird.

Im weiteren Verlauf wurde dieser Ideenkomplex von Scheler in einem speziellen Abschnitt der Soziologie des Wissens unter der Überschrift „Die obersten Axiome der Wissenssoziologie“ ausgebaut. Das erste dieser Axiome lautete: „Das Wissen jedes Menschen, er sei ‚Glied‘ einer Gesellschaft überhaupt, ist kein empirisches Wissen sondern ‚*a priori*‘. Es geht genetisch den Stufen seines sog. Selbst- und Selbstwertbewußtseins *vorher*: Kein ‚Ich‘ ohne ein ‚Wir‘ und das ‚Wir‘ ist genetisch stets früher inhaltlich erfüllt als das ‚Ich‘.“[17]

„Das ‚Miteinander‘ — denken — wollen, lieben, hassen usw., wie immer es genetisch zustande komme“ — entwickelt Scheler inhaltlich sein zweites Axiom —, begründe zwei Kategorien, „ohne die auch die Wissenssoziologie nicht auskommen kann: nämlich erstens, die *Gruppenseele* und zweitens, den *Gruppengeist*“.[18] Die „natürliche Weltanschauung“, die im Aufsatz „Weltanschauungslehre ...“ als unverzichtbare weltanschauliche Voraussetzung jeglichen Wissens betrachtet wurde (eine These, die sich polemisch gegen Weber richtete), zählt Scheler in dieser entwickelten Variante der Soziologie des Wissens „zu den untersten Zentren der automatisch arbeitenden ‚Gruppenseele‘“.[19] Was dagegen die entwickelten Formen der Weltanschauung betrifft (die im Milieu der gebildeten Schichten der Gesellschaft entstehen), so verbindet Scheler sie, wie auch die anderen „höchsten Erkenntnisarten“, mit dem „Gruppengeist“, der, im Unterschied zur „anonym“ handelnden „Gruppenseele“, ursprünglich bestimmt wird durch eine Führerpersönlichkeit oder durch eine „Elite“. Von dieser Höhe der Sozialität fließe die Weltanschauung, wie auch jede andere „höhere Erkenntnis-

[15] Ebenda, S. 433.
[16] Ebenda.
[17] Ebenda, S. 52.
[18] Ebenda, S. 54.
[19] Ebenda, S. 63.

art", gewissermaßen nach unten ab und kommuniziere so mit den übrigen Gruppen und Schichten der Gesellschaft.[20] Diese Art der Weltanschauung bedinge die gleichfalls zu den „höchsten Erkenntnisarten" zählende Wissenschaft in unvergleichlich höherem Maß als die „natürliche". Sie bewirke, daß, wie Scheler in seinem Anti-Weber-Artikel schrieb, die Wissenschaft in ihrem modernen Verständnis selbst das „Erzeugnis nur einer Weltanschauung, nämlich der abendländischen — oder besser gesagt nur unter der Herrschaft dieser Weltanschauung möglich" ist.[21]

Im Anschluß an seine Polemik gegen den positivistischen Gehalt der „verstehenden Soziologie" Webers setzte sich Scheler sodann in dem Aufsatz „Über die positivistische Geschichtsphilosophie des Wissens. Dreistadiengesetz" kritisch mit dem „Dreistadiengesetz" A. Comtes auseinander.[22] Bei dieser Gelegenheit erhellt sich ihm das logische Grundschema seiner antipositivistischen „Philosophie der Erkenntnisgeschichte".

Comte zufolge hat das Wissen und mit ihm die menschliche Kultur und die Menschheit überhaupt drei aufeinanderfolgende Stadien durchlaufen: das „theologische", „metaphysische" und „wissenschaftliche". So wie einst die Metaphysik die Religion verdrängt und sie zu einem unbrauchbaren Anachronismus erklärt habe, so verdränge im dritten Stadium die Wissenschaft die Metaphysik. Mit der Errichtung der Herrschaft der Wissenschaft aber erschöpfe sich die Entwicklung. Scheler wandte gegen den Begründer der positivistischen Soziologie ein, daß Religion, Metaphysik und Wissenschaft drei Elemente einer innerlich differenzierten Totalität seien, die sich wechselseitig bedingen, und daß Comte den — logisch wie soziologisch — notwendigen Prozeß der inneren Differenzierung des Wissens zu einem *rein historischen* Prozeß erkläre, wenn er diese drei Elemente zu drei einander ablösenden und sich folglich ausschließenden historischen Stadien mache. Dieser Einwand wurde zu einer Grundthese der Schelerschen Soziologie des Wissens und lieferte das allgemeine logische Schema ihrer inneren Gliederung. Die Soziologie des Wissens erscheint nunmehr als Beschreibung des sozialhistorischen „Mechanismus", mittels dessen die „höchsten Erkenntnisarten" — Religion, Metaphysik (Philosophie) und positive Wissenschaft — miteinander wechselwirken.

Im ersten der erwähnten Aufsätze hatte Scheler diese „Erkenntnisarten" analytisch bestimmt, ihre innere Spezifik und qualitative Eigenart fixiert. Im zweiten Aufsatz werden diese Bestimmungen nun durch soziologische Charakteristika angereichert. Es werden soziale Figuren, Gruppen oder Schichten unterschieden, mit denen die jeweilige „Erkenntnisart" korrespondiert, und es wird auf

[20] Ebenda, S. 55.

[21] M. Scheler, Weltanschauungslehre, Soziologie und Weltanschauungssetzung, a. a. O., S. 8.

[22] M. Scheler, Schriften zur Soziologie und Weltanschauungslehre, Bd. I, a. a. O., S. V.

[23] M. Scheler, Über die positivistische Geschichtsphilosophie des Wissens (Dreistadiengesetz), in: ebenda, S. 33.

die Spezifik der sozialen Verhältnisse verwiesen, die in jeder dieser Gruppen oder Schichten bestehen. So wie es — Scheler zufolge — „drei völlig verschiedene Motive, drei völlig verschiedene Gruppen von Akten des erkennenden Geistes" gibt, auf denen Religion, Metaphysik und positive Wissenschaft beruhen, so gibt es auch „drei verschiedene Ziele, drei verschiedene Persönlichkeitstypen und drei verschiedene soziale Gruppen", die deren (menschliche) Grundlage bilden.[23] Ebenso verschieden seien auch die „historischen Bewegungsformen", denen diese drei geistigen Mächte unterworfen sind.[24]

So beruhe zum Beispiel die „Metaphysik . . . auf immer neuer *Verwunderung*, daß überhaupt etwas sei und nicht lieber nichts sei". Hingegen beruhe die positive Wissenschaft „auf dem Bedürfnis, Natur, Gesellschaft und Seele zu *lenken* nach Zielen und Zwecken, die sich als ‚beliebige' von den je besonderen Zwecken abgehoben haben, in die der beruflich arbeitende Mensch verflochten ist".[25] Aus diesem Grunde sei für die Existenz von Metaphysik eine Schicht von Menschen erforderlich, die von der Notwendigkeit zu arbeiten befreit sind und sich der reinen Wesensschau hingeben können. Im alten Griechenland konstituierte sich diese Schicht aus „adligen Freigeborenen", in Indien aus Vertretern der obersten Kaste usw. Die positive Wissenschaft entstehe hingegen da, wo sich zwei Klassen durchdringen, „eine *arbeitende* Klasse mit einer höheren Klasse, die Freiheit und Muße hatte".[26]

Entsprechend verschieden seien auch die „geschichtlichen Bewegungsformen" der „höchsten Erkenntnisarten". So sei z. B. im Bereich der Religion (die, nach Scheler, durch den „unwiderstehlichen Drang der Persönlichkeit nach geistiger Selbstbehauptung durch Bergung, Rettung des Personenkernes in eine selbst personhafte, heilige, weltlenkende Macht"[27] motiviert ist) der *führende Typ* ein „homo religiosus", ein „Heiliger", d. h. ein „Menschentyp, der ausschließlich um seiner charismatischen Qualität willen Glauben, Gefolgschaft, Vertrauen findet".[28] In der Wissenschaft dagegen sei ein völlig anderer soziokultureller Menschentyp führend. Es ist der „*Forscher*, der nie ein Ganzes, Fertiges, kein System geben will, sondern nur an irgendeinem Punkte fortführen will den unendlichen Prozeß ‚Wissenschaft'".[29] Dadurch unterscheidet er sich nicht nur vom homo religiosus, sondern auch vom „Metaphysiker", der, Scheler zufolge, ein „*System* des Wissens von der Wesensstruktur, das heißt den Urkonstanten der Welt"[30] zu entwickeln beansprucht.

[24] Ebenda.
[25] Ebenda.
[26] Ebenda.
[27] Ebenda.
[28] Ebenda, S. 34.
[29] Ebenda, S. 35.
[30] Ebenda, S. 34/35.

Folglich müssen sich auch die Beziehungen zwischen dem „homo religiosus" und seinen Anhängern, die an sein „Charisma" glauben, von den Beziehungen zwischen dem Forscher als „Führertyp" und seinen Mitarbeitern grundlegend unterscheiden. Im ersten Falle waltet „Gehorsam", im zweiten funktional bewußte Arbeitsteilung. Die Beziehungen aber, die zwischen dem Philosophen als Lehrer der Weisheit und seinen Schülern bestehen, haben weder die Form von „Sekten" oder „Gemeinden", wie in der Religion, noch die eines Systems rationell-funktionaler Arbeitsteilung, wie in der Wissenschaft. Es sind Beziehungen von der Art der „Schulen der Weisheit", deren Prototyp Platons Akademie war. Die theoretischen Kontakte zwischen Lehrer und Schüler vollzogen sich hier in Form des Dialogs absolut freier Persönlichkeiten. Im Unterschied zur Wissenschaftlergemeinschaft, die nach *Internationalität* strebt, tendiert die Philosophie zu *kosmologischen* Beziehungen, die national indifferent sind. Philosophische Systeme tragen weniger den Stempel ihrer nationalen Kultur als vielmehr den der Persönlichkeit ihrer Urheber.

Wie Scheler unterstreicht, stellen die drei den jeweiligen Erkenntnisarten entsprechenden Typen sozialer Beziehungen keine Entwicklungsstufen der gesellschaftlichen Verhältnisse dar: Sie *koexistieren* in jeder Epoche genauso wie die „höchsten Erkenntnisformen". Durch ihre gleichzeitige Existenz bilden sie die „soziologische Dynamik des Wissens". Obgleich im Leben der Gesellschaft grundsätzlich immer alle Erkenntnisformen und die ihnen entsprechenden Typen sozialer Verhältnisse gleichzeitig existieren, könne es vorkommen, daß zeitweilig eine dieser Formen vorherrscht und eine andere verfällt. Aber selbst wenn in einer bestimmten Region der Welt das organische Gleichgewicht der Erkenntnisformen (und der ihnen entsprechenden Verkehrsformen) zeitweilig gestört ist, bedeute das nicht, daß es in bezug auf die gesamte Menschheit gestört ist. Der Verfall einer bestimmten Erkenntnisart in einer Region werde kompensiert durch deren Dominieren in anderen Regionen. „Der Positivismus", schreibt Scheler in diesem Zusammenhang, „geriet in seine tiefen Irrtümer über die soziologische Dynamik des Wissens, weil er in engstem Sinne *europäisch* orientiert war, das heißt weil er die dazu noch einseitig gesehene westeuropäische Bewegungsform des Wissens während der letzten drei Jahrhunderte — ein minimales und örtlich eng begrenztes Kurvenstück der geistigen Menschheitsentwicklung — für ein Gesetz der ganzen Menschheitsentwicklung nahm."[31] Eine solch ungeheure Einengung der historischen Perspektive, so wendet Scheler gegen die Positivisten ein (gleichzeitig damit auch auf Weber zielend), sei die Folge eines unermeßlichen Irrtums ihrer „Fortschrittslehre".[32]

[31] Ebenda, S. 36.
[32] Ebenda.

Was der Positivismus für einen „normalen Prozeß des ‚Absterbens' des religiösen und metaphysischen Geistes überhaupt" hielt — nämlich „die Dekadenz des bürgerlich kapitalistischen Zeitalters" —, war daher nichts anderes als eine „religiöse und metaphysische zeitgeschichtliche Dekadenz einer kleinen Gruppe der Menschheit ... (als negatives Korrelat des positiv-wissenschaftlichen Fortschritts)".[33] Daher vermochte der Positivismus auch „eine der fundamentalsten Tatsachen universalgeschichtlicher Wissensentwicklung nicht zu sehen: das verschiedene Maß von Verteilung der Fähigkeiten zu den drei, dem Menschengeiste wesentlichen Erkenntnisarten innerhalb der großen Kulturkreise der Menschheit und die „verschiedenen Sozialstrukturen, die ihrer Auswirkung entsprechen".[34] Zum Beispiel ist der „intellektuelle Status des indischen und ostasiatischen Kulturkreises" dadurch gekennzeichnet, daß die „metaphysische Geisteshaltung die Oberherrschaft hat, sowohl über die positiv wissenschaftliche, wie über die religiöse".[35] Und in diesem Sinne sind die „obersten Klassen in Indien und China ... ebenso einseitig auf (metaphysische J. D.) *Bildung* gerichtet wie in Europa auf *Leistung* und Lenkung".[36]

Scheler hat aus seiner Vorliebe für die philosophische Erkenntnisform nie ein Hehl gemacht. Er hielt sie für eine spezifisch menschliche Fähigkeit, im Gegensatz zur Wissenschaft, deren „technologischer Intellekt" sich nur quantitativ, nicht aber auch qualitativ von den Fähigkeiten höherer Tierarten unterscheide. Er machte demzufolge auch kein Hehl aus seiner Bevorzugung solcher Gesellschaften, die die Entwicklung der Metaphysik (das „Bildungswissen") stimulieren, gegenüber der westeuropäischen bürgerlich kapitalistischen Gesellschaft, in der die vom „Willen zur Herrschaft" besessene Wissenschaft die dominierende Erkenntnisart darstelle. Um jedoch Einseitigkeiten zu entgehen und die wachsende Bedeutung der Wissenschaft als reale Kraft nicht zu ignorieren, versuchte Scheler eine solche Perspektive der weiteren soziokulturellen Entwicklung der Menschheit zu umreißen, die gewissermaßen ein relatives „Gleichgewicht" zwischen Wissenschaft und Philosophie, zwischen den „höchsten Erkenntnisarten" überhaupt und deren sozialen Trägern beinhaltet. Das Beispiel, das er hier vor Augen hat, ist die Genesis der neuzeitlichen Wissenschaft. Hier liegen die Wurzeln seines speziellen Interesses an der Problematik der soziokulturellen Genesis der europäischen Wissenschaft, das in den entfalteten Varianten seiner „Soziologie des Wissens" klar dominiert.[37]

[33] Ebenda.
[34] Ebenda.
[35] Ebenda, S. 36—37.
[36] Ebenda, S. 37—38.
[37] M. Scheler, Probleme einer Soziologie des Wissens, a. a. O., S. 92—184.

3. Schelers Auffassung von der soziokulturellen Genese der modernen Wissenschaft

In „Probleme der Soziologie des Wissens" heißt es gleich zu Beginn des der „Soziologie der positiven Wissenschaft" gewidmeten Abschnitts: „Im Gegensatz zur Metaphysik, die, wie wir sahen, an erster Stelle das Werk gebildeter Oberschichten ist, die Muße zur Wissenskontemplation und zur ‚Bildung' ihres Geistes besitzen, ist die *positive* Wissenschaft von ihrem ersten Beginn an eines wesentlich anderen *Ursprungs*: *Zwei* soziale Schichten, die anfänglich geschieden waren, scheinen mir sich zunehmend durchdringen zu müssen, wenn es zu einer systematisch ausgeübten, methodisch zielvollen kooperativen *Fach*forschung kommen soll, — ein Satz, für den ich Gesetzmäßigkeit in Anspruch nehme —: nämlich je ein Stand freier kontemplativer Menschen *und* je ein Stand von Menschen, der Arbeits- und Handwerkserfahrungen rationell gesammelt hat und der schon um seines inneren Triebes zu steigender sozialer Freiheit und Befreiung willen das intensivste *Interesse* an all solchen Bildern und Gedanken über die Natur besitzt, welche *Voraussicht* ihrer Vorgänge und *Herrschaft* über sie möglich machen."[38]

Ohne die soziale Trägerschicht der „freisinnenden Kontemplation" wäre es nie zu der für die Wissenschaft unentbehrlichen *„rein theoretischen Erkenntnisgesinnung"* gekommen, wäre die „logische und mathematische Methodik" nie erarbeitet worden und hätte sich deren Ausdehnung „auf das Ganze der Welt" nicht verbreiten können.[39] Ohne die andere soziale Gruppe hingegen „wäre niemals jene enge Verbindung mit *Technik*, Messung, später mit freiem, nicht mehr technisch-okkasionellem *Experiment* gefunden" worden, die für die positive Wissenschaft wesentlich ist.[40]

Damit das positiv-wissenschaftliche Wissen aus einer Möglichkeit, die in der inneren Differenzierung der „höchsten Erkenntnisarten" angelegt ist, zur soziokulturellen Wirklichkeit — eben zur Wissenschaft der Neuzeit — werde, sind also die vereinten Anstrengungen mindestens zweier *sozialer Personifikationen* nötig: Die des Philosophen, den die Gesellschaft von der Erfüllung der Arbeitsfunktionen „befreit" hat, damit er sich frei der Anschauung „idealer Wesenheiten" hingeben könne, und die des Praktikers, der vom Willen zur Herrschaft über die „empirische Welt" besessen ist, sofern er mit der Herrschaft über sie auch die Perspektive seiner eigenen sozialen Befreiung verbindet. Wie aber soll es dazu kommen, daß diese so verschiedenen — ja fast antagonistischen! — sozialen Bestrebungen sich vereinigen können? Denn in dem einen Fall handelt es sich um eine privilegierte, herrschende soziale Schicht, die infolge ihrer Herrschaft und Selbstzufriedenheit zur „unbeteiligten Anschauung" neigt. In dem anderen Fall geht es dagegen um eine Klasse, die ausdrücklich mit ihrer gesellschaftlichen

[38] Ebenda, S. 92.
[39] Ebenda.
[40] Ebenda.

Lage unzufrieden ist und diese um jeden Preis zu verändern sucht. Wie sollen diese verschieden gerichteten Bestrebungen vermittelt werden, und was kann sie zu einem positiven Gesamtresultat führen? Diesen Vermittler sieht Scheler im „Ethos“, einem soziokulturellen Phänomen, dessen Platz in seiner Konstruktion ebenso bedeutsam wie seine Interpretation unscharf ist.

Scheler assoziiert das Ethos mit der Struktur der in einer bestimmten Gesellschaft vorherrschenden *Triebe*, so daß ein neues Ethos immer auch mit einer „neuen Triebstruktur“[41] einhergeht. Das Ethos erscheint bei Scheler zugleich als soziales und sittliches (ethisches) Phänomen. Die *vitalen Triebe* der Menschen als Naturwesen werden vom Ethos geordnet und beschränkt und erhalten dadurch einen gesellschaftlich-menschlichen Inhalt. In diesem Sinne ist das Ethos stets „relativ asketisch“[42] und befindet sich gewissermaßen zu der Struktur der Triebe „auf Distanz“. Eine „*neue* Triebstruktur“, sublimiert in die Form eines neuen Ethos, entsteht, so Scheler, aus biosozialen Ursachen, nämlich als Ergebnis der „Blutsherkunft und -mischung der Führungseliten“.[43] Aus dieser „Mischung“ entsteht eine neue Generation mit einem Typ von Lebensreaktionen, Weltgefühl, Verkehr und Trieben, die sowohl „nach oben“ — in das Reich der Ideale und Werte -, als auch „nach unten“ — in den Bereich der praktischen Lebensgüter — gerichtet sind. In dieser neuen Generation und ihrem „Ethos“ sind laut Scheler die Bestrebungen der beiden früher entgegengesetzten sozialen Gruppen miteinander verschmolzen.

So taucht das „neue Ethos“ bei Scheler auch als Kraft auf, die die antagonistischen Bestrebungen des Philosophen und des Praktikers angesichts einer neuen Aufgabe vereint. In dem von uns betrachteten Fall ist diese Aufgabe die soziale Konstituierung der Wissenschaft. Doch das „neue Ethos“ vereint die Anstrengungen des Philosophen und des Praktikers nicht zwangsläufig. Es eröffnet nur die Möglichkeit, daß beide sozialen Personifikationen am Prozeß der Genese und Entwicklung der wissenschaftlichen Erkenntnis gleichzeitig teilhaben, sofern sie sich als Träger bestimmter gesellschaftlicher Kräfte real formiert haben. Ob die Möglichkeit aber zur Wirklichkeit wird, hängt von dem umfassenderen historisch-gesellschaftlichen Kontext ab, vor allem, wie Scheler, an Marx anknüpfend, sagt, „von den ökonomischen Produktionsverhältnissen“.[44]

Doch da die Annahme von „ökonomischen Produktionsverhältnissen“ als eine Grundthese unvermeidlich zu einer monistischen Geschichtsauffassung, ja zum materialistischen Monismus führt, ergänzt Scheler sein vorübergehendes Einvernehmen mit Marx durch eine Vielzahl von Erläuterungen, die es letztlich zunichte machen. Die „ökonomischen Produktionsverhältnisse“ sind für ihn nur einer der „mitbestimmenden“ Faktoren des historischen Prozesses. Den anderen

[41] Ebenda, S. 107.
[42] Ebenda.
[43] Ebenda.
[44] Ebenda, S. 95.

Faktor hingegen bildet das „Ethos“ und die ihm entsprechenden geistigen Bestrebungen metaphysischer, religiöser oder anderer Art. Die „Faktoren“ seien sozusagen auf verschiedenen Ebenen angesiedelt und überschneiden sich nur von Zeit zu Zeit, nämlich wenn „neue Triebstrukturen“ entstehen, die der historischen Entwicklung einen starken Impuls verleihen. Erst auf deren Grundlage ergibt sich, nach Scheler, die „Konstellation“ heterogener Faktoren der wirklichen Geschichte.

Letztlich ist es bei Scheler also diese zufällige „Konstellation“, von der abhängt, ob sich die erwähnten sozialen Personifikationen zu historischen Figuren zusammenfügen, die in eine bestimmte Richtung wirken, ob sich also z. B. ihre Anstrengungen im Prozeß der Konstituierung wissenschaftlichen Wissens verbinden. Dort, wo infolge einer historischen Konstellation das „neue Ethos“ faktisch die Bestrebungen des Philosophen und des Praktikers vereint, wird wissenschaftliches Wissen zu einer realen Tatsache und entsteht eine neue Figur, nämlich die des Forschers. Sind diese äußerst vielgestaltigen Bedingungen nicht erfüllt, bleibt das wissenschaftliche Wissen eine unrealisierte Möglichkeit, die keine sozial-historische Verkörperung erfährt.

Auf diese Weise erklärt Scheler z. B., daß in Ländern, wo die „buddhistische Metaphysik und ihr Ethos“[45] vorherrschend waren, keine positive Wissenschaft entstand. Obgleich es auch hier Kräfte gab, die von dem „Trieb“ zur Herrschaft „besessen“ waren, bestand nach Scheler das Besondere dieses „Triebes“ darin, daß er nicht nach außen — auf die materielle Produktion und die sich aus ihr ergebenden Möglichkeiten — gerichtet war, sondern nach innen — „auf die Herrschaft über den automatischen Gang der Seele und aller Leibesvorgänge“.[46] Gemäß dem buddhistischen Ethos führte die Herrschaft „zur Abtötung der Begierden“,[47] also zur Einschränkung der materiellen Bedürfnisse und folglich des Strebens nach Besitz der Welt der Dinge. Aus diesem Grunde stand neben der Figur des Philosophen nicht die des Praktikers; die Anstrengungen beider Personifikationen konnten sich nicht vereinen, und die immanente Entfaltung des buddhistischen Ethos führte nicht zur Wissenschaft. Nun bestritt Scheler zwar nicht den realen Fakt, daß sich die Wissenschaft in den Ländern der buddhistischen Welt (besonders in Japan) zum Ende des 19. und zu Beginn des 20. Jahrhunderts durchaus entwickelt hat. Die theoretische Erklärung, die er dafür gibt, befriedigt jedoch in keiner Weise.

Die Gründe für das Fehlen einer Wissenschaft im Alten Ägypten und China analysierend, bemerkt Scheler, daß hier vieles die Entwicklung des Wissens gefördert habe: Die Notwendigkeit der Flutenregulierung des Nils und zweier Flußsysteme in China, die Schiffahrt und der Bau von Straßen, Tempeln, Kriegsausrüstungen usw. In der Tat wurde in einigen Bereichen — in Astronomie,

[45] Ebenda.
[46] Ebenda.
[47] Ebenda.

Mathematik, Heilkunde u. a., in denen wissenschaftliche und technische Aufgaben eng miteinander verknüpft waren — ein hohes Niveau des Wissens erreicht. Und dennoch fügte sich dieses Wissen ungeachtet seiner Breite und teilweise auch seiner Tiefe nicht zur Wissenschaft. Scheler erklärt dieses Paradox damit, daß das Wissen sowohl im Alten Ägypten als auch im Alten China voll und ganz „im Dienste durchaus machtpolitischer Interessen"[48] stand, die der freien Meditation und Metaphysik keinen Raum ließen. Den Metaphysiker (als sozial bedeutsame Figur) gab es bei den Alten Ägyptern und Chinesen nicht. Ihr Horizont war infolge der utilitaristischen politischen Sicht der Welt beschränkt. Wenn es, wie Scheler schreibt, beide nicht zu einer „methodischen, kooperativ organisierten, die Gebiete der Welt verteilenden positiven Fachwissenschaft bringen, die das Ganze des Universums erfaßt, so ist es hier offenbar das Fehlen einer freien philosophischen Spekulation, das diesen Ausfall verursacht".[49]

Von den Völkern des Altertums waren, nach Schelers Ansicht, die Griechen die einzigen, denen es gelang, eine Wissenschaft in der präzisen Bedeutung des Wortes zu schaffen. Ihre Wissenschaft war das *„Kind der Vermählung von Philosophie und Arbeitserfahrung"*.[50] In soziologischer Hinsicht setzte das die „Mischung der Klassen" — der Aristokratie und der Handwerker — voraus. In der Tat hatte dies sich in Griechenland besonders intensiv vollzogen, vor allem, wenn man sie mit dem Kastenaufbau der „asiatischen Theokratien"[51] verglich.

Obwohl also das Wissen der Griechen den Rang einer Wissenschaft im soziologischen Sinn des Wortes erlangt hatte, d. h. einem bestimmten Ethos ergeben war, auf der Arbeitsteilung und der sozialgenetischen Funktionsteilung von Philosoph und Praktiker beruhte, war Scheler nicht geneigt, aus ihr die gesamte Wissenschaft der Neuzeit abzuleiten, wie die Neukantianer das taten. Denn das hätte bedeutet, die These aufzugeben, derzufolge die Wissenschaft „das Gesamtergebnis sich kreuzender Gesetzmäßigkeiten von ideal- und realgeschichtlichen Vorgängen"[52] ist. Die antike Wissenschaft war für ihn Resultat „besonderer, historisch einmaliger" Bedingungen, unter denen sich das ungewöhnlich begabte, logisch veranlagte, tapfere und mannhafte Volk der Griechen befand.[53] Sie mußte als sozialer Organismus in dem Moment verschwinden, als die „historisch einmaligen" Bedingungen, die sie hervorgebracht und befördert hatten, aufhörten zu existieren.

In diesem Punkt solidarisiert sich Scheler mit Spengler und wendet sich gegen Windelband, nach dessen Meinung die antike, platonisch-pythagoreische mathe-

[48] Ebenda, S. 96.
[49] Ebenda.
[50] Ebenda, S. 93.
[51] Ebenda.
[52] Ebenda, S. 97.
[53] Ebenda. S. 93.

matische Naturwissenschaft, die der qualitativ orientierte, antimathematische Aristotelismus der Scholastik verschüttet hatte, in der Neuzeit erneut angenommen worden sei, wobei diese Rezeption auch den schöpferischen Keim der modernen mathematischen Physik gebildet habe.[54] Scheler zufolge ist die Wissenschaft (einschließlich Mathematik) der Neuzeit ein qualitativ neues Gebilde, das aus der antiken Wissenschaft weder logisch noch soziologisch abgeleitet werden kann. Die antike griechische Wissenschaft stellte ein „undifferenziertes Durcheinander von positiver Wissenschaft und Metaphysik (dar), das der Neuzeit schon als Struktur*form* des Wissens vollständig verloren gegangen ist".[55]

Das Beispiel des Aristoteles — des Systematisators antiken Wissens — zeugt, so Scheler, davon, daß es unmöglich ist, die antike Wissenschaft loszulösen von der im Grunde genommen „biomorphen" Denkweise einer Gesellschaft, die sich die ganze wesentliche Eigenart, die ganze wesentliche Eigengesetzlichkeit der toten Welt noch nicht erschlossen hatte, die noch keine systematische Anwendung der Mathematik auf die Naturwissenschaft und Technik kannte und sich technisch noch nicht festgelegt hatte — weder in wesentlich instrumenteller noch in handwerklicher Hinsicht.[56] Wenn man von der Wissenschaft der Alten Griechen spreche, dürfe man schließlich auch nicht von der Sklavenwirtschaft abstrahieren, die eine solche Lage zugelassen hatte, in der eine kleine denkend orientierte Elite in weit größerem Maße die Welt als ein Reich bedeutungsträchtiger und teleologisch geordneter „Form"-Kräfte verehrte und bewunderte als diese Welt erkennend erfaßte und bearbeitete.[57]

Damit die neuzeitliche Wissenschaft entstehen konnte, waren die von der antiken Wissenschaft erbrachten logisch-theoretischen Voraussetzungen also unzureichend. Es mußte außerdem die „biomorphe" Denkweise überwunden und eine solche Weltanschauung entwickelt werden, die ein den technischen Aufgaben gemäßes „erkennendes Erfassen und Bearbeiten" der Natur förderte. Dafür aber bedurfte es einer neuen „historischen Konstellation", die den von Scheler an die Wiege der Wissenschaft gestellten Personifikationen — dem Philosophen und dem Praktiker — einen neuen soziologischen Sinn verlieh.

Eine zusätzliche Schwierigkeit ergab sich für Scheler aus dem Problem, wie die „biomorphe" Denkweise überwunden worden war. Ihm zufolge gehörte sie zu den negativen Bedingungen der Entstehung wissenschaftlichen Wissens. Obwohl es sich hierbei im Kontext der Schelerschen Konstruktion um ein mehr oder weniger spezielles Problem handelte, erlangte es für die Frage, wie die neuzeitliche Wissenschaft entstanden ist, doch prinzipielle Bedeutung. Scheler löste das Problem — wie wir weiter sehen werden — auf eigenwillige Weise. Die Lösung war so beschaffen, daß sie zugleich eine andere offen gebliebene Frage zu

[54] Siehe ebenda, S. 98.

[55] Ebenda, S. 82.

[56] Vgl. ebenda.

[57] Vgl. ebenda.

beantworten gestattete, nämlich, wo eigentlich neben dem Philosophen und dem Praktiker, die an der Wiege der „positiven Wissenschaft" standen, die dritte Personfiikation — der „homo religiosus" — abgeblieben war. Die Frage nach der Rolle der Religion im Entstehungsprozeß der neuzeitlichen Wissenschaft mußte beantwortet werden, wenn seine These von der „Dreieinigkeit" der höchsten Erkenntnisarten nicht unterhöhlt werden sollte.[58]

Die Antwort, die Scheler auf diese für die Soziologie des Wissens und der Wissenschaft geradezu heikle Frage parat hatte, ergab sich aus der Betrachtung der negativen Bedingungen für die Herausbildung der positiven Wissenschaft. An sich wird dadurch der Platz der Religion, den Scheler ihr im System der „höchsten Erkenntnisarten" zuweist, durch eine gewisse Zweideutigkeit überschattet. Diese Zweideutigkeit hängt damit zusammen, daß der „späte" Scheler zur Religion überhaupt eine relativ unbestimmte Beziehung hatte. Er fiel von einem Extrem ins andere und machte in nur wenigen Jahren eine ungestüme Evolution von einer orthodox-katholischen Religiosität zur Irreligiosität, wenn nicht gar zum Atheismus, durch.

4. Die Rolle der christlichen Religion in der Genese der neuzeitlichen Wissenschaft

Die Frage nach den negativen Bedingungen der Herausbildung wissenschaftlichen Wissens ergibt sich für Scheler aus folgender Überlegung: Der Philosoph und der Praktiker, die beide an der Wiege der Wissenschaft stehen, erfüllen im Prozeß ihrer Genese vor allem eine positive, konstruktive und schöpferische Funktion. Zugleich aber steht das wissenschaftliche Erkennen in diesem Prozeß vor einer negativen, destruktiven Aufgabe, nämlich sein künftiges Tätigkeitsfeld von Figuren zu säubern, welche die Wissenschaft und die sie verkörpernde soziale Personifikation — den Forscher — hindern, die historische Bühne betreten zu können. Wer aber soll diese Aufgabe im Entstehungsprozeß der neuzeitlichen Wissenschaft wahrnehmen?

Die naheliegende Antwort, daß die Personifikation von eben jenen anderen Personifikationen verdrängt wird, die sie auf der historischen Bühne ablösen, ist für Scheler nicht akzeptabel. Denn das hieße, daß die Figur des hartnäckig seine traditionelle „biomorphe" Denkweise verteidigenden mittelalterlichen Theologen von der historischen Bühne Europas verdrängt werden müsse, indem der Philosoph und der Praktiker des neuen, bürgerlichen Typs gegen ihn ankämpfen. Das wiederum liefe darauf hinaus, daß innerhalb der Triade der „höchsten Erkenntnisarten" ein „bellum omnium contra omnes" tobe, was Schelers Ausgangspostulat widerspräche. Außerdem würde diese Lösung zu sehr an das positivistische Schema erinnern, dem zufolge die Religion durch die Hand in Hand mit der

[58] M. Scheler, Über die positivistische Geschichtsphilosophie des Wissens, a. a. O., S. 31.

Philosophie gehende Wissenschaft verdrängt wird. Nach Schelers Konzeption darf keine der „höchsten Erkenntnisarten“ durch eine andere verdrängt werden, selbst dann nicht, wenn sie als antagonistische soziale Figuren erscheinen, denn jede macht ihre eigene „autonome Evolution“ durch und ist weder ein vergangenes noch ein nachfolgendes Entwicklungsstadium einer anderen.

Scheler löst das Problem, indem er die soziale Personifikation einer bestimmten Erkenntnisart die Bedingungen ihres Abtretens von der historischen Bühne in sich selbst ausbilden läßt. Dies sei möglich dank der konkreten historischen Form, in der die jeweilige Personifikation auftritt und die den Grad der historisch bedingten Funktionalisierung wahren Wissens anzeige. Hat eine dergestalt historisch-konkrete Erkenntnisart ihre inneren Potenzen erschöpft, den ihr möglichen Bruchteil der Wahrheit aufzudecken, so verschwinde sie von selbst von der historischen Bühne. In der Regel geschehe dies ohne die Beihilfe anderer sozialer Figuren, d. h. sowohl solcher, die eine neue historische Form derselben Erkenntnisart repräsentieren, als auch solcher, die angetreten sind, eine neue Erkenntnisart durchzusetzen. Treten, umgekehrt, neue soziale Figuren auf, so kann dies als Zeugnis dafür gewertet werden, daß die alte Erkenntnisart sich überlebt hat und bereits abgetreten ist. Zum Beispiel, meint Scheler, haben Metaphysik und Wissenschaft der Neuzeit die historische Bühne just zu dem Zeitpunkt betreten, als sich die mittelalterliche Form der „positiven Religion“ vollständig erschöpft hatte, als die Religion diese alte Form abwarf und die Neigung zu einer neuen historischen Form offenbarte, die der „historischen Konstellation“ der Neuzeit entsprach. Diese neue Form des abendländischen Christentums bildete sich im Verlaufe der Reformation heraus. Scheler zufolge ist die Religion stets einer spontanen Veränderung unterworfen, die „ihrer *eigenen* Triebkraft“ entspringt in dem Augenblick, in dem ein „Daseins- und Gegenstandsgebiet für die metaphysische und positiv-wissenschaftliche Erforschung im soziologischen Sinne einer allgemeinen Erscheinung ‚frei‘ werden soll“.[59]

Darüber hinaus zeige die jeweils historisch-konkrete Form, in der eine bestimmte Erkenntnisart existiert, zugleich ihr Verhältnis zu allen übrigen Erkenntnisarten an, das sich seinerseits — soziologisch gesehen — als Verhältnis der entsprechenden sozialen Figuren zueinander darstellt. Wie verschiedenartig die rhythmischen Entstehungs- und Entwicklungsprozesse einer jeden Art auch seien, so tendierten sie doch insgesamt zu gleichzeitiger Existenz, nämlich als miteinander verbundene Elemente bestimmter Kulturtypen, die ihrerseits bestimmten Typen der Gesellschaft entsprechen. Folglich ziehe der Abgang der spezifisch historischen Form einer Erkenntnisart zwangsläufig den Abgang der mit ihr zusammenhängenden Form der anderen Erkenntnisarten nach sich. Die Selbstaufhebung einer historisch bestimmten Form einer Erkenntnisart sei deshalb immer zugleich Symptom für den schon realen Prozeß der Selbstauflösung des gesamten betreffenden Kulturtyps wie des betreffenden Typs der Gesellschaft überhaupt.

[59] M. Scheler, Probleme einer Soziologie des Wissens, a. a. O., S. 75.

Gemäß dieser Vorstellung reinigte die christliche Religion des Abendlandes — in der spezifischen Form, in der sie im Mittelalter auftrat — den Boden für das wissenschaftliche Wissen der Neuzeit, indem sie von der historischen Bühne abtrat und zugleich die mit ihr verbundene Metaphysik hinwegfegte. Der Abgang der mittelalterlichen Form der sozialen Daseinsweise christlicher Religiosität erscheint bei Scheler als langwieriger und komplizierter Prozeß, der seinerseits eine Reihe historischer Phasen durchlief. In seiner Gesamtheit macht er das aus, was Scheler als negative Bedingungen der Entstehung der modernen Wissenschaft bezeichnet.[60]

Vor allem verweist er auf die „*Sprengung der hierarchischen Kircheneinheit* und -gewalt durch die religiösen — rein wissenschaftlich gesehen meist hochreaktionären — Reformationen."[61] Der durch die Reformation hervorgerufene „teilweise Zusammenbruch der kirchlichen Gewalt"[62] zeitigte indes indirekte Folgen, die dazu beitrugen, den wissenschaftlichen Denktyp und die ihn fundierende neue Weltanschauung zu befördern. Unter diesen Folgen hob Scheler die folgende hervor: die „mit der Sprengung eines großen Teiles der alten Dogmatik, insbesondere soweit sie sich auf Kirche und Sakrament bezog, notwendig *mit*verbundene *Sprengung* der antiken, begriffsrealistischen, ontologisch gerichteten und immer noch *biomorphen Metaphysik*, die eine ungemein größere Hemmung für das Werden der neuen Wissenschaft war als Dogmatik, Papst, Hierarchie, Mönchtum usw".[63]

Allerdings, so räumt er ein, mußte das Fundament des „biomorphen Geistes" der antiken und in Europa so lange erhalten gebliebenen Metaphysik durch die innere Selbstentwicklung der europäischen Völker „zu einem neuen sozialen Aggregatzustand"[64] bereits erschüttert worden sein. Doch den Schlußakkord dieses sozial-weltanschaulichen Themas bildete eben die Reformation, die die entscheidende Selbstveränderung der christlichen Religiosität bewirkte. Und obgleich die „Geistesart" der Führer der Reformation „wahrhaft — wie Himmel und Erde — entfernt von der Geistesart der Väter der modernen Wissenschaft — Galilei, Ubaldis, Descartes, Kepler, Newton usw." war, besaßen beide, nach Scheler, eine Reihe gemeinsamer, „sehr *formaler*, aber wichtiger Züge" weltanschaulicher Art.[65] „Die Einheit dieser gemeinsamen Geisteszüge macht aus, daß sie ohne Zweifel neue Denkformen, neue Wertungs- und Willensarten *einer Klasse* sind, und zwar der aufsteigenden Klasse des *bürgerlichen Unternehmertums* . . ."[66]

Die Reformation bewirkte — und darin zeige sich ebenfalls ihr weitgehender

[60] Ebenda, S. 98.
[61] Ebenda.
[62] Ebenda, S. 98.
[63] Ebenda.
[64] Ebenda.
[65] Ebenda, S. 100.
[66] Ebenda.

soziologischer und psychologischer Zusammenhang mit der sich entwickelnden Wissenschaft — eine radikale Neuorientierung der seelischen Energie des Menschen. Während die mittelalterliche Religiosität die seeliche Energie des Menschen „auf das Göttliche und die göttlichen Gegenstände" orientierte, lenkte sie die Reformation auf „Weltarbeit und Beruf",[67] wodurch der Wert der „weltimmanenten" Sachen, wie auch der der „weltimmanenten" Akte des Erkennens und der Tätigkeit ins Unermeßliche gesteigert wurden. In dieser Beziehung muß die im weiteren vollzogene „Autonomisierung der weltlichen Kulturgebiete gegenüber allen religiösen Bindungen"[68] nach Scheler ebenso zu den ferneren Resultaten der reformatorischen Bewegung gerechnet werden (obwohl diese nicht ohne die grausamste Verfolgung der Wissenschaft und der Gelehrten auskam), wie der „reine weltimmanante Rationalismus" der Aufklärer, dem alles Transzendente fremd war.

Die grundlegende — und nun schon nicht mehr negative Bedingung für die Entstehung der neuzeitlichen Wissenschaft aber sei das Aufkommen einer neuen „Intention" (man beachte die phänomenologische Terminologie) gewesen. Die Idee eines durchgängig auf „Immanentes" und nicht auf „Transzendentes" gerichteten Wissens sei nur durch diese neue „Intention" und die ihr entsprechende „Gegenständlichkeit" möglich geworden. Die seelisch-geistige Energie richte sich nun auf „ideale Wesenheiten", die der menschlichen Erkenntnis die „Werte" der Gegenstände und Erscheinungen des Diesseits erschließen. Die Intention des geistigen Schauens auf ideale Wesenheiten und die neue Sicht auf die „Werte" der gegenständlichen Welt bilden dabei, Scheler zufolge, zwei untrennbare Aspekte ein und desselben geistigen Aktes.

Um die Schelersche Konzeption zu verstehen, muß allerdings beachtet werden, daß ihr zufolge die durch die Reformation bewirkte Ausrichtung des Wissens und die ihr entsprechende „Autonomisierung" der weltlichen Sphäre, durch welche ihre wissenschaftliche Betrachtungsweise möglich wurde, im abendländischen Christentum im Grunde genommen von Anfang an angelegt war, sich aber erst in einer günstigen historischen Konstellation verwirklichen konnte. „Der christlich-jüdische Schöpfermonotheismus und sein Sieg über Religion und Metaphysik der antiken Welt", schreibt Scheler, „ist ohne Zweifel die erste fundamentale Möglichkeit für die Freilegung der abendländischen systematischen Naturforschung geworden. Es ist eine Freilegung der Natur für die Wissenschaft gewesen von einer Größenordnung, die vielleicht alles übertrifft, was bis heute im Abendlande geschah. Der spirituelle *Willens-*, *Arbeits-* und *Schöpfergott*, den kein Grieche und Römer kannte, kein Platon und Aristoteles, ist — mag seine Ausnahme wahr oder falsch sein — die größte *Heiligung des Arbeits- und Herrschaftsgedankens* über die untermenschlichen Dinge gewesen; und gleichzeitig bewirkte er die *größte Entseelung*, Vertotung, Distanzierung und Rationalisierung *der Natur*, die, im

[67] Ebenda, S. 101.
[68] Ebenda.

Verhältnis zu den asiatischen Kulturen und zur Antike gesehen, jemals stattgefunden hat."[69]

Damit diese Möglichkeit zur Wirklichkeit werden konnte, bedurfte es allerdings einer langen historischen Periode, die, von allem anderen abgesehen, nach Scheler „von Stände- und Klassenkampf" erfüllt war. Dieser führte letzten Endes zur Verdrängung der Feudalherren und der mit ihnen verbundenen Schicht der kontemplativ orientierten Geistlichen, Theologen und Mönche durch das städtische Bürgertum. Scheler gibt an dieser Stelle keine ausführliche Darlegung der sozialen Geschichte, deren „Abbild"[70] das Aufkommen der wissenschaftlichen Betrachtungsweise gewesen sei, sondern verweist auf andere Arbeiten, denen er in diesem Punkt beipflichtet.[71]

Die Berufung auf den christlich-jüdischen Typ von Religiosität war für ihn insofern wichtig, als es nachzuweisen galt, daß das Diesseits nur im Rahmen einer umfassenderen Bewußtseinsstruktur für die neuzeitliche Wissenschaft freigelegt werden konnte. Die Wissenschaft der Neuzeit stellt sich ihm als spezifisches Ergebnis des westeuropäischen Bewußtseins und des ihm entsprechenden Gesellschafts- und Kulturtyps dar. So gesehen spielte für ihn die christliche Religiosität des Abendlandes in bezug auf die Wissenschaft nicht schlechthin eine negative, säubernde Rolle, sondern auch eine konstruktive: „Daß im Abendlande die Mächte der Offenbarungsreligion und der exakten Wissenschaft und Technik in ihrem jahrhundertelangen *gemeinsamen Kampfe gegen den spontanen metaphysischen Geist* das Spiel fast immer gewannen, das macht vielleicht das wichtigste wissenssoziologische *Charakteristikum* der abendländischen Wissensgestaltung überhaupt aus. Es ist der im Grunde gemeinsame Sieg des praktischen römischen Herrschaftsgeistes über die kontemplative, rein theoretische und auch in dieser Weise ‚forschende' Gedankenhaltung, der beide verknüpft. In fast ganz Asien hat *der Weise*, hat alles in allem gesehen die *Metaphysik* den Sieg sowohl über die Religion als auch die positive Wissenschaft gewonnen. Das scheint mir der *wichtigste Punkt des Unterschiedes* der abendländischen von den asiatischen Kulturen."[72]

Schelers Schlußfolgerung, daß die Religion im Prozeß der Genesis der „positiven" (und also positivistischen!) Wissenschaft eine „konstruktive" Rolle gespielt habe, stimmt ihn nun aber keineswegs froh. Seine Kennzeichnung der Religion ist unter diesem Aspekt ganz und gar nicht positiv. Weitaus sympathischer ist ihm die „asiatische Kultur", da diese um die innere Welt des Menschen wesentlich mehr besorgt ist als um die äußere. Die Rolle, die der „christlich-jüdische Monotheismus" bei der Entwicklung der neuzeitlichen Wissenschaft gespielt hat, erscheint ihm deshalb keineswegs makellos. Weit stärker würde ihm eine solche

[69] Ebenda, S. 76/77.
[70] Ebenda, S. 77.
[71] Ebenda.
[72] Ebenda, S. 81.

Lage der Dinge imponieren, in der die „freie Metaphysik" die durch den westlichen Religionstyp vorgegebene und gefährliche Folgen zeitigende Ausrichtung der Wissenschaftsentwicklung ändern könnte. So aber sah er sich zu der Annahme gezwungen, daß sich die durch soziokulturelle Gründe bedingte prinzipielle Übereinstimmung und gemeinsame Tendenz des abendländischen Christentums und der neuzeitlichen Wissenschaft als wesentlich tiefer und weitgehender erweisen werde, als der Zusammenhang der Wissenschaft der Neuzeit mit der Metaphysik dieser Periode. In dem Maße, wie das abendländische Christentum seine Form änderte und sich damit immer weiter von der mittelalterlichen Religiosität entfernte, offenbare sich eine tiefe *Gemeinsamkeit* der „antimetaphysischen" (antiphilosophischen, antiweltanschaulichen) Orientierung der christlichen Religion und der neuzeitlichen Wissenschaft, und ein entsprechend radikaler Gegensatz der Bestrebungen der „positiven Wissenschaft" einerseits und der philosophischen Weltanschauung andererseits. Dieser Prozeß aber münde schließlich in die „*doppelseitige Erstickung des metaphysischen Wissensstrebens und der freien religiösen Spekulation*", — doppelseitig deshalb, weil sie einerseits von der an die Offenbarung appellierenden und immer mehr dem Dogmatismus verfallenden *Kirche*, andererseits aber von der *positiven Wissenschaft* ausging, der die metaphysischen Bestrebungen des Menschen fremd waren.[73]

Im Autor der Rede über die Wissenschaft als Beruf und Berufung sieht Scheler den Apologeten dieses Prozesses. Er erinnert deshalb an seinen ersten Anti-Weber-Artikel und schreibt: „Nur so ist es verständlich, daß Forscher wie Wilhelm Dilthey, Max Weber, Karl Jaspers (hier als Schüler Webers gemeint — J. D.) mit den alten Positivisten darin einig gehen, daß sie eine Sachmetaphysik überhaupt für eine überwundene, ‚nur historische Kategorie' des menschlichen Denkens ansehen . . ."[74] Indes sei der „Positivismus Comtes und Spencers" nichts anderes als „nur eine spezifisch westeuropäische Ideologie des spätabendländischen Industrialismus".[75] „Rechte" wie „linke" Vertreter der anthropologischen Richtung in der Soziologie haben diese Einschätzung später von Scheler übernommen.[76]

„Gerade die zweifellose historische Tatsache, daß der Fortgang der abendländischen Wissensentwicklung nichts weniger als zu einem Niedergang der Kirchen und des ‚theologischen Geistes' geführt hat, sondern nur zu einem unerhörten Niedergang der *Metaphysik*, zeigt", so Scheler, „den flagranten Irrtum der positivistischen Wissenssoziologie".[77] Dieselbe Tatsache läßt allerdings für Scheler auch den *Antipositivismus* Webers und seiner Schüler fragwürdig erscheinen, denn dieser beruhte auf der Religion und gab ihr den Vorzug gegenüber der philo-

[73] Ebenda, S. 72.
[74] Ebenda, S. 72/73.
[75] Ebenda, S. 68.
[76] Vgl. z. B.: H. Marcuse, Der eindimensionale Mensch, Neuwied—Berlin (West) 1967.
[77] M. Scheler, Probleme einer Soziologie des Wissens, a. a. O., S. 155.

sophischen Weltanschauung, so daß die Religion ihre Konkurrentin wohl in der Philosophie, nicht aber in der „positiven Wissenschaft" sah. Nach seiner Überzeugung muß der Antipositivismus *philosophisch begründet* sein: wahrer Antipositivismus habe philosophisch zu akzeptieren, daß das „rein technische", „pragmatisch-utilitaristische", d. h. in letzter Instanz spezifisch westlich-bürgerliche Verständnis der Wissenschaft den Westen in eine Sackgasse geführt hat, aus der allein eine einschneidende Veränderung der Hierarchie der „höchsten Erkenntnisarten" zugunsten der Weltanschauung den Ausweg weisen kann. Wobei „Weltanschauung" hier ein Wissen meint, das vor allem den Menschen selbst „bildet" und anstelle der „äußerlichen", auf Wissenschaft gegründeten Technik zur Beherrschung der Welt der Dinge die innere Technik der freien „Selbstbeherrschung" des Menschen (die ihrerseits eine entsprechende Wissenschaft voraussetzt) hervorbringt.[78]

Scheler ist davon überzeugt, „daß im *Abendlande* und in Nordamerika eine stark metaphysische und seelentechnische (im Sinne der Beherrschung seelischer Prozesse — J. D.) Epoche der positiven und naturtechnischen sog. ‚Neuzeit' folgen dürfte, in *Asien* aber den höchst einseitigen metaphysischen Epochen dieser Kulturen eine *positiv-wissenschaftliche* und *naturtechnische* Epoche".[79] So wird letztlich das Comtesche „Dreistadiengesetz" der soziokulturellen Entwicklung der Menschheit durch Scheler umgestülpt und erhält bei ihm einen diametral entgegengesetzten Sinn und Vektor: vom „positiv"-wissenschaftlichen Stadium zum metaphysischen.

5. Kritisches Resümee

Wir haben versucht, Schelers soziologische Konzeption der Wissenschaft und ihrer Genese wie ihrer Zukunft einigermaßen zusammenhängend darzulegen. Dabei sind bereits einige ihrer Mängel, Antinomien und Paradoxien deutlich geworden. Ergänzend dazu werden im Folgenden die kritischen Ergebnisse unserer Untersuchung lediglich resümiert.

1. Zunächst springt der „Apriorismus" der Schelerschen soziologischen Konstruktion ins Auge. Diese wird aus den metaphysischen Grundpostulaten seines idealistischen Systems deduktiv abgeleitet und fällt daher mit diesem System. Die Grundbegriffe der Schelerschen Wissensoziologie stehen zu dem Gegenstandsbereich, der durch sie erfaßt werden soll, nicht in einem „diagnostischen", sondern in einem „despotischen" Verhältnis; sie erscheinen als „Direktiven", denen der Gegenstandsbereich strikt zu folgen hat.

2. Scheler bezeichnet seine soziologischen, die Genesis und Entwicklung der Wissenschaft erfassenden Begriffe als „Idealtypen" und folgt hierin Weber. Doch

[78] Ebenda, S. 140.
[79] Ebenda.

verfährt er mit ihnen keineswegs so wie Weber. Während dieser über seine „Idealtypen“ zu klären suchte, wie nah oder wie fern die empirische Realität ihnen sei, verwendet Scheler sie so, als hätte er es mit der empirischen Wirklichkeit selbst, ja mit deren „Wesen“ zu tun.

3. In diesem Zusammenhang haben Schelers soziologische Kategorien die Tendenz, sich zu „verkörpern“, zu „personifizieren“. Die „sozialen Personifikationen“, die er an der Wiege der neuzeitlichen Wissenschaft bemüht, erinnern an handelnde Personen in einem Bühnenstück. Dies gilt übrigens auch für andere unwillkürliche „Personifikationen“ soziologischer Begriffe, die von seinen eigenen persönlichen Leidenschaften induziert wurden, wie die Liebe zur Metaphysik, der Haß gegen den Positivismus, das wachsende Mißtrauen gegenüber der Religion, die Neigung zum „Osten“ u. a.

4. Das Bestreben, in seine soziologische Konzeption der „höchsten Erkenntnisarten“ alles aufzunehmen, was er zur „Wahrheit des Soziologismus“ (Durkheims, Levy-Bruhls und sogar Spenglers) zählte, läßt Scheler beständig die Grenze überschreiten, die seine — „metaphysisch fundierte“ — Soziologie vom primitiven Soziomorphismus mit der ihm eigenen Metaphorisierung soziologischer Begriffe unterscheidet. Die Suche nach einer „tiefgreifenden Strukturanalogie zwischen den Strukturen sowohl des Wissens von der Natur als auch des Wissens von der Seele, außerdem aber auch zwischen der Struktur des metaphysischen und religiösen Wissens einerseits und dem Aufbau, der Organisation der Gesellschaft, — und in der Epoche der Dominanz der Politik — der Herrschaftsordnung sozialer Teile, andererseits“[80], läßt ihn seine Aussagen häufig in rein soziomorphistischem Geist, im Geist eines sozialen Solipsismus treffen.

5. Scheler unterwirft den soziokulturellen Kosmos dem Prinzip der *Identität von Denken und Sein*. Er beteuert zwar, daß es außerhalb dieses soziokulturellen Kosmos „Gegenständlichkeiten“ (objektive Wahrheiten) gäbe, die durch Spekulation erfaßbar seien. Doch diese Beteuerungen können nur von denen als Allheilmittel gegen Soziologismus und Relativismus akzeptiert werden, die mit Scheler die Phänomenologie Husserls (der Periode des 2. Bandes der „Logischen Untersuchungen“) für unerschütterlich halten. In dem Moment, als dieser Glaube zerstört wurde — wozu Husserl selbst beigetragen hat, indem er im Verlauf seiner „Evolutionen“ die Voraussetzungen des phänomenologischen Objektivismus verwarf —, konnten sich die Anhänger Schelers (der zu dieser Zeit bereits verstorben war) des Vorwurfs des soziomorphistischen Relativismus und Solipsismus nicht mehr erwehren.

6. Schließlich, Scheler trennte allzu kategorisch Wissenschaft und Philosophie voneinander, was ihn in eine Reihe antinomischer, unlösbarer Probleme verstrickte.[81] Denn wiewohl weder Wissenschaft auf Philosophie noch Philosophie

[80] Ebenda, S. 59.

[81] Vgl. S. Gzerniak, Sociologia wedzi Maxa Schelera, Warszawa 1981.

auf Wissenschaft reduzierbar ist, kommen beide — auch unter gegenwärtigen Bedingungen — nicht ohne einander aus.

Bei alldem sollte jedoch nicht übersehen werden, daß Scheler mit seiner Soziologie des Wissens und der Soziologie der Wissenschaft im besonderen eine durchaus eigenwillige Version des soziologischen Antipositivismus und Antiszientismus vorgestellt hat. Sie richtete sich nicht nur gegen den „klassischen" Positivismus Comtes und Spencers und die für ihn typische Ideologisierung der Wissenschaft, sondern auch gegen den „heroischen Szientismus" Webers, der nach Schelers Meinung von eben diesem Positivismus ebenfalls nicht frei ist, wenngleich er in bezug auf die Wissenschaft auch schon keinerlei Illusionen mehr hegte, allerdings ohne die Wissenschaft auch keine Perspektive sah. Schelers Antipositivismus war zugleich antibürgerliche (wenn auch sehr gemäßigte) und antireligiöse (jedenfalls antichristliche) Opposition und zeichnete sich durch den Hang zu „nichtwestlichen" soziokulturellen Typen aus.

All das sind Züge, die im linksradikalen Antiszientismus, von der früheren Frankfurter Schule bis zur Ideologie der „Gegenkulturen" während der sechziger und der ersten Hälfte der siebziger Jahre, wiederbelebt wurden. Obwohl diese Variante des Antipositivismus seit der zweiten Hälfte des vergangenen Jahrzehnts an Boden verloren hat, sind viele Ideen Schelers unverändert aktuell geblieben. Und das nicht nur aus dem Grunde, weil sie in das Ideenarsenal der anthropologischen Richtung in der westlichen (vor allem der westdeutschen) Soziologie eingegangen sind. Durch die nie zu Ende gekommene innere Polemik mit Weber und dessen Anhängern geschärft, spielen diese Ideen erneut im soziologischen Denken eine Rolle und werden auf dem Hintergrund der gegenwärtigen „Weber-Renaissance" in der bürgerlichen Soziologie als ausdrückliche Korrektur an dieser Renaissance begriffen.

Schelers soziologische Konzeption des Wissens ist — wie wir uns überzeugen konnten — äußerst widersprüchlich; zudem ist sie ideologisch tendenziös, betont idealistisch und elitär. Dennoch bleiben die „Fragen", die er an Weber als den Wortführer der zutiefst krisenhaften Tendenz der bürgerlichen Gesellschaft gerichtet hatte, nach wie vor auch an Webers heutige Anhänger gestellt.

WOLFGANG ENGLER

Konkurrenz als Entwicklungsform der Wissenschaft? Zu den entwicklungstheoretischen Grenzen der Wissenssoziologie Karl Mannheims

1. Der konzeptionelle Doppelcharakter der Mannheimschen Wissenssoziologie

Karl Mannheim (1893—1947)[1] hat seine Wissenssoziologie problemgeschichtlich von zwei Ansätzen her begründet. Ihr *erkenntnistheoretischer Ansatz* steht im Zeichen der Kritik, die Mannheim an dem Absolutheitsanspruch einer Erkenntnistheorie übt, die dem Ideal der exakten Naturwissenschaften verpflichtet war. Er wies jeden Gedanken einer Einheitswissenschaft unter der Herrschaft des Dogmas rein immanenter und ahistorischer Kriterien der Wahrheitsgeltung zurück.

Demgegenüber war sein Interesse auf eine Wahrheitskonzeption gerichtet, die der Eigenart von Methode und Gegenstand der gesellschaftswissenschaftlichen Erkenntnis Rechnung trug. Mannheim beschäftigte die Frage nach der Objektivität eines Denkens, bei dem der Erkennende selbst handelnder Teil des Erkenntnisgegenstandes ist und interessebezogen auf dessen Entwicklung reagiert. Durch eine umfassende soziologische Klärung der Einflüsse, die vom praktischen Handeln auf das (theoretische) Wissen ausgehen, wollte er eine Objektivität sui generis in das sozialwissenschaftliche Denken einführen. Wie das möglich sein soll, ohne zu relativistischen Konsequenzen oder soziologischen Kurzschlüssen zu gelangen, das ist die kritische Frage der Wissenssoziologie.

Vor einer umstandslosen Ersetzung der Erkenntnistheorie durch Soziologie schreckt Mannheim zurück. Er betont die vielfältigen Möglichkeiten einer auch soziologischen Erklärung des Wissens in seinen verschiedenen Formen. Ein kau-

[1] Die vorliegende Ausarbeitung ist sowohl thematisch als auch zeitlich begrenzt. Sie konzentriert sich auf eine Interpretation der wissenschaftstheoretisch relevanten Aussagen Mannheims und beschränkt sich auf Mannheims im engeren Sinne wissenssoziologische Arbeiten in der Zeit von 1921 bis 1932. Eine problemgeschichtliche Darstellung des Gesamtwerks kann in diesem Zusammenhang nicht gegeben werden. Deshalb sei auf folgende Texte verwiesen: für die ungarische Periode Mannheims vgl. D. Kettler, Marxismus und Kultur. Mannheim und Lukács in der ungarischen Revolution 1918/19, Neuwied—Berlin (West) 1967; eine mehr referierende Darstellung des Gesamtwerkes und der Reaktionen darauf liefert Kurt H. Wolff, Karl Mannheim, in: Klassiker des soziologischen Denkens, 2. Bd., München 1978, S. 286—387; eine auch die politische Entwicklung Mannheims berücksichtigende Einführung in sein Werk liegt jetzt vor von D. Kettler/V. Meja/N. Stehr, Karl Mannheim, London—New York 1984; zur aktuellen englischsprachigen Rezeption vgl. V. Meja/D. Kettler, Zur gegenwärtigen Lage wissenssoziologischer Positionen, in: dies. (Hrsg.), Der Streit um die Wissenssoziologie, Bd. 2, Frankfurt/M. 1982, S. 893—946.

saler Schluß von atheoretischen und materiellen Faktoren auf kognitive und sprachliche Strukturen sei jedoch methodisch ungerechtfertigt[2]. Selbst dort, wo Mannheim sich dem „kognitiven Externalismus“ nähert und aus den sozialen Bindungen von Theoretikern die „kategoriale Apparatur“ deduzieren zu können glaubt[3], klammert er Urteile über deren Wahrheitsgeltung bewußt aus.

Wie kam es dann, daß er die soziologische Interpretation von Wissen als Mittel einsetzte, um die mit diesem Wissen verbundenen rationalen Geltungsansprüche zurückzuweisen? Warum schloß er von dem sozialen Bezug beliebiger Theorien auf deren nur partielle kognitive Gültigkeit?

Darüber wird der im Unklaren bleiben, der sich nur des erkenntnistheoretischen Ansatzes der Mannheimschen Wissenssoziologie vergewissert. Von hier aus müssen solche Aussagen als isolierbare Unfälle erscheinen. Sie widersprechen dann der eigentlichen, behutsameren Konzeption, ohne daß dieser Widerspruch konzeptionell wesentlich wäre. Um tiefer zu loten, muß der *ideologiegeschichtliche Ansatz* der Wissenssoziologie bestimmt werden. Erst so wird die politische Vorentscheidung erkennbar, die Mannheims Analysen prägt: die Bindung an den klassischen Liberalismus und an dessen Leitvorstellung, gesellschaftliche Konflikte rational lösen zu können. Der Übergang zum Imperialismus und der erste Weltkrieg hatten die tiefgreifende Krise der liberalen Gesellschaftskonzeption offenbart. Die Mechanismen, die die Selbstreproduktion des Kapitalismus hatten sichern sollen (freie Konkurrenz und parlamentarische Kontrolle), waren monopolistisch umgestülpt worden und versagten ihren Dienst. Für Mannheim bedeutete das die Gefahr einer Selbstverzehrung der bürgerlichen Gesellschaft an ihren inneren Widersprüchen, seit das Laisses-faire-Prinzip gegen diese Ordnung arbeitete.[4]

Da Mannheim eine sozialistische Orientierung ausschloß, suchte er nach Mitteln, um der bestehenden Gesellschaft die Fähigkeit zur rationalen Selbstbewegung „zurückzugeben“. Das bestimmte ihn, die Wissenssoziologie als Organon zur Regulierung der Widersprüche auf der politischen Ebene zu entwickeln. Sie sollte nachweisen, daß die entgegengesetzten sozialen Klassen deshalb praktisch-politisch vereinbar sind, weil sie theoretisch voneinander abhingen und sich ergänzten. Die auf dem sozialen Boden des Konservatismus, Liberalismus und Sozialismus entstehenden Theorien seien gleichberechtigte *Teil*ansichten derselben historischen Situation. Ihre Komplementarität verlange wissenschaftlich eine Synthese, politisch einen Kompromiß im Rahmen der spätbürgerlichen Gesellschaft.

[2] K. Mannheim, Beiträge zu einer Theorie der Weltanschauungs-Interpretation, in: K. H. Wolff (Hrsg.), Wissenssoziologie. Auswahl aus dem Werk, Berlin (West)--Neuwied 1964, S. 126.

[3] K. Mannheim, Die Bedeutung der Konkurrenz im Gebiete des Geistigen, in: V. Meja/N. Stehr (Hrsg.), Der Streit um die Wissenssoziologie, 1. Bd., a. a. O., S. 350.

[4] Zur Stellung Mannheims zum Liberalismus vgl. V. Meja, Knowledge and Politics. A Reconsideration of Karl Mannheim, Konferenzmanuskript, Varna 1984.

Dieses unrealistische Forschungsprogramm führte Mannheim zwingend zur Kritik der Marxschen Theorie, die solchen Zielvorstellungen den Boden entzogen hatte. Dabei verdankt Mannheim dieser, von ihm bruchstückhaft und verzerrt rezipierten Theorie jene Grundbegriffe, die er gegen die logisch-positivistische Erkenntnistheorie einsetzt.[5] Vorherrschend ist jedoch sein Versuch, die ideologiekritische Methode von Marx gegen diesen selbst zu wenden und die „soziale Seinsverbundenheit“ des Marxismus als Beweis für seine angebliche kognitive Partikularität auszugeben. Die dann verallgemeinerte These, wonach das seinsverbundene Denken *als solches* — eben aufgrund seiner sozialen Verankerung — konzeptionell beschränkt sei, besitzt hier ihren Ausgangspunkt. Die damit verbundenen geltungstheoretischen Fehlgriffe können aus Mannheims Bedürfnis, die Marxsche Theorie als einen — wie er sagt — theoretischen „Aspekt“ neben anderen nachzuweisen, verstanden werden.

Die Dominanz des ideologiegeschichtlichen über den erkenntnistheoretischen Ansatz macht auch deutlich, weshalb Mannheim gezwungen ist, die von ihm kritisierte positivistische Erkenntnistheorie zu erneuern. Denn die wissenssoziologische Analyse behandelt die soziale Genese zunehmend als kognitiven Störfaktor. Sie funktioniert als eine negative Erkenntnistheorie nach dem Motto: Was sozial bedingt ist, kann nicht völlig wahr sein. So muß sie die Frage nach den positiven Kriterien der Wahrheitsgeltung beständig vor sich herschieben. Das führt zu der Erklärung, daß soziologische Wissensanalysen „zwischen Sinnirrelevanz und zwischen totaler Sinnrelevanz in einer bisher nicht gesehenen Mitte“ angesiedelt wären.[6] Und in der defensivsten Formulierung, in der er den rein instrumentellen Charakter der Wissenssoziologie beschwört, sieht er ihre Funktion darin, „den Grundwillen zur Wertfreiheit noch einmal zu verlebendigen“.[7] Die an diesem konzeptionellen Zusammenbruch zu übende Kritik wird jetzt im Detail entwickelt. Dabei bleibt zu bedenken, daß die kritische Arbeit nicht schon damit getan ist, in den Triumph der Anti-Soziologisten aller Lager einzustimmen, daß eben Fragen der kognitiven Geltung durch Welten von

[5] Auf die notwendige Kritik vor allem solcher Konzeptionen, die ihre Fragestellungen dem Marxismus entnommen haben, weist hin: G. Kröber, Zu Stand und Problemen der Wissenschaftsforschung in der DDR, in: Deutsche Zeitschrift für Philosophie, 2/1981, S. 133—147; an zentralen Begriffen demonstriert die verzerrte Marx-Rezeption K. Lenk, Marx in der Wissenssoziologie, Neuwied—Berlin (West) 1972.

[6] K. Mannheims Handwörterbuchartikel „Wissenssoziologie“ für das Handwörterbuch der Soziologie, das A. Vierkandt 1931 herausgab, ist wieder abgedruckt in der 4. Auflage von Ideologie und Utopie, Frankfurt/M. 1965, als deren V. Kapitel: hier S. 234.

[7] K. Mannheim, Schlußwort zur Diskussion seines Referats auf dem 6. Deutschen Soziologentag (1928) über die Bedeutung der Konkurrenz im Gebiete des Geistigen. in: V. Meja/N. Stehr (Hrsg.), Der Streit um die Wissenssoziologie, Bd. 1, a. a. O., S. 401.

sozialgenetischen Wissensanalysen getrennt sind.[8] Im Ergebnis einer solchen Kritik wäre man den Soziologismus losgeworden, um erneut einer zeitlosen Wahrheit gegenüberzustehen. In diesem, gegen sozialwissenschaftliche Erklärungen immunisierten Medium der Wahrheit verkehrten dann die Erwählten über soziale und Epochenschranken hinweg. Vielmehr muß man zeigen, was diese Kontinuität ermöglicht, aber auch erklären, wo die Formationsentwicklung den Kommunikationszusammenhang diskontinuierlich gestaltet.

Die Beschäftigung mit Mannheim ist nicht nur geboten, weil er in der Art seines Scheiterns folgenreich war. Die von ihm gestreiften produktiven Chancen, Wissen und seine Entwicklung soziologisch zu erklären, fordern eigenes systematisches Nachdenken heraus.

2. Die „soziologische Außenbetrachtung“ von Theorien. Eine hermeneutische Vorfrage der Wissenssoziologie

Mannheims thematischer Weg zur Wissenssoziologie war ein kulturtheoretischer. Hatte er anfangs die stilgeschichtlichen Analysen der Kunstsoziologie als Muster einer generellen Kultursoziologie begriffen, so empfand er das bald als Einengung. Er suchte ein allgemeines „Koordinatensystem“, um von hieraus sämtliche Kulturprodukte einer Strukturanalyse zu unterwerfen.[9] Methodisch hieß das, diese Produkte auf eine gemeinsame Substanz zurückzubeziehen. Innerhalb der hermeneutischen Tradition, an die Mannheim unmittelbar anschloß, dominierten lebensphilosophische und phänomenologische Interpretationen.

Vor allem war es der Versuch, der Mannheim faszinierte, die verschiedenen Objektivationen von Kultur auf eine ihnen gemeinschaftliche Weltanschauungstotalität zu beziehen. Die von ihm als richtig bewertete Ansicht Diltheys, daß hinter den geistigen Gebilden nichtrationale Beweggründe stünden, wollte er bewahren, zugleich jedoch die damit verbundenen irrationalistischen Annahmen vermeiden. Als zentrale Frage übernimmt er das Problem der „Übersetzbarkeit des Atheoretischen ins Theoretische“[10]. Unter dem Einfluß verschiedener Strömungen[11] begreift er dieses Atheoretische als die der Geistesgeschichte zugrundeliegende, historisch sich wandelnde Sozialstruktur.

Wie dabei das Theoretische sozialstrukturell erklärt werden sollte, blieb noch

[8] Diese positivistische Genugtuung durchzieht die gesamte Mannheim-Kritik bei A. V. Schelting, Die Grenzen der Soziologie des Wissens, in: ebenda, Bd. 2, S. 756—890. — Gegen jede Historisierung sprachen sich in der damaligen Diskussion u. a. E. R. Curtius, G. Stern, E. Spranger und A. Weber aus.

[9] K. Mannheim, Beiträge zu einer Theorie der Weltanschauungs-Interpretation, a. a. O., S. 142.

[10] Ebenda, S. 99.

[11] In diesem Zusammenhang ist auf Einflüsse durch den Austromarxismus (Max Adler) und G. Lukács hinzuweisen.

völlig offen. Mannheims Interesse war einstweilen dadurch beansprucht, die soziologische Methode gegen Anfeindungen der traditionellen Ideengeschichte überhaupt als berechtigt nachzuweisen. In seinem Aufsatz „Ideologische und soziologische Interpretation der geistigen Gebilde“ faßte er später seine Absicht prägnant zusammen.

Die hermeneutische Frage, wie der Sinngehalt historisch vergangener Kulturobjektivationen (hier: von Theorien) adäquat interpretiert werden kann, begriff Mannheim rein methodologisch. Sie galt ihm als identisch mit der Frage: Welche phänomenologischen Einstellungen kann ein idealer Interpret solchen Gebilden gegenüber einnehmen? An dieser Stelle trifft er die Unterscheidung zwischen der „Innenbetrachtung“ und der „Außenbetrachtung“.

Unter „Innenbetrachtung“ versteht er eine Interpretation, die sich in die *Teilnehmerperspektive* derer zurückversetzt, die Theorien produzierten oder als Mitglieder der damaligen Kommunikationsgemeinschaft adäquat rezipierten. Das Resultat dieser Einstellungen bestimmt Mannheim als „ein eigentümliches Aufgehen des Subjekts im Sinngehalte, ein Leben in ihm . . .“[12] Der Interpret vollzieht distanzlos jene „Setzungen“ nach, „die im Sinngehalt vorgeschrieben sind“.[13]

„Außenbetrachtung“ liegt vor, wenn man dasselbe Produkt „von außerhalb seiner liegenden Instanzen her, wenn man es insbesondere vom ‚sozialen Sein‘ her betrachtet“.[14] Ein und derselbe Gegenstand, eine Theorie etwa, erscheint als „Idee“ aus der Teilnehmerperspektive, als „Ideologie“ aus der *Beobachterperspektive.*[15] Mannheim wendet seine Terminologie dann kritisch gegen die Hermeneutik vom Typ der bloß ideengeschichtlichen Sinnrekonstruktion. Er charakterisiert die ausschließliche Innenbetrachtung als eine „ideologische Interpretation“. Gerade weil der sich in die Teilnehmerperspektive zurückversetzende Interpret distanzlos verfährt, entgeht ihm die bestimmte soziale Funktionsweise der geistigen Gebilde. Deshalb nimmt er die nur einer Analyse außertheoretischer Faktoren zugänglichen ideellen Bedeutungen nicht wahr. Nur der Außenbetrachtung enthüllt sich die ideologische, d. h. soziale und politische Funktion von Theorien. Aufgrund ihrer Fähigkeit, den Ideologiegehalt zu durchschauen, sei dieser Interpetationstyp gerade nichtideologisch. Mannheim bezeichnet ihn jetzt als „soziologische Interpretation“, sofern die Außenbetrachtung Ideen auf das soziale (statt: biologische, anthropologische usf.) Sein bezieht. Und in der modernen bürgerlichen Gesellschaft liege die Anatomie der Ideen nicht nur im sozialen Sein schlechthin, sondern sei „nach Marx in der politischen Ökonomie zu finden“.[16]

Welche Leistungen traut Mannheim der soziologischen Interpretation zu? Was

[12] K. Mannheim, Ideologische und soziologische Interpretation der geistigen Gebilde, in: V. Meja/N. Stehr (Hrsg.), Der Streit um die Wissenssoziologie, Bd. 1, a. a. O., S. 214.

[13] Ebenda.

[14] Ebenda, S. 213.

[15] Ebenda, S. 216.

[16] Ebenda, S. 217.

besagt die, wie er es nennt, soziale Funktionalisierung über die kognitive Geltung von Ideen? Zunächst, so Mannheim, liege der Erkenntniswert einer solchen sozialen Funktionalisierung darin, „einen gewesenen geistigen Gehalt (Idee) als Ideologie zu fassen, d. h. auf das dahinter stehende, nachträglich für uns sinnvoll werdende Sein hin zu funktionalisieren und dadurch ihm einen neuen Sinn abzugewinnen"[17].

Erschließe die Teilnehmerperspektive den „immanenten Sinn", so die Beobachterperspektive den „Funktionssinn". An dieser Stelle entsteht das in Mannheims Sicht eigentliche Problem: „Kann man einen immanenten Sinn, eine Idee, durch den zu ihr gehörigen Funktionssinn widerlegen, aufheben oder aber auch bekräftigen?"[18] Beim Versuch, die Frage zu klären, stößt Mannheim auf eine entscheidende Tatsache. Er bemerkt, daß hinsichtlich der beiden phänomenologischen Einstellungen keine bloße Standpunktdifferenz des idealen Interpreten vorliegt, daß sie *nicht beliebig* wählbar sind. Denn die historisch letzte Theorie, die durch den Nachweis der sozialen Funktionsweise eine frühere Theorie interpretiert und einer historischen Kritik unterzieht, steht ihrerseits inmitten einer bestimmten Geschichtsepoche. Dieser eigenen Epoche gegenüber vermag sich kein Interpret so zu distanzieren, wie gegenüber der Vergangenheit. Mannheims Folgerung aus diesem Sachverhalt ist jedoch unkorrekt. Er behauptet, „daß also jeweils das höchste System (in dem wir selbst darin stehn) nur als Idee zu erfassen ist . . ."[19] Die geschichtliche Verankerung *als solche* wird damit zur theoretischen Fehlerquelle. Weil der Interpret eben kein phänomenologisch ideales Subjekt, sondern immer Kind seiner Zeit ist, soziale Bindungen besitzt, Interessen verfolgt, an Weltbilder und Erkenntnismittel dieser Zeit gebunden ist, soll es ihm unmöglich sein, ein bewußtes Verhältnis zu diesen Voraussetzungen seines Denkprozesses zu gewinnen. Zeitgenossenschaft widerspricht für Mannheim bei den an der tatsächlichen Wissensproduktion beteiligten Individuen der Fähigkeit zur Selbstreflexion.

Dieser Irrtum wird zum Antrieb für den ersten Begründungsschritt seiner Wissenssoziologie. Er ruft diese Disziplin als eine *Hermeneutik der Gegenwart* ins Leben. Sie steht von vornherein vor der verkehrten Aufgabe, Objektivität in der sozialwissenschaftlichen Erkenntnis *trotz* historisch-sozialer Bindungen der Erkenntnissubjekte zu sichern.

3. Die standortbezogene Produktion von Theorien. Perspektiven des Produzenten

Nachdem der beobachtende Interpret in die historische Dialektik seines Gegenstandes verwickelt wird, sieht sich Mannheim vor ein typisch historisches Dilemma gestellt. Einerseits kann Objekterkenntnis nur innerhalb bestimmter historischer

[17] Ebenda, S. 220.
[18] Ebenda, S. 221.
[19] Ebenda, S. 222.

Epochen zustande kommen, andererseits scheint aus der Teilnehmerperspektive heraus keine kritische Distanz gegenüber den durch dieselbe Epoche determinierten ideologischen, theoretischen und methodischen Erkenntnismitteln möglich. Sozialwissenschaftliche Objektivität kann nicht jenseits konkreter Geschichtsepochen, aber scheinbar auch nicht aus ihnen heraus entspringen.

In seinem „Historismus" betitelten Aufsatz stellt sich Mannheim den Konsequenzen dieser Problemlage. Er bahnt dadurch zugleich den zweiten systematischen Begründungsschritt seiner Wissenssoziologie an. Im Zentrum steht dabei die gegen die relativistischen Folgen des Historismus gerichtete Konzeption vom *Relationismus* sozialwissenschaftlicher Theorien. Durch die Relationismus-These sollen der Selbstauflösungsprozeß des Historismus gestoppt, sein Dilemma bewältigt und seine Resultate für die Zwecke der Wissenssoziologie genutzt werden. Die These schließt drei Annahmen ein:

1. Gegen jeden scheinbaren Ausweg einer übergeschichtlichen Beobachtungsperspektive, aus der Wahrheit gesichtet werden könnte, sei mit dem Historismus darauf zu bestehen, daß nur aus zeitgebundenen Binnenperspektiven Geschichte sichtbar wird. Jede Erkenntnistheorie, die hinter diese Einsicht zurückgeht und eine überhistorische Konzeption der kongnitiven Geltung vertritt, sei abzulehnen. Insbesondere der sog. Relativismus-Vorwurf stamme aus einer Erkenntnistheorie, „die eine unvollständige Konzeption von absolut und relativ hat, die wahr und falsch in einer Alternative gegenüberstellt, wie sie sich wohl im Gebiete der sogenannten exakten Wissenschaften auffinden läßt . . ." Das Gebiet der Geschichte zeige demgegenüber, „daß es Erkenntnisse über den gleichen Sachverhalt gibt, die nicht wie wahr und falsch, sondern prinzipiell nur als perspektivische, als standortgebundene nebeneinandergestellt werden können".[20]

2. Den Historismus[21] träfe jedoch eine Mitschuld am Vorwurf des Relativismus, weil er aus seinen fruchtbaren Einzelforschungen erkenntnistheoretisch falsche Schlüsse gezogen habe. Der Angriff auf Gesetzmäßigkeit und Entwicklung in der Geschichte habe zu einem beziehungslosen Nebeneinander der einzelnen untersuchten Epochen geführt. E. Troeltschs schon kritische Befragung der historischen Methodologie aufnehmend, sah Mannheim, „wie sehr es für den Historismus eine Lebensfrage ist, trotz der anschaulichen Vielheit der einzelnen Epochen als individueller Totalitäten, sie zu einer sinnvoll abgestuften Entwicklungstotalität zu verbinden"[22].

[20] K. Mannheim, Historismus, in: K. H. Wolff (Hrsg.), Wissenssoziologie. Auswahl aus dem Werk, a. a. O., S. 257.

[21] Mannheims Kritik-Gegenstand ist der *bürgerliche* Historismus, d. h. die gegen die Dialektik-Tradition Hegels gerichtete Geschichtsdeutung. Diese war gegen Gesetzmäßigkeit und Entwicklung gerichtet und philosophisch auf der Linie Schopenhauer-Nietzsche, fachhistorisch durch Droysen, Burckhardt, Ranke entwickelt worden.

[22] K. Mannheim, Historismus, a. a. O., S. 275.

3. Die Eigentümlichkeit sozialgeschichtlicher Erkenntnis verlangt nach einer, wie Mannheim sagt, „dynamischen Wahrheitskonzeption". Da das Objekt, die Geschichte, selbst nie vollständig gegeben, sondern nur aus der Perspektive einzelner Epochen zugänglich sei, könne auch die theoretische Erkenntnis nur am Erkenntnishorizont der jeweiligen Epoche gemessen werden. Die historisch aufeinander folgenden Denksysteme sprächen daher „*die Wahrheit des betreffenden Zeitalters aus*".[23] Der Erkenntnisfortschritt dieser „relativen Synthesen" verwirkliche sich auf dem Wege ihrer Aufhebung. Die jeweils spätere Synthese sei umfassender und integriere von einem neuen Systematisierungszentrum her die früheren relativen Synthesen. Mannheims Konzeption der geschichtlich gebundenen Wahrheit „ist die, daß der . . . Gesamtprozeß seine Wahrheit hat, diese Wahrheit ist aber nicht als eine von einem über dem Strom stehenden Standort aus erfaßbare zu denken", vielmehr so, „daß sie, von den aus dieser Bewegung herauswachsenden Zentren aus, jeweils in in-sich geschlossenen Kreisen (Systemen) ergreifbar ist". Für die Philosophie habe dieser geschichtliche Prozeß den Sinn, „immer neue Elemente in einer neuen Totalität auszustrahlen und neue Standorte für die Sammlung und Durchorganisierung des bisher Erfaßten und neu Hinzukommenden zu konstituieren".[24]

Den Relativismus hat Mannheim durch drei Annahmen jedoch nur terminologisch gebändigt, durch Umbenennung. Das wird deutlich, wenn er den Ertrag seiner Historismus-Studie wissenssoziologisch formuliert. Historistisch belehrt, antwortet Mannheim auf seine hermeneutische Vorfrage: wie kann sozialwissenschaftliche Objektivität mitten im Geschichtsprozeß und trotz damit verbundener sozialer Voraussetzungen des Denkens gerettet werden? — Der Schluß, zu dem er kommt, lautet, daß keines der Erkenntnissubjekte zu einer adäquaten Auffassung auch nur des jeweiligen Ausschnitts des Geschichtsprozesses gelangen kann. Zwar sei der „historische Gegenstand (der geschichtliche Gehalt etwa einer Epoche) . . . in seinem Ansichsein identisch, es gehört aber zum Wesen seiner Erfahrbarkeit, daß er nur von verschiedenen historisch-geistigen Standorten, gleichsam in Aspekten, erfaßbar ist".[25] Nur aus der Teilnehmerperspektive bestimmter Epochen könne historische Erkenntnis zu jeweils als relativ angenommenen Synthesen führen. Die Teilnehmerperspektive selbst zerfiele jedoch in ein Spektrum einzelner, miteinander konkurrierender geistiger Standorte. Jedem Standort öffne sich aufgrund seiner sozialen Verankerung derselbe Gegenstand nur von einer eingeschränkten Seite, nur in einem seiner objektiven Aspekte. Die Perspektive, die sich den einzelnen Produzenten erschließt, wäre demgemäß eine aspektuell beschränkte Wahrnehmung des Gegenstands. Die Gefahr, „mit dem Perspektivismus das historische Ansichsein der Gehalte zu verflüchtigen", läßt Mannheim zu einer reinen Fiktion greifen. Die Annahme eines objektiven Wesens einer Geschichtsepoche „ist da-

[23] Ebenda, S. 287.
[24] Ebenda, S. 288/289.
[25] Ebenda, S. 272.

durch gerechtfertigt, daß, wenn wir auch in keiner Perspektive dieses Ansichsein erfassen können, es doch gegeben ist als eine kontrollfähige Instanz gegenüber willkürlichen Aussagen".[26] Erkenntnistheoretisch realisiere sich diese kontrollfähige Instanz in der „Tiefe" einer Theorie. „Man wird, auf das Material achtend, stets mit Sicherheit sagen können, welcher seelische Standort das zu Deutende in einer größeren *Tiefendimension* erfaßt".[27] Tendenziell unterscheiden sich sozialwissenschaftliche Erkenntnisse nicht wie „wahr" und „falsch", sondern wie „echt" und „unecht".[28] Das geltungstheoretische Problem kognitiver Wahrheit ist damit vom Gegenstand auf die relative Tiefendimension seiner theoretischen Repräsentation verlagert.

Die falsche Angst, die Objektivität des Wissens einzubüßen, wenn dessen Subjekt oder Objekt sozialhistorisch sind, wies Mannheim den Weg zur Wissenssoziologie. Die Rezeption des Historismus hat diese Objektivität noch weiter gefährdet und zugleich neue, ungelöste Probleme heraufbeschworen: *1.* das Problem des bisher nur behaupteten Zusammenhangs von historischem Standort, Erkenntnisperspektive und kognitiver Geltung; ihm geht Mannheim unter dem Stichwort „Funktionalisierung von Theorien" nach; *2.* das Problem der ebenfalls rein proklamatorischen „Entwicklungstotalität"; dessen Lösung versucht er durch die Konstruktion eines Konkurrenzprozesses, der die Abhängigkeit kognitiver Strukturen von sozialen klarstellen soll; *3.* das Problem, wie sich Funktionssinn und immanenter Sinn von Theorien zueinander verhalten; die Lösung dieses Problems verlangt, geltungstheoretisch eine Entscheidung über vorgetragene Wahrheitsansprüche herbeizuführen.

4. Die „Funktionalisierung" von Theorien auf soziales Sein und der verschämte Internalismus Mannheims

Soll die soziale Funktionsbestimmung geistiger Gehalte mehr als nur die äußerliche Inbezugsetzung externer Sozialfaktoren mit kognitiven Gehalten erbringen, müßte Mannheim den Begriff des sozialen Seins konkretisieren. Er hätte jene Struktur sozialer Handlungen aufzuweisen, die die sozialwissenschaftliche Reflexionsform konstituiert. Statt einer solchen materialistischen Formgenese weicht Mannheim in eine abstrakte Strukturmorphologie aus. Danach stünden die einzelnen Strukturformen sozialen Handelns (ökonomisch, politisch, theoretisch) nicht in einem Verhältnis genetischer Kausalität. Diese Formen seien vielmehr gleichzeitig und gleichwesentlich und wiesen lediglich homologe Merkmale auf.

[26] K. Mannheim, Das Problem einer Soziologie des Wissens, in: K. H. Wolff (Hrsg.), Wissenssoziologie. Auswahl aus dem Werk, a. a. O., S. 257.
[27] K. Mannheim, Historismus, a. a. O., S. 293.
[28] K. Mannheim, Das Problem einer Soziologie des Wissens, a. a. O., S. 366.

An die Stelle formgenetischer Ableitungen träte die Aufgabe, Parallelismen zwischen den Strukturformen zu konstatieren.

Diese wissenssoziologische Meidbewegung vor dem Marxschen Ableitungskonzept kognitiver Strukturen übernimmt Mannheim von Max Scheler. Letzterer hatte das Thema so vorgegeben: „Marx redet von direkter oder doch ausschlaggebender kausaler Abhängigkeit nicht nur der positiven Wissenschaft, sondern aller geistigen Erzeugnisse von den ökonomischen Produktionsverhältnissen; wir nur der positiven Wissenschaft, und auch hier nur von einem *Parallelismus*, der eine *dritte gemeinsame oberste Ursache* hat . . .“[29]

Mit der Rezeption dieses konzeptionellen Ansatzes vollzieht Mannheim den dritten systematischen Begründungsschritt seiner Fassung der Wissenssoziologie. Er akzeptiert das Prinzip Schelers sowie dessen gegen Marx gerichtete Pointe. Sein Widerspruch richtet sich nur gegen die inhaltliche Erfüllung, die Scheler der „gemeinsamen obersten Ursache“ sämtlicher sozialer Strukturen gegeben hatte. Die anthropologische Zurückführung der Wissensformen auf die erbliche Triebstruktur und das mit ihr verbundene subjektive Ethos lehnte Mannheim ab.

Er kleidete seine Marx-Kritik in eine andere Form. Die gesuchte gemeinsame Substanz aller Strukturen und Ursache ihres homologen Charakters sei die *geistige Existenz* des Menschen. Diese Existenz begründe Strukturen des „Seins“ und solche des „Sinns“ und zugleich deren Übereinstimmung.

Mannheim schreibt: „Auch für uns (wie für Scheler, W. E.) ist Sein und Sinn phänomenologisch geschieden; aber für die *Totalitätserfassung*, für die Bestimmung ihres Ursprungsverhältnisses . . . kann diese phänomenologische Doppelheit nicht als eine letzte hypostasiert werden. Im ‚Existieren‘, in jener letzten Einheit, in die die phänomenologischen Differenzen wieder zurückgenommen werden, erscheinen sie (Sein und Sinn) als hypostasierte Teilsphären, die letzten Endes ‚Ausstrahlungen‘ ein und desselben Lebens sind“.[30] Von hier aus ergibt sich eine psychologistische Reduktion des Seinsbegriffs. Weil existentielle Handlungen, z. B. ökonomische, immer auch sinnbezogene, geistige Handlungen seien, müßten sie letztlich als durch psychische Akte determiniert begriffen werden. Eine „Ableitung“ kognitiver aus sozialökonomischen Strukturen hieße demnach, ökonomisch strukturierten auf kognitiv strukturierten „Geist“ zu beziehen.

Die Erklärung geistiger Gehalte wird durch die Phrase ersetzt, wenn Mannheim fortfährt: „Schiebt man also das Naturale durch eine immer exakter werdende Distinktion noch tiefer herunter und zeigt man, wie z. B. die ökonomische Sphäre bereits geistig ist, dann kann man und muß man in diesem Sinne zwei Sphären des Geistigen, der Korrelation Unterbau — Überbau entsprechend, gegenüberstellen.“ Dann gelte auch die Ansicht, „daß das im Unterbau vorkommende Geistige (wobei der Vorrang der ‚Produktionsverhältnisse‘ *mitsamt den zu ihnen*

[29] M. Scheler, Wissenschaft und soziale Struktur, in: V. Meja/N. Stehr (Hrsg.), Der Streit um die Wissenssoziologie, Bd. 1, a. a. O., S. 93.

[30] K. Mannheim, Das Problem einer Soziologie des Wissens, a. a. O., S. 343.

gehörenden gesellschaftlichen Beziehungen betont werden soll) das im Überbau vorfindbare Geistige mitgestaltet".[31]

Damit enthüllt sich das Geheimnis der „Funktionalisierung" als Rückbezug eines systematisierten Geistigen im Überbau auf die existentiell-elementare geistige Operation der Basis, der es angeblich entstammt. „Theorie" wäre demnach das Resultat einer Tätigkeit, die letztlich psychische Handlungsmotive nur systematisch ausgestaltet. Die praktischen Herausforderungen an die Gesellschaftswissenschaften bleiben inhaltlich ganz unkonkret bestimmt. Auch sind Strukturformen praktischen Handelns nicht in Sicht, durch deren Reflexion kognitive Strukturen gebildet werden könnten.

Daß von diesem Reduktionismus eine völlige Verkennung der Spezifik geltungstheoretischer Problemstellungen ausgeht, wird noch mehrmals festzustellen sein. Lehrreich bleibt es bis heute, daß Konzeptionen, die Marx eine vulgärmaterialistische Herabwürdigung geistiger Gehalte vorwerfen, ihrerseits bedenkenlos Theoretisches aus der Triebstruktur oder der psychischen Handlungsperspektive „erklären".

Endet die „Funktionalisierung", vom „sozialen Sein" her unternommen, in einem groben Reduktionismus, so von den geistigen Gebilden her gesehen in einem nicht minder unbefriedigenden Resultat. Was bedeutet es für eine Theorie, auf „soziales Sein" hin „funktionalisiert" zu werden? Ihre Enthüllung als Ideologie. Mit der Verlagerung des Schwerpunktes von der hermeneutischen Interpretation zur Erzeugung von Theorien bedeutet das die Annahme, daß man ideologisch produziert, *weil* sozial seinsgebunden, weil man sich von *seinem* Epochenrahmen nicht lösen kann.

Die Teilnehmerperspektive des Interpreten wird zum Verhängnis des Produzenten. Mannheim versucht, die aussichtslose Lage des seinsgebundenen Theoretikers durch eine Rezeption der ideologiekritischen Methode von Marx zu rechtfertigen. Das Ergebnis dieser Rezeption ist formal ein in sich widersprüchlicher, politisch aber ein in seinem Aussagegehalt entschärfter Ideologiebegriff. Mannheim unterscheidet drei Gebrauchsweisen oder Dimensionen des Ideologiebegriffs.[32] So bezeichne man ein Wissen dann als *partiell ideologisch*, wenn man dessen Geltungsansprüche nicht insgesamt bestreite, sondern nur einzelne Behauptungen. Diese werden bestritten, indem auf den bewußten Verstellungscharakter solcher Aussagen hingewiesen wird, mit denen außertheoretische Absichten verfolgt werden. Beim Übergang zum sog. *totalen Ideologiebegriff* enthülle man die gesamte Theorie als Funktion eines seinsbezogenen Interesses. Nicht aufgrund absichtlicher Verstel-

[31] Ebenda, S. 345/346. — Zur Vorbereitung dieses Gedankenganges vgl. M. Adler, Wissenschaft und soziale Struktur, sowie ders., Soziologie und Erkenntniskritik, in: V. Meja/N. Stehr (Hrsg.), Der Streit um die Wissenssoziologie, Bd. 1, a. a. O.

[32] Folgt Mannheim in der ersten Gebrauchsweise Pareto, so in der zweiten Marx. Die dritte Verwendungsweise übernimmt mit ihrem Gedanken einer Anwendung der ideologiekritischen Methode auf Marx selbst ein zentrales Motiv von K. Korsch.

lung, sondern infolge objektiver Seinslagen werde die Realität entstellt. Erkenntnisleistungen würden hier letztlich auf soziale Klassen- und Kampfpositionen bezogen, denen sie dienten. Diese Positionen erzeugten sine ira et studio, also streng objektiv und unausweichlich, Erkenntnisperspektiven. Aus Positionen in der Sozialstruktur reproduzierten sich Interessenslagen. Schranken des Interesses präformieren Schranken der theoretischen Perspektive. Gegen diese zweite Verwendung des Ideologiebegriffs, die Marx vertreten habe[33], erhebt Mannheim zwei Einwände. Als erstes kritisiert er den angeblich vulgärmaterialistischen Charakter der Marxschen Konzeption. Eine unmittelbare Ableitung kognitiver Strukturen aus (ökonomischen) Interessen verfehle die relative Autonomie der „noologischen Sphäre". Zweitens bemängelt er, daß der Marxsche Ideologiebegriff nicht universell gefaßt sei und Erkenntnisschranken nur bei bürgerlichen Theoretikern diagnostiziere.

Der Vorwurf einer vulgären Interpretation trifft Mannheim selbst, nur unter idealistischen Vorzeichen. Daran ändert auch sein Versuch nichts, einen Anschein der Ableitung kognitiver Strukturen aus sozialen Seinslagen zu erwecken. Er entwickelt dazu ein spekulatives, für analytische Zwecke unbrauchbares Konzept. Er setzt die theoretische Sphäre unkritisch voraus und lokalisiert in ihr eine Vielheit geistiger Standorte. Für jeden dieser Standorte rekonstruiert er einen Sozialpartner, wobei er sich des Verfahrens der nachträglichen Zurechnung sozialer zu geistigen Standorten bedient. Da er gelegentlich dieser Feststellung von „Wahlverwandtschaften" sein wissenssoziologisches Credo formuliert, soll ein zusammenfassender Text wiedergegeben werden. Programmatischer Anspruch und empirische Unfruchtbarkeit der entwickelten Gedanken kontrastieren dabei stark.

Das „Hauptziel" soziologischer Ableitungen von Wissensinhalten bestehe darin, „in einem jeweiligen Querschnitt der Geschichte die geistig-systematischen Standorte herauszuarbeiten, aus welchen heraus gedacht wurde. Es gilt aber dann, diese nicht als rein theoretische Gegenspieler zu betrachten, sondern ihrer lebendigen Verwurzelung nachzugehen, indem man zunächst jene metaphysischen Voraussetzungen herausstellt, in die diese systematisch gestalteten Standorte verankert sind. Hat man diesbezüglich Klarheit erlangt, so muß man sich fragen (gerade mit Hilfe dieses metaphysischen Hintergrundes), zu welchen innerhalb derselben Epoche vorhandenen Weltwollungen dieser oder jener ‚Denkstil' zurechenbar ist. Hat man auch hier die Entsprechungen gefunden, so hat man auch die geistigen Schichten, die einander jeweils bekämpfen. Erst nach dieser immanenten Weltanschauungsanalyse beginnt die eigentliche soziologische Aufgabe: wenn man sich fragt, welche sozialen Schichten jeweils hinter den geistigen Schichten stehen."[34]

[33] K. Mannheim, Das Problem einer Soziologie des Wissens, a. a. O., S. 318—324.
[34] Ebenda, S. 385.

Verschämt deckt die wissenssoziologische Methode ihre internalistischen Prämissen zu. Die „Ableitung" ist erschlichen. Tatsächlich wird der kognitive Gehalt (Theorien) immer schon vorausgesetzt. Er wird nirgends kausal erklärt, sondern durch Schritte der Zurechnung nur relativiert. Der Weg führt von oben, von einem autonom Geistigen, nach unten.

Gegen ein Verfahren, das ein unkritisch vorausgesetztes Phänomen dem Realprozeß bloß nachträglich anpaßt, hatte Marx, auf das religiöse Bewußtsein gemünzt, geschrieben: „Es ist in der Tat viel leichter, durch Analyse den irdischen Kern der religiösen Nebelbildungen zu finden, als umgekehrt, aus den jedesmaligen wirklichen Lebensverhältnissen ihre verhimmelten Formen zu entwickeln. Die letztere ist die einzige materialistische und daher wissenschaftliche Methode."[35]

Dem scheinbaren Mangel an Universalität des Marxschen Ideologiebegriffs will Mannheim durch den Übergang zum *allgemeingefaßten totalen Ideologiebegriff* abhelfen. Dahinter verbirgt sich die Anwendung der ideologiekritischen Methode auf den Marxismus selbst. Ungeachtet der Selbstreflexionen, die die Marxsche Theorieentwicklung von Anfang an begleiten, geht Mannheim daran, dem Marxismus sein historisch-soziales Selbstbewußtsein zu vermitteln. Er begreift das als die soziale Funktionalisierung der Theorie von Marx.

Historisch denke Marx demnach die Primatverschiebung der Sozialstrukturen hin zu Ökonomie, standortbezogen die Herrschaftsansprüche des Proletariats. Mit der Modifikation spätkapitalistischer Primat- und Hegemonieformen einerseits, dem „Hineinarrivieren" seiner sozialen Trägerschichten in politisch privilegierte Machtstellungen andererseits verflüchtige sich der angebliche Absolutheitsanspruch des Marxismus. Seine theoretische Kompetenz reiche über seine epochale und sozialstrukturelle Bindung nicht hinaus.

Mit dieser Zerstörung eines eigenen Kontextes argumentativer Rechtfertigung kognitiver Geltungsansprüche vollendet Mannheim seinen konzeptionellen Hauptfehler. Er ist dem ideologiegeschichtlichen Ansatz seiner Wissenssoziologie geschuldet, führt aber umgehend zu Problemen, die den erkenntnistheoretischen Ansatz betreffen. Mannheim muß die erkenntnistheoretischen Konsequenzen seiner rohen Gleichschaltung von sozialer Genese und kognitiver Geltung bewältigen.

Zuvor drängt sich aber ein entwicklungstheoretisches Folgeproblem auf. Wie kommt aus der Sicht dieser selbstgenügsamen, ohnmächtig auf ihre genetischen Kontexte zurückgeworfenen geistigen Standorte die Wissensproduktion empirisch zustande? Wie läßt sie sich als Prozeß denken? Welches ist die geistige Dimension der von Mannheim behaupteten „Entwicklungstotalität", wenn sich die Träger geistiger Prozesse im Aspektdenken verschanzen? Einen Mechanismus, der den einzelnen geistigen Standorten Entwicklung aufzwänge, kann Mannheim bisher

[35] K. Marx, Das Kapital. Erster Band, in: MEW, Bd. 23, Berlin 1977, S. 393.

nicht angeben. Die Logik seiner Konzeption treibt ihn an, das Defizit wegzuarbeiten. Im Prozeß der „Konkurrenz im Geistigen" glaubt Mannheim eine Lösung zu präsentieren.

5. Die „Konkurrenz" von Theorien als Synthese der Denkstile

Vom Verdacht, ungeprüft das ökonomische Konkurrenzmodell auf die Theorieproduktion zu übertragen, will sich Mannheim befreien, indem er in der Tradition der bürgerlichen Soziologie einen rein formalen Begriff der Konkurrenz bildet.[36] Entsprechend unvernünftig-abstrakt fällt er aus: Konkurrenz wäre ein Wettbewerb verschiedener Parteien, die mit derselben Zielsetzung auf ein Objekt gerichtet sind, das als knappe Ressource nur einmal vergeben werden kann. Verschiedenen Objekten entsprächen verschiedene Formen der Konkurrenz. Theoretische Konkurrenz ziele auf den „Besitz der richtigen (sozialen) Sicht" oder drehe sich zumindest „um das Prestige der richtigen (sozialen) Sicht".[37] Als Resultate des Konkurrenzprozesses, der vier Stadien durchläuft, bestimmt Mannheim: *1.* die Formierung immer allgemeinerer „Denkstile"; durch den Konkurrenzdruck würden bisher getrennte Lebensstile zusammengeschweißt. Diese Integration besäße ihre theoretische Seite darin, daß die den Lebensstilen inhärenten Denkstile ebenso verschmolzen und in einem Denkstil gebündelt würden; *2.* die sich immer mehr zwischen solchen konzentrierten Denkstilen ergebende Polarisierung; *3.* die Konkurrenz als äußere Zwangsgewalt, die die polarisierten Denkstile zwingt, ihre Isolation aufzugeben, sich stoffliche Resultate, vor allem aber den Denkstil des Kontrahenten selbst zu eigen zu machen. Derselbe Prozeß (Konkurrenz), der die Polarisierung erzwänge, führt auch die Synthese herbei. Konkurrenz bewirke also eine „Übernahme gegnerischer Denkformen und Denkleistungen", weil „im sozialdifferenzierten Denkprozeß auf die Dauer auch der Gegner gezwungen ist, jene Kategorien, Denkformen, die für die Orientierung in einer gegebenen Welt die geeignetsten sind, zu übernehmen".[38]

Durch diese Annahme bestimmt Mannheim den Entwicklungsmodus des theoretischen Denkens als denjenigen einer *Einstellungsübernahme*. Die Voraussetzung dafür ist, „daß die verschiedenen Denkströmungen nicht isoliert neben-

[36] Ausgangspunkt war hier Simmels Aufsatz über die Soziologie der Konkurrenz von 1903. Mannheim selbst hat den Konkurrenzbegriff noch einmal aufgenommen in seiner Arbeit: Über das Wesen und die Bedeutung des wirtschaftlichen Erfolgsstrebens, in: H. Wolff (Hrsg.), Wissenssoziologie, a. a. O., S. 625—687.

[37] K. Mannheim, Die Bedeutung der Konkurrenz im Gebiete des Geistigen, a. a. O., S. 334. — Den neben der Konkurrenz wichtigsten Faktor für die Entwicklung des Wissens erblickt Mannheim in der Generationsfolge. Vgl. hierzu seinen Essay: Das Problem der Generationen, in: K. H. Wolff (Hrsg.), Wissenssoziologie, a. a. O.

[38] K. Mannheim, Die Bedeutung der Konkurrenz im Gebiete des Geistigen, a. a. O., S. 361.

einander laufen, sondern sich aneinander orientieren, voneinander *lernen* ...“[39] Im Ergebnis dieser Lernvorgänge bilde sich ein „consensus ex post“.

In diesem „consensus“ zeigt sich die Konkurrenz als Werkzeug einer letztlich harmonischen Evolution des Wissens. Alle geistigen Standorte steuern ihre perspektivischen Erkenntnisse zu einer großen Synthese bei. „Synthese bedeutet Selektion ... Durch Selektion scheidet aus der befehdeten und problematischen Masse ein bestimmter Fond Gedankengutes und Formgehaltes aus und geht, ohne viel Aufsehens zu machen, ganz stillschweigend in die Weltorientierung *aller* Parteien ein“.[40]

Welches Wissen besitzt nun aber Selektionsvorteile? „Offenbar dasjenige, was für die lebendige Weltorientierung aller Parteien in einer Epoche das Unerläßliche, also das Brauchbarste ist“.[41] Die mit diesem Konsens-Programm verbundenen politischen Fehlannahmen dürften die Krise und den schließlichen Abbruch wissenssoziologischer Forschungen Mannheims verursacht haben. Eine offenkundigere Widerlegung seiner Schlußfolgerungen als die faschistische Lösung der Krisen spätbürgerlich-parlamentarischer Demokratien war in der Tat kaum vorstellbar.[42]

Die Grenze der analytischen Anwendbarkeit seines Konkurrenzmodells zeigt sich schon bei der Beantwortung der selbstaufgeworfenen Frage nach dem *sozialen Träger der Synthese*. Aus der seinsgebundenen Teilnehmerperspektive führte der Denkprozeß bei Mannheim zwingend zu aspektuellen Verkürzungen. Daran kann kein noch so starker Konkurrenzdruck etwas ändern.

Synthesen müssen also aus der Beobachterperspektive erfolgen. Und da keiner der am empirischen Erkenntnisprozeß beteiligten Standorte Kompetenzen des Beobachters realisiert, muß ein transzendentales Erkenntnissubjekt einspringen. Für Mannheim bedeutet das die Konstruktion eines theoretischen Kollektivs, dessen empirische Vertreter untereinander durch stärkere Bande verknüpft sind, als sie zwischen den einzelnen Theoretikern und deren sozialer Zugehörigkeit bestehen. In der „sozial freischwebenden Intelligenz“ sieht Mannheim dieses Postulat verwirklicht. Das kulturelle *Band der Bildung* wirkt als sozialer Seinsbezug sui generis. Jedoch bedeutet je nach dem konkreten Inhalt dieses kulturellen Bandes der Terminus „geistige Schicht“ bzw. „sozial freischwebende Intelligenz“ etwas sehr Verschiedenes. Ohne zu einer sauberen Trennung zu gelangen, ent-

[39] Ebenda, S. 366. — Die „verschiedenen Denkströmungen“ sind für Mannheim der Konservatismus, Liberalismus und Sozialismus.
Eine kognitive Strukturanalyse der ersten beiden hatte er versucht in seinem Aufsatz: Das konservative Denken, in: K. H. Wolff (Hrsg.), Wissenssoziologie, a. a. O.

[40] K. Mannheim, Die Bedeutung der Konkurrenz im Gebiete des Geistigen, a. a. O., S. 366.

[41] Ebenda.

[42] „The successful National Socialist movement, it migth be said, cruelly parodied the function which Mannheim had designed for the synthetic science of politics ...“ (D. Kettler/V. Meja/N. Stehr, Karl Mannheim, a. a. O., S. 75.)

wickelt Mannheim eine gruppenspezifische und eine universalistische Dimension jenes Kulturbandes.

Steht hinter „Bildung" der Lebens- und Denkstil einer *Gruppe*, dann vereinigen sich ihre Mitglieder aufgrund ungeklärter und vorrationaler „paradigmatischer Urerfahrungen bestimmter Lebenskreise".[43] Den kognitiven Zusammenhalt organisiert in diesem Fall ein bloßes „Partialparadigma"[44]. Steht demgegenüber hinter „Bildung" der von allen Gruppen geteilte kulturelle Rahmen der Wissensproduktion selbst, denn vereinigen sich ihre Mitglieder aufgrund dieses „Totalparadigmas". In Abhängigkeit der jeweils betonten Dimension schlägt der Konkurrenzverlauf bei Mannheim einen unterschiedlichen Weg ein.

Vereinigen sich Theoretiker durch ein Partialparadigma, einen gruppenspezifischen Denkstil, so produzieren sie aus einer perspektivisch verkürzten Teilnehmerperspektive heraus. Dadurch erhält die Konkurrenz eine relativistische und letztlich irrationale Bewegungsform. Die einzelnen Gruppen halten an ihrem Partialparadigma fest, trotz Falsifikation, und ersetzen die gegenständliche Referenz von Theorien durch intersubjektives Vertrauen auf die weltanschauliche Kraft und die materiellen Prämien dieses Paradigmas. Mannheim selbst hatte das bloße „Prestige" der richtigen sozialen Sicht als Trophäe vor die Konkurrenten gestellt und damit im Prinzip der Rationalität die letzte Stunde geläutet. Gerade in diesem, ihrem schwächsten Punkt war seine Wissenssoziologie folgenreich; sie half nicht nur, einen ethnomethodologischen Relativismus mit zu begründen, sondern hat auch auf die Problemlage des „new approach" gewirkt. Die gleiche gegenständliche Nichtigkeit der verschiedenen Teilnehmerperspektiven ist selbst hinsichtlich P. Feyerabends dadaistischer Erkenntnistheorie nicht abgrenzungsfähig.[45] Mannheim vermag die Rationalität nur noch zu retten, indem er die theoretischen Produzenten aus nichtkognitiven Seinsbezügen löst. Er bemüht dazu „Bildung" in ihrer universalistischen Dimension und läßt die Theoretiker über die Gruppenschranken der Partialparadigmata hinweg kommunizieren. Sie besetzen erneut die Königsperspektive und „beobachten".

Um den rein formalen Status dieses Erkenntnissubjekts empirisch zu beglaubigen, greift Mannheim zu einer soziologischen Fiktion. Er verlegt die Wahrheitsgeltung vom Ergebnis theoretischer Produktion zurück in dessen Erzeuger. Aufgrund sozial exklusiver Seinslagen, d. h. sozial freischwebender Erkenntnispositionen, käme eine gegenstandsadäquate Erkenntnis zustande. Mannheim ver-

[43] K. Mannheim, Die Bedeutung der Konkurrenz im Gebiete des Geistigen, a. a. O., S. 345.

[44] Ebenda, S. 367.

[45] Vgl. P. Feyerabend, Wider den Methodenzwang, Frankfurt/M. 1976, S. 33—35. — Eine konzentrierte Darstellung des reifen Programms seiner Wissenssoziologie, die alle Gefahren deutlich erkennen läßt, gibt Mannheim in seinem Artikel: Zur Problematik der Soziologie in Deutschland. Er entstand als Antwort auf die politischen Verdächtigungen, die E. R. Curtius formuliert hatte in: Soziologie — und ihre Grenzen. (Beide Texte in: V. Meja/N. Stehr [Hrsg.], Der Streit um die Wissenssoziologie, Bd. 2, a. a. O., S. 417—437.)

lagert die Wahrheitsgarantie von der theoretischen Reproduktion des Realobjekts in die Person des Produzenten. Er stattet die bloße Erkenntnisintention mit einer soziologisch unbewiesenen *Produzentengarantie* aus: schrankenlose Seinslage mit universeller Erkenntnisperspektive. Unter dieser Deckung können sich kognitive Geltungsansprüche in den, von wirklicher Produktion entlasteten, Willen zur Wahrheit zurückflüchten. Zum wiederholten Male verdeckt Mannheim die internalistischen Vorannahmen seiner Wissenssoziologie.

Die wesentliche Frage, ob die theoretische Konkurrenz von Denkstilen (heute: Paradigmata oder Forschungsprogrammen) rational entschieden werden kann oder nicht, hat Mannheim lange vor der gegenwärtigen Kontroverse gestellt. Methodologisch wegweisend wurde die dualistische Antwort: entweder die Annahme externer Steuerungsfaktoren des Wissens mit der Folge des Irrationalismus oder eine internalistische Konzeption, deren Verschämtheit den Soziologismus heraufbeschwört. Die Hauptschwäche des Konkurrenzmodells liegt darin, daß es die Entwicklung, die Entstehung neuen Wissens ausschließt. Die Erkenntnis ist entweder eine bloße Anpassung an die Konventionen des „Aspekts" oder eine „Einstellungs*übernahme*". Der Konventionalismus verhindert überall die Innovation.[46]

Es spricht für Mannheim, daß ihn sein vorläufiges Resultat irgendwie beunruhigt. Auf den Selektionsmechanismus der Konkurrenz bezogen fragt er: „... ist das Brauchbare zugleich auch das Wahre? Mit dieser Frage schlägt unsere wissenssoziologische in eine erkenntnistheoretische Problemstellung um."[47]

6. Die „Wahrheit" von Theorien. Wissenssoziologische Anläufe, historische Genese und objektive Geltung zu vermitteln

Eine Darstellung der von Mannheim angebotenen Varianten, den sozialen Seinsbezug von Theorien geltungstheoretisch zu bewältigen, muß einen systematischen Bezugspunkt aufsuchen. Das gelingt, wenn zuerst die dem Seinsbezug verpflichtete Strategie, Entwicklung der Wissenschaft aus der Teilnehmerperspektive des Erkenntnisprozesses zu klären, auf explizite Geltungsimplikationen hin untersucht wird. Danach wird die Preisgabe dieser Orientierung, Mannheims Umstieg in eine transzendentale Beobachterperspektive, nach Konsequenzen für das Problem kognitiver Geltung befragt. Aus der *Teilnehmerperspektive* lassen sich vier Anläufe,

[46] Vgl. den Lösungsansatz, den M. G. Jaroševskij vorschlägt, um aus dem Dilemma von Konvention versus Innovation herauszukommen: M. G. Jaroschewski, Die Rolle von Opponentenkreisen bei wissenschaftlichen Entdeckungen, in: Sowjetwissenschaft, Gesellschaftswissenschaftliche Beiträge (Berlin), 5/1984, S. 521—533.

[47] K. Mannheim, Die Bedeutung der Konkurrenz im Gebiete des Geistigen, a. a. O., S. 366.

sozialen Entstehungs- und kognitiven Rechtfertigungskontext zu vermitteln, unterscheiden:

1. Gruppenkonsens als Geltungsinstanz (Partialparadigmata)

Die Teilnahme an einer sozialen Gemeinschaft realisiere sich über die subjektive Akzeptanz der in Kollektivvorstellungen enthaltenen normativen Handlungsorientierungen. Als subjektiv unreflektierte regulierten sie die Genese und Geltung weltauslegender Interpretationen. Sind die kulturellen Modi befolgt, gelten die erzielten Resultate aufgrund traditionaler Konvention. Mannheim nennt die dazugehörige Wissensform „konjunktives Erkennen" und bestimmt als Höchstmaß des ihr zugänglichen Objektivitätsniveaus die „Allgemeinschaftlichkeit", eine kulturell formulierte Intersubjektivität ohne Selbstreflexion.[48]

Sofern die Aktion kognitiv spezialisierter geistiger Schichten für die atheoretischen Voraussetzungen des Denkens ebenfalls keine Reflexionsformen bereitstelle, teile sie das Schicksal kultureller Traditionsgemeinschaften. Unabgeklärte Voraussetzungen des Lebensstils strukturierten dann nach Mannheim die Objekterkenntnis, indem sie zu perspektivisch verkürzten Denkstilen führten. Was im Selbstverständnis der Gruppenmitglieder als Struktur der Sache selbst erscheint, sei in Wahrheit eine ins Realobjekt hineinverlegte Konvention.

Ein derartiges Aspektdenken bedeute einen von der Tradition entbundenen Partikularismus, der sich zur absoluten Wahrheit hochtransformiert, weil er sonst nichts kennt; im Grunde ein Solipsismus, der sich mit der Welt verwechsele. Mitglieder einer „Aspektstruktur"[49] verstehen sich untereinander wie Postbeamte. Mannheims Schwäche ist, daß er diesen subjektivistischen Konsens zwar mimetisch darstellen, aber nicht kritisieren kann. Eine Überwindung der Partikularität durch Selbstreflexion schließt er für die *Teilnehmer*perspektive aus.

Mit Begriffen wie Aspektstrukturen, Partialparadigmata und Denkstil gelang Mannheim nicht nur ein früher Vorgriff auf die Terminologie des „new approach". Auch die durch diese Termini provozierten Probleme sind bei ihm sichtbar. Der Primat der konventionellen Formen gegenüber den gegenständlichen Determinanten des Erkenntnisprozesses durchzieht die gesamte Wissenssoziologie. Der Primat bloßer Intersubjektivität führt in den Relativismus.

2. Die gegebene Seinsstufe und die praktische Lebensorientierung

Über die zunehmende Formalisierung und Entkonkretisierung des Begriffs „soziales Sein" öffnet sich die Wissensoziologie irrationalistischen, teils lebensphilosophischen, teils existentialistischen Deutungen. Die dem Seinsbegriff in seiner Bedeutung als status quo eigentümliche kognitive Konsequenz zieht der folgende Text: „Falsch ist ... im Ethischen ein Bewußtsein, wenn es sich an Normen orientiert,

[48] K. Mannheim, Eine soziologische Theorie der Kultur und ihrer Erkennbarkeit (konjunktives und kommunikatives Denken), in: D. Kettler/V. Meja/N. Stehr (Hrsg.), K. Mannheim. Strukturen des Denkens, Frankfurt/M. 1980, S. 219—220, 225/226.

[49] Zur Bestimmung der „Aspektstruktur" als Denkstil einer *Fraktion* der geistigen Schichten vgl. K. Mannheim, Handwörterbuchartikel „Wissenssoziologie", a. a. O., S. 234.

denen entsprechend es auch beim besten Willen auf einer gegebenen Seinsstufe nicht handeln könnte ... Falsch ist in der seelischen Selbstauslegung ein Bewußtsein, wenn es durch die eingelebten Sinngebungen ... neuartiges seelisches Reagieren und ein neues Menschwerden überhaupt verdeckt und verhindert. Falsch ist ein theoretisches Bewußtsein, wenn es in der ‚weltlichen' Lebensorientierung in Kategorien denkt, denen entsprechend man sich auf der gegebenen Seinsstufe konsequent gar nicht zurechtfinden könnte."[50] Die „gegebene" Seinsstufe ist die maskierte bürgerliche. Sie wird damit zur kognitiven Geltungsinstanz. Indem Theorien dafür ihre instrumentelle Tauglichkeit erweisen sollen, werden sie auf die sozialtechnische Reproduktion und „Verbesserung" des Spätkapitalismus festgelegt. Das war dann auch das Schwergewicht der Tätigkeit während Mannheims englischer Exilzeit.

Jedes antibürgerliche Argumentieren ist der Sozialwissenschaft damit als „utopisch" abgeschnitten — die „dynamische Wahrheitskonzeption" erfüllt sich historisch etwas zeitig. Wie auch nur Distanz gegenüber sozial regressiven Praxen begründet werden soll, bleibt unergründlich, sofern diese nur funktionieren. Es ist nicht zufällig, daß dieser Pragmatismus bei Mannheim nur durch einen abschließenden Sprung in den Existentialismus aufgehoben werden kann.[51]

3. Die künftige Seinsstufe oder die Wahrheit der Utopie

Im Vorigen diente der Ideologiebegriff als Negativ, um die Seinskongruenz jener Theorien, „die der konkret daseienden, sich de facto auswirkenden jeweiligen Seinsordnung entsprechen"[52], geltungstheoretisch aufzuwerten. Die dadurch miterreichte Ausschaltung der kritischen Funktion wissenssoziologischer Analysen soll nun abgefangen werden. Jetzt bildet die „Ideologie" nur noch *eine* Form des Bewußtseins, „das sich mit dem umgebenden ‚Sein' nicht in Deckung befindet"[53]. Gerade das Status-quo-Denken gerät so unter Ideologieverdacht. Mannheim setzt auf die Wahrheit utopischer oder „seinstranszendenter" Theorien. Wie aber das Ideologische von der Utopie unterscheiden?, fragt Mannheim und stellt fest: „Was im gegebenen Falle als Utopie und was als Ideologie zu gelten hat, das hängt ja im wesentlichen auch davon ab, an welcher Stufe der ‚Seinswirklichkeit' man den Maßstab ansetzt. ... Ideen, von denen sich nachträglich herausstellt, daß sie über einer Seinswirklichkeit nur als verdeckende Vorstellungen schwebten, waren Ideologien, was von ihnen in der nächsten gewordenen Lebensordnung adäquat verwirklichbar wurde, war relative Utopie".[54]

Künftige Verwirklichung wird hiermit zum Maßstab der Beurteilung gegenwärtiger Theorien, „die, solange sie gegenwärtig sind, weitgehend noch dem Meinungs-

[50] K. Mannheim, Ideologie und Utopie, a. a. O., S. 83/84.

[51] Über die ontologischen und metaphysischen Vorannahmen der Wissenssoziologie äußert sich Mannheim in: Zur Problematik der Soziologie in Deutschland, a. a. O., S. 434.

[52] K. Mannheim, Ideologie und Utopie, a. a. O., S. 335.

[53] Ebenda, S. 169.

[54] Ebenda.

streit der Parteien unterworfen sind"[55]. Mannheim reproduziert die Position einer hermeneutischen Objektivierung aus der Distanz. Die selbstgestellte Aufgabe, in der aktuellen Konkurrenz eine rational begründbare Entscheidung über vorgetragene Wahrheitsansprüche herbeizuführen, läßt er fallen. Der völlige Ausfall der Gegenwart in Mannheims Wahrheitskonzeption gehört zu den bestürzenden Resultaten einer Disziplin, die soziologische Zeitdiagnosen begründen wollte.

4. Wahrheit als objektive Geschichtsvernunft

Weder durch hermeneutische Objektivierung der Vergangenheit, noch durch wissenssoziologische Beschwörung der gegebenen und der zukünftigen Seinsstufen konnte Mannheim die bedrängte objektive Gewißheit zurückgewinnen. Statt deshalb die Wahrheit mit einer *bestimmten* Stufe des Geschichtsprozesses zu identifizieren, verlegt er sie in den historischen Gesamtprozeß. Er vermutet, daß der „seinsbezogene Wahrheitsgehalt einer jeden Etappe des Denkens" eben darin besteht, „daß er eine bestimmtgeartete ‚Rationalisierung' der sozialen und geistigen Welt vornimmt, und zwar gerade in jener Richtung, in der der nächste Schritt des Werdens es erfordert . . . Die metaphysische Voraussetzung . . . besteht darin, daß der Gesamtprozeß, aus dem die Denkstandorte emporwachsen, ein sinnvoller ist . . . Die ganze Absolutheitsproblematik verschiebt sich nun auf diese sinnvolle Werdeeinheit, und die Frage ist, wieweit dieses Sinnziel, das sichtbar wird, jeweils erfaßbar ist".[56]

Die ursprünglich im Zusammenhang mit der Historismus-Rezeption geforderte „Entwicklungstotalität" mausert sich zur sinngestützten „Werdeeinheit", zu einem objektiven Geistprinzip. Und das nicht zufällig: die in Vergangenheit, Gegenwart und Zukunft gleichermaßen heimatlose Wahrheit bedarf einer Versicherung, die nicht von dieser Welt ist. Ein empirisch überprüfbares Kriterium theoretischer Wahrheitsgeltung hat Mannheim auch dadurch nicht ermittelt. Die „bestimmtgeartete" subjektive theoretische Rationalisierung besitzt hier überhaupt keinen immanenten Maßstab mehr, an dem sie sich beurteilen ließe. Dieser Maßstab soll vielmehr der „nächste Schritt des Werdens" sein. Die weitere Voraussetzung, daß dieser Schritt ein Schritt auf dem Wege zur Rationalisierung des „Sinnes" der Geschichte selbst sei, ist in der Tat „metaphysisch". Alle Potenzen der Teilnehmerperspektive sind erschöpft und abschließend schon auf die Geschichtsvernunft projiziert worden. Folgerichtig versucht Mannheim, die Wahrheit seinsgebundener Theorien mit der *Beobachterperspektive* zu knüpfen. Systematisch können drei Anläufe unterschieden werden:

1. Stilsynthetische Wahrheit (Totalparadigmata)

Die Schwäche der Teilnehmerperspektive wird zum wissenssoziologischen Erfolg. Die Wissenssoziologie bietet sich den empirischen Erkenntnissubjekten als Retter aus der Not des Solipsismus an. Durch ein kompliziertes Vermittlungsverfahren,

[55] Ebenda, S. 178.
[56] K. Mannheim, Das Problem einer Soziologie des Wissens, a. a. O., S. 368.

eine sog. „Umrechnungskontrolle“, soll die wissenschaftliche Objektivität gesichert werden. Wie es die Wissenssoziologie schafft, aus den standortbedingten Verkürzungen der Theorien die aspektuellen Verzerrungen zu entfernen, denkt sich Mannheim so: „Im Falle des seinsverbundenen Denkens wird Objektivität ... bedeuten, ... daß, wenn man in verschiedenen Aspektstrukturen steht, die ‚Objektivität‘ nur auf Umwegen herstellbar ist, indem man nämlich hier das in beiden Aspektstrukturen richtig, aber verschieden Gesehene aus der Strukturdifferenz der beiden Sichtmodi zu verstehen bestrebt ist und sich um eine Formel der Umrechenbarkeit und Übersetzbarkeit dieser verschiedenen perspektivischen Sichten ineinander bemüht. Hat man aber eine solche Formel sozusagen für die Umrechnungskontrolle herausgearbeitet, so gelingt es ohne weiteres, solche notwendigen Abweichungen in den beiden Sichten von den willkürlichen, schlechthin falschgesehenen Elementen ... abzusondern.“[57]

Die erste Voraussetzung für das Gelingen der Umrechnung aspektueller in gegenständlich adäquate Theorien besteht darin, daß Mannheim den Einfluß der Aspektstrukturen auf die theoretische Aneignung abschwächt. Diese Strukturen *konstituieren* nicht, wie bisher, die Objekterkenntnis; sie *modifizieren* sie nur. Die Umrechnung beruht also auf der stillschweigenden vorherigen Infragestellung des Primats konventioneller gegenüber gegenständlicher Determinanten des Denkens. Mit anderen Worten: an der Aspekterkenntnis ist etwas Wahres. Um diese verborgene Wahrheit zu heben, macht Mannheim eine zweite Voraussetzung, mit der er den Status der Wissenssoziologie grundsätzlich berührt. Um das „schlechthin falschgesehene“ vom „richtig, aber verschieden Gesehenen“ überhaupt scheiden zu können, muß der Wissenssoziologe die Aspekterkenntnisse mit einer normativen Modelltheorie des in Frage kommenden Gegenstands konfrontieren. Er bedarf damit selbst einer Theorie, an der er die Aspekte mißt. Der Ort der Seinskongruenz verlagert sich so ins Innere der ursprünglich als Metatheorie konzipierten Disziplin. Dabei enthüllt sich der fiktive Charakter ihres eigenen Geltungsanspruches. Statt metatheoretische Wahrheitsinstanz ist die Wissenssoziologie Konkurrent unter Konkurrenten (um theoretisch richtige „soziale Sichten“). Gegenüber den Mitbewerbern besitzt sie den entscheidenden Nachteil, über keine selbständige Kenntnis konkreter Gegenstände zu verfügen. Sie kennt nur Sein als solches, keine seiner spezifischen Formen; die Wissenssoziologie gerät in einen reinen Formalismus.

Die Verselbständigung der ideologiekritischen Methode von Marx gegenüber dessen Theorie trennt erkenntniskritische Methode von wissenschaftlicher Kompetenz, Kritik von Darstellung. Die zur autonomen Kritikwissenschaft aufgeblähte Disziplin bricht an ihren gegenständlichen Defiziten zusammen.

2. Kommunikativer Kontext kognitiver Geltung

Hatte Mannheim das „konjunktive Erkennen“ als ein traditionalgemeinschaftliches bestimmt, das in der kognitiven Geltung seiner Gehalte stets an dieses

[57] K. Mannheim, Handwörterbuchartikel „Wissenssoziologie“, a. a. O., S. 258.

Gemeinschaftssubjekt gebunden blieb, so sei das „kommunikative Erkennen" anders strukturiert. Mit der professionellen Spezialisierung der zuvor in den Gemeinschaftsraum zurückgebogenen Erfahrungsweisen träten soziale Genese und kognitive Geltung auseinander. Mannheim begreift das als die Entstehungsgeschichte der „kommunikativen Abstraktion" und notiert: „Dies ist das Eigentümliche: ist die kommunikative Abstraktion einmal entstanden, kann der Mensch auch zeitweise im Raume des Kommunikativen leben . . ."[58]

Die Folge ist, daß geistige Gehalte eine „überkonjunktive, theologiefreie" Bedeutung gewännen, relativ unabhängig von den je besonderen Anlässen und Bedingungen ihrer Entstehung. So „entsteht die Welt . . . in einer relativen Unabhängigkeit vom konkreten Erfahrungsraum; sie wird kommunikabel übertragbar und die angesammelten, der Gemeinschaft enthobenen Erfahrungen werden in fremden Gemeinschaftsgruppen fortsetzbar; es entsteht also die Sphäre der Zivilisation."[59] Psychologisch gesprochen unterscheidet Mannheim zwischen dem *Sinn* (konjunktiv) und der *Bedeutung* (kommunikativ) geistiger (korrekter: sprachlicher) Äußerungen.[60] Eine zweckmäßige Unterscheidung; denn bei der Analyse von Wissensformen ist dann nicht nur zwischen dem genetischen Entstehungskontext und dem argumentativen Rechtfertigungskontext zu unterscheiden. Auch die Funktion beider Kontexte in der *individuellen* Aneignung und Erzeugung von Wissen ist zu analysieren. Dadurch bekommt die Wissensanalyse ihre notwendige psychologische Dimension, ohne vulgärsoziologische Kurzschlüsse. In der Aneignung des Sinns realisiert sich der Rückbezug eines objektiven Wissens auf die besondere historische Problemsituation, die seine Entstehung bedingte. Der dadurch mögliche Vergleich zu eigenen Situationen verdeutlicht sowohl Entsprechungen als auch die Spezifik der Problemstellungen. Die umgekehrte Bewegung, die Verwandlung von Sinn in Bedeutung garantiert die für die Kommunikation nötige Objektivierung problematischer Situationen.

Insofern die mit sozialen Tätigkeiten verbundenen individuellen Fähigkeiten nicht einfach als vorhanden unterstellt werden können, ist der Vorstoß soziologischer Analysen bis zur psychischen Handlungsebene unverzichtbar. Erst hier läßt sich der soziale Strukturzusammenhang als empirisch konstatierbare Anforderung an die Individuen und ihre Sozialisation beschreiben.

Vor solchen fruchtbaren Fragestellungen steht Mannheim an dieser Stelle. Er opfert sie jedoch einem psychologischen Reduktionismus und löst die kommunikative Abstraktion in die Tauschabstraktionen der Warenzirkulation auf. Die zweckrationale „Rechenhaftigkeit" kapitalistischer Produktions- und Handels-

[58] K. Mannheim, Eine soziologische Theorie der Kultur und ihrer Erkennbarkeit, a. a. O., S. 289.
[59] Ebenda.
[60] Vgl. A. Lurija, Sprache und Bewußtsein, Berlin 1982, S. 54--56.

operationen sei der Inhalt der kommunikativen Abstraktion.[61] Daß mit solchen „Zurechnungen" keine überprüfbaren Erklärungen verbunden sind, hat die lange Diskussion über die angebliche Identität von Waren- und Denkform bewiesen.[62]

3. Kontextfreie Geltung der exakten Wissenschaften

Mannheims Aussagefähigkeit hierzu ist gering. Er attackiert die erkenntnistheoretische Hypostasierung der experimentellen Naturwissenschaft nicht auf ihrem eigenen Feld. Gemessen an reiferen Vorstößen beschränkt Mannheim das Kritikprogramm dadurch entscheidend, daß er an dem Dualismus von exakter Natur- und historisch-verstehender Sozialerkenntnis festhält. Das zeigt sich, wenn er die Naturwissenschaft aus der Analyse seinsverbundenen Wissens ausklammert, vor allem aber darin, daß er den erkenntnistheoretischen Dualismus (Verstehen versus Erklären) in einen ontologischen (Geschichte versus Natur) verwandelt und auf eine Spaltung der Wirklichkeit selbst bezieht. Danach würden qualitativ inkommensurable Realitäten (Natur, Gesellschaft und Kultur) ebenso verschiedene Entwicklungsformen aufweisen. An diese unterschiedlichen Modi des Geschichtlichseins wiederum wären unverwechselbare Wissensformen (Naturwissen, Sozialwissenschaft, Kultur-, vor allem Kunstwissenschaft) gebunden. Schließlich entsprächen den einzelnen Wissensformen verschiedene Geltungskriterien. Verlaufe die Sozialerkenntnis — wie die Geschichte selbst — „dialektisch", über periodische Paradigmenwechsel, so die Naturerkenntnis — ebenfalls aufgrund ihres Objekts — evolutionär oder „fortschrittlich", als kumulative Empirisierung ein- und desselben Grundparadigmas.[63]

Mit der Ausklammerung der naturwissenschaftlichen Erkenntnis verbindet Mannheim das Zugeständnis einer internalistischen Wissensentwicklung auf diesem Gebiet.[64] Für eine Konzeption, die auf die soziologische Erklärbarkeit des Wissens*inhaltes* setzte, ein bemerkenswertes Ergebnis. Da sie jedoch die diesem Inhalt eigentümliche *Form* nirgends erreichte, beugt sie sich am Ende vor dessen angeblich vollständiger Autonomie. Mannheim verfolgte zwei gleichverkehrte Wege derselben Strategie. Entweder setzte er die kognitiven Formen unkritisch voraus oder er vernichtete soziologistisch ihren rationalen Geltungsanspruch. Die strategisch aussichtsreiche Orientierung wissenssoziologischer Forschungen blieb ihm so verborgen. Dieser soll, die bisherige Kritik zusammenfassend, nachgegangen werden.

[61] K. Mannheim, Eine soziologische Theorie der Kultur und ihrer Erkennbarkeit, a. a. O., S. 292.

[62] Dieser Kurzschluß findet sich schon bei G. Simmel, M. Weber und M. Scheler. A. Sohn-Rethel liefert nur eine späte Reproduktion dieses Konzepts, wenngleich in systematisch „vollendeter" Form. (A. Sohn-Rethel, Geistige und körperliche Arbeit, Frankfurt/M. 1970.)

[63] K. Mannheim, Strukturanalyse der Erkenntnistheorie, in: K. H. Wolff (Hrsg), Wissenssoziologie, a. a. O., S. 173/174.

[64] K. Mannheim, Historismus, a. a. O., S. 283—286.

7. Das scheinbare und das wirkliche Problem einer Soziologie des Wissens

Mannheims größter Fehler lag nicht in seiner Strategie des kognitiven Externalismus. Der damit verbundene Weg, Denkinhalte aus externen Sozialfaktoren kausal zu erklären, war analytisch undeutlich und hatte die positivistische Erkenntnistheorie nicht erschüttert. Die beständige Vorverlegung der Grenzen soziologischer Wissensanalysen besaß einen asymptotischen Charakter und erreichte die Struktur der Wahrheitsgeltung selbst und ihrer Kriterien nicht.

So kam es bei Mannheim zu einer letzten Steigerung. Weil er den Forminhalt soziologisch verfehlte und extremstenfalls zum besonderen kategorialen Inhalt vordrang, vernichtete er die kognitiven Geltungsansprüche als angeblich illegitime Hypostasierungen. Die soziale Gebundenheit wird zur Falle, wenn sie den aspektuellen Blick gebiert, der die adäquate Wahrnehmung und begriffliche Erkenntnis des Gegenstands verhindert. Entwicklungstheoretisch erzwang das die Annahme einer rational unentscheidbaren Konkurrenz von Theorien. Das ist Mannheims Kardinalfehler, und es ist gezeigt worden, wie seine Marx-Kritik ihn dazu antreibt, vorsichtigere Annahmen aufzugeben.

Ganz folgerichtig muß Mannheim die Erkenntnistheorie wieder rehabilitieren. Da seine Erkenntniskonzeption negativ nur noch auf eine soziologische Genese der (standortbedingten) Irrtümer aus war, verblieb die Wahrheit auf der anderen Seite. In subjektiver und transzendentaler Form kehrt der zerstörte Geltungsanspruch zurück.

Mit dieser am Ende vollständigen Kapitulation vor dem Problem rational und kommunikativ zu rechtfertigender theoretischer Behauptungen hängt es zusammen, daß Mannheim die wertvollen Fragestellungen fallenläßt oder mißdeutet. Im Begriff des „Denkstils“ und demjenigen der „kommunikativen Abstraktion“ hat er das konstruktive Problem selbst aufgeworfen. Worin besteht es? In der historisch-soziologischen Erklärung der Kriterien rationaler Geltung selbst, einschließlich der jeweiligen Argumentationsformen der Rechtfertigung kognitiver Geltungsansprüche. Das eigentliche Feld wissenssoziologischer Studien ist der *Forminhalt* des Wissens, im Unterschied zur Kausalerklärung bestimmter Wissensinhalte. Es ist gezeigt worden, wie und warum Mannheim beide Male an der Sache vorbeigeht. Den „Denkstil“ deutet er als gruppenspezifischen Subjektivismus (Partialparadigma), die „kommunikative Abstraktion“ bringt er mit der „Rechenhaftigkeit“ des kapitalistischen Unternehmers in Zusammenhang.

Im folgenden soll gegenüber Mannheim an zwei systematischen Themen die Möglichkeit wissenssoziologischer Formanalysen im Ansatz demonstriert werden. Die Themen werden jeweils als Fragen formuliert.

1. Ist eine nichtrelativistische Soziogenese von Rationalitätsformen möglich?

Jeder Versuch, die Kriterien der Ratio selbst historisch-soziologisch abzuleiten, wirft relativistische Gefahren auf. Sie lassen sich in zwei Arten von Einwänden unterscheiden. *a)* Wenn rationale Geltungskriterien sozial determiniert und historisch wandelbar sind, ist dann nicht das im Zeichen dieser Kriterien erzeugte

Wissen nur eine Funktion sozialer Konventionen? Und ist die Wissensentwicklung dann nicht schlechthin diskontinuierlich, ein Grabensystem „epistemologischer Formationen", deren Verbindungslinien verschüttet sind? *b)* Wo sind verläßliche Kriterien, um eine historische Gerichtetheit der Denkgeschichte feststellen und einzelne Epochen bewerten zu können? Was berechtigt uns, die vorderste Linie des Grabensystems als die kognitiv am höchsten entwickelte aufzufassen? Ist unser Maßstab nicht lediglich eine intersubjektive, jederzeit revidierbare Vereinbarung?

Demgegenüber läßt sich zeigen, daß unsere Bewertungen das Resultat einer langen Entwicklung sind. Die Wissenskriterien werden dabei zunehmend rational in dem Sinn, daß sie eine durchgehend desanthropomorphe und emotionsbefreite Weltsicht fordern. Die objektive Bedeutung des Gegenstands wird von den ihm historisch anhängenden subjektiven Symbolbedeutungen gereinigt. So formiert sich schrittweise ein objektives Wissen, und es wird möglich, ideelle Repräsentationen „rein sachlicher" Strukturen und Gesetze zu formulieren.

Die Genese der neuzeitlichen Wissenschaft ist an einen kognitiven Einstellungswandel geknüpft. Die erscheinungskritische Funktion dieser Wissenschaft richtet sich zunächst gegen die traditionale Erkenntnisweise des Subjekts. Die Desanthropomorphisierung und Entemotionalisierung der Welt der Naturgegenstände bedeutet in kulturgeschichtlicher Perspektive einen *Akt der Distanzierung*. Zu diesem Akt führen mehrere Faktoren: „Urbanisierung, Monetisierung, Kommerzialisierung und Verhofung sind Teilprozesse einer umfassenden Transformation, die Menschen in dieser Zeit mehr und mehr die ‚Natur' als etwas sich gegenüber, als Landschaft, als die Welt der ‚Objekte', als das zu Erkennende erleben lassen."[65]

Die distanzierte Einstellung, die Fähigkeit, die Objekte als etwas vom Subjekt Unabhängiges wahrzunehmen, begründet indessen keine passive und kontemplative Weltkonzeption. Vielmehr begründet die Distanzierung eine zielgerichtete, praktische und theoretisch-experimentelle Veränderung der Natur. Die Distanzierung bahnt historisch einer praktischen wie wissenschaftlichen *Reflexionsbeziehung* von Subjekt und Objekt den Weg. Den dialektischen Inhalt dieser Beziehungen beschreiben Böhme und van den Daele so: „Der Gegenstand der Erfahrung und seine möglichen Variationen werden also durch das Verfahren der Erfahrung selbst ‚hergestellt'. Das Phänomen wird zum Effekt. Damit verschwindet für die Naturforschung der Unterschied zwischen natürlichen Dingen und technischen Artefakten . . . Das Natürlichwerden der Technik ist eine Voraus-

[65] N. Elias, Die höfische Gesellschaft. Untersuchungen zur Soziologie des Königtums und der höfischen Aristokratie, Darmstadt-Neuwied 1977, S. 358; vgl. die analogen Feststellungen bei dem sowjetischen Kulturhistoriker A. J. Gurjewitsch, in: ders., Das Weltbild des mittelalterlichen Menschen, Dresden 1978, S. 43—91.

setzung für den Erkenntnisbegriff der experimentellen Wissenschaft — so wie das Technischwerden der Natur eine seiner Folgen ist."[66]

Die *praktische Seite* dieser Reflexionsbeziehung ergibt sich aus der zielgerichteten experimentellen Veränderung, die das Subjekt am Erkenntnisgegenstand ausübt. Die *theoretische Seite* besteht darin, daß die begriffliche Aneignung des Gegenstands an sich auch die Aneignung der Erfahrungen ist, die bei seiner Veränderung durch die Aktivität des Subjekts gemacht wurden. Diese Erfahrungen bewußtzumachen ist die Aufgabe eines *metatheoretischen oder philosophischen Diskurses*. Hierbei wird die theoriesprachliche Repräsentation des Gegenstands als eine Rekapitulation der auf den Gegenstand gerichteten praktischen Handlungen verstanden. Das Ziel ist, diese implizite „Logik" wissenschaftlicher Handlungen zu operationalisieren und dadurch das methodische Verfahren der Wissenserzeugung vor anderen zu rechtfertigen.

Erst durch metatheoretische Reflexionen werden, wie W. Krohn mit Rückgriff auf die Dialektik Hegels zeigt, rationale Geltungskriterien des Wissens begründbar: „In der wissenschaftlichen Erkenntnis kommt es zur Thematisierung wissenschaftlicher Handlungen, und damit zu einer Selbstthematisierung des Intellekts. Diese Selbstthematisierung ist der Ursprung von Geltungsbehauptungen." Sie ermöglicht es, „reflexiv Gründe der Vergewisserung des Wissens zu erzeugen".[67]

Wissenssoziologisch ist daran folgendes relevant. All diese Überlegungen erlauben eine nichtrelativistische Begründung von Geltungsansprüchen. Wissen unter dem Geltungsanspruch der theoretischen Repräsentation eines durch Handlungen veränderbaren Gegenstands hervorzubringen, heißt auf Kriterien zu rekurrieren, die dem historischen Prozeß der Wissensproduktion selbst entspringen! Deshalb sind diese Kriterien auch keineswegs zufällig oder konventionell revidierbar. Für den Relativisten sind sie bloß intersubjektive Abmachungen; er muß offenlassen, ob die Reflexivität nicht wieder verlorengeht und subjektive wie objektive Gegenstandsbedeutungen erneut ineinandergearbeitet werden.[68]

Die hier vertretene Konzeption unterstellt demgegenüber, daß Distanzierung und Reflexion Bestand haben. Sie schließt darüber hinaus die Annahme eines weiteren Ausbaus der Reflexivität ein. Objektiv geht es dabei um die Aufdeckung

66 G. Böhme/W. van den Daele, Erfahrung als Programm. Über Strukturen vorparadigmatischer Wissenschaft, in: G. Böhme/W. v. d. Daele/W. Krohn, Experimentelle Philosophie. Ursprünge autonomer Wissenschaftsentwicklung, Frankfurt/M. 1977, S. 188.

67 W. Krohn, „Wissen ist Macht". Zur Soziogenese eines neuzeitlichen wissenschaftlichen Geltungsanspruchs, in: K. Bayertz (Hrsg.), Wissenschaftsgeschichte und wissenschaftliche Revolution, Köln 1981, S. 37.

68 Trotz ihrer Erkenntnis, daß Mannheim das Relativismus-Problem nicht bewältigt hat, kritisieren Meja und Stehr wissenssoziologische Konzeptionen, die an objektiven Kriterien des wissenschaftlichen Fortschritts festhalten (vgl. V. Meja/N. Stehr, Zur gegenwärtigen Lage wissenssoziologischer Konzeptionen, a. a. O., S. 906/907). Vgl. demgegenüber N. Elias, Sociology of knowledge: new perspectives I and II, in: Sociology (Oxford), 5 (1971), S. 358.

stets tieferer und wesentlicherer Strukturzusammenhänge; subjektiv darum, daß die neue praktisch-theoretische Welteinstellung den Individuen in allen ihren Konsequenzen bewußt wird.

2. Wie ist die Praxis-Konzeption der neuzeitlichen Wissenschaft mit ihrem Wahrheitsbegriff verbunden?

Es ist nicht einzusehen, weshalb Ergebnisse, aber auch offene Fragen, die bei der Genese der neuzeitlichen Naturwissenschaft sichtbar wurden, nicht auch für die Gesellschaftswissenschaften von Bedeutung sein könnten. Aber auch umgekehrt ist ein Lernprozeß denkbar. Vor allem die Geschichte der Marxschen Theorie bietet ein enormes Material für eine vergleichende Analyse der Grundprinzipien exakter Natur- und moderner Sozialtheorie. Dabei ist zu vermuten, daß gerade die metatheoretische Bewußtheit, mit der Marx seine theoretische Tätigkeit reflektiert, das Verständnis der naturwissenschaftlichen Tätigkeiten befruchten könnte. Die diskursiven Reflexionen, die Marx angestellt hat, bezeugen, daß die Grundstruktur der reflexiven Distanzierung auch in der modernen Gesellschaftswissenschaft vorhanden ist, jedoch Eigentümlichkeiten aufweist.

Vorhanden ist die Forderung nach einer distanzierten Einstellung zum Erkenntnisgegenstand. Moralisch-emotionale Werturteile weist Marx zurück. Nicht subjektiv verwerfliche Handlungsmotive, sondern subjektunabhängige Handlungsstrukturen sollen kritisiert werden. Dabei handele es sich nicht darum, ob diese Strukturen dem Forscher in ihren Konsequenzen „nützlich oder schädlich, bequem oder unbequem" sind. Aufgabe „uneigennütziger Forschung" sei die vorurteilslose Rekonstruktion der naturgeschichtlichen Entwicklung dieser Zusammenhänge.[69]

Auch bei Marx verbindet sich diese Haltung mit einer höchst praktischen Einstellung gegenüber dieser distanzierten Gegenständlichkeit. Die praktische Reflexionsbeziehung von Subjekt und Objekt der Erkenntnis ist jedoch in den Gesellschaftswissenschaften modifiziert. Die zielgerichtete experimentelle Veränderung des Gegenstands als Mittel zu seiner Erkenntnis bedarf eines methodischen Ersatzes, auf den Marx mit seiner bekannten Formulierung hinweist: „Bei der Analyse der ökonomischen Formen kann außerdem weder das Mikroskop dienen noch chemische Reagentien. Die Abstraktionskraft muß beide ersetzen."[70]

Worin besteht diese Ersetzung und zu welchen erkenntnistheoretischen Konsequenzen führt sie? Marx weist im Zusammenhang mit der eben zitierten Feststellung auf seine formgenetische Forschungs- und Darstellungsmethode hin.

Das Grundprinzip dieser Methode besteht in der Aufdeckung des Bewegungsgesetzes der kapitalistischen Produktionsweise durch die konsequente Unterscheidung von Forminhalt und stofflicher Bestimmtheit sozialökonomischer Prozesse

[69] K. Marx, Das Kapital, Erster Band, in: MEW, Bd. 23, a. a. O., S. 16 und 21.
[70] Ebenda, S. 12.

und Strukturen.[71] Politökonomisch untersucht Marx die stoffliche Seite des Produktionsprozesses in der Analyse der Produktivkräfte. Dabei beschäftigt ihn nicht nur die technisch bedingte Struktur des Arbeits- und Produktionsprozesses. Marx geht den Folgen nach, die sich für die soziale Organisation menschlicher Handlungen daraus ergeben, daß der Arbeits- und Produktionsprozeß kapitalistisch abläuft. Er bestimmt diese sozialen Organisationsformen (Kooperation, Leitung) selbst als eine Produktivkraft.[72] Erst in dieser Einheit determinieren die Produktivkräfte die sozialökonomischen Verhältnisse in allen Phasen des Reproduktionsprozesses. Diese Determination verfolgt Marx bis zu jenen Handlungsformen nach, die die Oberflächenbewegung und damit auch das unmittelbare Bewußtsein beherrschen. Die Determination funktioniert jedoch nicht als eine Einbahnstraße.

Die technisch bedingte Struktur des Produktionsprozesses verbindet sich bereits innerbetrieblich mit einer Organisationsstruktur, die dem Kapitalverhältnis entspringt. Die auf die produktive Aneignung der Natur gerichteten Handlungen werden ihrerseits durch Handlungen organisiert. Sie sind auf die Unterwerfung derer gerichtet, die die Aneignung vollziehen. Schon auf der Ebene der Produktivkräfte ist damit ein grundsätzlicher Widerspruch angelegt.

Gleichzeitig entwickelt sich der Konflikt dieser in sich selbst widersprüchlichen Produktivkräfte zu den Produktionsverhältnissen. Die soziale Formbestimmtheit des kapitalistischen Produktionsprozesses gerinnt ebenfalls zu Handlungsstrukturen. Es entstehen Abhängigkeiten, die rein sozialen Charakters und dennoch gegenüber den Handelnden wie Naturmächte verselbständigt sind. Sie gestalten das individuelle Verhalten zu den Gegenständen fetischartig und engen die zwischenmenschlichen Beziehungen auf den Kontakt von „Charaktermasken" ein.[73]

Obwohl diese spezifischen Verkehrsformen entwicklungsgeschichtlich an einen bestimmten Stand der Produktivkräfte gebunden sind, besitzen sie einen Gehalt, der nicht auf seine Entstehungsursache reduzierbar ist. Die Analyse dieses selbständigen Forminhaltes erlaubt es Marx, die Veränderbarkeit der gesamten Produktionsweise zu demonstrieren.

Unter dem Druck einer sozialen Handlungsstruktur (Konkurrenz) kommt es zu strukturellen Veränderungen der Produktivkräfte (Konzentration und Zentralisation) auf der Ebene des innerbetrieblichen Reproduktionsprozesses. Mit der Folge, daß nun das sozialökonomisch zentrale Verhältnis der kapitalistischen Privatproduktion auf gesamtgesellschaftlicher Ebene in Frage gestellt wird. Als Antwort auf diese Herausforderung kommt es erneut zu Anpassungen im Bereich der

[71] Die ausführlichsten philosophischen Reflexionen stellt Marx in den Theorien über den Mehrwert gelegentlich der kritischen Aneignung von Smith und Ricardo an. Dann kommt vor allem die Einleitung zu den „Grundrissen" in Betracht. An der Arbeit kann die formgenetische Methode im „Kapital" studiert werden, hier vor allem bei der Wertformgenese im ersten Band und bei der Stellung und Lösung des Problems der Wertmodifikation in Band drei.

[72] K. Marx, Das Kapital, Erster Band, in: MEW, Bd. 23, a. a. O., S. 341—355.

[73] Ebenda, S. 85—98.

inner- und zwischenbetrieblichen Organisation der Produktion (Aktiengesellschaft, Monopol). Das wirkt sich in der Umgestaltung auch des technisch bedingten Arbeitsprozesses aus (Taylorismus, Ford). Dieses Resultat schließlich verschärft einerseits das Ausbeutungsverhältnis, andererseits die Kluft zwischen der neuen Vergesellschaftungsstufe der Produktion und dem nur modifizierten Privateigentum.[74] Dadurch setzt der strukturelle Konflikt historisch alternative Handlungen frei, die sich im Rahmen der proletarischen Emanzipation ihrerseits strukturieren.

Was kennzeichnet den wissenschaftstheoretischen Kern dieser Methode? Ganz offensichtlich eine Vertiefung der Praxis- und Wahrheitskonzeption. Wenn die objektiven Strukturen gerade durch ihr widersprüchliches Aufeinanderwirken neue Handlungen freisetzen und sich verändern, dann „öffnet" sich der Gegenstand prinzipiell für praktische Eingriffe. Das Objekt (kapitalistische Produktionsweise) schließt den Widerspruch zwischen Gegenstand und Handlung selbst ein.

Andererseits wird mit der Erkenntnis alternativer Handlungsmöglichkeiten eine Reflexion der praktischen Basis theoretischer Handlungen möglich. Die theoretische Repräsentation der Wirklichkeit wird selbstreflexiv. Marx begreift den Gegenstand der Theorie zugleich als Gegenstand der praktischen Veränderung und mit der Veränderbarkeit des Objekts den Handlungsbezug seiner geistigen Aneignung. Er hat mit der dialektischen Methode Hegels auch dessen Konzept der Reflexivität materialistisch gewendet. Jetzt ist es möglich, theoretische Repräsentationen als konstruktive Leistungen des Subjekts zu begreifen, ohne deren Charakter als Aneignung der objektiven Realität zu gefährden. Auf dem mit Marx erreichten Reflexionsniveau wird nach der theologischen Wahrheitsgarantie auch die objektivistische kritisierbar.

Das Subjekt erkennt nicht nur den Gegenstand als von sich unterschieden; es erkennt auch sich als unterschieden vom Gegenstand. Es weiß, daß seine praktische und theoretische Aktivität zwar historisch-sozial gebunden, aber nicht fatalistisch durch diese Determinanten vorherbestimmt ist. Seine Erkenntnis wie sein Handeln sind weder beliebig noch vorgegeben. Die theoretische Konzipierung von Strukturen, die im Rahmen der Determination möglich sind, kann Handlungsfolgen begründen und den Gegenstand ändern.

Die moderne Gesellschaftswissenschaft weist also nicht nur die Errungenschaften der neuzeitlichen Naturwissenschaften (Distanzierung und Reflexion) praktisch auf. Sie ist sich ihrer auch in der Dialektik bewußt. Diese Bewußtheit kann helfen, sowohl die naturwissenschaftliche Tätigkeit als auch deren metatheoretische Interpretationen kritisch zu verstehen.

Zunächst läßt sich die objektivistische Täuschung durchschauen, die ein metatheoretisch noch rückwärts gewandter Versuch erzeugte, die der modernen Wissenschaft eigentümliche Wahrheitskonzeption zu begreifen. M. Bierwisch hat diese Täuschung so beschrieben: „So wie die Schmerzempfindung zwar im Gehirn zu-

[74] K. Marx, Das Kapital, Dritter Band, in: MEW, Bd. 25, Berlin 1977, S. 451—457; vgl. ders., Grundrisse der Kritik der politischen Ökonomie (Rohentwurf), Berlin 1974, S. 582—600.

stande kommt, aber repräsentiert wird als lokalisiert in dem schmerzenden Organ, so kommt das interne Modell der Welt im Gehirn zustande, und zwar auf Grund der kognitiven Operationen, die an dieses Organ gebunden sind, aber es wird repräsentiert als Struktur der externen Welt."[75]

Die Identifikation von vorgestelltem und wirklichem Gegenstand interpretiert die erkenntnistheoretische Distanzierung ontologisch: als Selbständigkeit des Gegenstandes und als Festgelegtheit des Subjekts. Die Aktivität ist in das Objekt verlagert. Und obwohl das Individuum handelt und denkt, meint es, durch seine Tätigkeit nur den Tendenzen der Sache selbst zu dienen. Die theoretische Aneignung gilt demgemäß als die „Versprachlichung" des Gegenstands. Theoretische Handlungen werden nicht auf praktische Handlungen, sondern unmittelbar auf das Objekt bezogen. Das Theoretische ist nicht die Reflexionsform der praktischen Veränderung des Gegenstands, sondern das Bild dieses Gegenstands an und für sich.

Die Kehrseite dieser philosophiegeschichtlich mit Spinoza einsetzenden Täuschung ist die Beunruhigung seit Descartes, ob der konstruktiven Subjektivität des Menschen nicht eine Verfälschung der Realität innewohnt. Mit solchen metatheoretisch inadäquaten Interpretationen kann nicht einmal der Charakter der neuzeitlichen experimentellen Naturwissenschaften begriffen werden. Der philosophische Objektivismus verdeckt die angelegte Praxis-Konzeption dieser Wissenschaft. So sind deren Reflexionspotentiale zwar praktisch vorhanden, aber nicht bewußt und deshalb auch dem Subjekt nicht verfügbar. Insofern solche Interpretationen sich durchsetzen und anerkannt werden, wirken sie auf die praktischen und theoretischen Handlungen zurück. Die mangelnde metatheoretische Bewußtheit zwängt die neue Praxis in engere Grenzen als notwendig. Noch verkehrter als dies ist die Einstufung des Marxismus als eines „modernen" strukturalistischen Spinozismus.[76]

Gerade die metatheoretische Klarheit von Marx kann dazu beitragen, philosophisch und wissenschaftstheoretisch problematische Interpretationen der naturwissenschaftlichen Praxis besser beurteilen zu können. So lassen sich bei den programmatischen Forderungen nach einer „sozialen Naturwissenschaft"[77] offenbar Widersprüche aufweisen. Es bleibt nämlich undeutlich, worauf sie sich beziehen: auf die praktischen und theoretischen Handlungen der Naturwissenschaftler oder auf metatheoretische Interpretationen dieser Handlungen.

[75] M. Bierwisch, Psychologische Aspekte der Semantik, in: W. Motsch/D. Viehweger (Hrsg.), Richtungen der modernen Semantikforschung, Berlin 1983, S. 53.

[76] Diese verkehrte Interpretation ist seit dem Ende der 60er Jahre in der westeuropäischen Marxismus-Diskussion vor allem durch die Arbeiten Althussers gefördert worden.

[77] Vgl. die Formulierung dieses Programms bei G. Böhme/J. Grebe, Soziale Naturwissenschaft, in: G. Böhme (Hrsg.), Alternativen der Wissenschaft, Frankfurt/M. 1980, S. 245—265.

Wird kritisiert, daß die Naturwissenschaften nur voneinander getrennte Segmente des Naturgeschehens analysierten, so ist offenbar die praktische wissenschaftliche Tätigkeit gemeint. Richtet sich die Kritik darauf, daß die Wahrheitskonzeption der Naturwissenschaft die praktische Veränderung der Natur durch den Menschen ausschlösse, können nur falsche metatheoretische Interpretationen getroffen werden.

Eine methodisch undifferenzierte Verschmelzung beider Gesichtspunkte liegt in der Feststellung von Böhme und Grebe: „Verfehlt die Naturwissenschaft ... die makroskopische Natur als Basis und Pol der materiellen Aneignung, so ignoriert sie damit auch den anderen Pol dieses Prozesses: die menschliche Gesellschaft."[78] Aus diesem Grunde bleiben auch die inhaltlichen Bestimmungen einer „sozialen Naturwissenschaft" ambivalent.

Ist eine andere Art wissenschaftlicher Tätigkeit gemeint, die zu einer tieferen Auffassung ihres eigenen Konzepts von Objektivität gelangt? Das hieße, eine von metatheoretischen Verdeckungen befreite, selbstkritische Wissenschaft fordern, für die die bisherige Thematisierung von Naturteilen nicht durch die Struktur des Objekts erzwungen wäre. In diesem Falle ginge es darum, ohne Preisgabe der objektiven Einstellungen eine umfassendere Praxiskonzeption durchzusetzen. Davon wären dann auch die Geltungsansprüche berührt.

Oder geht es um eine Wissenschaft, die dadurch „sozial" wird, daß sie unmittelbar auf die subjektiven Bedürfnisse, Wünsche und Emotionen der Individuen reagiert? Dann würde der reflexive Charakter der Wissenschaft selbst kritisiert und eine Rücknahme ihrer distanzierten Einstellung proklamiert. Die Substanz der modernen wissenschaftlichen Tätigkeit stünde damit auf dem Spiel. Demgegenüber besteht das Problem darin, die Praxis-Konzeption der modernen Wissenschaft von Natur und Gesellschaft auch in der Wahrheitskonzeption einzuholen. Exemplarische Studien zur Genese der Marxschen Gesellschaftswissenschaft dürften sich als hierzu besonders geeignet erweisen. Soziologisch werden Analysen dieser Art dann, wenn es zu zeigen gelingt, daß die Wahrheitsauffassung dieser Theorie nicht nur generell dem „Milieu" der praktischen proletarischen Emanzipation verhaftet ist. Es muß diejenige Strukturform dieser Emanzipation analytisch bestimmt werden, durch deren „Selbstthematisierung" die Theorie von Marx sich bildet. Nur so könnten auf eine kontrollierbare Weise praktische Handlungen und theoretische Repräsentationen (metatheoretisch) in erkennbarer Abhängigkeit gezeigt werden.

Solche Analysen sind fruchtbarer als dualistische Vorannahmen über eine angebliche Trennung zwischen Natur- und Gesellschaftswissenschaften. Zugleich

[78] Ebenda, S. 254.

könnten sie die Umformulierung der traditionellen Wissenssoziologie bewirken. An die Stelle einer soziologischen Erklärung der Wissensinhalte würde die Ableitung der Kriterien treten, mit denen das Wissen bewertet wird. Wissenschaftstheoretisch könnten soziologische Analysen den Zusammenhang der Formationsentwicklung mit der Entwicklung der Wahrheitskonzeption der theoretischen Erkenntnis demonstrieren.[79]

[79] Die Verlagerung der Interessen vom bestimmten Wissensinhalt auf die Kriterien der kognitiven Geltung des Wissens hat in der Tradition des Pragmatismus (Dewey) schon C. Wright Mills gefordert. In seinem Aufsatz „Methodologische Konsequenzen der Soziologie des Wissens" (1940) heißt es: „Es ist offensichtlich, daß ‚Wahrheit' und ‚Objektivität' nur im Rahmen eines allgemein anerkannten Modells oder Systems der Verifikation Sinn und praktische Bedeutung haben." Die Wissenssoziologie habe sich auf die Genese „verifizierender Modelle" zu konzentrieren. Der Pragmatismus vermag diese Aufgabe jedoch nicht zu lösen, wie schon bei Mannheim selbst deutlich wurde. Einerseits reduziert Mills die „verifizierenden Modelle" auf die Formen des „sozialen Zusammenhalts" und spricht von ihrer „umweltgeformten Bedeutung". Andererseits argumentiert er relativistisch: „‚Wahr' ist ein Adjektiv, das denjenigen Aussagen beigefügt wird, die den Formen eines anerkannten verifizierenden Modells genügen." (Vgl. K. Lenk [Hrsg.], Ideologie, Ideologiekritik und Wissenssoziologie, 8. Auflage, Darmstadt—Neuwied 1978, S. 264—271.)

Hans-Martin-Gerlach

Heideggers Kritik der Wissenschafts- und Technikentwicklung und ihre Rolle in der gegenwärtigen wissenschaftstheoretischen Diskussion

„Die Wissenschaft denkt nicht"
(Martin Heidegger: Was heißt denken?)

In der wissenschaftstheoretischen Diskussion, wie sie heute in der westlichen Welt geführt wird, dominiert die kritische Haltung gegenüber einem Wissenschaftsbegriff, der durch den „kritischen Rationalismus", alle Varianten der analytischen Philosophie und neopositivistische Strömungen lange Zeit für verbindlich deklariert worden war. Die globalen Probleme, mit denen die Menschheit sich gegenwärtig konfrontiert sieht, soziale und ökologische Auswirkungen des wissenschaftlich-technischen Fortschritts unter gesellschaftlichen Bedingungen, die kurzfristig zu erzielendem Profit den Vorzug geben gegenüber der langfristigen Sicherung der gesellschaftlichen Existenz- und Entwicklungsbedingungen, lassen die Frage laut werden, ob wissenschaftliche Rationalität und technische Machbarkeit oder sozialer Fortschritt und Ausgleich mit der Natur die Priorität haben sollen. Das bürgerliche Denken abstrahiert dabei in der Regel von den gesellschaftlichen Voraussetzungen wissenschaftlich-technischer Entwicklungen und richtet die Kritik allein an Wissenschaft und Technik. Der Spielraum der kritischen Grundhaltung reicht von dem Ruf, die Macht der Wissenschaft und des Rationalismus mit allen nur möglichen Mitteln auszuhöhlen und nichtwissenschaftlichen Bewußtseinsformen wie Religion und Mythen aller Art neben der Wissenschaft eine gleichberechtigte Stellung einzuräumen, bis zur berechtigten Forderung, den wissenschaftlich-technischen Fortschritt bewußt einem neuen sozialen Wertesystem unterzuordnen, in dem auch ökologische Kriterien ihren festen Platz haben. In dieser Diskussion mehren sich gegenwärtig die Berufungen auf Martin Heideggers Kritik der Wissenschafts- und Technikentwicklung.[1]

Was ist es, das diesen — 1976 verstorbenen — spätbürgerlichen Denker, der doch scheinbar von allen aktuellen Problemen weit entfernt in der Welt der Vorsokratiker und von Dichterdenkern à la Hölderlin lebte, sich esoterischen

[1] Vgl. F. Capra, Wendezeit. Bausteine für ein neues Weltbild, Bern—München—Wien 1982, S. 466.

Sprachspielen ergab und von der Wissenschaft behauptete, sie denke nicht, für die gegenwärtige wissenschaftstheoretische Diskussion in der westlichen Welt interessant macht? Vordergründig natürlich seine eigenwillige ontologische Technikinterpretation: „Heidegger ... deutet die Technik als seinsgeschichtliche Entwicklung, in der die Natur ‚entborgen' und vom Menschen ‚gestellt' wird, d. h. zu einer Reaktion, insbesondere zur Lieferung von Energie gezwungen wird. An den Menschen ergeht die Aufforderung, diese so gewonnene Energie zu lenken, kontrolliert einzusetzen, und allgemein, die ‚gestellte' Natur ‚als Bestand zu bestellen', also zu kultivieren."[2] Diese Technikinterpretation aber wurzelt ihrerseits in der Eigenart seines philosophischen Gesamtsystems und in seinem Wissenschaftsverständnis, die im folgenden diskutiert werden sollen.

1. Das Problem der „historischen Zeit" und der logischen „Geltung"

Seit Abbruch seiner theologischen Studien und dem Überwechseln an die naturwissenschaftliche Fakultät der Freiburger Universität im Jahre 1911 war Heidegger schon als Student mit den damals neuesten Erkenntnissen der Mathematik und der Naturwissenschaften vertraut geworden.[3] Zugleich und unmittelbar danach beschäftigten ihn Probleme der Logik, Psychologie und Geschichtswissenschaften. So war es kein Wunder, daß er hier in zwei, am Jahrhundertbeginn die wissenschaftliche Szene in Deutschland bewegende wissenschaftstheoretische und methodologische Grundsatzdiskussionen einbezogen wurde.[4]

[2] H. Lenk, Zur Sozialphilosophie der Technik, Frankfurt/M. 1982, S. 20; vgl. auch S. 156; vgl. weiter: H. Lenk/S. Moser (Hrsg.), Techne, Technik, Technologie, Philosophische Perspektiven, München 1973, S. 61—63, 204.

[3] U. a. hat Heidegger (nach Ausweis des Exmatrikelbuches der Universität Freiburg) 1911 bis 1913 folgende mathematischen und naturwissenschaftlichen Vorlesungen und Übungen belegt: analytische Geometrie des Raumes, Übungen zur analytischen Geometrie, Differentialrechnung, Übungen zur Differentialrechnung, Experimentalphysik, anorganische Experimentalchemie, algebraische Analysis, Übungen zur Analysis, Integralrechnung, Übungen dazu, Experimentalphysik, höhere Algebra, Theorie der Differentialgleichungen. Philosophisch-historische Vorlesungen und Seminare, die er besuchte, galten der Logik und Erkenntnistheorie, Spinozas „Ethik", der Einführung in die Erkenntnistheorie und Methaphysik, erkenntnistheoretischen Übungen zur Urteilslehre, der allgemeinen Geschichte der Philosophie und dem Zeitalter der Renaissance. In den Notizen eines mit Heidegger befreundeten Theologen, des Dogmatikers Engelbert Krebs, ist festgehalten, daß er 1913 mit einer Arbeit „Über das logische Wesen des Zahlbegriffs" befaßt war. (Vgl. dazu: B. Casper, Martin Heidegger und die Theologische Fakultät Freiburg 1909—1923, in: Freiburger Diözesan-Archiv, 32/1980, S. 537 bis 539.)

[4] Zu dieser Entwicklungsetappe des Heideggerschen Schaffens vgl. auch W.-D. Gudopp, Der junge Heidegger, Realität und Wahrheit in der Vorgeschichte von „Sein und Zeit", Berlin 1983, insbesondere Kapitel I und II; ferner: K. Lehmann, Metaphysik, Transzendental-Philosophie und Phänomenologie in den ersten Schriften Martin Heideggers (1912—1916), in: Philosophisches Jahrbuch der Görres-Gesellschaft, Freiburg—München 1964.

1. Die eine betraf das durch den Neukantianismus, insbesondere die Vertreter der badischen Schule — Wilhelm Windelband und Heinrich Rickert — diskutierte Verhältnis zwischen Naturwissenschaften und Kulturwissenschaften (bzw. Geschichtswissenschaften). Der junge Heidegger trat unter dem Einfluß seines Lehrers Heinrich Rickert für die Windelband-Rickertsche strenge Trennung zwischen diesen beiden Arten wissenschaftlicher Auseinandersetzungen des Menschen mit seiner Umwelt ein. Zugleich wirkte auf ihn die Diltheysche Lebensphilosophie, die dann allerdings im Laufe der Entwicklung des Heideggerschen Denkens neben der phänomenologischen Methode Edmund Husserls den Sieg über neukantianische und neuscholastische Einflüsse davontragen sollte, wenngleich Heidegger nicht nur eine Kompilation von Diltheys Hermeneutik und Husserls Phänomenologie vorgenommen hat, sondern etwas absolut Eigenständiges produzierte.

Am Ende seiner mit großer Akribie verfaßten Habilitationsschrift zu Duns Scotus (1915) beleuchtet er die Dimension der Geschichte, wenn er schreibt, daß der lebendige Geist als solcher „wesensmäßig historischer Geist im weitesten Sinne des Wortes" sei. Dieser Geist kann nur begriffen werden, wenn „die ganze Fülle seiner Leistungen, d. h. seine Geschichte in ihm aufgehoben wird".[5] Hegel ist deshalb der große historisch angelegte Bezugspunkt, mit dem er sich auseinanderzusetzen gezwungen sieht. Allerdings ist der Anspruch auf eine „neue Metaphysik", der seit Jahrhundertbeginn in den deutschen philosophischen Diskussionen nach einem gewissen Überdruß der transzendentallogischen erkenntnistheoretisch-methodologischen Vorherrschaft über „Lebensprobleme" angemeldet ist, bei Heidegger verzeichnet. Dieser Weg zu einer „neuen Metaphysik" war ihm insbesondere durch die Beschäftigung mit den Arbeiten Emil Lasks geebnet worden, von dem er sagt, daß er von der Beschäftigung mit reinen logischen Strukturproblemen fort „zu den metaphysischen Problemen getrieben worden"[6] sei. Wenngleich Heidegger den Weg Lasks nicht ging, so war er doch von ihm in der Richtung stimuliert. Wenn aber schon zu einer „neuen Metaphysik", einer „neuen Ontologie" aufgebrochen werden sollte, dann zu einer „Fundamentalontologie", deren „Fundament" Heidegger nicht in einem wie auch immer gearteten „ewigen Sein" suchte, sondern im „endlichen Dasein" des Menschen.

Damit klingt das Thema der Zeit- und Geschichtlichkeit an. Was sich im Schlußakkord der Habilitationsschrift erst andeutet, wird im Probevertrag zur Venia legendi dominierendes Thema, nämlich „Der Zeitbegriff in der Geschichtswissenschaft". Der Einfluß Heinrich Rickerts, seines Doktorvaters, macht sich

[5] M. Heidegger, Die Kategorien- und Bedeutungslehre des Duns Scotus, in: Martin Heidegger, Frühe Schriften, Frankfurt/M. 1972, S. 349/350; E. Lask, Zum System der Logik, in: Emil Lask, Gesammelte Schriften, Bd. III, Tübingen 1924, S. 85; M. Heidegger, Neuere Forschungen über Logik, in: Literarische Rundschau für das katholische Deutschland, 38. Jg., 1912, S. 470/471.

[6] M. Heidegger, Die Kategorien- und Bedeutungslehre des Duns Scotus, a. a. O., S. 348.

gerade im Habilitationsvortrag bemerkbar. Dem Anspruch Rickerts nach strikter Trennung von Natur- und Kulturwissenschaften folgend, plädiert auch Heidegger für ein deutliches Abheben des physikalischen vom geschichtlichen Zeitbegriff. „Die Zeiten der Geschichte unterscheiden sich qualitativ ... Die Frage nach dem Wann hat in der Physik und Geschichte einen ganz verschiedenen Sinn.“[7] Geschichtswissenschaft soll deshalb wissenschaftstheoretisch und logisch begründet werden, indem man sie auf einen ihrer wesentlichen Grundbegriffe, eben den der Zeit zurückführt. Von diesem Zentralbegriff und seiner wissenschaftslogischen Analyse müsse „auch Licht fallen ... auf den logischen Gesamtcharakter der ihn verwendenden Einzelwissenschaften“.[8] Aufgabe der philosophisch orientierten Wissenschaftstheorie, die sich mit logischen Grundlagen der Methodologie der Einzelwissenschaften beschäftigen soll, sei es, die logischen Strukturen gewisser Grundbegriffe, hier also den der Zeit, aufzudecken. Die Spezifik bestehe darin, die „Determination des Begriffs ‚Zeit überhaupt‘ zum Begriff der ‚historischen Zeit‘“[9] herauszustellen. Das kann jedoch nur — so Heidegger — geschehen, wenn die Struktur des Zeitbegriffs der Geschichte theoretisch analysiert wird. Die Struktur des Zeitbegriffs erschließt sich aber nur aus „*der Funktion* in der Geschichtswissenschaft“, und diese „eigentümliche Funktion hinwiederum muß sich verstehen lassen aus dem Ziel der Geschichtswissenschaft“.[10] Ziel der Geschichtswissenschaft ist es aber, „den Wirkungs-Entwicklungszusammenhang der Objektivationen des menschlichen Lebens in ihrer durch Beziehung auf die Kulturwelt verstehbaren Einzigartigkeit und Einmaligkeit darzustellen“.[11]

Obgleich Geschichte auch an chronologisch aneinandergereihte Zeitereignisse gebunden ist, ist ihr Zeitbegriff nicht identisch mit dem homogenen, nur quantitativ bestimmbaren der Physik. „Die Zeit der Geschichte unterscheidet sich qualitativ“, was aus der „Verdichtung — Kristallisation — einer in der Geschichte gegebenen Lebensobjektivation“[12] resultiert, deren Sinn nur über einen historischen Zusammenhang erfahrbar wird.

Heidegger berührt hier gemeinsam mit Neukantianern und lebensphilosophischen Hermeneutikern einen Sachverhalt, der in der wissenschaftstheoretischen und -logischen Diskussion damals wie heute eine Rolle spielt, nämlich die Differenz im Methodengefüge der einzelnen Wissenschaften, die sich mit Phänomenen der Natur und der Geschichte beschäftigen. Gemeinsam ist den Denkern dieser philosophischen Richtungen, daß sie hinsichtlich des Basisbegriffs der Zeit einen absoluten Gegensatz zwischen der „quantitativen“ Zeit der Natur und der

[7] M. Heidegger, Der Zeitbegriff der Geschichtswissenschaft, in: M. Heidegger, Frühe Schriften, a. a. O., S. 373.
[8] Ebenda, S. 359.
[9] Ebenda.
[10] Ebenda.
[11] Ebenda, S. 369.
[12] M. Heidegger, Sein und Zeit, Halle 1927, S. 401.

„qualitativen“ Zeit der Geschichte (und damit auch zwischen den sie erforschenden Wissenschaften) machten. Der Differenzpunkt beginnt dort, wo Heidegger im weiteren Entwicklungsgang seines Denkens sich von den transzendentallogischen Voraussetzungen des Neukantianismus Rickertscher Observanz löst und diese Strecke des Weges gemeinsam mit Dilthey geht. Sie führt zunächst dahin, daß Natur letztendlich zugunsten existentialistischer Zeitlichkeit und Geschichtlichkeit eliminiert wird. Für die Geschichte entsteht als Konsequenz daraus die Ablehnung von Gesetzmäßigkeiten im Geschichtsprozeß. „Sein und Zeit“ kennt keine solchen Gesetzmäßigkeiten, selbst nicht in der transzendentalapriorischen Form neukantianischer wissenschaftslogischer Gesetze zur Erforschung der Geistesgeschichte oder in der „Typenlehre der Weltanschauungen“ eines Wilhelm Dilthey, der diesen Weg Heideggers wesentlich mitbereiten half.

Die neuen Seinsstrukturen, zu denen nun vorgestoßen werden mußte, erforderten zu ihrer geistig-praktischen Erschließung zugleich ein neues Methodengefüge. Heidegger erkennt es in der hermeneutischen Daseinsanalytik, die für wissenschaftstheoretische Diskussionen bedeutsam werden konnte, deren Bedeutung aber nur wenige seiner spätbürgerlichen Zeitgenossen erkannt hatten (z. B. H.-G. Gadamer, L. Binswanger, E. Staiger, W. Schadewaldt, aber auch C. F. von Weizsäcker) und die heute (vermittelt durch Jürgen Habermas, Karl-Otto Apel u. a.) in den USA und Westeuropa ein ganz bemerkenswertes redivirus in neuen Formen nicht-traditionalistisch-empiristisch fundierter Wissenschaftstheorien findet, wie etwa bei Norwood Russel Hanson, Michael Polanyi, Theodore Kisiel, aber auch bei Stephen Toulmin, Thomas S. Kuhn, Paul Feyerabend oder bei Maurice Merleau-Ponty und Paul Ricœur.

2. Bevor wir uns jedoch diesem wichtigen Abschnitt Heideggerscher Theorieentwicklung zuwenden, sei ein kurzer Blick auf Heideggers Stellung in und zu dem zweiten am Beginn unseres Jahrhunderts die wissenschaftstheoretische und philosophische Szene beherrschenden Grundlagenstreit geworfen. Es handelt sich um den „Psychologismusstreit“ zwischen Psychologen, Philosophen, Mathematikern u. a., der nicht nur das deutsche spätbürgerliche Geistesleben bewegte.

Heidegger hatte sich schon als Student in diesem Streit zwischen den „Psychologisten“ Wundt, Maier, Brentano, Marty und Lipps einerseits und den „Antipsychologisten“ Husserl, Frege und Teilen des Neukantianismus zu Wort gemeldet. Es geschah dies zunächst im Rahmen von Literaturberichten und Rezensionen[13],

[13] M. Heidegger, Neuere Forschungen über Logik, a. a. O., ders., Rezension zu: F. Brentano, Von der Klassifikation psychischer Phänomene, in: Litererarische Rundschau für das katholische Deutschland, Jg. 39, 1913.

[14] M. Heidegger, Die Lehre vom Urteil im Psychologismus. Ein kritisch-positiver Beitrag zur Logik (Diss.), Leipzig 1914. 1972 wurde die Dissertation gemeinsam mit der Habilitationsschrift „Die Kategorien- und Bedeutungslehre des Duns Scotus“ und dem Probevortrag „Der Zeitbegriff in der Geschichtswissenschaft“ vom Vittorio-Klostermann-Verlag Frankfurt/M. unter dem Titel „Frühe Schriften“ wieder abgedruckt.

später dann systematisch in seiner Dissertationsschrift, die direkt in den Psychologismusstreit eingriff.[14]

Die „Antipsychologisten“ führten von ihrer (vornehmlich mathematisch fundierten) Warte aus einen entschiedenen Kampf gegen diejenigen Theoretiker, die unter dem Eindruck des am Ende des vorigen Jahrhunderts beginnenden Siegeszuges der Psychologie und des damit verbundenen Exodus aus der Philosophie stehend, Gegenstand und Gesetzmäßigkeiten des Logischen psychologisch-genetisch aus dem Psychischen herleiten wollten bzw. Logisches und Psychisches nicht prinzipiell voneinander schieden (so A. Meinong, W. Wundt, B. Erdmann u. a.)

Heidegger lehnt dabei nicht etwa dogmatisch und engstirnig den „Psychologismus“ ab. Er sieht, daß er mehr ist als „eine ‚Schrulle der Philosophen‘“[15]. Er verweist auf die Bedeutung, die psychologische Forschung für die Fortentwicklung der Ästhetik, Ethik, Pädagogik, Jurisprudenz, der Kunst insgesamt etc. hat. Ein psychologistisches Herangehen an die Grundlagen der Logik der Erkenntnis lehnt er jedoch rundweg ab. Seine Position in diesem Grundlagenstreit läßt sich wie folgt resümieren:

Erstens betont er, daß die Logik nicht nach den Prinzipien einer Erfahrungswissenschaft zu begründen sei und deshalb auch keine psychischen Wirklichkeiten (Phänomene) zu ihren Objekten machen könne. Zwischen psychischen Akten und logischen Inhalten ist genau zu differenzieren nach dem Muster des Unterschieds zwischen „in der Zeit verlaufendem Denkgeschehen“ und dem „idealen außerzeitlichen identischen Sinn, kurz die Unterscheidung dessen, was ‚ist‘, von dem was ‚gilt‘“.[16]

Zweitens spricht er sich für eine prinzipielle Grenzziehung und somit eine konkretere Bereichsbestimmung zwischen Logik, Erkenntnistheorie und Metaphysik aus. Logik ist das „Reich des Geltenden“ und ist hier einerseits gegen das Sinnlich-Seiende wie andererseits gegen das Übersinnlich-Metaphysische abgehoben.

Drittens plädiert er angesichts damals neuester Entwicklungstendenzen in der Logik (Russell, Whitehead) dafür, „die Mathematik in die Logik einzubeziehen“[17], spricht sich „für eine immer noch fehlende systematische *Relationstheorie*“[18] aus und verspricht sich für die Logik durch die Bemühungen der Mathematiker, zu einer „schärferen Fassung der Begriffe“ und zugleich einer „systematischen Festlegung der leitenden Prinzipien und Grundlagen ihrer Wissenschaft“[19] zu kommen, einen gewichtigen Fortschritt. Heidegger befindet sich insbesondere mit diesen

[15] M. Heidegger, Neuere Forschungen über Logik, a. a. O., S. 467.
[16] Ebenda, S. 469.
[17] Ebenda, S. 519.
[18] Ebenda.
[19] Ebenda, S. 569.

Überlegungen auf dem damals neuesten und aktuellsten Stand wissenschaftstheoretischer Grundlagendiskussion.

Viertens versucht er, eine Positionsbestimmung der Disziplinen Logik, Erkenntnislehre und Metaphysik vorzunehmen. Nach der Kritik folgt die Konstruktion. Gegenstandsbereich der Logik ist weder ein raum-zeitliches oder psychisches noch ein metaphysisches Dasein, sondern vielmehr des *Gelten*. „Die Wirklichkeitsform des Sinnes ist das Gelten".[20] Dieser geltende Sinn ist die Wirklichkeit des Logischen. Mit der Frage, ob der Sinn etwas Einfaches, Homogenes sei oder eine Struktur habe, kommt Heidegger auf seine Art zum Problem des Urteils, und erst angesichts des Sinnes entsteht die Frage nach dem Wesen des Urteils. „Jedes Urteil — sofern es wahr ist — bedeutet eine Erkenntnis; und jede Erkenntnis ist allemal ein Urteil. Allein was ist Erkenntnis? Mit dieser Frage rühren wir an einem der tiefsten Probleme der Philosophie überhaupt. Zugleich wird ersichtlich, wie wenig die Logik eine bloße technische Disziplin, etwa gar für die Schärfung des Verstandes ist, ebensowenig wie eine ‚Kunstlehre des Denkens'".[21]

Damit wird von Heidegger — unter dem Eindruck der Geltens- und Sinndiskussion seiner Zeit — die Eigenständigkeit des Logischen gegenüber dem Psychischen betont. Logik ist aber hier zugleich fester Bestandteil der Philosophie und hat nicht nur propädeutische Funktionen. Philosophische Erkenntnis ist für ihn „Gegenstandsbemächtigung" und geschieht nur über das Urteil innerhalb der Sphäre des Sinns. Heidegger meint, daß man erst, „wenn auf solcher Grundlage die reine Logik auf- und ausgebaut ist, mit größerer Sicherheit an die erkenntnistheoretischen Probleme herantreten" könne und so der „Gesamtbereich des ‚Seins' in seine verschiedenen Wirklichkeitsweisen"[22] gegliedert sei. Der Weg in die phänomenologische Sinnforschung ist damit geebnet.

Aus zwei wissenschaftstheoretischen Grundlagendiskussionen des ausgehenden 19. und beginnenden 20. Jahrhunderts, die Heidegger auf seine Weise eigenständig, wenngleich nicht unbeeinflußt von bedeutsamen Denkern dieser Zeit verarbeitet hatte, ging schließlich jene neue Position hervor, die er 1927 in „Sein und Zeit" vorstellte, die ihn schlagartig an die Spitze deutscher und internationaler spätbürgerlicher Philosophie stellen sollte, die nicht folgenlos auch für wissenschaftstheoretische Diskussionen und nicht einflußlos auf einzelwissenschaftliches Forschen blieb.[23]

[20] M. Heidegger, Die Lehre vom Urteil im Psychologismus (Diss.), in: Martin Heidegger, Frühe Schriften, a. a. O., S. 114.

[21] Ebenda, S. 116.

[22] Ebenda, S. 127/128.

[23] Vgl. Carlos Astrada u. a., Martin Heideggers Einfluß auf die Wissenschaften, Bern 1949; J. Sallis (Hrsg.), Heidegger and the path of thinking, Pittsburgh 1970; O. Pöggeler (Hrsg.), Heidegger — Perspektiven zur Deutung seines Werks, Köln 1969.

2. Die Frage nach dem „Sinn von Sein" und die Methode „existenzialer Daseinsanalytik"

Heideggers Neuaufbruch betraf zwei Bereiche. Einmal ging es um die Neubestimmung des Seinsbegriffes, d. h. darum, „*die Frage nach dem Sinn von Sein* erneut zu stellen".[24] Dieser Aufgabenstellung sind sein gesamtes Werk „Sein und Zeit" und angrenzende Schriften gewidmet. Zum anderen wendet er sich auf neue Weise (auch methodologisch) dem von ihm bevorzugten Seinsbereich zu, der den Sinn von Sein einzig erschließen kann, und entwickelt die Methode *existenzialer Daseinsanalytik*. Dasein ist kein Seiendes derart, daß es wie anderes Seiendes nur „vorkommt"; es schließt ein „Seinsverhältnis" und damit „Seinsverständnis" ein.[25] Ein Sein aber, zu dem das Dasein sich auf diese oder jene Art verhält, ist die *Existenz*. Diese jedoch läßt sich nicht wesensmäßig bestimmen, wie in der Geschichte der Philosophie bisher Wesensbestimmungen üblicherweise vorgenommen wurden, nämlich von feststehenden Sachverhalten zum fixen Wesen fortzuschreiten, welches durch eine feststehende Kategorie charakterisiert wurde. Die Wesensbestimmung dieses Seienden kann nicht mehr „durch Angabe eines sachhaltigen Was vollzogen werden".[26] Was aber Existenz konstituiert, ist nunmehr Aufgabe einer neuen Analyse, die bisher nirgendwo so vollzogen wurde, die der „existenzialen Analytik des Daseins".[27]

Was Heidegger hier aus seiner Sicht herausarbeitete, war die Tatsache des Krisenhaften der spätbürgerlichen Entwicklung, die sich allerdings nicht in einem Theorien- und Kategoriengefüge sozialer und politischer Art widerspiegelte, sondern sich ihm im Rahmen vornehmlich der Krise der theoretischen Aneignung der Wirklichkeit durch den Menschen, wie sie bisher vollzogen wurde, darstellte. Das Subjekt wird sowohl von der traditionellen Ontologie als auch von der moderneren Transzendentalphilosophie und letztlich auch von den wissenschaftsgläubigen positivistischen Systemen nach dem Modell ständiger unveränderlicher Anwesenheit, Vorhandenheit gedacht. Alles bleibt starr und statisch. Was Heidegger bemängelt, ist gerade dieses substantialisierende, aus der Perspektive eines unveränderlichen „Gegenwartsseins" das Seiende jeder Art betrachtende Denken. Er spürt den Mangel an Historizität, an Dynamischem; er will „Sein" und „Zeit" vereinigen und beide nicht im Antinomischen stehen lassen, so wie sich am Beginn der griechischen Philosophie Parmenides und Heraklit gegnerisch gegenüberstanden. Damit war der Weg geebnet, aus fundamentalontologischer Sicht die Ausschließlichkeit wissenschaftlich-rationaler bzw. empirischer Analyse der Wirklichkeit in Frage zu stellen. Er verweist darauf, daß in diesem Aneignungskonzept Welt und Dasein nur noch als starres Vorhandensein (Vorhandenheit)

[24] M. Heidegger, Sein und Zeit, Tübingen 1979, S. 1.
[25] Ebenda, S. 12.
[26] Ebenda.
[27] Ebenda, S. 12/13.

begriffen würden. Was dabei verloren gehe, sei die Aneignung der Wirklichkeit in Form des „Zuhandenen“, d. h. des hantierenden Umgangs mit einem Gegenstand, „einem Zeug“. Dieses „Zeug“ ist nicht bloß ein Ding, sondern es ist ein Seiendes, das *uns* im „Besorgen begegnet“, d. h. es ist ein „Schreibzeug, Nähzeug, Werk-, Fahr-, Meßzeug“.[28] Was sich hier in Heideggers Konzeption verbirgt, ist der Anspruch, das praktische Verhältnis des Menschen zur Wirklichkeit in die philosophische Bewältigung des Subjekt-Objekt-Verhältnisses mit einzubeziehen und es nicht einer vereinseitigenden wissenschaftlichen Denkweise aufzuopfern, die alles nur unter dem Paradigma der Beständigkeit und der „Freiheit“ aller objektiven Analysegegenstände von subjektiven Bedingungen sieht. „Wissenschaft überhaupt kann als das Ganze eines Begründungszusammenhanges mehrerer Sätze bestimmt werden. Diese Definition ist weder vollständig, noch trifft sie die Wissenschaft in ihrem Sinne. Wissenschaften haben als Verhaltung des Menschen die Seinsart dieses Seienden (Mensch). Dieses Seiende fassen wir terminologisch als *Dasein*. Wissenschaftliche Forschung ist nicht die einzige und nicht die nächste mögliche Seinsart dieses Seienden. Das Dasein selbst ist überdies vor anderem Seienden ausgezeichnet. Diese Auszeichnung gilt es vorläufig sichtbar zu machen.“[29]

Heidegger wendet sich also im gut phänomenologischen Sinne gegen einen Reduktionismus, der die aktive Rolle und Funktion des Subjekts im Aneignungsprozeß von Welt ausschließt. Er teilt deshalb das Sein in drei Weisen auf: *erstens* in das *Vorhandensein* (wie es Gegenstand interessenlosen Forschens der Wissenschaft im Sinne purer empirischer Vorfindlichkeit ist); *zweitens* in das *Zuhandensein* (wie es Gegenstand wertend interessierter menschlicher Tätigkeit im Heideggerschen Sinne des „Besorgens“ ist); *drittens* in das *existierende Dasein* (wie es Gegenstand der hermeneutisch betriebenen existenzialen Daseinsanalytik geworden ist).

Letzteres kann nicht nach traditioneller Art Wesensbestimmungen des existierenden Daseins (also des Menschen) vornehmen, weil es nämlich dieses starre Wesen *des* Menschen nicht gibt. Jeder Mensch konstituiert im Existenzvollzug sein Sein, eine eindeutige Wesensbestimmung läßt sich so nicht mehr vornehmen. Heidegger verweist damit im Sinne neuer philosophischer und wissenschaftstheoretischer Horizonte auf die Grenzen bisheriger Weltbetrachtung, die von einem doch ziemlich starren Schematismus der abstrakten Entgegensetzung von Subjekt und Objekt in der Auseinandersetzung des Menschen mit seiner Umwelt ausging. Diese definierte das essentielle Wesen des Menschen und zwar so, daß es absah von seiner konkreten Existenz. Um aber zur Kritik dieser Vorgehensweise, die auch in der für diese Position so bedeutenden Transzendentalphilosophie von

[28] Ebenda, S. 68.
[29] Ebenda, S. 11/12.

Kant noch bemerkbar war, zu kommen, bedurfte es mehrerer Anstöße. Sie waren auf verschiedenen Ebenen angesiedelt.

Die *erste Ebene* war die sozial-politische, die in ihrer Krisenhaftigkeit nach dem ersten Weltkrieg zu einer tiefen Erschütterung aller Lebensbereiche des bürgerlichen Menschen geführt hatte. Alle Autoritäten, die bisher — wenngleich nicht mehr in jedem Falle unangefochten — gegolten hatten, waren zerbrochen oder im Niedergang befindlich. Lenin schrieb noch in den Kriegswirren dieses ersten imperialistischen Krieges: „Der europäische Krieg bedeutet eine gewaltige historische Krise, den Beginn einer neuen Epoche. Wie jede Krise hat der Krieg die tief verborgenen Widersprüche verschärft und ans Tageslicht gebracht, er hat alle heuchlerischen Hüllen zerrissen, alles Konventionelle beseitigt und die verfaulten oder angefaulten Autoritäten zerstört."[30]

Natürlich wäre es unsinnig, einen direkten Einfluß dieser Krise auf Heideggers „Sein und Zeit" nachweisen zu wollen. Diese Verhältnisse wirkten nur „in letzter Instanz" und zwar vermittelt über vielfälige Formen des gesellschaftlichen Bewußtseins, welches gleichfalls ein notwendiger theoretisch-geistiger bzw. künstlerischer oder moralischer Reflex auf diese Basisveränderungen war. Das spätbürgerliche Geistesleben war in eine tiefe geistige Krise geraten, zu deren Bewältigung vielfältige Krisentheorien nötig wurden. Eine davon war Heideggers Fundamentalontologie, die den Hegelschen Gedanken, daß der Widerspruch auszuhalten sei, nun zur universellen „Sorgestruktur" umarbeitete, aus deren phänomenologischer Verankerung niemals mehr herauszukommen wäre. Sorge sei vielmehr eine existentiale „Grundbefindlichkeit" des Daseins, welche uns darauf verweist, daß das Dasein immer schon „in der besorgten Welt aufgegangen"[31] ist.

Eine *zweite Ebene* ist die innertheoretische und methodologische, die Heideggers philosophischen und letztlich auch für wissenschaftstheoretische Fragestellungen bedeutsam werdenden Neuansatz mit begründen half und die auf philosophiespezifische Art die erste Ebene repräsentierte. Ihr wollen wir uns nunmehr zuwenden, da hier gerade in den letzten Jahrzehnten, nachdem die „Heideggereuphorie" in Westeuropa nachgelassen hatte, eine Reihe von Philosophen und Wissenschaftstheoretikern in den USA und seit einigen Jahren auch wieder in Westeuropa ein „Heidegger redivivus" inszenieren. Heidegger hatte mit seinem neuen philosophischen Ausgangspunkt, dem Dasein, „das die wesenhafte Verfassung des In-der-Weltseins hat"[32], zunächst einen Vorstoß gegen die alte Ontologie unternommen, bei der in objektiv-idealistischer Weise das Subjekt einer Welt von Wesenheiten (Essenzen) in reiner Abstraktion und absoluter Zeitlosigkeit starr gegenüberstand. Zum anderen wandte er sich gegen das Prinzip „reiner", abstrakter, nur im Reich des Rationalen angesiedelter Subjektivität, wie er es bei Descartes und Kant vorfand.

[30] W. I. Lenin, Der tote Chauvinismus und der lebendige Sozialismus, in: Lenin, Werke, Bd. 22, Berlin 1960, S. 302.

[31] M. Heidegger, Sein und Zeit, a. a. O., S. 192.

[32] Ebenda, S. 54.

Das philosophische Subjekt als Dasein soll nach Heidegger nicht zum abstrakten Gegenüber eines materiell oder ideell gefaßten Objekts werden. Als „Existenz", die wiederum jede dingliche oder substantielle Fassung des philosophischen Subjekts verhindern soll, habe das menschliche Wesen ein besonderes Verhältnis zur Welt. Es sei unmittelbar in die Welt eingebunden, die Welt eine „Seinsverfassung" und ein „Strukturmoment" des Daseins. Das Dasein des Menschen und das der Welt seien darum ein „einheitliches Phänomen".[33]

Zwischen Welt und Dasein als Existenz gebe es keine Unterscheidung mehr. Zum anderen zeichnet sich Heideggers Dasein „durch eine besondere Weise zu leben aus: Es steht in einem besonderen Verhältnis zur Zeit. Dasein lebt im Bewußtsein, daß es einen Anfang und ein Ende, den Tod hat."[34]

Dasein ist mithin nicht zu sehen im Lichte oder besser auf einer gewissen Stufenhierarchie unter einem abstrakten, ewigen Sein der alten Ontologie, sondern in der Temporalität, im Wissen um die eigene Endlichkeit. Es ist ein Leben in der Zeit, aber nicht in dem Sinne, wie ein Ding im Ablauf physikalischer Zeiteinheiten steht, sondern — und hier spinnt Heidegger den Faden des Habilitationsvortrages in „Sein und Zeit" fort — es ist Leben in einer historischen Zeit, mit all ihrer Spezifik von Wertungen und Bedeutungszusammenhängen.

Heidegger steht aber nun nicht auf dem Boden einer neukantianischen bzw. Diltheyschen Trennung von Kultur- und Naturwissenschaften, in idiographische und nomothetische Methode. Er befindet sich jetzt auf dem Boden seiner eigenen Daseinsanalytik. Die physikalische Zeit interessiert ihn ebensowenig wie die Natur. Beide, wenn auch aus seinem philosophischen Denken nicht völlig ausgeschlossen, fristen nur als pures „Vorhandensein" ein Dasein am Rande existentialistischer „Eigentlichkeit". In der „Sein und Zeit"-Periode gibt das Dasein erst dem puren Vorhandensein der Natur und der physikalischen Zeit den Schimmer einer Bedeutsamkeit. Heidegger geht in seinem Ansatzpunkt des existentialistischen Daseins nicht etwa von der Natürlichkeit desselben aus, die vielleicht im Sinne eines Materialismus Feuerbachs zu verstehen wäre. „Seine entscheidende Wendung vom Idealismus Husserls zur Philosophie des menschlichen Daseins, zur Existentialphilosophie erfolgte im Rahmen der vitalistisch irrationalistischen Strömungen des ausgehenden 19. Jahrhunderts. Dilthey vor allem, dann Simmel und Nietzsche, haben den entscheidenden Anstoß zu Heideggers Lehre vom Vorrang der Existenz gegeben. Heidegger verfolgte deshalb auch das menschliche Sein in seinen Naturzusammenhängen und vor allem als gesellschaftliche Erscheinung *nicht* weiter."[35] Seine Aufgabe sieht er als erfüllt an, nachdem er im menschlichen Dasein als ein um den Sinn seines Seins, welcher in der Temporalität zu suchen ist,

[33] K. Löwith, M. Heidegger und F. Rosenzweig. Ein Nachtrag zu „Sein und Zeit", in: K. Löwith, Gesammelte Abhandlungen zur Kritik der geschichtlichen Existenz, Stuttgart—Berlin (West)—Köln—Mainz 1969, S. 77.

[34] Th. Schwarz, Sein, Mensch und Gesellschaft im Existenzialismus, Frankfurt/M. 1973, S. 104.

[35] Ebenda, S. 105.

sich bemühendes Wesen den Ausgangspunkt seiner Philosophie festgemacht hat. Dann erst beginne die hermeneutische Selbstauslegung des Sinnes von Sein durch das Dasein. Der Bezug zu objektiven geschichtlichen Situationen, zu gesellschaftlichen Prozessen fehlt völlig, sein Vorstoß in die „Soziologie der Alltäglichkeit“ ist in Wirklichkeit nur eine individualistische Zurüstung der Welt der kapitalistischen Entfremdung in ihrer imperialistischen Phase auf das Empfinden des intellektuellen bürgerlichen Ego, die sich in dessen Unbehaustheit widerspiegelt. Durch das existentialistische Dasein erfolgt die Auslegung und das Verstehen von „Welt“. Eine Widerspieglungstheorie im Prozeß der theoretischen Auseinandersetzung des Menschen mit seiner Umwelt lehnt Heidegger, beeinflußt durch die Phänomenologie und die Hermeneutik, für seine Daseinsanalytik ab. *Verstehen* und *Auslegen* sind die Grundkategorien seiner Gnoseologie, für die „Anschauung“ und „Denken“ „schon entfernte Derivate des Verstehens“ sind.[36]

Heidegger hat mit seiner existentialanalytischen Daseinsbestimmung zwar durchaus berechtigt den Kampf geführt gegen eine von der bisherigen Philosophie betriebene abstrakte theoretische Gegenüberstellung von Subjekt und Objekt. Er strebte danach, beide Pole in seiner Philosophie auf neuartige Weise zu vereinigen. Aber anstelle einer durch die gesellschaftliche Praxis der Menschen in der wirklichen Geschichte vermittelten materialistischen Einheit von Subjekt und Objekt, wie wir sie schon bei Marx in den „Feuerbachthesen“ und in der „Deutschen Ideologie“ seit den 40er Jahren des vorigen Jahrhunderts vorfinden, tritt bei ihm ein subjektivistisches existentielles Dasein, welches gerade diese Konkretheit des Menschen als biosoziales, historisch gewordenes Wesen attakiert.

Das bedeutete zugleich hinsichtlich der Einbettung des Menschen in den Geschichtsprozeß, daß letzterer nicht als historisch gesetzmäßiger, objektiver Prozeß gesehen wird, sondern vielmehr Geschichte auf die „Geschichtlichkeit“ des Daseins, d. h. seine Einmaligkeit, Unwiederholbarkeit reduziert bleibt, und diese existentielle Erfahrungssituation ist der einzige Ausgangspunkt seiner philosophisch-theoretischen Reflexionen.

Die Erfassung der geschichtlichen Dimension erfolgt nicht mehr vom Weltgeschichtlichen her. Das existentielle Dasein eröffnet einzig den Zugang zur Geschichte. Geschichte wird so nicht mehr nach ihren objektiven historischen Gesetzmäßigkeiten befragt, sondern aus der privaten Existenz „daseins-analytisch“ erschlossen. Die Relationen wurden verdreht.

Einzige Interpretationsbasis des Seins blieb die je individuell erlebte geschichtliche Zeit. „Die Dynamik des untergehenden Kapitalismus drängte Heidegger zur Zeitphilosophie; sie hat ihn auch zur Betonung der Geschichtlichkeit des ‚Daseins‘ geführt. Heidegger versteht es nicht, die Bewegung seiner Zeit dialektisch zu begreifen; die Geschichts- und Zeitphilosophie existentialistisch-irrationalistischer

[36] M. Heidegger, Sein und Zeit, a. a. O., S. 147.

Prägung bildet den Ersatz für die dialektische Erfassung der geschichtlichen Bewegung."[37]

Damit wird aber der berechtigte Kampf Heideggers gegen eine geschichtslose Erkenntnismetaphysik der Neukantianer oder Phänomenologen, der im Namen der Geschichtlichkeit geführt wurde, letztlich um seinen wirklichen historischen Bezug gebracht; heraus kam ein Standpunkt, der genauso geschichtslos ist wie der seiner Gegner, nur ersetzt er deren Erkenntnisapriori durch ein existentialistisches Handlungsapriori, welches das Wesen des handelnden Menschen als eine inhaltsleere „Entschlossenheit" nach seinen individuellsten Interessen frei zu gestalten sucht, um sich aus den Verstrickungen der entpersönlichenden bürgerlichen Gesellschaft zu lösen. Das geschieht aber nur, indem der durch die krisenhafte kapitalistische Ordnung verursachte Zustand der Entfremdung und Vereinzelung nunmehr zum eigentlichen Ideal und Rettungszustand des Menschen verklärt wird. Hier „kommt der Individualismus Heideggers endgültig zum Durchbruch".[38]

Eine *dritte Ebene*, die man sehen und verstehen muß, wenn man Heideggers Versuch der Konstruktion einer neuen Seinsphilosophie und damit auch zugleich neuer möglicher wissenschaftstheoretischer Interpretationsschemata darstellen und kritisch analysieren will, sind Veränderungen in den Grundlagen der Wissenschaften selbst, die für Heideggers Denken bedeutsam wurden.

Schon 1927 hatte er in „Sein und Zeit" geschrieben: „Die eigentliche ‚Bewegung' der Wissenschaften spielt sich ab in der mehr oder minder radikalen und ihr selbst nicht durchsichtigen Revision der Grundbegriffe. Das Niveau einer Wissenschaft bestimmt sich daraus, wie weit sie einer Krisis ihrer Grundbegriffe *fähig* ist. In solchen immanenten Krisen der Wissenschaften kommt das Verhältnis des positiv untersuchenden Fragens zu den befragten Sachen selbst ins Wanken."[39] Und er stellt fest, daß in den verschiedensten wissenschaftlichen Disziplinen Tendenzen wach geworden seien, „die Forschung auf neue Fundamente umzulegen. Die scheinbar strengste und am festesten gefügte Wissenschaft, die Mathematik, ist in eine ‚Grundlagenkrisis' geraten. Der Kampf zwischen Formalismus und Intuitionismus geht um die Gewinnung und Sicherung der primären Zugangsart zu dem, was Gegenstand dieser Wissenschaft sein soll."[40]

Gleiches stellt er für die neue Situation in der Physik (Relativitätstheorie) fest. In der Biologie werde hinter die vom Widerpart Mechanismus-Vitalismus gegebenen Bestimmungen von Organismus und Leben zurückgefragt. In den „historischen Geisteswissenschaften" habe sich der Drang zur geschichtlichen Wirklichkeit selbst durch Überlieferung und deren Darstellung und Tradition verstärkt; die Literaturgeschichte orientiere sich auf Problemgeschichte. Auch in der Theologie verspürt er diese Vorgänge, wo eine neue, über alle dogmatische Systematik

[37] Th. Schwarz, Sein, Mensch und Gesellschaft im Existenzialismus, a. a. O., S. 162.

[38] Ebenda, S. 126.

[39] Ebenda, S. 9.

[40] Ebenda.

hinausreichende Wiederbesinnung auf Luthersche Einsichten erwacht, nämlich eine aus dem Sinn des Glaubens selbst vorgezeichnete und innerhalb seiner verbleibende Auslegung des Seins des Menschen zu Gott vorzunehmen.[41]

Es muß — nach Heidegger — eine diesen Forschungen der positiven Wissenschaften vorauslaufende Forschung vorhanden sein, die das jeweils konkrete Seiende des Untersuchungsgegenstandes dieser Wissenschaften auf die *Grundverfassung* seines Seins „auslegt". Dies könne nur die Philosophie realisieren, die sich aber nicht verstehen darf als ein den Wissenschaften vorauseilendes und sich ihnen aufdrängendes Begriffssystem. Vergleichend mit Kants „Kritik der reinen Vernunft" schreibt Heidegger, daß deren positiver Ertrag darin bestand, im Ansatz dazu zu gelangen, herauszuarbeiten, „was zu einer Natur überhaupt gehört, und nicht in einer ‚Theorie' der Erkenntnis. Seine transzendentale Logik ist apriorische Sachlogik des Seinsgebietes Natur."[42]

Heidegger lenkt hiermit zur Begründung seiner Fundamentalontologie über, deren Seinsfrage nicht nur auf apriorische Bedingungen der Möglichkeiten der Wissenschaften zielt (wie einst bei Kant), „sondern auf die Bedingungen der Möglichkeit der vor den ontischen Wissenschaften liegenden und sie fundierenden Ontologien selbst".[43] Fundamentalaufgabe der Ontologie heute ist deshalb von Heideggers Warte aus, diesen Sinn von Sein, wie er oben dargestellt wurde, zureichend zu klären.

Wir leiten damit zur Frage über, ob und welchen Einfluß die Heideggersche Philosophie auf die Wissenschaft hatte. Daß es Einflüsse Heideggers auf die Psychologie, Theologie, Geschichtswissenschaft, Literaturwissenschaften u. a. gibt, ist in der Literatur hinlänglich gezeigt worden. Wie aber sieht der Einfluß auf die Naturwissenschaften aus? Gibt es ihn überhaupt und wenn ja, welcher Art ist er? Wir wollen diese Frage anhand eines Aufsatzes des Physikers Carl Friedrich v. Weizsäcker in dem Sammelband „Martin Heideggers Einfluß auf die Wissenschaften" kurz diskutieren.

C. F. v. Weizsäcker geht zunächst davon aus, daß man „von einer *sichtbaren* Wechselwirkung zwischen dem Denken Martin Heideggers und der theoretischen Physik" (Hervorhebung — H.-M. G.) gegenwärtig wohl nicht sprechen könne.[44] Dafür habe dieser physikalische Fragen (wie es sonst „Naturphilosophen" tun) kaum gestreift, und die Mehrheit der Physiker werde kaum mehr als einige Sätze Heideggers gelesen haben. Was aber nicht vordergründig sichtbar ist, muß ja nicht ausschließen, daß es eine unsichtbare „echte Konvergenz" gebe, die — so meint

[41] Vgl. Ebenda, S. 9/10.
[42] Ebenda, S. 10/11.
[43] Ebenda, S. 11.
[44] C. F. von Weizsäcker, Beziehungen der theoretischen Physik zum Denken Heideggers, in: Martin Heideggers Einfluß auf die Wissenschaften, Bern 1949, S. 172.

Weizsäcker — „darin wurzelt, daß beide Bewegungen ein Stück oder eine Seite der selben Wahrheit zu ergreifen begonnen haben".[45]

Er unternimmt dann den Versuch, diese Beziehungen sehr diametraler Denkweisen als Arbeit an „der selben Wahrheit" aufzudecken, die bedenkenswerte Positionen enthält.

Für C. F. v. Weizsäcker sind die moderne Physik wie auch die Heideggersche Philosophie dadurch ausgezeichnet, daß sie sich entschieden abwenden „von demjenigen Bilde der Wirklichkeit, das in der ‚klassischen Physik' seine vielleicht geschlossenste Gestalt angenommen hatte".[46] Weizsäcker betont hier das Umdenken der Grundbegriffe (Raum, Zeit, Materie, Determination etc.), die das Gefühl erzeugten, vor dem Nichts zu stehen. Dieses „Nichts" wurde aber in Heideggers Philosophie ausdrücklich zum Thema. Ohne in Nihilismus hier wie dort zu geraten, schaffe das Wegräumen klassischer Bindungen den Raum für neue einfachere und umfassendere Gesetze. Auch Heidegger habe den Blick weg vom Seienden und wieder hin zum Sein gelenkt.

Was aber vor allem bemerkenswert in Weizsäckers Vergleich ist, weil es einen wichtigen Grundzug von Philosophie- und Wissenschaftsentwicklung des 20. Jahrhunderts artikuliert (der vorhergehende Sachverhalt betrifft wohl *alle* welthistorischen wissenschaftlichen Revolutionen, die theoretische Grundlagenkrisen beseitigen helfen), ist der Sachverhalt, daß sowohl von Heideggers Philosophie (und von ihrem spätbürgerlichen Standpunkt tat sie das in aller Radikalität wie keine zweite) als auch von der modernen Physik der klassische cartesianische Dualismus von res cogitans und res extensa, der auch philosophisch-methodische Voraussetzung der klassischen Physik bzw. Naturwissenschaft war und der keinerlei „Grenzüberschreitungen" zuließ, überwunden werden sollte. Die moderne Quantenphysik ließ die Alternativstellung beider nicht mehr gelten, obgleich diese Spaltung die bisherige Basis einer „methodisch sauberen Physik" war. „Die Alternativfrage stellen, heißt schon den Sinn der quantenmechanischen Aussage verfehlen, denn eine Beobachtung ist ein physischer Vorgang, der zugleich ein Wahrnehmungsakt *ist*."[47]

Weizsäcker schildert hier einen Sachverhalt, der — trotz der viel detaillierter zu untersuchenden Problemlagen von Identität und Differenz — in der Philosophie- und Wissenschaftsentwicklung des 20. Jahrhunderts als bemerkenswertes Phänomen tatsächlich zu konstatieren ist: die Überwindung „klassischer" Subjekt-Objekt-Spaltung und damit der reinlichen Scheidung zwischen ihnen, die bisher als Basis allen exakten Wissens galt. *Philosophisch* war dieser Weg allerdings nicht neu. Er hatte schon in der zweiten Hälfte des 19. Jahrhunderts in Deutschland begonnen. Es war der Weg in die Subjektivität, der sich dann in die Vorherrschaft des Subjekts über die Objekte verkehrte und der in Heideggers Fundamentalontolo-

[45] Ebenda.

[46] Ebenda, S. 172/173.

[47] Ebenda, S. 174.

gie wohl seinen daseinsanalytischen Höhepunkt erreichte. Dieser Extremwert zeigte sich bei Heidegger eben u. a. auch darin, daß die Natur und auch die sie analysierenden Wissenschaften in dieser „fundamentalontologischen Phase" so gut wie überhaupt keine Rolle spielten. Alles floß im Dasein, welches die ausgezeichnete Weise des „In-der-Welt-Seins" hatte, unterschiedslos zusammen. Eine wirkliche dialektische Einheit zwischen beiden Polen, wie sie Marx schon in seinen Feuerbach-Thesen proklamierte, war so nicht erreichbar.

Heidegger nahm dann eine Revision seiner philosophischen Ausgangsposition vor. Sie stand wohl unter dem Eindruck der von ihm ursprünglich begrüßten und unterstützten (später aber ihn selbst desillusionierenden) Machtergreifung der Nationalsozialisten in Deutschland[48] und der Ahnung, daß die sich explosionsartig entwickelnde Wissenschaft und Technik[49] in unserem Jahrhundert durch die traditionellen bürgerlichen gesellschaftlichen und sozialen Verhältnisse nicht bewältigt werden könne. In dieser Revision drückte sich auf spezifische Weise das Schicksal des in die Krise geratenen spätbürgerlichen philosophischen Subjektivismus insgesamt aus.

3. Vom existentialistischen Subjektivismus zur mystischen Seinsphilosophie

In der zweiten Phase seines Schaffens hebt sich Heidegger vom existentiellen Dasein ab, welches uns bisher vornehmlich Sein erschließen sollte, ohne es jedoch völlig aufzugeben, und wendet sich nunmehr dem „Sein" zu. Zwar habe er die Seinsfrage immer bedacht, nur sei vorher der Zugang zum Sein ein anderer gewesen. Heideggers berühmte „Kehre", d. h. die Abwendung vom existentialistischen Subjektivismus und die Hinwendung zur mystischen Seinsphilosophie, die man in ihrer Grundtendenz als objektiv-idealistisch bezeichnen könnte, ist nicht ohne Konsequenz für sein Wissenschaftsverständnis geblieben. Es ist die Phase, die unter dem Leitmotiv steht: „Wissenschaft denkt nicht".[50] Der Begriff des Denkens spielte überhaupt seit Mitte der 30er Jahre in Heideggers Philosophie eine gewichtige Rolle. „Das Bedenklichste" in unserer Zeit zeige sich darin, „daß wir noch nicht denken"[51], lautet einer seiner pointierten Grundsätze. Welche Konsequenz hat das für sein Verhältnis zur Wissenschaft?

[48] Vgl. M. Heidegger — Die Selbstbehauptung der deutschen Universität. Das Rektorat 1933/34 (Tatsachen und Gedanken), Frankfurt/M. 1983; G. Schneeberger, Nachlese zu Heidegger. Dokumente zu seinem Leben und Denken, Bern 1962; I.-M. Palmier, Les Ecrits politiques de Heidegger, Paris 1968; O. Pöggeler, Philosophie und Politik bei Heidegger, Freiburg 1972.

[49] Vgl. u. a. M. Heidegger, Brief über den „Humanismus", Frankfurt/M. 1949; ders., Die Technik und die Kehre, Pfulligen 1962; ders., Zur Sache des Denkens, Tübingen 1969.

[50] M. Heidegger, Was heißt Denken?, in: Martin Heidegger, Vorträge und Aufsätze, Pfullingen 1954, S. 133.

[51] Ebenda, S. 130.

Bewegte sich der frühe Heidegger im Feld wissenschaftstheoretischer Streite und Auseinandersetzungen, die — trotz aller Grundsätzlichkeit — aber doch im Rahmen einer Fachdiskussion blieben, so war der Heidegger von „Sein und Zeit" schon aus dem Umkreis fachspezifischer, wissenschaftstheoretischer Diskussionen herausgetreten, ohne sie allerdings zu ignorieren, und er hatte sich aus seiner Sicht mit der Krisensituation des Menschen in der bürgerlichen Welt in den ersten Dezennien des 20. Jahrhunderts beschäftigt. Die Wissenschaft war nicht mehr unbedingt ein besonders bevorzugter Gegenstand dieses Interesses, spielte aber insofern eine wesentliche Rolle, als sich Heidegger mit seiner an Geschichtlichkeit orientierten Philosophie gegen die europäische philosophische Tradition wandte, die so folgenreich für die Wissenschaftsentwicklung gewesen war und in der das theoretische Verhalten des Menschen zur Wirklichkeit eine Überbetonung gefunden hatte.

Mit dem Abbruch des fundamentalontologischen Vorgehens in seiner „Kehre" bekommen Wissenschaft und Technik nun einen ganz vorrangigen Stellenwert: „Die Veränderungen der philosophischen Thematik . . . widerspiegeln den Prozeß der *allgemeinen Krise des Kapitalismus* vom Standpunkt *der bürgerlichen Apologie*, deren Bedürfnisse das Hervortreten des Themas Technik und Wissenschaft seit den 30er Jahren, besonders aber in den Perioden nach dem zweiten Weltkrieg erzwungen haben."[52] Daß Apologie aber nicht nur offene Rechtfertigung im Sinne euphorischer Begeisterung ist, zeigt nachgerade Heideggers Spätphilosophie. Heidegger setzte schon Mitte der 30er Jahre zum Generalangriff auf Wissenschaft und Technik an, die er als „Seinsgeschick", als Schicksal des europäischen Menschen, das seit seinem „Sündenfall" in der altgriechischen Philosophie begonnen habe, betrachtete. Das heißt, er führt den krisenhaften Prozeß der spätbürgerlichen Gesellschaft im 20. Jahrhundert letztlich auf einen weit früher liegenden Vorgang zurück und löst ihn so aus jeder konkreten sozialen und historischen Verankerung. Die griechische Philosophie habe in ihrer rationalistischen Metaphysik das Grundverhängnis unseres Zeitalters, nämlich die totale Herrschaft von Wissenschaft und Technik, verschuldet. „Seit Platon wird das Denken über das Sein des Seienden ‚Philosophie', weil es ein Aufblicken zu den ‚Ideen' ist."[53]

Damit sei aber die Wahrheit infolge dieser Unterjochung unter die Idee nur auf das formal Richtige reduziert. „Seitdem gibt es ein Streben nach der ‚Wahrheit' im Sinne der Richtigkeit des Blickens und der Blickstellung."[54] Darin sieht Heidegger die Verfallsgeschichte nicht nur des Seins, sondern auch des Denkens, und in der modernen Wissenschaftsentwicklung habe sie ihren vorläufigen Höhepunkt erreicht. „Die Wissenschaften werden alles, was in ihrem Bau noch an die Herkunft aus der Philosophie erinnert, nach den Regeln der Wissenschaft, d. h. tech-

[52] A. Gedö, Philosophie der Krise, Berlin 1978, S. 44.

[53] M. Heidegger, Platons Lehre von der Wahrheit, in: Martin Heidegger, Wegmarken, Frankfurt/M. 1967, S. 141.

[54] Ebenda, S. 140.

nisch deuten ... Das Operationale und Modellhafte des vorstellend-rechnenden Denkens gelangt zur Herrschaft,"[55] und zwar zur Weltherrschaft, die alles andere ersticke. Im Sinne von Wissenschaft und Technik werde aber das Denken mißbraucht. Es müsse sich von dieser Mißdeutung befreien. In der Form der bisherigen Metaphysik (Philosophie) sei das nicht mehr möglich, Philosophie sei in der modernen Weltzivilisation an ihr Ende gekommen; von ihr sei keine Rettung mehr zu erwarten. „Wo aber Gefahr ist, wächst das Rettende auch", meint Heidegger, indem er auf einen bekannten Hölderlin-Satz rekurriert. Es gelte, einen „ganz neuen Anfang" zu wagen, in dem sich der Mensch auf ein völlig anders geartetes Denken orientieren soll. Dieses Denken zeichne sich nicht durch formalisierte Strukturen aus wie in der modernen Wissenschaft und szientistischen Philosophie, sondern es stehe dem Dichten nahe. „Der Dichtungscharakter des Denkens ist noch verhüllt. Aber das denkende Dichten ist in der Wahrheit die Topologie des Seyns."[56] Heidegger biegt hier die „Verfallsgeschichte" von Sein und Denken, von Welt, Wissenschaft, Technik und Philosophie in eine eschatologische Heilserwartung um. Rettung soll aus einem ganz Anderen kommen — aus dem dichtenden Denken, welches eine gleichsam remythologisierte Bewußtseinsform ist, die uns ihrerseits auf das „Seyn" als „Ort Gottes" verweist. Das „Rettende" ist ein Gott, der aber kein Gott der traditionellen Theologie ist, sondern ein mythischer Seinsgrund.

Was verbirgt sich hinter diesem offenbar reinen Mystizismus? Heidegger erkennt zweifelsohne Gefahren, die sich aus der modernen Wissenschafts- und Technikentwicklung für das Fortbestehen der Menschheit ergeben. „Der Krieg ist zu einer Abart der Vernutzung des Seienden geworden, die im Frieden fortgesetzt wird ... In diesen Prozeß ist auch der Mensch einbezogen, der seinen Charakter, der wichtigste Rohstoff zu sein, nicht mehr länger verbirgt. Der Mensch ist der ‚wichtigste Rohstoff', weil er das Subjekt aller Vernutzung bleibt ..."[57] Umweltvernichtung durch zügellose Produktion kommt perspektivisch gesehen den Zerstörungen gleich, die der moderne Krieg für die Menschheit bereithält. Und genauso gefährlich sind die Prozesse der Destruktion der menschlichen Persönlichkeit durch Massenkommunikation und Manipulation. Überall haben Wissenschaft und Technik ihren Anteil.

Heidegger wurde somit für verschiedene Positionen „alternativer" Bewegungen interessant, ohne daß diese es in jedem Falle bewußt wahrnehmen, wo ihre geistigen Modelle liegen. Heidegger erkannte aber zugleich, daß ein einfaches Verdammen von Wissenschaft und Technik nichts auszurichten vermag, ja absolut falsch ist. Er steht auch hier haushoch über jeglicher vordergründigen Kultur- und

[55] M. Heidegger, Das Ende der Philosophie und die Aufgabe des Denkens, in: Martin Heidegger, Zur Sache des Denkens, a. a. O., S. 64/65.
[56] M. Heidegger, Aus der Erfahrung des Denkens, Pfullingen 1954, S. 23.
[57] M. Heidegger, Überwindung der Metaphysik, in: Martin Heidegger, Vorträge und Aufsätze, a. a. O., S. 92/93.

Zivilisationskritik und versucht, diese Entwicklung tiefer auszuloten und Wege aus ihr heraus zu zeigen. Das macht ihn in imperialistischen Ländern, die am offenkundigsten unter den Negativauswirkungen einer zügellosem Profitstreben untergeordneten wissenschaftlich-technischen Revolution leiden, zu einem der meistgelesenen spätbürgerlichen Philosophen, so in Japan, den USA, Frankreich, Großbritannien und neuerdings auch wieder in der BRD.

Heidegger sieht, daß Wissenschaft und Technik trotz der vielen Gefahren, die aus ihnen entspringen, nicht einfach beiseite gelegt werden können. Sie sind ein notwendiges Produkt einer historischen Entwicklung. Befragt man allerdings diese historische Entwicklung auf ihre realen Voraussetzungen, so wird man von der Heideggerschen Philosophie nicht auf die sozialökonomische Basis und ihre konkrete klassenmäßige Ausformung verwiesen, sondern auf einen mystischen Prozeß des Verfalls und des „Verbergens“ des Seins und des Denkens.

In seiner Spätphilosophie entwickelt Heidegger eine eigentümlich mystische Dialektik von „Verbergen“ und „Entbergen“ des Seins. Das Sein „entbirgt“ sich in der Form des Seienden, also der durch die Menschen erforschten und verdinglichten Welt. Dieser Prozeß habe in der modernen Wissenschaftsentwicklung seine höchste Ausformung und in der Technikentwicklung seine perfekteste Präzision und zugleich Pervertierung erreicht. Mit ihm verbinde sich die Illusion, vom Sein mit Hilfe der Wissenschaft alles wissen zu können. Dies aber sei ein Irrtum, denn mit der „Entbergung“ des Seins sei sogleich engstens ein „Verbergen“ desselben festzustellen. „Die Entbergung des Seienden als eines solchen ist in sich zugleich die Verbergung des Seienden im Ganzen. Im Zugleich der Entbergung und Verbergung waltet die Irre.“[58] Der Mensch, der in seinem rationalistischen Streben seinen Erkenntnishorizont unendlich erweitert und sein Methodenarsenal präzisiert, hat sich in Heideggers Sicht in Wahrheit geirrt. Er weiß um alles, oder fast alles, aber er und seine Wissenschaften denken nicht. Er kennt alle (oder fast alle) Details, aber er hat den Blick für das Ganze verloren. „Das Sein entzieht sich, indem es sich in das Seiende entbirgt. Dergestalt beirrt das Sein, es lichtend, das Seiende mit der Irre. Das Seiende ist in die Irre ereignet, in der es das Sein umirrt und so den Irrtum . . . stiftet. Er ist der Wesensraum der Geschichte.“[59] Geschichte sei somit der Grundvorgang des Irrens der Menschheit, die glaubte, mit Wissenschaft und Technik sich die Welt zu erobern, und nun erkennen muß, daß sie das Sein, die Totalität viel weniger kennt als z. B. die vorsokratischen Philosophen.

Heidegger lastet diese Entwicklung einem mystischen Grundvorgang zu: Es ist das imaginäre Sein, welches Wissenschaft und Technik, Rationalität und praktische Machbarkeit hervorgebracht hat und sich bei aller zunehmenden Helle des theoretischen Wissens immer mehr in die Dunkelheit seiner Vergessenheit zurück-

[58] M. Heidegger, Vom Wesen der Wahrheit, Frankfurt/M. 1954, S. 23.

[59] M. Heidegger, Der Spruch des Anaximander, in: Martin Heidegger, Holzwege, Frankfurt/M. 1963, S. 310.

zog. Die Geschichte von Wissenschaft und Technik sei die Geschichte des Irrtums der Menschen zu glauben, alles erkennen zu können. Der Mensch, nur ein Werkzeug in diesem Geschehen, soll in seiner hoffnungslosen Lage einzig und allein auf das Sein hören, von welchem er aber eben mit den Mitteln der modernen Wissenschaft nichts erfahren werde. Ein „neues Denken" sei deshalb vonnöten, welches in den Anfängen der frühgriechischen Philosophie oder im Schaffen Hölderlins alternativ zum Zweck-Mittel-Rationalismus der heutigen Wissenschaft und Technik angelegt sei und uns die Wahrheit des Seins in der „Lichtung" desselben erschlösse. „Vielleicht gibt es ein Denken, das nüchterner ist als das unaufhaltsame Rasen der Rationalisierung und das Fortreißende der Kybernetik. Vermutlich ist gerade dieser Fortriß äußerst irrational."[60]

Dieses „neue Denken" sollte Protest zum Ausdruck bringen: Protest gegen jegliche fetischisierte Gläubigkeit an einen Wissenschaftsbegriff, der von der universellen Beherrschbarkeit und Machbarkeit der Natur, Gesellschaft und der sich in ihnen vollziehenden Prozesse absolut überzeugt war, sei dies im neopositivistischen, kritisch-rationalistischen oder systemtheoretischen Sinne. Heidegger zählt damit zweifelsohne zur Reihe der „*nicht-proletarischen* Formen des Protestes gegen *spätbürgerliche* Formen des Lebens", die — wie Manfred Buhr und Robert Steigerwald feststellen — „in erster Linie an diese Denkweise bürgerlicher Ideologie anknüpfen,"[61] (d. h. der Kritik der „Macherideologie"). Buhr und Steigerwald ordnen einzelne bedeutsame philosophisch-gesellschaftstheoretische Vertreter dieses Protestpotentials, das sie wesentlich klassenmäßig als „kleinbürgerliche Revolte"[62] kennzeichnen, in eine lange, seit und mit der deutschen Klassik sich herausbildende „lebensphilosophisch orientierte Romantik" ein. Dieses Protestpotential, welches sich noch in den studentischen Aktionen Ende der 60er und der beginnenden 70er Jahre „neolinks" gab, erhielt nach der Desillusionierung bezüglich der Durchsetzbarkeit ihrer Forderungen gegenüber dem imperialistischen Staat und des Zerbröckelns seiner tragenden Kräfte eine neue Stoßrichtung. Philosophisch ging sie ab von einem mit Marx drapierten, gesellschaftsverändernden Aktivismus und kam (wie Buhr und Steiergerwald bemerken) bei einer „neuen Innerlichkeit" an. Aber sie landete nicht nur bei dieser, sie gelangte auch zu einer neuen „Äußerlichkeit", nämlich einem Naturverständnis, welches sich abhob von der Idee der industriellen profitorientierten Großbeherrschung der Natur. Natur, moderne Technik und Wissenschaft wurden nun — zumindest bei einem Großteil dieser äußerst vielgestaltigen „alternativen Bewegung" — als absolut gegensätzlich angesehen. In den insbesondere ökologisch orientierten Richtungen dieser Bewegung ging es um „natürliche Lebensweise", „natürlich landwirtschaft-

[60] M. Heidegger, Das Ende der Philosophie und die Aufgabe des Denkens, in: Martin Heidegger, Zur Sache des Denkens, a. a. O., S. 79.

[61] M. Buhr/R. Steigerwald, Verzicht auf Fortschritt, Geschichte, Erkenntnis und Wahrheit. Zu den Grundtendenzen der gegenwärtigen bürgerlichen Philosophie, Berlin 1981, S. 85.

[62] Ebenda, S. 84.

liche Produktionsweise", um den „Schutz der natürlichen Umwelt" etc.; es wurden viele echte Probleme aufgeworfen, vor denen die Menschheit heute insgesamt steht. Ihr Gegenkonzept war allerdings zunächst ideologisch weniger konstruktiv politisch-gesellschaftstheoretisch orientiert, sondern vielmehr destruktiv gegen Technik, Wissenschaft und Zivilisation gerichtet. Erst mit wachsendem, auch gesellschaftspolitischem Einfluß, der Bildung von „Wahlplattformen" und der Konstitution „grüner" Parteien änderte sich ersteres, ohne daß allerdings letzteres weggefallen wäre. Es ist hier nicht der Ort, sich über diese Bewegung zu verbreiten, fest steht jedoch, daß diese Modelle — Natur contra Technik und Wissenschaft — bei Heidegger schon früh Anleihe nehmen konnten.

Einige der Grundpositionen, die man bei fast allen ökologischen Gruppierungen vorfindet (Land gegen Stadt, Handwerk gegen Industrie, Natur gegen Technik, natürliche Baustoffe gegen technisch hergestellte, „natürliche" Energiequellen gegen Atomenergie, „Feldweg" gegen Autobahn etc.), sind nicht neu. Man konnte sie, ehe sie politisches Konzept dieser sehr heterogenen Bewegung wurden, schon bei Heidegger in seiner „Kehre" zur Seinsphilosophie in seinen abstrusen Sprachspielen zumindest nach 1945 nachlesen. Er hat dieser Diskussion gleichsam das philosophisch-wissenschaftskritische Grundmodell geliefert. Ausschlaggebend waren dabei Vorträge, die er in Bremen 1949 und vor Industriellen auf Bühlerhöhe 1950 hielt. Grundprobleme dieser Reihe wurden später unter dem programmatischen Titel: „Die Technik und die Kehre" veröffentlicht.[63]

Heidegger entwirft in dieser Phase, teils noch „heroisch-trotzig", teils mit „Gelassenheit" ein apokalyptisches Weltbild, welches nach seiner Meinung seine Basis in den verheerenden Auswirkungen zügelloser „Raserei" der Technik und Wissenschaft hat.

Dieses Modell zeichnet sich durch drei Ebenen aus. *Erstens* stellt es Erscheinungsmomente der janusköpfigen Entwicklung moderner Technik und Wissenschaft vor allem im letzten Jahrhundert dar. Diese Palette reicht von der Vernutzung der Naturenergien z. B. als Stromlieferant für die weitere technisch-zivilisatorische Zerstörung der Erde, über die Ernährungsindustrie, zu der der Ackerbau de-

[63] Vgl. M. Heidegger, Die Technik und die Kehre, a. a. O. — Grundpositionen entwickelte Heidegger aber schon 1946 in seinem „Brief über den ‚Humanismus'" an Jean Beaufret. In seiner Sammlung: Vorträge und Aufsätze, Pfullingen 1954, wurden die Vorträge „Die Frage nach der Technik" und „Das Ding" aus dem erwähnten Vortragszyklus veröffentlicht. Ferner ist hier der Vortrag „Wissenschaft und Besinnung" aus dem Jahre 1953 abgedruckt, der insgesamt direkt zu diesem Umfeld gerechnet werden muß. Es kann aber generalisiert werden, daß eigentlich die gesamte Spätphilosophie, einschließlich noch unveröffentlichter Manuskripte (Pöggeler schreibt z. B. in dem oben zitierten Aufsatz „Martin Heidegger (1889—1976)" der „Zeitschrift für allgemeine Wissenschaftstheorie" von einem in den letzten Lebensjahren von Heidegger als „Vorwort" zur geplanten Gesamtausgabe seiner Werke geschriebenen Manuskript, welches zu einem Buch wurde und sich einzig „über neuzeitliche Naturwissenschaft und moderne Technik" ausließ) dieser Problematik zugewandt ist.

generierte, die Entartung des „Feldweges" zur Auto- oder Startbahn bis hin zur kriegerischen Massenvernichtung.

Zweitens sucht Heidegger nach wesentlichen Ursachen dieser Entwicklung, denn in der Erscheinung erschöpft sich für ihn das Wesen nicht. Das Wesen der Technik aber „beruht im Ge-stell".[64] „Ge-stell" bedeutet hier nicht eine technische Konstruktion (Fahrgestell, Büchergestell etc.), sondern das „verborgene" Wesen des „apokalyptischen" Prozesses der Technikentwicklung. Es handelt sich um das die Natur und den Menschen herausfordernde „Stellen" im Sinne der Vermarktung. „Wir nennen jetzt jenen herausfordernden Anspruch, der den Menschen dahin versammelt, das Sichentbergende als Bestand zu bestellen — das Ge-stell."[65] Aus diesem wächst zunächst die „moderne Gefahr" und nicht allein aus dem äußerlichen Apparatecharakter technischer Systeme. Wer aber bewirkt diese Gefahr, dieses „Ge-stell"? Es stimmt, wenn Heidegger sagt, daß „das Wesen der Technik ganz und gar nichts Technisches"[66] ist. Was aber ist es dann? Hier kommt Heideggers „Kehre" zur Wirkung. Das Wesen der Technik sei nicht in der Selbstherrlichkeit des Menschen zu sehen, nicht in der Eigengesetzlichkeit der Technologien, aber auch nicht in sozialen Verhältnissen, sondern im „Seinsgeschick", d. h. (in Heideggers Denkstrukturen ausgedrückt) im Prozeß der seit der griechischen Antike „anwesenden Verbergung des Seins", die zunehme, je mehr der Mensch glaubt, das einzelne Seiende, das er im Prozeß zunehmender Forschung entdeckt, könne ihm den sicheren Zugang auch zur Totalität des Seins erschließen. „Verbergung" und „Entbergung" seien ein „objektiver" Prozeß, den zu beherrschen dem Menschen erst anheimgestellt ist, wenn er sich nicht mehr begreift als „Herr der Erde", sondern als „Hüter des Seins". Dazu aber bedürfe es des „neuen Denkens", welches nicht beladen ist mit der modernen Zweck-Mittel-Rationalität und dem Nutzenskalkül.

Drittens sucht Heidegger nach Alternativen, deren grundlegende soeben erwähnt wurde, nämlich ein „neues Denken". Durch sie erfahre der Mensch den Zuspruch des „Heilen", „Heiligen". Schritte auf diesem Weg sind von ihm entworfen worden, und zwar weit eher, als sie von der ökologischen Bewegung entdeckt wurden; hier allerdings als politische Strategie mit dem Anspruch realer Verwirklichung, dort nur geistiger Anstoß zum „neuen Denken". Es sind u. a. die Metaphern *des Feldweges* — gerichtet gegen jegliche modernen Verkehrsadern, *des Bergbaches* — gerichtet gegen Kraftwerke als Energielieferanten, die in einen Strom gestellt sind, *der Almwiese* oder *des Ackerbaus* — gerichtet gegen industriell betriebene Landwirtschaft, *des Handwerkes* — gerichtet gegen moderne technologisch orientierte Großindustrie, *des Glockenturms* — gerichtet gegen den Fernsehturm usw. Und es sei die *Gelassenheit*, die im Menschen erwachsen solle gegen Hektik und Streß der Leistungsgesellschaft.

64 M. Heidegger, Die Frage nach der Technik, in: Martin Heidegger, Die Technik und die Kehre, a. a. O., S. 25.

65 Ebenda, S. 19.

66 Ebenda, S. 5.

4. Aktuelle Heidegger-Rezeption in der „antipositivistischen“ Wissenschaftstheorie

Heidegger steht besonders mit seiner Spätphilosophie, sicher als einer unter anderen, wenngleich wohl als theoretisch Bedeutendster und Einflußreichster, in der Traditionslinie eines vornehmlich konservativ ausgerichteten heutigen spätbürgerlichen Protestes gegen die zerstörend wirkenden Faktoren der Auseinandersetzung der Menschen mit ihrer Umwelt in der imperialistischen Gesellschaft, ohne daß allerdings von ihm diese soziale Wesensbestimmung überhaupt bedacht worden wäre. Ja, letztere wird von ihm als typische marxistische Denkhaltung, nur als die andere Seite der Hybris dieses Prozesses angesehen. Wenngleich der Zusammenhang zwischen Heideggers Spätphilosophie und Formen aktuellen ökologischen Protests nicht zu übersehen ist, indirekt wohl auch deshalb in hochentwickelten Industrienationen der kapitalistischen Welt der Ruf „Heidegger redivivus“ verstärkt erklingt, so ist ein direkter Bezug zwischen diesen und jenen nicht unmittelbar auszumachen. Er läßt sich jedoch auf einem anderen primär theoretischen Feld direkt, beinahe wörtlich feststellen, nämlich dem der „alternativen“ Wissenschaftstheorien, die zu den vornehmlich analytisch orientierten Systemen in Abwehr stehen, und die deren „positivistische Betonung vollkommener, weil idealisierter logischer Systeme von Aussagen der Naturwissenschaft zu modulieren“[67] begannen. Der amerikanische Wissenschaftstheoretiker Theodore Kisiel zählt zu dieser „revisionistischen“ Bewegung Norwood Russel Hanson, Stephen Toulmin, Thomas S. Kuhn, Michael Polanyi, Paul Feyerabend u. a. Er selbst dürfte auf Grund seines theoretischen Standpunktes wohl auch zu dieser „New Philosophy of Science“ zu rechnen sein, deren „General Characteristics“ er 1974 in seinem Bericht „New Philosophies of Science in the USA · A Selective Survey“[68] gab.

Ohne auf diese oder die Differenzen in dieser Bewegung hier näher eingehen zu wollen, sei die Frage aufgeworfen, wie Heidegger hier als „Stammvater“ wirken konnte.

Zunächst ist auf den Grundsatz in „Sein und Zeit“ zu verweisen, der „Sein“ aus der Starre der nur fertigen Ergebnisse wissenschaftlicher Erkenntnis herausreißen will. Das geschieht bekanntlich, indem Sein und Zeit in unauflösbarer Einheit gedacht werden und in der Endlichkeit, Zeitlichkeit des Daseins zusammenfließen. In die Sprache einer „neuen“ Wissenschaftstheorie übertragen, bedeutet dies nach Kisiel, daß das Wesen der Wissenschaft nicht in positivistisch- logizistischer Manier „in den logischen Strukturen ihrer fertigen Ergebnisse“ liege, sondern vielmehr „im dynamischen, immer unfertigen Prozeß der Forschung, wodurch neue Er-

[67] T. Kisiel. Zu einer Hermeneutik naturwissenschaftlicher Entdeckung, in: Zeitschrift für allgemeine Wissenschaftstheorie (Stuttgart), Bd. II., 2/1971, S. 195.

[68] T. Kisiel, New Philosophies of Science in the USA. A Selective Survey, in: Zeitschrift für allgemeine Wissenschaftstheorie (Stuttgart), Bd. V, 1/1974, S. 145.

kenntnis ‚entborgen' wird . . ."[69] Am Rande sei vermerkt, daß diese Heideggersche Position historisch nicht voraussetzungslos ist: man findet sie schon bei G. E. Lessing und später dann bei Kierkegaard[70], der Lessing existentialistisch interpretierte.

Engstens damit verbunden ist das Zurückweisen einer erkenntnistheoretischen Position, welche die Entwicklung wissenschaftlichen Wissens als ständigen Kumulationsprozeß ansieht, die also in der Endkonsequenz nicht die Entstehung der wirklich revolutionären Umbrüche in der Wissenschaftsentwicklung erklären kann. Heidegger liefert den neuen Wissenschaftstheoretikern bzw. -philosophen das philosophische Erklärungsmodell, indem er auf den endlichen menschlichen Rahmen der Voraussetzungen verweist, in den der Mensch jeweils „geworfen" sei. „Heidegger weist also darauf hin, daß neue Erkenntnis nicht nur von alter Kenntnis her entsteht, sondern auch vom unerschöpflichen Wesen ihrer unsagbaren Sache, der sich alle Erkenntnis immer wieder zugewendet hat, und die in ihrem Entzug das Denken hineinzieht und deren dadurch ausgetragenes ‚Ereignis' immer wieder das Neue und Unerwartete hervorbringt."[71]

Heideggers „hermeneutische Ontologie" bleibt aber bei der Konstatierung des „Ereignischarakters" des in allem bisher schon immer Gesagten eingebetteten „Ungesagten", welches nun plötzlich hervorbricht, nicht stehen. Er bemüht sich vielmehr auch um die Erhellung des Vorganges der wissenschaftlichen Entdeckung, der von den Positivisten aus dem Felde ihres wissenschaftstheoretischen Interessen ausgewiesen wurde. So schreibt K. R. Popper in der „Logik der Forschung", daß der Vorgang, wie jemandem etwas Neues einfällt, nur in der empirischen Psychologie Interesse finde, „nicht aber die Erkenntnislogik"[72] betreffe.

Die „neue Wissenschaftsphilosophie" wandte sich aber gerade diesem Bereich zu und fand in Heideggers und Gadamers „Hermeneutik der Faktizität" das scheinbar ideale Modell der „Erhellung" dieser Prozesse. An sie anknüpfend, wurde die allgemeine Theorie der „Hermeneutik der Entdeckung" entworfen, die auch naturwissenschaftliche Entdeckungen einbeziehen soll. In der amerikanischen Szene der Wissenschaftstheorie ist es insbesondere Michael Polanyi, der dem ontologischen Charakter wissenschaftlicher Entdeckungen allgemein besonders aufgeschlossen ist. Kisiel hebt allerdings kritisch hervor, daß Polanyi nicht Heideggers hermeneutischer Ontologie folgt, sondern eine „evolutionäre Ontologie" entwickelt, in der der Leib eine entscheidende Rolle spielt. Das Leibliche sei nicht auszuschließen in der Situation des Wissenschaftlers, aber die eigentliche Dimension des heuristischen Feldes gründe sich auf die Sprache. Für Heidegger ist bekanntlich die

[69] T. Kisiel, Zu einer Hermeneutik naturwissenschaftlicher Entdeckung, a. a. O., S. 197.

[70] Vgl. G. E. Lessing, Eine Duplik, in: G. E. Lessing, Auswahl in drei Bänden, Leipzig 1952, S. 30; vgl. des weiteren: S. A. Kierkegaard, Philosophische Brosamen und unwissenschaftliche Nachschrift, München 1976, S. 200.

[71] T. Kisiel, Zu einer Hermeneutik naturwissenschaftlicher Entdeckung, a. a. O., S. 204.

[72] K. R. Popper, Logik der Forschung, Tübingen 1966, S. 6.

Sprache das „Haus des Seins"[73]. Und so komme es darauf an, die Grundbegriffe (Urwörter wie physis, bios, die ursprünglich aus der vorwissenschaftlichen Erfahrung und Auslegung der Seinsbezirke hervorgehen und zunächst die Leitfäden für die erste konkrete Erschließung eines Gebietes darstellen) immer wieder neu auszulegen. „Demgemäß sind die revolutionären Neuerer der Wissenschaft, die sich zu tiefgehenden metaphysischen Entscheidungen in Hinsicht auf die Grundbegriffe ihrer Wissenschaft führen lassen, Denker im Heideggerschen Sinne, d. h. Philosophen und nicht nur Wissenschaftler."[74] Aber da der Mensch sich nicht nur in einer sprachlichen, sondern auch in einer geschichtlichen Situation befindet, gilt es, in das Verfahren hermeneutischer Entdeckung auch diese letztere mit einzubeziehen. Heideggers „Hermeneutik der Faktizität" ist deshalb um eine Ontologie bemüht, „die nun die Betrachtung des Entdeckungsprozesses vom Menschen selbst in die geschichtliche und sprachliche Situation, in denen sich der Mensch befindet, verlagern will . . ."[75] Wissenschaftstheoretisch bzw. -historisch gesehen war es z. B. die geschichtliche Situation, durch welche Einstein zur Neuinterpretation grundsätzlicher Begriffe der Physik (Raum, Zeit, Masse, Energie) kam: „Einstein entfaltete sein umfassenderes Schema durch die Anstöße der Anomalien, die Maxwells Gleichungen in Newtons Schema enthüllt hatten, welche Einstein die Möglichkeiten gaben, die Schwächen in Newtons Annahmen zu korrigieren. Absoluter Raum und absolute Zeit, Fernwirkung, keine Rechtfertigung für die Gleichheit von Gewicht und Massenträgern: Dies waren Schwächen, die die Wissenschaftsebene seiner Zeit aufprägte. Jedoch auf weite Sicht wurde Einsteins Errungenschaft durch Newton selbst und die ganze Überlieferung der Wissenschaft vorbereitet. Der Newtonsche Bezugsrahmen von Voraussetzungen schafft dabei die Grundlage für seine eigne Überwindung."[76]

Die durch Heideggers Philosophie beeinflußten „alternativen" wissenschaftstheoretischen Konzeptionen versuchen auf diese Weise eine Bresche zu schlagen in die Phalanx ihrer vor allem positivistisch orientierten Gegner. Diese Bresche besteht darin, daß mit der Wiederentdeckung der Hermeneutik der Wissenschaftstheorie Dimensionen erschlossen werden, die ihr bisher verschlossen waren. Es sind dies im wesentlichen die Betonung des Prozesses des ständigen Werdens wissenschaftlichen Wissens gegenüber fixen Ergebnissen und ihren formalen Strukturen, die Beachtung vorwissenschaftlicher Sprachstrukturen, die den wissenschaftlichen vorausgehen, diese mit bestimmen, ohne jedoch dort transparent zu sein, und die Einbeziehung des historischen Hintergrundes von Entdeckungen, der im Antihistorismus positivistischer Wissenschaftstheorien ausgeschlossen war. Das Problematische des Heideggerschen philosophischen Ausgangspunktes, an den diese

[73] Vgl. M. Heidegger, Holzwege, Frankfurt/M. 1950, S. 286; ders., Brief über den „Humanismus", a. a. O., S. 21/22, 43, 45; ders., Unterwegs zur Sprache, Pfullingen 1967, S. 267.

[74] T. Kisiel, Zu einer Hermeneutik naturwissenschaftlicher Entdeckung, a. a. O., S. 207.

[75] Ebenda, S. 203.

[76] Ebenda, S. 211.

Wissenschaftstheoretiker anknüpfen, besteht aber darin, daß Heidegger mit seiner Orientierung auf ein „neues Denken“, welches der Philosophie und der Wissenschaft konträr gegenüberstehen soll und Protest gegen die Entartung derselben ausdrücken will, in der Endkonsequenz das verwirft, was den inneren Kern von Wissenschaft und Technik ausmacht und was zugleich eine der grundlegenden Voraussetzungen ihrer menschlichen Beherrschbarkeit ist — die Rationalität. Allerdings darf Rationalität nicht als „halbierte“ begriffen und nicht auf das nur formal Richtige reduziert werden, denn eine solche weist keinen Weg, die wissenschaftlich-technische Revolution sozial zu beherrschen und läßt einzig die Hoffnung auf den „rettenden Gott“, das rettende mystische „Seyn“.

Bezogen auf die „gegenwärtige geisteswissenschaftliche Hermeneutik“, die vor allem durch Heidegger und Gadamer beeinflußt worden ist, schreibt Hans Jörg Sandkühler, daß die gegenwärtigen bürgerlichen Geschichts-(Krisen)Theorien „Manifeste der ‚recherche du temps perdu‘“[77] seien und zu einem der „Instrumente dieser vergeblichen Suche“[78] würden. Diese Hermeneutik „interpretiert die historischen Quellen, um sie einem Subjekt aneignen zu können, das als Geschichtssubjekt nur noch auf Zeit existiert, oder erhebt sich zur philosophischen Universaltheorie historischen Sinns, für den es nur noch auf Zeit einen Adressaten, aber kein Geschichtsbewußtsein mit Willen zur Zukunft gibt“.[79]

Was gegenwärtige bürgerliche wissenschaftstheoretische Konzeptionen von Heidegger bergen zu müssen glauben, ist im Marxschen Verständnis der Wissenschaft als „Produkt der allgemeinen geschichtlichen Entwicklung in ihrer abstrakten Quintessenz“[80] schon lange vor Heidegger und in weit klarerer Sprache angelegt. Die Rolle des „vorwissenschaftlichen“ Denkens im Prozeß der Entdeckung neuer wissenschaftlicher Erkenntnisse und die Notwendigkeit der Analyse des Alltagsbewußtseins im Vorfeld wissenschaftlichen Denkens beispielsweise werden in der marxistischen Theorie ebenso reflektiert wie das historische Verfaßtsein wissenschaftlicher Erkenntnis, die in einen geschichtlich konkreten Hintergrund eingebettet ist und deren Genese dem Forscher bekannt sein muß (die Notwendigkeit von Theoriegeschichte springt ins Auge). Der marxistische Forscher hat bei der Analyse einer Theorie zu berücksichtigen, daß ihr Inhalt in seiner „Historizität“ sowohl sozial als auch innertheoretisch determiniert und wissenschaftslogisch strukturiert ist und zugleich als Denkprodukt einer konkreten Persönlichkeit und ihrer Lebensumstände erfaßt werden muß. Zugleich ist eine wissenschaftliche Theorie immer Teil einer historisch gewordenen und werdenden Wissenschaftstotalität, die einerseits Einfluß nimmt auf den konkreten Erkenntnisgehalt dieser Theorie, deren Erkenntniszuwachs andererseits aber selbst abhängig ist vom Er-

[77] H. J. Sandkühler, Praxis und Geschichtsbewußtsein. Studien zur materialistischen Dialektik, Erkenntnistheorie und Hermeneutik, Frankfurt/M. 1973, S. 399.

[78] Ebenda.

[79] Ebenda, S. 399/400.

[80] K. Marx, Theorien über den Mehrwert, Erster Teil, in: MEW, Bd. 26.1., Berlin 1956, S. 367.

kenntnisgehalt der historisch gewordenen Theorien. Es geht also letztlich nicht um das Wechselspiel von „Ent-bergen“ und „Ver-bergen“ des Seins, sondern um die Dialektik von Teil und Ganzem, von Wesen und Erscheinung und von Logischem und Historischem bei der Interpretation wissenschaftlicher Theorien, die sich — durch vielfältige historische Faktoren stimuliert — in einer gesellschaftlichen Totalität herausgebildet haben.

Teil II: Das entwicklungstheoretische Dilemma spätbürgerlicher Wissenschaftstheorien seit dem zweiten Weltkrieg

Hans-Peter Krüger

Toulmins Pragmatismus und Evolutionismus — eine Odyssee spätbürgerlicher Vernunft

Es hat sich in der Literatur eingebürgert, von einer „antipositivistischen Wende“[1] in der bürgerlichen, insbesondere angelsächsischen Wissenschaftsforschung nach dem zweiten Weltkrieg zu sprechen. Dies folgt zunächst noch dem Selbstverständnis, das solche Autoren wie S. E. Toulmin, N. R. Hanson, T. S. Kuhn und P. Feyerabend in den 60er Jahren ausgebildet hatten. Die Hochzeit dieses „neuen Zuganges“[2], dieser „postempiristischen Wendung“ der analytischen Wissenschaftstheorie[3] oder dieser, wie eine andere Selbstanzeige lautete, „neuen Wissenschaftstheorien in den USA“[4] dauerte bis Mitte der 70er Jahre. Die Gemeinsamkeit dieser Autoren bestand eher in ihrem negativen Verhältnis zum logischen Positivismus, der seinerzeit im angelsächsischen Sprachraum und darüber hinaus die wissenschaftsphilosophischen Fragestellungen dominierte, als in einer positiv begründeten Gegenkonzeption, die der Komplexität des Themas der Wissenschaftsentwicklung gerecht geworden wäre. Bis Mitte der 70er Jahre blieb die Krise dieser Richtung verdeckt von der Welle internationaler Rezeption und breitenwirksamer Erfolge dieser Strömung wider das logisch-positivistische Wissenschaftsverständnis. Aber in dem Maße, in dem Kuhn seinen konzeptionellen Zirkelschluß zwischen „Paradigma“ und „Gemeinschaft“ nicht grundlegend überwinden konnte[5], in dem Toulmin nicht die konzipierten Folgebände seines

[1] K. Bayertz, Wissenschaft als historischer Prozeß. Die antipositivistische Wende in der Wissenschaftstheorie, München 1980. — Vgl. zur Diskussion über den positivistischen Charakter dieser Wende: F. Richter, Gibt es eine antipositivistische Strömung in der Entwicklung der bürgerlichen Wissenschaftstheorie?, in: Deutsche Zeitschrift für Philosophie (im folgenden DZfPh), 5/1980.

[2] H. Poldrack, Historische Hintergründe des „new approach“ in der bürgerlichen Wissenschaftsforschung, in: DZfPh, 7/1983.

[3] M. Hesse, In Defence of Objectivity, in: Proceedings of the Aristotelian Society, London 1973, S. 9.

[4] T. Kisiel, New Philosophies of Science in the USA, in: Zeitschrift für Allgemeine Wissenschaftstheorie (Wiesbaden), Bd. V., 1/1974, insbesondere S. 145—160, 167—180.

[5] T. Kuhn, Postskriptum — 1969, in: T. Kuhn, Die Struktur wissenschaftlicher Revolutionen, Frankfurt/M. 1978, S. 187—193.

Hauptwerkes „Menschliches Erkennen"[6] vorzulegen vermochte, oder in dem Feyerabend aus der Wissenschaftsforschung ausstieg[7], wurde die Krise dieser Strömung in der zweiten Hälfte der 70er Jahre doch offenbar.

In der zweiten Hälfte der 70er und zu Beginn der 80er Jahre mehrten sich die Versuche von Kuhn, Feyerabend und Toulmin (Hanson war 1967 verstorben), ihre wissenschaftlichen Lebenswege selbst im historischen Zusammenhang zu bilanzieren.[8] Die Krise dieser Strömung stellte die Frage nach den gemeinsamen grundlagentheoretischen Defiziten, aber auch nach den von Anfang an bestehenden grundlagentheoretischen Differenzen der genannten Autoren in den Vordergrund. Im Kontext dieser Krise und der möglichen Perspektive ihrer Überwindung gerät Toulmins Gesamtwerk[9] erstmals in die Lage, als Gesamtwerk international rezipiert zu werden. Früher erfolgten Teilrezeptionen seines Werkes in regional, historisch und disziplinär beschränkten Kontexten, teils zur Bestätigung oder teils als Modifikation der ganzen Richtung.

Toulmins Kritik am logischen Positivismus setzte früher und fundamentaler als bei den anderen genannten Autoren ein.[10] Er zeigte bereits ab 1950, daß die

[6] S. Toulmin, Human Understanding, Vol, 1: The Collective Use and Evolution of Concepts, Princeton 1972, General Introduction, (dt.: S. Toulmin, Menschliches Erkennen, Bd. 1: Kritik der kollektiven Vernunft, Frankfurt/M. 1978, S. 25, 43/44).

[7] Vgl. P. K. Feyerabend, Against Method, London 1975, (dt.: ders., Wider den Methodenzwang, Frankfurt/M. 1976); ders., Erkenntnis für freie Menschen, veränderte Ausgabe, Frankfurt/M. 1980, insbesondere S. 245—279.

[8] Vgl. T. Kuhn, The Essential Tension, Chicago—London 1977, S. IX—XXIII; T. Kuhn, Was sind wissenschaftliche Revolutionen?, in: Themen-Reihe der Siemens-Stiftung, Heft XXXIV, München 1982; P. K. Feyerabend, Erkenntnis für freie Menschen, a. a. O., S. 214—241; S. Toulmin, From Form to Function: Philosophy and History of Science in the 1950s and Now, in: Daedalus, Vol. 106, 3/1977; S. Toulmin, The intellectual authority and the social context of the scientific enterprise: Holton, Rescher and Lakatos, in: Minerva, Vol. XVIII, 4/1980; S. Toulmin, The Return to Cosmology. Postmodern Science and the Theology of Nature, Berkeley—Los Angeles—London 1982, S. 1—17.

[9] Vgl. zum Beginn der marxistischen Auseinandersetzung mit dem Gesamtwerk von Toulmin in der sowjetischen Literatur u. a. die Beiträge von B. N. Porus/Šertkova und Ju. A. Zinevič/V. G. Fedotova, in: S. R. Mikulinskij/S. Černjak (Hrsg.), V poiskach teorii razvitija nauki, Moskva 1982, S. 240—278; G. A. Brutjan, Argumentazija, Jerewan 1984.

[10] F. Suppe hat 1973 richtig den Beginn der neuen wissenschaftstheoretischen Strömung mit S. Toulmin, The Philosophy of Science. An Introduction, London 1953 (dt., ders., Einführung in die Philosophie der Wissenschaft, Göttingen 1969) angesetzt: F. Suppe (Hrsg.), The Structure of Scientific Theories, Urbana (Ill.) 1974, Kapitel „Weltanschauungen Analyses". — Der vieldiskutierte Paradigma-Begriff in wissenschaftsphilosophischer Absicht ist vor T. Kuhn, The Structure of Scientific Revolutions, Chicago—London 1962, von S. Toulmin, Foresight

philosophischen, insbesondere erkenntnistheoretischen und ethischen Defizite des logischen Positivismus nicht außerphilosophisch ersetzt werden können, etwa durch historische, soziologische, sozialpsychologische oder naturwissenschaftlich disziplinäre Untersuchungen, die ihrerseits schon philosophische Grundorientierungen voraussetzen. Disziplinäre Ersetzungen der komplexen Problemstellung, wie sich Wissenschaft spezifisch rational entwickelt, können tatsächlich, wenn auch wider Willen, zu einer Fortsetzung der positivistischen Tradition in nur veränderter disziplinärer Gestalt führen. Toulmin orientierte bereits in seinen ersten Monographien während der 50er Jahre darauf, die Rationalitätsauffassung selbst gegenüber dem logischen Positivismus neu zu konzipieren statt sie mit demselben zu identifizieren.[11] Er hatte die grundlagentheoretische Schwäche der „antipositivistischen" Wende, nicht den der Wissenschaft spezifischen rationalen Fortschritt erklären zu können, längt problematisiert, als diese Schwäche mehr als ein Jahrzehnt später in der Debatte mit dem kritischen Rationalismus offenbar wurde.[12]

Während Kuhn ein vergleichsweise einfaches, auf der Ebene der soziologischen Analyse wissenschaftlicher Gemeinschaften überschaubares Erklärungsmodell entwarf,[13] mit welchem schnell limitierte Fallstudien zu erstellen waren, verstand Toulmin die Wissenschaftsentwicklung unseres Jahrhunderts als eine Herausforderung, die das über zweieinhalb Jahrtausende in Europa tradierte philosophische Selbstverständnis von Wissenschaft in Frage stellt.[14] Für Toulmin erforderte die Umstellung der traditionell philosophischen Frageweise auf Probleme, die durch interdisziplinäre Forschungsprogramme lösbar werden, vor

and Understanding. An Inquiry into the Aims of Science, London 1961 (dt., ders., Voraussicht und Verstehen, Frankfurt/M. 1968), geprägt worden, wobei Toulmins wissenschaftsphilosophischer Gebrauch des grammatikalischen Paradigma-Begriffs auf Wittgensteins Cambridger Vorlesungen und auf den Wittgenstein-Schüler W. H. Watson, On Understanding Physics, Cambridge 1938, zurückgeht. Auf beide bezieht sich Toulmin seit seiner Schrift aus dem Jahre 1953 durchgängig. Vgl. zur Geschichte des Paradigma-Begriffes S. Toulmin, Kritik der kollektiven Vernunft, a. a. O., S. 131—142.

[11] Siehe außer S. Toulmin, Einführung in die Philosophie der Wissenschaft, a. a. O.: S. Toulmin, The Place of Reason in Ethics, Cambridge 1950 und S. Toulmin, The Uses of Argument, Cambridge 1958 (dt., ders., Der Gebrauch von Argumenten, Kronberg 1975).

[12] Siehe I. Lakatos/A. Musgrave (Hrsg.), Criticism and the Growth of Knowledge, Cambridge 1970.

[13] T. Kuhn, Die Struktur wissenschaftlicher Revolutionen, Frankfurt/M. 1978.

[14] Siehe S. Toulmin, The Uses of Argument, a. a. O., S. 1—10; S. Toulmin, Kritik der kollektiven Vernunft, a. a. O., S. 12—45.

allem eine universelle Begründung von Evolutionstheorie.[15] Gegenüber der Spezifik der naturwissenschaftlichen Evolutionsauffassung sollte das evolutionstheoretische Verfahren universalisiert und gleichzeitig für die Anwendung auf soziale und kulturelle Evolution wieder spezifiziert werden. Gegenüber der Gemeinsamkeit von Popper und Kuhn, mit kurzschlüssigen Analogien zur Theorie der natürlichen Evolution zu argumentieren,[16] zeichnet sich Toulmin dadurch aus, daß er früh und seit den 60er Jahren auch beharrlich ein Problembewußtsein über evolutionstheoretische Begründungen ausbildet.

Das von Toulmin entwickelte rationalitätstheoretische und evolutionstheoretische Problembewußtsein erforderte einen im Vergleich zu anderen Konzepten hohen Aufwand an historischen, systematischen und interdisziplinären Kompetenzen. Toulmin konnte, im Unterschied zu Kuhn, nicht als der sogleich erfolgreiche Wissenschaftler dieser Strömung wirksam werden, auch nicht, im Unterschied zu Feyerabend, als derjenige, der die Krise dieser Forschungsrichtung in ideologische Popularität verwandelte. Aber Kuhn selbst, der über ein Jahrzehnt als der Wortführer dieser Strömung gegolten hatte, räumte in seiner selbstkritischen Bilanz von 1977 ein, daß wissenschaftstheoretische Probleme, die sein Konzept nicht lösen konnte, möglicherweise in der Zukunft gelöst werden könnten durch eine Überbrückung angelsächsischer und kontinentaler Forschungstraditionen.[17] Toulmins wissenschaftliche Biographie steht im Zeichen dieser Begegnung von angelsächsischen und kontinentalen Traditionen. Was bis Mitte der 70er Jahre Toulmin-Rezeptionen erschwerte, begünstigte diese von nun an: der Übergang zur von vornherein interdisziplinären Konzipierung von Forschungs-

[15] Die evolutionstheoretische Umstellung setzt ein in S. Toulmin, Voraussicht und Verstehen, a. a. O., Schlußkapitel. — Aus den 60er Jahren vgl. die Aufsätze S. Toulmin, The Evolutionary Development of Natural Science, in: American Scientist (Easton), 55/1967 (dt., ders., Die evolutionäre Entwicklung der Naturwissenschaft, in: W. Diederich (Hrsg.), Theorien der Wissenschaftsgeschichte, Frankfurt/M. 1974); S. Toulmin, Conceptual Revolution in Science, in: Boston Studies in the Philosophy of Science, III (1967); S. Toulmin, Does the Distinction between Normal and Revolutionary Science Hold Water? in: I. Lakatos/A. Musgrave (Hrsg.), Criticism and the Growth of Knowledge, a. a. O.; S. Toulmin, From Logical Systems to Conceptual Populations, in: Boston Studies in the Philosophy of Science, VIII (1971). Vgl. nach der „Kritik der kollektiven Vernunft" die Aufsätze neueren Datums: S. Toulmin, Darwin und die Evolution der Wissenschaften, in: H. H. Holz/H. J. Sandkühler (Hrsg.), Dialektik 5, Köln 1982; S. Toulmin, Evolution und menschliches Erkennen, in: P. Good (Hrsg.), Von der Verantwortung des Wissens, Frankfurt/M. 1982.

[16] Vgl. G. Kröber, Zum Problem der Entwicklung in wissenschaftstheoretischen Konzeptionen der Gegenwart, in: NTM-Schriftenreihe. Geschichte der Naturwissenschaft, Technik, Medizin (Leipzig), 1/1984, S. 5–9.

[17] Vgl. T. Kuhn, The Essential Tension, a. a. O., S. XIV–XVI.

strategien und zur Internationalisierung der grundlagentheoretischen Diskussion zwischen Westeuropa und Nordamerika. Inzwischen kandidiert Toulmins Gesamtwerk, neben dem von u. a. Piaget, Foucault oder Habermas, für die sich ebendort abzeichnenden Versuche zur internationalen und grundlagentheoretischen Synthese. — Dies mag Grund genug sein, die Hauptlinien dieses Werkes zu vergegenwärtigen.

1. Toulmins Anfang

Toulmin berichtet 1982 in einem Rückblick auf seine Studienjahre von einem unveröffentlichten Brief an die wissenschaftliche Wochenschrift „Nature" aus dem Jahre 1944. In dem Titel seines damaligen Artikels, „Ethik, Evolution und Thermodynamik", kommt sein frühes Interesse an einer moralphilosophischen Selbstverständigung über die Rolle der Physik und an einer naturphilosophischen Synthese von der Physik bis zur Theorie der natürlichen Evolution, wie diese im Anschluß an Darwin gerade in England verbreitet war, zum Ausdruck. Toulmin hatte versucht, die philosophische Frage nach dem Verhältnis von Freiheit und Notwendigkeit anhand der naturwissenschaftlichen Konzeptionen von Entropiewachstum und evolutionärem Fortschritt zu erörtern. Aber im nachhinein spricht er von einer frühen kosmologischen Spekulation, von einer Art persönlicher „Allgemeiner Naturgeschichte", wenn der Vergleich mit Kant erlaubt sei. Wie einst der vorkritische Kant noch sein „Hume-Erlebnis", so hatte Toulmin nach dem zweiten Weltkrieg und dem ersten Atombombenabwurf sein persönliches „Wittgenstein-Erlebnis".[18]

Stephen E. Toulmin, geboren 1922 in London, studierte Physik am Kings College der Universität von Cambridge, absolvierte ebendort an der Fakultät für Moralwissenschaften unter dem unmittelbaren Eindruck des emigrierten Wittgenstein 1946 bis 1949 eine philosophische Aspirantur, lehrte ab 1950 Philosophie in der großen und in sich differenzierten Philosophengemeinschaft von Oxford, weilte 1954/55 an der Melbourne Universität in Australien und wurde schließlich als Professor für Philosophie an die Universität von Leeds berufen.

Physik hatte einst als das Muster für Naturwissenschaft oder gar von Wissenschaft überhaupt gegolten. Sie schien ihre grundlagentheoretische Krise der Jahrhundertwende in ihrem seither rasanten theoretischen und experimentellen Fortschritt schon überwunden zu haben, als ihre sozialhistorische Relevanz und technologisch inhumane Anwendbarkeit (in Weltkrieg und Atombombe) zu Toul-

[18] Vgl. S. Toulmin, The Return to Cosmology, a. a. O., S. 13/14.

mins Studienzeit vor aller Augen stand.[19] Die internationale Gemeinschaft der Physiker war, sichtlich durch Emigration, durch sozialpolitisch organisierte Bewegungen, durch die Einbindung in militärische Projekte mit der Systemauseinandersetzung und dem Kampf zwischen bürgerlicher Demokratie und Faschismus unmittelbar konfrontiert. Das philosophische und historische Bedürfnis junger Physiker verwunderte in dieser zeitgeschichtlichen Lage um so weniger, wenn sie, wie Toulmin, die Zentren der geistig-kulturellen Elite Großbritanniens und hervorragender Emigranten des Kontinents durchlaufen konnten, Zentren, an denen noch ein am universalen Bildungsideal orientierter Ausbildungsweg möglich war.

2. Toulmins Anschluß an die sprachpragmatische Wende des späten Wittgenstein

Toulmin ging in den Schriften seiner ersten, die 50er Jahre über noch englischen Schaffensperiode explizit von Problemstellungen aus, die die Philosophie der linguistischen Analyse von insbesondere G. Ryle[20], aber auch J. Wisdom und J. L. Austin unter Rückgriff auf die sogenannte Oxforder Schule entwickelte. Die linguistische Wende in der analytischen Philosophie richtete sich nicht nur gegen den ohnehin gescheiterten Physikalismus des Wiener Kreises, sondern auch und vor allem gegen die Fortsetzung des formallogisch orientierten Positivismus durch die analytische Philosophie im engeren Sinne von R. Carnap, A. Pap und W. Quine. Die Konzipierung einer logischen Syntax und Semantik (R. Carnap) und die Konzipierung von Modalitätenlogik und Deontik (G. H. v. Wright, R. M. Hare) fungierten als innerlogische Übergangsformen für die linguistische Wende. Diese teilte die Ablehnung des Prinzips der Verifizierbarkeit von Aussagen am unmittelbar Gegebenen seitens der analytischen Philosophen. Die Vertreter der linguistischen Analyse grenzten sich aber von der formallogischen Konservierung der Bedeutung der Spracheinheiten gegen den Sprachgebrauch im historischen Lebenszusammenhang ab.

In Konsequenz der Geschichte der ständigen Selbstrevisionen des logischen Positivismus, angesichts der Abhängigkeit des Bedeutungswandels der Spracheinheiten von ihrem Gebrauch im historischen Lebenszusammenhang und in

[19] Vgl. S. Toulmin, The intellectual authority and the social context of the scientific enterprise, a. a. O. — In diesem Artikel rekapituliert Toulmin den Wandel des sozialhistorischen Gesamtkontextes der Naturwissenschaften in unserem Jahrhundert, die Verschiebung von mehr philosophisch-kulturellen zu seit den 30er Jahren manifesten ökonomischen, militärischen und politischen Interessen an den Naturwissenschaften, wofür auch die Entstehung der Wissenssoziologie ein Ausdruck gewesen ist. Dabei erinnert Toulmin die Gefühlslage und Entscheidungssituation, in der sich junge Wissenschaftler bei Ausbruch des zweiten Weltkrieges und nach Hiroshima befunden haben (vgl. ebenda, S. 653). Vgl. auch: S. Toulmin, The Return to Cosmology, a. a. O., S. 253.

[20] Siehe G. Ryle, The Concept of Mind, London 1949 (dt., ders., Der Begriff des Geistes, Stuttgart 1969).

Anbetracht des Scheiterns einer positivistischen Unterscheidung zwischen richtigem und falschem Sprachgebrauch führt die linguistische Wende zu einer Rehabilitation der philosophischen Interpretation durch „Verstehen". Das in dieser Selbstauflösung des positivistischen Programms entstehende Vakuum wird bei den Autoren verschieden, je nach ihrem Werdegang, durch lebensphilosophische, hermeneutische, phänomenologische, pragmatische, behavioristische oder psychoanalytische Anleihen aufgefüllt.

Toulmin wurde, wie die Philosophie der linguistischen Analyse im ganzen, wesentlich und explizit durch die Spätphilosophie L. Wittgensteins beeinflußt.[21] Wittgensteins Weg vom „Tractatus logico-philosophicus" (1922) zu den „Philosophischen Untersuchungen" (entstanden 1945, 1947—49) wurde zu der mustergültigen Suche nach einer sprachphilosophischen Symbiose der beiden Grundströmungen spätbürgerlicher Philosophie,[22] zwischen einem Positivismus, der wesentlich über Wissenschaften auf die instrumentelle Beherrschung der natürlichen und sozialen Welt ausgerichtet ist, und einer Philosophie des Lebens, die vor allem auf Sinngebung und Normierung des menschlichen Handelns abzielt. Wirkungsgeschichtlich gesehen suchte Wittgenstein, der selbst in den 20er Jahren die reduktionistischen Konsequenzen des logischen Positivismus provoziert hatte, nach einem weltanschaulichen Halt vor dem logischen Positivismus, aus dessen theoretischer Geschichte inzwischen die Konsequenz der Selbstauflösung gezogen werden konnte und der sich in praxi nicht mehr, wie ein Vierteljahrhundert zuvor, jenseits von Gut und Böse glauben ließ.

Theoretisch wurde das Problem der philosophischen Begründung von Sprachpragmatik im Unterschied zu Syntax und im Zusammenhang mit Semantik der Angelpunkt der Wende. Wittgensteins Deskription der Sprache in ihrem Gebrauch ließ ihn zwei Probleme stellen, das Problem der (auch außersprachlichen) Kontextabhängigkeit des Sprachgebrauchs gegenüber der formallogischen Folgerichtigkeit der Verwendung sprachlicher Aussagen und das Problem des je situationsspezifischen Sprachgebrauchs, der aber eine Art von lebensweltlicher Vorstruktur aufweise, durch die Sprache so brauchbar wird. Sprache wurde vom Standpunkt ihres Gebrauchs phänomenologisch als Lebensform thematisiert.[23] Die Identität

[21] Toulmin nimmt in seinen Schriften passim auf Wittgenstein Bezug. Wittgenstein hatte den ersten Teil seines Spätwerkes „Philosophische Untersuchungen" ausgearbeitet, als Toulmin seine philosophische Aspirantur antrat. Vgl. insgesamt: A. Janik/S. Toulmin, Wittgensteins Vienna, New York 1973.

[22] Siehe A. Gedö, Philosophie der Krise, Berlin 1978, S. 32, 38—40.

[23] L. Wittgenstein, Philosophical Investigations, Oxford 1953 (dt., ders., Philosophische Untersuchungen, Frankfurt/M. 1967), S. 209/210, 248, 261—263. — Die Auffassung der Sprache als „Sprachspiel" orientiert auf die Untersuchung der der sprachlichen Tätigkeit eigentümlichen Kreativität im Gebrauch konventioneller Regeln. Die Thematisierung der Sprache als „Lebensform" reintegriert die sprachliche Tätigkeit in ein Ganzes mit nichtsprachlichen Tätigkeiten, wobei aber letztere und insofern auch das Ganze dem nicht mehr zu hinterfragenden Horizont der phänomenologischen „Lebenswelt" ähneln.

der Bedeutung von sprachlichen Einheiten wurde nicht mehr formallogisch und nicht mehr individualistisch verstanden, sondern pragmatisch als die Regel des Sprachgebrauchs einer Gemeinschaft aufgefaßt.

Demgegenüber hatte der früher von Wittgenstein selbst oder B. Russell vertretene logische Atomismus in der analytischen Philosophie zu dem Versuch der logischen Konstruktion von künstlichen Sprachsystemen geführt, die die Identität der Bedeutung gegen die alltägliche oder eine andere wirkliche Gebrauchsweise festschreiben sollten, unter lebensfremder Abstraktion vom Wandel der Bedeutungen. Dennoch verfehlt auch die sprachpragmatische Wende des späten Wittgenstein die explizit entwicklungstheoretische Fragestellung. Die Untersuchung des Sprachgebrauchs als Sprachspiel kann doch nicht den (auch außersprachlichen) kommunikativen Kontext konkret bestimmen und muß von der Genesis der Regel (des Pragmas) abstrahieren. Die Regel des Sprachgebrauchs erscheint so als konventionelle Spielregel oder nicht weiter zu hinterfragende Lebensform. Sie muß jedenfalls vorausgesetzt werden. Der späte Wittgenstein wird zum philosophischen Ausgangspunkt für die pragmatische Wende in der Sprachwissenschaft durch die Sprechhandlungs-Theorien von J. L. Austin und J. R. Searle.[24]

3. Toulmins eigenständige Stellungnahme in der sprachpragmatischen Wende

Toulmin nahm in dieser Debatte schon Anfang der 50er Jahre eigenständig Stellung. Er demonstrierte nicht nur die Vorzüge der sprachpragmatischen Wende gegenüber der Fortsetzung des logischen Positivismus, sondern leistete auch einen selbständigen Beitrag zu dieser Wende (das Problem der Geltung von Argumenten) und zu der Erkenntnis ihrer Grenzprobleme (das Problem der Wahrheit im Wechsel der Kontextebenen und das Problem der Entwicklung von Rationalitätsformen statt ihres bloßen Wechsels).

Toulmin sah, daß das Scheitern des logischen Positivismus, solange dieser als mit Wissenschaftlichkeit und Rationalität schlechthin identisch erschien, zu einem Irrationalismus oder „Anti-Kognitivismus" auf allen philosophischen Gebieten führen würde. Er zeigte, daß die nur anti-positivistische Interpretation der wissenschaftlichen Erklärung von Naturerfahrung noch immer auf einem positivistischen Verständnis der sozialen und psychischen Erfahrung beruhen kann. Toulmin behandelte Objektivismus und Subjektivismus als einander komplementäre Seiten der analytischen Philosophie.[25] Er gab, mehr durch seine neue Art zu fragen als durch die Vorführung der Problemlösungen, zu erkennen, daß Anleihen bei der Lebensphilosophie, Phänomenologie, Hermeneutik, dem Pragmatismus oder gar

[24] Siehe D. Viehweger, Semantik und Sprechakttheorie, in: W. Motsch/D. Viehweger (Hrsg.), Richtungen der modernen Semantikforschung, Berlin 1983, S. 145—245.

[25] Vgl. S. Toulmin, The Place of Reason in Ethics, a. a. O., 1. Kapitel.

Behaviorismus als Kandidaten für die positive Alternative zur analytischen Philosophie ausscheiden, wenn sie nicht zu einer Neubegründung von Rationalität beitragen.

Andererseits wandte sich Toulmin, unter dem Eindruck des späten Wittgenstein, in der transzendentalen Tradition Kants gegen jedes transzendente Überschreiten der Grenzen der Vernunft. Die klassischen Begründungen des Rationalismus durch die geistesphilosophische Vorannahme einer intelligiblen Substanz, wie sie in den Systembauten des 17. und 18. Jahrhunderts noch üblich war, schloß Toulmin angesichts des soziokulturellen Wertewandels und der naturwissenschaftlichen Erfolge im 20. Jahrhundert gegenüber theologischer oder philosophischer Spekulation aus. Wenn der Vergleich nicht nur der klassischen und modernen Physik, sondern ganzer Kulturepochen auch noch, über Kant hinausgehend, zu einer Historisierung der apriorischen Voraussetzungen führe, den historisch konstruktiven und evolutionären Charakter der Prinzipien möglicher Erfahrungsorganisation aufdecke, stand es im Verständnis Toulmins der Philosophie längst nicht mehr zu, absolutistische Festlegungen über die ontologische Angemessenheit bestimmter Rationalitätsformen zu treffen.

Toulmin bemühte sich um einen „mittleren Weg“[26], der einerseits skeptizistische und relativistische Konsequenzen (z. B. bei P. Duhem) vermied, gleichwohl aber die Kraft des cartesianischen Zweifels und die Einsicht in die Relativität menschlichen Tuns erfordert, der andererseits ahistorische und absolutistische Festschreibungen[27] der systemphilosophischen Tradition oder der Vorurteile des gesunden Menschenverstandes (z. B. E. Haeckel) ausschloß, gleichwohl aber Universalität und Objektivität rationaler Argumentation zu begründen erlaubt. Toulmin versuchte, die transzendentalphilosophischen Grenzbestimmungen der reinen und praktischen Vernunft ohne dualistische Trennung in einem einheitlichen sprachpragmatischen Herangehen neu zu begründen, nämlich als *argumentativen Sprachgebrauch* auf unterschiedlichen *Kontextebenen*.

Toulmin entwickelte bereits in seinem monographischen Erstling „Der Platz der Vernunft in der Ethik“ (1950) die Frage nach einer für die analytische

[26] Toulmin orientiert seit 1950 durchgängig darauf, einen mittleren Weg einzuschlagen, auf dem im Interesse der Erklärung von Entwicklung methodisch verselbständigte Gegensätze aufgehoben werden. Er resümiert die unterschiedlichen Akzentsetzungen bei der Problematisierung dieses mittleren Weges in seinen Lebensperioden in Abhängigkeit von dem allgemeinen kulturellen Wandel intellektueller Haltungen von den 50er bis zu den 70er Jahren in: S. Toulmin, The Return to Cosmology, a. a. O., S. 12—14.

[27] Das Problem der Lösungsform für den Gegensatz zwischen absolutistischen und relativistischen Konzeptionen diskutiert Toulmin vor allem im Anschluß an den diesbezüglich vorangegangenen Versuch des Neuhegelianers R. G. Collingwood (ders., An Essay on Metaphysics, Oxford 1940, und derselbe, The Idea of Nature, Oxford 1946). Vgl. Toulmins Bezugnahme u. a. in: S. Toulmin, The Uses of Argument, a. a. O., S. 257; S. Toulmin, Voraussicht und Verstehen, a. a. O., S. 19, 70; ausführlich aber erst in: S. Toulmin, Kritik der kollektiven Vernunft, a. a. O., S. 69—107.

Philosophie gänzlich neuen Weise der rationalen Begründung von Ethik. Die Fragestellung nach einer generell neuen Rationalitätsauffassung, in diesem Falle auf dem dafür besonders schwierigen Felde der Ethik, richtete sich sowohl gegen nichtkognitive Meta-Ethiken[28] als auch gegen Ethiken, auf die das analytische Ideal der logisch-positivistischen Rationalitätsauffassung nur übertragen wird. In erster Hinsicht parallelisierte Toulmin die Rolle des Gebrauchs von theoretischen Erklärungen und ethischen Begründungen. Für die schlußgeleitete Änderung oder wenigstens Beurteilung von problematisch gewordenen Handlungsweisen spiele die theoretische Erklärung gegenüber den Wahrnehmungen eine ähnliche Rolle wie die ethische Begründung gegenüber moralischen Gefühlen. In diesem Sinne ließen sich „moralische Wahrheiten" neu begründen. In zweiter Hinsicht betonte Toulmin die Spezifik der moralischen, nicht institutionalisierbaren Beurteilung sozialen Handelns. In beiderlei Hinsicht stellte er das Problem der Rationalität auf die folgende Frage um: Welche irreduzible Rolle spielt der Gebrauch von spezifischen Argumentationsformen für die entsprechenden kontextspezifischen Handlungsweisen, wenn letztere in praxi problematisch geworden sind, was subjektiv in Wahrnehmungs- oder Gefühlskonflikten zum Ausdruck kommt?[29]

Auch in seinem zweiten Buch „Einführung in die Philosophie der Wissenschaft" (1953) führte Toulmin zwecks Überwindung der metaphysischen Weise zu fragen und zu antworten einen Kampf an zwei Fronten gleichzeitig: „Wenn man nicht sprechen will, kann man auch nicht die Wahrheit sagen."[30] Dieser Satz war tief, weil er historisch im Kontext einer durchgängig niveauvollen Problematisierung traditioneller Wissenschaftsauffassungen stand. Er richtete sich einerseits gegen reduktionistische Auffassungen der Wahrheit als einer Widerspiegelung der realen Natur im positivistischen Sinne. Im Positivismus wird das Problem der Organisation wissenschaftlicher Erkenntnis in historischen Sprech- und Denkweisen umgangen und das Reale letztlich mit der schon wieder subjektabhängigen Unmittelbarkeit des Gegebenen identifiziert. Toulmin verfolgte die subjektivistischen Annahmen dieser objektivistisch interpretierten Wahrheitsauffassung bis auf die Mach- und Hume-Diskussion zurück. Er richtete sich andererseits gegen eine linguistische Wende, die sich unter Abstraktion von den mehrfach vermittelten Kontexten der Schlußweisen nicht mehr dem Problem der objektiven Wahrheit stellt und in einen subjektivistischen Relativismus verfällt. Toulmin problematisierte Wittgenstein mit Wittgenstein. Er erinnerte in der sprachpragmatischen Wende des späten Wittgenstein an die Stellung des Realismusproblems beim

[28] Darunter sind zu verstehen der Emotivismus von B. Russell, C. L. Stevenson und A. Ayer, der Imperativismus von R. Carnap und der Präskriptivismus von R. M. Hare.

[29] Siehe S. Toulmin, The Place of Reason in Ethics, a. a. O., S. 62–64, 72, 118–120.

[30] S. Toulmin, Einführung in die Philosophie der Wissenschaft, a. a. O., S. 133.

frühen Wittgenstein: „Durch den ganzen logischen Apparat hindurch sprechen die physikalischen Gesetze doch von den Gegenständen der Welt.“[31]

Toulmin rückt an die Stelle der induktiv-deduktiven Wissenschaftsauffassung und der Robinsonaden des formalen Schlußfolgerns in der analytischen Philosophie, deren Irrelevanz er für die Praxis der Physik durchgängig demonstriert, die folgende Unterscheidung: zwischen a) Darstellungsmethoden und Folgerungstechniken, durch deren Konstruktion Phänomene gegenständlich identifizierbar und in diesem Kontext symbolisch repräsentierbar werden; dadurch entstehe die Möglichkeit einer Schlußweise, die sich den Phänomenen anpaßt; b) Modellen, durch die sich die Wissenschaftler ihre Folgerungstechniken interpretieren können, häufig im Sinne von Als-ob-Erklärungen; c) Theorien, deren Struktur aus drei logisch zu unterscheidenden Ebenen besteht, der Formulierung von Gesetzen, Hypothesen und Prinzipien, wodurch offene Probleme gestellt werden können.[32]

Toulmin begründete seine Unterscheidungen gegen die traditionell wechselseitigen Reduktionen dieser Ebenen aufeinander. Demgegenüber formuliert er ein Programm von Fragen nach dem positiven Zusammenhang der unterschiedenen Ebenen. Diese Fragen betreffen den wechselseitigen Gebrauch der zu unterscheidenden Ebenen (logische Schichten) mit daher auch wechselnden Kontexten. Toulmin versucht so, das Thema einzukreisen, wie Schlußweisen (kontextbezogene Einheiten von Sprech- und Denkweisen) stabilisiert werden können, wodurch „gezielte“ Experimente und Beobachtungen möglich werden.

Das „abstrakte“ und vielschichtige „Nomen der Wahrheit“ ordnete er dem ganzen Prozeß der wissenschaftlichen Erkenntnis zu.[33] Das Problem der Wahrheit im engeren Sinne würde praktisch aber erst relevant, wenn es nicht nur in der „Zuschauersprache“ formuliert, sondern auch in der „Teilnehmersprache“ als historisch lösbar gestellt werden muß.[34] Die Bewertung der Wahrheit von Aussagen erfolge dem Typ der Aussagen entsprechend in der Weise des kontextualen Gebrauchs von Aussagen. Erfolgt diese Gebrauchsweise nicht mehr im Kontext von bestimmten Darstellungstechniken, trete an die Stelle der anwendungsbezogenen Bewertungen „wahr/falsch“ im engeren Sinne das Problem der Geltung der theoretischen Formulierung von Gesetzen, Prinzipien und Hypothesen.[35] Um in dem von Toulmin gebrauchten heuristischen Vergleich zu bleiben: Grundlagentheoretische Formulierungen innerhalb der logischen Schichtungen von c) ähneln nicht mehr der Erstellung von „Landkarten“ für Phänomene durch

[31] Ebenda, S. 106, 158, vgl. S. 91. — Toulmin bringt dieses Zitat aus L. Wittgensteins „Tractatus logico-philosophicus“ (1922) auch in seiner „Kritik der kollektiven Vernunft“, a. a. O., S. 206/207.

[32] S. Toulmin, Einführung in die Philosophie der Wissenschaft, a. a. O., S. 80—87.

[33] Ebenda, S. 81/82.

[34] Ebenda, S. 12, 58/59.

[35] Ebenda, S. 80, 82, 89, 93.

Landvermessung (a) und (b).[36] Das Problem der Geltung grundlagentheoretischer Formulierungen könne, den Überlegungen zur Schlußweise folgend, nur noch argumentationstheoretisch behandelt werden.

4. Toulmins argumentationstheoretische Auffassung von Rationalität

Toulmin erkannte, erstmals zusammenfassend in „The Uses of Argument" (1958), in welchen fatalen Kreislauf ein analytisches Ideal von Rationalität, das nach formaler Logik verfährt, geraten muß. Die formallogisch korrekte Analyse bringt als solche keine substantiell neue Erkenntnis zustande. Substantiell neue Erkenntnis muß so entweder auf empirische Daten zurückgeführt und damit a posteriori erklärt werden, oder es müssen für ihre Erklärung über die formalistischen Standards hinausgehende geistesphilosophische Annahmen a priori gemacht werden. Die analytische Philosophie führt so entweder in den Phänomenalismus (Empirismus oder Positivismus) oder in den Transzendentalismus, der sich bis zu einem geistesphilosophischen Absolutismus steigern kann. Lassen sich einerseits aus dem Phänomenalismus relativistische Konsequenzen ziehen, die den Skeptizismus nähren, der nur noch durch einen vulgären Pragmatismus überlebensfähig scheint, stellt andererseits eine Logik als System ewiger Wahrheiten die Gewinnung substantiell neuer Erkenntnis dogmatisch still.[37]

Toulmin sprach sich begründet dagegen aus, diesen philosophisch verfehlten Kreislauf durch physiologische, psychologische oder soziologische Erklärungen ersetzen zu wollen. Solche Erklärungen setzen nicht nur selbst eine Epistemologie voraus, durch die sie an Philosophien der genannten Art gebunden bleiben, sondern verfehlen auch inhaltlich die hinreichende Spezifik von wissenschaftlicher Erkenntnis oder von Rationalität überhaupt (d. h. auch auf außerwissenschaftlichen Feldern, wie Alltag, Moral und Kunst, Management, Rechtsprechung, Politik). Die rationalitätstheoretische Funktion der Logik im Positivismus könne nicht außerlogisch umgangen werden. An ihrer Stelle sei eine neue Logik der Argumentation erforderlich. Dies war das Anliegen seiner Argumentationstheorie, die er 1958 entworfen und 1979 unter Hinzuziehung von Mitarbeitern in „Eine Einführung in das Begründen" erweitert hat.[38] Um darüber erste Vorstellungen zu erwecken, sprach er 1958 auch von einer „arbeitenden", „informellen Logik" gegenüber einer formalen, für die praktische Entwicklung von Rationalität irrelevanten Logik.[39]

Toulmin untersucht Argumentationssequenzen unter einem doppelten Aspekt, als intellektuelle Überzeugungsakte in problematischen Kontexten und als

[36] Ebenda, S. 110, 112, 119.

[37] S. Toulmin, The Uses of Argument, a. a. O., S. 169—210, sowie Kapitel V: The Origins of Epistemological Theory.

[38] Siehe A. Janik/R. Rieke/S. Toulmin, An introduction to reasoning, New York—London 1979.

[39] S. Toulmin, The Uses of Argument, a. a. O., Kapitel IV: Working Logic and Idealised Logic.

menschliche Interaktionen in sozial organisierten Foren. Er unterscheidet darüber hinaus feldabhängige und feldinvariante Gebrauchsweisen von Argumenten, wodurch der argumentative Sprachgebrauch nicht transzendental in sich bestimmt werden muß, sondern in bezug auf kontextuale Inhalte und Funktionen.[40]

Diese beiden durchgängigen Unterscheidungen bieten seinem Zugang im Unterschied zu anderen Wissenschaftsphilosophien in den USA und Westeuropa prinzipiell fünf Vorteile (obgleich Toulmin aus noch zu erörternden Gründen diese mögliche Überlegenheit seines Ansatzes nicht durchzuführen vermag):
Erstens: In der Argumentation überschneiden sich Erkenntnisakt und soziale Interaktion. Da durch Sprache tatsächlich die Einheit von Kommunikation (gesellschaftliche Verhaltenskoordinierung) und Kognition realisiert werden kann, worin eine evolutionäre Errungenschaft der menschlichen Gattung gegenüber der natürlichen Evolution besteht[41], erfordert Toulmins sprachorientierter Zugang nicht den sonst nötigen Dualismus zwischen Soziologismus und Kognitivismus. Dies schließt *zweitens* den von vornherein gesellschaftlichen Charakter der Sprache ein. Toulmin kann vom Standpunkt des „Gemeineigentums" der Sprache[42] den insbesondere in der analytischen Philosophie üblichen Individualismus ausschließen. *Drittens* ermöglicht die Untersuchung des argumentativen Sprachgebrauchs den Zugang zu dem, was in der wissenschaftsphilosophischen Diskussion der erkenntnistheoretische „Kern" der Wissenschaft[43] genannt wird, um sogenannte externe (z. B. ökonomistische) oder sogenannte interne (z. B. empiristische) Reduktionen zu problematisieren. Zu der Spezifik von Gesetzes-, Prinzipien- und Hypothesenformulierungen gehört in der Tat, daß diese unmittelbar sprachlich begründet werden. *Viertens* aber richtet sich Toulmin durch seine Betonung der Kontextabhängigkeit des argumentativen Sprachgebrauchs gegen einen idealistischen Kollaps der wissenschaftsphilosophischen Erklärung des Theorienwandels. Idealistische Selbstbegründungen des Diskurses abstrahieren

[40] Siehe A. Janik/R. Rieke/S. Toulmin, An introduction to reasoning, a. a. O., S. 14 und Part II. — Vgl. Zur Unterscheidung zwischen Argumentationsfeldern und -weisen schon: S. Toulmin, The Uses of Argument, a. a. O., Kapitel I.

[41] Siehe L. S. Vygotskij, Denken und Sprechen, Berlin 1964; A. Lurija, Sprache und Bewußtsein, Berlin 1982; A. N. Leont'ev/A. A. Leont'ev/E. G. Judin, Grundfragen einer Theorie der sprachlichen Tätigkeit, Berlin 1984.

[42] S. Toulmin, Kritik der kollektiven Vernunft, a. a. O., S. 49, 51.

[43] S. Toulmin, Voraussicht und Verstehen, a. a. O., S. 26/27, 45—47. — Toulmin nimmt hier durch die Betonung der argumentativ erklärenden Spezifik von theoretischer Tätigkeit eine selbstkritische Korrektur an instrumentell-pragmatisch interpretierbaren Formulierungen über den „Kern" wissenschaftlicher Entdeckungen vor, die in seiner „Einführung in die Philosophie der Wissenschaft", historisch verständlich, gegen geistesphilosophische Annahmen akzentuiert waren. (Vgl. S. Toulmin, Einführung in die Philosophie der Wissenschaft, a. a. O., S. 27, 33, 149/150.)

Sprachgebrauchs, von den experimentellen, institutionellen und allgemeinen gesellschaftlichen Kontexten des Diskurses. *Fünftens*: Für Toulmin folgt aus der Erkenntnis, daß Theorienwechsel nicht formalisierbar ist, nicht, daß Theorienwechsel irrational verläuft. Da für Toulmin der rationale Charakter des Überganges von einer Theorie zu einer anderen nicht formalisierbar ist, sondern darin besteht, daß dieser Übergang im historischen Kontext nach Argumentationsregeln begründet wird, erübrigt sich für ihn auch die irrationalistische Konsequenz der formalistischen Rationalitätsauffassung.

Es ist hier nicht möglich, auf die Vielzahl der von Toulmin untersuchten Strukturen von historischer und feldabhängiger Argumentation einzugehen. Aber zur Verdeutlichung des argumentationstheoretischen Stranges seiner Gesamtkonzeption soll wenigstens die von ihm angenommene Grobstruktur der feldinvarianten Argumentation genannt werden[44]:

In einem Argument wird für einen bestimmten Schluß (conclusion) ein bestimmter Geltungsanspruch erhoben (claim). Die Erhebung eines solchen Geltungsanspruches stützt sich auf die Beibringung von bedingten Gründen (grounds), zum Beispiel partikuläre Fakten. Gründe fungieren als solche, d. h. als Elemente der Begründung des Geltungsanspruches, nur, wenn sie durch Regeln (warrants) verknüpft werden, d. h. zum Beispiel in Übereinstimmung mit Gesetzen oder Prinzipien beurteilt werden und regulär in die Folgerung des Schlusses eingehen. Urteils- und Folgerungsregeln werden durch Evidenzen gestützt (backings), die in dem historischen Kontext der Argumentation nicht hinterfragt werden. Der bestimmte Geltungsanspruch für denjenigen Schluß, der regulär aus Gründen gefolgert wurde, kann in Anbetracht bestimmter Widerlegungen (rebuttls) modifiziert oder eingeschränkt werden (modifyer).

Die Einwände können sich nicht nur auf die Beurteilung von Gründen oder die Folgerung aus Gründen beziehen, sondern auch die Regeln selbst und damit deren Deckung durch Evidenzen (historisches Apriori) in Frage stellen. Liegt im ersten Fall reguläre, so im zweiten Fall kritische Argumentation vor. Diese im Hinblick auf die Argumentation in der Wissenschaft getroffene Unterscheidung[45] ähnelt auf den ersten Blick der von Kuhn zwischen normaler und revolutionärer Wissenschaft. Aber sie muß nicht als ein zeitliches Nacheinander verstanden werden. Diese Unterscheidung erfolgt auch innerhalb rational präsenter Argumentationsstrukturen, nicht, wie bei Kuhn, innerhalb des zirkulären und nicht rationalisierbaren Zusammenhanges von Wissenschaftlergemeinschaften und Paradigmen.

Die Argumentationsstrukturen unterscheiden sich bei Toulmin nach den Interdependenzen zwischen den genannten Elementen (claims bis modifyers). Argumente sind in ihrem Ganzen problematisch aufgebaut und können daher auf

[44] Vgl. S. Toulmin, The Uses of Argument, a. a. O., S. 94—107; A. Janik/R. Rieke/S. Toulmin, An introduction to reasoning, a. a. O., Part II.

[45] Siehe J. Janik/R. Rieke/S. Toulmin, An introduction to reasoning, a. a. O., S. 249/250.

verschiedenste Art in sich falsch begründet werden. Sie sind aber auch wieder nur begründet zu problematisieren, d. h. durch Gegenargument. Argumentation setzt öffentliche soziale Unternehmungen voraus, in denen Sprache im angedeuteten Sinne gebraucht, d. h. nicht nur instrumentell für die direkte Erfüllung von Zwecken außerhalb der Argumentation verwandt wird. Insofern sich solche Unternehnehmungen durch argumentativen Sprachgebrauch auszeichnen, sind sie für Toulmin „rationale Unternehmungen".[46]

Der rationelle Gehalt von Toulmins Argumentationstheorie besteht in der Richtung, die sie, unter dem neuhegelianischen Einfluß der Frage-Antwort-Logik Collingwoods, von der formalen zur dialektischen Logik einschlägt. Auch dem Marxismus ist beides, wogegen sich Toulmin begründet wendet, wesensfremd, sowohl eine positivistische Auffassung von „Widerspiegelung"[47] als auch eine substanz-metaphysische Auffassung von „Materie"[48] und „Bewußtsein". Marx und Engels fassen das „Bewußtsein" in seiner unmittelbaren gesellschaftlichen Wirklichkeit als sprachliche Praxis, in seiner dadurch gesellschaftlich vermittelten Wirklichkeit als „bewußtes Sein".[49] Die Genese der Sprache wird von ihnen aus der Notwendigkeit gesellschaftlichen Verkehrs verstanden, d. h. nach A. A. Leont'ev aus der gesellschaftlichen Kommunikation.[50] Das kognitive Reflexionsverhältnis des Bewußtseins zum Sein ist kein empiristisch unmittelbares, sondern durch die sprachliche Kommunikation vermitteltes. In der Sprache als der praktischen Wirklichkeit von Bewußtsein werden gesellschaftliche Kommunikation und Kognition zusammengeschlossen. In der sprachlich differenzierten Einheit von Kommunikation und Denken besteht eine evolutionäre Errungenschaft der menschlichen Gesellschaft gegenüber höheren Tiersozietäten. Im sprachlich-kommunikativen Gebrauch kognitiver Strukturen und im sprachlich-kognitiven Gebrauch kommunikativer Strukturen[51] entsteht ein der menschlichen Kultur eigentümliches Potential von rationaler Kreativität.

Aber trotz des neuhegelianisch vermittelten Traditionsbezuges von Toulmin oder seines gelegentlichen Verweises auf die Arbeiten von A. Lurija, der der von L. S. Vygotskij begründeten sowjetischen Forschungstradition angehört, oder Vygotskij selbst[52], schließt Toulmin zu Recht nicht direkt an das an, was von

[46] Siehe S. Toulmin, Kritik der kollektiven Vernunft, a. a. O., S. 441, 568–576.

[47] Siehe dazu H. H. Holz, Dialektik und Widerspiegelung, Köln 1983.

[48] Lenins philosophische Leistung besteht diesbezüglich darin, den Materiebegriff von historisch stofflichen oder substantiellen Bestimmungen befreit zu haben. (Siehe W. I. Lenin, Materialismus und Empiriokritizismus, in: W. I. Lenin, Werke, Bd. 14, Berlin 1975, S. 259–261.)

[49] Siehe K. Marx/F. Engels, Die deutsche Ideologie, in: MEW, Bd. 3, Berlin 1972, S. 28, 30.

[50] Siehe A. N. Leont'ev/A. A. Leont'ev/E. G. Judin, Grundfragen einer Theorie der sprachlichen Tätigkeit, a. a. O., S. 57–72.

[51] Vgl. ebenda, S. 118/119.

[52] Zu den Verweisen Toulmins auf diese Forschungstradition siehe: S. Toulmin, Kritik der kollektiven Vernunft, a. a. O., S. 22, 195/196, 550; S. Toulmin, The Return to Cosmology, a. a. O., S. 133, 141.

Hegel über Marx bis Lenin als dialektische Logik konzipiert und verwendet sowie von Vygotskii in Auseinandersetzung mit Piaget als sprachliche Einheit von Kommunikation und Denken untersucht worden ist. Dafür gibt es nicht nur ideologische Gründe. Toulmins argumentationstheoretische Spezifikation von Rationalität im allgemeinen und wissenschaftlicher Erkenntnis im besonderen entsteht aus der sprachpragmatischen Wende heraus und kann als sprach*pragmatisches* Verfahren nicht hinreichend die *Genesis* der Regeln erklären. Toulmin kann daher nicht systematisch zu der Frage vorstoßen, in welchen Bewegungsformen der dialektische Widerspruch zwischen kontextualen Inhalten und Argumentationsformen sowie zwischen diesen Argumentationsformen und den mentalen Formgehalten gelöst wird.[53]

Die Frage nach den Kontexten und Feldern der Argumentationsformen führt auf Voraussetzungen, Wirkungen und Funktionen der Argumentation außerhalb ihrer selbst zurück. Toulmin wird von Habermas dafür kritisiert, daß er seinen argumentationstheoretischen Ansatz nicht in idealistischer Richtung normativ überzieht.[54] Argumentationstheorie ist für Toulmin eine Teiltheorie, die die Spezifikation von Rationalitätsformen leistet. Sie erhebt nicht den unrealistischen Geltungsanspruch, Sprachpragmatik in die universelle Begründungsdisziplin von Sozialwissenschaften zu verwandeln, wozu Habermas tendiert. Sie dient bei Toulmin auch nicht, im Gegensatz zu O. Apel, einer durch Sprachpragmatik wieder zu befestigenden, „transformierten" Transzendentalphilosophie.[55]

Toulmin orientiert auf eine einheitlich evolutionstheoretische *Überführung* der traditionell philosophisch gestellten Probleme in interdisziplinär abzuarbeitende Forschungsstrategien. Dies unterscheidet ihn sowohl von wieder nur *philosophischen* Letztbegründungen, wie bei Apel, als auch von *dualistischen* Voraussetzungen, wie dem Gegensatz von materieller und symbolischer Reproduktion der Gesellschaft überhaupt bei Habermas.[56]

5. Toulmins evolutionstheoretische Umstellung philosophisch tradierter Probleme

5.1. Der historisch-biographische Aspekt der Umstellung

Nachdem Toulmin in seiner Studienzeit eine eher spekulative Haltung zur Übertragbarkeit der Theorie der natürlichen Evolution gehabt hatte, ab Ende der 40er Jahre aber ein transzendentales Grenzbewußtsein gegenüber metaphysischen Set-

[53] Vgl. zur geplanten Auseinandersetzung mit Piaget schon S. Toulmin, Kritik der kollektiven Vernunft, a. a. O., S. 44/45; über die zwischenzeitlichen Schwierigkeiten beim Lesen von Piaget: S. Toulmin, Evolution und menschliches Erkennen, a. a. O., S. 109–113.

[54] Vgl. J. Habermas, Theorie des kommunikativen Handelns, Frankfurt/M. 1981, Bd. 1, S. 61–66.

[55] Vgl. O. Apel, Transformation der Philosophie, Bd. 1 und 2, Frankfurt/M. 1973.

[56] Vgl. J. Habermas, Theorie des kommunikativen Handelns, a. a. O., Bd. 2, S. 180, 230, 476.

zungen ausbildete und sich eigenständig der sprachpragmatischen Wende anschloß, geht er ab 1960 zu einer systematischen Erkundung der interdisziplinären Möglichkeiten über, an die Theorie der natürlichen Evolution anzuschließen.[57] Dies steht biographisch mit seinem schrittweisen Wechsel der Lehr- und Forschungsstätten von Großbritannien in die USA im Zusammenhang. 1960 begannen Toulmins Gastprofessuren in den USA, so an der Indiana University, in Princeton und als „Visiting John Dewey Professor" für Philosophie an der Columbia University. Seit 1965 wirkt er ständig als Professor für Philosophie und Geschichte der Wissenschaft an bedeutenden US-amerikanischen Universitäten (so in Princeton, an der Michigan University und im letzten Jahrzehnt an der Universität von Chicago) sowie als führendes Mitglied in den relevanten wissenschaftlichen Gesellschaften der USA.[58]

Standen Anfang der 60er Jahre wissenschaftshistorische Untersuchungen im Vordergrund[59], so ab Mitte der 60er Jahre (in Auseinandersetzung mit Popper und Lakatos, Kuhn und Feyerabend) die konkrete Ausarbeitung seines 1961 im Schlußkapitel des Buches „Voraussicht und Verstehen" angekündigten evolutionstheoretischen Konzeptes der Wissenschaftsentwicklung.

Diese Ausarbeitung schloß auch die intensive Beschäftigung mit Entwicklungstrends innerhalb der Theorie der natürlichen Evolution, so u. a. mit Ernst Mayr, und mit Begründungsproblemen der Soziologie (Weber, Parsons, Levi-Strauss) ein. Toulmins *argumentations*theoretische Fassung der *sprach*pragmatischen Wende kann nicht mit dem vulgären und *instrumentellen* Pragmatismus, wie er in den USA seit W. James populär war, identifiziert werden, schon gar nicht mit behavioristischen oder utilitaristischen Reduktionen. Eine positive Verwandtschaft der Konzeption Toulmins mit der amerikanischen Pragmatismus-Tradition liegt jedoch in bezug auf den *semiotischen* Pragmatismus von Ch. S. Peirce und in bezug auf den, im Sinne der formalen Demokratie, *normativen* Pragmatismus von J. Dewey vor.

Grob betrachtet beginnt, nach der englischen (50er Jahre) und der ersten US-amerikanischen (60er Jahre) Arbeitsphase, Ende der 60er Jahre Toulmins dritte Schaffensperiode. In dieser versucht er, seine in den 50er Jahren mehr philosophisch erarbeiteten Problemstellungen in eine evolutionstheoretische Lösungsstrategie umzusetzen, in der die von ihm vor allem während der 60er Jahre ausgebildeten interdisziplinären und historischen Kompetenzen zum Tragen kommen.

[57] Siehe die Titel in Anmerkung 15.

[58] Vgl. S. Toulmin, Kritik der kollektiven Vernunft, a. a. O., S. 10/11.
Biographische Angaben über Toulmin entnehme ich durchgängig den von ihm verfaßten Vorworten zu Monographien und seinen autobiographischen Äußerungen in der in Anmerkung 8 genannten Literatur.

[59] Siehe S. Toulmin/J. Goodfield, The Fabric of the Heavens, London—New York 1961; dies., The Architecture of the Matter, London—New York 1962; dies., The Discovery of Time, London—New York 1965

In „Menschliches Erkennen", dessen erster Band, die „Kritik der kollektiven Vernunft", englisch 1972 erscheint, entwirft Toulmin ein „neues erkenntnistheoretisches Selbstbild" wider Skeptizismus und Pragmatismus, das der Erkenntnispraxis der Wissenschaften des 20. Jh. entsprechen soll und daher selber interdisziplinär formuliert werden müsse. Toulmin nennt seine evolutionstheoretische Hinterfragung der Grundverfassung des „Menschlichen Erkennens" eine „Ökologie des Geistes".[60]

5.2. Das Problem der Universalisierung des evolutionstheoretischen Erklärungsverfahrens

Toulmin ist sich der „Fallgruben" der älteren Formen des „Evolutionismus" durchaus bewußt.[61] Er wendet sich sowohl gegen biologistische und sozialdarwinistische Reduktionen der Spezifik von gesellschaftlicher und kultureller Entwicklung als auch gegen den natur- und geschichtsteleologischen Mißbrauch der Evolutionstheorie. Für Toulmin liegt sowohl der reduktionistische als auch der teleologische Evolutionismus gerade außerhalb der Errungenschaft des evolutionstheoretischen Erklärungsverfahrens.

Die universell gültige Dimension evolutionstheoretischer Erklärungen besteht für Toulmin nicht in der unangemessenen Übertragung besonderer Erklärungsinhalte, sondern in der Art und Weise der evolutionstheoretischen Erklärung, dem wechselseitigen Bezug ihrer Grundbegriffe. Die evolutionstheoretische Erklärung zeichne sich dadurch aus, daß in ihr die Evolution einer „Population" unter „ökologischen" Bedingungen aus dem „dualen Muster von Variation und selektiver Stabilisierung" erklärt wird.[62] Der reduktionistische Evolutionismus führt tendenziell zur vollständigen Abkopplung der beiden Evolutionsmechanismen Variation und selektive Stabilisierung voneinander. Dadurch wird die evolutionstheoretische Erklärung des *Zusammenhanges* beider unmöglich. Umgekehrt unterstellt der teleologische Evolutionismus ihre vollständige Kopplung, wodurch ebenfalls das evolutionstheoretische Erklärungsverfahren erübrigt wird. Das evolutionstheoretische Erklärungsverfahren ist nur für das zwischen diesen beiden Extremen liegende Spektrum an Maßen der Kopplung bzw. Abkopp-

[60] S. Toulmin, Kritik der kollektiven Vernunft, a. a. O., S. 9—19, 41—45, 351—372, 561—563, 583—589.

[61] Siehe S. Toulmin, Kritik der kollektiven Vernunft, a. a. O., S. 374—397. — Toulmin zählt, allerdings ohne jede Begründung, und man muß daher annehmen, aus ideologischem Vorurteil, auch Marx und Engels zum teleologischen oder eschatologischen Evolutionismus. Vgl. auch S. Toulmin, Evolution und menschliches Erkennen, a. a. O., S. 94/95.

[62] S. Toulmin, Darwin und die Evolution der Wissenschaften, a. a. O., S. 69/70; vgl. S. Toulmin, Kritik der kollektiven Vernunft, a. a. O., S. 162—168, 366—368.

lung von Variation und selektiver Stabilisierung gültig.[63] Seine Anwendbarkeit hängt somit davon ab, ob spezifiziert werden kann, was unter „Population", „Umwelt", „Variation" und „selektiver Stabilisierung" im jeweiligen Fall und im wechselseitigen Bezug zu verstehen ist.

5.3. Der Zusammenhang zwischen Toulmins Argumentations- und Evolutionstheorie

Im Gesamtwerk von Toulmin gibt es nicht nur einen historisch-biographischen, sondern auch systematisch begründeten Zusammenhang zwischen Argumentationstheorie und Evolutionstheorie.

Historisch entstand Toulmins Argumentationstheorie aus der sprachpragmatischen Wende heraus, in der sie den Kreislauf der analytischen Philosophie problematisierte. Toulmin wollte das Problem, wie sich substantiell neue Erkenntnis entwickelt, gegenüber sowohl empiristischen und formallogischen Reduktionen als auch geistesphilosophischer Transzendenz stellen. Vom Standpunkt des kontextbestimmten und geregelten Gebrauchs von Argumenten ergab sich zwar die Möglichkeit, den Wechsel von Argumentationsformen aus ihrem Gebrauch zu erklären. Aber offen blieben die hinreichende Erklärung der *Genese* der vorausgesetzten Argumentationsregeln, die *Kontextbestimmung* des Gebrauchs der Argumentation und nach welchen Kriterien der pragmatisch beschriebene Wechsel von Argumentationsformen als *Entwicklung* bewertet werden kann.

Obgleich Toulmin selbst die relativistische Interpretation vermeiden wollte, erfaßte seine pragmatische Beschreibung nur den „Wechsel" oder „Wandel" (change) der Argumentationsformen. Toulmin mußte, um sich von den entwicklungstheoretischen Grenzen der Sprachpragmatik zu befreien, auf den Begriff der Entwicklung (development), und in Bezug auf die Bewertung kognitiver Entwicklung, auf den Begriff der Wahrheit zurückgreifen. Andererseits waren für ihn aber gerade diese beiden Begriffe durch Konzeptionen besetzt, die er durch die argumentationstheoretische Fassung der sprachpragmatischen Wende zu kritisieren gedachte. Der *Wahrheits*begriff schien empiristisch oder logisch-empiristisch belegt zu sein. Der Begriff der *Entwicklung* (development) schien geistesphilosophisch verbraucht, ohne analytisch operabel zu sein, schien vordarwinistische, noch wie bei Lamarck teleologische Implikationen zu haben. Toulmin schien, um dem entwicklungstheoretischen Dilemma der Sprachpragmatik entkommen zu können, kein anderer Weg mehr offen als der, die Argumentationstheorie in eine

[63] Siehe S. Toulmin, Darwin und die Evolution der Wissenschaften, a. a. O., S. 74/75, 77; S. Toulmin, Kritik der kollektiven Vernunft, a. a. O., S. 367, 375, 396, 579—581.

*evolutions*theoretische Rahmenkonzeption zu stellen.[64] Die „ökologische“[65] Dimension des evolutionstheoretischen Erklärungsverfahrens sollte das Wahrheitsproblem reformulieren. „Pragmatisch“ betrachtet schien das „wahr“ zu sein, was sich in der kontextualen Anwendung als „brauchbar“ herausstellte. „Ökologisch“ gesehen wird dieses Problem als der Prozeß der Anpassung von Argumentationen an sich ändernde Umgebungen rekapituliert. Die Anpassung erfolge durch die aktive Herausbildung umgebungsbezogener Gleichgewichte zwischen Variation und selektiver Stabilisierung[66] von Argumenten. Durch die Annahme dieses Doppelvorganges von Variation und selektiver Stabilisierung werde auch die Änderung der Argumentationsregeln erklärlich, die pragmatisch betrachtet einfach vorausgesetzt werden mußten.

Umgekehrt ist Toulmins Universalisierung des evolutionstheoretischen Erklärungsverfahrens auf seine Argumentationstheorie zugeschnitten. Die Universalisierung soll die Bewahrung zweier Erklärungsvorteile seiner Argumentationstheorie ermöglichen und gleichzeitig die entwicklungstheoretische Grenze der argumentativen Sprachpragmatik überwinden können. Der Erklärungsvorteil der Argumentationstheorie von Toulmin gegenüber dem logischen Positivismus bestand darin, daß die Spezifikation des argumentativen Sprachgebrauchs die empiristische und formalistische Reduktion der Sprache erübrigte. Der Standpunkt des spezifisch argumentativen (nicht instrumentell-pragmatischen) Sprachgebrauchs erforderte, daß auch die Evolutionsauffassung von den in der Darwinistischen Tradition üblichen Reduktionen gereinigt wird.

Zudem bestand der Erklärungsvorteil der Argumentationstheorie von Toulmin gegenüber der Teleologie darin, daß substantiell neue Erkenntnis nicht in einer bewußten oder selbstbewußten Substanz („Geist“) vorweggenommen werden mußte, sondern als Resultat des argumentativen Sprachgebrauchs in bestimmten Kontexten beschrieben werden konnte. Toulmins Standpunkt der argumentativen Sprachpragmatik erforderte, daß auch die Entwicklungsauffassung von der in der Tradition idealistischer Philosophien üblichen Teleologie befreit wird. Toulmin betont daher in seiner Universalisierung des evolutionstheoretischen Verfahrens den prinzipiellen Ausschluß von nicht nur reduktionistischem, sondern auch teleologischem Evolutionismus.

[64] Toulmin wechselt in seinen Schriften, von „The Uses of Argument“ bis zur „Kritik der kollektiven Vernunft“, ständig zwischen „change“, „development“ und „evolution“. Er bildet den Evolutionsbegriff (evolution) schrittweise im Spannungsfeld der beiden anderen aus, einerseits des Begriffes vom bloßen Wechsel oder Wandel (change), der pragmatisch verwendet wird, und andererseits des Begriffes der Entwicklung (development), in dem für Toulmin aber noch zu stark lamarckistische, geschichts- und geistesphilosophische Auffassungen mitschwingen.

[65] Siehe S. Toulmin, Darwin und die Evolution der Wissenschaften, a. a. O., S. 72–75; S. Toulmin, Kritik der kollektiven Vernunft, a. a. O., S. 351–353, 368–370.

[66] Siehe S. Toulmin, Kritik der kollektiven Vernunft, a. a. O., S. 374–376, 387–389.

Schließlich aber bedurfte die Universalisierung des evolutionstheoretischen Erklärungsverfahrens rückwirkend der Spezifikation, ohne die das Verfahren nicht anwendbar würde. Komplementär zur Universalisierung entsteht der Argumentationstheorie die Aufgabe, die Bedingungen der Anwendbarkeit des evolutionstheoretischen Erklärungsverfahrens auf die geistig-kulturelle Entwicklung der menschlichen Gesellschaft zu spezifizieren. „Rationale" oder „geistige Unternehmungen" der menschlichen Gesellschaft werden bei Toulmin durch den kognitiv-sozialen Doppelaspekt der „Argumentation" identifizierbar.

6. Die argumentationstheoretisch vermittelte Anwendung des evolutionstheoretischen Erklärungsverfahrens

„Geistige" oder „rationale Unternehmungen" evolvieren laut Toulmin in ihrer gesellschaftshistorischen Umgebung, die naturhistorische Voraussetzungen hat und ihrerseits schon in soziokultureller Form organisiert sein kann. Sie haben, „ökologisch" betrachtet, die Funktion, die im gesellschaftshistorischen Kontext problematisch gewordenen Handlungsweisen zu rationalisieren. Dies setzt voraus, daß die „Probleme", statt zu komplex und zu wandelbar zu sein, möglichst abstrakt formulierbar, isolierbar und durch einen Wert bestimmbar sind, wodurch sie disziplinär bearbeitet werden können. Nach dem Maß dieser Differenzierung unterscheidet Toulmin zwischen „möglichen", „diffusen" und „kompakten Disziplinen".[67] Diese Unterscheidung bezieht sich nicht nur auf wissenschaftliche, sondern auch technische oder juristische „Disziplinen".

6.1. Toulmins zweideutige Bestimmung von „Problemen"

Toulmins Bestimmung von „Problemen" ist zweideutig. Diese Bestimmung erfolgt einerseits in einem „ökologisch" objektivierenden Sinne, andererseits vom argumentationstheoretischen Zugang her, wobei hier nur „Probleme" in bezug auf Naturwissenschaften interessieren sollen.

Die „ökologische" Betrachtung erfordert eine Objektivierung sowohl der Auffassung des Ursprunges von „Problemen" als auch der Urteilsbildung über das, was als Problemlösung zu gelten hat. „Der Ursprung der wissenschaftlichen Probleme liegt . . . in einer subtilen historischen Beziehung zwischen den Einstellungen der Fachwissenschaftler und der von ihnen untersuchten natürlichen Welt."[68] Gegenüber dem notwendigen großen Spielraum subjektiver Urteile hebt Toulmin hervor, daß Urteilsbildungen in der Zeit und anhand ihrer praktischen Konsequenzen objektiviert werden können. Das „endgültige Urteil" sei „etwas

[67] Ebenda, S. 440—474.
[68] Ebenda, S. 180; vgl. ebenda, S. 183, 208.

Objektives, ja eine Tatsachenfrage. Denn die tatsächliche Antwort der Natur auf unsere Versuche, sie zu erkennen, geht über alle menschliche Subjektivität und Einflußmöglichkeit hinaus."[69] Toulmin nimmt, um nicht in einen hermeneutischen Zirkel bei der Definition von „Problemen" zu geraten, an, daß der Gemeinsamkeit von Empfindungen und Vorstellungen, die die Kulturen und Lebensformen der Völker historisch durchzieht, eine Gemeinsamkeit von Bedürfnissen und „Problemen" zugrunde liegt, wenngleich er diese Gemeinsamkeit gesellschaftstheoretisch, politökonomisch, welthistorisch etc. nicht zu qualifizieren vermag.[70]

Andererseits erfolge die Bestimmung und Lösung von Problemen nicht voraussetzungslos, sondern in historisch bestimmten Kontexten vom Standpunkt historisch gültiger Urteilsformen. Die Strukturen der Begründung, was als „problematisch" und als problemlösend gelten kann, resultieren aus historisch vorangegangenen Evolutionsprozessen, wodurch gegenüber den aktualen „ökologischen Anforderungen" eine gewisse Vorangepaßtheit entsteht. Durch die historisch akkumulierten Argumentationsstrukturen können die Menschen, wenngleich in recht beschränktem Maße, „die zukünftigen neuen Problemsituationen voraussehen und sich ihnen damit vernünftig voranpassen . . ."[71] Insofern bestimmt Toulmin „wissenschaftliche Probleme" als die Differenz zwischen den in geistigen Unternehmungen akkumulierten „Erklärungsidealen" und den gegenwärtigen Erklärungsmöglichkeiten.[72] Diese Differenz ist jeweils historisch konkret bestimmt, je nach den Milieus, den epochen- und nationalhistorischen sowie schul- und traditionsspezifischen Besonderheiten.[73]

„Evolution" kann nach Toulmin nur eintreten, wenn die Inhalte einerseits der ökologisch funktionalen Bestimmung von „Problemen" und andererseits der argumentationstheoretischen Spezifikation von „Problemen" weder vollständig zusammenfallen noch vollständig auseinanderfallen. Toulmins „Problem"-Ansatz

[69] Ebenda, S. 288; vgl. ebenda, S. 285/286.

[70] Vgl. ebenda, S. 568—571.

[71] Ebenda, S. 579.

[72] Ebenda, S. 182; vgl. S. Toulmin, Voraussicht und Verstehen, a. a. O., S. 61; vgl. auch Anmerkung 63. — Toulmin kritisiert die Teleologie positiv, indem er das Problem des Kopplungsmaßes der Evolutionsmechanismen stellt. Seine grundsätzliche Kritik an der Teleologie schließt die Anerkennung teleonomischer Erklärungsaspekte ein, deren Legitimität sich daraus erklären läßt, daß aus vorangegangenen Evolutionsprozessen eine „Vorangepaßtheit" einer Population resultieren kann. In diesem Sinne versteht Toulmin auch „Rationalität" als eine Spezifik menschlichen Verhaltens. Für Toulmins wissenschaftstheoretische Erklärung ergibt sich daraus, daß Wissenschaft nie beim Punkte Null anfängt, sondern schon immer Erklärungsideale und -ziele voraussetzt, die eine aus früheren Evolutionsprozessen resultierende Vorangepaßtheit darstellen.
Vgl. zum Unterschied zwischen Teleologie und teleonomischen Erklärungsaspekten auch: S. Toulmin, Teleology in contemporary science and philosophy, in: Neue Hefte für Philosophie, Göttingen 1981.

[73] Siehe S. Toulmin, Kritik der kollektiven Vernunft, a. a. O., S. 289—303.

reformuliert die Frage nach dem Kopplungsmaß der Evolutionsmechanismen und damit nach der aus vorangegangenen Evolutionsprozessen resultierenden „Voranpassung" geistiger Unternehmungen an gegenwärtige „ökologische" Anforderungen. Er verfolgt diese Frage bis auf die natürlichen Voraussetzungen kulturhistorischer Universalien zurück.[74]

Toulmins Zweideutigkeit in der Bestimmung von „Problemen" zeigt die entscheidende Schwierigkeit seiner argumentationstheoretischen Anwendung des evolutionstheoretischen Erklärungsverfahrens. So sinnvoll es einerseits scheint, den Doppelvorgang der Variation und selektiven Stabilisierung argumentationstheoretisch anzuwenden, um einen Zugang zur Spezifik „geistiger" Unternehmungen zu gewinnen, so falsch wäre es andererseits, auch die ökologische Funktionsbestimmung dieses Doppelvorganges argumentationstheoretisch vornehmen zu wollen. Dann entstünde ein argumentationstheoretischer Zirkel, der die hinreichende Objektivierung ausschließt, die aber gerade die ökologische Dimension des evolutionstheoretischen Erklärungsverfahrens nach Toulmin selbst fordert. Was argumentationstheoretisch als die Not einer hinreichend objektiven Bestimmung von „Kontexten" auffiel, wiederholt sich jetzt als die Not einer hinreichend objektiven Bestimmung von „Umgebungen" gesellschaftshistorischer Art.

6.2. Der Doppelvorgang der Variation und selektiven Stabilisierung

Toulmins argumentationstheoretisch vermittelte Anwendung des evolutionstheoretischen Erklärungsverfahrens setzt sich in der Spezifikation des Doppelvorganges für geistige Unternehmungen fort, ohne die „Voranpassung" hinreichend erklären zu können, die aus der praktischen funktionstüchtigen Umgebungsbezogenheit früherer evolutionärer Doppelvorgänge resultiert. Was in Toulmins Anwendung des evolutionstheoretischen Erklärungsverfahrens als „ökologisches" Defizit erscheint, ist ein Vakuum an gesellschaftstheoretischen und gesellschaftshistorischen Bestimmungen, durch die der Evolutionszusammenhang von Natur und Kultur qualifiziert werden müßte. Toulmin legitimiert dieses Vakuum, ohne jede argumentative Auseinandersetzung mit dem historischen Materialismus, durch Verweis auf das spätbürgerliche Dilemma der Begründung von Gesellschaftstheorie oder allgemeiner Soziologie. Das erreichte Stadium der Begründung von Gesellschaftstheorie könne erst mit einer „kopernikanischen" Wende, nicht aber mit einer schon „galileischen" Wende verglichen werden.[75]

Die einseitig argumentationstheoretische Anwendung des evolutionstheoretischen Erklärungsverfahrens verleiht der Gesamtkonstruktion von Toulmin einen normativen Charakter[76]. Obgleich die argumentationstheoretische Kopflastig-

[74] Ebenda, S. 516—552.
[75] Ebenda, S. 408/409.
[76] Siehe ebenda, S. 457, 555, 570—571.

keit von Toulmins Verfahren nicht den nötigen gesellschaftshistorischen Realismus erkennen läßt, führt sie doch zu einem, dem Argumentationsmodell entsprechenden Aufschluß der idealen Bedingungen spezifisch geistiger Entwicklung. Toulmin untersucht „vernünftige" oder „rationale Unternehmungen" unter kognitivem Aspekt als intellektuelle Disziplinen und unter sozialem Aspekt als intellektuelle Professionen, dem Doppelaspekt der „Argumentation" entsprechend. Der Doppelvorgang der Variation und selektiven Stabilisierung muß somit sowohl unter kognitivem Aspekt, d. h. in bezug auf „Begriffs"- oder „Ideenpopulationen", als auch unter sozialem Aspekt, d. h. in bezug auf „Wissenschaftlerpopulationen" oder Wissenschaftlergemeinschaften, bestimmt werden. Rationale Unternehmungen passen sich der veränderlichen Umgebung an, indem sie in bezug auf ihre Umgebung in sich ein Gleichgewicht von Variation und selektiver Stabilisierung ausbilden. Die Etablierung eines solchen dynamischen Gleichgewichts schließt allerdings die Entsprechung zwischen der Evolution der Ideen und der Evolution der institutionellen Gemeinschaftsstrukturen ein.[77]

6.3. Der Zirkel Idee — Institution

Die Problematik des wissenschaftstheoretischen Entwurfes von Toulmin kulminiert in seiner Bestimmung, wie die disziplinäre und professionelle Evolution einander entsprechen. Das Spektrum dieser Problematik wird in zwei „Epigrammen" deutlich, die für Toulmin aber von konzeptionellem Rang sind: „*Jede Idee ist eine geistige Mikroinstitution*" — und die Umkehrung: „*Institutionen sind Makroideen*".[78] Während das erste Epigramm gegen idealistische Zirkel in der Erklärung spezifisch geistiger Entwicklung gerichtet ist, diese Zirkel aber *pragmatisch* auflöst, kompensiert das zweite Epigramm das Abgleiten in den Pragmatismus *idealistisch*, als bestünde die Evolution sozialer Ordnungen in der Institutionalisierung von Makroideen. Würde Toulmin nicht zwischen Mikro- und Makroebene unterscheiden, liefe seine wissenschaftstheoretische Anwendung des evolutionstheoretischen Erklärungsverfahrens sogleich in dem *Zirkel Idee-Institution* fest. Er nennt das Defizit, das für die Durchführung der Unterscheidung zwischen Makro- und Mikroebene überwunden werden müßte, eine „Theorie der institutionellen Entwicklung", die „die Lücke zwischen einer Populationsanalyse des historischen Wandels in ganzen Gesellschaften und unserer Theorie des Ideenwandels in Vernunftsunternehmen schließen" könnte.[79]

Es scheint, trotz der klar distanzierten Haltung Toulmins gegenüber dem Marxismus, nicht ganz zufällig zu sein, wenn er an konzeptionell problematischen Stellen doch Nebenbemerkungen der folgenden Art einschiebt: So erwähnt

[77] Siehe ebenda, S. 308—310, 329.
[78] Ebenda, S. 198, 412.
[79] Ebenda, S. 411.

von der inhaltlichen und funktionalen Kontextabhängigkeit des argumentativen er z. B., daß Collingwood, an den er anschließt, angesichts des Dilemmas von Absolutismus und Relativismus einer liberalen Variante der historisch-materialistischen Geschichtsauffassung zugeneigt gewesen sei.[80] Oder er bemerkt, daß die in seiner Populationsanalyse des sozialen Wandels enthaltenen „echten Analogien zwischen den geistigen Abläufen in unseren Vernunftsunternehmen und dem praktischen Ablauf unserer gesellschaftlichen Unternehmungen die marxistische Redeweise von den ‚inneren Widersprüchen' gesellschaftlicher Institutionen" nahelegen.[81]

Ob in der Bestimmung der „ökologischen" Anforderungen an geistige Unternehmen oder der Bestimmung von Makro- und Mikrokontexten, ob in der Untersuchung des Verhältnisses von kognitiver und sozialer Seite in der Evolution dieser Unternehmen, oder ob in der Analyse des Verhältnisses zwischen Variation und selektiver Stabilisierung in der Evolution solcher Unternehmen — in all diesen Hinsichten stößt Toulmin nicht auf eine gemächlich kontinuierliche Evolution, auf evolvierende Einheiten, Entsprechungen und Gleichgewichte, sondern auf deren genetische Voraussetzungen, auf Gegensätze, Widersprüche und Ungleichgewichte. Die gesellschaftstheoretischen Probleme, die ihm in der Anwendung des evolutionstheoretischen Erklärungsverfahrens entstehen, bestätigen nicht das ideologiehistorische Motiv, das seine Ausarbeitung des Evolutionskonzepts der Wissenschaftsentwicklung begleitet hat. Das evolutionstheoretische Erklärungsverfahren schien „neomarxistische" oder „revolutionstheoretische" Konzepte widerlegen, die „Revolution" als eine „Illusion" erweisen zu können.[82]

Stattdessen offenbart Toulmins Kurzschluß zwischen Evolutions- und Argumentationstheorie ein tiefer liegendes Dilemma: Das spätbürgerliche Dilemma, keine Theorie der gesellschaftlichen Entwicklung begründen zu können, blockiert auch die Begründung einer Theorie der Wissenschaftsentwicklung. Das Problem der Revolution der Wissenschaft taucht in dem Maße wieder auf, in dem das gesellschaftstheoretische Defizit in der Anwendung des universalisierten evolutionstheoretischen Erklärungsverfahrens hervortritt. Aber es ist dann nicht mehr das Kuhnsche Problem des Paradigmawechsels auf der Ebene von Wissenschaftlergemeinschaften, das sich in eine Reihe von „Mikro-Revolutionen" auflösen läßt[83], sondern das Problem, wie Wissenschaftsentwicklung mit der Entwicklung von Gesellschaftsformationen und deren Produktionsweisen zusammenhängt.[84]

[80] Siehe ebenda, S. 98, 103.

[81] Ebenda, S. 410.

[82] Siehe ebenda, S. 119—158.

[83] S. Toulmin, Does the Distinction between Normal and Revolutionary Science Hold Water?, a. a. O., S. 46/47. — Vgl. den im „Postskriptum — 1969" zusammengeschmolzenen Revolutionsbegriff von T. Kuhn, Die Struktur wissenschaftlicher Revolutionen, a. a. O., S. 192.

[84] Vgl. K. Bayertz, Über Begriff und Problem der wissenschaftlichen Revolution, in: K. Bayertz (Hrsg.), Wissenschaftsgeschichte und wissenschaftliche Revolution, Köln 1981, S. 20/21.

An die Stelle der gesellschaftstheoretischen Spezifikation der evolutionstheoretischen Erklärung tritt bei Toulmin durchgängig eine Notkonstruktion: das juristische Modell, nach Präzedenzfällen zu urteilen. Toulmins Analogie zu dem „Übergang von der gesetzesbezogenen zur gewohnheitsrechtlichen Argumentation" anhand von Präzedenzfällen[85] bietet zwar gegenüber der formalen Subsumtion unter abstrakt-allgemeine Bestimmungen (in Gesetzesform) Erklärungsvorteile. Aber er schließt in seine Analogie nicht ein, daß diese juristische Verfahrensart ihrerseits als Lösungsform sozialer und sozialökonomischer Widersprüche historisch fungiert. Toulmin abstrahiert nicht nur von diesem historischen Inhalt des juristischen Verfahrens, sondern auch, verglichen mit den klassischen Theorien der Gewaltenteilung, vom Entwicklungszusammenhang der Justiz mit der Legislative und Exekutive. Dies widerspricht seinem eigenen pluralistischen Beharren auf Machtteilungen als einer Bedingung der Möglichkeit von Evolution und führt zu der These von der „Rechtsschöpfung durch den Richter"[86]. Eine solche Rechtsschöpfung durch den Richter war allerdings häufig historischer Anlaß zu „revolutionären" Bestrebungen.

6.4. Vorzüge der Konzeption Toulmins

Kuhns konzeptioneller Zirkel zwischen Paradigma und Wissenschaftlergemeinschaft ist nur eine mikrosoziologische Variante des von Toulmin im Kontext spätbürgerlicher Philosophie und Sozialwissenschaft fundamentaler und umfassender begründeten Zirkels zwischen Idee und Institution. Bei aller Zirkularität in Toulmins Anwendung des evolutionstheoretischen Erklärungsverfahrens sollten aber weder seine richtigen methodologischen Orientierungen, auch wenn er diese aus Spezifikationsnot nicht realisieren kann, übersehen werden, noch seine wissenschaftstheoretisch bedeutend differenziertere Argumentationsweise im Vergleich zu anderen westlichen Wissenschaftsphilosophen, für die hier nur Kuhn als Beispiel stehen kann.

Von seinen methodologisch richtigen Orientierungen seien wenigstens die folgenden drei genannt:

1. Toulmin strebt durchgängig den Wechsel des für Wissenschaftstheorie konzeptionsbildenden Standpunktes an. Für entwicklungstheoretische Erklärungen ist es in der Tat erforderlich, vom Standpunkt der „*Buchprüfer* des wissenschaftlichen Denkens", die die formalisierbaren theoretischen Resultate der Wissenschaft post festum bewerten,[87] zur Lüftung des Kreativitätsgeheimnisses der wissenschaftlichen Tätigkeit selbst vorzurücken. Seine Erklärung der Komplexität wissenschaftlicher Ideen als sprachliche, darstellende und anwen-

[85] S. Toulmin, Kritik der kollektiven Vernunft, a. a. O., S. 279/280.

[86] Ebenda, S. 286/287.

[87] S. Toulmin, Darwin und die Evolution der Wissenschaften, a. a. O., S. 76.

dende Tätigkeit ist vielversprechend.[88] Allerdings verschenkt er die tätigkeitstheoretischen Erklärungsmöglichkeiten wieder, wie sie von A. N. Leont'ev, A. Lurija und A. A. Leont'ev entwickelt wurden,[89] wenn er „Tätigkeit" pragmatisch auflöst in „geregelte Verfahren" und damit „Institutionen"[90].

2. Toulmin erkennt, gegenüber der Vielzahl eklektizistischer und dualistischer Forschungsstrategien, daß ein grundlagentheoretischer Durchbruch nur dann gelingen wird, wenn Diskontinuitäten und Kontinuitäten der Wissenschaftsentwicklung durch ein einheitliches entwicklungstheoretisches Konzept erklärt werden können.[91] Diese tiefe Einsicht in die Synthesenot spätbürgerlicher Diskussionen muß wohl unterschieden werden von seinem eigenen ideologischen Motiv, daß die universell evolutionstheoretische Erklärungsstrategie eine politisch reformistische Haltung legitimieren könnte.

3. Toulmins entwicklungstheoretisch synthetisierende Perspektive schließt methodologisch ein, daß er auf die Überwindung des Gegensatzes zwischen einerseits der systemfunktionalistisch verabsolutierten Beobachterperspektive und andererseits der handlungstheoretisch verabsolutierten Teilnehmerperspektive orientiert.[92] Toulmins Problembewußtsein ist über die mal systemfunktionalistischen Hochs (der 60er Jahre) oder mal interpretativen Hochs (seit Mitte der 70er Jahre) auf dem angelsächsischen Wissenschaftsmarkt erhaben.

Toulmins Konzeption hält dem Vergleich mit anderen angelsächsischen Wissenschaftskonzeptionen nicht nur im Hinblick auf grundlagentheoretisches Problembewußtsein stand, sondern auch im Hinblick auf das analytische Potential seines Netzes aufeinander bezogener Kategorien.[93]

Während Kuhn in der Begründung von Wissenschaftstheorie den gemeinschaftssoziologischen Aspekt für konstitutiv halten muß,[94] wehrt Toulmin durch seinen argumentationstheoretischen Zugang die soziologische Auflösung der kognitiven Spezifik von Wissenschaft ab, ohne selbst „antisoziologisch" werden zu müssen, da seine Untersuchung von Argumenten bereits den Aspekt der sozialen Interaktion impliziert. Das Problem der Rationalität der Wissenschaftsentwicklung muß von ihm nicht umgangen werden, wie bei Kuhn, sondern kann als konzeptionsbildendes Problem für Wissenschaftstheorie gestellt werden. Toulmin erhält der Wissen-

88 Siehe S. Toulmin, Kritik der kollektiven Vernunft, a. a. O., S. 193.

89 Siehe A. N. Leont'ev, Tätigkeit-Bewußtsein-Persönlichkeit, Berlin 1979; A. N. Leont'ev/A. A. Leont'ev/E. G. Judin, Grundfragen einer Theorie der sprachlichen Tätigkeit, a. a. O.; A. Lurija, Sprache und Bewußtsein, a. a. O.

90 Siehe S. Toulmin, Kritik der kollektiven Vernunft, a. a. O., S. 195—201.

91 Siehe ebenda, S. 119, 126, 148, 478—481.

92 Diese Orientierung durchzieht das Gesamtwerk von Toulmin. Siehe u. a.: S. Toulmin, Kritik der kollektiven Vernunft, a. a. O., S. 195, 316, 351—361, 407.

93 Dies wird, obgleich Kuhns Stärke auf der mikrosoziologischen Ebene liegt, auch von wissenschaftssoziologischer Seite eingeschätzt. Vgl. u. a.: P. Weingart, Wissensproduktion und soziale Struktur, Frankfurt/M. 1976, S. 36, 45, 50.

94 Siehe T. Kuhn, Die Struktur wissenschaftlicher Revolutionen, a. a. O., S. 188.

schaftstheorie das Rationalitätsproblem, indem er es von seiner logisch-positivistischen Formulierung befreit. Zudem ermöglicht seine Argumentationstheorie, spezifisch wissenschaftliche Argumentationsweisen in ihrem Entwicklungszusammenhang mit außerwissenschaftlichen Argumentationsweisen zu untersuchen, wodurch der Überwindung des Gegensatzes zwischen Externalismus und Internalismus zugearbeitet werden kann.

Während sich Kuhn auf die Mikroebene der Wissenschaftlergemeinschaften beschränken muß, gestattet Toulmins „ökologischer" Zugang eine mikrostrukturelle Differenzierung von „rationalen Unternehmen". Dieser makrostrukturelle Einstieg wird von ihm weiter schrittweise differenziert, bis er auf der historisch besonderen und mikrostrukturellen Ebene ankommt. Die Differenzierung erfolgt am Leitfaden des evolutionstheoretischen Erklärungsmodells selbst: welche Strukturbedingungen müssen gegeben sein, wenn „geistige Unternehmen" evolvieren?

Aus der Vielzahl der durchaus analytisch brauchbaren Antworten Toulmins auf diese Frage kann hier nur eine hervorgehoben werden, die den Unterschied zu Kuhn und gleichzeitig zur analytischen Philosophie deutlich werden läßt. Wissenschaftliche Disziplinen können evolvieren, wenn sie nicht systematisch geordnete, sondern problembezogene Mengen von „Ideen"- und „Wissenschaftlerpopulationen" darstellen.[95] Im Unterschied zu Kuhn, der seinen Ausgangspunkt in einer bestimmten Gemeinschaft findet und erst im Verlaufe der Erklärung stellenweise andere Gemeinschaften einblendet, ergibt sich für Toulmin die allgemeine Möglichkeit der Evolution eines „rationalen Unternehmens" aus der Existenz von Mengen an „Ideen"- und „Wissenschaftlerpopulationen". Eine solche Menge hat zwar in kognitiver Hinsicht eine Gemeinsamkeit, die Toulmin die disziplinären Erklärungsideale nennt[96]. Aber diese Menge könnte nicht evolvieren, wenn sie über die Erklärungsideale hinaus einem logisch stringenten System von Aussagen subsumiert wäre, d. h. gleichsam unter die Herrschaft eines Resultats früherer Evolutionsprozesse geriete. Strukturbedingung der kognitiven Evolution von „rationalen Unternehmen" ist der problembezogene und argumentative Wettbewerb zwischen verschiedenen Theorien innerhalb des disziplinären Unternehmens.[97] In sozialer Hinsicht wäre die Möglichkeit der Evolution des disziplinären Unternehmens verbaut, wenn die formelle innerinstitutionelle Organisationsweise einer bestimmten „Wissenschaftlerpopulation" auf das ganze Unternehmen übertragen würde.[98] Demgegenüber wird die Evolution

[95] Vgl. S. Toulmin, Kritik der kollektiven Vernunft, a. a. O., S. 236—241, 250—255, 307—310, 314—316, 326—328, 368. — Vgl. auch Toulmins Unterscheidung von 5 Haupttypen wissenschaftlicher Probleme unter jeweils 3 Lösungsaspekten: ebenda, S. 210 und 244.

[96] Vgl. ebenda, S. 174—184, 419, 424, 573—576.

[97] Vgl. ebenda, S. 288/289, 344—350.

[98] Vgl. zur informellen Gruppenbildung, der formellen Institutionalisierung und dem Wechsel von Wissenschaftlergenerationen: ebenda, S. 320—324 und 330—335.

des disziplinären Unternehmens wahrscheinlich, wenn die der Disziplin gemeinsamen Organisationsformen, von Zeitungen über Kongresse bis zu Standardlehrbüchern[99], nicht monopolisiert werden können. Die Frage, unter welchen kognitiven und sozialen Bedingungen das Gleichgewicht zwischen Variation und selektiver Stabilisierung möglich wird, läßt sich für Toulmin auf der Ebene zwischen „rationalen Unternehmen" fortsetzen, bis zur Bestimmung evolutionär erfolgreicher Kulturen und Gesellschaften.[100]

7. Toulmins Evolutionismus und Pragmatismus

Obgleich Toulmin seine argumentationstheoretische Fassung der sprachpragmatischen Wende und seine Universalisierung des evolutionstheoretischen Erklärungsverfahrens aufeinander abstimmt, müssen doch beide, für sein Gesamtwerk konstitutiven Seiten auseinanderfallen. Die Konsequenzen der evolutionstheoretischen Erklärungsstrategie sind mit pragmatischen Voraussetzungen unverträglich. Zwar muß in jedem konkreten Anwendungsfall der evolutionstheoretischen Erklärung eine gewisse Voranpassung angenommen werden, die pragmatisch beschrieben werden könnte. Allein, jede pragmatisch vorausgesetzte Regel von Erklärungen und Darstellungs- oder sonstigen Verfahren müßte ihrerseits wieder sowohl ökologisch als auch genealogisch als Resultat historischer Evolution erklärt werden.[101] Die radikalisierte evolutionstheoretische Erklärung ist unvereinbar mit dem pragmatischen Ausschluß der Frage nach der Entstehung der jeweiligen Regeln.

Außerdem hatten wir bereits gesehen, daß die argumentationstheoretische Spezifikation des evolutionstheoretischen Erklärungsverfahrens eine gesellschaftstheoretische Spezifikation desselben voraussetzt, die Toulmin aber nicht leisten kann. Aufgrund des gesellschaftstheoretischen Defizits konnte die „ökologische" Seite der evolutionstheoretischen Erklärung nicht entfaltet werden und entstand, hinsichtlich der Bestimmung des Doppelvorganges, die Zirkularität zwischen Idee und Institution. Toulmins Rückfall in die Grenzprobleme des Pragmatismus und Idealismus folgte noch nicht aus seiner evolutionstheoretischen Erklärungsstrategie als solcher, sondern daraus, daß er diese nicht gesellschaftstheoretisch anzuwenden vermochte. Toulmin spezifiziert, vom gesellschaftstheoretischen Standpunkt aus betrachtet, gleichsam „von oben" durch Argumentationstheorie, ohne „von unten" die notwendigen Fundamente gelegt zu haben. Die argumentationstheoretische Spezifikation stößt so auf Kontexte und Felder der Argu-

[99] Vgl. ebenda, S. 316—319, 325.

[100] Vgl. ebenda, S. 248—260, 570, 573—576.

[101] Die genealogische Erklärung müßte die ökologische Erklärung innerhalb der evolutionstheoretischen ergänzen. (Vgl. ebenda, S. 366—368.)

mentation, die sie nur voraussetzen, nicht erklären kann. Sie läuft institutionstheoretisch fest.

Das gesellschaftstheoretische Defizit hat zwei Folgen: Einerseits wird Toulmins evolutionstheoretische Erklärung unspezifisch, damit nicht anwendbar, und in diesem Sinne „evolutionistisch“[102]. Andererseits muß Toulmin, da er die evolutionstheoretische Erklärung nicht durchführen kann, wieder pragmatische Voraussetzungen einführen. Auf dem Hintergrund des gesellschaftstheoretischen Dilemmas wird verständlich, warum Toulmins Gesamtkonzeption wieder auseinanderbricht in Evolutionismus und Pragmatismus.

Toulmin hat bis heute seine Zusammenführung der evolutionstheoretischen Forschungstradition und der sprachpragmatischen Wende gesellschaftstheoretisch nicht bewältigen können. Der erste Band seines Hauptwerkes „Menschliches Erkennen“ addierte die evolutionstheoretische und pragmatische Fragerichtung zu einem Titel: „Der kollektive Gebrauch und die Evolution der Begriffe“. Toulmins Redlichkeit, im englischen Titel dieses Bandes „Evolution“ nicht auf „Gebrauch“ zu reduzieren und „Gebrauch“ nicht schon für „Evolution“ zu halten, kommt leider in dem deutschen Titel dieses Buches nicht mehr zum Ausdruck: „Kritik der kollektiven Vernunft“.

Im nachhinein scheint die Addition im Titel des ersten Bandes schon anzukündigen, daß die geplanten Folgebände nicht geschrieben werden können. Im zweiten Band wollte Toulmin den individuellen Erwerb rationaler Fähigkeiten und Fertigkeiten untersuchen, von physischen bis zu psychischen Bedingungen.[103] Aber hätte dieses Thema nicht zu einer umfassenden persönlichkeitstheoretischen Erklärung des Vergesellschaftsprozesses von Individuen führen müssen, um schließlich, unter kollektiven Voraussetzungen, zur persönlichkeitsbezogenen Genealogie von Ideen vorstoßen zu können, zu einer Genealogie, die keine pragmatischen Regeln mehr voraussetzen kann? Im dritten Band wollte Toulmin die vernünftige Beurteilung der menschlichen Erkenntnis und die Bewertung von Ideen behandeln. Dieser Band sollte, kantianisch gesprochen, die urteilslogische Synthese der beiden vorangegangenen Bände erbringen.[104] In diesem Buch hätte die Zweideutigkeit, mit der Toulmin im ersten Band „Probleme“ bestimmt, überwunden werden müssen. Die Dimensionen der objektiven und subjektiven Wahrheit hätten in einem einheitlichen Entwicklungsprozeß aufeinander bezogen werden müssen. Aber wie sollte der dritte Band eine Synthese bringen, wenn schon der erste Band wieder evolutionistisch und pragmatisch auseinanderlief?

Toulmin ist sich Mitte der 70er Jahre des Problems bewußt geworden, daß die evolutionstheoretische Einordnung der irreduziblen Funktion von Argumen-

[102] Siehe G. Kröber, Zum Problem der Entwicklung in wissenschaftstheoretischen Konzeptionen der Gegenwart, a. a. O., S. 5—7.

[103] Siehe S. Toulmin, Kritik der kollektiven Vernunft, a. a. O., S. 25, 43.

[104] Siehe ebenda, S. 25, 44.

tationsformen eine systematische Neubestimmung des Zusammenhanges von spezifisch natürlicher, spezifisch gesellschaftlicher und spezifisch kultureller Entwicklung erfordert. Um realistisch bei der Spezifik der Evolution der Erkenntnis ankommen zu können, ist eine evolutionär fortschreitende Rahmenspezifikation „von unten" nötig. Seine rationalitätstheoretisch angelegte Problemgeschichte der Philosophie von der griechischen Antike bis zur Gegenwart, „Wissen und Handeln", mündet in den Versuch ein, einen „integrierten" Ansatz zur Erforschung der „Naturgeschichte der Menschheit" und der „menschlichen Natur"[105] in Gang zu setzen. Es ist hier nicht der Ort, dieses Buch philosophisch zu würdigen. Toulmin selbst entwickelt darin seine Vorstellung von der Arbeitsteilung und der rationalitätstheoretischen Brücke zwischen Philosophie und Wissenschaft. Er behandelt auf glänzend einfache Weise seine hier schon als richtig hervorgehobenen methodologischen Orientierungen. Aber es bleibt offen, wie er dieses, erst aus der Problemgeschichte der Philosophie heraus begründete Forschungsprogramm einer evolutionstheoretischen „Reintegration" des bislang dualistisch verstandenen menschlichen Wesens[106] in die Natur über interdisziplinär hinreichende Spezifikationen durchzuführen gedenkt. Aufschlußreich ist in diesem Zusammenhang, daß Toulmin, ähnlich wie Piaget ab Ende der 60er Jahre, auf die synthetischen Potenzen der Humanwissenschaften setzt, im Unterschied zu dem, wie es scheint, nicht aus sich selbst heraus zu überwindenden Gegensatz von Natur- und Sozialwissenschaften.

Man mag zu Recht einwenden, die nötigen interdisziplinären Spezifikationen der evolutionstheoretischen Erklärungsstrategie, insbesondere die Überwindung des gesellschaftstheoretischen Defizits, seien nicht von einem einzelnen zu erwarten. Toulmin orientiert auf von vornherein interdisziplinär ausgebildete Wissenschaftlergenerationen. Er leistet seinen Beitrag zu dieser Ausbildung, teils indem er seine philosophische Rolle im interdisziplinären Konzert wahrnimmt, teils indem er direkt mit Schülern kooperiert, so wenn er 1979 mit R. Rieke und A. Janik seiner ursprünglich mehr philosophisch problemorientierenden Argumentationstheorie eine interdisziplinär operable Fassung gibt.

Im Kontext der ab Mitte der 70er Jahre aktiv werdenden, neuen sozialen und kulturellen Bewegungen können zwei verdienstvolle Vorlaufforschungen Toulmins eine avantagardistische Rolle übernehmen: seine „Ökologie des Geistes" und seine weite argumentationstheoretische, weder auf einzelne wissenschaftliche Disziplinen noch auf Wissenschaft überhaupt beschränkte Rationalitätsauffassung.

Toulmins „Ökologie des Geistes" mit humanwissenschaftlicher Perspektive könnte zur Rationalisierung „grüner" Protestpotentiale beitragen, wie seine naturphilosophischen Aufsätze ab Mitte der 70er Jahre, u. a. zu Carl Sagan und

[105] S. Toulmin, Knowing and Acting, New York—London 1976, S. 285, 289, 293—295.
[106] Ebenda, S. 279; vgl. auch: S. Toulmin, The Return to Cosmology, a. a. O., S. 255.

Gregory Bateson, zeigen.[107] Seine argumentationstheoretische Untersuchung von Rationalitätsformen im Alltag, im Management, in der Politik und Justiz, in Wissenschaften, Künsten, ethischen oder philosophischen Diskursen trägt zur Aufklärung des zunächst „irrationalen" Protestes bei, des Protestes gegen die einseitige Unterordnung der vielfältigen Rationalitätsformen unter eine machtpolitische Zweck-Mittel-Rationalität. Sein Argumentationsansatz überbrückt theoretisch die gegeneinander abgeschotteten diachronen Rationalitätsformen. Insofern weist Toulmin einen Weg zu gesamtkulturellen Synthesen, aber auf eine rationale, nicht mythenbildende, sondern Mythen aufklärende Weise.

Toulmin diskutiert die Chancen der Wende zu kritischen, kulturell synthetisierenden und interdisziplinären Haltungen, aber auch deren Gefahren, hinter das moderne, kontextgebundene Differenzierungsniveau der Rationalitätsformen zurückzufallen. Seit 1979 beteiligt er sich an den Auseinandersetzungen über „postmoderne Wissenschaft". Er versucht, die „ökologischen" und kulturellen Bedingungen der Evolution von wissenschaftlichen Unternehmen anzugeben, die den „nachindustriellen" Entwicklungsbedingungen einer sich herausbildenden Weltgesellschaft angemessen sind und deren Status im Ensemble internationaler kultureller Rationalitätsformen neu bestimmt werden muß.[108] Toulmins kulturvolle und brillant geschriebene Essays beherrschen jene Sprachverschiebungen, die beim „transdisziplinären" und „transwissenschaftlichen" Gebrauch wissenschaftlicher Erkenntnisse auftreten und von denen er einst mit Wittgenstein ausgegangen war. Aber sie bleiben gesellschaftstheoretisch unbestimmt.

Toulmin ist auch in seinen Schriften und Vorträgen jüngeren Datums immer wieder gezwungen, für das Einschlagen der evolutionstheoretischen Erklärungsstrategie ad hoc sprachpragmatische Voraussetzungen zu formulieren. Seine kulturhistorisch kenntnisreiche Charakterisierung epochaler Argumentationsmuster wird zum Ausgangspunkt eines Rückschlußverfahrens, das auf die Freilegung der diesen Argumentationsweisen evolutionär entsprechenden „ökologischen" Kontexte und sozialen Interaktionsformen abzielt. Die große Unbestimmtheit in seiner Umschreibung „ökologischer" Anforderungen und sozialer Ordnungen paart sich bestenfalls mit einer Problematisierung gesellschaftstheoretischer Traditionen, wie der von E. Durkheim, M. Weber und T. Parsons.

Toulmin zitierte im Titel des Schlußkapitels seiner „Kritik der kollektiven Vernunft" Hegels List der Vernunft. Diese programmatische Erinnerung der Problemgeschichte moderner Dialektik hätte wohl als ein „Wegweiser" (Wittgenstein) gedeutet werden können. Aber die von Hegel begründete Forschungstradition moderner Dialektik führt zu der in Toulmins „Lebenswelt" ideologisch obsoleten Einheit von materialistischer Dialektik und historischem Mate-

[107] Siehe S. Toulmin, The Return to Cosmology, a. a. O., S. 165—213. — Ebenda, S. 262—266 diskutiert Toulmin den Unterschied zwischen der sog. weißen (psychotherapeutischen) und sog. grünen (ökologischen) Populärphilosophie in der gegenwärtigen westlichen Welt.

[108] Vgl. ebenda, S. 254—274.

rialismus. Die entsprechenden Reaktionen auf Toulmins Erinnerung ließen nicht auf sich warten, vor allem nicht seitens des „kritischen" Rationalismus. Lakatos nannte, aus politisch-ideologisch vordergründiger Absicht und in der üblichen Popper-Folge, Toulmin „elitär", ja, „stalinistisch".[109] Dies ist wohl das politische Pendant des gesellschaftstheoretischen Defizits, das der logische Positivismus und der „new approach" miteinander teilen, der nicht hinterfragte Kontext gemeinsamer „Evidenzen", die beiden Strömungen gemeinsame „pragmatische Feldgrenze" der Argumentation.

Um so mehr verdienen einige offene Worte Toulmins Ende der 70er und zu Beginn der 80er Jahre Respekt, Worte, mit denen er vorsichtig die antikommunistische und antimarxistische Grenze spätbürgerlicher Diskussionen betritt. Toulmin fragt, aus der historischen Erfahrung der 30er Jahre heraus, ob es nicht besser wäre, an die Stelle der Sektenkämpfe eine Vereinigung all derer zu setzen, die die selbstkritische Fortsetzung rationaler Aufklärung durch Wissenschaft verteidigen.[110] Wenn Toulmin die heute in der westlichen Welt „tief sitzende Legitimationskrise der Wissenschaften" beschreibt, erinnert er an die Problemlage, in die sich seine Wissenschaftlergeneration bei Ausbruch des zweiten Weltkrieges und nach dem ersten Atombombenabwurf gestellt sah. Insbesondere nach Hiroshima, so Toulmin, konnten die Naturwissenschaften nie wieder den sozialhistorischen und kulturellen Sonderstatus erlangen, den sie seit Mitte des 17. Jahrhunderts erworben hatten. Ihre philosophische Legitimation unter dem großen Namen der Wahrheitssuche, aber unter Abstraktion von dem breiten sozialhistorischen Kontext der Wissenschaftsentwicklung, war nicht mehr möglich.[111] Die Verschiebung von mehr philosophisch-kulturellen Interessen zu mehr ökonomischen, politischen, militärischen und sozialen Interessen an der Wissenschaft sei schon seit den 30er Jahren manifest gewesen. Er räumt ein, daß außer der Wissenssoziologie die marxistische Linke unter J. D. Bernal das Problem einer neuen sozialen Funktionsbestimmung der Wissenschaft seit dieser Zeit bereits gestellt hatte, auch, daß dies auf Anregung der sowjetischen Delegation zum II. Internationalen Kongreß für Wissenschaftsgeschichte in London 1931 geschehen war. Demgegenüber hatten, wenngleich aus gegensätzlichen Gründen, in der Gemeinschaft der Wissenschaftsphilosophen und -historiker sowohl die politisch Konservativen als auch die „nicht-marxistischen Linken" darauf bestanden, ein „anti-kommerzielles" Konzept der Wissenschaft fortzu-

[109] I. Lakatos, Understanding Toulmin, in: I. Lakatos, Philosophical Papers, Vol. 2, Cambridge—London—New York 1978, S. 227/228, 233—235, 239—241. — Feyerabend führt anschaulich vor, wie reich an politisch-ideologischen Vorurteilen die Debatte zwischen westlichen Wissenschaftstheoretikern geführt wird (P. K. Feyerabend, Erkenntnis für freie Menschen, a. a. O., u. a. S. 10—14).

[110] S. Toulmin, The intellectual authority and the social context of the scientific enterprise, a. a. O., S. 667.

[111] Ebenda, S. 653 u. 660; vgl. auch S. Toulmin, The Return to Cosmology, a. a. O., S. 252—272.

setzen.[112] Noch in der McCarthy-Ära der USA wurden Wissenschaftshistoriker, die von der internalistischen Ideengeschichte zur Erforschung des sozialhistorischen Kontextes der Wissenschaftsgeschichte übergingen, leicht „kommunistischer" Tendenzen verdächtigt.[113] — Diese Worte stammen von keinem Krypto-Marxisten, sondern von einem Mann, der aus Überzeugung seit den 50er Jahren seine Konzeption auch gegen den Marxismus entworfen hat. Aber Toulmin richtet sich, aus einer bürgerlich-liberalen Aufklärerhaltung, auch gegen die neokonservative, irrationale und rechte Wende in den USA und Westeuropa. Seine Fragestellung enthält die Befürchtung, daß die irrationalen Protestformen, die auch die junge Generation von Wissenschaftstheoretikern beeinflussen, konservativ umfunktioniert werden könnten, wie dies in unserem Jahrhundert schon einmal geschehen ist.

Toulmins Evolutionismus und Pragmatismus verdeutlicht, daß der grundlagentheoretische Zusammenhang zwischen entwicklungstheoretischen, gesellschaftstheoretischen und rationalitätstheoretischen Fragen in der spätbürgerlichen Diskussion nicht bewältigt werden kann. Wenn er dazu gelangt, eine universelle und in ihren Spezifikationen realistisch voranschreitende Entwicklungstheorie zu fordern, so ist dies nicht wenig. Diese Einsicht zeichnet einen spätbürgerlichen Denker ersten Ranges aus, für den die Formwandel und Symbiosen von Positivismus und Lebensphilosophie problematisch geworden sind. Die da laut und schnell die „anti-positivistische Wende" vollzogen zu haben glaubten, wußten nicht, welcher Kreislauf an Komplementärgestalten des Positivismus ihnen noch bevorsteht. Toulmin formuliert in seinem Gesamtwerk diese Odyssee spätbürgerlicher Vernunft.

[112] S. Toulmin, The intellectual authority and the social context of the scientific enterprise, a. a. O., S. 652—653.

[113] S. Toulmin, From Form to Function. Philosophy and History of Science in the 1950s and Now, a. a. O., S. 150.

Karlheinz Lüdtke

Inwiefern ist Wissenschaftsentwicklung ein Prozeß des Wandels sozialer Strukturen wissenschaftlicher Gemeinschaften? Zu Thomas S. Kuhns Verständnis der Wissenschaftsentwicklung

1. Anliegen

In der nichtmarxistischen Wissenschaftsforschung sind verhältnismäßig häufig neue Konzepte aufgekommen, die der internationalen wissenschaftstheoretischen Diskussion Auftrieb gegeben haben, wodurch ein Anschein von Prosperität und Entwicklungsdynamik erweckt wird. Zweifellos hat die nichtmarxistische Wissenschaftsforschung auch mit der Zeit Bereicherungen erfahren, doch in einer wesentlichen Hinsicht tritt sie nach wie vor auf der Stelle. Es ist ihren Vertretern bis heute nicht gelungen, ein Verständnis der Wissenschaftsentwicklung zu formen, das in einer materialistischen Geschichtsbetrachtung wurzelt. Nach wie vor ignorieren sie die sozialökonomischen Entwicklungsstufen der gesellschaftlichen Verhältnisse, und diese Ignoranz verlegt ihnen den Weg zur Aufdeckung des gesetzmäßigen Charakters der Wissenschaftsgeschichte.

Die Gründe dafür sind prinzipieller Art, und es ist nicht zu erwarten, daß eines der verschiedenen, oftmals kontrovers verfochtenen Konzepte die Chance hätte, zu den Gesetzmäßigkeiten der Wissenschaftsentwicklung vorzudringen. Eine solche Chance kann auch nicht den Konzepten zugesprochen werden, die den als „new approach“ apostrophierten Trend in der nichtmarxistischen Wissenschaftsforschung ausgelöst und fortgeführt haben, obwohl es sich dabei um eine Strömung handelt, die die Wissenschaftshistoriographie in das Zentrum der Wissenschaftstheorie gerückt und um soziologisch faßbare Komponenten bereichert hat. Dadurch trug sie dazu bei, die vom logischen Empirismus bzw. Neopositivismus ausgeübte Vorherrschaft in der nichtmarxistischen Wissenschaftstheorie zu unterwandern. Doch kann keine Rede davon sein, daß mit dem „new approach“ eine echte Alternative zum logisch-empiristischen, neopositivistischen Wissenschaftsverständnis entstanden wäre. Am Beispiel des Konzepts des amerikanischen Wissenschaftshistorikers Thomas S. Kuhn (geboren 1922), der zu den wichtigsten Repräsentanten dieser sich als antipositivistisch verstehenden Strömung zählt und dessen Ideen der Gegenstand dieses Beitrages sind, läßt sich dies verdeutlichen.

Kuhn wendet sich gegen ein Verständnis der Wissenschaftsgeschichte als eines kumulativen, zum Jetztwissen hin logisch zwingend fortschreitenden Prozesses. Er vertritt statt dessen einen historischen Standpunkt. Damit stellt er sich einem Verständnis entgegen, demzufolge eine Entwicklung erst stattgefunden hat, wenn sich neue Forschungsresultate auf schon gesichertes Grundwissen zurückführen bzw. neue Theorien als zwingende Fortschritte bereits vorhandener

Theorien erklären lassen. Kuhn ist stattdessen der Auffassung, daß eine neue Theorie, eine neue Erkenntnis keine andere Rechtfertigung benötige, als die Anerkennung durch eine Wissenschaftlergemeinschaft bzw. wissenschaftliche Schule.

Für Kuhn ist die wissenschaftliche Gemeinschaft der primäre Ausgangspunkt für das Verstehen wissenschaftlicher Resultate. Wandlungen in den Theorien führt er allein auf interne Vorgänge einer weithin autonom gedachten wissenschaftlichen Gemeinschaft bzw. auf Wandlungen der Strukturen von Gemeinschaften zurück. Damit bezieht er einen Standpunkt, der es nicht zuläßt, die Wissenschaftsentwicklung als einen Prozeß des durchgehenden Fortschritts in der Erkenntnis der objektiven Wahrheit zu begründen.[1] Daß damit ganz zwingend eine relativistische Position verbunden ist, wird von Kuhn selbst teilweise eingestanden.[2] Kuhns Kritik am logisch-empiristischen, positivistischen Verständnis der Wissenschaftsgeschichte ist begründet. Daß eine solche Kritik lange vor ihm von seiten der marxistischen Wissenschaftstheorie in umfassender Weise geleistet worden ist, macht es nicht überflüssig, den Beitrag zu würdigen, den er in dieser Hinsicht geleistet hat, vor allem deshalb weil er in seine Argumentation ein reiches wissenschaftshistorisches Material einbezieht. Doch sein Gegenvorschlag läuft im Grunde auf den Verzicht einer Entwicklungsvorstellung überhaupt hinaus. Kuhns Konzept impliziert, daß der Wissenschaftsprozeß nur als Abfolge separater Abschnitte, als Folge separater Wandlungen von Theorien und Methoden zu verstehen ist, gebunden an eine Folge von Prozessen, in denen sich Gemeinschaften herausbilden und wandeln: „Was die einzelnen Schulen unterschied, war nicht diese oder jene Schwäche der Methode — sie waren alle ‚wissenschaftlich' —, sondern das, was wir später ihre nicht vergleichbare Art und Weise, die Welt zu sehen und die Wissenschaft in ihr auszuüben, nennen werden".[3]

Auffallend ist die Ähnlichkeit dieses Konzepts mit Grundannahmen der Wissenssoziologie (vgl. die Beiträge von Davydov und Engler in diesem Band). Auch die Wissenssoziologie geht davon aus, daß historisch entstandenes Wissen (sie bezieht sich aber nicht nur auf wissenschaftliches, sondern auf jegliches Wissen) allein aus einer kulturspezifischen Perspektive heraus verstanden werden könne,

[1] Vgl. H. Laitko, Thomas S. Kuhn und das Problem der Entstehung neuen Wissens, in: K. Bayertz (Hrsg.), Wissenschaftsgeschichte und wissenschaftliche Revolution, Köln 1981, S. 184.

[2] Vgl. Th. S. Kuhn, Postskript — 1969 zur Analyse der Struktur wissenschaftlicher Revolutionen, in: P. Weingart (Hrsg.), Wissenschaftssoziologie, Frankfurt/M. 1972, S. 313/314, sowie Th. S. Kuhn, Bemerkungen zu meinen Kritikern, in: I. Lakatos/A. Musgrave (Hrsg.), Kritik und Erkenntnisfortschritt, Braunschweig 1974, S. 256.

[3] Th. S. Kuhn, Die Struktur wissenschaftlicher Revolutionen, Frankfurt/M. 1967, S. 21; vgl. auch ebenda, S. 20.

und zwar im Sinne der Relativierung des Denkens auf bestimmte soziale Gebilde.

Diese seit den 20er Jahren bestehende und wesentlich von Max Scheler[4] initiierte Strömung, die sich zunächst dem Ideologieproblem, in jüngerer Zeit aber auch verstärkt dem sogenannten „Alltagswissen" zuwandte[5], stellt in der nichtmarxistischen Soziologie den historischen Gegenpol zur logisch-positivistischen Orientierung dar. Sie stellt sich zur Aufgabe, die konkreten Zusammenhänge zwischen Denkweisen und historisch entstandenen sozialen Gebilden zu erforschen. Dieses Problem wurde übrigens ursprünglich von der nichtmarxistischen (deutschen) Geschichtswissenschaft erörtert, und zwar im vorigen Jahrhundert, als man durch vertieftes Studium auf eine Vielfalt solcher Zusammenhänge gestoßen war und sich eine Art „Höhenrausch des Relativitätsbewußtseins" einstellte, wie es Berger und Luckmann formulieren.[6]

Wir begnügen uns hier mit dem Hinweis, daß Kuhn auf dem Feld der Wissenschaftshistoriographie und -soziologie eine Idee verfolgt, die in der nichtmarxistischen allgemeinen Soziologie schon eine lange Geschichte hat, obwohl Kuhn nicht bewußt an die Wissenssoziologie der 20er Jahre angeknüpft hat.

Bevor wir uns nun dem Kuhnschen Schema im einzelnen zuwenden, muß die Frage beantwortet werden, was mit diesem Beitrag den zahlreichen kuhnkritischen Arbeiten marxistischer Autoren hinzugefügt werden soll.[7] In ihnen ist es den Autoren vorwiegend um die Herausstellung der erkenntnistheoretischen Positionen gegangen, die mit Kuhns Konzept der Wissenschaftlergemeinschaft verknüpft sind. Sein Verständnis der Entwicklungsprozesse von Wissenschaftlergemeinschaften selbst, das soziologisch orientiert ist, ist hingegen vergleichsweise wenig untersucht worden, obgleich m. E. gerade dieser Teil des Konzeptes Anregungen

[4] Vgl. M. Scheler, Die Wissensformen und die Gesellschaft, Bern 1960 (erstmals erschienen 1926).

[5] Vgl. P. L. Berger/Th. Luckmann, Die gesellschaftliche Konstruktion der Wirklichkeit. Eine Theorie der Wissenssoziologie, Frankfurt/M. 1980.

[6] Ebenda, S. 5.

[7] Vgl. D. Wittich, Die innere Logik der Philosophie Thomas S. Kuhns, in: K. Bayertz (Hrsg.), Wissenschaftsgeschichte und wissenschaftliche Revolution, a. a. O.; D. Wittich, Die gefesselte Dialektik, in: Deutsche Zeitschrift für Philosophie, 6/1978; H. Poldrack, Kritische Bemerkungen zu Th. S. Kuhns Theorie der Wissenschaftsentwicklung, in: Deutsche Zeitschrift für Philosophie, 2/1981; V. N. Porus. „Die Struktur wissenschaftlicher Revolutionen" und die Dialektik der Wissenschaftsentwicklung. Zu philosophischen Aspekten der Konzeption der Wissenschaftsgeschichte von Thomas S. Kuhn, in: Sowjetwissenschaft. Gesellschaftswissenschaftliche Beiträge, 1/1978; N. J. Rodiny, Das Problem der wissenschaftlichen Revolution in der Konzeption der Wissenschaftsentwicklung, in: G. Domin, Wissenschaftskonzeptionen, Berlin 1978; R. Mocek, Gedanken über die Wissenschaft. Die Wissenschaft als Gegenstand der Philosophie, Berlin 1980, S. 151–177; H. Laitko, Thomas S. Kuhn und das Problem der Entstehung neuen Wissens, a. a. O.; S. R. Mikulinskij/L. A. Markova, Čem interesna kniga T. Kun, „Structura naučnych revolijucii", in: T. Kun, Structura naučnych revoljucii, Moskva 1975.

vermittelt, wie von einigen Autoren wohl eingeräumt, aber nicht detailliert ausgeführt wurde.[8] Es sind Anregungen, die für die weitere Ausgestaltung einer Soziologie wissenschaftlicher Gemeinschaften von Nutzen sein können, wenngleich sie nur für ein Verständnis der Prozesse verwertbar sind, die sich in nicht institutionell gebundenen, nicht administrativ kontrollierten („informellen“) Gruppen abspielen.

Diese Schwerpunktsetzung schränkt die Möglichkeit einer umfassenden und erschöpfenden Kritik des Kuhnschen Konzeptes ein. Indem wir vorzugsweise im Rahmen einer „Soziologie wissenschaftlicher Gemeinschaften“ argumentieren, worauf sich ja eine Theorie der Wissenschaftsentwicklung nicht reduzieren läßt, unterwerfen wir uns in gewissem Umfange genau jenen Beschränkungen, die soeben Gegenstand der Kritik des Kuhnschen Ansatzes waren. Dennoch ist es legitim, das Konzept der Wissenschaftlergemeinschaft einmal gleichsam von innen her zu durchleuchten und zu prüfen, wie es „arbeitet“. Es wird sich zeigen, daß es zu Problemen führt, die sich auf dieser Basis nicht bewältigen lassen.

2. Kuhns Grundmodell der Wissenschaftsgeschichtsschreibung

Solange die Wissenschaftshistoriographie ihren Studien das Jetztwissen als Maßstab anlegte und sich fragte, was Wissenschaftler der Vergangenheit zur Erreichung dieses Wissens beigetragen haben, stützte sie ein Verständnis der Wissenschaft als eines kumulativ fortschreitenden Prozesses, der sich allein nach Maßgabe eines logischen Instrumentariums orientieren läßt. Ein solches Bild gesteht dem Sozialen nur eine marginale Rolle für die Wissenschaftsentwicklung zu. Dieses — logisch-empiristische — Verständnis wurde auch durch die Wissenschaftssoziologie solange nicht erschüttert, wie sie die gesellschaftlichen Faktoren lediglich als etwas behandelte, das wohl Wissenschaftsprozesse behindern oder fördern kann, aber selbst in keinem inneren Zusammenhang mit diesen Prozessen steht.

Die Situation veränderte sich, als Historiker im Ergebnis vertiefter Studien darauf kamen, daß sich Entwicklungen nicht schlüssig nach einem solchen Modell und unabhängig vom sozialen Umfeld ihrer Initiatoren deuten ließen. Auch Kuhn war auf dieses Problem gestoßen.

Beim Studium der Mechanikgeschichte war es ihm darum gegangen, zu erforschen, „wieviel Aristoteles seinerzeit schon von Mechanik wußte und wieviel er Männern wie Galilei und Newton noch zu entdecken übriggelassen hatte“. Die Art dieser Fragestellung verrät, daß Kuhn ursprünglich von einem Modell ausgegangen war, demzufolge Entwicklung als Anhäufungs-, als Zuwachsprozeß gilt. Die Materialien, die Kuhn damals vorgelegen haben, wollten sich aber nicht diesem Modell beugen. Nach der ersten Lektüre aristotelischer Schriften

[8] Vgl. R. Mocek, Gedanken über die Wissenschaft, a. a. O., S. 152/153.

schien ihm Aristoteles ein äußerst schwacher, in schweren Irrtümern befangener Physiker gewesen zu sein, und er kam auf die Frage, wie der große Aristoteles beim Studium der Bewegung und Mechanik so habe versagen können, aber dennoch sein physikalisches Schaffen jahrhundertelang für bare Münze genommen worden war.[9]

Wie Kuhn schildert, erging es ihm so, wie den „Chronisten eines Zuwachsprozesses", die entdeckten, „daß zusätzliche Forschung es schwerer, nicht leichter macht, Fragen wie diese zu beantworten: Wann wurde der Sauerstoff entdeckt? Wer kam zuerst auf die Energieerhaltung? Je sorgfältiger sie, sagen wir, Aristotelische Dynamik ... oder kalorische Thermodynamik studieren, desto sicherer sind sie, daß jene einmal gültigen Anschauungen über die Natur, als Ganzes gesehen, nicht weniger wissenschaftlich ... sind als die heutigen ... veraltete Theorien sind nicht prinzipiell unwissenschaftlich, nur weil sie ausrangiert wurden ... Die gleiche historische Forschung, welche die Schwierigkeiten bei der Isolierung individueller Erfindungen und Entdeckungen hervorkehrt, gibt auch Anlaß zu ... Zweifel an dem kumulativen Prozeß, von dem man glaubte, er habe die einzelnen Beiträge zur Wissenschaft zusammengefügt".[10]

Gegen welches Schema wechselt nun Kuhn dieses Modell aus? Er selbst schildert, wie er beim Studium der Aristotelischen Physik davon abgekommen war, diese im nachhinein an der Newtonschen Physik und Mechanik zu messen. Dadurch würde verkannt werden, daß die Texte für Aristoteles und seine Nachfolger einen anderen Sinn gehabt haben, als jener, wie er unserer Gegenwart gegeben sei. Diesem Gedanken nachsinnend, so Kuhn weiter, „geriet die Ordnung meiner Gedanken (auf einmal) in Bewegung, um sich sogleich auf ganz neue Art wieder zu formieren ... unvermutet erschien mir Aristoteles in der Tat als ein sehr guter Physiker, jedoch auf eine Weise, von der ich mir bis dato nichts hatte träumen lassen". Was vorher schlechthin als falsch erschienen sei, habe sich nur als Schnitzer „innerhalb einer ansonsten mächtigen und durchaus erfolgreichen Schultradition" herausgestellt.[11]

Kuhn schlägt also vor, den historischen Standort der jeweiligen wissenschaftlichen Gemeinschaft bzw. jeweiligen „Schultradition" als Bezugsrahmen für die Beurteilung von geschichtlich entstandenem Wissen zu wählen. Und insofern für ihn eine wissenschaftliche Gemeinschaft auch eine besondere Sprachgemeinschaft ist,[12] würde durch ihre Argumentationsweise auch die Lesart historischer Texte bestimmt. Die Frage blieb offen, wie es möglich sein kann, sich von der Gegenwart zu lösen und beispielsweise so wie ein aristotelischer Physiker zu denken.

Hier stoßen wir auf ein Problem, das uns aus der Wissenssoziologie bekannt ist, auf das „Verstehensproblem", welches auch in der Kritik geisteswissenschaft-

[9] Th. S. Kuhn, Was sind wissenschaftliche Revolutionen?, München 1982, S. 8—10.

[10] Ebenda, S. 18/19.

[11] Ebenda, S. 10/11.

[12] Vgl. Th. S. Kuhn, The Essential Tension, Chicago 1977, S. XXXii.

lich-hermeneutischen Denkens eine Rolle spielt. Es ist nicht auflösbar, denn es ist nicht möglich, aus Texten die Argumentationsweise einer bestimmten Gemeinschaft zu erschließen, weil doch für die Textauslegung die Argumentationsweise schon der Ausgangspunkt gewesen sein muß. Um den zeitgebundenen Sinn der Textinhalte zu erfassen, wird ja schon die Kenntnis der Argumentationsweise zur Bedingung gemacht.

Da Kuhns Konzept im Grunde der wissenssoziologischen Tradition zugeordnet ist, ist es natürlich nicht frei von diesem nicht auflösbaren „Verstehensproblem". Es zeigt sich darin besonders in der zirkulären Bestimmung der Begriffe „Paradigma" (auf diesen Terminus gehen wir weiter unten ein) und „Gemeinschaft". „Ein Paradigma ist", nach Kuhn, „was den Mitgliedern einer wissenschaftlichen Gemeinschaft gemein ist, und umgekehrt besteht eine wissenschaftliche Gemeinschaft aus Menschen, die ein Paradigma teilen".[13] Kuhn hat erhebliche Anstrengungen unternommen, diesen Zirkel aus seinem Konzept zu entfernen. Er hat Indikatoren wissenschaftssoziologischer Art angeführt, mit denen es möglich sein soll, eine Gemeinschaft unabhängig von der Existenz eines Paradigmas zu identifizieren. Doch auf diesem Wege läßt sich m. E. jenes Problem nicht bewältigen.

Im Vorwort zu seinem Buch „Essential Tension" teilt Kuhn mit, ihm sei später klargeworden, daß sein Vorgehen einer hermeneutischen Methode entspräche.[14] Dieses zwar für eine erschöpfende Textanalyse und Quellenkritik sinnvolle Herangehen ist aber nicht geeignet, die Wissenschaftsentwicklung als einen Prozeß zu erklären, der zu objektiv wahrer Erkenntnis fortschreitet. Historisches Verständnis einer Theorie durch Bezugnahme auf eine in der betreffenden Zeit herrschende Schultradition kann nicht den Übergang zu später folgenden Schulen und Gemeinschaften als zusammenhängenden Entwicklungsprozeß erklären. Durch ein wissenschaftshistorisches Studium interner Vorgänge wissenschaftlicher Gemeinschaften allein, ohne die Höherentwicklung der gesellschaftlichen Arbeit, die Geschichte der materiellen Produktion einzubeziehen, wird zwangsläufig die Vorstellung einer in separate Abschnitte zerfallenden Wissenschaftsgeschichte suggeriert. Und es bleibt unverständlich, wie es einem Historiker gelingen kann, Texte aus der Sicht einer längst vergangenen Schule zu beurteilen.

Weiter unten wird ersichtlich werden, daß Kuhns Anwendung der hermeneutischen Methode nicht in den Grenzen bleibt, wofür sie leistungsfähig ist. Er überschreitet sie, indem mit ihr auch die Erklärung der Wissenschafts*entwicklung* beansprucht wird. Es wird sich zeigen, daß die in seinem Selbsterfahrungsbericht enthaltenen Momente — er glaubt damit die Einleitung einer wissenschafts-

[13] Th. S. Kuhn, Postskript — 1969 zur Analyse der Struktur wissenschaftlicher Revolutionen, a. a. O., S. 288.

[14] Th. S. Kuhn, The Essential Tension, a. a. O., S. Xii.

historiographischen Revolution geschildert zu haben — auch die Eckpfeiler seines Verständnisses der Wissenschaftsentwicklung darstellen, wobei dem darin wiedergegebenen Wahrnehmungswandel eine zentrale Bedeutung für die Entstehung von wissenschaftlich Neuem überhaupt zugesprochen wird.

3. Theorie der Wissenschaftsentwicklung = Soziologie der wissenschaftlichen Gemeinschaft?

Kuhns Modellvorstellungen fanden ihren Niederschlag in einer Vielzahl von wissenschaftsgeschichtlichen Studien, mit denen versucht wurde, dessen Entwicklungsschema an historischen Daten zu testen. Kuhn gab auch den Anstoß dafür, daß im Rahmen der Wissenschaftssoziologie das Augenmerk verstärkt auf soziale Prozesse in wissenschaftlichen Gemeinschaften in ihrem Zusammenhang mit der Entwicklung von Arbeitsweisen und Argumentationsformen gelenkt wurde.[15]

Kuhns theoretischer Ausgangspunkt lautet: Die „normale“ Wissenschaft betreibe allein die Konsolidierung bestehenden Wissens, das sie lediglich zu präzisieren und auszubauen trachte. Diese Praxis erzeuge aber hinter dem Rücken der daran beteiligten Forscher Bedingungen, die eine Krise hervorrufen können. Mit der Verfeinerung und Spezialisierung der Meß- und Untersuchungsmittel würden Effekte erzeugt, die sich nicht nach tradierten Denkmustern deuten ließen. Wenn sie sich nicht erfolgreich als Artefakte behandeln ließen, würden sie als „Anomalien“ bewußt. Sie leiteten eine Periode „revolutionärer Wissenschaft“ ein, in der sich das Wissen qualitativ so verändere, daß die Anomalien interpretativ bewältigt werden können.

Wesentlich ist, daß Kuhn hier den Wandel wissenschaftlicher Theorien mit Wandlungen der sozialen Struktur wissenschaftlicher Gemeinschaften verbindet: Wissen wandele sich nicht in der logisch nachvollziehbaren Weise, daß das vorangegangene Wissen widerlegt würde. Das Neue verdränge vielmehr das Überkommene, und zwar in einem sozialen Prozeß, in dem sich im Resultat von Auseinandersetzungen und Bekehrungen aus einer Schar miteinander konkurrierender Ideen („Paradigmaanwärter“) eine der Ideen als das neue Wissen in der Gemeinschaft verbreite.

Dieser Ausgangspunkt impliziert die Vorstellung, daß der Stabilität von Wissen die Stabilität einer Gemeinschaft entspricht. Die Geltung einer Theorie wird darauf zurückgeführt, daß sich mit ihr eine Gemeinschaft zu erhalten vermag. Und dies anerkennt Kuhn als hinreichenden Grund für die Feststellung, daß einer Theorie

[15] Vgl. N. C. Mullins, Entwicklung eines wissenschaftlichen Spezialgebietes: die Phagengruppe und die Ursprünge der Molekularbiologie, in: P. Weingart (Hrsg.), Wissenschaftssoziologie (2), Frankfurt/M. 1974; R. G. A. Dolby, Sociology of Knowledge in Natural Science, in: Science Studies (Bielefeld), 1/1971, S. 1–21; W. Hagstrom, The Scientific Community, New York 1965.

tatsächlich etwas in der Natur entspricht. Daß „die Mitglieder verschiedener Gruppen . . . verschiedene Wahrnehmungen haben (können — K. L.), wenn sie mit denselben Reizen konfrontiert werden, bedeutet nicht, daß sie irgendwelche Wahrnehmungen haben. In vielen Umgebungen könnte eine Gruppe, die Wölfe nicht von Hunden unterscheiden kann, nicht existieren. Auch eine Gruppe von Kernphysikern könnte heute als Wissenschaftler nicht überleben, wenn sie unfähig wäre, die Bahnen von Alphapartikeln und Elektronen zu bestimmen". Diejenigen Sehweisen, „die den Test durch den Gruppengebrauch bestanden haben", so Kuhn weiter, seien es wert, „von Generation zu Generation weitergegeben zu werden. Ebenso müssen wir, da sie aufgrund ihres Erfolges über einen geschichtlichen Zeitraum hinweg ausgewählt wurden, von Erfahrung und Wissen (knowledge) der Natur sprechen, die in den Übergang von Reiz zu Reaktion eingebettet sind".[16] Kuhn behauptet also dem Sinne nach, daß eine Gruppe, wenn sie sich zu erhalten vermag, eine Struktur aufweisen muß, die ihrer Umgebung angepaßt ist.

Eine zentrale Bedeutung hat für Kuhns Verständnis der wissenschaftlichen Gemeinschaft das Paradigmakonzept. Es dient dazu, die Kohärenz wissenschaftlicher Gruppen einsichtiger zu machen, als es die Einführung des Konsensbegriffes geleistet hätte, also die Unterstellung der Einheitlichkeit in den theoretischen Überzeugungen der Mitglieder einer Gruppe.[17]

In Anlehnung an des Wortes ursprüngliche Bedeutung benennt Kuhn mit „Paradigma" Problemlösungen, die einen exemplarischen Wert aufweisen, der sich durch Nachahmungen über Generationen von Lösungsbeispielen hinweg erhält. Dieses Konzept ermöglicht es, den Bestand einer Gemeinschaft ohne Einführung eines Konformitätspostulats zu erklären bzw. sie vom Bewußtsein der in gemeinsamen theoretischen Orientierungen verankerten Zusammengehörigkeit der Mitglieder zu unterscheiden. Anderenfalls wäre es m. E. nur möglich, die Quelle der Entwicklung in arbiträren, plötzlichen Antrieben zur Verletzung des Konsens auf seiten einzelner Mitglieder zu vermuten. Kuhn geht einen anderen Weg: Mit den „Anomalien" führt er Wandlungen auf Fortschritte der realen „normalwissenschaftlichen" Forschung zurück, die nach seinem Verständnis über die Verfeinerung und Spezialisierung von Forschungsgeräten zu Reproduktionsfehlern führt. Mit „Anomalien" sind solche Fehler gemeint, die sich ohne qualitative Veränderung des Schemas (Paradigmas), das der Stabilität einer Gruppe zugrunde liegt, nicht bewältigen lassen.

Für die soziologische Analyse von wissenschaftlichen Gemeinschaften ist Kuhns Paradigmakonzept durchaus von Bedeutung, wenngleich die daran schon wiederholt geübte Kritik nicht übersehen werden darf. Kuhn selbst hat versucht, der

[16] Th. S. Kuhn, Postskript — 1969 zur Analyse der Struktur wissenschaftlicher Revolutionen, a. a. O., S. 305.

[17] Vgl. ebenda, S. 292; Th. S. Kuhn, The Essential Tension, a. a. O., S. XViii, XiX.

Kritik zu entsprechen[18], die sich vor allem auf das Problem bezieht, wie sich der Zusammenhang zwischen Standardbeispielen problemlösenden Verhaltens und den Standards des Argumentierens und Kommunizierens darstellen läßt.[19] Im „Postskript — 1969" schreibt er dem „Paradigma" neben der Bedeutung von Präzedenzfällen gelungenen Problemlösens — worin er übrigens nach wie vor den Kern seines Paradigmakonzepts sieht — eine weitere hinzu: „Einerseits steht er (der Paradigmabegriff — K. L.) für die ganze Konstellation von Meinungen, Werten, Techniken usw., die von den Mitgliedern einer Gemeinschaft geteilt werden. Andererseits bezeichnet er ein Element in dieser Konstellation, die konkreten Problemlösungen, die, als Modelle oder Beispiele gebraucht, explizite Regeln als eine Basis für die ‚normale Wissenschaft' ersetzen können".[20]

Dem Sinne nach heißt das: Was eine Anzahl von Forschern *real* als eine bestimmte Gruppe auszeichnet, ist ein Paradigma in der letztgenannten Bedeutung. Es ist nicht primär ein Formalismus, dessen korrekte Befolgung schon die Richtigkeit von Aussagen verbürgt, ohne daß dafür noch empirische Vergewisserungen nötig wären. Die Gruppe erhält sich *praktisch* dadurch, daß deren Mitglieder nach dem Vorbild schon gelungener Problemlösungen handeln, indem sie sich bei der Bewältigung gegebener Anforderungssituationen, der Manipulation der spezifischen Aufgabenbedingungen am Wissen über jene Bedingungen orientieren, unter denen vorangegangene Situationen gemeistert werden konnten. Wir verdeutlichen diesen dem Sinne nach wiedergegebenen Gedanken Kuhns nur, wenn wir sagen: Mit der Assimilation von Problemsituationen an die Struktur von Problemlösungsbeispielen reproduziert sich die Gruppe in ihrer gegebenen Verfassung entgegen den Variationen wechselnder Umgebungszustände. Die Umgebung, an die sie sich anpassen muß (gleich Akkomodation der Gruppenstruktur an die Forschungssituationen), wird durch ein nach Standardlösungen geordnetes Verhalten so beeinflußt, daß sie nicht Zustände hervorbringen kann, an die sich die Gruppe nicht anpassen könnte.

Wir folgern daraus, daß zur Erklärung dessen, was eigentlich einer Forschergemeinschaft die Identität als eine bestimmte Gruppe verleiht — an den Forschern selbst ist sie ja nicht feststellbar —, es von diesem Ausgangspunkt aus nicht zwingend ist, eine Konformität der Gruppenmitglieder in theoretischen Auffassungen anzunehmen. Inwiefern sie notwendig sei — so Kuhn —, hänge davon ab, was die Gemeinschaft tue.[21] Klarer wird uns dieser Gedanke, wenn wir den Grad der notwendigen Konformität von der *Gruppenentwicklung* abhängig machen, die eine Veränderung der Forschungstätigkeit einschließt.

An dieser Stelle wollen wir zeitweilig von den Kuhnschen Texten absehen und

[18] Vgl. Th. S. Kuhn, Postskript — 1969 zur Analyse der Struktur wissenschaftlicher Revolutionen, S. 287/288, 293.

[19] Vgl. Th. S. Kuhn, The Essential Tension. a. a. O., S. XX.

[20] Th. S. Kuhn, Postskript — 1969 zur Analyse wissenschaftlicher Revolutionen, a. a. O., S. 287.

[21] Ebenda, S. 292.

versuchen, selbständig auf die nächsten Schritte der Schemaentwicklung zu kommen. Von diesem Kunstgriff versprechen wir uns die Beantwortung der Frage, ob und inwieweit es möglich ist, unter Beibehaltung der von uns grob skizzierten Ausgangspositionen Kuhns ein in sich widerspruchsfreies, schlüssiges Schema zu Prozessen in Wissenschaftlergemeinschaften aufzubauen, und zwar so, daß sich von hier aus eine Brücke zur Entstehung von wissenschaftlich Neuem schlagen läßt.

Wir waren davon ausgegangen, daß Kuhns Überlegungen in gewissem Umfange bedenkenswert sind, wenn man sie auf den Werdegang von „informellen" Gruppen bezieht. Solche Gruppen gehen aus der Entfaltung informeller (nicht administrativ regulierter) Forscherbeziehungen hervor, womit also nicht die bestehenden professionalisierten Strukturen gemeint sind. Wie sich wissenschaftshistorischen Fallstudien entnehmen läßt, haben solche Gruppen eine wesentliche Bedeutung für Wissenschaftsentwicklungen.[22] Die Annahme, daß die Stabilität einer solchen Gruppe schon allein durch Nachahmung gelungener Problemlösungen bei der Bewältigung aktueller Problemsituationen garantiert werde, läßt sich m. E. nur für den Fall aufrechterhalten, daß es sich um eine Gruppe handelt, die noch nicht weitgehend arbeitsteilig differenziert ist. Bei tiefgreifender Spezialisierung und Arbeitsteilung bedarf es darüber hinaus zur Gemeinschaftserhaltung einer Kommunikation, wofür man nicht mehr, um Mißverständnissen zu begegnen, auf Situationsbeispiele zeigen muß (kontextgestützte Kommunikation). Hier bedarf es einer kontextgenormten Sprache als Ausdrucksform einer Theorie. Bei ausgeprägtem Spezialistentum sind ja die Forschungsgegenstände sehr spezieller Natur, so daß es ein Situationsbeispiel nicht mehr geben kann, das dafür hinreichend wäre, die Beziehungen aller Mitglieder untereinander zu vermitteln. Während bei einer schwach differenzierten Aufgabenstruktur sich der Zusammenhalt der Gruppe durch die Teilnahme ihrer Mitglieder am Forschungsprozeß von selbst reguliert, erzwingt eine tiefgehende Arbeitsteilung, daß der Zusammenhang der Teiltätigkeiten zentral, also in Trennung von denselben reguliert wird. Das Denken des Gesamtzusammenhangs der Teilarbeiten ist von anderer Qualität als die elementaren Denkleistungen, die mit der wiederholten Anwendung von Musterbeispielen auf weitere Problemsituationen verknüpft sind. Die Subsumtion einer Anzahl real voneinander unterschiedener Umgebungszustände unter die Bedingungen, die die Standardlösungen ermöglicht hatten (wobei sich jene Anzahl mit jeder weiteren gelungenen Problemlösung erweitert), ist die reale Basis dafür, daß sich verschiedene Gegenstände nach einem bestimmten Merkmal vergleichen lassen. Das Vermögen, Gegenstände nach Merkmalen zu klassifizieren, ist auf dieser Stufe noch direkt mit der empirischen Erfahrung verknüpft, daß sich die Gegenstände nach bewährtem Tätigkeitsmuster (Paradigma) immer wieder zu den gleichen erwarteten Reaktionen nötigen

[22] Vgl. G. Kröber/L. Läsker/H. Laitko (Hrsg.), Intensivierung der Forschung. Bedingungen – Faktoren – Probleme, Berlin 1984, S. 260/261, 273–292.

lassen, daß sie sich also ähnlich verhalten. Hier sprechen wir eine Denkleistung an, die davon wohl zu unterscheiden ist, was Piaget „reflektierende Abstraktion“ nennt,[23] die über die empirische, durch eine weitere Problemsituation durchaus zerstörbare Gewißheit hinaus zum schlüssigen, logisch zwingenden Wissen führt.

Regulation im realen Forscherverhalten bedeutet, in Abhängigkeit von den Forschungsgegenständen die Tätigkeitsbedingungen zu koordinieren und dadurch so zur Wirkung zu bringen, daß die Gegenstände nahezu erwartungsgemäß reagieren. Zur Verständigung genügt hier eine Sprache mit „sympraktischer Struktur“.[24] Bei weitreichender Spezialisierung und Arbeitsteilung bedarf es hingegen, damit der produktive Gesamtkörper der Gemeinschaft erhalten bleibt, einer zentralen, von den Teiltätigkeiten verhältnismäßig unabhängigen Regulation. Sie wird durch eine Kommunikation ermöglicht, die durch eine kontextnormierte (synsemantische)[25] Sprache vermittelt wird. Sie drückt ein diskursives Denken aus, das nicht direkt von den elementaren Denkleistungen abhängig ist, die mit den realen Handlungen eine Einheit bilden.

Inwieweit decken sich nun unsere Überlegungen mit dem Kuhnschen Schema? Wurde mit den Ausführungen eventuell erfaßt, was Kuhn mit dem „Übergang zur Reife“ eines Paradigmas meint? Seinen Worten zufolge ist ein solcher Übergang mit der „ersten Übernahme eines Paradigmas“ abgeschlossen. Er schreibt: „Mit dem Übergang zur Reife verändert sich nicht das Vorhandensein eines Paradigmas, sondern vielmehr seine Natur ... Viele Attribute einer entwickelten Wissenschaft ... möchte ich ... als Konsequenzen des Erwerbs einer Art von Paradigma erörtern, das schwierige Rätsel identifiziert, Anhaltspunkte zu ihrer Lösung und die Garantien liefert, daß ein wirklich tüchtiger Fachmann Erfolg hat“.[26] Zunächst wird also nach Kuhn ein Paradigma in Gestalt von Mustern des Problemlösens „erworben“, wodurch sich schon eine Forscherschar ungeachtet wechselnder Spezifika folgender Anforderungssituationen real als Gruppe konstituiert. Daraus erwachsen aber „Konsequenzen“, die wohl so zu verstehen sind, daß sich das Paradigma zu einer geordneten „Konstellation von Meinungen, Werten, Techniken usw.“ fortentwickelt, wozu Problemlösungsbeispiele nur als ein Element gehören. Jene Konstellation erklärt Kuhn an anderer Stelle als „disziplinäre Matrix“, in der neben den Musterbeispielen „symbolische Verallgemeinerungen“ (Formeln, die in eine logische Form gebracht werden können), Denk- bzw. heuristische Modelle und sogenannte „Werte“ gehören (beispielsweise „Folgerichtigkeit“).[27]

[23] J. Piaget, Biologie und Erkenntnis. Über die Beziehungen zwischen organischen Regulationen und kognitiven Prozessen, Frankfurt/M. 1974, S. 30.

[24] Vgl. A. Lurija, Sprache und Bewußtsein, Berlin 1982, S. 288.

[25] Vgl. ebenda.

[26] Th. S. Kuhn, Postskript – 1969 zur Analyse wissenschaftlicher Revolutionen, a. a. O., S. 290/291.

[27] Ebenda, S. 293–298.

Aus Kuhnschen Texten läßt sich nichts herauslesen, das unsere Vorstellung bestätigen würde, die Vorstellung, daß jener „Übergang zur Reife" in einem inneren Zusammenhang mit Wandlungen der Struktur einer Gemeinschaft steht (die zu einer arbeitsteiligen Struktur bei gleichzeitiger Einschränkung der Selbstregulation führen). Wir können hier nur die Aussage Kuhns heranziehen, wonach zur Analyse sowohl von „normaler" Wissenschaft als auch wissenschaftlichen Revolutionen *zuerst die sich wandelnde Gemeinschaftsstruktur* entwirrt werden müsse.[28] Es ist auffallend, daß Kuhn jenen „Übergang zur Reife" vor allem im Zusammenhang mit der *Ontogenese* des Erkenntnisvermögens junger Wissenschaftler erörtert. Ein junger Wissenschaftler eigne sich, nachdem er größere Gewandtheit beim Problemlösen erworben, daraufhin die Ähnlichkeitsbeziehungen erlernt und mit ihnen eine „von der Gruppe lizensierte Sichtweise angenommen" habe, den „empirischen Inhalt" von Gesetzen und Theorien an, die man ihn aber schon vorher gelehrt hätte.[29] Das heißt, diesem Prozeß sind schon Standards des Problemlösens und Theorien als gegeben vorausgesetzt, sie sind nicht dessen Resultat.

Kuhn hat hier den genetischen Zusammenhang von Handeln und Denken im Auge, wie er im Werdegang von Wissenschaftlern wirksam ist. Dieser Prozeß beginnt mit dem Erwerb von Musterbeispielen des Problemlösens. Für die reale Tätigkeit haben seiner Meinung nach die unabhängig davon zur Kenntnis genommenen Gesetze und Theorien noch keine Relevanz. Ausgangspunkt bei ihm ist also, was ein Wissenschaftler real tut. Erst von hier aus wird die Frage gestellt, wie er zu Wissen gelangt, das sich dann zum theoretischen Wissen fortentwickelt. Den umgekehrten Weg, daß der Wissenschaftler von Theorien und Regeln ausgeht, deren praktische Anwendung nur als Weg erscheint, deren bereits gewußte Gültigkeit zu demonstrieren, versteht Kuhn als Irrweg.[30] Zunächst ententstehe im Resultat des Problemlösens, in dem das vorausgesetzte Musterbeispiel immer wieder annähernd hergestellt würde, eine Denkleistung, mit der die in diesem Prozeß erzeugten Merkmalstrukturen abgebildet würden. Es würden „Ähnlichkeitsbeziehungen" erlernt, und damit ist ein Wissen gemeint, das Kuhn von „folgerichtige(r) Naturkenntnis" deutlich unterscheidet und das er mit dem von Polanyi stammenden Ausdruck „stillschweigendes Wissen" umschreibt.[31]

Hieraus wird klar, daß es keinen kontinuierlichen Übergang vom „stillschweigenden Wissen" zu „folgerichtiger Naturkenntnis" geben kann. Man kann nicht davon ausgehen, daß, indem man Musterbeispiele auf immer mehr Anforderungssituationen überträgt, „stillschweigendes Wissen" zu folgerichtiger Naturkenntnis ausreifte. Aus Musterbeispielen lassen sich keine *formalen* Regeln extrahieren. Das „Sehen" von Ähnlichkeiten und theoriegeleitete Interpretation sind für Kuhn denn auch zwei nicht identische Vorgänge.[32]

[28] Ebenda, S. 291.
[29] Ebenda, S. 298, 300.
[30] Vgl. ebenda, S. 298.
[31] Vgl. ebenda, S. 301.
[32] Vgl. ebenda, S. 306/307.

Daß sie dennoch in einem Zusammenhang zueinander stehen und keinen unüberbrückbaren Gegensatz zueinander bilden, wird deutlich, wenn die Herausbildung kognitiver Strukturen auf den sozialgeschichtlichen Kontext bezogen erörtert wird. Auch wenn das Wissen auf das Handeln bezogen wird, ist ja damit noch nicht die Vorstellung ausgeschlossen, als würde die Herausbildung der kognitiven Struktur selbst einer autonomen Entwicklungslogik gehorchen. Wenngleich beiläufig, verweist Kuhn auf die Rolle der Sozialisation bzw. Erziehung für diesen Prozeß.[33]

Wir wollen uns nun aber den Vorstellungen Kuhns zuwenden, die er zur Entwicklung von Paradigmen selbst (von Musterbeispielen wie von Theorien) entwickelt hat. Damit steht ein soziales Entwicklungsprodukt sui generis zur Debatte, welches nicht im Rahmen der Ontogenese individuellen Erkenntnisvermögens erklärt werden kann. Uns interessiert, wie sich die für die Kuhnschen Vorstellungen so charakteristische Unterscheidung zwischen „normaler Wissenschaft" und wissenschaftlicher Revolution in seinem Konzept der wissenschaftlichen Gemeinschaft niederschlägt, wie „normale" in revolutionäre Wissenschaft umschlägt.

„Normale" Wissenschaft ist für Kuhn ein „höchst kumulatives Unternehmen", das auf eine „Präzisierung oder Ausdehnung eines alten Paradigmas" abzielt, in dem es darum geht, die „Übereinstimmung der Forschungsgegenstände mit der vorausgesetzten Theorie zu sichern und zu verfeinern".[34] „Normale" Wissenschaft strebe nicht nach Neuheiten. Dennoch seien immer wieder neue und unvermutete Effekte entdeckt und neue Theorien aufgestellt worden.[35]

Die Möglichkeit eines *kontinuierlichen* Übergangs von der „normalen" Wissenschaft zum revolutionären Wandel schließt Kuhn aus. Revolutionäre Veränderungen haben nach seiner Auffassung „irgendwie eine ganzheitliche Struktur ... sie können nicht etappenweise ... vollzogen werden, und insofern stehen sie auch in Kontrast zu normalen, kumulativen Veränderungen ..."[36] Seinem Programm gemäß muß nun dieser Kontrast als Unterschied gesehen werden zwischen Prozessen, die sich in *bestehenden* Gemeinschaften abspielen, und Prozessen, in deren Resultat *neue* Gemeinschaften entstehen. Das Problem, wie in der „normalen" Wissenschaft, wenn sie nur auf die Ausgestaltung des Erreichten ausgerichtet ist, dennoch Bedingungen für tiefgreifende Wandlungen erzeugt werden, muß in die Frage übersetzt werden, wie in bestehenden Gemeinschaften Bedingungen für die Entwicklung neuer Gemeinschaften entstehen können.

[33] Vgl. ebenda, S. 303.

[34] Th. S. Kuhn, Die Entstehung des Neuen. Studien zur Struktur der Wissenschaftsgeschichte, Frankfurt/M. 1977, S. 267.

[35] Ebenda, S. 310; vgl. auch ebenda, S. 318; Th. S. Kuhn, Die Struktur wissenschaftlicher Revolutionen, a. a. O., S. 79.

[36] Th. S. Kuhn, Was sind wissenschaftliche Revolutionen?, a. a. O., S. 32.

Wir haben schon wiedergegeben, daß nach Kuhns Vorstellung der „normalwissenschaftliche" Vorgang der Präzisierung und Spezialisierung eines bestehenden Paradigmas zu Effekten führen kann (zu „Anomalien"), die sich nicht nach überliefertem Muster interpretativ bewältigen lassen. Letztlich würden sie durch die Verfeinerung und Spezialisierung von Forschungsgeräten hervorgerufen. Da eine, wie Kuhn schreibt, „vernünftige Übereinstimmung zwischen Theorie und Natur", worauf die „normalwissenschaftliche" Arbeit abziele, „auch im besten Fall ... nicht schärfer sein kann als die Meßgenauigkeit der verwendeten Instrumente"[37], lasse sich folglich die Präzisierung eines Paradigmas nur mit vervollkommneten und spezialisierten Geräten erzielen.

Diese Überlegungen, die — soweit es um experimentelle Naturwissenschaften geht — begründet sind, können wohl so verstanden werden, daß sich Höherentwicklung allein auf der Grundlage eines Kreislaufes vollzieht, der allerdings über Kennzeichen von Entwicklungsprozessen verfügt, insofern nämlich, als die Reproduktion zwangsläufig mit ihrer Intensivierung und Erweiterung Umstände erzeugt, die sich nicht mehr in Reproduktionsbedingungen transformieren lassen. Beobachtung und Experiment werden von tradierten Arbeitsmitteln und angeeignetem Wissen und Können beherrscht, so daß mit den Forschungsresultaten — wenngleich nicht ohne Modifikationen — die Tradierung fortgesetzt wird. Dieser Prozeß läßt sich in der Abstraktion als zirkulärer Vorgang fixieren. Die Entstehung von wissenschaftlich Neuem kann deshalb nicht in der Anhäufung von Messungen und Beobachtungsmaterial, sondern nur in etwas verwurzelt sein, das einen solchen Kreislauf aufbricht, das Reproduktionsfehler erzeugt, die sich nicht nach gewohntem Schema reparieren und beseitigen lassen.

Soweit es um experimentelle Naturwissenschaften geht, kann man dem Kuhnschen Gedanken folgen, daß neuartige Effekte eine Frucht der Gerätespezialisierung sind. Dieser Gedanke läßt sich wie folgt begründen: Mit der Spezialisierung wird auch in jenen Teil der unerschöpflichen Möglichkeiten der Wechselwirkung zwischen Gerät und Untersuchungsgegenstand eingegriffen, der vom Experimentator nicht kontrolliert wurde. (Der Aufbau als Mittel ist „nur näherungsweise" erfaßt.)[38] Das heißt, daß mit der Mittelverbesserung auch standardunbestimmte, unkontrollierte Wechselwirkungsmöglichkeiten der Mittel zu ihren Anwendungsgegenständen mit dem Resultat neuer Reaktionen der Gegenstände stabilisiert werden, ohne daß die Versuchsanordnung dafür bewußt gestaltet worden wäre. Vervollkommnete Meßgeräte reagieren sensibler auch auf solche Erscheinungen des Untersuchungsgegenstandes, die für die Meßvorhaben ohne Bedeutung waren. M. E. ist die Frage sehr wesentlich, wie aus der Gerätespezialisierung, die der Verbesserung bewährter Forschungstraditionen dient, Bedingungen für qualitative Wandlungen der Traditionen erwachsen können. Des-

[37] Th. S. Kuhn, Die Struktur wissenschaftlicher Revolutionen, a. a. O., S. 79.
[38] Th. S. Kuhn, Die Entstehung des Neuen, a. a. O., S. 260.

halb wollen wir im folgenden ausführlicher auf diesen Zusammenhang eingehen:

Um Präzedenzfälle gelungenen Problemlösens als Standard beizubehalten, ist es erforderlich, die aktuellen Anforderungssituationen an jene Tätigkeitsbedingungen zu assimilieren, unter denen die Präzedenzfälle gelungen waren. Das heißt, daß der Untersuchungsgegenstand den gleichen Geräten unterworfen werden muß, die auch vorher genutzt worden sind. Dabei ist aber auch dann, wenn das gleiche Standardgerät für verschiedene Anwendungsbeispiele benutzt wird, eine identische Reproduktion des Paradigmas als Faktum ausgeschlossen. In einem Wiederholungsfall wird wie im Originalfall das gleiche Gerät verwendet, aber nicht dasselbe. In jedem weiteren Beispiel kommen immer wieder irgendwelche anderen nicht vorgesehenen Reaktionsmöglichkeiten zum Zuge. Solange der Gerätetyp nicht konstant verändert worden ist, kann sich aber das, was im Anwendungsfall x als Nebenwirkung auftritt, im Fall y nicht wiederholen. Die Nebeneffekte können sich nur stochastisch auf die Anwendungsbeispiele verteilen. Und sie sind bedeutungslos, wenn es sich wirklich um einen als bewährt erfahrenen Gerätetyp handelt. Anders liegt der Fall, wenn am Gerät Veränderungen eintreten, die auf dessen Substitute übertragen werden. Sie bewirken Resultate, die konstant vom Paradigma abweichen. Zunächst werden sie als Artefakte denunziert, zu deren Ausschaltung bzw. Kontrolle einiges an den experimentiertechnischen Bedingungen verändert werden muß. Dadurch können aber wiederum neben den beabsichtigten Wirkungen auch zuvor ausblendbare, nicht zur Dauerwirkung gekommene Nebeneffekte reproduziert werden, zu deren Ausschaltung weitere Veränderungen vorgenommen werden müssen usw. Kuhn schreibt dazu: „Die ersten Angriffe auf das Widerstand leistende Problem werden sich eng an die Paradigmaregeln halten. Aber bei fortdauerndem Widerstand werden immer neue Angriffe mehr oder weniger entscheidende Paradigmapräzisierungen erfordern . . .“[39] Dieser Prozeß muß schließlich dazu führen, daß sich Effekte ergeben, die sich jeglichem Versuch ihrer Rückbildung bzw. Aufhebung in einem präzisierten Paradigma widersetzen.

Unsere Darlegungen lassen sich wohl nicht in jedem Punkt an Texten Kuhns dokumentieren, sie liegen aber nicht außerhalb des Programms einer Soziologie wissenschaftlicher Gemeinschaften. Allerdings wäre — über das hinausgehend, was Kuhn dazu entwickelt hat — die Gerätespezialisierung als das Resultat eines sozialen Vorgangs, der Spezialisierung der Forschungstätigkeiten und arbeitsteiligen Gliederung einer Gruppe, zu bestimmen. Dieser Prozeß setzt ein, wenn eine Gruppe „von außen“ stärker beansprucht wird. Er wird erzwungen und ermöglicht es, die Effizienz der Arbeit auch unter gleichgebliebenen sachlichen und personalen Leistungsbedingungen zu steigern. Zugleich muß er von einem Prozeß begleitet sein, der dazu führt, daß die durch die Arbeitsteilung gefährdete Gemeinschaftsintegration zur besonderen Aufgabe einzelner Mitglieder („leader“)

[39] Th. S. Kuhn, Die Struktur wissenschaftlicher Revolutionen, a. a. O., S. 117/118.

wird. Es kommt zu einer Institutionalisierung der wissenschaftlichen Arbeit, die für die Intensivierung der Reproduktion, für eine effektivere wissenschaftliche Arbeit notwendig ist, die aber zugleich ein konservatives Element in den Arbeitsprozeß hineinträgt. Das heißt, die Effektivitätserhöhung, die darin begründet ist, setzt Aufgaben voraus, zu deren Erfüllung Tätigkeitsbedingungen und -mittel normiert sind, so daß Faktoren, die eine neue, also ungewisse Anforderungssituation hervorrufen und die überkommenen Normen in Frage stellen, zurückgedrängt werden.

Die Vertiefung der Arbeitsteilung führt zur Gerätespezialisierung: Die arbeitsteilige Spezialisierung hat zur Konsequenz, daß sich spezifische Gebrauchsweisen bezüglich der Standardgeräte ausbilden, solcher Geräte also, die darauf nicht eingerichtet sind. Schon um die damit verbundene Vereinseitigung in der Beanspruchung der Geräte auszugleichen, die zu höherem Verschleiß führt, müssen sie den spezifischen Gebrauchsweisen angepaßt werden. Auf diesem Wege entstehen spezialisierte Geräte.

Im Sinne seiner zentralen These, daß es der „normalwissenschaftliche" Prozeß der Paradigmabehauptung und -präzisierung ist, der die Bedingungen für qualitative Wandlungen erzeugt, müßte Kuhn begründen, daß es gerade der Konsolidierungsprozeß in *bestehenden* Gemeinschaften mit sich bringt, daß *neue* Gemeinschaften aufkommen. Wie Kuhn behauptet, würden etablierte Gruppen um ihrer Erhaltung willen fundamentalen Neuerungen Widerstand leisten.[40] Deshalb muß gefragt werden, wie es in der „normalwissenschaftlichen" Arbeit zu Situationen kommen kann, daß sich Neuerungen nicht mehr ausregulieren lassen. Inwieweit lassen sich nun in Kuhns Texten entsprechende Überlegungen finden? Wie er sagt, begründen auftretende Anomalien einen Krisenzustand, eine nicht normale Situation in der Gemeinschaft. Mit Erschöpfung aller Möglichkeiten, sie als Störgrößen zu behandeln bzw. durch Paradigmapräzisierung aufzufangen, würden die mit diesem Problem konfrontierten Wissenschaftler zur Einsicht genötigt, daß das, was ihre Forschungsarbeit disponiert, nicht aufrechtzuerhalten sei. „An diesem Punkt wird der Wissenschaftler sehr viel mehr als an jedem anderen anfangen, aufs Geratewohl zu suchen und alles auszuprobieren, was nach seiner Auffassung ... eine Aufklärung über die Natur seiner Schwierigkeit liefern könnte".[41]

Meines Erachtens kann dieser Ordnungsverlust bezüglich der Orientierung der Forschungstätigkeit auch die Geordnetheit der Wissenschaftlerbeziehungen nicht unberührt lassen: Verschiedene Wissenschaftler werden, wenn sie sich der gleichen Anomalie gegenübersehen, in verschiedene Richtungen ausschwärmen, um eine Lösung zu suchen. Sie werden nicht das gleiche ausprobieren, sondern das, was ihrer jeweiligen Auffassung entspricht. Denn das ihnen einheitliche vorausgesetzte

[40] Vgl. ebenda, S. 22/23.

[41] Th. S. Kuhn, Die Entstehung des Neuen, a. a. O., S. 279; vgl. Th. S. Kuhn, Die Struktur wissenschaftlicher Revolutionen, a. a. O., S. 117/118.

Paradigma, das sie hätte veranlassen können, die gleiche Suchrichtung einzuschlagen, hat sich ja mit der Anomalie als nicht haltbar erwiesen, so daß andere Möglichkeiten genutzt werden müssen, die in diesem Paradigma nicht begründet sind. Das fragwürdig gewordene Paradigma kann aber nicht die verschiedenen Wissenschaftler *einheitlich* auf bestimmte, in ihm nicht begründete Möglichkeiten hinlenken, um der Anomalie Herr zu werden. In einer Krisensituation treten deshalb verschiedene, miteinander nicht verknüpfte Ideen zur Bewältigung der Anomalie ans Licht, die — so wie sie entstanden sind — notwendigerweise in Konkurrenz zueinander stehen.

Wir fragen uns, wie sich unter dieser Voraussetzung ein neues Paradigma, eine neue Theorie herausbilden kann, so daß die Konkurrenzsituation nicht mehr besteht. Kuhn folgend, ist in der Verschiedenheit dessen, wonach die Mitglieder einer Gemeinschaft die Anomalien aufzuklären suchen, die Entfaltung von Kontroversen angelegt.[42] Dies leuchtet ein, weil das in Frage gestellte Paradigma der Gemeinschaft keine Grundlage zur sachlichen Klärung und Beseitigung von Ideenunterschieden sein kann. Es ist keine experimentell gestützte Entscheidung möglich,[43] weil mit den unterschiedlichen theoretischen Standorten ja auch die experimentellen Daten unterschiedlich gedeutet werden. Nach Kuhn gibt es auch keinen „neutralen Algorithmus für die Theorienwahl, keinen systematischen Entscheidungsvorgang" in Krisensituationen, „der bei richtiger Anwendung jeden einzelnen in der Gruppe zu derselben Entscheidung führen müßte".[44]

Kuhn schließt auch die Möglichkeit einer die Divergenzen überbrückenden Verständigung aus. Eine Vergleichbarkeit konkurrierender Theorien sei so wenig möglich, wie — so Kuhn — eine „radikale Übersetzung zwischen zwei Sprachen". Vertreter konkurrierender „Paradigmaanwärter" redeten einfach aneinander vorbei, „denn weder stimmen die Bedeutungen der verwandten Begriffe überein noch die Ansichten darüber, was legitimerweise als wissenschaftliches Problem und was als Lösung angesehen werden kann".[45]

Diese Überlegungen Kuhns lassen sich so interpretieren, daß, indem eine Gemeinschaft mit der Praxis der Konsolidierung und Spezifizierung ihres Paradigmas die Geordnetheit der kooperativ-kommunikativen Strukturen steigert, einem Punkt zugesteuert wird, von dem ab die Ordnung zerfällt. Die Vertiefung von Spezialisierung und Arbeitsteilung führt zur Erzeugung solcher Umstände, an die sich die Gemeinschaft in ihrer gegebenen Struktur nicht mehr anzupassen vermag.

[42] Vgl. Th. S. Kuhn, Die Struktur wissenschaftlicher Revolutionen, a. a. O., S. 142, 196, 198.
[43] Vgl ebenda, S. 131.
[44] Th. S. Kuhn, Postskript — 1969 zur Analyse wissenschaftlicher Revolutionen, a. a. O., S. 308.
[45] Th. S. Kuhn, Bemerkungen zu meinen Kritikern, a. a. O., S. 321; vgl. Th. S. Kuhn, Die Entstehung des Neuen, a. a. O., S. 45, 260, 443/444; vgl. Th. S. Kuhn, Die Struktur wissenschaftlicher Revolutionen, a. a. O., S. 130, 151.

Kuhns Darstellung von Krisensituationen in einer Gemeinschaft mit angenommenen Strukturzerfallstendenzen schließt die Vorstellung aus, daß eine Anomalie in derjenigen Gemeinschaft auch gelöst werden könnte, wo sie aufgetreten ist. In einer solchen Gemeinschaft kann es keine einhellig akzeptierte Wahl einer Idee aus der Schar aller um den Beifall der Mitglieder konkurrierenden „Paradigmaanwärter" geben. Wie Kuhn auch ausführt, führe dieser Wettstreit zur Bildung rivalisierender Teilgruppen.[46]

Wir halten diesen Ausgangspunkt für sehr wesentlich, legt er uns doch darauf fest, anzunehmen, daß eine Krisensituation nicht in derjenigen Gemeinschaft, wo sie aufgetreten ist, bewältigt werden kann, daß sie folglich erst mit der Herausbildung einer neuen Gemeinschaft gegenstandslos wird. Wir haben versucht, uns diese Annahme dadurch plausibel zu machen, indem wir davon ausgegangen waren, daß Anomalien in der Gemeinschaft Tendenzen zur Destrukturierung der Mitgliederbeziehungen auslösen müßten, die den Weg dafür freimachen, daß sich neue Strukturen ausbilden können. Anders wäre ein positivistisches Entwicklungsverständnis auch nicht konsequent zu widerlegen. Es tauchte hier im Rahmen einer Soziologie wissenschaftlicher Gemeinschaften als die Vorstellung auf, daß sich in ein und derselben Gemeinschaft Theorienwandlungen vollziehen könnten. Und damit wäre unterstellt, daß die sozialen Beziehungen zur Entwicklung der wissenschaftlichen Arbeit nur in einem äußeren Zusammenhang stünden.

4. Zur Entwicklung neuer Theorien

In Übereinstimmung mit Kuhn gehe ich davon aus, daß eine Krise für „grundlegende Erfindungen von Theorien" unerläßlich ist.[47] Offen bleibt aber der Vorgang „grundlegender Erfindungen von Theorien" selbst. Wie stellt sich dieser nach Kuhn dar?

Seiner Vorstellung zufolge stellt schon derjenige „Paradigmaanwärter" das neue Paradigma dar, der zuungunsten der Konkurrenten die größte Verbreitung in der Gemeinschaft gefunden hat.[48] Hier wird die Gemeinschaft als die Arena unterstellt, in der der Kampf der Konkurrenten ums Überleben auch endgültig entschieden wird. Was liegt aber dem Verbreitungserfolg eines „Anwärters" zugrunde? Rationale Einsicht auf seiten der späteren Anhänger kann der Grund

[46] Th. S. Kuhn, Die Struktur wissenschaftlicher Revolutionen, a. a. O., S. 192. — An anderer Stelle äußert er den Gedanken, daß Situationen, in denen verschiedene Paradigmakandidaten gegeneinander konkurrieren, nicht im Rahmen der normalen Wissenschaft, sondern nur außerhalb dieser gelöst werden können. Vgl. Th. S. Kuhn, Die Entstehung des Neuen, a. a. O., S. 186.

[47] Th. S. Kuhn, Die Entstehung des Neuen, a. a. O., S. 282.

[48] Vgl. Th. S. Kuhn, Die Struktur wissenschaftlicher Revolutionen, a. a. O., S. 208/209.

nicht gewesen sein. Sonst wäre das, was doch eigentlich neuartig und mit dem bislang üblichen Paradigma so ganz und gar unverbunden sein soll, auf seiten der potentiellen Anhänger schon ideell vorweggenommen gewesen. Der Inhalt des neuen Paradigmas hätte sich also „auf etwas“ zubewegt, nämlich darauf, worin die gewonnenen Proponenten eine Einsicht hatten. Daß die Wissenschaft ein Prozeß „zu etwas“ sein könnte, schließt Kuhn aber aus.[49] All dies ist wohl auch der Hintergrund dafür, daß er in solchen Zusammenhängen von „Bekehrung“ der Forscher zu einem neuen Paradigma spricht.[50]

Wir fragen uns, wie sich in einer Gemeinschaft mit differenzierter Aufgabenstruktur, wo der Zusammenhalt aller Mitglieder miteinander zugunsten von Partnerschaftskonzentrationen innerhalb fachspezifischer Untergruppen weitgehend verlorengegangen ist, ein „Paradigmaanwärter“ über die ganze Gemeinschaft verbreiten kann. Auf Anomalien können nur Spezialisten stoßen. Und mit der Spezialisierung fehlt ein Fortpflanzungsmedium, worüber sich ein „Paradigmaanwärter“ verbreiten könnte.

Träger neuer Ideen werden sich — infolge ihrer Abkehr vom gepflogenen Paradigma geordneter Partnerschaftsbeziehungen innerhalb der Gemeinschaft verlustig gegangen — „nach außen“ orientieren müssen, um ihre kooperativ-kommunikativen Bedürfnisse abzudecken. Wachsende Geordnetheit in den Beziehungen einer Gemeinschaft, die in fortschreitender Differenzierung der Aufgabenstruktur begründet ist, führt zur Ausweitung der Kontrolle der Mitgliederbeziehungen, zu wachsender wechselseitiger Abhängigkeit der Mitglieder voneinander. Dieser Prozeß tendiert zur Einschränkung solcher Beziehungen, die die Gemeinschaftsgrenzen überschreiten. Wenn aber mit weiterer Vertiefung der Arbeitsteilung via Gerätespezialisierung Anomalien erzeugt werden, die die Geschlossenheit der Gemeinschaft aufweichen, dann kommt es zur Desorganisation gemeinschaftsinterner Beziehungen, und es verstärken sich die Außenkontakte solcher Mitglieder, die sich mit den neuen Phänomenen auseinandersetzen.

Nur so kann der im Kuhnschen Konzept implizit enthaltene wissenschaftssoziologische Grundgedanke, wonach die Entwicklung von wissenschaftlich Neuem komplementär mit der Bildung einer neuen Gemeinschaft verbunden ist, davor bewahrt werden, daß er auf einen Zirkel hinausläuft. Dieser Zirkel, der entsteht, solange man seinem Konzept getreulich folgt, kann selbstverständlich nicht erschöpfend kritisiert werden, solange man in der Argumentation nicht den Rahmen einer Soziologie wissenschaftlicher Gemeinschaften überschreitet. Immerhin läßt sich aber folgendes sagen: Unter der Bedingung, daß die potentiellen Mitglieder einer neuen Gemeinschaft ja schon bestehenden Gemeinschaften angehören, kann der Beginn eines solchen Prozesses nur in Beziehungen

[49] Vgl. ebenda, S. 223.
[50] Vgl. ebenda, S. 130, 208; Th. S. Kuhn, Die Entstehung des Neuen, a. a. O., S. 390, 443.

liegen, die *außerhalb und zwischen* wissenschaftlichen Gemeinschaften angeknüpft und unterhalten werden.

Solche Überlegungen lassen sich aber nicht mehr mit Kuhns Konzept vereinbaren, weil es einer Gemeinschaft die Fähigkeit unterstellt, eine Krise zu beenden und sich rasch auf ein neues Regelsystem zum „Rätsellösen" zu einigen, also Einmütigkeit wieder herzustellen. Die Gemeinschaft bei Kuhn gilt als Entscheidungsinstanz, die es vermag, aus der Menge miteinander konkurrierender „Paradigmaanwärter" einen auszuwählen, und zwar nach solchen Kriterien wie Akkuratesse oder Einfachheit der Theorie.[51] Solche Maßstäbe, die ja nicht vom alten Paradigma gestiftet sein können — es wird nach Kuhn vom neuen Paradigma vollständig verdrängt[52] —, könnten nur paradigmaneutraler Art sein. Kuhn führt damit präalternative Entscheidungsmechanismen ein, wobei sich in seinen Texten allerdings auch Bemerkungen finden lassen, woraus geschlossen werden muß, daß sie für jene Auslese wirkungslos sind.[53] Und wenn es zwischen verschiedenen Paradigmen weder eine experimentelle noch kommunikative Überbrückung geben soll, dann muß auch ausgeschlossen werden, daß eine Gemeinschaft zu einem einhelligen Urteil in dieser Hinsicht kommen könnte.

Es wird bei Kuhn nicht ersichtlich, was der Prozeß der Gemeinschaftsbildung mit Entstehung und *Entwicklung* von wissenschaftlich Neuem zu tun hat. Wenn — Kuhn folgend — als eine neue Theorie schon jener „Anwärter" gilt, der sich innerhalb der von der Krise betroffenen Gemeinschaft vor den Konkurrenten die größte Gefolgschaft sichern konnte, dann folgt doch daraus, daß die Entwicklung von Neuem und die Bildung von Gemeinschaften nur in einem äußeren Verhältnis zueinander stehen. Als Entstehungsursache von „Paradigmaanwärtern" führt Kuhn individuell erfahrene „Gestaltsverschiebungen" an, Verschiebungen in der Art, wie die Umwelt gesehen und wahrgenommen wird.[54] Solche Verschiebungen, wie sie auch Kuhn erfahren haben will und woraufhin es ihm möglich gewesen sein soll, das in der Wissenschaftsgeschichtsschreibung vorherrschende Modell der Wissensaneignung durch ein neues Konzept

[51] Vgl. Th. S. Kuhn, Bemerkungen zu meinen Kritikern, a. a. O., S. 261.

[52] Vgl. Th. S. Kuhn, Die Struktur wissenschaftlicher Revolutionen, a. a. O., S. 135.

[53] Vgl. ebenda, S. 130, 135; Th. S. Kuhn, Postskript — 1969 zur Analyse wissenschaftlicher Revolutionen, a. a. O, S. 308; Th. S. Kuhn, Bemerkungen zu meinen Kritikern, a. a. O., S. 320/321; Th. S. Kuhn, Die Entstehung des Neuen, a. a. O., S. 45, 269, 443/444.

[54] Vgl. Th. S. Kuhn, Die Struktur wissenschaftlicher Revolutionen, a. a. O., S. 165, 167, 191; Th. S. Kuhn, Postskript — 1969 zur Analyse wissenschaftlicher Revolutionen, a. a. O., S. 300; Th. S. Kuhn, Bemerkungen zu meinen Kritikern, a. a. O., S. 264, 266. — K. Bayertz weist darauf hin, daß es für Kuhn neben paradigmageleiteter auch eine paradigma*bildende* Wahrnehmung gebe, und dieser erweiterte Gebrauch von „Wahrnehmung" und „Sehen" sei es, der die Problematik seiner Wahrnehmungstheorie ausmache. (K. Bayertz, Wissenschaft als historischer Prozeß. Die antipositivistische Wende in der Wissenschaftstheorie, München 1980, S. 97.) Beide Aspekte tauchen im Fleckschen Konzept auf. Vgl. L. Fleck, Zur Krise der „Wirklichkeit", in: Die Naturwissenschaften (Berlin), 23/1929, S. 425/426.

abzulösen[55], behandelt er nicht als etwas, das in einem *inneren* Zusammenhang mit der krisenhaften Entwicklung in etablierten Gemeinschaften steht. Damit wird ein völlig bedingungsfreier Anfangspunkt für die Entwicklung von wissenschaftlich Neuem angenommen, wofür die Anomalien nur einen äußeren Anlaß geben.[56] In der Konsequenz läßt sich so die Veränderung von Wissen nur aus sich selbst heraus und Wissenschaftsgeschichte allein als Geschichte auf der Ebene der Reflexion erklären.

Die Kuhnsche Behauptung, die Prüfung von Paradigmakandidaten gegeneinander sei nicht einfach ein Vergleich derselben mit der Natur,[57] ist durchaus akzeptabel, und zwar deshalb, weil die Beziehung zur Natur stets in gesellschaftliche Beziehungen und Verhältnisse eingebettet ist. Aber nicht mehr annehmbar ist die von ihm daraus gezogene Konsequenz, jene Prüfung wäre ein Vergleich der „Anwärter“ mit ideellen Grundsätzen, ohne praktischen Gegenstandsbezug, und daß, darauf gegründet, die Entscheidungen der Gemeinschaft zur Etablierung einer neuen, das alte Paradigma ablösenden Forschungstradition führen würden.

5. Prüfung der Einwände gegen Kuhn an einem wissenschaftshistorischen Beispiel (molekulargenetische Phagenforschung)

Die Erklärungsprobleme, die Kuhns Konzept hervorbringt und die sich auf der Basis dieses Modells nicht lösen lassen, sind vor allem erkenntnistheoretischer Art, und auf dieser Ebene müssen sie vornehmlich erörtert werden. Es wurde schon darauf hingewiesen, daß seitens der marxistisch-leninistischen Erkenntnistheorie bereits eine erschöpfende Analyse dieser Probleme vorliegt. Sie bietet der Soziologie der wissenschaftlichen Gemeinschaft unverzichtbare Orientierungen, was aber natürlich nicht bedeutet, daß damit der Soziologie nichts zu tun übrig bliebe. Im weiteren kommt es darauf an, diese Orientierungen zu verarbeiten, ohne dabei den soziologischen Argumentationsrahmen zu verlassen. Jene Erklärungsprobleme müssen überdies so gestellt werden, daß sie in Fallstudien konkret lösbar werden.

Gegen Kuhns Konzept haben wir u. a. eingewendet, daß „Paradigmaanwärter“ nicht als Kandidaten neuer Theorien betrachtet werden können. Vielmehr stellen sie Ideen dar, hypothetische theoretische Ansätze, die die Frucht des *Wechsels* ihrer Träger von einem Paradigma zu einem anderen schon bestehenden Paradigma sind. Das heißt, wir nehmen an, daß sich in einer Krisensituation Forscher finden, die — um einer Anomalie Herr zu werden — vom in Frage gestellten Paradigma ihrer Gemeinschaft auf ein solches wechseln, das ihnen aus anderen

[55] Vgl. Th. S. Kuhn, Was sind wissenschaftliche Revolutionen?, a. a. O., S. 10/11.
[56] Vgl. Th. S. Kuhn, Die Struktur wissenschaftlicher Revolutionen, a. a. O., S. 110–112, 120.
[57] Ebenda, S. 192.

Gemeinschaften bzw. Disziplinen bekannt scheint, mit deren Hilfe ein neuer erfolgreicher Versuch zur Anomalienbewältigung unternommen werden könnte.

Wie schon dargestellt, kann ein in Frage gestelltes Paradigma die verschiedenen Gemeinschaftsmitglieder nicht auf die Erprobung von Möglichkeiten der Erklärung und des Herangehens einheitlich festlegen, die in demselben nicht begründet sind. Deshalb werden auch ganz verschiedene Ideen zur Anomalienbewältigung aufkommen, Ideen, die miteinander konkurrieren. Eine solche Konkurrenzbeziehung entsteht ganz zwingend, weil — wie wir nun auf Basis obiger Annahmen sagen können — von den Ideenträgern ganz verschiedene, außerhalb ihrer Gemeinschaft gültige Theorien „entlehnt" worden sind, die weder untereinander noch bezogen auf die in der Gemeinschaft in Frage gestellte Theorie in einer Ordnungsbeziehung stehen.

Weiter oben haben wir die Annahme vertreten, daß der Anfang der Herausbildung einer neuen Gemeinschaft Forscherbeziehungen *außerhalb nur einer Gemeinschaft und zwischen* wissenschaftlichen Gemeinschaften sein müßten. Und wir waren davon ausgegangen, daß mit dem Auftreten von Anomalien Tendenzen der Gefährdung des Gemeinschaftszusammenhaltes aufkommen.

In etablierten Gemeinschaften sind also Prozesse am Werke, die zu Außenbeziehungen veranlassen, zu Beziehungen, die der Gemeinschaftskontrolle entzogen sind. Nunmehr läßt sich schon eine Vorstellung davon entwickeln, in welcher Richtung Kontaktpartner gesucht werden. Wir nehmen an, daß ein Interesse an Partnern aus solchen Gemeinschaften besteht, deren Theorien man bei den Versuchen der Anomalienbewältigung entlehnt hat. Und je nachdem, wovon sich die betreffenden Ideenträger hatten inspirieren lassen, werden es ganz verschiedene Gemeinschaften sein, zu denen solche irregulären Beziehungen angebahnt werden. Wie sich beispielsweise aus der Geschichte der Kontroverse zwischen den sogenannten Mendelianern und den Biometrikern ergibt, die sich — wenige Jahre nach der Wiederentdeckung der Mendelschen Gesetze — in England auf dem Felde der Evolutionsmorphologie zugetragen hat, ist es für solche Situationen kennzeichnend, daß keinerlei Verweise auf Fakten Entscheidungen für eine der Positionen rechtfertigen können. Ähnliches läßt sich zur Geschichte der Auseinandersetzung zwischen Anhängern der sogenannten Nahwirkungs- und Vertretern der sogenannten Fernwirkungstheorie auf dem Gebiet der Elektrophysik in der 2. Hälfte des 19. Jahrhunderts sagen, gleichfalls zur Geschichte der Kontroverse zum sogenannten Twort-d'Herelleschen Phänomen (Bakteriolyse) im Rahmen der Bakteriologie des vorigen Jahrhunderts.[58] Die in diesen Auseinandersetzungen vertretenen Positionen wurden wesentlich durch Übernahme von Konzepten anderer Dis-

[58] Vgl. D. A. McKenzie/S. B. Barnes, Biometriker versus Mendelianer, in: Kölner Zeitschrift für Soziologie und Sozialpsychologie, Sonderheft Wissenschaftssoziologie, 18/1975; V. P. Karčev, Die Eröffnung des Cavendish-Laboratoriums und die ersten Jahre der physikalischen Cavendish-Schule, in: S. R. Mikulinskij/M. G. Jaroševskij/H. Steiner/R.-L. Winkler (Hrsg.), Wissenschaftliche Schulen, Bd. 2, Berlin 1979, S. 21; K. Lüdtke, „Anomalien" als Voraus-

ziplinen gefunden, und der Gegensatz zwischen ihnen äußerte sich darin, daß man sich auf Theorien ganz verschiedener Disziplinen stützte.[59] Beispielsweise wurde in der jahrzehntelang fortwährenden Auseinandersetzung um die bakteriolytische (-auflösende) Erscheinung auf der einen Seite eine Position verteidigt, die im Lichte genetischer Theorien entwickelt, auf der anderen Seite wurde eine Position vertreten, wofür biochemisches Gedankengut herangezogen worden war. D'Herelle und Anhänger vertraten die Ansicht, daß das bakterienauflösende Prinzip die parasitäre Wirkung eines Ultramikroben, also eines Lebewesens — des Bakteriophagen — sei. Die Gegenpartei sah darin kein Lebewesen, sondern ein Phänomen, das aus den Bakterien selbst herrührt. Diese Sichtweise erhärteten sie mit Argumenten biochemischer Art.

Alle Eigenschaften, mit denen Kuhn das Verhältnis miteinander konkurrierender Paradigmaanwärter charakterisiert, können am Material zu jenen Auseinandersetzungen zum bakterienauflösenden Effekt belegt werden.[60] Es gab keinen experimentellen Beweis, wonach sie hätten entschieden werden können. Jede Seite konnte experimentell gestützte Gründe für die Vertretung ihrer Position benennen.

Die Vertreter der Lebewesen-Theorie konnten darauf verweisen, daß sich bei einer serienweisen Fortzüchtung von Bakterienkulturen bestimmte Eigenschaften von zu verschiedenen Zeiten gewonnenen (herausfiltrierten) Phagen gegenüber bestimmten oder auch verschiedenen Bakterienstämmen erhalten, so wie sich über Generationsfolgen hinweg bestimmte Artmerkmale erhalten. Und daß die durch die Phagenentwicklung zustandegekommenen Eigenschaften von Bakterien (Züchtung *sekundärer* Kulturen) über mehrere Generationen hinweg bestehen blieben, legte es nahe, „von einer Vererbung der Eigenschaften zu sprechen und eine genotypische Änderung des Bakteriums durch den betreffenden Phagen anzunehmen".[61] Die Gegner der Lebewesen-Hypothese verwiesen auf die autolytische Enzymwirkung bei Hefekulturen bzw. auf die lytische Fähigkeit mancher Pilze (Selbstvergiftung, -verdauung). Nach Hoder kam der Vorstellung, die Phagen seien ein bakterielles Zerfallsprodukt, eine Analogie zu Sekretionsvorgängen bei Hefearten zugute.[62]

setzung für Wissenschaftsentwicklungen, in: Studien und Forschungsberichte, 15/1983 (Akademie der Wissenschaften der DDR, Manuskriptdruckreihe des Instituts für Theorie, Geschichte und Organisation der Wissenschaft).

59 Vgl. N. Hager, Modelle in der Physik (erkenntnistheoretisch-methodologisch betrachtet), in: Wissenschaftliche Taschenbücher WTB, Reihe Mathematik und Physik, Bd. 278, Berlin 1982, S. 41; W. Schreier, Der Strukturwandel in der Elektrotechnik und Optik bis zur Maxwellschen Feldtheorie im Spiegel der Leninschen philosophischen Interpretation, in: NTM-Schriftenreihe für Geschichte der Naturwissenschaften, Technik und Medizin (Leipzig), 2/1970, S. 32/33, 37.

60 Vgl. K. Lüdtke, „Anomalien" als Voraussetzung für Wissenschaftsentwicklungen, a. a. O.

61 F. Hoder, Bakterienveränderung durch Bakteriophagen, Jena 1932, S. 10.

62 Ebenda, S. 13

Die Auseinandersetzungen hielten mehrere Jahrzehnte an und führten zu keiner kommunikativen Verständigung. Selbst den von den verschiedenen Parteien gemeinsam verwendeten Termini, beispielsweise „Lebenswesen“, wurden ganz verschiedene positionell verankerte Inhalte unterlegt.[63]

Jenes Phänomen, das den Konfliktstoff geliefert hatte, erwies sich als eine Anomalie. Sie ließ sich nicht nach dem bakteriologischen Dogma bewältigen. Die Versuche führten zu neuen (lysinresistenten) Bakterienstämmen mit anderen morphologischen Eigenschaften, die sich nicht mit dem starren Schema von Bakteriengruppen vereinbaren ließen. Gefordert war, einen morphologisch wohldefinierten Mikroorganismus als Krankheitserreger zu identifizieren, und dieser Forderung konnte nunmehr, als in den Versuchsresultaten Veränderungen der morphologischen Eigenschaften der untersuchten Bakterienstämme auftraten, nicht mehr vollständig entsprochen werden. Von den Experimenten war seinerzeit der Nachweis von *Menge und Verteilung* der Bakterien zur Deutung von Krankheitserscheinungen gefordert worden. Auch dieser Forderung konnte nicht mehr genügt werden, als festgestellt werden mußte, daß mit der bakteriolytischen Wirkung Bakterien verschwanden und wiederkehrten.

Die wissenschaftliche Situation in der bakteriologischen Forschung bot seinerzeit keine Chance, die Kontroverse innerhalb der Bakteriologengemeinschaft aus der Welt zu schaffen. Tatsächlich wurde sie auch erst durch eine Entwicklung außerhalb dieser Gemeinschaft und unabhängig von den Widersachern gegenstandslos. Sie löste sich im Resultat einer Entwicklung, die zur modernen Phagengenetik geführt hatte. Komplementär dazu war eine neue wissenschaftliche Gemeinschaft mit neuen Forschungsproblemen entstanden.[64]

Wie sich anderen Studien zur Geschichte der molekulargenetischen Phagenforschung entnehmen läßt, bestand die Anfangsetappe der Entwicklung der neuen Gemeinschaft in einer Schar miteinander kaum verflochtener, schwach strukturierter Beziehungen außerhalb und zwischen verschiedenen schon bestehenden Gemeinschaften und Disziplinen.[65] Mullins bezeichnet dieses Stadium in der Entfaltung der kooperativ-kommunikativen Beziehungen als „Netzwerk“. Er schildert eine frühe Phase der Molekularbiologie und kennzeichnet die seinerzeit vorhande-

[63] Vgl. F. v. Gutfeld, Ergebnisse der Bakteriophagenforschung (Phänomen von d' Herelle), in: Zeitschrift für Ärztliche Fortbildung (Jena), 14/1925, S. 426.

[64] Vgl. A. D. Hershey, Die Injektion von Phagen-DNS, in: Phagen und die Entwicklung der Molekularbiologie, hg. von J. Cairna/G. S. Stent/J. D. Watson (deutsche Ausgabe hg. von E. Geissler, Berlin 1972, S. 108).

[65] Vgl. N. C. Mullins, Entwicklung eines wissenschaftlichen Spezialgebietes: die Phagengruppe und die Ursprünge der Molekularbiologie, a. a. O.; U. Geißler/G. Kröber/K. Lüdtke/V. Lüdtke/J. Tripoczky, Die Ursprünge der Molekularbiologie. Eine wissenschaftshistorisch orientierte Auseinandersetzung mit der auf Th. S. Kuhn basierenden Entwicklungsauffassung von N. C. Mullins, in: Studien und Forschungsberichte, 15/1983 (Akademie der Wissenschaften der DDR, Manuskriptdruckreihe des Instituts für Theorie, Geschichte und Organisation der Wissenschaft).

nen Beziehungen als ein Netz aus „interagierenden Paaren und Triaden von zusammenarbeitenden oder in einem Kollegenverhältnis stehenden Wissenschaftlern mit wenigen, wenn überhaupt irgendwelchen größeren Gruppen".[66]

Zum Verständnis dessen, wie es zu solchen intergruppalen, interdisziplinären Kontakten kommt, reicht allerdings das bislang Gesagte nicht aus. Wir haben bisher nur angedeutet, was Mitglieder einer Gemeinschaft „x" dazu bewogen haben könnte, Partner aus einer Gemeinschaft „y" zu suchen. Wir folgten darin dem Kuhnschen Schema, wonach als Ausgangspunkt für die Entstehung von wissenschaftlich Neuem allein die Krise in *einer* wissenschaftlichen Gemeinschaft betrachtet wird. Es ist aber zu fragen, wie es möglich ist, daß Kontaktsuchende auch tatsächlich kooperationsbereite Partner in anderen Gemeinschaften finden.

Stabile Kontakte sind dort möglich, wo die Kontaktsuchenden auf Partner treffen, die vor einer ähnlichen Forschungssituation stehen und ebenfalls auf Außenkontakte angewiesen sind. Daß sie nun aber genau an Beziehungen mit dem Kontaktsuchenden aus der Gemeinschaft x, nicht an Beziehungen mit Angehörigen der Gemeinschaft z interessiert sind, erklärt sich so: Es handelt sich um Forscher, die sich zur Bewältigung einer in ihrer Gemeinschaft y aufgekommenen Anomalie einer in der Gemeinschaft x geltenden Theorie bedienen. So kommt es zur wechselseitigen Bezugnahme zwischen Vertretern der Gemeinschaften x und y, die Kontakte möglich machen. Die Geschichte der molekulargenetischen Phagenforschung liefert dafür zahlreiche Beispiele. Greifen wir die für die spätere Entwicklung so bedeutsame Beziehung zwischen M. Delbrück und N. W. Timofeeff-Ressowsky heraus!

Den Physiker Delbrück beschäftigte das Problem, warum lebende Materie nicht schlüssig nach den bekannten physikalischen Gesetzen erklärt werden konnte. Er verfolgte die Idee, daß die Bewältigung dieses in der Physik entstandenen Problems durch die Erkenntnis noch unbekannter physikalischer Gesetze möglich sei, die sich aber in der experimentellen Physik nicht finden bzw. an einem physikalischen Objekt nicht erforschen ließen. Sich der Biologie zuwendend – von Bohrs Vorschlag einer Komplementaritätssituation in der Biologie angeregt –, hoffte er, über die Aufklärung molekularer Strukturen der Vererbung und Variabilität an geeigneten mikrobiologischen Objekten neue physikalische Gesetze aufdecken zu können,[67] befaßte sich doch die Biologie seit geraumer Zeit mit Wechselwirkungen analog denen zwischen einem physikalischen Mikroobjekt und makrophysikalischen Bedingungen. Sie untersuchte Mikroorganismen unter physikalischen und chemischen Versuchsbedingungen (Strahlen, Alkohol usw.). Der Genetiker Timofeeff-Ressowsky hatte die Wirkung verschiedener Strahlen auf Mutationen an Drosophila untersucht. Die Wirkungen wurden in Basis-

[66] N. C. Mullins, Entwicklung eines wissenschaftlichen Spezialgebietes: die Phagengruppe und die Ursprünge der Molekularbiologie, a. a. O., S. 190.

[67] Vgl. M. Delbrück, Ein Physiker betrachtet die Biologie, in: Phagen und die Entwicklung der Molekularbiologie, a. a. O., S. 30/31, 33.

Effekt-Kurven erfaßt. Die Versuchsresultate begründeten eine Klassifikation von Mutationsursachen und Veränderungen in der Struktur von Chromosomen. Die Möglichkeit, mutagene Einflüsse der Röntgenstrahlen zu untersuchen, war seinerzeit für die Diskussion der Natur des Gens bedeutsam gewesen. Es wurde die Auffassung in Frage gestellt, daß das Gen von den Stoffwechselprozessen der Zelle unberührt bliebe, so als wäre es von Außeneinflüssen unveränderbar. Die strahleninduzierten Wirkungen auf Mutationen ließen sich aber auf dem Boden der Chromosomentheorie nicht erklären, wie überhaupt in der Genetik keine wesentlichen Aussagen über den inneren Aufbau der Gene getroffen werden konnten. Die erhaltenen Röntgenogramme gaben über die physikalische und chemische Natur der Gene keinen Aufschluß. Und die Genetik mit ihren empirisch klassifikatorischen Theorien war außerstande, beim Vergleich zwischen strahlen- und chemisch induzierten Effekten aufgetretene Unterschiede in der Häufigkeit der Mutationen zu deuten. Timofeeff-Ressowsky versprach sich ein Weiterkommen im Streben nach Erklärung der strahleninduzierten Wirkungen mit Hilfe der Quantenphysik.

Insgesamt zeigt sich also, daß es ein quantenphysikalisch motiviertes Interesse an Genetik und ein genetisch motiviertes Interesse an der Quantenphysik gewesen war, das Delbrück und Timofeeff-Ressowsky zusammenkommen ließ.

Wir sehen darin schon einen ersten Hinweis zur Klärung des Darstellungsproblems, wie Entwicklung unter der Voraussetzung möglich ist, daß jegliche Forschungstätigkeit von gegebenen Theorien und Methoden einer Disziplin instruiert wird, wodurch die Forschungsresultate schon in einem bestimmten Maße festgelegt sind. Eine Entwicklung komplexer Strukturen sei, so Eigen, nur auf Grundlage der Bewahrung des Erreichten möglich.[68] Wie man an dem dargelegten Beispiel erkennen kann, hatten sich Delbrück und Timofeeff-Ressowsky, um eine Zusammenarbeit zu ermöglichen, gar nicht von den Fragestellungen trennen müssen, die in der jeweiligen Disziplin entstanden waren. Ganz im Gegenteil: Indem sie sich darum bemühten, Wege zu finden, die oben grob skizzierten Probleme zu lösen, kamen sie erst auf die Idee, in die Lösungsanstrengungen Theorien und Methoden einzubringen, die außerhalb ihrer jeweils eigenen Disziplin enstanden waren.

Wie wir gezeigt haben, schreibt Kuhn den tradierten Theorien und Methoden einer Gemeinschaft nur eine Auslöserfunktion für die Entstehung von Neuem zu: Wenn eine Anomalie entsteht, werde das geltende Paradigma grundlegend in Frage gestellt. Die Alternativen, die dann in der Gemeinschaft in Gestalt der „Paradigmaanwärter“ auftreten, hätten mit dem in Frage gestellten Paradigma überhaupt nichts zu tun. Daraus folgt, daß gemäß dem Kuhnschen Konzept die gegebenen Forschungstraditionen keinerlei positive Bedeutung für die Entstehung von Neuem hätten. Mit anderen Worten: Mit jeder Krisensituation schlägt der Wissenschaft

[68] Vgl. M. Eigen, Das Urgen, in: Nova Acta Leopoldina, Neue Folge (Halle/Sa.), 243/1980, Bd. 52, S. 13.

wieder die Stunde Null. Kuhn will damit die Vorstellung ausschließen, als wäre eine neue Theorie lediglich Ergebnis der Extrapolation aus einer alten. Insofern enthält Kuhns Annahme einen rationellen Kern, daß die in einer Gemeinschaft entstandenen „Paradigmaanwärter“ *Alternativen* zum in Frage gestellten Paradigma seien, daß sie also in keiner geordneten Beziehung zu ihm stünden. Jedoch zwingt diese Annahme nicht dazu, die *positive* Bedeutung des Erreichten für das Neue zu leugnen. *Die in Frage gestellten Theorien tauchen nämlich in den Positionen der außerhalb der eignen Gemeinschaft gewonnenen Partner wieder auf*, wenngleich in einem anderen Licht.

Die Einsicht der marxistisch-leninistischen Erkenntnistheorie, daß die Wissenschaftsentwicklung ein Prozeß des Erkenntnis*fortschritts* ist — eine Einsicht, die von Kuhn nicht konsequent geteilt wird —,[69] läßt sich auf diesem Wege durchaus mit dem geschilderten Ansatz vereinbaren. Er zeigt, wie die Errungenschaften alter Paradigmen entwicklungswirksam sein können, obwohl doch ein neues Paradigma nicht aus einem alten extrapolierbar sein kann. Und der Ansatz macht deutlich, daß in Prozessen, in denen neue Theorien entstehen, nicht weniger, sondern mehr Errungenschaften, Errungenschaften verschiedener Wissensgebiete wirksam werden.

Ein weiteres Problem, das bei der Analyse des Kuhnschen Modells auftaucht, ist folgendes: Kuhn vertritt die Auffassung, daß Wissenschaftsentwicklung kein Prozeß der Erfüllung eines vorausgesetzten Zieles sei.

Nun ist aber alles, was ein Forscher tut, zielorientiert. Und er unternimmt erhebliche Anstrengungen, um die Experimentierbedingungen so zu gestalten, daß auch die erwarteten Effekte zustandekommen. Auch dann, wenn ein Forscher aufgrund erwartungswidriger Resultate den gewohnten theoretischen Interpretationsrahmen zugunsten von Theorien verwirft, die in anderen Disziplinen gelten, bleibt sein Handeln zielabhängig.

Der Gedanke, daß Wissenschafts*entwicklung* nicht die Verwirklichung eines vorgefaßten Zieles sein könne — anderenfalls würde eine präformistische Haltung in dieser Frage nahegelegt werden —, läßt sich m. E. ohne weiteres mit der Tatsache vereinbaren, daß Forscher in keiner Situation ziellos agieren. Wie sich zum Beispiel erkennen läßt, verfolgten Delbrück und Timofeeff-Ressowsky ganz verschiedene Ziele in der Zusammenarbeit, so daß logischerweise auch kein Resultat zustandekommen konnte, das die Erfüllung der Ziele gewesen wäre. Im Ergebnis der Zusammenarbeit, an der der Strahlenphysiker Zimmer beteiligt war, wurde ein Modell zur Natur der Genmutation und -struktur vorgestellt.

[69] Wie Kuhn eingesteht, weiß er auf die Frage, warum die Wissenschaft im Verlaufe ihrer Geschichte immer produktiver geworden sei, keine Antwort. (Th. S. Kuhn, Die Entstehung des Neuen, a. a. O., S. 436; vgl. ebenda, S. 171/172.)

[70] Vgl. M. Delbrück, Geleitwort zur deutschen Ausgabe des Buches: Phagen und die Entwicklung der Molekularbiologie, in: Phagen und die Entwicklung der Molekularbiologie, a. a. O., S. 9/10; K. G. Zimmer, Die Theorie des Trefferbereichs, in: ebenda, S. 54.

Dieses Modell hat keinesfalls die ursprünglichen Erwartungen der Beteiligten erfüllt, sondern stellte etwas Neues dar, etwas, das allein in der Zusammenarbeit begründet war.[70]

Hier zeigt sich, daß die Komplikationen des Kuhnschen Modells oftmals nicht durch die Behauptung des bloßen Gegenteils zu entsprechenden Modellannahmen gelöst werden können: Sein Gedanke, daß Wissenschaftsentwicklung nicht ein Prozeß „auf etwas hin" sei, daß ihm kein „gestecktes" Ziel zugrunde liege[71], ist in einer Hinsicht akzeptabel. Er schließt jegliche teleologische Interpretation aus. Dieser Gedanke ist aber insofern wiederum unannehmbar, als Kuhn damit zugleich die Rolle gesellschaftlicher Bedürfnisse, gesellschaftspolitischer Zielstellungen und der in der Produktion gewachsenen Bedürfnisse für die Wissenschaftsentwicklung negiert.

Auf dieses Problem wollen wir nicht weiter eingehen, zumal es in der kuhnkritischen Literatur im Zusammenhang mit der „Externalismus-Internalismus"-Debatte bereits ausführlich erörtert worden ist. Worauf es uns ankommt, ist folgendes: Durch das Fallbeispiel gestützt, läßt sich sagen, daß dem Entwicklungsprozeß *kein einheitliches, intersubjektiv gültiges* Ziel vorangeht, dem die individuellen Ziele der daran Beteiligten untergeordnet wären und das das Resultat der Zusammenarbeit schon ideell vorweggenommen hätte. Ein solches Ziel ist vielmehr selbst ein Entwicklungsresultat.

Die Entstehung von wissenschaftlich Neuem ist kein Prozeß, der sich innerhalb *einer* Gemeinschaft abspielt. Dies wurde als weiterer Einwand gegen Kuhns Konzept vorgebracht und läßt sich am Fallbeispiel wie folgt belegen: Die molekulargenetische Phagenforschung etablierte sich im Resultat der Entfaltung von Beziehungen zwischen Quantenphysikern, Strahlenphysikern, Genetikern, Bakteriologen, Tumorvirologen und anderen. Um ein vollständiges Bild von der Entwicklung dieses Spezialgebietes zu gewinnen, wäre es angebracht, nicht nur die „Krisensituation" in *einer* Gemeinschaft zu behandeln, beispielsweise jene, die in der Bakteriologengemeinschaft entstanden war. Um die Motive von Vertretern anderer Disziplinen zu ergründen, die sie dazu bewogen hatten, Disziplingrenzen überschreitende Kontakte anzubahnen, müßte die damalige Situation in der Tumorvirologie, der Strahlenphysik und in anderen Gebieten erkundet werden. Dies wäre nicht zuletzt deshalb geboten, weil sich schon angedeutet hat, daß die Bedingungen dafür, daß eine Idee entwicklungswirksam wird, unabhängig von derselben erzeugt werden. Sie werden von Prozessen hervorgerufen, die in anderen Gemeinschaften stattfinden als derjenigen, der der Ideenträger angehört. Die Entstehung einer Idee und die Erzeugung von Bedingungen dafür, daß sie entwicklungswirksam werden kann, sind zwei Prozesse, die durchaus nicht synchron verlaufen müssen, wie die Wissenschaftsgeschichte lehrt. Das zeigt beispiels-

[71] Th. S. Kuhn, Die Struktur wissenschaftlicher Revolutionen, a. a. O., S. 226; vgl. H. Laitko, Das Tätigkeitskonzept der Wissenschaft — seine heuristischen Möglichkeiten und Grenzen, in: Deutsche Zeitschrift für Philosophie 2/1981, S. 209.

weise die Geschichte der Aufklärung der Genstruktur. Am Anfang waren, wie Canguilhem hervorhebt, die Fragestellungen im Hinblick auf die Organisation des Lebendigen weit verstreut.[72] Es mußte erst ein Entwicklungsniveau in *verschiedenen* Disziplinen erreicht sein, bevor ein über die bloße Kenntnisnahme voneinander hinausgehendes *wechselseitiges* Interesse entstehen konnte. Ein solches Niveau wurde nicht in allen Disziplinen gleichzeitig erreicht, und so erklären wir uns beispielsweise die anfänglich reservierte Haltung gegenüber den Forschungsergebnissen Averys. Die Erforschung der DNS wurde zunächst unabhängig von der Phagenforschung betrieben, und Entdeckungen auf diesem Gebiet wie die des transformierenden Prinzips beim Pneumococcus (Avery und Mitarbeiter 1944) oder die des kristallinen Zustands der DNS (Wilkins 1950) wurden von den Phagenforschern als nicht relevant für die eigene Forschung bewertet. Sie beeinflußten die Phagenforschung zunächst gar nicht. So liefen noch 1952 die Vorstellungen über die Phagenvermehrung darauf hinaus, daß das Phagen*protein* im befallenen Bakterium die genetische Rolle spielen sollte, „während die DNS des Phagen erst als letzter Schritt vor dem Aufreißen hinzugefügt wurde".[73] Nach weiteren Experimenten wurde dann die Bedeutung der DNS für die Phagenvermehrung klar, und es erschlossen sich Berührungspunkte zur Averyschen Entdeckung des transformierenden Prinzips. Nun war es möglich, daß Biochemiker auf geneigte Partner aus der Phagenforschung treffen konnten.

Mit der Erkundung der Forschungssituationen in den verschiedenen Disziplinen, die dann für die Entwicklung der Molekularbiologie eine Rolle spielen sollten, wäre der Ausgangspunkt dafür gegeben, sich im weiteren mit den anderen Forschungsbeziehungen zu beschäftigen, aus denen wichtige Resultate für die Entwicklung hervorgegangen waren.

Wir können aber diesen Fragen hier nicht weiter nachgehen. Sie wurden an anderer Stelle behandelt.[74] Dort wurde auch der Versuch unternommen, bestimmte Stadien der Entwicklung einer neuen wissenschaftlichen Gemeinschaft am Beispiel der Phagenforschergruppe zu identifizieren, und zwar folgende: Das erste Stadium besteht in einer Schar interindependenter Beziehungen zwischen Vertretern verschiedener Gemeinschaften, die nicht auf ein einheitliches Ziel ausgerichtet sind. Im weiteren ordnet sich die Gesamtheit solcher Beziehungen über die Autorität hervorragender Wissenschaftler, deren Wirken bzw. Forschungsresultate sich als geeigneter Integrationsfaktor der Beziehungen erweisen, wobei eine solche Autorität nicht ursächlich in einem persönlichen „Charisma" verwurzelt ist, sondern in den Kooperationsbeziehungen erst erzeugt wird, die die spätere Wissenschaftlerautorität vor dieser Leitfunktion unterhalten hat. Wissenschaftler

[72] G. Canguilhem, Wissenschaftsgeschichte und Epistemologie, Frankfurt/M. 1979, S. 147.

[73] H. F. Judeon, Der 8. Tag der Schöpfung. Sternstunden der neuen Biologie, Wien—München 1980, S. 89/90.

[74] Vgl. U. Geißler/G. Kröber/K. Lüdtke/V. Lüdtke/J. Tripoczky, Die Ursprünge der Molekularbiologie, a. a. O.

gewinnen die Funktion als Autoritäten dann, wenn sich über sie zuvor voneinander unabhängige einzelne Beziehungen miteinander verflechten. Es sind diejenigen Wissenschaftler, die die meisten Beziehungen anzuknüpfen verstanden, so daß sich Gelegenheiten häufen, daß sich deren Partner auch untereinander begegnen, vermittelt über die gemeinsame Bekanntschaft mit ersteren. In dieser Phase sind die Effekte, die die verschiedenen beteiligten Wissenschaftler in ihren Versuchen erzeugen, allein über die Resultate bzw. Urteile der Autoritäts-, der Bezugsperson normiert. Darin kommt gleichsam ein Frühstadium der Objektbestimmung der Effekte zum Ausdruck, zu deren Aneignung es aber direkte Kontakte mit der Bezugsperson und der Imitation ihres Wirkens bedarf. Eine solche Funktion übte Delbrück aus, wie sich aus Zeugnissen etlicher seiner Schüler herauslesen läßt.[75] Auf dieser Entwicklungsstufe kann die Gemeinschaft, die noch „informeller Natur" ist, nicht über ein bestimmtes Maß hinaus expandieren, weil sie sich allein über die Kontakte aller Mitglieder zur Autoritätsperson erhält, die natürlich nicht unbegrenzt direkte Beziehungen unterhalten kann. In dem Maße, wie es dann einzelnen Mitgliedern gelingt, die modellgebenden Resultate der Autoritätsperson unabhängig von ihr zu reproduzieren, erweisen sich die Individuen für die Reproduktion dieser Resultate als auswechselbar, und sie können unabhängig von ihr vorgestellt werden. So treten anstelle persönlicher Beziehungen solche sachlicher Natur, das heißt, die Struktur der Gemeinschaft ist nun in als Standard geltenden Reproduktionsbedingungen zur Objektherstellung verdinglicht und dominiert in dieser äußerlichen Form die realen Austauschbeziehungen. Die Struktur der Gemeinschaft erscheint — wie man in Anlehnung an Marx sagen kann — als „allgemeines Verhältnis zur Natur"[76]. Die Identität als Mitglied der Gemeinschaft x erhält dann ein Forscher nur über die Aneignung dieses Standards. Standard-(„Paradigma"-)gleiche Reproduzierbarkeit der Effekte seitens *verschiedener* Individuen ungeachtet der jeweiligen besonderen kontextuellen Einbettung der experimentellen Situation läßt es zu, den Reproduktionszusammenhang abstrakt als Schema zu fixieren und die untersuchten Erscheinungen abgetrennt vom Erzeugungszusammenhang als äußerliches Objekt zu bestimmen. Mit der Möglichkeit gleicher Verhaltensreaktion auf die real gesehen unwiederholbaren experimentellen Resultate (die zeitlichen und örtlichen Umstände sowie die im Versuchsmoment gegebene Beschaffenheit der Geräte sind von Wiederholungsfall zu Wiederholungsfall verschieden) ist eine sprachliche Repräsentation der Objektbestimmung möglich. Und damit ist sie der Aneignung unabhängig davon zugänglich, ob man an der Erzeugung der Effekte direkt beteiligt ist oder nicht.

[75] Vgl. E. Dahm, Probleme wissenschaftlicher Schulen und erfolgreicher Schulenbegründer im wissenschaftlichen Erkenntnisprozeß — dargestellt am Beispiel der Delbrück-Schule im Erleben ihrer Schüler, in: Wissenschaftliche Schulen, a. a. O., S. 223.

[76] Vgl. K. Marx, Grundrisse der Kritik der politischen Ökonomie, Berlin 1974, S. 81.

Hubert Laitko

Imre Lakatos und das Problem der rationalen Rekonstruktion in der wissenschaftshistorischen Forschung

1. Rekonstruktion als wissenschaftshistorische Aufgabe

Mit den Diskussionen um das von Imre Lakatos (1922—1974) vertretene Konzept der wissenschaftlichen Forschungsprogramme ist unter den Wissenschaftshistorikern der Terminus „rationale Rekonstruktion" verstärkt in Umlauf gekommen. Er wurde als eine treffende Bezeichnung für das aktive Verhältnis zu seinem Gegenstand empfunden, das der Historiker praktizieren muß, wenn er seine ureigenste Aufgabe erfüllen und die überlieferten Zeugnisse und „Sachzeugen" so befragen will, daß sie ihm ein zusammenhängendes Bild des historischen Geschehens liefern. Wie der Archäologe aus den Überresten alter Siedlungen nicht nur die komplette Anlage der Gebäude, sondern das Funktionieren des ganzen sozialen Organismus, dessen Lebensumwelt jene Stätte war, buchstäblich rekonstruieren muß, so muß auch der Wissenschaftshistoriker aus einem statistischen Diskontinuum von Quellen den erloschenen, in solchen Relikten geronnenen Prozeß geistig wiedererschaffen.

Wie frei und wie gebunden der Historiker dabei ist, wie weit er gehen muß, um den Sumpf des platten Empirismus zu vermeiden, und wie weit er gehen darf, damit er nicht auf den Irrweg bodenloser Spekulation gerät — das ist ein zentrales philosophisches und methodologisches Problem, das das schöpferische Risiko historischer Forschung seit jeher umgibt, einerlei, ob sie sich nun mit der Geschichte der Wissenschaft oder mit anderen Aspekten der Menschheitsgeschichte befaßt. Die Historiker haben auch nicht erst mit Lakatos begonnen, sich darüber Rechenschaft abzulegen. Exemplarisch sei das Problem hier in den Worten W. v. Humboldts aufgerollt, der die Feststellung, die Aufgabe des Geschichtsschreibers sei die Darstellung des Geschehenen, mit einer schönen dialektischen Wendung kommentierte: „Die einfache Darstellung ist zugleich die erste, unerlässliche Forderung seines Geschäfts, und das Höchste, was er zu leisten vermag."[1] Dem ließ Humboldt die Exposition des Problems folgen: „Das Geschehene aber ist nur zum Theil in der Sinnenwelt sichtbar, das Uebrige muss hinzu empfunden, geschlossen, errathen werden. Was davon erscheint, ist zerstreut, abgerissen, vereinzelt; was dies Stückwerk verbindet, das Einzelne in sein wahres Licht stellt, dem Ganzen Gestalt giebt, bleibt der unmittelbaren Beobachtung entrückt. Sie kann nur die

[1] W. v. Humboldt, Über die Aufgabe des Geschichtsschreibers, in: W. v. Humboldt, Werke, Bd. 1, Berlin 1960, S. 585.

auf einander folgenden Umstände wahrnehmen, nicht den innern ursachlichen Zusammenhang selbst, auf dem doch allein auch die innere Wahrheit beruht. Wenn man die unbedeutendste Thatsache zu erzählen versucht, aber streng nur das sagen will, was sich wirklich zugetragen hat, so bemerkt man bald, wie, ohne die höchste Vorsicht im Wählen und Abmessen der Ausdrücke, sich überall kleine Bestimmungen über das Vorgegangene hinaus einmischen, woraus Falschheiten oder Unsicherheiten entstehen. Selbst die Sprache trägt dazu bei, da ihr, die aus der ganzen Fülle des Gemüths quillt, oft Ausdrücke fehlen, die von allen Nebenbegriffen frei sind. Daher ist nichts so selten, als eine buchstäblich wahre Erzählung, nichts so sehr der Beweis eines gesunden wohlgeordneten, rein absondernden Kopfes, und einer freien, objectiven Gemüthsbestimmung; daher gleicht die historische Wahrheit gewissermassen den Wolken, die erst in der Ferne vor den Augen Gestalt erhalten . . ."[2]

Zahlreiche Beschreibungen dieses Problems, die spätere Historiker gaben, sind der Sache nach nichts weiter als Variationen jener Formulierung, nur in der Regel ohne deren Ursprünglichkeit und Frische. Auch die von Humboldt vorgeschlagene Problemlösung ist vielfach variiert worden: „Die Wahrheit alles Geschehenen beruht auf dem Hinzukommen jenes oben erwähnten unsichtbaren Theils jeder Thatsache, und diesen muss daher der Geschichtsschreiber hinzufügen. Von dieser Seite betrachtet, ist er selbstthätig, und sogar schöpferisch, zwar nicht, indem er hervorbringt, was nicht vorhanden ist, aber indem er aus eigner Kraft bildet, was er, wie es wirklich ist, nicht mit blosser Empfänglichkeit wahrnehmen konnte. Auf verschiedene Weise, aber ebensowohl, als der Dichter, muß er das zerstreut Gesammelte in sich zu einem Ganzen verarbeiten."[3]

Im Alltag der historischen Arbeit werden diese Rekonstruktionsleistungen oft nahezu unbemerkt vollbracht! Sie verbergen sich in dem Bemühen, das Gewesene in einer möglichst treffenden Sprache wiederzugeben, werden deutlicher, wenn man etwa nichtüberlieferte Ereignisse hypothetisch in eine Ereigniskette interpolieren oder anderweitig offenkundige Quellenlücken überbrücken muß, und treten erst voll in das Bewußtsein in Momenten des Übergangs von der eigentlichen historischen Forschung zur erkenntnistheoretischen Reflexion dieses Prozesses. Die Exponenten der „postpositivistischen" Wende, zu deren erster Generation Lakatos gehörte, haben hier jedoch eine schärfer profilierte Problemsituation geschaffen. Sie gründeten ihre Wissenschaftskonzepte nicht nur ausdrücklich auf die Tatsachen der Wissenschaftsgeschichte, sondern gestalteten sie zugleich so, daß sie selbst dynamische Zusammenhänge, Momente der Wissenschaftsentwicklung ausdrückten und damit mögliche Instrumentarien oder Ordnungsschemata darstellten, deren sich der Wissenschaftshistoriker bei seiner rekonstruktiven Tätigkeit bedienen konnte und nach der Auffassung ihrer Autoren auch bedienen sollte. Solche Denkwerkzeuge lassen sich nicht mehr beiläufig anwenden, zumindest

[2] Ebenda, S. 585/586.
[3] Ebenda, S. 586.

nicht, ehe ihre leitenden Begriffe fest im Bewußtsein der Historiker verankert sind; und die fortdauernde Kontroverse zwischen konkurrierenden Konzepten, die die einzelnen Konkurrenten zu „Modellen" im Sinne hypothetischer Vorschläge relativiert, tut ein Übriges, um die Problematik ihrer Anwendung ständig bewußt zu halten. Wohl deshalb ist das Problembewußtsein der Wissenschaftshistoriker gegenüber einem allgemeinen Erkenntnisverfahren, das sie der Sache nach seit jeher anwenden, heute so ungewöhnlich geschärft.

2. Lakatos' Konzept der „Forschungsprogramme"

Die Arbeit des Historikers ist es stets, aus einer diskreten Mannigfaltigkeit statischer Quellen das Bild eines zusammenhängenden Geschehens zu rekonstruieren. Sobald er mehr als eine unkommentierte Quellensammlung zu schaffen beabsichtigt, hat er keine Wahl mehr, ob er rekonstruieren oder nur passiv wiedergeben will. Ohne Aktivität des Subjekts kann es keinerlei Erkenntnis geben, und die Art und Weise, in der der Historiker — der seinen Gegenstand nicht mittels der allein der utopischen Literatur vorbehaltenen Zeitreisen observieren oder gar mit ihm experimentieren kann —, als Erkenntnissubjekt aktiv wird, besteht eben gerade darin, aus den Relikten des Gewesenen die Ganzheit verflossener Prozesse gedanklich wiederherzustellen. Insofern hat der Terminus Rekonstruktion nicht von vornherein Suspektes; es ist möglich, ihn mit einer entsprechenden, auf die Anerkennung der Existenz objektiver Gesetze bezogenen Deutung in die dialektisch-materialistische Methodologie der historischen Erkenntnis einzubeziehen.

In der Sicht der „Postpositivisten", zu deren bedeutendsten Exponenten Lakatos gehörte, war dieser Terminus nun allerdings immer weltanschaulich schillernd gehalten. „Rationale Rekonstruktion" konnte als eine Aktivität verstanden werden, die darauf gerichtet ist, die zwar verborgene, aber nichtsdestoweniger objektiv vorhandene Ordnung des historischen Geschehens aufzudecken; sie ließ sich aber auch quasi-kantianisch als ein Vorgang deuten, in dem das Subjekt der Erkenntnis dem genuin chaotischen historischen Material eine Ordnung aufzwingt, die es an sich nicht besitzt. Gewiß neigt der forschende Wissenschaftshistoriker dazu, die ihm als Hilfsmittel zur rationalen Rekonstruktion vorgeschlagenen Modelle naivmaterialistisch zu lesen, doch wenn er sich ihrer ohne philosophische Akribie bedient, dann kann unwillkürlich die in der erkenntnistheoretischen Vagheit des Prinzips enthaltene idealistische Tendenz auch in seine Forschungen einfließen, und die Wissenschaftsgeschichte stellt sich dann nicht mehr als ein Prozeß dar, in dem objektive Gesetze zur Erscheinung kommen, sondern als ein Irrgarten, in dem jeder Autor seine eigene Art methodologischer Konstrukte anpflanzt, bis ein hoffnungslos verfilztes, den Historiker entmutigendes Gestrüpp entsteht.

Die Ambivalenz der „postpositivistischen" Rekonstruktionsthese ist von L. Geymonat in Form eines Dilemmas herausgearbeitet worden: „Wenn die Ausgangshypothese besagt, daß die betreffende Entdeckung schon an sich rational ist, bemühen wir uns dann bei dem Versuch ihrer rationalen Rekonstruktion nicht um nichts anderes, als diese ihr eigene Rationalität ans Licht zu bringen? Wenn wir dagegen annehmen, daß diese Entwicklung an sich keinerlei rationale Ordnung aufweist, würden wir — wir allein — ihr dann nicht in diesem Moment ein bestimmtes logisches Gewand überwerfen, in dem wir rational zu rekonstruieren suchen?"[4] Dieses Dilemma betrifft die grundsätzliche Erkenntnishaltung, mit der man an das Unternehmen der historischen Rekonstruktion herangeht, ganz unabhängig von dem konkreten begrifflichen Schema, das dazu verwendet wird. Es ist daher von erheblich allgemeiner Art als die von Lakatos als Rekonstruktionsinstrument offerierte Methodologie der Forschungsprogramme.

Geymonat stellt die Frage, nach welcher Seite dieses Dilemmas Lakatos eigentlich neigt. Auf den ersten Blick scheint die Antwort leicht zu sein. Er erklärt erstens seine Absicht zu zeigen, daß die Wissenschaftsphilosophie Methodologien bereitstelle, „mit deren Hilfe der Historiker die ‚interne Geschichte' eines Gebietes rekonstruiert und so den objektiven Erkenntnisfortschritt rational erklärt". Zweitens stellt er fest, daß „jede rationale Rekonstruktion der Geschichte der Ergänzung durch eine empirische (sozio-psychologische) ‚externe Geschichte' bedarf".[5] Drittens schließlich vertritt er die Auffassung, daß es einen Fortschritt in der Theorie wissenschaftlicher Rationalität gebe, gekennzeichnet durch den Entwurf immer leistungsfähigerer Methodologieversionen und somit „durch die Rekonstruktion einer ständig wachsenden Masse wertdurchtränkter Geschichte als rational".[6] Diese Folge von Feststellungen könnte ein unbefangen vorgehender Historiker ganz spontan materialistisch auffassen und dabei auch der terminologisch ungewohnten Unterscheidung von interner und externer Geschichte eine plausible Deutung geben: „intern" ist in dieser methodologischen Interpretation der Termini für das, was ein vorgegebenes theoretisches Modell zu erklären vermag, „extern" ist das, was sich seiner Erklärungskompetenz entzieht. Diese Unterscheidung ist also nicht ein für allemal festgelegt, sondern auf das jeweils verwendete theoretische Modell bezogen. Lakatos selbst postuliert eine Serie historisch aufeinanderfolgender Modelle, deren sukzessive Anwendung zu einer Verschiebung der Trennlinie in einer bestimmten Richtung führt[7]: der Bereich des Internen

[4] L. Geymonat, Grundlagen einer realistischen Theorie der Wissenschaft, Köln 1980, S. 117.

[5] I. Lakatos, Die Geschichte der Wissenschaft und ihre rationalen Rekonstruktionen, in: W. Diederich (Hrsg.), Theorien der Wissenschaftsgeschichte. Beiträge zur diachronen Wissenschaftstheorie, Frankfurt/M. 1974, S. 56.

[6] Ebenda, S. 107.

[7] In der oben zitierten Arbeit (vgl. ebenda, S. 108—123) untersucht Lakatos die Sequenz Induktivismus-Konventionalismus-methodologischer Falsifikationismus in diesem Sinne, in der Arbeit „Falsifikation und die Methodologie wissenschaftlicher Forschungsprogramme" die Folge: dogmatischer Falsifikationismus-methodologischer Falsifikationismus-raffinierter methodologischer Falsifikationismus, aus deren Analyse und Kritik seine Methodologie wissenschaftlicher Forschungsprogramme hervorgeht (I. Lakatos, Falsifikation und die Methodologie wissenschaftlicher Forschungsprogramme, in: I. Lakatos/A. Musgrave [Hrsg.], Kritik und Erkenntnisfortschritt, Braunschweig 1974, S. 93—128).

expandiert, während der Bereich des Externen schrumpft. Dies vorausgesetzt, könnte man den Ansatz nun folgendermaßen interpretieren: zum ersten dient die rationale Rekonstruktion als Mittel, die Regelmäßigkeit des objektiven Geschehens an den Tag zu bringen; zum zweiten ist die „Geschichte der Wissenschaften immer reicher als ihre rationale Rekonstruktion“[8]; zum dritten schreitet die rationale Rekonstruktion fort und erfaßt die empirische Geschichte immer vollständiger. In einer bestimmten Situation hat man die Wahl, für eine als wesentlich erachtete „Anomalie“, die sich den bisher vorhandenen Erklärungsmöglichkeiten entzieht, entweder eine Verbesserung des Modells zu versuchen oder aber eine „externe“ Erklärung ergänzend zum Modell vorzunehmen. „Darum bleiben rationale Rekonstruktionen für immer in einem Ozean von Anomalien versenkt. Diese Anomalien müssen schließlich erklärt werden, und zwar entweder durch eine bessere rationale Rekonstruktion oder durch eine ‚externe‘ empirische Theorie.“[9] Letzteres wäre wohl eine dualistische oder gar pluralistische Erklärung, aber das ist ein in vielen Erkenntnissituationen unvermeidlicher Kompromiß, der durchaus toleriert werden kann, solange sich die Forscher seines Übergangscharakters bewußt bleiben.

Die ist eine philosophisch unkritische Deutung oder, wenn man so will, Rekonstruktion des allgemeinen Ansatzes von Lakatos. Doch sie ist deshalb keineswegs nutzlos. Die Modelle der Wissenschaftsdynamik in der neueren „philosophy of science“ sind keine puren Spekulationen ohne empirischen Gehalt; im Gegenteil, sie spüren in der wissenschaftshistorischen Wirklichkeit relativ stabile Zusammenhänge auf und fassen sie begrifflich, womit allerdings Vereinseitigungen und Verabsolutierungen verbunden sind, die in aller Regel eine unverzügliche Kritik als deskriptive Kategorien ermöglichen. Dabei kann ihre Einbettung in nichtmaterialistische philosophische Systeme oft weitgehend vernachlässigt werden.

Der arbeitende Wissenschaftshistoriker hat ein Recht auf diese Art Unbekümmertheit. Er nimmt die Konzepte allein aufgrund ihres deskriptiven Gehaltes als Abbilder bestimmter Seiten der geschichtlichen Wirklichkeit und kritisiert sie, wo sie mit dieser von ihm empirisch erforschten Wirklichkeit in offenkundigen Konflikt geraten. Auch ein pragmatisches Verhalten ist möglich: bestimmte Konzepte werden für die Analyse der einen, andere wiederum zur Untersuchung einer anderen Situation herangezogen, einfach aufgrund ihrer empirischen Brauchbarkeit, ohne die Verträglichkeit dieser Konzepte untereinander auch nur zu erwägen und die Frage zu stellen, ob es denn begrifflich zulässig ist, vom „Entwicklungsgesetz“ zum „Paradigma“ oder von diesem zum „Forschungsprogramm“ zu springen. Überaus skeptisch pflegen sich Historiker jedoch gegenüber der Manier zu verhalten, das Geschehen der wissenschaftlichen Vergangenheit in strikt modellbezogene „case studies“ aufzulösen, „die das jeweils bevorzugte Schema erstaun-

[8] I. Lakatos, Die Geschichte der Wissenschaft und ihre rationalen Rekonstruktionen, a. a. O., S. 82.

[9] Ebenda, S. 108.

lich präzis erfüllen: nicht nur nachdem es, sondern auch weil es vorausgesetzt wurde".[10]

Wird das Konzept von Lakatos nur unter dem Gesichtspunkt seines deskriptiven Gehalts und nicht unter dem seines Erklärungspotentials und seiner philosophischen Einbettung betrachtet, dann erweist es sich als ein brauchbares, in gewissem Maße sogar attraktives Werkzeug für den Wissenschaftshistoriker. Ganz unbestreitbar ist nach meiner Ansicht seine Überlegenheit gegenüber denjenigen Konzepten rationalistischer und konventionalistischer Richtung, mit denen es sich selbst in einer Reihe stufenweiser Verbesserung der rationalen Rekonstruktionsleistung sieht. Es ist bedeutend geschichtsnäher als diese, ungeachtet dessen, daß auch deren Autoren exzellente Kenner der Wissenschaftsgeschichte sind.

Mit seinem Lehrer K. R. Popper, dessen Werk ihn faszinierte, setzte sich Lakatos in den 60er Jahren zunächst von dem damals bereits veralteten Neopositivismus verifikationistischer Prägung ab, der extrem ahistorische und normative Wissenschaftskonzepte geschaffen hatte und dessen Vertreter daher mit den Wissenschaftshistorikern kaum kommunizierten.[11] Die Poppersche Doktrin, die im Verhältnis von Struktur und Dynamik des Wissens den Hauptakzent auf die Dynamik legte, war demgegenüber gleichsam ein halber Schritt zur Geschichte hin. Die Wissenschaftstheorie wurde dynamisch, aber nicht historisch, denn die Geschichte löste sich in einen eigenartigen prozessualen Atomismus auf, in eine Gesamtheit von strukturell identischen und inhaltlich unverbundenen Prozeßkomplexen, die aus der Aufstellung kühner Hypothesen und den Versuchen ihrer Falsifikation bestehen. Genauer genommen las Lakatos aus Poppers Forschungslogik zwei nichtidentische Positionen heraus — den „naiven" oder „dogmatischen" Falsifikationismus, für den er Kuhns Kritik als zutreffend erachtete, und den „raffinierteren" methodologischen Falsifikationismus. Die letztere Position kann sich nach Meinung von Lakatos „den Einwänden Kuhns entziehen, und es gelingt ihr vielleicht, wissenschaftliche Revolutionen nicht als religiöse Bekehrungen, sondern als rationalen Fortschritt darzustellen".[12]

Da nach der Logik des dogmatischen Falsifikationismus der Wachstumsprozeß der Wissenschaft im wiederholten „Verwerfen von Theorien auf Grund harter Tatsachen"[13] besteht, muß jeglicher Versuch, eine Theorie nach dem Auftauchen von Gegenbeispielen weiterhin aufrechtzuerhalten, einfach als wissenschaftswidriges Verhalten bewertet werden. Indes weist die theoretische Wissenschaft nach Lakatos gegenüber dem Auftauchen von Anomalien — empirischen Gegeninstanzen eben-

[10] E. Ströker, Theoriewandel in der Wissenschaftsgeschichte. Chemie im 18. Jahrhundert, Frankfurt/M. 1982, S. 8.

[11] I. Lakatos, Changes in the Problem of Inductive Logic, in: I. Lakatos (ed.), The Problem of Inductive Logic, Amsterdam 1968, pp. 315—417.

[12] I. Lakatos, Falsifikation und die Methodologie wissenschaftlicher Forschungsprogramme, a. a. O., S. 91.

[13] Ebenda, S. 95.

so wie theoretischen Inkonsistenzen — einen „hohen Grad von Autonomie“ auf, für den die „zusammenhangslosen Ketten von Konjekturen und Widerlegungen, auf die sich der naive Falsifikationismus stützt“[14], keine Erklärung zustandebringen. In seinen historischen Randbemerkungen habe Popper die Tendenz, „Anomalien in ‚entscheidende Experimente‘ zu verwandeln und ihren unmittelbaren Einfluß auf die Geschichte der Wissenschaften zu übertreiben“[15]. Lakatos hat ganz recht mit seiner These, daß einige der großartigsten wissenschaftlichen Forschungsprogramme auf inkonsistenter Grundlage fortgeschritten seien[16]: „In der Tat — hätte man das Spiel der Wissenschaften nach Poppers Regelbuch gespielt, dann wäre Bohrs Aufsatz von 1913 nie publiziert worden, denn er war der Maxwellschen Theorie auf inkonsistente Weise aufgepfropft.“[17] So kann Lakatos resümieren, daß der (naive) Falsifikationismus nur in einem höchst geringen Ausmaß als Leitfaden für den Wissenschaftshistoriker dienen könne.[18]

Mit dem Herauspräparieren eines „methodologischen Falsifikationismus“ knüpfte Lakatos nicht nur an Popper an, sondern ging — herausgefordert durch die Argumente Kuhns[19] — „in einer weicheren Fassung des Falsifikationsmodells“[20] wesentlich über ihn hinaus. Hier wird die Annahme des naiven Falsifikationismus, die empirischen Befunde als absolute, theorieentscheidende Instanzen zu betrachten, prinzipiell in Frage gestellt durch die Einsicht, „daß die ‚experimentellen Techniken‘ des Wissenschaftlers fehlbare Theorien involvieren,

[14] I. Lakatos, Die Geschichte der Wissenschaft und ihre rationalen Rekonstruktionen, a. a. O., S. 70.

[15] Ebenda, S. 97.

[16] Ebenda, S. 95.

[17] Ebenda, S. 96.

[18] Ebenda.

[19] Nach Böhme war das für Wissenschaftsphilosophie und Wissenschaftssoziologie gleichermaßen Erregende die These Kuhns, „daß sich an bestimmten, wissenschaftshistorisch bedeutsamen Stellen in der Entwicklung der Wissenschaft zwischen konkurrierenden Theorien oder theoretischen Ansätzen rational nicht entscheiden läßt. Kuhns Analyse solcher Situationen stützte sich dabei auf eine Auffassung von Wisssenschaft, nach der eine solche Entscheidung hätte an Hand der Kriterien der Falsifikation oder Verifikation der betreffenden Theorien durch vorhandene Daten und Experimente durchgeführt werden müssen, bzw. durch einen Vergleich der Erklärungskraft beider Theorien in bezug auf bekannte Effekte. Die Unmöglichkeit, mit solchen Kriterien die Entscheidungen an bestimmten Stellen der Wissenschaftsgeschichte zu rechtfertigen, schien ein irrationales Element in die Entwicklung der Wissenschaft hineinzutragen. Der Stachel der Irrationalität veranlaßte nun die Wissenschaftsphilosophie, ihre forschungslogischen Theorien auszubauen. Charakteristisch für solche Versuche ist I. Lakatos' Methodologie der Forschungsprogramme“ (G. Böhme, Die Bedeutung praktischer Argumente für die Entwicklung der Wissenschaft, Proc. XVth World Congress of Philosophy, Vol. 1, Sofia 1973, p. 33).

[20] J. W. Falter, Die Behaviorismus-Kontroverse in der amerikanischen Politikwissenschaft, in: E. Topitsch/P. Payer (Hrsg.), Logik der Sozialwissenschaften, Meisenheim 1980 (10. Aufl.), S. 423.

‚in deren Lichte' er die Tatsachen interpretiert".[21] Werden diese Techniken angewandt, so werden die in ihnen steckenden Theorien als probeweise akzeptiertes unproblematisches Hintergrundwissen betrachtet; die Unterscheidung zwischen zu prüfenden Theorien und unproblematischem Hintergrundwissen enthält ein konventionelles Moment, und konventionell ist auch die Entscheidung, „einer Theorie – in einem gegebenen Zusammenhang (methodologisch) den Charakter eines ‚Beobachtungssatzes' zu verleihen".[22] Diese „Aufweichung" des dogmatischen Falsifikationismus geht für Lakatos aber noch keineswegs weit genug. Ihren Vorteil sieht er zwar in der Trennung von Widerlegung und Elimination eines Theorieentwurfs,[23] ihren Nachteil jedoch im Verzicht auf jeden Versuch, eine rationale Erklärung für den Erfolg der Wissenschaft zu geben und Kriterien des Erkenntnisfortschritts zu formulieren.[24]

Den Ausweg sieht Lakatos in einer „raffinierten" Form des Falsifikationismus. Danach ist eine Theorie T nicht schon durch das Vorhandensein von noch so vielen Anomalien falsifiziert, sondern erst dann, wenn eine bessere Theorie T' vorliegt; nicht an und für sich, erst in einer solchen Konkurrenzsituation wirkt die empirische Gegenevidenz falsifizierend. Von T' wird dabei gefordert, daß sie einen Gehaltsüberschuß gegenüber T aufweist, daß sie den früheren Erfolg von T erklärt und daß ein Teil ihres Gehaltsüberschusses bereits bewährt ist[25]; sind originelle Voraussagen vorhanden, ohne daß es bisher gelungen ist, sie zu bestätigen (beispielsweise, wie nicht selten in der Geschichte der Physik, aufgrund der Leistungsgrenzen der verfügbaren Geräte), dann können T und T' längere Zeit als mögliche Versionen koexistieren. „Es gibt keine Falsifikation vor dem Auftauchen einer besseren Theorie. ... Man kann also sagen, daß die ‚Falsifikation' einen historischen Charakter hat."[26]

Der entscheidende Gedanke, der die historische Dimension in das wissenschaftstheoretische Konzept selbst einführt, ist die Idee, daß jede Theorie nur zusammen mit ihren Vorgängern bewertet werden kann, daß also nur eine Reihe von Theorien als wissenschaftlich oder unwissenschaftlich zu bezeichnen ist[27]. Die Verwendung des Wortes „Falsifikationismus" für ein solches Konzept ist nur noch eine Reverenz an Popper. Eher könnte man es zugespitzt als Theorie des Anpassungsmechanismus bezeichnen, mittels dessen sich grundlegende wissenschaftliche Ideen gegenüber Attacken falsifizierender Instanzen erhalten. Diese Theoriensequenzen, die als ganze untersucht werden, sind jene Objekte, die von Lakatos Forschungsprogramme ge-

[21] I. Lakatos, Falsifikation und die Methodologie wissenschaftlicher Forschungsprogramme, a. a. O., S. 104.

[22] Ebenda, S. 105.

[23] Ebenda, S. 106.

[24] Ebenda, S. 112/113.

[25] Ebenda, S. 114.

[26] Ebenda, S. 117.

[27] Ebenda, S. 116.

nannt werden: „Die Grundeinheit der Bewertung ist nicht eine isolierte Theorie oder eine Konjunktion von Theorien, sondern vielmehr ein ‚*Forschungsprogramm*' mit einem konventionell akzeptierten (und daher vorläufig ‚unwiderlegbaren') ‚*harten Kern*' und einer ‚*positiven Heuristik*', die Probleme definiert, die Konstruktion eines Gürtels von Hilfshypothesen skizziert, Anomalien voraussieht und sie siegreich in Beispiele verwandelt — alles nach einem vorgefaßten Plan."[28] Zugleich enthält das Programm eine „negative Heuristik", die verbietet, den Modus tollens gegen den harten Kern zu richten: „Es ist dieser Schutzgürtel von Hilfshypothesen, der dem Stoß der Überprüfbarkeit standhalten, der geordnet und wiedergeordnet, ja sogar völlig ersetzt werden muß, um den gehärteten Kern zu verteidigen."[29] Beiläufig gesagt, weist die quasi-militärische Terminologie sinnfällig aus, daß der Standpunkt von Lakatos zur Familie der evolutionistischen Wissenschaftskonzepte zählt[30] — bei ihm sind es die „Forschungsprogramme", die in einem unbarmherzigen Kampf ums Dasein stehen.

Der Begriff des Forschungsprogramms bringt offenkundig nicht nur Theoriedynamik, sondern Theoriegeschichte zum Ausdruck. Die qualitativen Eigenheiten der Selbstevolution wurden als „progressive Problemverschiebung" (das theoretische Wachstum des Programms antizipiert sein empirisches Wachstum) bzw. als „degenerative Problemverschiebung" (Zurückbleiben des theoretischen Wachstums gegenüber dem empirischen) charakterisiert.[31] Für die Forschungsprogramme wird als historischer Regelfall nicht das Monopol, sondern das Vorhandensein von Rivalen unterstellt, und entsprechend tritt die Elimination eines Programms (ebenso wie die Elimination einer Theorie innerhalb eines Programms) dann ein, wenn ein anderer Kandidat seine Überlegenheit unter Beweis gestellt hat: „Ein Forschungsprogramm, das mehr als sein Rivale auf progressive Weise erklärt, ‚hebt' diesen Rivalen ‚auf', und der Rivale kann eliminiert (oder, wenn man will, ‚zur Seite gestellt') werden."[32]

Aus dieser Darstellung der Grundzüge des Konzepts in Lakatos' eigenen Worten wird einsichtig, daß es ein relativ flexibel handhabbares Instrument zur Beschreibung von historischen Zusammenhängen der Wissenschaft darstellt. Es ist de facto so, daß bestimmte Grundideen — von so universalen wie der der Atomistik bis zu verhältnismäßig speziellen wie der des thermodynamischen Gleichgewichts — nicht nur in einer einzigen Theorie ihre Verkörperung finden,

[28] I. Lakatos, Die Geschichte der Wissenschaft und ihre rationalen Rekonstruktionen, a. a. O., S. 69.

[29] I. Lakatos, Falsifikation und die Methodologie wissenschaftlicher Forschungsprogramme, a. a. O., S. 130.

[30] Vgl. G. Kröber, Zum Problem der Entwicklung in wissenschaftstheoretischen Konzeptionen der Gegenwart, in: NTM-Schriftenreihe. Geschichte der Naturwissenschaft, Technik und Medizin (Leipzig). 21 Jg., H. 1/1984, S. 5—7.

[31] I. Lakatos, Die Geschichte der Wissenschaft und ihre rationalen Rekonstruktionen, a. a. O., S. 71/72.

[32] Ebenda, S. 72.

sondern in geschichtlichen Reihen — auch verzweigten — fortschreitender Konkretisierung und damit zunehmender empirischer und praktischer Leistungsfähigkeit. Diese langsam evolutionierende Schicht der Grundbegriffe der wissenschaftlichen Erkenntnis, die besonders eng mit der Philosophie verbunden sind, ohne selbst philosophische Kategorien zu bilden, sichert den geschichtlichen Zusammenhang des Erkenntnisfortschritts; Entwicklungen, auf die der Lakatossche Terminus „Forschungsprogramme" passen könnte, sind daher von Historikern und Philosophen oft analysiert worden. Marxistische Forscher haben sich dabei besonders solchen Konzepten zugewandt, die eine ausgeprägte philosophische Relevanz besitzen. Verwiesen sei hier zur Illustration nur auf die Untersuchungen von B. M. Kedrov über den historischen Gestaltwandel der Atomistik in der klassischen Chemie[33] oder auf V. I. Kuznecovs historische Analyse der konzeptualen Struktur der Chemie, in der sich jedes der von ihm unterschiedenen großen „konzeptualen Systeme" in einer Sequenz von Theorien entfaltet.[34]

Als Entdecker des Phänomens kann Lakatos keineswegs gelten. Seine Arbeiten stehen in einer Welle von Untersuchungen der verschiedensten Autoren, in denen aus historischer wie aus philosophisch-systematischer Sicht der Gedanke der Existenz von Strukturen des wissenschaftlichen Wissens herausgearbeitet wurde, die allgemeiner und fundamentaler als die Theorie sind. In der Suche nach geeigneten Termini, um diese Untersuchungen zu fixieren, hatte Lakatos jedoch eine glückliche Hand. Seine Terminologie ist griffig und einprägsam und hat vor allem den Vorzug, die vermuteten übertheoretischen Strukturen nicht als bloße Invarianten, sondern als historisch evolutionierende Einheiten zu kennzeichnen. Das ist keine bloße Äußerlichkeit; die Bereitstellung geeigneter Termini erleichterte ihm die systematische Durchdringung des Wechselspiels von „programmatischen" Strukturen und empirischer Forschung im historischen Prozeß. Ohne den Nutzen dieser deskriptiven Systematik zu bestreiten, sei darauf hingewiesen, daß es neuere marxistische Arbeiten gibt, die den Programmbegriff, bezogen auf gleichartige empirische Domänen wie bei Lakatos, auf theoretisch ganz eigenständige Weise entwickeln, wobei die weltanschaulichen Mängel der Lakatosschen Version (von denen noch die Rede sein wird) gar nicht erst auftreten. Ein bemerkenswerter Beleg dafür ist die Monographie von P. P. Gajdenko zur Evolution des Wissenschaftsbegriffs, die den Untertitel „Werden und Entwicklung der ersten wissenschaftlichen Programme" trägt[35]. Darin werden die Programme des antiken Atomismus, der platonischen Begründung der Mathematik, der Herausbildung der humanwissenschaftlichen Erkenntnis und des kontinualistischen Programms von Aristoteles in den kulturhistorischen Voraussetzungen ihrer Entstehung untersucht und in ihren Wandlungen bis hin zur Renaissance verfolgt.

[33] B. M. Kedrov, Atomistika Dal'tona, Moskva—Leningrad 1949.

[34] V. I. Kuznecov, Dialektika razvitija chimii. Ot istorii k teorii razvitija chimii, Moskva 1973, S. 233—314.

[35] P. P. Gajdenko, Evoljucija ponjatija nauki. Stanovlenie i razvitie pervych naučnych programm, Moskva 1980.

3. Kritik am deskriptiven Potential des Lakatosschen Konzepts

Betrachten wir nun einige typische Kritiken am deskriptiven Potential des Konzepts von Lakatos für die Aufgaben der Wissenschaftsgeschichte. Lakatos selbst sah sich ganz besonders durch T. S. Kuhn provoziert, und zwischen beiden entwickelte sich bereits auf dem 1965 im Auftrag der IUHPS in London durchgeführten internationalen Kolloquium über „philosophy of science", zu dessen geistigen Vätern und Organisatoren Lakatos gehörte[36], eine pointierte Polemik[37]. Kuhn konstatierte zunächst zwar die Verwandtschaft der Ansichten von Lakatos mit den seinen und skizzierte Parallelen[38], bezog aber dann gegenüber Lakatos den Standpunkt des Historikers (nicht den des Theoretikers!) und formulierte von diesem einen gravierenden Vorwurf: „. . . was Lakatos als Geschichte versteht, ist gar nicht Geschichte, sondern Geschichte, die sich Beispiele erfindet. So betrieben könnte Geschichte grundsätzlich nicht die geringste Wirkung auf die vorausliegende philosophische Position haben, die allein ihr Gestalt gab. Das soll nicht heißen, daß historische Rekonstruktion nicht ihrer Natur nach auswählt und interpretiert, und auch nicht, daß eine vorausliegende philosophische Position keine Bedeutung als ein Werkzeug der Auswahl und Interpretation hat. Aber es bedeutet, daran festzuhalten, daß in der einzigen Art von Geschichte, die philosophisches Interesse beanspruchen kann, eine vorausgehende philosophische Position nicht das einzige Auswahlprinzip bildet, und daß sie als Auswahlprinzip auch nicht unantastbar ist."[39] Kuhn warf weiter die Frage auf, warum denn Lakatos das Bedürfnis empfinde, „sich vor der wirklichen Geschichte zu schützen? Warum bietet er an ihrer Stelle eine Parodie? Soviel ich vermuten kann, fürchtet er, daß Geschichte, als eine unabhängige Disziplin ernstgenommen, ihn zu der Position führen kann, die er mir zuschreibt; zu der Meinung, Wissenschaft sei im Grunde ein irrationales Unternehmen".[40] Lakatos seinerseits gestand Kuhn wohl zu, daß dieser den Relativismus persönlich verabscheue, hielt ihm jedoch vor: „Aber seine *Theorie* läßt sich auffassen entweder als eine Leugnung wissenschaftlichen Fortschritts und eine Anerkennung reiner Veränderung oder als die Anerkennung eines wissenschaftlichen Fortschritts, der nur vom Gang der Geschichte als ‚Fortschritt' gezeichnet wird. . . . Das Kuhnsche psychologische Epiphänomen einer

[36] Die Ergebnisse diese Kolloquiums kamen — teils in mehrjährig intensiv überarbeiteten oder ganz neu abgefaßten Beiträgen — zwischen 1967 und 1970 in nicht weniger als vier Bänden an die Öffentlichkeit: I. Lakatos (ed.), Problems in the Philosophy of Mathematics, Amsterdam 1967; I. Lakatos (ed.), The Problem of Inductive Logic, Amsterdam 1968; I. Lakatos/ A. Musgrave (eds.), Problems in the Philosophy of Science, Amsterdam 1968; I. Lakatos/A. Musgrave (eds.), Criticism and the Growth of Knowledge, Cambridge 1970.

[37] Vgl. I. Lakatos/A. Musgrave (Hrsg.), Kritik und Erkenntnisfortschritt, a. a. O.

[38] T. S. Kuhn, Anmerkungen zu Lakatos, in: W. Diederich (Hrsg.), Theorien der Wissenschaftsgeschichte, a. a. O., S. 121—123.

[39] Ebenda, S. 129.

[40] Ebenda.

‚Krise' und einer ‚Konversion' kann objektiv progressive und objektiv degenerierende Veränderungen, es kann Revolutionen und Gegenrevolutionen begleiten." In keiner Weise könne sein Programm zwischen einer „Krise" und einer „entarteten Problemverschiebung" unterscheiden.[41]

Diese Konfrontation von Argumenten ist interessant. Die von Kuhn artikulierte Sichtweise des unbefangenen Historikers traf die empirische Achillesferse des Vorgehens von Lakatos, das ist unbestreitbar. Doch sie traf nicht minder auch alle anderen „postpositivistischen" Entwicklungsmodelle der Wissenschaft, deren jedes bestimmte empirisch nachprüfbare Zusammenhänge hervorhob, die aber mit dem Anspruch, die Wissenschaftsentwicklung insgesamt zu erklären, sämtlich der Geschichte Gewalt antaten. Lakatos konnte nur in einer Hinsicht als ein besonders exponierter Adressat solcher Vorwürfe gelten: indem er nämlich freimütiger als die meisten seiner Kollegen aussprach, wie er mit den Mitteln der „rationalen Rekonstruktion" die Wissenschaftsgeschichte zu behandeln vorschlug, und überhaupt seinem ganzen Konzept eine stärker methodologische Wendung gab, indem er das eigene Vorgehen nicht nur praktizierte, sondern auch reflektierte. Im übrigen aber argumentierte Kuhn aus dem Glashaus heraus, wenn er gegenüber dem Modellkonstrukteur den Historiker hervorkehrt. Deshalb war Lakatos vollkommen im Recht, als er sich seinerseits auf den Theoretiker Kuhn bezog und dessen grundsätzliche Schwierigkeiten anprangerte, das Phänomen des wissenschaftlichen Erkenntnisfortschritts begrifflich zu erfassen. Bestimmte Mängel, die das Konzept Kuhns gegenüber dem Problem des wissenschaftlichen Fortschritts in eine heikle Lage bringen, treten bei Lakatos von vornherein nicht auf: die normativ abgeschlossenen Paradigmagemeinschaften der Kuhnschen „Normalwissenschaft" haben bei Lakatos kein Gegenstück, und die Gründe, die Lakatos für das Verlassen eines ausgeschöpften Forschungsprogramms namhaft machen kann, sind zumindest auf den ersten Blick plausibler als jene, die bei Kuhn den Übergang von einem Paradigma zum anderen motivieren.

Dennoch scheint es mir, daß man die historiographischen Potentiale der Konzepte von Kuhn und Lakatos nicht ohne weiteres miteinander vergleichen kann. Dem Plus an Behandlung des Erkenntnisfortschritts in seinem ideengeschichtlichen Zusammenhang steht ein durch rationalistische Vorurteile fixiertes Defizit an Berücksichtigung psychologischer und soziologischer Komponenten der Wissenschaftsentwicklung gegenüber. Man kann Kuhn mit vollem Recht vorwerfen, daß er die eigentlich konstitutiven sozialen Verhältnisse der Wissenschaft, die sie mit der Produktion und Reproduktion des materiellen Lebens der Gesellschaft verbinden, so gut wie gar nicht beachtet, den Begriff des Sozialen in der Wissenschaft auf die internen Beziehungen wissenschaftlicher Gemeinschaften reduziert und damit sozialpsychologisch entleert. Doch es steht auch fest, daß es ein Verdienst Kuhns ist, gegenüber der neopositivistischen Tradition die erkenntniskonstituti-

[41] I. Lakatos, Die Geschichte der Wissenschaft und ihre rationalen Rekonstruktionen, a. a. O., S. 111.

ve Rolle sozialer Beziehungen überhaupt erst einmal geltend gemacht zu haben. Lakatos jedenfalls ist auch diesen Schritt nicht gegangen. Sein Motto: „Eine bessere Rationalitätstheorie kann zu einer Ausdehnung der internen Geschichte führen und zu einer Rückgewinnung des von der externen Geschichte besetzten Gebiets"[42] ist nicht so zu verstehen, als nähme er eine Einbeziehung sozialer Zusammenhänge in sein Deutungs- und Erklärungsmodell auch nur als Möglichkeit an. Soziologie und Psychologie verbleiben für immer in dem theoretisch noch nicht genügend bewältigten Bereich der „externen Geschichte"; die „Rückgewinnung" von Terrain tritt dann ein, wenn es gelingt, für einen Sachverhalt, der sich bislang nur psychologisch oder soziologisch deuten ließ, eine zufriedenstellende ideengeschichtliche Deutung zu finden.

Es ist umstritten, inwieweit Lakatos' Forschungsprogramme überhaupt übertheoretische Strukturen darstellen. Weithin gilt es als ausgemacht, daß Theorien nicht nur als Gebilde gleicher Stufe, sondern auch in hierarchisch geordneten Familien auftreten können. Zum Verhältnis von Programmen und Theorien bemerkt F. Krafft, sie seien „nicht eindeutig bestimmt und gegeneinander abgegrenzt".[43] P. S. Dyšlevyj und V. M. Najdyš identifizieren die Programme von vornherein mit fundamentalen Theorien, deren Prinzipien eben den „harten Kern" der Programme bilden; nach ihrem Urteil figuriert in der Konzeption von Lakatos „die Beschreibung des Funktionierens eines Forschungsprogramms als Modellierung der evolutionären Entwicklungsetappe des wissenschaftlichen Wissens im Rahmen einer fundamentalen Theorie".[44] Dieses Problem ist zweifellos schwierig und angesichts der Vieldeutigkeit des Theoriebegriffs nicht beiläufig zu lösen; es spricht allerdings vieles dafür, daß es gerechtfertigt ist, unterhalb der Sphäre der Theorien eine weniger geordnete und nicht deduktiv strukturierbare Schicht kategorialen Wissens anzunehmen. Zumindest dürfte die hier bestehende Unklarheit die historiographische Brauchbarkeit des Programmkonzepts nicht wesentlich beeinträchtigen.

Die Beschreibung der Programme beruht bei Lakatos auf der absoluten und — bei Programmkonkurrenz — vergleichenden Bewertung ihres Gehalts und seiner zeitlichen Veränderung. Da der Begriff der Widerspiegelung der objektiven Realität im Konzept keinen Platz hat, kann es sich dabei generell nur um empirischen Gehalt handeln, denn auch der sogenannte theoretische Gehalt ist weiter nichts als die Voraussage von noch nicht erbrachten empirischen Befunden. Solange die heuristischen Möglichkeiten des „harten Kerns" nicht ausgeschöpft sind, kann das Programm durch sukzessiven Umbau des Verteidigungsgürtels und seine Entfaltung in einer Serie von Theorien auftretende Gegenbeispiele assimilieren und seine Fähigkeit zur Voraussage neuer empirischer Befunde immer wieder erneuern.

[42] Ebenda, S. 109.

[43] F. Krafft, Das Selbstverständnis der Physik im Wandel der Zeit, Weinheim 1982, S. 20.

[44] P. S. Dyšlevyj/V. M. Najdyš, Materialističeskaja dialektika i problema naučnych revoljucij, Kiev 1981, S. 166.

Die erste Frage, die sich hier dem Historiker aufdrängt, ist die, ob denn eigentlich das Wechselspiel von Theorie und Empirie den einzigen und grundlegenden Entwicklungsmechanismus der Wissenschaft darstellt oder ob sich das dialektische Verhältnis von Erkenntnis und Praxis nicht gegebenenfalls auch noch in anderen wesentlichen Entwicklungswidersprüchen äußert, die in bestimmten Wissenschaftszweigen vielleicht sogar die dominierenden sind. Der kritische Punkt ist hier die Geschichte der Mathematik, denn die wichtigsten „rationalen Rekonstruktionen" konkreten historischen Materials hat Lakatos gerade auf diesem Gebiet vorgenommen.[45] In einer Analyse dieser Untersuchungen zeigt V. Ja. Perminov, daß zwar auch die Entwicklung des mathematischen Wissens als Entwicklung von Programmen in Gestalt genetisch verbundener Gruppen von Theorien dargestellt werden kann,[46] daß aber Lakatos in der Analogisierung der Entwicklungsformen von Mathematik und empirischen Wissenschaften zu weit geht. Letzterer Umstand äußert sich insbesondere in Lakatos' Haltung zum Begründungsproblem: „Im Prozeß der Selbstbegründung streben Mathematik und Physik (Erfahrungswissenschaft) in Wirklichkeit nach unterschiedlichen Idealen als formales und entsprechend als inhaltliches Wissen, und die Struktur des einen Prozesses kann nicht mechanisch auf die Struktur des anderen übertragen werden."[47] Perminov nennt drei Eigenarten in der Struktur der Entwicklung des mathematischen Wissens, die von Lakatos übersehen oder unterschätzt werden: erstens ist eine mathematische Theorie zum Unterschied von einer empirischen „starr" und verfügt nicht im gleichen Sinne wie diese über einen Verteidigungsgürtel, zweitens führt in der Mathematik eine neue Theorie, die aus einer alten durch deren Verallgemeinerung oder Modifizierung hervorgeht, nicht zur Elimination der alten als falsche oder zu ihrer Rückstufung in den Rang einer „angenäherten" Theorie; drittens schließlich kann eine neue mathematische Theorie zum Unterschied von einer empirischen aus rein logischen Erwägungen geschaffen werden, ohne Hinweis auf irgendein konkretes Anwendungsgebiet[48]. So gelangt Perminov zu dem abschließenden Urteil, daß die von Lakatos ausgearbeitete Konzeption der Entwicklung des mathematischen Wissens, die sich faktisch auf Analogien zwischen Mathematik und Erfahrungswissenschaften stützt, keineswegs ohne Tadel ist: viele Seiten der Entstehung und des Zusammenhangs der mathematischen Theorien widerspiegelt sie nicht. Die Konzeption der wissenschaftlichen Forschungsprogramme erfaßt „in der

[45] I. Lakatos, Proofs and Refutations, in: British Journal for the Philosophy of Science (London), 14 (1963—64), S. 1—25, 120—139, 221—245, 296—342; ders., Infinite Regress and Foundations of Mathematics, in: Aristotelian Society (London), Suppl. Vol 36 (1962), pp. 155—184; ders., A Renaissance of Empiricism in the Recent Philosophy of Mathematics, in: British Journal for the Philosophy of Science (London), 27 (1976), S. 201—223.

[46] V. Ja. Perminov, Matematika i koncepcija naučno-issledovatel'skich programm I. Lakatosa, in: Voprosy filosofii (Moskva), 7/1981, S. 82.

[47] Ebenda, S. 85.

[48] Ebenda, S. 86/87.

Mathematik nur ein sehr abstraktes Moment ihrer Entwicklung . . .“[49] Damit ist für die Mathematik nachgewiesen, daß das Programmkonzept den Mechanismus der Erkenntnisentwicklung nicht in seiner Komplexität, sondern nur partiell und einseitig abbildet. Man kann vermuten, daß diese Aussage mit graduellen Abstufungen auch auf andere Wissenschaftsgebiete zutrifft.

Wenn wir uns nun auf jene Zusammenhänge der Wissenschaftsentwicklung beschränken, auf die das Programmkonzept empirisch paßt, so ist weiter zu fragen, welche Erklärungsgründe das Konzept für die entscheidenden Übergänge von einem Programm zum anderen, für die „großen Revolutionen“ liefert. Dies ist in der Tat die Gretchenfrage, deren Beantwortung darüber richtet, inwieweit Lakatos die Zuflucht zum Irrationalismus, die er Kuhn ankreidet, selbst vermeiden konnte. Zunächst ist die Antwort ganz plausibel: Ein Programm ist überlebt, wenn es sich in der degenerativen Phase befindet und ein Konkurrent vorhanden ist, der eine progressive Problemverschiebung hervorrufen kann. Über die Herkunft der Gedanken, die den harten Kern eines neuen Forschungsprogramms bilden, gibt das Konzept von Lakatos keine Auskunft. Ihre Existenz vorausgesetzt, sollte aber die Etablierung und Durchsetzung eines Forschungsprogramms plausibel erklärbar sein. Indes hat der Zwang der Anpassung an die komplizierten Sachverhalte der Wissenschaftsgeschichte das Konzept so sehr abgeschwächt, daß ihm der Erklärungswert weitgehend abhanden gekommen ist. Lakatos hat selbst mit Nachdruck gegen die Theorien „instantaner“ Rationalität polemisiert. „Die Konkurrenz zwischen zwei Forschungsprogrammen ist natürlich ein lang ausgedehnter Prozeß, während dessen man rational an jedem der beiden Programme (*oder, wenn man kann, an beiden*) arbeiten kann.“[50] Es ist schwer entscheidbar – nach Lakatos –, wann ein Forschungsprogramm hoffnungslos degeneriert ist oder wann eines von zwei konkurrierenden Programmen einen entscheidenden Vorteil gewonnen hat: „Weder der Nachweis eines Widerspruchs von seiten des Logikers noch die Feststellung einer Anomalie durch den Experimentalwissenschaftler kann ein Forschungsprogramm mit einem Streich schlagen. ‚Klugheit‘ gibt es nur im nachhinein.“[51] Selbst ein anscheinend in Agonie liegendes Forschungsprogramm kann wieder eine Renaissance erleben. „Man kann rational an einem degenerierenden Programm festhalten, bis es von einem Rivalen überholt ist, *und sogar noch nachher* . . . Riskantes Spielen ist völlig rational: irrational ist es, wenn man sich über die eingegangenen Risiken täuscht.“[52]

Für den Historiker ist die Situation nun allerdings wenig erfreulich, wenn er nach diesen Hinweisen erklären will, warum ein bestimmter Programmwechsel tatsächlich vor sich gegangen ist. Wenn man erst in weiter Retrospektive sicher ent-

[49] Ebenda, S. 88.

[50] I. Lakatos, Die Geschichte der Wissenschaft und ihre rationalen Rekonstruktionen, a. a. O., S. 72.

[51] Ebenda, S. 73.

[52] Ebenda, S. 80.

scheiden kann, welches der konkurrierenden Programme tatsächlich das fruchtbare war, dann stehen für den akuten Vollzug der Auswahl überhaupt keine sicheren Kriterien zur Verfügung. Keinerlei Vorteil einer Seite kann jemals als absolut entscheidend betrachtet werden. Wie Je. A. Mamčur feststellt, sind „Behauptungen dieser Art typisch für die letzten Arbeiten von Lakatos. Es ist jedoch offensichtlich, daß man solche Behauptungen eher als Fehlen eines Kriteriums für die Theorienauswahl denn als sein Vorhandensein bewerten kann.“ Damit hat sich der Kreis geschlossen: die Methodologie der Forschungsprogramme, die sich so entschieden vom Konzept Kuhns abgesetzt hatte, führt in der Frage der wissenschaftshistorisch entscheidenden Übergänge letztendlich zu einer Konsequenz, die sich von der Kuhns nicht wesentlich unterscheidet.[53] Diese übermäßige Erklärungsbestimmtheit ist alles andere als eine leicht reparable Inkonsequenz von Lakatos. Sie ist im Gegenteil eine unvermeidliche Konsequenz der Verbindung zweier Intentionen bei Lakatos – dem Beharren auf dem Rationalismus als einzig zuverlässigem Konstruktionsprinzip für jedes konsistente theoretische Modell der Wissenschaftsentwicklung und dem Bestreben, der empirisch überlieferten Wissenschaftsgeschichte maximal gerecht zu werden; zugleich ist sie ein Symptom der Unverträglichkeit der beiden Orientierungen.

P. K. Feyerabend hatte diese prinzipielle Verlegenheit des Ansatzes von Lakatos unverzüglich bemerkt und bereits auf dem oben erwähnten Kolloquium im Jahre 1965 mit ironischer Kritik bloßgelegt. Er machte sich dort anheischig zu zeigen, daß die Wissenschaft irrationaler sei, als Lakatos zugeben wolle, und daß sie auch irrationaler sein müsse.[54] Seine Analyse des Konzepts von Lakatos brachte ihn zu dem Schluß, „daß die wissenschaftliche Methode in der von Lakatos aufgeweichten Form nur noch ein Ornament ist, das uns vergessen läßt, daß wir im Grunde jede Prozedur zulassen . . . Diese Entwicklung ist alles andere als unerwünscht. Sie verwandelt die Wissenschaft aus einer strengen und anspruchsvollen Herrin in eine attraktive und nachgiebige Kurtisane, die jedem Wunsch ihres Liebhabers zu erahnen versucht. Es liegt natürlich an uns, ob wir einen Drachen oder ein Miezekätzchen als Gesellschaft vorziehen“.[55] Freilich hat Feyerabend hier für seinen epistemologischen Anarchismus Kapital geschlagen, doch er mußte dazu Lakatos nicht karikieren, sondern brauchte nur an einer weichen Stelle in dessen Konzept zu bohren.

Wir haben gesehen, daß der Ansatz von Lakatos als Instrument für die rationale Rekonstruktion des wissenschaftshistorischen Geschehens an wesentlichen Stellen versagt. Das liegt nicht daran, daß Lakatos die Kompliziertheit der wirklichen Ge-

[53] Je. A. Mamčur, Problema vybora teorii. K analizu perechodnych situacij v razvitii fizičeskogo znanija, Moskva 1975, S. 189.

[54] P. K. Feyerabend, Kuhns Struktur wissenschaftlicher Revolutionen – ein Trostbüchlein für Spezialisten?, in: I. Lakatos/A. Musgrave (Hrsg.), Kritik und Erkenntnisfortschritt, a. a. O., S. 207.

[55] Ebenda, S. 220/221.

schichte nicht gebührend berücksichtigt hätte. Dieses Problem war ihm wohl bewußt, und er stellte sich ihm einmal mittels der bereits erwähnten Abschwächung der Kriterien für das Stattfinden eines Programmwechsels, zum anderen mittels der Methode, in den Fußnoten zum Haupttext der Rekonstruktion mannigfache, der „externen Geschichte" zugeordnete Ergänzungen anzubringen: „Eine Methode, die Diskrepanzen zwischen der Geschichte und ihrer rationalen Rekonstruktion aufzuzeigen, besteht darin, die interne Geschichte im *Text* zu behandeln und dann *in den Anmerkungen* anzudeuten, wie ‚schlecht' sich die tatsächliche Geschichte im Lichte ihrer rationalen Rekonstruktion verhalten hat."[56]

Beide Verfahren können nur als Ausflüchte, bestenfalls als zeitweilige Auswege angesehen werden. Lakatos hat ja selbst Wege schrittweiser Verbesserung der rationalen Rekonstruktion wissenschaftshistorischer Abläufe vom dogmatischen Falsifikationismus bis hin zu seinem Konzept der Forschungsprogramme analysiert und das letztere nicht nur als Methodologie der Rekonstruktion, sondern zugleich auch als Meta-Methodologie der Bewertung historiographischer Forschungsprogramme definiert.[57] Der Form nach stände also nichts im Wege, das historiographische Programm so zu erweitern, daß die Entscheidungssituationen der Wissenschaftsgeschichte in ihrer sozialen Komplexität darin ganzheitlich, in der Gesamtheit ihrer gesellschaftlichen Determinanten, rekonstruiert werden können. Niemand wird bestreiten, daß dieses Ziel nur schrittweise zu erreichen ist, doch in Lakatos' Konzept gibt es offenbar ein implizites Verbot, es überhaupt zu stellen. Wir haben damit auch den Punkt erreicht, an dem wir unser bisheriges Vorgehen, das Konzept naiv-materialistisch und philosophisch unkritisch als Hypothese zur Abbildung objektiver Zusammenhänge der Wissenschaftsgeschichte zu lesen und es auf seine deskriptiven Möglichkeiten und Grenzen abzuklopfen, nicht weiter fortsetzen können.

4. Die philosophischen Grenzen von Lakatos' normativer Rationalitätsauffassung

Dies bedeutet, daß wir das Konzept der Forschungsprogramme, verstanden als Mittel zur Rekonstruktion der Geschichte, nicht mehr als bloße Formbestimmung ansehen dürfen, deren Inhalt beliebige „harte Kerne" bilden können, sondern inhaltliche Restriktionen der nach Lakatos überhaupt zulässigen Forschungsprogramme in Betracht ziehen müssen; es bedeutet weiter, daß wir „rationale Rekonstruktion" nicht mehr einfach als aktive begriffliche Nachbildung historischen Geschehens auffassen dürfen, sondern dahinter einen subtileren philosophischen Inhalt vermuten müssen; und es bedeutet schließlich, daß wir die Unterscheidung von „interner" und „externer" Geschichte nicht mehr allein als

[56] I. Lakatos, Die Geschichte der Wissenschaft und ihre rationalen Rekonstruktionen, a. a. O., S. 85.

[57] Ebenda, S. 104—111.

zwar terminologisch ungewohnt, aber doch der Sache nach akzeptable Differenzierung zwischen dem, was ein vorausgesetztes theoretisches Modell erfassen kann, und dem, was außerhalb seiner Leistungsgrenzen bleibt, zu verstehen haben, sondern mit bestimmteren inhaltlichen Festlegungen operieren müssen. Wie Lakatos selbst bemerkt, wird die interne Geschichte „für den Historiker immer von seiner Philosophie konstituiert, ob er dies nun bemerkt oder nicht".[58] Es ist offenkundig der „harte Kern" der seiner Methodologie der wissenschaftlichen Forschungsprogramme vorgelagerten philosophischen Überzeugungen von Lakatos, der die genannten Restriktionen bestimmt.

Dabei trägt der Begriff des „Rationalen", der für das Verständnis der rationalen Rekonstruktion unterstellt ist, eine spezifische philosophische Bürde. Die schillernde Vieldeutigkeit des Rationalitätsbegriffs in der neueren bürgerlichen Philosophie kann hier freilich nicht Gegenstand der Analyse sein. Für die wissenschaftstheoretische Rationalitätsdiskussion sei jedoch betont, daß „Rationalität" hier in der Regel — so auch bei Lakatos — nicht einfach auf die kausale Erklärung objektiven Geschehens, sondern auf die Kohärenz des Handelns oder der Tätigkeit historischer Subjekte relativ zu den ideellen Vorgaben des Handelns gerichtet ist. Daher hat der Rationalitätsbegriff hier stets eine normative oder intentionale Färbung. „Rationale Rekonstruktion" wäre demnach das Unternehmen, das Verhalten von Wissenschaftlern bei bestimmten Entscheidungen — etwa der Annahme, der Verteidigung oder der Ablehnung von Theorien oder Forschungsprogrammen — einsichtig zu machen. Diese Aufgabe ist eine legitime Komponente historischer Forschung, doch wenn man sich auf sie beschränkt, liegt darin, verglichen mit dem „Programm" des historischen Materialismus, eine extreme Verkürzung der Geschichtserkenntnis. Nicht aus dem Unterfangen der Handlungsrekonstruktion, wohl aber aus dessen Verabsolutierung erwächst historischer Idealismus.

K. Acham macht auf einen wichtigen Bedeutungsunterschied aufmerksam, dessen verbreitete Nichtbeachtung in der sogenannten postpositivistischen „philosophy of science" eine zusätzliche Quelle von Unklarheit und Vieldeutigkeit ist: „Es gilt, sich stets über die Verschiedenheit des Ausdrucks ‚Rationalität' im klaren zu sein: ob nämlich die jeweilige Handlung für uns oder aber für das handelnde historische Subjekt rational ist."[59] Letzteres erfordert das Eindringen in die Welt der Motive und Überzeugungen des handelnden Subjekts, die stets mit den größten Risiken verbundene hermeneutische Rekonstruktion seiner „inneren Welt". Ersteres geht hinter seine motivationale Sphäre zurück und beurteilt entweder kausal, warum ein Akteur unter Berücksichtigung aller wesentlichen Umstände der Situation gerade so handeln mußte, wie er gehandelt hat, oder normativ, inwieweit er so gehandelt hat, wie er hätte handeln sollen. Unter

[58] Ebenda, S. 82.

[59] K. Acham, Analytische Geschichtsphilosophie. Eine kritische Einführung, Freiburg—München 1974, S. 105.

beiden Aspekten kann der geschichtlich Handelnde kritisch betrachtet werden: unter kausalem Aspekt dahingehend, inwieweit er sich der Umstände seines Handelns adäquat bewußt war, unter normativem Aspekt dahingehend, ob sein Verhalten normgerecht war — doch nur der letztgenannte Aspekt gestattet eine Bewertung des Handelns als rational oder irrational. „Rationalität" bzw. „Irrationalität" erscheint bei Lakatos häufig als Verhaltensqualität der Wissenschaftler, deren Handeln mit den Mitteln der historischen Forschung untersucht wird, beispielsweise bei den Erwägungen darüber, ob es rational sei, an einem bestimmten Forschungsprogramm festzuhalten oder es aufzugeben. Es ist dabei jedoch nicht das vorrangige Anliegen von Lakatos, die subjektiven Intentionen der Wissenschaftler psychologisch-hermeneutisch zu erschließen; vielmehr geht es ihm um die *normative* Rekonstruktion der Geschichte, nach deren Maßstäben das wirkliche Geschehen einer Bewertung unterliegt. Nun wird auch erst voll verständlich, weshalb Lakatos davon spricht, daß die Wissenschaftsphilosophie dem Historiker normative Methodologien bereitstelle.[60]

Normativer Maßstab sind die Ideen, die den „harten Kern" der Forschungsprogramme bilden. Warum können sie gegenüber dem Denken und Handeln der Wissenschaftler, die die Programme durchführen, als ideale Normen auftreten? Worin ist die Quelle ihrer Autonomie zu suchen? Damit haben wir offenbar den philosophischen Kern des Problems erreicht, denn nur zwei Prinzipantworten sind denkbar: eine materialistische, die die programmatischen Ideen als kategoriale Formen der Widerspiegelung unabhängig vom Bewußtsein der Forscher existierender gesetzmäßiger Zusammenhänge der objektiven Realität versteht, und eine idealistische, die die Quelle ihrer normativen Geltung in einer überindividuellen geistigen Instanz sieht (die konventionalistische Lösung, auf die sich Lakatos als einen Bezugspunkt seines Konzepts ebenfalls beruft, ist keine selbständige Alternative). Hier nun wird unübersehbar, daß Lakatos die idealistische Alternative gewählt hat: ihre ideale, normative Existenz haben die Programmkerne in der Popperschen „dritten Welt" der Ideen. Deshalb betrachtet der „interne Historiker" Lakatosscher Prägung die historischen Tatsachen, welche die Überzeugungen und Motive der Wissenschaftler betreffen, als eine Tatsache in der „zweiten Welt", „die eine bloße Karikatur ihres Gegenstücks in der dritten Welt ist".[61] Der interne Historiker kann somit dem Externalisten getrost das Problem übergeben, warum bestimmte Wissenschaftler „falsche Überzeugungen" von ihrer eigenen Tätigkeit haben.[62]

Obwohl sich Lakatos auf methodologischer Ebene weit von Popper entfernt hatte — in der Methodologie der Forschungsprogramme ist der Falsifikationismus genaugenommen bis zu seiner eigenen Negation weiterentwickelt worden —,

[60] I. Lakatos, Die Geschichte der Wissenschaft und ihre rationalen Rekonstruktionen, a. a. O., S. 56.

[61] Ebenda, S. 83.

[62] Ebenda, S. 84.

blieb er doch in den philosophischen Grundlagen strikt an den Rationalismus Poppers gebunden. Man kann den Autoren, die diese Bindung hervorheben, nur beipflichten. So sieht H. Albert Lakatos' Konzept der Programme als eine Fortentwicklung von Gedanken an, die schon bei K. Popper, J. Agassi und J. Watkins zu finden sind[63], und er kennzeichnet sie kurz als eine Variante der „auf Poppersche Ideen zurückgehenden Auffassung über die programmatische Rolle metaphysischer Ideen für die wissenschaftliche Forschung"[64]. Diese „metaphysischen Ideen" — die „Postpositivisten" übernehmen hier die vom Neopositivismus eingeführte Redeweise —, die ihren Ort in der „dritten Welt" haben, fungieren bei der Etablierung von Programmen als Generatoren von Wissen, dessen faktische Erzeugung sich mittels der Tätigkeit von Wissenschaftlern vollzieht. Die Forschungsprogramme sind dann die historischen Formen einer solchen Selbstentfaltung primärer Ideen, die sich nicht auf Deduktion beschränkt, sondern konstruktive Prozeduren der Schaffung neuer theoretischer Objekte — etwa durch Idealisierung — einschließt. „Interne Geschichten" sind Darstellungen solcher Selbstentfaltung, und die „Rückgewinnung" von Terrain der „externen Geschichte" ist eben die Einbeziehung von Ereignissen in den Kontext dieser Darstellung. Verbesserung der rationalen Rekonstruktion ist allein die Erweiterung der Domäne einer so verstandenen Ideengeschichte und nicht etwa — beispielsweise — die Konzeptualisierung der Wissenschaft als eines Systems geistiger Produktion, das mit der materiellen Produktion der Gesellschaft in einem Determinations- und Reproduktionszusammenhang steht. Deshalb bleiben psychologische und soziologische Erklärungen für immer in dem Bereich der externen Geschichte verbannt.

Es wäre nur eine halbe Kritik, wollte man allein auf die wesentlichen Lücken verweisen, die bei einer solchen Art von Rekonstruktion immer bleiben; die Lückenbüßerfunktion „externer" Erklärungen ist ja von Lakatos ausdrücklich anerkannt worden. Entscheidend ist vielmehr, wie man die grundlegenden Gedanken eines Programms verstehen will — als Verkörperung autonomer Ideen oder als konzentrierten geistigen Ausdruck eines bestimmten Aspekts des praktischen Verhältnisses des gesellschaftlichen Menschen zur objektiven Realität. Die erstgenannte Sichtweise ist die von Lakatos, die letztere die der Erkenntnistheorie des dialektischen Materialismus. Auch aus der Sicht des dialektischen Materialismus kann man logisch korrigierte und idealisierte (der Terminus „logisch" wird hier im Sinne der Dialektik von Logischem und Historischem verwendet) Ideen- und Problemgeschichten schreiben, doch dabei bleibt stets unterstellt, daß es sich um die relativ abstrakte Abbildung der geistigen Quintessenz eines wesentlich praktischen Entwicklungsprozesses und nicht etwa um eine Rekonstruktion der Selbstentfaltung autonomer Ideen handelt.

[63] H. Albert, Kritische Vernunft und menschliche Praxis, Stuttgart 1977, S. 33.

[64] H. Albert, Die Einheit der Sozialwissenschaften, in: E. Topitsch/P. Payer (Hrsg.), Logik der Sozialwissenschaften, a. a. O., S. 67.

Der entscheidende Negativposten des philosophischen Ansatzes von Lakatos für den Wissenschaftshistoriker ist nun die Tatsache, daß die Programme nicht als Entwicklungsformen der Widerspiegelung der objektiven Realität betrachtet werden und damit das Problem der objektiven Wahrheit als grundlegendes Entwicklungsregulativ der wissenschaftlichen Erkenntnis eliminiert wird. „Unter positivistischen Prämissen" — bemerkt K. Bayertz, und man kann hinzufügen, auch unter den Prämissen der rationalistischen Doktrin von Lakatos — „läuft die Suche nach normativen Rationalitätskriterien daher notwendig auf eine *Eliminierung des Wahrheitsproblems* hinaus, denn die Beziehung von Theorie und Realität ist mit Hilfe normativer Festlegungen nicht zu erhellen. An die Stelle der Frage nach dem Realitätsgehalt theoretischer Systeme tritt in der analytischen Philosophie daher die Frage nach der methodologischen Konsistenz des theoretischen Systems und in dem Maße, wie der Realitätsgehalt der Erkenntnis hinter methodologischen Bewertungskriterien verschwindet, verflüchtigt sich die Einsicht, daß die Forschungstätigkeit nur insoweit rational sein kann, als sie zu wahren Aussagen über die Realität führt."[65] Wenn nun die Bewertung der Forschungsprogramme nach dem Wahrheitsgewinn, den sie bringen, auf die Feststellung ihrer empirischen Fruchtbarkeit reduziert wird, dann ist das Kuhnsche Dilemma nur abgeschwächt, nicht aus der Welt geschafft; vorausgesetzt, man geht nicht mehr von der Existenz einer theorieunabhängigen Beobachtungssprache aus, so muß man — wie dies Lakatos auch tut — zugestehen, daß die empirischen Befunde theoriegeprägt sind, und dann gibt es eben kein unabhängiges Maß der empirischen Fruchtbarkeit, nach dem man Forschungsprogramme vergleichend bewerten könnte, und der Übergang von einem Programm zum anderen, der sich nur als Fortschritt in der Erkenntnis der Wahrheit erklären ließe, bleibt so letztlich unverstanden.

Bei einem vom Begriff der objektiven Wahrheit losgelösten Rationalitätsverständnis wird die Behandlung der normativen Rationalität, mag sie vordergründig noch so sehr von der Geschichte inspiriert sein, in letzter Konsequenz dogmatisch und geschichtsfremd. Wir haben es dann mit jener von Wissenschaftshistorikern oft angeprangerten Geschichtsverzerrung durch ein Übergewicht des theoretischen Vor-Urteils zu tun. Wie E. Oeser bemerkt, wird die „rationale Rekonstruktion" historischer Beispiele dann „zu einer sinnlosen Verfälschung, wenn sie die faktische Geschichte nach normativen Regeln zu korrigieren versucht, indem sie zeigt, was geschehen wäre, wenn die Menschen sich nur rational verhalten hätten ... Die Methode der historischen Rekonstruktion als eigentlicher Forschungslogik, welche die Dynamik wissenschaftlicher Erkenntnis beschreiben, und gegebenenfalls auch bestimmen kann, ist daher nur dann gegenüber der logischen Rekonstruktion im Vorteil, wenn sie die faktische Wissenschaftsgeschichte nicht durch ihre Erklärungen verfälscht, sondern sie unange-

[65] K. Bayertz, Wissenschaft als historischer Prozeß. Die antipositivistische Wende in der Wissenschaftstheorie, München 1980, S. 77.

tastet läßt."[66] Je. A. Mamčur kennzeichnet diesen Defekt in der Methodologie der wissenschaftlichen Forschungsprogramme mit folgenden Worten: „Wenn man aber das unter dem Blickwinkel einer solchen ‚theoretischen Voreingenommenheit' konstruierte Modell des Prozesses der Wissenschaftsentwicklung nicht als eine Hypothese, die bei ihrer Konfrontation mit der realen Entwicklungsgeschichte vervollkommnet werden kann, sondern als etwas Endgültiges zu betrachten beginnt und den Untersuchungsrahmen eben auf dieses konstruierte Modell zu beschränken versucht, dann kann die reale Geschichte den Methodologen nichts lehren."[67]

Natürlich ist diese philosophische Kritik programmatisch zugespitzt: sie zielt auf die philosophischen Prämissen von Lakatos und deren Auswirkungen auf sein historiographisches Programm. Dieses Programm selbst aber ist Produkt und Ausdruck des Widerstreits zweier Tendenzen: der Tendenz, die Auffassungen über den Mechanismus des wissenschaftlichen Erkenntnisfortschritts in den Rahmen vorgefaßter rationalistischer Prämissen zu bannen, und der Tendenz, die philosophischen Prämissen dem Reichtum der wirklichen Wissenschaftsgeschichte anzupassen. Eben weil es sich nicht um ein einseitig spekulatives, sondern um ein zwar durch inadäquate philosophische Vorgaben begrenztes, aber doch an der Geschichte der Wissenschaft orientiertes Konzept handelt, können ihm wertvolle Hinweise auf Entwicklungsmechanismen der Erkenntnis entnommen werden. Es besitzt den eingangs postulierten deskriptiven Gehalt tatsächlich; unter Beachtung der nicht ohne kritische philosophische Analyse bestimmbaren Grenzen kann sich der Wissenschaftshistoriker diesen Inhalt zunutze machen, wie es beispielsweise V. P. Vizgin versucht: „Die Entwicklung der Physik, besonders in Perioden ihrer radikalen Umgestaltung, demonstriert die Fruchtbarkeit jener methodologischen Idealisierung, die man gewöhnlich mit der Konzeption der wissenschaftlichen Forschungsprogramme von I. Lakatos verbindet. Dieses Herangehen fungiert als ein Mittel der theoretischen Ausformung des empirischen wissenschaftshistorischen Materials, das seinerseits die Realität der Existenz von Gebilden bestätigt, welche ähnlich wie die Lakatosschen Programme aufgebaut sind und wirken." Im weiteren untersucht Vizgin die Konkurrenz dreier theoretisch-physikalischer Programme in der Zeit nach der Aufstellung der speziellen Relativitätstheorie (des klassisch-mechanischen, des elektromagnetisch-feldtheoretischen und des relativistischen) und analysiert die Verwandtschaft zwischen ihren Kernen, die sowohl in Korrespondenzbeziehungen als auch in der Existenz gemeinsamer Elemente zum Ausdruck kommt.[68]

[66] E. Oeser, Wissenschaft und Information, Bd. I, Berlin—München 1976, S. 96/97; vgl. auch E. Oeser, Wissenschaftstheorie als Rekonstruktion der Wissenschaftsgeschichte, in: Geschichte und System, Wien—München 1972.

[67] Je. Mamčur, Problema vybora teorii, a. a. O., S. 189.

[68] V. P. Vizgin, Metodologičeskie principy i naučno-issledovatel'skie programmy, in: I. S. Timofeef (Hrsg.), Metodologičeskie problemy istoriko-naučnych issledovanij, Moskva 1982, S. 172/173.

Wenn wir auch die deskriptiven Möglichkeiten des Programmkonzepts als einen positiven Beitrag zur Theorie der Wissenschaftsentwicklung und zur Methodologie der Wissenschaftsgeschichte anerkennen, so bleibt doch unbestreitbar, daß die wichtigsten Erklärungsprobleme der Wissenschaftsgeschichte — die Probleme der Entstehung, der Ablösung und eigentlich auch der inneren Dynamik der Forschungsprogramme mit den philosophischen Prämissen dieses Konzepts nicht erfolgreich zu bearbeiten sind. L. Geymonat knüpft an Lakatos' richtige These, daß Wissenschaftsgeschichte ohne theoretisches „Vorurteil" nicht möglich ist, die Frage an: „Weshalb muß das ‚theoretische Vorurteil', auf das wir nicht verzichten können, so unflexibel sein wie das in den Modellen Poppers, Kuhns oder Lakatos' angegebene? Warum können wir es nicht zweckmäßiger durch ein flexibleres, vielseitiger strukturiertes, umfassenderes ‚theoretisches Vorurteil' ersetzen? ... Weshalb sollen wir dann nicht auf ein ‚theoretisches Vorurteil' zurückgreifen, das allen Verbesserungen und Erweiterungen gegenüber offener ist?" Diesen Anforderungen entspricht die dialektische Methode, die „einen ernstzunehmenden Beitrag zur Erweiterung des Rationalitätsbegriffs selbst" geleistet hat und in der Lage ist, die objektive Rationalität der Wissenschaftsgeschichte als eine „auf kein aprioristisches Schema zurückführbare Rationalität" zu erfassen.[69] Das ist wohl im Prinzip richtig, doch die dialektische Methode ist die Methode der marxistischen Philosophie, und sie ist kein Ersatz für die sehr viel spezifischeren Methoden der wissenschaftstheoretischen und historischen Forschung. Hingegen ist sie philosophisches Fundament adäquater Modell- und Methodenkonstruktion und Werkzeug der Kritik antidialektischer und antimaterialistischer Prämissen und Hintergründe der von der neueren „philosophy of science" angebotenen Entwicklungsmodelle.

So lenkt uns die Auseinandersetzung mit der Methodologie der Forschungsprogramme auf das aktuelle Problem der dialektischen Handhabung von Partial- und Gesamtmodellen der Wissenschaftsentwicklung, die keine absoluten Rationalitätsmaßstäbe postulieren und bestimmt genug sind, um die historische Forschung zu lenken, jedoch auch offen genug, um von dieser zu lernen. Die positive Behandlung des wechselseitigen Zusammenhangs von theoretischen Vorgaben und wissenschaftshistorischer Erzählung ist aber bereits ein eigenes Thema, für das die Beschäftigung mit Lakatos lediglich zu den Präliminarien gehört.

[69] L. Geymonat, Grundlagen einer realistischen Theorie der Wissenschaft, a. a. O., S. 121; vgl. auch, L. Geymont, K probleme racional'nosti razvitija nauki, in: Voprosy istorii estestvoznanija i techniki (Moskva), 1/1983, S. 7–11.

Günter Kröber

Larry Laudans Probleme mit Wahrheit und Fortschritt

Auf der angloamerikanischen wissenschaftstheoretischen Szene, auf der in den 70er Jahren Sir Karl Popper, Thomas S. Kuhn, Imre Lakatos, Stephen Toulmin und Paul Feyerabend die Hauptakteure waren, tritt seit Ende des Jahrzehnts Larry Laudan (geboren 1941) in einer Nebenrolle auf. Sein erster größerer Auftritt erfolgte 1977 mit „Der Fortschritt und seine Probleme"[1], der zweite 1981 mit „Wissenschaft und Hypothese"[2], der dritte 1984 mit „Wissenschaft und Werte"[3]; dazwischen liegen jeweils kleinere Mono- und Dialoge.

„Der Fortschritt und seine Probleme" hat den Untertitel „Auf dem Wege zu einer Theorie wissenschaftlichen Wachstums". Das ist mißverständlich, denn es geht Laudan nicht um Wissenschafts*wachstum* im Sinne derjenigen Probleme, wie sie Derek J. de Solla Price seit den 60er Jahren in die Diskussion gebracht hat und wie sie z. B. von Nicholas Rescher in seiner 1978 erschienenen wissenschafts*ökonomischen* Studie[4] erörtert werden. Laudan steht in der Tradition der wissenschafts*philosophischen* Diskussion. Sein Problem ist das des Wissenschafts*fortschritts*. Seine Ausgangsideen liegen vor allem bei Popper, Toulmin und Lakatos, die er zugleich zu korrigieren sucht und denen er auch Neues hinzufügt. Er selbst nennt sein Buch eine „eklektische Doktrin", in der die Spuren von C. G. Hempel, Th. S. Kuhn, G. Buchdahl, P. Feyerabend, K. Popper, I. Lakatos, A. Grünbaum, aber auch die Spuren der Auseinandersetzung mit ihnen zu finden sind.[5]

[1] Vgl. L. Laudan, Progress and its Problems. Toward a Theory of Scientific Growth, Berkeley—Los Angeles—London 1977.

[2] Vgl. L. Laudan, Science and Hypothesis. Historical Essays on Scientific Methodology, Dordrecht—Boston—London 1981.

[3] Vgl. L. Laudan, Science and Values, Berkeley—Los Angeles—London 1984.

[4] Vgl. N. Rescher, Wissenschaftlicher Fortschritt. Eine Studie über die Ökonomie der Forschung, Berlin (West)—New York 1982.

[5] Vgl. L. Laudan, Progress and its Problems, a. a. O., S. IX.

1. Wissenschaft als problemlösende Tätigkeit

Wie die meisten der in dieser Reihe Aufgeführten, so versteht auch Laudan Wissenschaft als eine problemlösende Tätigkeit. Er akzeptiert, daß wissenschaftliche Tätigkeit ein breitgefächertes Spektrum von Zielen verfolgt und daß Wissenschaftler von den unterschiedlichsten Motiven geleitet werden können. Wissenschaft verfolgt z. B. das Ziel, die Welt zu erklären, sie zu kontrollieren und zu verändern; Wissenschaftler streben nicht nur nach Prestige und Einfluß, sondern auch — und zunächst wohl — nach Erkenntnis der Wahrheit und nach praktisch nützlichen Anwendungen ihrer Erkenntnisse. Jedes dieser Ziele — räumt Laudan ein — kann den Rahmen abgeben, in dem man Wesen und Entwicklung der Wissenschaft zu erklären versuchen kann. Sein Standpunkt impliziert also nicht, daß Wissenschaft „nichts anderes als", wohl aber, daß sie „wesentlich eine Problemlösungstätigkeit" sei, „grundsätzlich auf die Lösung von Problemen" ziele.[6]

Diese Sicht fokussiert den Blick auf einen Aspekt der wissenschaftlichen Tätigkeit, der für sie in der Tat fundamental ist. Laudan vermag, indem er diesen Fokus konsequent beibehält, in die wissenschaftstheoretische Diskussion Gesichtspunkte einzubringen, die denen, deren Spuren er folgt, entgangen sind.

Da ist zunächst die Frage, mit welchen Arten von Problemen die Wissenschaft zu tun habe. Laudan unterscheidet deren zwei: empirische und begriffliche (conceptual). Ein empirisches Problem sei jeder uns bekannte Fakt, sobald er uns seltsam vorkommt und wir das Bedüfnis verspüren, ihn erklären zu müssen; ob etwas als ein empirisches Problem angesehen werden muß, hängt also u. a. von den Theorien ab, über die wir verfügen, d. h. davon, ob wir den Fakt mit ihnen erklären können oder nicht.[7] Empirische Probleme können in drei Grundtypen auftreten: Als ungelöste, wenn keine der bekannten Theorien sie adäquat lösen kann; als gelöste, wenn auch nur eine Theorie eine Lösung zu bieten vermag, und als „anomale", wenn sie für eine bestimmte Theorie nicht lösbar sind, eine oder mehrere konkurrierende Theorien aber durchaus Lösungen bieten.[8] Begriffliche Probleme hingegen werden durch Theorien selbst hervorgebracht, sie existieren nicht unabhängig von den Theorien, in denen sie auftreten. Begriffliche Probleme können in einer Theorie auf zwei Wegen entstehen: Wenn die Theorie T innerlich inkonsistent ist bzw. wenn ihre Grundbegriffe vage und unklar sind (interne begriffliche Probleme), oder wenn T im Konflikt steht zu einer anderen Theorie T', die aber von den Befürwortern von T für rational durchaus begründet gehalten wird (externe begriffliche

[6] Ebenda, S. 4, 12.
[7] Vgl. ebenda, S. 15, 17.
[8] Vgl. ebenda, S. 17.

Probleme).[9] Sehr zu Recht vermerkt Laudan mit direktem Blick auf Kuhn[10] und Lakatos[11], daß eine Wissenschaftstheorie, die begrifflichen Problemen keine Aufmerksamkeit schenkt und mit ihnen nichts anzufangen weiß, das Recht verwirkt, eine Theorie darüber zu sein, wie sich Wissenschaft tatsächlich entwickelt.[12]

Laudans Problemlösungsmodell enthält — hiervon ausgehend — zwei Kernbehauptungen: „(1) Das gelöste — empirische oder begriffliche — Problem ist die Grundeinheit des wissenschaftlichen Fortschritts; (2) Ziel der Wissenschaft ist, den Bereich gelöster empirischer Probleme zu maximieren, den der anomalen und begrifflichen Probleme hingegen zu minimieren".[13] Aus dieser „Minimax-Strategie" folgt, daß das Kriterium des Wissenschaftsfortschritts die Transformation anomaler und ungelöster empirischer Probleme in gelöste ist. Jedwede Theorie ist daraufhin zu befragen, wieviel Probleme sie gelöst hat und mit wieviel Anomalien sie sich konfrontiert sieht.[14] Wissenschaftlicher Fortschritt liegt dann und nur dann vor, wenn die Abfolge von Theorien auf einem bestimmten Wissenschaftsgebiet einen wachsenden Grad an Problemlösungseffektivität aufweist. An dieser Bestimmung ist bemerkenswert, daß sie nicht — wie es auf den ersten Blick scheinen mag — auf ein kumulatives Verständnis des Wissenschaftsfortschritts hinausläuft. Eine Theorie gilt nicht dann als fortschrittlicher als ihre Vorgängerin, wenn sie *mehr* Probleme löst als jene, sondern wenn sie „ein effektiverer Problemlöser" ist. Wissenschaftlicher Fortschritt kann demzufolge auch dann statthaben, wenn das Feld gelöster empirischer Probleme nicht größer wird, ja sogar sich einengt, wie umgekehrt eine Erweiterung des Feldes gelöster empirischer Probleme sich sogar als rückschrittlich erweisen kann, wenn nämlich der Theorienwechsel zu mehr akuten Anomalien oder offenen begrifflichen Problemen führt.[15]

Diese und andere interessante Gedanken — wie z. B. zu den positiven und negativen Einflüssen von Forschungsprogrammen auf die sie konstituierenden Theorien[16] oder zu den Bewertungskriterien von Forschungsprogrammen[17] — verdienen festgehalten zu werden; nicht nur in der wissenschafts*theoretischen* Diskussion im engeren Sinne, sondern auch als heuristische Hinweise für wissenschafts*historische* Untersuchungen.

[9] Vgl. ebenda, S. 48/49.
[10] Vgl. ebenda, S. 74.
[11] Vgl. ebenda, S. 77.
[12] Vgl. ebenda, S. 66.
[13] Vgl. ebenda, S. 66.
[14] Vgl. ebenda, S. 18.
[15] Vgl. ebenda, S. 69.
[16] Vgl. ebenda, S. 86ff.
[17] Vgl. ebenda, S. 106ff.

Zwei weitere Punkte, mit denen Laudan sich vor allem vom kritischen Rationalismus Poppers abzusetzen bemüht ist, sind der Versuch einer Neubestimmung des Verhältnisses von Fortschritt und Rationalität in der Wissenschaft sowie die Besinnung darauf, daß Fortschritt ein in der Zeit vor sich gehender Prozeß ist.

Wenn Fortschritt in der Wissenschaft den Übergang zu Theorien (Paradigmen, Forschungsprogrammen oder Forschungstraditionen)[18] mit einer größeren Problemlösungskapazität bedeutet, dann — so Laudan — handeln wir rational, wenn wir uns für die fortschrittlichere Theorie entscheiden. Rationalität und Progressivität in der Wissenschaft werden also als eng miteinander zusammenhängend verstanden, aber nicht via Verifikation oder Falsifikation einer Theorie, wie im kritischen Rationalismus, sondern über deren Problemlösungsvermögen.[19] In der Vorstellung der analytischen Wissenschaftstheorie und des kritischen Rationalismus ist für die Rationalität einer Aussage oder einer Theorie ihre Geschichte ohne Belang; ihr Objekt ist eine zeit- und geschichtslose Gesamtheit wissenschaftlicher Sätze, Aussagen, Theorien; ihr Problem war das einer zeitlosen Rationalität, der rationalen Begründung des Wissens, nicht das des Fortschritts der Erkenntnis in der Zeit. Insofern Rationalität und Fortschritt überhaupt zusammen gedacht wurden, hatte erstere die Priorität vor dem zweiten; Fortschritt wurde als höherer Grad an Rationalität begriffen. Laudans Vorschlag ist nun die Inversion dieses Zusammenhangs: Rationalität besteht in der Wahl der fortschrittlicheren Theorie, d. h. der mit der größeren Problemlösungskapazität.[20] Fortschritt ist der Rationalität demzufolge übergeordnet. Und da Fortschritt ein in der Zeit vor sich gehender Prozeß ist, kann Rationalität einer Theorie nicht unabhängig von ihrer historischen Karriere bestimmt werden.

Laudan resümiert damit gewissermaßen die „postempiristische" Wende in der Wissenschaftstheorie und das Vordringen jener Richtung in der nichtmarxistischen Wissenschaftsforschung, die sich als historisch orientiert versteht. Die durch Kuhn eingeleitete Wende in der nichtmarxistischen Wissenschaftsforschung war dadurch gekennzeichnet, daß sie im Gegensatz zum kritischen Rationalismus den in der Zeit ablaufenden historischen Prozeß der Wissenschaftsentwicklung ins Auge faßte, nach den invarianten Strukturen dieses Prozesses fragte und damit der wissenschaftstheoretischen und -historischen Forschung neue Dimensionen erschloß und neue Probleme aufwarf. Laudan steht in der Tradition dieser Wende, orientiert sich an ihren Hauptvertretern Kuhn, Lakatos und Toulmin, will sie offenbar aber konsequenter vollzogen wissen. Seine Kritik an Kuhn

[18] Paradigmen, Forschungsprogramme und Forschungstraditionen versteht Laudan als allgemeinere, globalere, Maxi- und auch Supertheorien, die eine Menge sie konstituierender Einzeltheorien umfassen. Während Paradigmen, Forschungsprogramme und Forschungstraditionen sich über längere historische Zeiträume erhalten, sind Theorien häufig kurzlebiger.

[19] Vgl ebenda, S. 5.

[20] Vgl. ebenda, S. 5/6.

richtet sich gegen dessen starre, unveränderliche Paradigmastrukturen, die auf Anomalien nicht durch Evolution, sondern nur durch Paradigmawechsel reagieren können, und gegen die Inkommensurabilitätsthese, durch die Paradigmen dem rationalen Vergleich entzogen werden und der Begriff des Fortschritts im Paradigmawechsel hinfällig wird.[21] Er lobt Lakatos hingegen, daß in dessen Konzeption der Forschungsprogramme der relative Fortschritt koexistierender und konkurrierender Forschungstraditionen objektiv festgestellt werden kann, bemängelt aber, daß dessen Forschungskonzeption ausschließlich empirisch orientiert ist.[22] Laudans Kritik trifft in jedem Fall; sie trifft aber nicht tief genug, weil ihn in Grundfragen des Wissenschaftsverständnisses mit den Hauptakteuren des „zweiten Akts"[23] des „Aufstandes der Wissenschaftshistoriker gegen den Positivismus"[24] letztlich mehr verbindet als trennt.

Zwei Probleme sind es insonderheit, bei deren Behandlung Laudan sich der Grundtendenz nichtmarxistischer Wissenschaftsforschung so innig verbunden weiß, daß die auf den ersten Blick so anregend wirkenden Grundgedanken seiner Konzeption in ihrer theoretischen Tragfähigkeit letztlich wieder verblassen: das Problem der Wahrheit wissenschaftlicher Erkenntnis und das des gesellschaftlichen Charakters wissenschaftlicher Tätigkeit.

2. Ein kognitiv verkürzter Fortschrittsbegriff

Es ist ein durchgängiger Grundzug der gegenwärtigen nichtmarxistischen Wissenschaftsforschung, das Problem der Wahrheit wissenschaftlicher Erkenntnis eliminieren zu wollen. Popper zufolge sind Theorien grundsätzlich nur falsifizierbar, nicht aber verifizierbar;[25] wir streben in der Wissenschaft zwar stets nach Wahrheit, gelangen aber über mehr oder weniger große „Wahrheitsähnlichkeit" nicht hinaus. Für Kuhn verläuft der Prozeß der Wissenschaftsentwicklung „ohne den Vorteil eines gesteckten Zieles, einer unerschütterlich fixierten wissenschaftlichen Wahrheit, von der jedes neue Stadium der Entwicklung wissenschaftlicher Erkenntnis ein besseres Abbild ist".[26] Toulmin zufolge gibt es „keine Frage der empirischen ‚Wahrheit' oder ‚Falschheit' der theoretischen Aussagen in der

[21] Vgl. ebenda, S. 75/76.
[22] Vgl. ebenda, S. 77.
[23] Vgl. G. Kröber, Zum Problem der Entwicklung in wissenschaftstheoretischen Konzeptionen der Gegenwart, in: NTM-Schriftenreihe für die Geschichte der Naturwissenschaft, Technik und Medizin, 1/1984, S. 5.
[24] Vgl. S. R. Mikulinskij, Neskol'ko zamečanij ob analize koncepcij razvitija nauki, in: S. R. Mikulinskij/V. S. Černjak (Hrsg.), V poiskach teorii razvitija nauki, Moskva 1982, S. 3.
[25] Vgl. K. Popper, Logik der Forschung, Tübingen 1973, S. 198.
[26] Th. S. Kuhn, Die Struktur wissenschaftlicher Revolutionen, Frankfurt/M. 1973, S. 226.

Wissenschaft als solcher".[27] Auch die sog. Starnberger Gruppe, deren „Finalisierungskonzept" in den 70er Jahren die Gemüter vor allem in der BRD bewegte, geht davon aus, daß die bisherige Entwicklung der Wissenschaft nicht „als Approximation an wahre Erkenntnis" verstanden werden darf.[28]

Laudan steht ganz auf dem Boden dieses für die nichtmarxistische Wissenschaftsforschung grundlegenden Axioms, der Absage an die Forderung nach Wahrheit wissenschaftlicher Erkenntnis. Problemlösung bedeutet bei ihm keinesfalls Wahrheitsfindung. Ein wissenschaftliches Problem gilt als gelöst, wenn die Theorie Antworten zu geben vermag, die von den Experten als Erklärung akzeptiert werden. Zwei seiner Hauptthesen lauten: Der erste und wesentliche Test einer Theorie ist, „ob sie akzeptable Antworten auf interessierende Fragen bietet, anders gesagt, ob sie zufriedenstellende Lösungen wichtiger Probleme liefert"[29]; und: Will man den Wert wissenschaftlicher Theorien einschätzen, „so ist es wichtiger, danach zu fragen, ob sie adäquate Lösungen signifikanter Probleme bieten, als zu fragen, ob sie ‚wahr' ... sind".[30] Wenn eine Theorie eine Antwort auf ein ungelöstes Problem parat hat, ist es mithin irrelevant, ob sie wahr oder falsch ist.[31]

Im zweiten Punkt, dem des gesellschaftlichen Charakters wissenschaftlicher Tätigkeit, ist Laudans Haltung gemäßigter. Er ist sich des sozialen Hintergrunds wissenschaftlicher Tätigkeit bewußt und bereit zu akzeptieren, daß wissenschaftlicher, materieller und sozialer Fortschritt nicht ohne jeglichen Zusammenhang sind; er vermerkt richtig, daß wissenschaftlicher Fortschritt für sich genommen nicht schon sozialen Fortschritt einschließt und nicht jeder materielle, soziale oder geistig-kulturelle Fortschritt wissenschaftlichen Fortschritt zur Voraussetzung hat.[32] Um jedoch die Beziehungen zwischen Wissenschaft und Gesellschaft, zwischen wissenschaftlichem und sozialem Fortschritt aufklären zu können, muß ihm zufolge zunächst das Problem der wissenschaftlichen Rationalität und des wissenschaftlichen Fortschritts gelöst sein. Die Lösung, die Laudan anbietet und die darin besteht, wissenschaftlichen Fortschritt als höhere Problemlösungseffektivität und Rationalität als die Wahl der so definierten

[27] S. Toulmin, Kritik der kollektiven Vernunft, Frankfurt/M. 1978, S. 202.

[28] G. Böhme/W. van den Daele/W. Krohn, Alternativen in der Wissenschaft, in: Zeitschrift für Soziologie (Bielefeld), 4/1972, S. 313.

[29] L. Laudan, Progress and its Problems, a. a. O., S. 13.

[30] Ebenda, S. 14.

[31] Vgl. ebenda, S. 22/23, 120. — In seiner Besprechung von Laudans „Progress and its Problems" verbucht J. W. N. Watkins dessen Versuch, den Wahrheitsbegriff fallenzulassen, weil er den Hauptströmungen der westlichen Wissenschaftsphilosophie unlösbare Schwierigkeiten bereitet, unter den negativen Zügen des Buches (vgl. Minerva [London], 2/1979, S. 317). Als einen weiteren schwachen Punkt benennt Watkins, daß sowohl der Begriff des Problems als auch der der Problemlösung bei Laudan zu vage und subjektiv seien (vgl. ebenda, S. 319).

[32] Vgl. L. Laudan, Progress and its Problems, a. a. O., S. 7.

fortschrittlicheren Theorie zu verstehen, bleibt aber selbst problematisch und vermag nicht, das Problem des Wissenschaftsfortschritts hinreichend zu klären. Und das aus drei Gründen:

1. Laudan reduziert seinen Fortschrittsbegriff von vornherein auf „kognitiven Fortschritt".[33] Damit wird der Fortschritt in der praktischen Leistungsfähigkeit der Wissenschaft im Laufe ihrer Geschichte, ihre Funktion zur Beförderung sozialen Fortschritts ausgeklammert. Wird die soziale Funktion der Wissenschaft aber nicht von vornherein in den theoretischen Ansatz eingebracht, besteht keine Hoffnung, auf die bohrende Frage, wie es zu erklären sei, daß die Wissenschaft historisch sich so hat entwickeln können, daß sie ständig leistungsfähigere Methoden der Voraussage und der Beeinflussung der von ihr untersuchten Prozesse und Objekte hervorgebracht hat, anders zu antworten als seinerzeit schon Thomas Kuhn, der an diesem Punkt bekennen mußte: „Auf diese Frage habe ich leider überhaupt keine Antwort".[34]

2. Der so eingeengte Fortschrittsbegriff wird nun noch weiter auf lediglich größere Problemlösungskapazität reduziert. Dadurch aber geht verloren, daß wissenschaftliche Tätigkeit nicht nur Problemlösungsaktivitäten umfaßt, sondern wesentlich auch solche der Problemfindung und vor allem auch der Problemauswahl, also der Setzung von Prioritäten für die Forschung. Prioritätensetzung ist aber in hohem Maße — und in der Gegenwart unvermeidlich — an gesellschaftliche Prämissen, an soziale Wertesysteme gebunden, von denen folglich Rationalität und Fortschritt in der Entwicklung nicht nur der Gesellschaft, sondern auch der Wissenschaft abhängen. Leider geht Laudan auch in seinem Buch „Wissenschaft und Werte" nicht — wie der Titel eigentlich erwarten läßt — auf diese Problematik ein. „Wert" wird hier als „kognitiver Wert" verstanden, ähnlich wie „Fortschritt" schon früher auf „kognitiven Fortschritt" eingeengt wurde. Unter einem kognitiven Wert aber wird „eine Eigenschaft von Theorien" verstanden, „die wir für ‚gute Wissenschaft' für konstitutiv halten".[35]

3. Problemlösung wird — wie gesagt — von Wahrheitsfindung abgekoppelt. Die Frage ist die gleiche wie oben: Es bleibt unter dieser Bedingung unverständlich, wieso wachsendes Problemlösungsvermögen der Wissenschaft im Laufe ihrer Geschichte mit ihrer ebenso wachsenden praktischen Leistungsfähigkeit einhergeht.

Laudans zwei Grundpositionen — der Verzicht auf die Forderung nach Wahrheit wissenschaftlicher Erkenntnis und die Ausklammerung der Untersuchung des Verhältnisses von Wissenschaft und Gesellschaft, von wissenschaft-

[33] Ebenda, S. 7.

[34] Th. S. Kuhn, Die Entstehung des Neuen, Frankfurt/M. 1977, S. 436.

[35] L. Laudan, Science and Values, a. a. O., S. XII.

lichem und gesellschaftlichem Fortschritt — haben Konsequenzen für die theoretische Tragfähigkeit der gesamten Konzeption. Wir wollen dies im folgenden an zwei Punkten skizzieren.

3. Fortschritt, Zeit und Rationalität

1. Der Ansatz, den Faktor Zeit in die Wissenschaftsforschung einzubringen, reduziert sich bei Laudan — wie schon angedeutet — darauf, als Kriterium des Fortschritts eine wachsende Problemlösungskapazität wissenschaftlicher Theorien *in der Zeit* zu fordern, und zwar in einer Zeit, die den externen Rahmen des historischen Prozesses der Wissenschaftsentwicklung abgibt und die in ihren Eigenschaften den klassischen Newtonschen Vorstellungen eines gleichförmigen und gleichmäßigen Flusses entspricht. Der Vorschlag, *diesen* Begriff der Zeit in die Wissenschaftsforschung einzuführen, ist aber nicht originell, und er geht in keiner Weise über Kuhn, ja nicht einmal über Popper hinaus. Soweit dieser Zeitbegriff in der historischen Wissenschaftsforschung bereits eine Rolle spielt, ist diese vergleichbar mit klassischen naturwissenschaftlichen Theorien, in denen die Zeit als äußerer Parameter von Bewegung, als begriffliches Instrumentarium zur Beschreibung der Trajektorien bewegter Objekte auftritt. Die neuere naturwissenschaftliche Forschung, die das Problem der Entwicklung und Selbstorganisation der Materie explizit angeht, hat die theoretische Enge dieses Zeitbegriffs offenbart und neigt dazu, Eigenzeiten komplexer, sich entwickelnder Systeme einzuführen, wodurch die Zeit zu einer qualitativen Charakteristik irreversibler Entwicklungsprozesse wird.[36]

Wenn die Vermutung richtig ist, daß die Wissenschaftsentwicklung ein irreversibler Prozeß des Aufsteigens von relativen Wahrheiten bestimmter Ordnung zu solchen höherer Ordnung und damit zugleich ein irreversibler Prozeß wachsender praktischer Leistungsfähigkeit der Wissenschaft zu gesellschaftlichen Zwecken ist, dann gewinnt die Forderung nach Einbeziehung der Zeit in die Wissenschaftsforschung — und zwar sowohl in die systematische wie in die historische — einen ganz anderen Sinn als sie das bei Laudan hat. Es wäre in diesem Falle nämlich zu fragen bzw. zu vermuten, daß wissenschaftliche Tätigkeiten — Problemlösungsprozesse eingeschlossen — und ihre Verknüpfungen untereinander solche zeitlichen Eigenschaften aufweisen, deren adäquate theoretische Abbildung und Erklärung eine Überschreitung des Rahmens intuitiv-alltäglicher Zeitvorstellungen erfordert[37], daß also der tätigkeits- und damit auch der problem-

[36] Vgl. I. Prigogine, Vom Sein zum Werden, München—Zürich 1979; I. Prigogine/I. Stengers, Dialog mit der Natur, München—Zürich 1980.

[37] Vgl. H. Laitko, Die Kategorie „Zeit" und die Wissenschaftswissenschaft, in: Probleme der Methodologie der Wissenschaft. I. Bilaterale Konferenz UdSSR—DDR, Potsdam 1976, ITW-Kolloquium H. 20/Teil 2 1978, S. 164.

lösungsbezogene Wissenschaftsbegriff eine Zeitcharakteristik einschließen muß, die theoretisch konstitutiv ist und sich nicht auf die Feststellung beschränkt, daß sich die wissenschaftlichen Tätigkeiten und Ereignisse auf einer äußeren Zeitachse abbilden lassen.[38] Der Zeitbegriff müßte also für die spezifischen Belange der Wissenschaftsforschung problematisiert und konzeptualisiert werden. Insbesondere würde ein vollständiges theoretisches Abbild der Wissenschaft „erst dann zu erreichen sein, wenn zugleich auch bewußt nach qualitativen Besonderheiten der Eigenzeit wissenschaftlicher Tätigkeiten und wissenschaftshistorischer Prozesse gesucht wird; dies könnte dazu beitragen, ungewöhnliche, bisher nicht reflektierte Eigenschaften der Wissenschaft zu finden“.[39]

Hubert Laitko stellt in diesem Zusammenhang eine interessante Überlegung an, die diesen Gedanken m. E. gut illustriert und deshalb ausführlich wiedergegeben sein soll. Es geht um die Frage, durch welche Eigenschaften sich Forschung von anderen wissenschaftlichen Tätigkeiten unterscheidet: „Wenn eine Erkenntnistätigkeit die Eigenschaft von Forschung aufweisen soll, dann müssen zwei Bedingungen zusammenkommen. Einerseits muß es real möglich ... sein, die betreffende Erkenntnis zu erreichen. Die historisch-materialistisch orientierte wissenschaftsgeschichtliche Forschung hat gezeigt, daß die Entstehung dieser Möglichkeit nicht nur als Ergebnis immanenter Entwicklung der Wissenschaft verstanden werden kann, sondern als Werk der gesamten Menschheitsgeschichte begriffen werden muß. Andererseits muß in ausreichendem Maße gesichert sein, daß das angestrebte Wissen tatsächlich gesellschaftlich neu ist; dieses ‚ausreichende Maß‘ ist natürlich historisch veränderlich, denn es ist immer bezogen auf das Leistungsvermögen des wissenschaftlichen Kommunikationssystems, die wissenschaftspolitische Situation usw. ... Die erste Bedingung scheidet die Forschung von der Sphäre der Vermutungen, der vorauseilenden Phantasie, die auch in der Wissenschaft ihren legitimen Platz hat; die zweite Bedingung trennt sie von nachvollziehenden Lern- und Applikationsprozessen. Die Koinzidenz der beiden Bedingungen ist im allgemeinen nur in einem historisch kurzen Zeitintervall gegeben. Eintritt und Dauer dieses Intervalls sind vom inneren Gang der gesellschaftlichen Entwicklung abhängig, keineswegs aber von der äußeren physikalischen Zeit, mit deren Hilfe die sozialhistorische Zeit (und damit auch die wissenschaftshistorische Zeit) lediglich datiert und gemessen wird“.[40] Das Beispiel zeigt, daß die Einbeziehung von Prozeßeigenzeiten in die Wissenschaftsforschung, die nicht identisch sind mit der äußeren physikalischen Zeit, sondern mit historisch-zeitlichen, gesellschaftlichen Prozeßabläufen korrelieren, die Wissenschaftsforschung nötigt, im Interesse ihrer theoretischen Konsistenz den Zusammenhängen zwischen Wissenschafts- und Gesellschaftsentwicklung und damit auch zwischen wissenschaftlichem und gesellschaftlichem

[38] Vgl. ebenda, S. 171.
[39] Vgl. ebenda, S. 168.
[40] Ebenda, S. 169/170.

Fortschritt von Anfang an nachzugehen. Eine Wissenschaftsforschung, die der Geschichte nur bedarf, um aus ihr je nach Bedarf die Belege für ihre theoretischen Konstruktionen, etwa für die Struktur wissenschaftlicher Revolutionen, zu entlehnen, bleibt deshalb im Grunde genommen ebenso ahistorisch wie eine Theorie des wissenschaftlichen Fortschritts, in der Fortschritt als wachsende Problemlösungskapazität von Theorien in einer unhistorischen, äußeren physikalischen Zeit begriffen wird. Beide fassen die Wissenschaft zwar nicht mehr *zeitlos* — wie die analytische Wissenschaftstheorie —, wohl aber *geschichtslos*, weil außerhalb ihres historischen Zusammenhangs mit der gesellschaftlichen Entwicklung.

2. Damit verliert zugleich die Inversion des Verhältnisses von Rationalität und Fortschritt, die Laudan vorzunehmen vorschlägt, an theoretischer Durchschlagskraft. Ein empirisches Problem gilt für Laudan als gelöst, wenn in einem bestimmten Forschungskontext die Wissenschaftler es „nicht länger als eine unbeantwortete Frage ansehen".[41] Damit aber sind wir im Grunde genommen wieder auf das Urteil der auf Konsensus bedachten und nicht nach Wahrheit fragenden „scientific community" Toulmins oder auf das irrational motivierte Bekenntnis der Wissenschaftlergemeinschaft zu einem Paradigma bei Kuhn verwiesen. Laudans Ansatz wehrt also den Relativismus im Verständnis von Rationalität und Fortschritt nicht ab. Er läßt offen, ob nicht andere — nichtwissenschaftliche — Problemlösungen letztlich der Wissenschaft vorzuziehen sind: „Selbst wenn wir zugestehen, daß das Ziel der Wissenschaft Problemlösung ist, und wenn wir ferner zugestehen, daß die Wissenschaft bei dieser Problemlösung effektiv gewesen ist, sind wir berechtigt zu fragen, ob ein System der Untersuchung wie Wissenschaft — mit den Techniken, die sie zu ihrer Verfügung hat — der effektivste unter den möglichen Mechanismen für die Lösung von Problemen ist."[42] Es wird damit prinzipiell offengelassen, ob z. B. ein religiöser Mythos dem Kriterium der Rationalität nicht mindestens ebenso genügt wie eine wissenschaftliche Theorie. Wenn also z. B. eine Feyerabendsche „Traditionsgemeinschaft", deren Mitglieder ja durchaus auch in einem Forschungskontext stehen können, nur den festen Glauben hat, daß der Mythos, dem sie huldigt, die Fragen, um die es ihr geht, nicht unbeantwortet läßt, dann leistet sie ebensoviel wie eine um eine wissenschaftliche Theorie gescharte Wissenschaftlergemeinschaft. Ob die Lösung der Probleme, die der Mythos anzubieten hat, wahr ist oder nicht, ist dabei irrelevant. Die Tür zum erkenntnistheoretischen Anarchismus Feyerabends ist offen. Laudan tut den Schritt nicht über die Schwelle, verwehrt ihn aber anderen auch nicht.[43]

[41] Laudan, Progress and its Problems, a. a. O., S. 22.

[42] Ebenda, S. 223.

[43] Zur Auseinandersetzung mit Laudans These von der Wahrheitsunabhängigkeit von Problemlösung und Rationalität vgl. auch H. Siegel, Truth. Problem Solving and the Rationality of Science, in: Studies in the History of Philosophy of Science (London), Vol. 14, 2/1983, S. 89—112.

Laudans Inversion des Verhältnisses von Rationalität und Fortschritt erweist sich auf Grund des auf Problemlösung verkürzten Fortschrittsbegriffs in ihrer wissenschaftstheoretischen und wissenschaftspolitischen Relevanz überdies noch in einer anderen Hinsicht als trügerisch. Wenn man der These zustimmt, daß „Rationalität" in der bisherigen Geschichte als eine zeitlose Kategorie gebraucht und in drei Grundtypen aufgetreten ist — der metaphysischen, scientistischen und technologischen Rationalität[44] —, dann ist einsichtig, daß es heute angesichts einer drohenden globalen Katastrophe, deren Möglichkeit zwar durch den wissenschaftlich-technischen Fortschritt gegeben ist, deren Verwandlung in Wirklichkeit jedoch von *gesellschaftlichen* Kräften angestrebt wird und auch von *gesellschaftlichen* Kräften verhindert werden kann und muß, einer Neufassung des Rationalitätsbegriffs bedarf. Der Vorschlag, Fortschritt als oberstes Prinzip vor Rationalität zu stellen, könnte in eine bemerkenswerte Richtung weisen, wenn er so zu verstehen wäre, daß gesellschaftlicher Fortschritt das oberste Prinzip ist, aus dem sich die Kriterien auch für den wissenschaftlich-technischen Fortschritt und den Erkenntnisfortschritt im engeren Sinne ergäben. Um den Wechsel oder die Wahl wissenschaftlicher Theorien als rational qualifizieren zu können, würde es demzufolge nicht ausreichen, höhere kognitive Problemlösungskapazität zu fordern. Der Fortschritt der Wissenschaft ist und bleibt daran gebunden, wissenschaftliche Wahrheiten zu finden, die bei all ihrer Relativität die Möglichkeit bieten, über technische Anwendungen und ökonomische Effektivität das gesellschaftliche Reproduktions- und Entwicklungsvermögen zu erhalten und zu steigern und gesellschaftlichen Fortschritt zu befördern. Wissenschaftlicher Fortschritt ist heute mit Rationalität nur zu vereinbaren, wenn er über technische und ökonomische Effektivität zur Beförderung der Humanität beiträgt. Mit Laudans verkürztem Fortschrittsbegriff aber ist das Problem der sozialen Funktion der Wissenschaft, ihres rationalen Funktionierens in der Gesellschaft, ihrer auf sozialen Fortschritt bedachten rationalen Entwicklung, Leitung und Planung nicht zu bewältigen. Das sieht er schließlich selbst: „Wir bedürfen der weiteren Untersuchung der Arten sozialer Strukturen, die es ermöglichen, daß Wissenschaft rational funktionieren kann . . . Obgleich kein soziales System Fortschritt und rationale wissenschaftliche Wahl zu garantieren vermag, sind bestimmte sozialpolitische Institutionen vermutlich diesem Zweck dienlicher als andere".[45] Daraus aber zu folgern, daß „wir erst verstehen müssen, was wissenschaftliche Rationalität ist, bevor wir ihren sozialen Hintergrund studieren können"[46], ist mitnichten schlüssig, denn der Schluß könnte ebenso lauten, daß wir erst verstehen müssen, was sozialer und humanitärer

[44] Vgl. B. Skarga, Three Ideas of Rationality. Rationality as a Problem, in: Science of Science. An International Journal of Studies on Scientific Reasoning and Scientific Enterprise (Wrocław—Dordrecht), 1/1984, S. 3—28.

[45] L. Laudan, Progress and its Problems, a. a. O., S. 222.

[46] Ebenda.

Fortschritt ist, welche gesellschaftlichen Mechanismen und Triebkräfte ihn bewirken, durch welche gesellschaftlichen Kräfte er gefördert und durch welche er behindert wird, bevor wir sagen können, was — gesellschaftlich, technologisch, wissenschaftlich oder in welcher Hinsicht auch immer — rational ist.

4. Wahrheit und gesellschaftliche Praxis

Auch in seiner zweiten größeren Arbeit „Wissenschaft und Hypothese" vermag Laudan nicht den Schritt zur Untersuchung der gesellschaftlichen Hintergründe für wissenschaftliche Entwicklungen, für den Wechsel wissenschaftlicher Theorien zu tun. Die hier von ihm vorgelegten historischen Essays über die Wandlungen der philosophisch-methodologischen Konzeptionen in den vergangenen drei Jahrhunderten erhalten ein reiches und sorgfältig analysiertes wissenschaftshistorisches Material. Grundanliegen des Buches ist es, das „uniformistische" oder auch „puristische historiographische Modell" zu widerlegen, welches den Wandel wissenschaftlicher Theorien zwar nicht in Abrede stellt, die ihn bewirkenden Faktoren aber in der gesamten Geschichte der Wissenschaft substantiell nicht differenziert, sondern für alle ihre Entwicklungsetappen dieselben Faktoren benennt. Die Untersuchung wird am Gegenstand der Philosophie (Methodologie) der Wissenschaft geführt. Detailliert wird z. B. der Übergang vom Bacon-Newtonschen Induktionismus zur Bevorzugung der hypothetisch-deduktiven Methode im 19. Jahrhundert beschrieben. Laudan zufolge sei er letztlich dadurch verursacht gewesen, daß sich der Charakter der physikalischen Theorie selbst geändert habe, so daß es zu Spannungen zwischen der neuen Art des theoretischen Denkens und der induktionistischen Orthodoxie des 18. Jahrhunderts kam.[47] Laudans Fazit ist die These von der „selbstkorrektiven Natur der Wissenschaft", die sich nicht auf die Selbstkorrektivität methodischer oder methodologischer Regeln beschränken soll.[48]

Von einer „Selbstkorrektivität" der Wissenschaft kann aber solange keine Rede sein, wie die vielfältigen Vermittlungen der Wissenschaft mit der Gesellschaft und insbesondere mit dem Entwicklungsstand der gesellschaftlichen Produktivkräfte nicht in Betracht gezogen werden. Mindestens zwei Verbindungslinien der Wissenschaft zur gesellschaftlichen Praxis sind es, von denen Korrekturen wissenschaftlicher Theorien und Theorienwandel ihren Ausgang nehmen können: die durch das materiell-technische Niveau der Produktion ermöglichten neuen Beobachtungsmittel, mittels derer der Forschung neue Gegenstände erschlossen oder neue Data zur Überprüfung bestehender Theorien gewonnen werden können, und die Überprüfung wissenschaftlicher Erkenntnisse in der — ebenfalls materiell-technisch bedingten — experimentellen oder — im großen

[47] Vgl. L. Laudan, Science and Hypothesis, a. a. O., S. 11/12.
[48] Vgl. ebenda, S. 245.

Maßstab — Produktionspraxis.[49] Erst im Wechselspiel wissenschaftsinterner und gesellschaftlicher Faktoren ergibt sich das, was „Selbstkorrektivität" genannt werden könnte, allerdings dann schon nicht mehr im Sinne einer rationalistisch verstandenen „Selbstkorrektivität der Wissenschaft", sondern im Sinne einer historisch-materialistisch interpretierten Selbstkorrektivität des Systems Wissenschaft — Gesellschaft.

Freilich bedeutet historisch-materialistisches Herangehen an die Geschichte der Wissenschaft nicht, daß etwa der konkrete Inhalt wissenschaftlicher Entdeckungen oder neuer wissenschaftlicher Ideen und Theorien aus dem Entwicklungsstand und den Entwicklungsbedürfnissen der jeweiligen ökonomischen Praxis unmittelbar abgeleitet werden sollen. Dies wäre ein vulgarisierender Standpunkt, der versucht, mit Vorstellungen von einer linearen Kausalität dem komplexen und durch Nichtlinearitäten gekennzeichneten Prozeß der Wissenschaftsentwicklung beizukommen, wie er dem Marxismus allerdings immer wieder unterstellt wird.[50] Als komplexer gesellschaftlicher Prozeß kann die Wissenschaft und ihre Entwicklung in Geschichte und Gegenwart begrifflich-theoretisch nur adäquat erfaßt werden, wenn ihre kognitive Spezifik ebenso wie ihr gesellschaftlicher Charakter im Blick bleiben, wenn die subjektiven Eigenarten derer, die sie betreiben, ebenso für ihre Entwicklung relevant gesehen werden wie die objektiven materiell-technischen Mittel, deren sie sich bedienen, wenn die gegenständlich-logischen Entwicklungsbedürfnisse wissenschaftlicher Theorien ebenso als produktive Bedürfnisse wissenschaftlicher Entwicklung anerkannt werden wie Bedürfnisse im sozialen Bereich usw. Wissenschaftsforschung muß deshalb grundsätzlich interdisziplinär sein; sie kann sich weder auf Philosophie, Methodologie, Erkenntnistheorie oder Psychologie noch auf Ökonomie oder Soziologie reduzieren.

49 Vgl. z. B. F. Engels: „Wenn nach der finsteren Nacht des Mittelalters auf einmal die Wissenschaften neu und in ungeahnter Kraft erstehn und mit der Schnelle des Mirakels emporwachsen, so verdankten wir dies Wunder wieder der Produktion. Erstens war seit den Kreuzzügen die Industrie enorm entwickelt und hatte eine Menge neuer mechanischer (Weberei, Uhrmacherei, Mühlen), chemischer (Färberei, Metallurgie, Alkohol) und physikalischer Tatsachen (Brillen) ans Licht gebracht, und diese gaben nicht nur ungeheures Material zur Beobachtung, sondern lieferten auch durch sich selbst schon ganz andre Mittel zum Experimentieren als bisher und erlaubten die Konstruktion *neuer* Instrumente; man kann sagen, daß eigentlich systematische Experimentalwissenschaft jetzt erst möglich geworden. Zweitens entwickelte sich jetzt ganz West- und Mitteleuropa . . . im Zusammenhang, wenn auch Italien kraft seiner altüberkommenen Zivilisation noch an der Spitze stand. Drittens eröffneten die geographischen Entdekkungen — rein im Dienste des Erwerbs, also in letzter Instanz der Produktion gemacht — ein endloses bis dahin unzugängliches Material in meteorologischer, zoologischer, botanischer und physiologischer (des Menschen) Beziehung. Viertens war die *Presse* da . . ." (F. Engels, Dialektik der Natur, in: MEW, Bd. 20, Berlin 1962, S. 456/457).

50 Auch Laudan ist von diesem verzerrten Verständnis der marxistischen Tradition nicht frei (vgl. L. Laudan, Progress and its Problems, a. a. O., S. 79).

In diesem Zusammenhang ist Laudans Auseinandersetzung mit dem „starken Programm der Wissenssoziologie" der Edinburgher Schule (Barry Barnes, David Bloor) von Interesse.

Dieses Programm[51] besagt u. a., daß, da Wissenschaft in ihm als eine gesellschaftliche Tätigkeit gefaßt wird, jede Erkenntnis eine soziale Komponente enthält, durch soziale Ursachen bedingt ist und deshalb der beste Weg und das beste Mittel zur Erforschung der Wissenschaft die Soziologie sei. Laudan wendet sich zu Recht gegen einen solchen soziologischen Reduktionismus. Er verweist darauf, daß „die Tatsache, daß Wissenschaft eine gesellschaftliche Erscheinung ist, die Tatsache, daß Wissenschaftler von einer Gesellschaft ausgebildet werden, offensichtlich *nicht* die Behauptung rechtfertigt, daß alle oder die meisten Teile der Wissenschaft am besten verstanden werden, wenn man sich soziologischer Mittel bedient. Nur wenn Wissenschaft ausschließlich eine gesellschaftliche Erscheinung wäre, würde der gesellschaftliche Charakter der Wissenschaft die Behauptung stützen, daß die Soziologie das beste Mittel zur ihrer Erforschung sei".[52] Wissenschaft ist aber ein vielschichtiger Prozeß. Als psychische Aktivität interessiert sie den Psychologen, als ökonomische und politische den Ökonomen und Politiker; als zielgerichtete Tätigkeit ist sie Gegenstand der Entscheidungstheorie und Operationsforschung usw. „Zu behaupten, daß wir die Soziologie als das primäre Instrument zur Erforschung der Wissenschaft zu betrachten haben, weil Wissenschaft eine gesellschaftliche Tätigkeit ist, ist ähnlich dem Argument, welches besagt, daß, da die Syphilis eine gesellschaftliche Krankheit ist, es allein oder primär der Soziologe ist, der über wissenschaftliche Kenntnisse über die Syphilis verfügen kann".[53]

Laudans wortreiche und in vielen Punkten überzeugende Argumentation gegen das „starke Programm der Wissenssoziologie" soll uns aber hier nur insofern interessieren, als sie Gelegenheit gibt, seine eigene Position in der Frage nach dem Wesen der Wissenschaft und ihrer Entwicklung weiterzuverfolgen.

Laudan sieht sich außerstande, wissenschaftliche Erkenntnis von anderen, nichtwissenschaftlichen Formen der Erkenntnis zuverlässig zu unterscheiden, d. h. die kognitiven oder methodologischen Spezifika anzugeben, welche beide Erkenntnisarten voneinander zu untersoheiden gestatten.[54] Das ist verständlich, denn erst dann, wenn geklärt ist, worin die irreduzible Spezifik von Wissenschaft als

[51] Vgl. B. Barnes, Scientific Knowledge and Sociological Theory, London 1974; B. Barnes, Interests and the Growth of Knowledge, London 1976; D. Bloor, Knowledge and Social Imagery, London 1976. — Zur Auseinandersetzung mit dem „starken Programm" vgl. auch: M. Feher, Rationality and the Strong Programme, in: Science of Science. An International Journal of Studies on Scientific Reasoning and Scientific Enterprise, Vol 44, 1/1984, S. 29—49.

[52] L. Laudan, The Pseudo-Science of Science?, in: Philosophy of the Social Science, 2/1981, S. 194.

[53] Ebenda, S. 195.

[54] Vgl. ebenda, S. 180/181.

gesellschaftlicher Tätigkeit besteht, kann soziologischer Reduktionismus als gesichert ausgeschlossen gelten. Zu den kognitiven Besonderheiten von Wissenschaft gehört aber, daß ihre in begrifflicher Form produzierten Erkenntnisse relativ wahre Widerspiegelungen objektiv gegebener Sachverhalte sind. Laudans Abstinenz gegenüber dem Wahrheitsbegriff setzt ihm hier — wie auch bei der Behandlung anderer Probleme[55] — unüberwindbare Grenzen. Wie schon in „Der Fortschritt und seine Probleme" beruft er sich in der Frage des Wahrheitscharakters wissenschaftlicher Erkenntnis auf Popper und folgt ihm darin, daß keine Gründe beigebracht werden könnten, warum eine Theorie wahr oder auch nur annähernd wahr sei; das Wissen um die Wahrheit sei vielmehr immer „transzendent".[56] Während wir nicht zu sagen vermögen, welche Theorien wahr sind, könnten wir aber durchaus feststellen, wann in der Wissenschaft rationales oder irrationales Verhalten vorliegt.[57] Ein Wissenschaftler verhalte sich rational, wenn er Gründe dafür angeben kann, warum er diese oder jene Theorie akzeptiert.[58] Im Sinne von „Der Fortschritt und seine Probleme" erwachsen diese Gründe aus der Einsicht in die größere Problemlösungskapazität der fortschrittlichen Theorie. Allerdings hält es Laudan nunmehr auch für möglich, daß unter den Gründen, aus denen heraus ein Wissenschaftler eine Theorie akzeptiert, auch soziale Ursachen sein können. Im Unterschied zur Wahrheit wissenschaftlicher Theorien, welche nicht feststellbar sei und in Bezug auf die folglich auch nicht von einem Fortschritt der Wissenschaft gesprochen werden könne, ist wissenschaftliche Rationalität ihm zufolge nicht nur feststellbar, sondern auch — entgegen Lakatos — „nicht statisch, sondern sich ständig entwickelnd". Eine „Soziologie des Rationalen" hätte demzufolge zu erklären, „warum in bestimmten Kulturen bestimmte Dinge als gute Gründe gelten . . . Welche

[55] So analysiert er z. B. die Schwierigkeiten, in die Philosophen und Soziologen gleichermaßen geraten, sobald sie entweder von einem „Konsensus"- oder einem „Dissensus"-Modell der Wissenschaft ausgehen. Während bei ersteren (den logischen Empiristen, Popper, Merton u. a.) Dissens in der Wissenschaft als Ausnahme von der Regel erscheint, bleibt für die letzteren (Kuhn, Duhem, Quine, Feyerabend, Mulkay u. a.) unerklärlich, wie es zu kognitivem Konsens zwischen Wissenschaftlern kommt (vgl. L. Laudan, Two Puzzles about Science: Reflections on Some Crises in the Philosophy and Sociology of Science, in: Minerva, Vol. XX, Nr. 3—4/1982, S. 253—268). Außer einer interessanten und lesenswerten Beschreibung dieser beiden Strömungen in der Wissenschaftsphilosophie und -soziologie und ihren Schwierigkeiten vermag Laudan die beiden „Rätsel" aber auch nicht aufzulösen. Die Enträtselung kann natürlich nur über einen Wahrheitsbegriff gelingen, dessen Attribut „objektiv" auf die Grundlage für den Konsens, das Attribut „relativ" jedoch auf die Quelle für den Dissens verweist.

[56] Vgl. L. Laudan, The Pseudo-Science of Science?, a. a. O., S. 149. — Das hindert ihn aber — nebenbei bemerkt — nicht, Sätze einzuleiten mit: „Es ist natürlich wahr, daß . . ." (vgl. ebenda, S. 188, 193 u. a.).

[57] Vgl. ebenda, S. 193.

[58] Vgl. ebenda, S. 187.

sozialen Faktoren spielen eine Rolle bei der Gestaltung der Art und Weise, in der sich Rationalität selbst entwickelt?"[59]

Ähnlich wie „Der Fortschritt und seine Probleme" endet auch die Auseinandersetzung mit dem „starken Programm" mit dieser Frage, ohne daß Laudan sie zu beantworten vermag. Der Zugang zum Wesen der Wissenschaft liegt ihm nicht im Verständnis der Spezifik der Wissenschaft als einer gesellschaftlichen Tätigkeit, sondern eher in ihrer Auffassung als „menschliche Tätigkeit".[60] Der Unterschied beider wird aber nur dann gravierend, wenn „menschliche Tätigkeit" nicht unbedingt als „gesellschaftliche Tätigkeit" verstanden werden muß. In diesem Falle aber entfällt in der Tat sowohl das Problem der Wahrheit als auch das der gesellschaftlichen Praxis als ihre Quelle, Grundlage und ihr Kriterium.

Laudan beschloß sein Buch „Der Fortschritt und seine Probleme" mit einem Epilog, der „Jenseits von Veritas und Praxis" überschrieben ist. Eben diese Jenseits-Position von wissenschaftlicher Veritas und historisch-gesellschaftlicher Praxis ist es, die ihn seine Probleme mit Wahrheit und Fortschritt haben läßt. Die Wissenschaft aber als gesellschaftliche Tätigkeit, als gesellschaftlicher Prozeß und als gesellschaftliche Institution steht niemals jenseits und außerhalb von Wahrheit und Praxis. In der Wissenschaft haben wir Veritas und Praxis immer vor uns! Scientia intra veritatem praximque est.

[59] Ebenda, S. 189.
[60] Vgl. ebenda, S. 194.

Niko Jachiel

Von der normativen zur interpretativen Wissenschaftssoziologie

1. Auf der Suche nach neuen Wegen

Nachdem in der nichtmarxistischen Wissenschaftssoziologie Mertons Tradition viele Jahre lang nahezu unangefochten dominiert hatte, setzte mit Kuhns „Struktur wissenschaftlicher Revolutionen" eine verstärkte Suche nach neuen Wegen der soziologischen Erforschung der Wissenschaft ein. Dabei wurden sowohl das Verständnis des Objekts der Forschung als auch die angewandten Methoden differenzierter und vielfältiger. Allein die Aufzählung der Trends, Ansätze und Programme der jüngsten Zeit zeigt die große Vielfalt und Differenziertheit bei der Erforschung der soziologischen Aspekte der Wissenschaftsentwicklung. So sind z. B. in einer 1983 erschienenen Überblicksarbeit über die Wissenschaftssoziologie[1] folgende Trends vertreten: ein „starkes Programm", ein „schwaches Programm", Relativismus, konstruktivistisch-ethnographische Studien, Diskursanalyse, Ethnomethodologie. R. Collins und S. Restivo erwähnen zusätzlich noch Zitatanalyse, Netzwerkanalyse, Analyse „abgelehnten Wissens", Konflikttheorie, vergleichende Wissenschaftsgeschichte (genauer: vergleichende historisch-soziologische Studien, insbesondere zur Mathematik) u. a.[2]

Ganz allgemein gesagt vollzieht sich in der nichtmarxistischen Wissenschaftssoziologie seit Mitte der 70er Jahre ein Übergang von einer strukturell-funktionalistischen und positivistischen zu einer mehr kritischen, relativistischen und phänomenologischen Beschreibung der Wissenschaft, von der institutionellen und normativen zur kognitiv-soziologischen Untersuchung der Besonderheiten der wissenschaftlichen Tätigkeit und des Verhaltens der Wissenschaftler.[3] Einer der Gründe für diese Neuorientierung ist — Collins und Restivo zufolge —, daß sich immer mehr mathematisch, naturwissenschaftlich und technisch ausgebildete Wissenschaftler der Wissenschaftssoziologie zuwenden. Ein weiterer Grund besteht in dem Prozeß der zunehmenden Verdrängung des Positivismus und strukturellen Funktionalismus durch die Phänomenologie und den Relativismus,

[1] Vgl. K. D. Knorr-Cetina/M. Mulkay (Hrsg.), Science Observed. Perspektives on the Social Study of Science, London 1983.

[2] Vgl. R. Collins/S. Restivo, Development, Diversity and Conflict in the Sociology of Science, in: The Sociological Quarterly, Spring 24/1983, S. 194.

[3] Vgl. N. Jachiel, Aktuelle Probleme der Wissenschaftssoziologie, in: Deutsche Zeitschrift für Philosophie, 8/1982, S. 1006—1014.

der sich gegenwärtig in der nichtmarxistischen Philosophie und Soziologie generell vollzieht. Auch wurde eine Menge empirischen Materials über die Entwicklung zeitgenössischer Wissenschaftsgebiete zutage gefördert, welches einige der Hauptthesen der Mertonschen Schule in Frage stellte, darunter die Annahme eines universellen Normensystems, das das Verhalten der Wissenschaftler und ihre Beziehungen zueinander reguliere, die strikte Rationalität der kognitiven Prozesse in der Wissenschaft, die Rolle des Subjekts der wissenschaftlichen Tätigkeit bei der Erzeugung neuen Wissens u. a.

Ziel dieses Beitrags kann nicht sein, die ganze Vielfalt von Trends, Methoden und Programmen zu beleuchten, die den derzeitigen Stand der Wissenschaftssoziologie in der westlichen Welt kennzeichnen. Die meisten neuen Programme sind theoretisch noch wenig durchdacht und gründen noch nicht in repräsentativen empirischen Untersuchungen und verallgemeinernden Schlußfolgerungen aus solchen Untersuchungen. Sie sind noch im Stadium ihrer theoretischen und empirischen Entwicklung und als solche noch nicht ausgereift. Zudem wäre die Aufgabe einer Gesamteinschätzung so umfangreich, daß ihre gründliche und vollständige Erörterung wohl ein ganzes Buch in Anspruch nehmen würde. Deshalb beschränken wir uns darauf, lediglich die allgemeineren Entwicklungstendenzen und typischen Besonderheiten der Hauptrichtungen der zeitgenössischen nichtmarxistischen Wissenschaftssoziologie zu umreißen und aus marxistischer Sicht die erkenntnistheoretischen Voraussetzungen und soziologischen Merkmale des Übergangs von der traditionellen normativen Wissenschaftssoziologie zu dem, was m. E. mit gewissem Vorbehalt als Trend zu einer interpretativen Wissenschaftssoziologie bezeichnet werden kann, zu analysieren.

Wir beobachten diesen Trend erstmals in der Mitte der 70er Jahre. Seine Programmatik wurde von J. Law[4] und D. French[5] umrissen. Es war dies eine Reaktion antipositivistisch eingestellter Vertreter der historischen Richtung der Wissenschaftsphilosophie, die sich gegen das evolutionistische und kumulative Modell der Wissenschaftsentwicklung und gegen die ahistorische Untersuchung des wissenschaftlichen Wissens auflehnten. Nicht zufällig standen die meisten Anhänger dieses Trends mehr oder weniger unter dem Einfluß K. Poppers, H. Quines, S. Toulmins, I. Lakatos', T. Kuhns und P. Feyerabends. Der stärkste Einfluß auf die interpretative Wissenschaftssoziologie seitens der Philosophie ging jedoch wahrscheinlich von L. Wittgenstein aus. Die Soziologen, die diesem Trend folgten, übernahmen jeweils bestimmte Axiome und Ansichten der obengenannten Wissenschaftsphilosophen und -historiker — insbesondere die Duhem-Quine-These von der Unterdeterminiertheit wissenschaftlicher Theorien durch experimentelle Daten, das Konzept von Kuhn und Feyerabend über die

[4] J. Law, Theories and Methods in the Sociology of Science, in: Social Science Information (Paris), Vol. 13, 1974, S. 163—172.

[5] J. Law/D. French, Normative and Interpretive Sociologies of Science, in: Sociological Review (London), Vol. 22, 1974, S. 581—595.

„Theoriebeladenheit“ der Beobachtung und damit auch die Ansicht Kuhns über die Inkommensurabilität wissenschaftlicher Paradigmen — in dem Bestreben, aus ihnen informative Heuristiken zu gewinnen. Dem lag das Bemühen zugrunde, einen Weg aus der „Sackgasse“ der zeitgenössischen westlichen Wissenschaftsphilosophie und -soziologie zu finden und zu vermeintlich fruchtbringenderen Methoden der Forschung zu gelangen, um für die Probleme, für deren Lösung sich das bereits „erschöpfte“ analytische Programm Mertons als nicht mehr ausreichend erwiesen hatte, alternative und bessere Lösungen zu finden. Dieser neue Trend bedient sich implizit oder explizit auch einiger Ideen des symbolischen Interaktionismus, der Phänomenologie und der Ethnomethodologie. Die soziologischen Arbeiten der Repräsentanten dieser Richtung, insbesondere die von H. Blumer, A. Schütz und H. Garfinkel, werden oft herangezogen, wenn es gilt, die Ansichten von Wissenschaftlern, ihr soziales Verhalten und ihre Wechselbeziehungen bei der Produktion wissenschaftlicher Erkenntnisse zu analysieren.

Innerhalb der interpretativen Wissenschaftssoziologie lassen sich heute mindestens drei mehr oder weniger wohldefinierte analytische Programme unterscheiden: das *relativistische*, vertreten hauptsächlich durch H. Collins[6], T. Pinch[7], B. Harvey[8], G. Travis[9], B. Wynne[10], A. Pickering[11], das *diskursanalytische* von M. Mulkay[12], G. N. Gilbert[13], S. Woolgar[14] und das *konstrukti-*

[6] H. M. Collins, Son of the Seven Sexes. The Social Destruction of a Physical Phenomenon, in: Social Studies of Science (London), Vol. 11, 1/1981, S. 33—62.

[7] T. J. Pinch, The Sun-Set. The Presentation of Certainty in Scientific Life, in: Social Studies of Science, 1/1981, S. 131—158.

[8] B. Harvey, Plausibility and the Evaluation of Knowledge. A Case-Study of experimental Quantum Mechanics, in: Social Studies of Science, 1/1981, S. 95—130.

[9] G. D. L. Travis, Replicating Replication? Aspects of the Social Construction of Learning in Planarian Worms, in: Social Studies of Science, 1/1981, S. 11—32.

[10] B. Wynne, Nuclear Decision — Rationality or Ritual?, London 1982.

[11] A. Pickering, Constraints on Controversy. The Case of the Magnetic Monopole, in: Social Studies of Science, 1/1981, S. 63—93.

[12] M. Mulkay, Action and Belief or Scientific Discourse? A Possible Way of Ending Intellectual Vassalage in Social Studies of Science, in: Philosophy of Science (Baltimore), Vol. 11, 2/1981, S. 163—172.

[13] G. N. Gilbert/M. Mulkay, Contexts of Scientific Discourse. Social Accounting in Experimental Papers, in: K. D. Knorr-Cetina u. a. (Hrsg.), The Social Process of Scientific Investigation, in: Sociology of the Sciences Yearbook, Dordrecht—Boston 1980, S. 269—294.

[14] S. Woolgar, Discovery: Logic and Sequence in a Scientific Text, in: K. D. Knorr-Cetina u. a. (Hrsg.), The Social Process of Scientific Investigation, a. a. O., S. 239—268.

vistische von K. Knorr-Cetina[15], R. Krohn[16], B. Latour und S. Woolgar[17]. In gewissem Sinne gehören auch die Autoren des „starken Programms" in der Wissenssoziologie — B. Barnes[18], D. Bloor[19] und D. MacKenzie[20] — zu dieser Richtung.

Die interpretative Richtung, die sich innerhalb der sogenannten kognitiven Wissenschaftssoziologie entwickelt, richtet sich gegen das normative Erklärungsmodell der Wissenschaft, dessen Hauptvertreter Merton ist. Sie bezweifelt, daß wissenschaftliches Wissen einen besonderen erkenntnistheoretischen Status habe und deshalb der soziologischen Analyse nicht zugängig sei. Wissenschaftliches Wissen unterscheide sich zwar von anderen Kulturprodukten, habe aber wie diese keine definitive Gültigkeit; es unterliege dem Zweifel und der Revision, da seine Bedeutung von der jeweiligen Interpretation durch die Wissenschaftler und damit von seiner Bewertung in verschiedenen kulturellen und sozialen Kontexten abhänge. Der erkenntnistheoretische Relativismus mündet so unmittelbar in die soziologische Untersuchung der technischen Besonderheiten der kognitiven Prozesse und des Interpretationsverhaltens der Wissenschaftler. Die Vertreter der interpretativen Wissenschaftssoziologie wenden sich überdies gegen die Auffassung, die Tätigkeit der Wissenschaftler werde von einem System universeller Normen reguliert; sie stellen dem entgegen, daß die als wissenschaftliches Ethos postulierten Normen nur Teil des großen Repertoirs sozialer Mittel sind, deren sich Wissenschaftler bedienen, um bestimmte kognitive Behauptungen zu verteidigen.[21] Sie erklären sich deshalb gegen ein normatives Verständnis der Sozialisierung als einfache Internalisierung von Normen und Werten. Für sie handelt es sich dabei vielmehr um einen Neuerungsprozeß, in dessen Verlauf der Wissenschaftler ständig bestrebt ist, aus einer Rolle in eine neue überzugehen. Will der Wissenschaftssoziologe das Verhalten eines Wissenschaftlers verstehen, so muß er also versuchen, die Situation aus dessen Sicht einzuschätzen, dessen Ziele, Gedanken und Gefühle zu verstehen und dessen Interpretationen nachzuvollziehen. Zu diesem Zweck sei es notwendig, daß er auch sich selbst in den Interpretationsprozeß mit einbezieht.[22] Darüber hinaus soll erst das Studium der subjektiven Meinungen, Interessen, Wünsche, Vorlieben und Ziele

[15] K. D. Knorr-Cetina, The Manufacture of Knowledge. An Essay on the Constructivist and Contextual Nature of Science, Oxford 1981.

[16] R. Krohn, Scientific Ideology and Scientific Process. The Natural History of a Conceptual Shift, in: Sociology of the Sciences Yearbook, Dordrecht 1977.

[17] B. Latour/S. Woolgar, Laboratory Life. The Social Construction of Scientific Facts, Beverly Hills (Calif.) 1979.

[18] B. Barnes, Interests and the Growth of Knowledge, London 1977.

[19] D. Bloor, Knowledge and Social Imagery, London 1976.

[20] D. MacKenzie, Statistics in Britain 1865—1923, Beverly Hills 1981.

[21] Vgl. M. Mulkay, Knowledge and Utility. Implications for the Sociology of Knowledge, in: Social Studies of Science, Vol. 9, 1/1979, S. 65.

[22] Vgl. J. Law, Theories and Methods in the Sociology of Science, a. a. O., S. 165.

eines Wissenschaftlers und die Kenntnis ihrer Bedeutung Aufschluß über die Ursachen der eigentlichen sozialen und kognitiven Prozesse und Veränderungen in der Wissenschaft liefern können.

Besonders deutlich zeigt sich dies in den Arbeiten der Edinburgher Schule, in denen Theorien, Meinungen und Handlungen von Wissenschaftlern mit Hilfe eines deterministischen Modells erklärt werden, d. h. als Folge „materieller" Ursachen und „materieller" Interessen. Die Interessen werden jedoch als unmittelbar gegeben betrachtet und nicht weiter hinterfragt. Das Edinburgher „starke Programm" dringt also nicht bis zu der marxistischen These vor, daß der Charakter der Interessen und Ziele seinerseits durch materielle Gegebenheiten des sozialen Lebens bedingt ist, d. h., „der Fehler der interpretativen Wissenschaftssoziologen liegt meistens darin, daß sie nicht verstehen, daß menschliche Ziele, bevor sie soziale Veränderungen bewirken, durch sozial bedingte Bedürfnisse, Interessen und Möglichkeitsbewertungen verursacht werden".[23]

Ein charakteristisches Merkmal der meisten Programme innerhalb der interpretativen Wissenschaftssoziologie ist die fast ausschließliche Konzentration auf die Analyse der „inneren" Aspekte der Wissenschaft, oder — wie K. Knorr-Cetina und M. Mulkay es formulierten — der *methodologische Internalismus.*[24] Dieser äußert sich erstens im Übergang von der makro- zur mikrosoziologischen Untersuchung der wissenschaftlichen Praxis, zweitens in der bevorzugten Behandlung der Frage, *wie* Wissenschaftler arbeiten, gegenüber der Frage, *warum* sie so und nicht anders handeln, und drittens in der Annahme, daß die konstruktivistische Betrachtungsweise der wissenschaftlichen Realität und des wissenschaftlichen Wissens perspektivreich sei.[25] Gemäß dem dritten Punkt gilt es vor allem folgende Prozesse, die nach Auffassung der interpretativen Wissenschaftssoziologie eine grundlegende Rolle bei der Entstehung und Durchsetzung wissenschaftlicher Erkenntnis spielen, zu untersuchen: Wie sich Wissenschaftler über die von ihnen angewandten Methoden, über die Art und Weise der Durchführung von Experimenten, über die Annehmbarkeit kognitiver Behauptungen, den theoretischen Wert vertretener Thesen usw. „einigen". Da diese Prozesse unmittelbar an die Fähigkeit der Forscher gebunden sind, ihre Ergebnisse anderen mitzuzuteilen und sowohl ihre engsten Mitarbeiter als auch die breitere Öffentlichkeit vom wissenschaftlichen Wert ihrer Forschungsarbeit zu überzeugen, wendet sich die interpretative Wissenschaftssoziologie überdies dem Problem des Disputs, der Argumentation und Überzeugung, einschließlich der sprachlichen Strategie der Wissenschaftler zu, wodurch sie eine linguistische Orientierung erhält.

[23] D. Spassov, Ot Logika k soziologija, Sofia 1980, S. 118.

[24] Vgl. K. D. Knorr-Cetina/M. Mulkay, Introduction. Emerging Principles in Social Studies of Science, in: K. D. Knorr-Cetina/M. Mulkay (Hrsg.), Science Observed Perspectives on the Social Study of Science, a. a. O.

[25] Vgl. ebenda, S. 7—9.

Ein weiteres Merkmal dieses neuen Trends besteht darin, daß seine Vertreter bemüht sind, von Dichotomien wie „Internalismus — Externalismus" oder „wissenschaftlich — sozial", wie sie bisher in der nichtmarxistischen Wissenschaftssoziologie üblich waren, abzukommen.

2. Zum Problem der objektiven Wahrheit und der Relativität der Erkenntnis

Ausgehend von den philosophischen Thesen von der Unterdeterminiertheit der Theorie durch experimentelle Daten und der „Theoriebeladenheit" der Beobachtung lehnen die Vertreter der interpretativen Wissenschaftssoziologie die Konzeption der direkten, unmittelbaren Widerspiegelung der objektiven Welt im Bewußtsein und in wissenschaftlichen Theorien als positivistisch ab.

Natürlich reduziert sich die Produktion wissenschaftlichen Wissens nicht auf eine einfache photographische Registrierung der objektiven Realität. Erkenntnis als Widerspiegelung der realen Welt enthält sowohl absolute als auch relative Momente. Lenin hat diese dialektisch-materialistische Auffassung klar formuliert: „Die materialistische Dialektik von Marx und Engels schließt unbedingt den Relativismus in sich ein, reduziert sich aber nicht auf ihn, d. h. sie gibt die Relativität aller unserer Erkenntnisse zu, aber nicht im Sinne der Verneinung der objektiven Wahrheit, sondern im Sinne der geschichtlichen Bedingtheit der Grenzen der Annäherung unserer Kenntnisse an diese Wahrheit."[26] Der Marxismus unterscheidet sich von der interpretativen Wissenschaftssoziologie dadurch, daß er gleichzeitig mit der Veränderlichkeit auch die relative Stabilität der Objekte und Erscheinungen in Betracht zieht, denn erst diese macht es möglich, sie zu erkennen; die interpretative Wissenschaftssoziologie hingegen verabsolutiert die Veränderlichkeit der Objekte und somit auch die Relativität des Wissens. Der dialektische Materialismus geht davon aus, daß die Außenwelt unabhängig vom Bewußtsein und ihrer Widerspiegelung in demselben existiert. Er behauptet ferner, daß die menschlichen Begriffe objektive Sachverhalte der Welt adäquat widerspiegeln können, d. h. er erkennt die Existenz objektiver Wahrheiten an. Die Frage, ob unsere Begriffe die objektive Wahrheit voll und ganz, unbedingt oder nur bis zu einem gewissen Grad ausdrücken, ist die Frage nach den beiden Aspekten der objektiven Wahrheit, nach dem Verhältnis von absoluter und relativer Wahrheit.

Die Vertreter der interpretativen Wissenschaftssoziologie neigen mehr oder weniger zum Relativismus und verneinen zumeist die Existenz objektiver Wahrheiten. Sie verwechseln das Problem der Korrespondenz zwischen unseren theoretischen Konzeptionen und den objektiven Sachverhalten mit der Frage nach der Veränderlichkeit und Vollständigkeit dieser Konzeptionen, d. h. sie

[26] W. I. Lenin, Materialismus und Empiriokritizismus, in: Lenin, Werke, Bd. 14, Berlin 1972, S. 132.

ersetzen die Frage nach der Existenz der objektiven Wahrheit durch die nach der Präsenz absoluter und relativer Wahrheit in der Erkenntnis. Der „starke Relativismus", zu dessen Anhängern Collins gehört, geht sogar von der Voraussetzung aus, daß die natürliche Welt auf unsere theoretischen Konzeptionen bzw. die der Wissenschaftler überhaupt keinen Einfluß hat: „Die natürliche Welt erlegt dem, was wir über sie wissen, keinerlei Beschränkungen auf."[27] Dies läuft auf eine Deontologisierung der materiellen Welt und auf subjektiven Idealismus hinaus.

Der marxistische Standpunkt zu dieser Frage ist bekannt. Wir beschränken uns hier auf die Feststellung, daß wir selbst Teil der realen Welt sind, in der wir leben, und daß demzufolge auch das, was wir von dieser Welt wissen, nicht unabhängig von ihr ist. Andernfalls sähen wir uns in der absurden Lage, mit vollem Recht die Gültigkeit des Newtonschen Gravitationsgesetzes leugnen und beschließen zu können, daß fallende Körper nicht zum Erdzentrum hin fallen, sondern in der Luft hängenbleiben. Kein vernünftiger Mensch würde es jedoch wagen, von einem Wolkenkratzer herunterzuspringen, um die Richtigkeit dieser Behauptung zu überprüfen. Natürlich sind wir weit entfernt von dem Gedanken, die natürliche Welt determiniere unsere theoretischen Konzeptionen einseitig und ein für allemal. Aber das ist kein Grund, die Determiniertheit unseres Wissens durch die objektive Welt überhaupt, und noch weniger deren limitierende Wirkung auf unsere theoretischen Konzeptionen zu leugnen.

Indirekt läßt sich diese Wirkung verfolgen, wenn man z. B. Konsens und Dissens in den Natur- und Gesellschaftswissenschaften vergleicht. In den Gesellschaftswissenschaften trifft man bekanntlich häufiger auf Dissens, während solider Konsens hier selten ist, weil die verfügbaren Daten flexibel interpretiert werden können. Diese Situation erklärt sich nicht aus gewissen — ohnehin nicht belegbaren — biologischen oder psychischen Besonderheiten der Gesellschaftswissenschaftler, sondern aus der Schwierigkeit, adäquate experimentelle Daten zu erhalten, was seinerseits durch die Besonderheiten des Forschungsobjekts der Gesellschaftswissenschaften bedingt ist. Dieses Forschungsobjekt ist um vieles komplexer und schwieriger zu erfassen als das der Naturwissenschaften. Das Verhalten eines physikalischen Objektes ist den Naturgesetzen stringenter unterworfen als das eines gesellschaftswissenschaftlichen Objekts; der Zustand des physikalischen Objekts läßt sich zu einem vorgegebenen künftigen Zeitpunkt mit großer Genauigkeit voraussagen, wenn die Ausgangsbedingungen und das Gesetz der Veränderung bekannt sind. Der unterschiedliche Grad interpretativer Differenzen in den Natur- und Gesellschaftswissenschaften hängt also in hohem Maße von den Eigenschaften des Untersuchungsobjekts ab, genauer: von dessen Komplexität; daraus aber folgt, daß es eine gewisse limitierende Wirkung auf unsere theoretischen Konzeptionen hat. Wir halten deshalb B. Barnes' Ansicht, die auch von M. Mulkay vertreten wird, daß „obwohl die physikalische Welt einen

[27] H. M. Collins, Son of the Seven Sexes, a. a. O., S. 54.

Einfluß auf die wissenschaftlichen Konzeptionen hat, sie diese doch niemals einseitig bestimmt",[28] für realistischer und der Wahrheit näher als die von Collins.

Akzeptiert man die These des „starken Relativismus", so verlieren empirische Studien jeglichen Sinn. In dieser Frage müssen wir Laudan zustimmen, daß es unvereinbar ist, den „starken Relativismus" als Philosophie und Methodologie zu akzeptieren und zugleich ein empirisches Programm aufzustellen, mit dem dessen Richtigkeit bewiesen werden soll, denn der „starke Relativismus" negiert ja gerade die Relevanz empirischer Daten für unsere Konzeptionen.[29] Indes sehe ich hierin weniger ein Beispiel für einen logischen Widerspruch, wie Laudan fälschlicherweise meint, sondern eher einen Ausdruck methodologischer Inkonsistenz. Akzeptiert man die relativistische Auffassung des wissenschaftlichen Wissens, so geht man zudem an der Spezifik der Wissenschaft vorbei und vermag nicht zwischen ihr und anderen Kulturformen zu unterscheiden. Allerdings versucht auch die Mehrzahl der interpretativen Wissenschaftssoziologen diesen Unterschied zu fassen. Collins selbst erklärt dazu: „Wir greifen hier nicht die Wissenschaft an ..., sondern behaupten nur, daß sie als ‚Kunst' und nicht als ‚Wahrheit' betrachtet werden sollte."[30] Die Wissenschaft aber so betrachten hieße, sie mit anderen, nichtwissenschaftlichen Unternehmungen wie Pseudowissenschaft, Parawissenschaft, Magie usw. auf eine Stufe zu stellen, wodurch sie letztendlich ihr Existenzrecht verlöre. Geht man an die Untersuchung des wissenschaftlichen Wissens aber dialektisch-materialistisch heran, so gelangt man zu dem Schluß, daß dieses Wissen einen besonderen erkenntnistheoretischen Status hat, nämlich mit dem Wesen der untersuchten Erscheinung adäquat korrespondiert. Dieses Konzept unterscheidet sich radikal sowohl von der interpretativen als auch von der normativen Wissenschaftssoziologie, die den besonderen erkenntnistheoretischen Status des wissenschaftlichen Wissens und damit auch die Möglichkeit seiner soziologischen Analyse davon abhängig machen, ob das Wissen sozial bedingt ist oder nicht. Die marxistische Wissenschaftssoziologie sieht sich einem solchen Dilemma nicht gegenüber, da sie die soziale Determiniertheit sowohl des kognitiven Prozesses als auch des wissenschaftlichen Wissens anerkennt, das nicht von einem isolierten Individuum, sondern vom Menschen als sozialem Wesen hervorgebracht wird.

[28] M. Mulkay, Knowledge and Utility, a. a. O., S. 75/76.

[29] Vgl. L. Laudan, A Note on Collin's Blend of Relativism and Empiricism, in: Social Studies of Science, Vol. 12, 1/1982, S. 132.

[30] H. M. Collins/G. Cox, Recovering Relativity. Did Prophecy Fail?, in: Social Studies of Science, Vol. 6, 1976, S. 424.

3. Kriterien für Plausibilität und Wahrheit

Wie aber können wir wissen, ob eine wissenschaftliche Theorie gültig ist; was berechtigt uns anzunehmen, daß sie gesetzmäßige Regelmäßigkeiten in der Natur richtig widerspiegelt? Mit anderen Worten: Was ist das Kriterium für die Plausibilität einer wissenschaftlichen Theorie, für ihre Korrespondenz mit real existierenden Sachverhalten?

Der Marxismus gibt auf diese Frage eine eindeutige Antwort, indem er die Praxis als Grundlage, Ziel und Kriterium des Wissens betrachtet. Dabei ist zu beachten, daß er die Praxis nicht als eine statische Kategorie, sondern als Prozeß begreift, in dessen Verlauf das Wissen sich ständig entwickelt und seinerseits auf die Praxis zurückwirkt. Die interpretative Wissenschaftssoziologie bestreitet die Rolle der sozialen Praxis als Grundkriterium für die Objektivität des wissenschaftlichen Wissens und für die Wahrheit wissenschaftlicher Begriffe. Am klarsten hat diesen Standpunkt M. Mulkay zum Ausdruck gebracht. Durch umfangreiches empirisches und theoretisches Material glaubte er sich zu dem Schluß genötigt, daß „die durch praktische Kontexte bedingte Neuformulierung von Theorien, die Verwendung nur eines Teils einer Theorie, geringe Genauigkeitsanforderungen und die Komplexität praktischer Situationen zeigen, daß unendlich viele mögliche rivalisierende Theorien Ergebnisse erzielen können, die in Termini der Praxis identisch sind, und daß es ohne Zweifel möglich ist, daß eine falsche oder teilweise falsche Theorie in der Praxis effektiv ist. Mit anderen Worten: Wir scheinen uns entschlossen zu haben, daß erfolgreiche praktische Anwendung keine endgültige Bestätigung für die Richtigkeit einer Theorie ist.“[31]

Zunächst sei hierzu vermerkt, daß Mulkay die Praxis übertrieben eng sieht und nur als praktische Anwendung der Ergebnisse der Wissenschaft versteht. Der marxistische Praxisbegriff beinhaltet daneben aber auch die praktische Lebenserfahrung und das wissenschaftliche Experiment. Bei dieser weiteren Interpretation erübrigt sich ein Teil der vorgebrachten Argumente. Zum zweiten sollte nicht übersehen werden, daß, wenn wir einen Teil einer Theorie für praktische Zwecke nutzen, er für die Lösung der Aufgabe, die wir uns gestellt haben, immerhin relevant ist. Ob wir uns dabei von unserer eigenen praktischen Lebenserfahrung leiten lassen oder von den Erfahrungen anderer oder von früheren erfolgreichen Anwendungen, die uns aus der Wissenschaft bekannt sind, tut dabei nichts zur Sache. Entscheidend ist, daß dieser Teil so beschaffen ist, daß wir bei seiner Anwendung das angestrebte praktische Ergebnis wirklich erzielen. Bestätigt die Praxis unser Vorgehen, so werden wir diesen Teil der Theorie auch weiterhin verwenden, während das Gegenteil höchst unwahrscheinlich ist. Im Falle einer teilweise falschen Theorie wird aber wohl vorausgesetzt, daß sie Teile enthält, deren Gültigkeit wir bereits in der Praxis

[31] M. Mulkay, Knowledge and Utility, a. a. O., S. 75/76.

bestätigt fanden. Somit zeigt uns die praktische Anwendung, inwieweit das theoretische Wissen, dessen wir uns bedienen, wahr ist.

Mulkay hat natürlich recht, wenn er sagt, daß das Wissen um eine Sache noch nicht bedeutet, daß man es auch anwenden kann. Dabei sollte man jedoch bedenken, daß der Marxismus die Praxis nicht als alleiniges Kriterium der Wahrheit betrachtet, sondern als hauptsächliches und letztendlich entscheidendes. Wie I. Narskij hierzu bemerkte, „wird es ergänzt durch interne theoretische Hilfskriterien, wie: relative Einfachheit, Ganzheitlichkeit und Geschlossenheit (innere Organisation) einer Theorie, ihre logische Widerspruchsfreiheit (innere Koordination) und logische Ableitbarkeit aus anderen Theorien, die bereits als wahr erkannt sind, sowie schließlich ihre Korrespondenz mit letzteren. Diese Hilfskriterien sind deshalb notwendig, weil theoretisches Wissen mitunter lange Zeit ohne praktische Prüfung bzw. Anwendung bleibt."[32]

Wir könnten hinzufügen, daß diese Kriterien eben deshalb Hilfskriterien sind, weil sie nicht unabhängig von der Praxis funktionieren können. Selbst wenn eine Theorie allen diesen Anforderungen entspricht, können wir sie dennoch erst dann als wahr anerkennen, wenn sie durch die Praxis bestätigt wurde, ganz gleich ob dies in Form eines wissenschaftlichen Experiments oder einer praktischen Anwendung erfolgt, ob es sofort oder erst viel später geschieht, d. h. letzten Endes ist das grundlegende und definitive Maß für ihre Wahrheit die Praxis. Wir stellen mit Interesse fest, daß J. Ziman, der den Konsens als Kriterium von Plausibilität, Gewißheit und folglich auch von Wahrheit des Wissens einführte und in diesem Sinne einen starken Einfluß auf die interpretative Wissenschaftssoziologie ausübte, sich „praktischer" Argumente bediente, um die Gültigkeit und Zuverlässigkeit des wissenschaftlichen Wissens zu begründen. „Es wäre absurd, die Gültigkeit eines theoretischen Systems, wie der Quantenmechanik, auf der unsere Kernwaffenbestände beruhen, zu leugnen. Wer wollte die Glaubwürdigkeit der Mendelschen Gesetze bezweifeln, die auf molekularer Ebene durch die Dechiffrierung des genetischen Codes bestätigt wurden? Zumindest *ein Teil* des von der Wissenschaft akkumulierten Wissens ist so zuverlässig wie nur irgend möglich."[33]

4. Flexibilität der Interpretation und wissenschaftliche Übereinkunft

Wie bereits erwähnt, leugnet die interpretative Wissenschaftssoziologie — vor allem die Vertreter des „starken Relativismus" — prinzipiell die Existenz objektiver Wahrheiten. Sie berufen sich darauf, daß experimentelle Daten flexibel interpretiert werden können und versuchen zu zeigen, daß diese Flexibilität etwas

[32] I. Narskij, Naučnata istina i heinata prowerka, in: Naučnata poznanija, Sofia 1979, S. 114.
[33] J. Ziman, Reliable Knowledge. An Exploration of the Grounds for Belief in Science, Cambridge 1978, S. 9.

mit den sozialen Wechselbeziehungen zwischen Wissenschaftlern in verschiedenen sozialen Kontexten zu tun hat, und die Wissenschaftler dabei zur Übereinkunft gelangen, welche kognitiven Behauptungen sie akzeptieren wollen.

Daß die Ergebnisse eines Experiments von einzelnen Wissenschaftlern nicht immer einheitlich interpretiert werden, ist ein Fakt. Er erklärt sich in gewissem Grade aus den Unterschieden der sowohl synchron als auch diachron auftretenden Denkstile. Zu einer Zeit, in der ein dialektischer Denkstil dominiert, werden experimentelle Ergebnisse offensichtlich anders behandelt als zu Zeiten, da eine mechanistische Denkweise den Vorrang hat. Natürlich sind Denkstile immer historisch und gesellschaftlich bedingt; ihre jeweilige Ausformung ist jedoch auch ein Resultat der Entwicklung der Wissenschaft selbst. Wenn experimentelle Daten also auf Grund verschiedener Denkstile unterschiedlich interpretiert werden, so hat das Gründe, die sowohl im Bereich der gesellschaftlichen Entwicklung als auch in dem der Wissenschaftsentwicklung liegen. Welche Interpretation als die gültige anzusehen ist, darüber entscheidet letztlich die Praxis.

Die interpretative Wissenschaftssoziologie behauptet weiter, daß die Übereinkunft darüber, welche Interpretation schließlich als die gültige angesehen wird, nicht als Widerspiegelung objektiver Gesetzmäßigkeiten in der realen Welt betrachtet werden darf und nicht ein für allemal und für jede soziale Gruppe gilt; vielmehr sei sie akzeptabel und richtig nur für die Gruppe von Wissenschaftlern, die zu dieser Übereinkunft gelangt ist. Es gibt demzufolge keine objektive Wahrheit, sondern nur subjektive Wahrheiten, die von der betreffenden wissenschaftlichen Gemeinschaft aufgrund einer Übereinkunft akzeptiert werden und auf einem gemeinsamen Paradigma beruhen. Explizit oder implizit wird oft behauptet, das Paradigma (das gemeinsame Rahmenkonzept oder die anzuwendende Theorie) lege im voraus fest, was als das Wesen des jeweils zu untersuchenden Phänomens der Welt anzusehen sei, und das Kriterium für die Wahrheit einer wissenschaftlichen Erklärung sei nicht die Praxis (im weitesten Sinne des Wortes), sondern die Übereinstimmung mit dem Paradigma und somit das Paradigma selbst. Da das Paradigma aber die Ansichten einer wissenschaftlichen Gemeinschaft repräsentiert, folgt daraus, daß letztendlich diese Gemeinschaft selbst das Kriterium der Wahrheit ist („Wahrheit“ hier allerdings im Sinne der interpretativen Wissenschaftssoziologie und Phänomenologie, d. h. im Sinne von separaten subjektiven Wahrheiten der verschiedenen wissenschaftlichen Gemeinschaften, und nicht im Sinne der Übereinstimmung des Inhalts unserer Vorstellungen mit dem Wesen der untersuchten Objekte).

Die Geschichte der Wissenschaft kennt viele Fälle, in denen die Ergebnisse ein und desselben Experiments oder einer Reihe von Experimenten auf verschiedene Weise interpretiert wurden. Ein typisches Beispiel dafür ist die von Semjonov 1924 bis 1929 durchgeführte Reihe chemischer Experimente und die Hypothese von den sich verzweigenden Kettenreaktionen, die er aus ihnen folgerte. Seine Interpretation der experimentellen Daten war zunächst nur eine von möglichen Alternativen. Viele Jahre mußten vergehen und viele zusätzliche Experimente durchgeführt werden, bis aus dieser Hypothese eine Theorie entwickelt werden konnte, die von der entsprechenden wissenschaftlichen Gemeinschaft einmütig anerkannt wurde und für die Semjonov und Hinshelwood 1956 den Nobelpreis für Chemie erhielten.[34] Die Bestätigung der Hypothese und später auch der Theorie war ein Ergebnis wissenschaftlichen Experimentierens. Letztlich entscheidend war die Objektivität der Fakten, die mit praktischen Mitteln nachgewiesen wurde, und nicht die Art und Weise, wie die Fakten interpretiert wurden.

Ein Beleg für die entscheidende Rolle der objektiven Fakten und für die Rolle der Praxis als Hauptkriterium der Wahrheit ist auch die allgemein bekannte Tatsache, daß Experimente oft zu Ergebnissen führen, die den Vermutungen der Wissenschaftler entgegengesetzt sind, worauf die Wissenschaftler ihre Theorien umformulieren, damit sie den erzielten neuen Ergebnissen entsprechen.

Generell ist es also nicht der Konsens, die bloße Übereinkunft der Wissenschaftler darüber, welche wissenschaftlichen Aussagen als adäquat und richtig zu betrachten sind, wovon die Wahrheit einer Aussage abhängt; vielmehr kann der ausgereifte und echte wissenschaftliche Konsens nur auf der in der Praxis erwiesenen Wahrheit beruhen.

5. Fortschritt oder Rückschritt?

Welches sind die Vorzüge der interpretativen Wissenschaftssoziologie gegenüber dem normativen Herangehen der Mertonschen Schule, und wo liegen ihre Mängel?

1. Positiv an dem neuen Trend ist die für die westliche Wissenschaftssoziologie neue Problemstellung, daß nämlich soziale und kulturelle Faktoren nicht nur die Herausbildung unkorrekter und falscher Theorien beeinflussen, sondern auch die Produktion zuverlässigen und adäquaten wissenschaftlichen Wissens, woraus folgt, daß kognitive Beziehungen und Strukturen auch soziologisch untersucht werden können und müssen. Darüber hinaus liegt in diesem Trend die Betonung auf der aktiven und bewußten Rolle des Subjekts der wissenschaftlichen Tätigkeit bei der Aufstellung wissenschaftlicher Theorien. Folgerichtig gibt sich die interpretative Wissenschaftssoziologie nicht damit zufrieden, lediglich zu konstatieren, daß es bei der Interpretation wissenschaftlicher Daten durch verschiedene Forscher Differenzen gibt; sie geht vielmehr dazu über, en detail zu untersuchen, wie es kommt, daß Wissenschaftler oder Gruppen von Wissenschaftlern diese Daten im Prozeß ihrer sozialen Interaktion unter verschiedenen sozialen und kulturellen Bedingungen verschieden interpretieren. Zugleich muß die große Bedeutung, die dem Experiment und seiner Rolle für die Erzeugung neuen Wissens in den Naturwissenschaften beigemessen wird, als positives Merkmal in allen Programmen der interpretativen Wissenschaftssoziologie gewürdigt werden.

In dieser Hinsicht ist das von Collins postulierte empirische Programm des

[34] Vgl. N. N. Semjonov, Nauka u občestwo, Moskva 1973.

Relativismus, insbesondere seine zweite und dritte Phase, von besonderem Interesse. Diese drei Phasen sind: a) der empirische Nachweis dessen, daß experimentelle Daten flexibel interpretiert werden; b) das Aufzeigen von Mechanismen, durch die die potentiell endlosen Debatten über mögliche Interpretationen beendet oder zumindest limitiert werden; c) die detaillierte Beschreibung des Zusammenhangs zwischen den limitierenden Mechanismen und den generellen sozialen und politischen Strukturen.[35]

Allein das Bemühen, solche Grundprobleme der Wissenschaftssoziologie wie Kontroversen und Konsens auf Gebieten zu untersuchen, die an der vordersten Forschungsfront der heutigen Wissenschaft liegen, verdient Zustimmung und Unterstützung. Es wäre überdies zu begrüßen, wenn die spezifischen Besonderheiten der Mittel und Wege, durch die sich wissenschaftliche Kontroversen limitieren lassen, weiter verfolgt würden, und wenn aufgeklärt werden könnte, ob und worin sich Grundlagenforschung und angewandte Forschung in dieser Hinsicht unterscheiden, ungeachtet dessen, daß es schwierig ist, beide Forschungsarten exakt zu definieren — ein Problem, das von Mulkay genauer erörtert worden ist.[36] Auch wäre es notwendig, die wechselseitigen Beziehungen zwischen Konsens und Dissens empirisch zu untersuchen und die jeweils spezifischen Mechanismen aufzudecken, durch die Kontroversen in den Natur-, Technik- und Gesellschaftswissenschaften gelöst werden. Man könnte hierbei von der Arbeitshypothese ausgehen, daß die Wahrscheinlichkeit, die Flexibilität der Interpretation limitieren zu können, um so größer ist, je weniger komplex das untersuchte Objekt ist und je leichter beschaffbar die experimentellen Daten sind. Und schließlich wäre es methodologisch wohl korrekt, dabei zunächst zu untersuchen, wie Kontroversen in Zeiten „normaler" Wissenschaft (um mit Kuhn zu sprechen) beendet werden, denn diese Perioden der Wissenschaftsentwicklung sind vergleichsweise länger und ruhiger, so daß sich die gesuchten Mechanismen leichter identifizieren lassen. Erst dann sollten auch die „Krisenfälle" untersucht werden, vor allem solche, die entstehen, wenn ein neues Problem auftaucht, das von der alten Theorie nicht mehr erklärt werden kann, oder wenn die Theorie einige schon bekannte Probleme nicht erklären kann und durch eine neue Theorie ersetzt werden muß. Daran würde sich die Etappe anschließen, in der die Widersprüche gelöst werden und das neue Paradigma sich durchsetzt, d. h. die Etappe der wissenschaftlichen Revolution. Später könnte dann die dritte Etappe des empirischen Programms abgearbeitet werden.

Ich möchte jedoch nochmals unterstreichen, daß ich es für unzweckmäßig und wissenschaftlich ungerechtfertigt halte, dieses empirische Programm auf die Philosophie oder auch die allgemeine Methodologie eines „starken Relativismus"

[35] Vgl. H. M. Collins, Introduction: Stages in the „Empirical Programme of Relativism", in: Social Studies of Science, Vol. 11, 1/1981, S. 3—10.

[36] Siehe M. Mulkay, Sociology of the Scientific Research Community, in: I. Spiegel-Rösing/ D. de Solla Price (Hrsg.), Science, Technology and Society. A Cross-Disciplinary Investigation, SAGE 1977.

zu gründen. Collins macht hier freilich Unterschiede. Er will den Relativismus in erster Linie als Methodologie und nicht als Philosophie verstanden wissen: „Ich denke, das wichtigste Element der relativistischen Position ist eher methodologisch als philosophisch. Es wäre von großem Nutzen, wenn die relativistische Orientierung als Heuristik eingeführt würde, wenn nicht sogar als konstitutive Regel.“[37] Indes lassen sich aber die allgemeinen philosophischen Prinzipien nicht von der Methodologie der Analyse wissenschaftlicher Probleme trennen, wie es Collins tut. Sind es etwa nicht philosophische Grundprämissen, von denen sich der Wissenschaftler leiten läßt, wenn er ein Objekt untersucht? Diese philosophischen Leitprinzipien lenken sein Interesse auf ganz bestimmte Aspekte des untersuchten Phänomens. Darüber hinaus beeinflussen sie nicht unerheblich, wie der Wissenschaftler die entdeckten Regelmäßigkeiten im Verhalten des Objekts erklärt, zu welchen Schlußfolgerungen er gelangt und welche Theorie er auf der Grundlage dieser Schlußfolgerungen aufbaut.

Ohne Zweifel ist die Richtung, die von der interpretativen Wissenschaftssoziologie eingeschlagen wurde, nämlich das wissenschaftliche Wissen und seine sozialen Zusammenhänge in die soziologische Analyse der Wissenschaft einzubeziehen, fruchtbar, denn sie erschließt ihr den „Kern“ der wissenschaftlichen Arbeit. Es ist sicher unannehmbar, das wissenschaftliche Wissen, dem ein besonderer erkenntnistheoretischer Status zukommt, außerhalb der soziologischen Analyse zu belassen, wie dies die Mertonsche Schule weitgehend tut. Jedoch sollten wir auch nicht in das andere Extrem verfallen und das Studium der Wissenschaft als spezifische soziale Institution vernachlässigen. Die korrekte Fragestellung besteht in der Untersuchung der Wissenschaft sowohl als soziale Institution als auch als spezifische gesellschaftliche Tätigkeit, die in dieser Institution ausgeführt wird und deren Ergebnis das System des wissenschaftlichen Wissens ist. Die Wissenschaftssoziologie hat es mit allen drei Aspekten der Wissenschaft in ihrer organischen Einheit zu tun.

Der potentielle heuristische Wert der marxistischen Wissenschaftskonzeption wird intuitiv immer mehr auch von nichtmarxistischen Wissenschaftssoziologen erahnt. So stellt z. B. T. Gieryn, ein Vertreter der Mertonschen Schule, fest, daß es in der westlichen Industriesoziologie ganz im Gegensatz zur Wissenschaftssoziologie für absolut normal gehalten wird, einerseits die institutionellen und Verhaltensaspekte in der Industrie zu untersuchen und andererseits die Produkte der industriellen Arbeit. Dasselbe sollte — ihm zufolge — auch in der Wissenschaftssoziologie der Fall sein: beide analytischen Trends — die Untersuchung der institutionellen Strukturen wissenschaftlicher Gemeinschaften und der Verhaltensmodelle der Wissenschaftler (der Mertonsche Trend) einerseits und die Analyse des sozialen Kontextes und des sozialen Charakters des wissenschaftlichen Wissens (der interpretative Trend) andererseits — sollten als gleichwertig und mit

[37] H. M. Collins, Knowledge, Norms and Rules in the Sociology of Science (Reply), in: Social Studies of Science, Vol. 12, 2/1982, S. 304.

gleicher Aufmerksamkeit behandelt werden. Darüber hinaus regt Gieryn an, daß man, wie in der Industriesoziologie, nach Kontaktpunkten, theoretischen und empirischen Verbindungen zwischen beiden Trends suchen sollte, da diese zur Zeit „in verschiedenen Galaxien leben".[38] Dies ist im Grunde genommen ein Appell zur Schaffung eines einheitlichen synthetischen Wissenschaftsbildes unter Nutzung der positiven Resultate der zwei genannten Forschungstrends. Um dies zu erreichen, müssen wir aber nicht, wie Gieryn glaubt, warten, bis „eines Tages ein Wissenschaftssoziologe in einem schnellen Raumschiff wieder Kontakt zwischen den beiden Galaxien herstellt".[39] Eine solche Synthese liegt im marxistischen Verständnis der Wissenschaft als soziale Erscheinung bereits vor. Wenn die nichtmarxistische Wissenschaftssoziologie in den Empirismus verfällt und sich in voneinander isolierte Forschungsrichtungen spaltet, so eben aus dem Grunde, weil es ihr an einem ähnlichen umfassenden theoretischen Modell der Wissenschaft mangelt.

2. Die soziologische Erklärung ist bestrebt, nicht von fertigen und abstrakt postulierten konzeptionellen Schemata und Modellen auszugehen, sondern die Ziele, Interessen und Gedanken des Wissenschaftlers, der untersucht wird und der selbst in die Interpretation seines eigenen Verhaltens einbezogen werden muß, kennenzulernen. Laut Knorr-Cetina ist dies notwendig, da die Welt des Wissenschaftlers keine wirkliche, sondern eine künstliche, von ihm selbst geschaffene ist: „Wenn man sich die eigentliche Laborpraxis ansieht, wird einem klar, daß der Einsatz hier nicht in Termini einer Korrespondenztheorie der Wahrheit definiert ist ... Der Forschungsprozeß scheint vielmehr *konstruktiv* zu sein, d. h. er zielt darauf ab, daß ‚etwas funktioniert', und er ist eingebettet in eine Realität, die hochgradig künstlich und im wesentlichen selbstgeschaffen ist. Für den einzelnen Wissenschaftler ist der Erfolg — und nicht die Wahrheit — von definitiver Bedeutung."[40]

In Knorr-Cetinas Auffassung manifestiert sich eine Tendenz, die Objektivität sowohl der natürlichen als auch der Laborrealität zu verneinen. Damit geht aber die Dialektik von transformierender und kognitiver Tätigkeit des Menschen und insbesondere des Wissenschaftlers verloren. Knorr berücksichtigt nicht, daß es eine Objektivität zweiter Ordnung gibt: Die vom Menschen geschaffenen materiellen Werte und die lebende Umwelt, mit denen er es zu tun hat, wenn er sich anschickt, die Welt zu verändern, haben eigenständige Existenz und sind in allen weiteren Aktivitäten des Menschen stets präsent. Das gleiche gilt für wissenschaftliche Geräte, Apparaturen, Materialien usw., die — einmal geschaffen — zu objektiven Bedingungen zweiter Ordnung werden.

[38] T. F. Gieryn, Not-Last Words. Worn-Out Dichotomies in the Sociology of Science (Reply), in: Social Studies of Science, Vol. 12, 2/1982, S. 331.

[39] Ebenda, S. 331.

[40] K. D. Knorr-Cetina, Producing and Reproducing Knowledge: Descriptive or Constructive?, in: Social Science Information (Paris), Vol. 16, 1977, S. 670.

Außerdem lehnt sich diese Auffassung offensichtlich an die phänomenologische These vom Zusammenhang zwischen Alltagsleben und Wissenschaft[41] sowie die Arbeiten von Schütz zur Bedeutung des subjektiven Verständnisses des Kommunikationspartners an. Aber ebenso wie Schütz stoßen die interpretativen Wissenschaftssoziologen unvermeidlich auf die Schwierigkeit, die Erfahrungen des „Anderen" in ihrem eigenen semantischen Kontext zu interpretieren. Es ist wenig aussichtsreich, vom untersuchenden Soziologen und von dem untersuchten Wissenschaftler eine identische Interpretation ein und derselben Handlung zu erhalten, denn dies setzt in der Praxis die gleiche Lebenserfahrung, das gleiche Wissen und den gleichen Bedeutungszusammenhang voraus.[42] Zusätzliche Schwierigkeiten ergeben sich daraus, daß der Soziologe eine detaillierte und fundierte Kenntnis der inhaltlich-gegenständlichen Seite des betreffenden Spezialgebiets haben müßte, was geradezu unerreichbar für jemanden ist, der nicht auf diesem Gebiet arbeitet. Wenn es trotz alledem einem Soziologen gelänge, die „natürliche Kompetenz" des Wissenschaftlers, mit dem er sich beschäftigt, zu erwerben und er sich dadurch in die Lage versetzt hätte, den Prozeß der Erzeugung wissenschaftlichen Wissens nachzuvollziehen — wonach ja die Konstruktivisten und Relativisten streben —, so hätte er bereits aufgehört, ein Soziologe zu sein, und wäre zum Naturwissenschaftler geworden; als solcher aber ist er nun nicht mehr in der Lage, den ganzen Prozeß und dessen kognitiven Inhalt soziologisch zu analysieren.

Ungeachtet dieser widrigen Umstände halten wir es jedoch für ermutigend, daß darauf orientiert wird, die Wechselbeziehungen zwischen dem Wissenschaftssoziologen und dem untersuchten Wissenschaftler auf einer neuen Ebene anzugehen. Es ist zu begrüßen, daß der zu untersuchende Wissenschaftler nicht mehr in positivistischer und naturalistischer Manier gleichsam als ein natürliches Objekt betrachtet wird, das unabhängig und losgelöst von seiner Analyse existiert, sonder daß man ihn als gleichwertig in die Analyse einbezieht, indem er veranlaßt wird, seine eigenen Gedanken, Präferenzen und Meinungen vollständiger und erschöpfender zu reflektieren.

3. Da unsere Forschungsmethoden unsere Erklärungsweisen und den Charakter der erzielten Ergebnisse beeinflussen, wird es für erforderlich gehalten, den Stand der Methodologie der Wissenschaftssoziologie genauer zu untersuchen. In diesem Zusammenhang wird gefordert, der Wissenschaftler möge immer wieder seine subjektiven Ansichten erklären, weil aus dieser Erklärung auf sein Alltagsbewußtsein als Mitglied der Gesellschaft geschlossen und somit erkannt werden kann, wie dieses ihn bei der Wahl der Forschungsthemen, der Wahl und Anwendung bestimmter wissenschaftlicher Verfahren, bei Entscheidungen usw. beeinflußt.

Das zunehmende Interesse für die methodologischen Probleme der Wissen-

[41] Siehe K. Koev, Problem „vsekidnije-nauka" v fenomenologič nata soziologija na Alfred Schütz, in: Sociologičeskije problemi (Sofia), No. 4, 1982, S. 74—83.

[42] Vgl. L. Ionin, Fenomenologičeskaja Sociologija, in: Kritika sovremennoj buržuaznoj soziologii, Moskva 1977, S. 95—142.

schaftssoziologie resultiert auch daraus, daß die empirischen Informationen, die der Soziologe von den befragten Wissenschaftlern erhält, nicht mehr als unproblematisch angesehen werden (wie es die Mertonsche Schule weitgehend tat), sondern als situationsbedingt, d. h. abhängig von dem Kontext, in dem sie gewonnen werden. Aus eben diesem Grunde sehen Latour und Woolgar einen Zusammenhang zwischen dem verbalen Verhalten der Mitarbeiter eines von ihnen untersuchten Labors und den Bedingungen, unter denen die Wechselbeziehung zwischen dem untersuchenden Soziologen und dem befragten Wissenschaftler stattfindet. Sie berichten, daß der häufige Gebrauch des Wortes „Glaubwürdigkeit" sie mißtrauisch machte. Ein Außenstehender, besonders wenn er Soziologe ist, kann erwarten, daß ihm alle möglichen Geschichten über die Glaubwürdigkeit von Labormitarbeitern erzählt werden, weil man eben solche Stories für besonders geeignet hält, sie Leuten mitzuteilen, von denen man ohnehin vermutet, daß sie nur auf Skandalgeschichten aus sind. Da die Befragten mit Außenstehenden zumindest nicht gleich zu Beginn über die Details ihrer wissenschaftlichen Arbeit sprechen können, neigen sie dazu, über andere Themen zu sprechen, die ihnen geeignet erscheinen, z. B. Klatsch, Skandale, Gerüchte usw. Latour und Woolgar ziehen daraus den Schluß, daß Wissenschaftler in Gesprächen mit außenstehenden Beobachtern viel öfter über Glaubwürdigkeit sprechen als mit anderen Mitarbeitern im Labor.[43]

In dieser Hinsicht weist die interpretative Wissenschaftssoziologie unbestreitbare Vorzüge auf: Die empirischen Methoden der Erhebung soziologischer Informationen werden weiter vertieft und verfeinert, die Alltagssprache der Wissenschaftler wird analysiert und die teilnehmende Beobachtung wird perfektioniert. Man sollte jedoch niemals so weit gehen, sich nur auf ganz bestimmte empirische Methoden zu stützen und die übrigen zu ignorieren, wie dies Mulkay in bezug auf die Diskursanalyse und Knorr-Cetina in bezug auf ethnographische Beobachtungen im wissenschaftlichen Labor teilweise tun. Hier ist vielmehr John Law, einem anderen Vertreter dieser Richtung, beizupflichten, wenn er sagt: „Wir dürfen gewisse Wechselbeziehungen nicht überbewerten, selbst wenn wir gewohnt sind, dies zu tun, und selbst wenn wir normalerweise glauben, daß es wirklich diese Wechselbeziehungen sind, um die es in der Wissenschaft geht."[44] Das gleiche gilt für den Ort, an dem wissenschaftliches Wissen entsteht. Das Forschungslabor ist nicht der einzige Ort, an dem Wissenschaft gemacht wird. Historisch gesehen entstand diese Art der Organisation wissenschaftlicher Arbeit vor nicht allzu langer Zeit und war seither für den Fortschritt der Forschung unbestreitbar bedeutsam. Aber gleichzeitig haben stets auch andere Institutionen für die Erzeugung neuen Wissens bestanden und bestehen weiterhin, die auf keinen Fall außer acht gelassen werden dürfen. Es ist ganz und gar nicht erwiesen, daß die Forschungsarbeit im Labor die ideale Form der Organisation wissenschaftlicher Arbeit ist, selbst wenn

[43] Vgl. B. Latour/S. Woolgar, Laboratory Life, a. a. O., S. 192/193.

[44] J. Law, Theories and Methods, a. a. O., S. 169.

sie unter den heutigen Bedingungen die gebräuchlichste ist. Auf diese Tatsache weist auch Mulkay hin.[45]

4. Die interpretative Wissenschaftssoziologie betont die enge Bindung zwischen wissenschaftlicher Praxis und allgemeiner gesellschaftlicher Praxis. Sie zeigt, wie außerwissenschaftliche Faktoren, so z. B. politische Organe, finanzierende Organisationen oder Einzelpersonen, Verwaltungsinstitutionen u. a., am Prozeß der Auswahl der Forschungsthemen, an der Entstehung neuer Theorien und Ideen sowie an den erzielten Ergebnissen und deren Weiterentwicklung für verschiedene praktische Zwecke direkt beteiligt sind.

Als fruchtbar könnte sich hier auch der Gedanke von Knorr-Cetina erweisen, daß die relevanten Primäreinheiten der sozialen und technischen Organisation der wissenschaftlichen Arbeit nicht die wissenschaftlichen Gemeinschaften (gemeint sind die verschiedenen Spezialrichtungen), sondern „transepistemische Schauplätze der Forschung" sind.[46] Uns scheint jedoch, daß man deren Bedeutung für den Forschungsprozeß nicht überschätzen sollte. In der Praxis gibt es auch noch andere soziale Aktivitäten innerhalb sozialer Netzwerke und Bedingungen, und obgleich sie Beziehungen aufweisen zu den wissenschaftlichen Aktivitäten und deren Ergebnissen, ersetzen sie doch nicht die Rolle der spezifischen Institutionen, in denen die wissenschaftliche Tätigkeit unmittelbar organisiert und durchgeführt wird.

5. Schließlich ist der neue Trend bemüht, die Wissenschaftssoziologie „auf die Erde zurückzuholen", sie näher an das „reale" Leben der Forscher heranzuführen. Der Prozeß wissenschaftlicher Entdeckungen soll „demystifiziert" werden, indem man den wissenschaftlichen „Alltag" in den Forschungslabors beschreibt und es ablehnt, abstrakte, universelle und spekulative Erklärungsmuster auf rezente Forschungsgebiete zu übertragen. In diesem Zusammenhang ist jedoch auch eine gefährliche Tendenz zu verzeichnen, daß nämlich die Vielfalt natürlicher und sozialer Fakten und Phänomene verabsolutiert und ihre Einheit unterschätzt oder völlig außer acht gelassen wird. Folge davon ist die bevorzugte Beschreibung der äußeren Erscheinung des wissenschaftlichen Lebens, der Nachweis von Phänomenen, ohne daß auf ihr Wesen eingegangen wird.

Dieser Phänomenalismus wird auch in dem erklärten Ziel deutlich, die Frage, *wie* Wissenschaftler arbeiten, und nicht, *warum* sie so arbeiten, zu beantworten. Wir bestehen indes darauf, daß es in der Wissenschaft immer sowohl auf Beschreibung als auch auf Erklärung ankommt, und meinen, daß man die Wissenschaft ihres „Kerns" (Wesen) berauben würde, wenn man außer der Be-

45 Vgl. R. Whitley, From the Sociology of Scientific Communities to the Study of Scientists' Negotiations and Beyond, in: Social Science Information (Paris), Vol. 22, No. 4/5, 1983, S. 681–720.

46 K. D. Knorr-Cetina, Scientific Communities or Transepistemic Arenas of Research? A critique of Quasi-Exonomic Models of Science, in: Social Studies of Science, Vol. 12, 2/1982, S. 101–130.

schreibung der Phänomene nicht auch nach den stabilen, regelmäßigen und notwendigen Beziehungen zwischen den Phänomenen der Realität, d. h. nach den Gesetzmäßigkeiten ihres Funktionierens und ihrer Entwicklung fragen würde. Die begrüßenswerte Orientierung, die soziologische Untersuchung der Wissenschaft auf die Ebene des Konkreten „zurückzuholen", darf nicht in sich selbst enden, denn auf Verallgemeinerung und Erklärung zu verzichten, kann nur bedeuten, die Wissenschaftssoziologie zu trivialisieren und sie zu einer rein beschreibenden Tätigkeit zu degradieren. Damit aber ginge sie ihres wissenschaftlichen Charakters verlustig und wäre für Zwecke der sozialen Praxis bar jeglichen Sinnes.

Zusammenfassend sei festgestellt, daß die interpretative Wissenschaftssoziologie unbestreitbare Vorzüge gegenüber Mertons normativem Programm besitzt, besonders insofern sie die Frage nach der sozialen Bedingtheit und der historischen Begrenztheit des wissenschaftlichen Wissens stellt. Jedoch dürfen wir nicht in „soziologischen Reduktionismus" verfallen, wovor Gieryn richtigerweise warnt,[47] d. h. wir sollten nicht glauben, daß das wissenschaftliche Wissen nur das Ergebnis der sozialen Prozesse der Übereinkunft zwischen Wissenschaftlern, der Interpretation experimenteller Daten und der Kollision entgegengesetzter Interessen ist. Und noch etwas sollte beachtet werden. Wenn wir die „interpretative" Sichtweise auf die Wissenschaftssoziologie und ihre Theorie über die soziale Welt selbst anwenden würden, wäre es nur logisch, die interpretative Wissenschaftssoziologie lediglich als eine „Ethnowissenschaft" zu verstehen, d. h. als eine mögliche Theorie unter anderen möglichen Varianten bzw. als eine Etappe in der Entwicklung der westlichen Wissenschaftssoziologie, die selbst Gegenstand von Revision und Ablehnung sein kann. Gingen wir aber anders vor und würden den „starken Relativismus" von Collins bevorzugen — weil „wir nicht verstehen können, wie man auf diesen Gebieten gute Arbeit leisten kann, wenn man von anderen Annahmen ausgeht"[48] —, so gelangten wir zu einer contradictio in adjecto, denn wir dürften dann keine interpretative Flexibilität in der Wissenschaftssoziologie mehr zulassen und wären so auf umgekehrtem Wege wieder bei jenem Absolutismus angelangt, mit dessen Kritik wir begonnen haben.

[47] T. F. Gieryn, Relativist/Constructivist Programmes in the Sociology of Science. Redundance and Retreat, in: ebenda, S. 279–297.

[48] H. M. Collins, Special Relativism: The Natural Attitude, in: ebenda, S. 140.

Reinhard Mocek

Anmerkungen zum Konstruktivismus

In einer seiner jüngeren Schriften spöttelte Jürgen Habermas über die „Neurophysiologie, jenes merkwürdige(n) Lieblingskind(es) der analytischen Philosophen".[1] Tatsächlich hat die Neurophysiologie in den letzten Jahrzehnten im weltanschaulichen Wettbewerb der Naturwissenschaften einen vorderen Rang erkämpft. Sie vermochte es (oder, vorsichtig ausgedrückt, es scheint so, als ob sie es vermag), ziemlich altehrwürdige philosophische und erkenntnistheoretische Setzungen respektlos zu hinterfragen. Das betrifft die seit Descartes als unaufhebbar geltende Identität von Ich, Selbstbewußtsein und Denken, das bezieht sich auf jegliches mechanisch-materialistisch mißverstandene „Abbilden" als Grundlage sinnlicher Welterkenntnis, das umfaßt schließlich auch die Vorstellungen darüber, wie denn der „Spiegel", also unser Gehirn, wirklich arbeitet. Nun hat es auf Popularität zielende Naturwissenschaft leicht, mit der Riesenautorität ihrer Forschungspotenz im Rücken diesen philosophischen Auffassungen wirksam entgegenzutreten. Man braucht sich dabei nicht auf ein Zuviel an philosophischer Spitzfindigkeit einzulassen, nimmt die philosophischen Begriffe am besten so, wie sie am Alltagsverständnis fungieren — Abbilden ist eben dann Abbilden, und ein dialektischer Abbildbegriff kann gar nichts anderes als eine Spitzfindigkeit sein — und hat im Handstreich ein neues Weltbild errichtet.[2] Dabei wird der Philosophie empfohlen, ihre Kategorien am Modell neuer naturwissenschaftlicher Forschungsprogramme zu überprüfen, wobei das Resultat einer solchen Prüfung eigentlich schon vorher feststeht — Korrektur! Neben der Neurophysiologie[3] sind es systemtheoretische Evolutionskonzepte, die in ähnlicher Weise traditionelles erkenntnistheoretisches Selbstverständnis der Philosophie untergraben oder wenigstens zu untergraben meinen.[4] Dabei sind in letzter Zeit auch Synthesen von Neurophysiologie und evolutionistischer Systemtheorie in die Diskussion gelangt, die sich weitgehend traditionellen philosophischen Vokabulars bedienen.

[1] J. Habermas, Moralbewußtsein und kommunikatives Handeln, Frankfurt/M. 1983, S. 23.

[2] F. Capra, Wendezeit. Bausteine für ein neues Weltbild, Bern—München—Wien 1982.

[3] J. C. Eccles, Wahrheit und Wirklichkeit: Mensch und Wissenschaft, Berlin(West)—Heidelberg—New York 1975.

[4] G. Vollmer, Evolutionäre Erkenntnistheorie, Angeborene Erkenntnisstrukturen im Kontext von Biologie, Psychologie, Linguistik, Philosophie und Wissenschaftstheorie, Stuttgart 1975.

Die Theorie selbstreferentieller Systeme wäre hier zu erwähnen, die Systemverhalten analog zu den im biotischen (und sozialen) Bereich unauflöslichen Subjekt-Objekt-Einheiten interpretiert.[5] Damit gelangt eine Betrachtungsweise in das naturwissenschaftliche Denken, die über Jahrhunderte als ausgeschlossen galt — die Einbeziehung des Menschen als konstruktiven Faktor in die zu erforschenden Naturzusammenhänge. Die Newtonsche „objektivistische" Naturanschauung gilt als überwunden; der erkennende Mensch gehöre selbst zu den Naturzusammenhängen, die er zu erforschen unternimmt. Ilya Prigogine hat dieses Thema propagiert, und in seinem Gefolge hat Erich Jantsch auf der Basis vielgestaltiger Evolutionskonzepte — u. a. erstmals unter Verfolgung der Synthese von Selbstorganisation und Selbstreferenz — ein neues Bild vom Universum „errichtet" — ein Universum, dessen zentraler Aspekt der Geist Gottes sei.[6]

Wenngleich wir dieses kaum als naturwissenschaftlich zu bezeichnende terminologische Abenteuer nicht ganz wörtlich nehmen wollen, offenbart sich in dieser weitgefächerten neueren Literatur im Bannkreis von Neurophysiologie und Systemkonzept eine Tendenz zur Remythologisierung der wissenschaftlichen Weltanschauung. Um allen Mißverständnissen zu entgehen — selbstredend sind damit weder die Neurophysiologie noch die Systemkonzepte des philosophischen Idealismus verdächtigt! Was nachdenklich stimmt, ist die Tendenz insgesamt, die versuchte Verabschiedung des Materialismus aus dem, was man traditionellerweise „wissenschaftliches Weltbild" nennt.[7] Damit ist es insgesamt wieder „modern" geworden, der neueren Philosophie den Rücken zu kehren — keineswegs nur der dialektische Materialismus ist hiervon betroffen! Philosophische Einsichten, so heißt es in dieser naturwissenschaftlichen Popularliteratur, lägen dort viel offener zutage, wo sie ein ursprüngliches, ja naives Weltverständnis offenbaren, ohne Konkurrenzanspruch an die Naturwissenschaft und auch nicht zuletzt deshalb für diese so sympathisch. Philosophie argumentiere dann „von anderswo her", von subjektiven Sinnbezügen auf Leben und Welt, auf Materie und Geist, erhebe jedoch nicht den Anspruch auf „Erkenntnis" dieser „Abgründe". Aber gerade dadurch, daß sie von anderen Frageimpulsen gespeist werde, werde diese

[5] H. R. Maturana, Erkennen. Die Organisation und Verkörperung von Wirklichkeit. Ausgewählte Arbeiten zur biologischen Epistemologie, Braunschweig—Wiesbaden 1982; siehe auch: P. M. Hejl/W. K. Köck/G. Roth (Hrsg.), Wahrnehmung und Kommunikation, Frankfurt/M.—Bern—Las Vegas 1978.

[6] I. Prigogine/I. Stengers, Dialog mit der Natur. Neue Wege naturwissenschaftlichen Denkens, München 1981; E. Jantsch, Die Selbstorganisation des Universums, München—Wien 1979.

[7] Daß ich in diesem Punkt überhaupt nicht konform gehe mit der Charakterisierung dieser neuen „Weltbilder" als „evolutionärer Materialismus", wie sie H. Hörz und K. F. Wessel geben, habe ich andernorts ausführlicher entwickelt (H. Hörz/K. F. Wessel, Philosophische Entwicklungstheorie, Berlin 1983; vgl. dazu meine Rezension in: Deutsche Zeitschrift für Philosophie, 12/1984).

„naive“ Philosophie auch für die neuere Naturwissenschaft so interessant.[8] Die Philosophie der alten Inder und Chinesen stehe fern von einer experimentell-theoretischen Wirklichkeitseinklammerung — so aber habe sie allein innerhalb des neueren Weltwissens den ganzen Menschen noch im Auge. Und auf derartige einfache Weltweisheit ziele im Grunde auch die moderne Naturwissenschaft. Wir sind „eins“ mit dieser Welt, vermögen ihr nicht zu entrinnen, wie wir sie auch nicht zu begreifen vermögen, es sei denn, wir geben unsere Ansprüche an diese Welt auf, Ansprüche, die auf Erkenntnis und menschenmäßiger Umgestaltung beruhen. Da ist ein ganzer (natur-)philosophischer Hintergrund, der ein „neues“ (natürlich ist das nicht neu und manches ist nahezu wörtlich bei Schelling zu finden, worauf hier aber nicht einzugehen ist[9]) Wissenschaftsverständnis zur Grundlage hat. Und das ist beileibe keine Einzelerscheinung, sondern beherrscht die einschlägige Literatur in den westeuropäischen Ländern sowie im angelsächsischen Kulturbereich.

1. Erkenntnistheoretischer Konstruktivismus und seine neueren naturwissenschaftlichen „Argumente“

Ich will einen Aspekt dieses „neuen“ Wissenschafts- und Weltverständnisses herausgreifen — den Konstruktivismus, der sich als philosophische Grundlage eines ganz anderen als erkennend-kontemplativen (im Unterschied also zum Newtonschen Wissenschaftsbegriff) Herangehens an die Wirklichkeit versteht — als Grundlage eines aktiv-konstruierenden, gestaltenden Herangehens, wobei diese Geltungszuversicht in der Wesensgleichheit des Gestalters und seines Objektes begründet liege. Das klingt nach radikaler subjektivistischer Programmatik — ich werde auf die Thesen des Konstruktivismus im weiteren genauer zu sprechen kommen. Auf eine fatale Sachlage muß eingangs noch hingewiesen werden. Der Terminus „Konstruktivismus“ ist wissenschaftstheoretisch auch anderweitig „besetzt“; gemeint ist die Erlanger und Konstanzer Schule des „Deutschen Konstruktivismus“, dessen Programm jedoch kaum in Verbindung mit dem hier zur Debatte stehenden Konstruktivismus gebracht werden kann.[10]

Der erkenntnistheoretische Konstruktivismus (diesen Terminus werde ich im folgenden vorwiegend verwenden, um die Abgrenzung von den „Deutschen Kon-

[8] „Gott ist“, so Capra, „die universale Dynamik der Selbstorganisation“ (F. Capra, Wendezeit, a. a. O., S. 338).

[9] Vgl. H. J. Sandkühler (Hrsg.), Natur und geschichtlicher Prozeß. Studien zur Naturphilosophie F. W. J. Schellings, Frankfurt/M. 1984.

[10] Vgl. G. Mayer, Die Logik im Deutschen Konstruktivismus. Die Rolle formaler Systeme im Wissenschaftsaufbau der Erlanger und Konstanzer Schule, (Diss.) München 1981; vgl. die konzeptionellen Arbeiten von J. Mittelstraß, Die Möglichkeit von Wissenschaft, Frankfurt/M. 1974.

struktivisten“ zu erreichen) ist eine von renommierten Philosophen (Dewey, Bridgman, Piaget), namhaften Naturwissenschaftlern (Schrödinger, H. v. Foerster, R. Riedl) und Logikern (Hilary Putnam, Willard van O. Quine, Georg Spencer Brown) unter Bezug auf große Gestalten der Philosophiegeschichte (Giambattista Vico, Immanuel Kant, David Hume) vertretene philosophische Erkenntnistheorie. Er ist in den letzten Jahren verstärkt einer der wichtigsten argumentativen Bezugspunkte für neueres gesellschaftstheoretisches Denken geworden, seit die evolutionäre Erkenntnistheorie, die Theorie selbstreferentieller Systeme, biologische Systemkonzepte im Gefolge der Verhaltensbiologie etc. ihre Anwartschaft auf Übertragungen in das weite Feld der Erklärung menschlich-sozialen Handelns angemeldet haben. Er läßt sich philosophiegeschichtlich nicht leicht „verorten“ und kann mit gewissem Vorbehalt als ein „Parallelläufer“ zu den großen Kontroversen zwischen Materialismus und Idealismus, Rationalismus und Empirismus betrachtet werden. Er „haftet“ am Erkenntnisproblem; seine modernen Vertreter aktualisieren dabei in unterschiedlicher Weise die großen „alten“ Fragen der philosophischen Reflexionen zur Natur des erkennenden Bewußtseins, zur Realität einer der Erkenntnis zugrunde liegenden Außenwelt, zur Unüberschreitbarkeit der Barrieren unserer Empfindungen, zur Macht der Erkenntnis selbst. Die Kantsche „kopernikanische Wende“, wonach das erkennende Bewußtsein die Produkte seiner Tätigkeit erkennt, nicht aber eine außerhalb und abhängig von dem Bewußtsein existierende Welt, zieht durch sämtliche konstruktivistischen Argumentationen hindurch.

Dabei wird — in betonter Wendung zur Theorie der Selbstreferenz — die neurophysiologische Erkenntnis, daß die Sinnesorgane keine Dinge abbilden, sondern durch Umweltreize eine spezifische Interaktion abwickeln, deren Produkt dann unser „Bild“ ist, zur erneuten naturwissenschaftlichen Begründung des Konstruktivismus umfangreich herangezogen. In anderer Formulierung heißt es dazu: Wenn das Was des Wissens vom Wie des Zustandekommens abhängt, dann hängt unser Bild der Wirklichkeit von der Erfassung dieses Was ab — also vom Wie! Die Struktur der Sinnesorgane avanciert zu einem Basistheorem des Konstruktivismus. Jedoch liegen die Hauptaussagen des Konstruktivismus keineswegs auf sinnesphysiologischem Gebiet und eine Kritik am Konstruktivismus kann sich nicht an der Neurophysiologie festmachen, zumal hier die Diskussionslage nicht einhellig ist und dem Nichtfachmann ein eindeutiges Urteil kaum möglich ist. Immerhin kann man daran erinnern, daß die Formulierung, wonach unsere Empfindungen ein subjektives Abbild der objektiven Realität geben (Lenin), auf der Existenz einer objektiven Erkenntnisgrundlage beharrt, aber auch die große Rolle der Subjektivität bei der Erfassung der Wirklichkeit anerkennt. Natürlich verfügte Lenin noch nicht über den Erkenntnisschatz der neueren Sinnesphysiologie, um eine solche allgemeine Aussage hinlänglich präzisieren zu können. Daß die Menschen aber keine neuronalen Reflexmaschinen sind, sondern individuell ein recht unterschiedliches Verhältnis zu der sie umgebenden Welt haben — sowohl im täglichen Erleben als auch hinsichtlich der verändernden Aktivität, sowohl in Form unterschiedlichster Sichtweisen als auch der Empfindungsvielfalt —, gehört inzwischen zum ABC jedes Materialismus.

Der sinnliche „Abbildvorgang" ist in der Tat ein höchst komplizierter Mechanismus, der selbstredend nicht philosophisch zu klären ist, sondern eben neurophysiologisch. Daß hierbei die Neurophysiologen teilweise recht kontrovers diskutieren, mahnt wohl zur Vorsicht, erledigt aber das Problem nicht. Zum Vergleich: Piaget diskutiert die Frage der Realität einer abzubildenden Umwelt sehr vorsichtig und schließt aus der konstruktiven Rolle des neuronalen Vorgangs nicht auf die Nichtexistenz der „Vorlage".[11] Auch Klix betrachtet Konstruktion als Realisieren schrittweise erzeugter Vorstellungsabschnitte und bezieht eine Wechselwirkung von Subjekt und Objekt — in entsprechender Weise wie Piaget — in die Erklärung ein.[12] Fuchs-Kittowski schreibt, daß Widerspiegelung „die Fähigkeit von Systemen" charakterisiert, „äußere Einwirkungen durch innere Strukturveränderungen zu ‚reproduzieren' und auf sie entsprechend der inneren Systembedingungen spezifisch zu reagieren".[13] Maturana hat dagegen das Abbildproblem als schlicht irrelevant erklärt.

Immerhin — der neurophysiologisch argumentierende Realitätsskeptizismus ist ein tragendes Argument des Konstruktivismus — jedoch in einem bestimmten Sinne. „Ob" die Welt existiert oder nicht, das ist relativ gleichgültig in konstruktivistischer Sicht — wichtig erscheint ihm, daß sie vermöge des Menschen existiert! Und hier wird Vico zur Autorität erhoben: Wahrheit ist nach Vico das, was der Mensch erkennt, indem er es handelnd aufbaut und durch sein Handeln formt! Vico ist es nie in den Sinn gekommen, daran zu zweifeln, daß dieses Handeln auf der Basis „vorgefundener Umstände" (Marx) und mit materiellen Dingen ausstaffiert geschieht.[14] Vico — und insofern auch dem Konstruktivismus — geht es also um die Welt, die der handelnde Mensch sich geschaffen hat sowie um die Maßstäbe der weiteren schaffenden Tätigkeit. Im Anschluß daran wird ein wichtiger Punkt aus dem Kalender philosophischer Themen — eben die geschichtliche, praktische Aktivität des Menschen — aus der Gesamtheit herausgegriffen und zum Dreh- und Angelpunkt der ganzen Philosophie erklärt. Oder, mit anderen Worten: An der Subjekt-Objekt-Dialektik interessiert den Konstruktivismus nur das Subjekt und das Subjektive am Objekt.

Die eigentliche Stärke des Konstruktivismus beruht auf seinen selbstbegründeten Experimenten — wenngleich, was vorgreifend festgestellt werden kann, ihre konstruktivistische Interpretation durchaus nicht überzeugend ist. Schauen wir uns einige dieser Experimente an: Den Lehrern einer Klasse in einer nordameri-

[11] J. Piaget, Biologie und Erkenntnis, Frankfurt/M. 1974, S. 8.

[12] F. Klix, Erwachendes Denken, Berlin 1980, S. 251.

[13] K. Fuchs-Kittowski, Probleme des Determinismus und der Kybernetik in der molekularen Biologie, Jena 1976, S. 430.

[14] G. Vico, Die neue Wissenschaft über die gemeinschaftliche Natur der Völker, München o. J., S. 74, 125.

kanischen Schule wurde, bevor sie den Unterricht in dieser neugebildeten Klasse begannen, eine Liste der Rangreihenfolge der besten Schüler dieser Klasse übergeben mit dem Verweis, daß diese Liste auf der Grundlage von IQ-Tests angefertigt worden war. In Wirklichkeit waren diese Namen gänzlich willkürlich zusammengestellt worden. Nun geschah das — von den Konstruktivisten — Erwartete: Am Ende des ersten Schuljahres hatte sich tatsächlich in der Notengebung durch die Lehrer die vorgegebene rein zufällig herausgegriffene Reihenfolge ergeben! Die Experimentatoren deuteten dieses Resultat entsprechend der konstruktivistischen Ausgangstheorie. Danach ist menschliche Handlung auf Ordnung und Prägung der Umwelt gemäß geistig vorgegebenen Ordnungsmustern aus. Hier war die Rangordnung vorgegeben, also war das „Objekt" der Handlung (hier die Erziehungstätigkeit) entsprechend zu gestalten. Diese Gestaltung aber wird nicht interpretiert als bewußte Umsetzung einer Erkenntnis sondern als organisch ablaufender Prozeß, der sich auch unbewußt vollzieht.

Das bewußte Konstruieren als Impuls menschlicher Umweltbeziehung wird durch ein anderes Experiment belegt. Man gab Versuchspersonen Symbolfolgen zur Beurteilung. Aus einer Menge von Symbolen (z. B. das Alphabet) wurden rein willkürlich jeweils zwei Buchstaben verbunden und dem Probanden vorgelegt. Er wurde aufgefordert, die Gesetzmäßigkeit herauszufinden, nach der der Experimentator die Symbole koppelte. Obwohl also diese Symbolverbindungen rein willkürlich waren, „entdeckten" nahezu alle Probanden bald eine bestimmte Gesetzmäßigkeit. Nach Abbruch des Versuches ereiferten sich sogar einige der Probanden, als sie erfuhren, daß keinerlei gesetzmäßiger Zusammenhang ersichtlich sei. Daraus wurde dann vom Experimentator noch eine ganze Moraltheorie abgeleitet, wie Menschen durch den Glauben an vermeintliche Gesetzmäßigkeiten ihren klaren Kopf verlören. Daß sich derartige Experimente recht gut gegen sämtliche Konzeptionen interpretieren lassen, in denen der Begriff „objektives Gesetz" eine Rolle spielt, bedarf keines Beweises. Man kann übrigens nicht umhin festzustellen, daß führende Konstruktivisten einem recht engagierten Antikommunismus anhängen.[15]

Schließlich noch ein biologisches Experiment, das den naturhistorischen Hintergrund für dieses Weltverhalten beleuchten soll. Setzt man eine Taube in einen Kasten, dann wird sie, dem natürlichen Bewegungstrieb ihrer Art folgend, bald eine ganze Kette von Bewegungen, Verbeugungen, Verrenkungen etc. abspulen, in der aber keinerlei Regelmäßigkeit erkennbar ist. Wirft nun der Experimentator in regelmäßigen Abständen von etwa 20 Sekunden jeweils ein Futterkörnchen in den Kasten, so wird er nach einiger Zeit beobachten, daß die Taube sich in ihrer Bewegungsvielfalt arg eingeschränkt hat: sie macht im Grunde nur noch eine typische Bewegung, entweder eine Verbeugung oder eine seitliche Kopfverrenkung

[15] Vgl. J. Elster, Aktive und passive Negation, in: P. Watzlawick (Hrsg.), Die erfundene Wirklichkeit: Wie wissen wir, was wir zu wissen glauben. Beiträge zum Konstruktivismus, München 1981, S. 163—191.

oder dergleichen. Was ist geschehen? Die Bewegungsvielfalt setzte sich natürlich aus stets den gleichen typischen Bewegungen zusammen. Fiel nun mehrfach ein Bewegungstyp mit dem Futterkörnchen zusammen, dann betrachtete die Taube diese Bewegung als auslösenden Faktor für das Futterkörnchen. Nach dem Zufallsprinzip geschieht es ja zwangsläufig, daß das Futterkörnchen sich öfters mit einer bestimmten Bewegung der Taube „trifft" als mit anderen. Die Taube nimmt das wahr und koordiniert ihre Bewegungsvielfalt, reduziert diese schließlich bis auf diejenigen Bewegungen, die zufälligerweise mit den meisten Futter-„belohnungen" verbunden waren. Dieses Experiment demonstriert, daß Lebewesen der Umwelt bzw. ihrem Umweltverhältnis bestimmte gesetzmäßige Strukturen aufzwingen, die diese Umwelt aber in dieser Form gar nicht hat. Die Verabreichung erfolgte ja überhaupt nicht als Belohnung für besonders schöne Verbeugungen oder dergleichen, sondern ganz mechanisch nach der Uhr. Sämtliche genannten Experimente sind gewiß mehrdeutig, aber in einer Beziehung unterstreichen sie ein und dieselbe Feststellung: Das Umweltverhalten des Menschen (sowie aller Lebewesen) ist aktiv, gestaltend, fordernd, konstruierend, nicht aber passiv-abbildend, registrierend, kontemplativ. Man fühlt sich direkt an die erste Feuerbachthese erinnert, wenn man die Interpretationen der Konstruktivisten zu diesen ihren Versuchen liest. Andererseits möchte man jeder dieser Folgerung ein „Gewiß, aber . . ." entgegenhalten. Sehen wir uns einige der Thesen des Konstruktivismus[16] näher an:

1. Der Mensch geht an die vermeintlich objektiv bestehende Wirklichkeit immer mit bestimmten Grundannahmen heran, die er für objektive Aspekte dieser Wirklichkeit hält, obwohl sie nur Aspekte seiner Suche nach der Wirklichkeit sind.

Diese These vermischt zweierlei — einmal die im Blick auf Strukturen der Wirklichkeit formulierten Handlungsparameter sowie Theorien über diese Wirklichkeit. In diesen Theorien wird bereits bekanntes Objekt- und Handlungswissen mit neuen Erwartungen an das Objekt verbunden. Insofern sind diese Grundannahmen stets sowohl eine Abbildung von Objektstrukturen als auch Konstruktionsanweisungen zur Veränderung dieser Wirklichkeit. Letzteres ist tatsächlich nicht bereits in der Wirklichkeit enthalten.

2. Jede Wirklichkeit ist die Konstruktion derer, die sie zu entdecken oder zu erforschen wähnen.

Auch diese These verwechselt Theorie und Wirklichkeit. Selbstverständlich ist die Theorie unser Wissen von der Wirklichkeit und nicht die Wirklichkeit selbst, und ebenso selbstverständlich enthält diese Theorie (bzw. die Summe aller Theorien über die Welt) nicht die ganze Wirklichkeit. Insofern arbeiten Wissenschaft und Praxis stets nur mit dem Teil der Wirklichkeit, der uns bekannt und unserem Zugriff unterworfen ist. Daß dieser Teil ständig anwächst, ist ein Wesenszug der Entwicklung von Wissenschaft und Technik.

[16] Ich stützte mich auf die Beiträge zum Konstruktivismus in dem in Anm. 15 genannten Sammelband von P. Watzlawick sowie auf die Literatur zur Selbstreferenz, angeführt in Anm. 5.

3. Die Welt, in der wir leben, haben wir uns selbst zu verdanken. Es gibt keine Wirklichkeit da draußen, keine Welt der dem Subjekt gegenüberstehenden Objekte.

Diese These stellt gegenüber These 1 eigentlich nichts Neues vor, sondern zieht eine philosophische Konsequenz, die am traditionellen subjektiven Idealismus anknüpft. Die Betonung der Subjektivität gerade angesichts der phänomenalen Leistungen der Menschheit in Wissenschaft, Technik und weltgestaltender Praxis ist natürlich naheliegend. Alles ist Ergebnis menschlicher Schöpferkraft — stellte sinngemäß schon Marx fest, aber eben „vermöge vorgefundener Umstände"! Dort liegt die Differenz zwischen Marxismus und Konstruktivismus, nicht etwa in der Gegensätzlichkeit zur Frage der schöpferischen Rolle des Menschen! Auch an Lenins Satz fühlt man sich erinnert, wonach unser Bewußtsein diese Welt nicht nur widerspiegelt, sondern auch schafft.[17] Indem der Konstruktivismus die Praxis ausklammert und die Erkenntnisleistungen in den Vordergrund stellt (oder das erkennende Verhältnis des Menschen zur Welt), wird für ihn das „Schaffen der Welt" zu einer geistigen Leistung. Die produktive Aneignung, Veränderung und Neugestaltung der Welt als Praxis spielt in seinen Augen keine Rolle. Erkennen ist dann auch nicht mehr Subjekt-Objekt-Geschehen (Vergegenständlichung und Entgegenständlichung als Basis vorweisend) , sondern subjektive Setzung des Objekts. Hier wird der bereits bei Vico halbierte Rationalismus wieder aufgegriffen. Bei Vico kann der Mensch die Gesellschaft erkennen, weil sie des Menschen Werk ist. Jedoch die Natur sei Gottes Werk — und deshalb letztlich nur der göttlichen Erkenntnis zugänglich. Wenn die naturgeschichtliche Grundlage der Gesellschaft mit einem Fragezeichen versehen wird, dann ist natürlich auch die Zuversicht einer gesellschaftlichen Erkenntnis auf Sand gebaut. Vom subjektiven Erkenntnishorizont aus wird Wirklichkeit stets eine Hypothese bleiben; das Höchste, wozu sich eine Biologie der Erkenntnis aufschwingen kann, ist eben die Annahme, wonach das Leben „gezwungen" sei, hypothetischer Realist zu sein. Von den biologischen Grundlagen der Erkenntnis ist auf Praxis schlecht zu kommen, da steht eben eigentlich eher Umwelt zur Debatte. Darin liegt das Erkenntnisdefizit einer naturgeschichtlichen Subjekt-Objekt-Theorie gegenüber einer historisch-materialistischen.

2. Gesellschafts- und wissenschaftstheoretische Thesen des Konstruktivismus

Die überragende Bedeutung des Subjekts, die der Konstruktivismus zur Theorie verarbeitet, spiegelt sich nun auch in direkt gesellschaftstheoretisch umsetzbaren Thesen wider, von denen noch einige der wichtigsten genannt seien.

[17] W. I. Lenin, Konspekt zur „Wissenschaft der Logik", in: Lenin, Werke, Bd. 38, Berlin 1964, S. 203.

1. Jedes Benennen, jedes Zuschreiben von Sinn schafft eine ganz bestimmte neue Wirklichkeit.

Das ist zweifelsohne der Fall. Der realitätsschaffende Aspekt der menschlichen Tätigkeit ist ein konstituierender Bestandteil des dialektischen und historischen Materialismus —, auf die „künstliche Umwelt" als Kategorie dieser Philosophie ist mit Nachdruck hinzuweisen.[18] Es kann nicht übersehen werden, daß die Vertreter des Konstruktivismus, die diese und ähnliche Thesen demonstrativ gegen den „naiven Reflexionsmaterialismus" der Marxisten richten, in Wirklichkeit nicht wissen, mit wem sie sich eigentlich anlegen. Insofern sind Thesen wie die oben dargegelegte auch nicht originell; was aber nicht heißt, daß diesem Aspekt in der Ausarbeitung unserer Philosophie auch immer die gebührende Aufmerksamkeit gegolten hat.

2. Ein Begriffssystem kann seinen eigenen Rahmen „transzendieren", sich selbst in seiner Gesamtheit überblicken und mit der so gewonnenen Information wieder in sich selbst eintreten.

Diese auf der Logik von G. S. Brown basierende These hat neueres nichtmarxistisch-gesellschaftstheoretisches Denken stark beeinflußt.[19] Denn damit wird sowohl die Auffassung, wonach allein die empirische Analyse Theorien „bewegt", in Frage gestellt, als auch das Poppersche Konzept des beständigen „Theorie-Erfindens". Im Grunde genommen ist die Geschichte des dialektischen Denkens ein Paradebeispiel für diese Forderung G. S. Browns und wohl auch eine der Ursachen für die anhaltende Aktualität der dialektischen Theorie. Aktuell bleibt sie nicht deshalb, weil sie bereits seit über einhundert Jahren „alles weiß", sondern weil sie stets sich selbst zum Gegenstand reflektierender Kritik und Analyse nahm. Auch hier haben wir es — das muß man natürlich ungeschminkt feststellen — mit einem methodologischen Aspekt im Bezugsfeld von historischem Materialismus und Gesellschaftswissenschaft zu tun, der zielgerichteter Bearbeitung auch weiterhin noch harrt. Gerade die Forderungen nach verstärkter Entwicklung einer Theorie des entwickelten Sozialismus haben hier innertheoretische Anknüpfungspunkte.

Die ethischen Konsequenzen des Konstruktivismus sind rigoros und lapidar, dabei extrem subjektivistisch:

3. Wenn meine Welt meine Erfindung ist, muß ich tolerant sein gegenüber den Welten, die die Erfindungen meiner Mitmenschen sind.

Diese These möchte man gern ins Stammbuch so mancher Konstruktivisten schreiben, weil Toleranz keineswegs ihre moralische Stärke ist, wenn man die polemischen Akzente der konstruktivistischen Literatur überprüft. Davon abgesehen bildet diese These — wenn man „meine Welt" tatsächlich als das in meinem Bewußtsein Gegebene faßt (und nicht in dem Sinne, daß es nur „meine Welt"

[18] Vgl. dazu A. Kurella, Das Eigene und das Fremde. Beiträge zum sozialistischen Humanismus, Berlin 1981.

[19] G. S. Brown, Laws of Form, London 1969.

gibt, wie die Berkeleysche Interpretation es fordert) — die Grundlage für die Anerkennung des Begriffs des sozialen Individuums (neben dem genetischen Individuum).

4. Jeder trägt Verantwortung für seine wirklichkeitsbildenden Fehlleistungen. Niemand kann beanspruchen, die Welt in irgendeinem Sinne besser zu verstehen als andere.

Auch hier zerstört die absolute Eingrenzung auf das Individuum den rationellen Kern dieser Fragestellung. Daß wirklichkeitsbildende Leistungen stets einen sozialen und personalen Kontext haben, wird vernachlässigt. Richtig ist auf alle Fälle — aber diese Erkenntnis ist eigentlich kein Verdienst des neueren Konstruktivismus —, daß die Kategorie der Verantwortung nicht nur auf Kollektive, auf einen „Gesamtwillen" etc. zu beziehen ist, sondern eine ausgesprochen ausgeprägte individuelle Seite hat. Die Betonung des Individual-Ethischen ist zweifellos auch in der marxistischen Ethik ein wichtiger Gedanke.

5. Freiheit ist die Anerkennung der Konstruktion von Wirklichkeit durch jeden Menschen.

Sämtliche traditionellen Kategorien der Geschichtsphilosophie und Gesellschaftstheorie lassen sich auf diese Weise neu formulieren, weshalb wir es bei dem Freiheitsbegriff belassen wollen. Auch hier fällt die Individualisierung auf und die mangelnde inhaltliche, qualitative Bestimmung. Was Freiheit tatsächlich „ist" — nicht, daß jeder seine Freiheit hat —, bildet doch den Streitpunkt durch Jahrhunderte. Die Quelle des Schöpferischen wird in der Differenz von Materie und Geist erblickt, jedoch in Wendung auf den Geist, der eine erstaunliche Wirklichkeit erfand und ihre Realisierungsstoffe der hypothetischen Materie abgetrotzt hat. Die Wahrheit liegt eigentlich dicht daneben. Dieser Geist ist nicht das neurophysiologische „Ich bin", sondern das sind die gesellschaftlich tätigen Individuen, was übrigens Vico bereits klar gesehen hat. Der gesellschaftlich tätige Mensch trotzt einer widerständigen Wirklichkeit die Strukturen seiner selbstgemachten Welt ab, ein Prozeß, der Gestaltung und Selbstgestaltung umgreift. Vico war Marx näher als dem neueren Konstruktivismus.

Bleibt noch die Wende zu wissenschaftstheoretischen Konzepten im engeren Sinne. Ludwik Fleck und Paul Feyerabend gelten als konstruktivistische Denker im engeren Sinne der Wissenschaftsforschung, aber auch der ganze Strang des neueren operationalistischen Philosophierens wäre hier zu nennen. Kennzeichnend ist die Hochschätzung des aktiven theoretischen Verhaltens gegenüber den Gegenständen wissenschaftlichen Denkens, ein stellenweise geradezu schwärmerischer Theoriebegriff und die Betonung der Eigenart und unverwechselbaren Eigenkultur wissenschaftlichen Vorgehens. Dabei wird einer Vielfalt möglicher Konstrukte durchaus das Wort geredet; auch Ideologien gelten als „erfundene Wirklichkeiten"[20], die, einmal zuwege gebracht, eine ganze soziale und materiale Folgekultur pro-

[20] Vgl. P. Watzlawick, Bausteine ideologischer „Wirklichkeiten", in: P. Watzlawick (Hrsg.), Die erfundene Wirklichkeit, a. a. O., S. 192—228.

duzieren. Es soll späteren Arbeiten vorbehalten sein, diese Entwicklungen zu verfolgen und sie detaillierter darzustellen. Für die marxistische Wissenschaftstheorie wird mit einigem Erstaunen zu registrieren sein, daß der aktive Impuls der Marxschen ersten Feuerbachthese im Konstruktivismus seine idealistische erkenntnistheoretische Durcharbeitung gefunden zu haben scheint. Damit ist der marxistischen Wissenschaftstheorie keineswegs der Wind aus den Segeln genommen. Vergleichen wir jedoch den überaus registrativen Theoriebegriff in mancher unserer erkenntnistheoretischer Abhandlungen mit diesem Marxschen Ansatz, mit der Engelsschen Betonung der aktiven Rolle des Denkens, mit der Leninschen Hervorhebung der schaffenden Rolle des Bewußtseins (der wirklichkeitsschaffenden!), dann könnte sichtbar werden, daß gerade ein aktiver Theoriebegriff zu den Grundlagen einer marxistischen Wissenschaftstheorie gehört bzw. gehören sollte.[21] Das wird allerdings noch zu explizieren sein.

[21] Vgl. M. Otte, Komplementarität, in: Dialektik 8. Realismus und Dialektik oder Was können wir wissen?, hrsg. von H. J. Sandkühler und H. H. Holz. Köln 1984, S. 60–75.

Viktor P. Vizgin

Das Problem der Wissenschaftsentwicklung und die „Archäologie“ des Wissens von Michel Foucault

Das über Frankreich hinausreichende Interesse am Werk des französischen Philosophen und Historikers Michel Foucault (1926—1984) wächst sowohl in kapitalistischen[1] als auch in sozialistischen[2] Ländern. Zweifellos zeugt dies von der Originalität des von Foucault vorgeschlagenen Herangehens an die Analyse des Wissens im kulturellen System verschiedener historischer Epochen, speziell in der Periode zwischen Renaissance und Gegenwart. Von großem Interesse ist die von Foucault entwickelte sogenannte Archäologie des Wissens für die Wissenschaftsgeschichtsschreibung, vor allem für deren methodologisches Selbstverständnis. Im Brennpunkt der theoretischen und methodologischen Fragen der Wissenschaftshistoriographie steht das Problem der Wissenschaftsentwicklung.

Im vorliegenden Artikel wollen wir analysieren, wie das Problem der Entwicklung wissenschaftlichen Wissens in Foucaults Schrift „Archäologie des Wissens“[3] gestellt und gelöst wird. Die Konzeption der „Archäologie“ des Wissens erfuhr im Schaffen Foucaults eine bedeutende Evolution. Ihre Erarbeitung durchlief verschiedene aufeinanderfolgende Perioden, in deren Kontext wir die Foucaultsche „Archäologie des Wissens“ darstellen und kritisieren werden. Im wesentlichen liegen unserer Analyse Arbeiten zugrunde, die von Foucault

[1] Vgl. H. Becker, Die Logik der Strategie. Eine Diskursanalyse der politischen Philosophie M. Foucaults, Frankfurt/M. 1981; H. L. Dreyfus/P. Rabinon, Michel Foucault, Beyond structuralism and hermeneutics, Brigthon 1982; P. Major-Poetzl, Michel Foucaults archaeology of Western culture. Toward a new science of history, Brighton 1983; A. Sheridan, Michel Foucault. The will to truth, London—New York 1980.

[2] N. S. Artonomova, Filosofskie problemy strukturnogo analiza v gumanitarnych naukach. Kritičeskij očerk koncepcij francuzskogo strukturalizma, Moskva 1977; N. S. Artonomova, Filosofija i nauka v interpretacii francuzskogo strukturalizma — Piroda filosofskogo znanija, Teil III, in: Inion (Moskva), 1978, S. 119—179; V. P. Vizgin, Archeologija znanija Mišelja Fuko. Priroda filosofskogo znanija, Teil III, in: Inion (Moskva), 1978, S. 180—213; J. Kelemen, Metakritika és nyelvfilozofia, Budapest 1981; B. Skarga, L'histoire des Sciences et les formations intellectuelles, in: Humanitas (Wrocław), Bd. 8, S. 121—143.

[3] M. Foucault, L'archéologie du savoir, Paris 1969 (deutsch: Archäologie des Wissens, Frankfurt/M. 1981 — übers. v. U. Köppen).

zwischen 1966[4] und 1975[5] veröffentlicht wurden. Frühere Arbeiten zur Geschichte der Medizin und Psychiatrie wie auch die letzten Arbeiten, in denen er vor allem die Darlegung einer eigenen Philosophie politischer Beziehungen im weiten Sinne des Wortes versucht,[6] werden von uns nicht speziell in die Betrachtung einbezogen, wiewohl wir sie als allgemeinen Kontext der „Archäologie des Wissens" im Auge behalten.

1. Die „épistémè" bei Bachelard und Foucault

Die erste zu untersuchende Frage berührt das Problem der Wissenschaftsentwicklung im Kontext des Begriffes „épistémè". Der Begriff der „épistémè" wurde von Foucault erstmals in der Arbeit „Die Ordnung der Dinge" zur Bezeichnung eines historischen Apriori verwendet. Er ist in vielerlei Hinsicht ein Schlüsselbegriff für das Gesamtprojekt der „Archäologie" des Wissens in ihrer ersten Variante. Foucault stellt sich hier die Aufgabe, die „Konfigurationen . . ., die den verschiedenen Formen der empirischen Erkenntnis Raum"[7] geben, herauszufinden. Die Konfigurationen eines „epistemologischen Feldes" (oder, kurz gesagt, die „épistémè") stellen die epochalen Bedingungen der Möglichkeit von geordnetem Wissen dar. Gegenüber der traditionellen Ideen- und Wissenschaftsgeschichte betont Foucault, daß er nicht die Frage nach dem „Fortschritt zu einer Objektivität beschriebener Erkenntnisse behandelt . . ., in der unsere heutige Wissenschaft sich schließlich wiedererkennen könnte". Vielmehr gehe es ihm um die Analyse eines epistemologischen Feldes, auf welchem „die Erkenntnisse, außerhalb jedes auf ihren rationalen Wert oder ihre objektiven Formen bezogenen Kriteriums betrachtet, ihre Positivität eingraben und so eine Geschichte manifestieren, die nicht die ihrer wachsenden Perfektion, sondern eher die der Bedingungen ist, durch die sie möglich werden".[8]

Diese wichtige Aussage Foucaults bedarf eines Kommentars. Der Begriff des „epistemologischen Feldes" wurde schon von Gaston Bachelard begründet. Foucault übernimmt ganz offensichtlich in vielerlei Beziehung die Ideen der histori-

[4] M. Foucault, Les mots et les choses. Une archéologie des science humaines, Paris 1966 (deutsch: Die Ordnung der Dinge. Eine Archäologie der Humanwissenschaften, Frankfurt/M. 1974; russisch: M. Fuko, slova i vešči, Archeologija gumanitarnych nauk, Moskva 1977).

[5] M. Foucault, Histoire de la sexualité, Part I: La volonté du savoir, Paris 1976 (deutsch: Sexualität und Wahrheit, erster Band: Der Wille zum Wissen, Frankfurt/M. 1977).

[6] M. Foucault, Folie et dérasion. Histoire de la folie à l'age classique. Thèse principale, Paris 1961 (deutsch: Wahnsinn und Gesellschaft. Eine Geschichte des Wahns im Zeitalter der Vernunft, Frankfurt/M. 1969); M. Foucault, Naissance de la clinique une archéologie du regard médicale (deutsch: Die Geburt der Klinik, München 1973); M. Foucault, Histoire de la sexualité, Part 2 et 3, Paris 1984; M. Foucault, The Subject and Power, in: H. L. Dreyfus/ P. Rabinon, Michel Foucault. Beyond Structuralism and hermeneutics, Chicago 1982, S. 208—226.

[7] M. Foucault, Die Ordnung der Dinge, a. a. O., S. 25.

[8] Ebenda, S. 24/25.

schen Epistemologie von Bachelard, verwirft jedoch gleichzeitig das von Bachelard vorgeschlagene Herangehen an die Analyse der Wissensentwicklung:

1. Bachelard war der Meinung, daß der wissenschaftliche Erkenntnisfortschritt sich im Anwachsen seiner rationalen Durchdringung und Objektivität manifestiert. Als eine der Methoden zur Analyse der Wissenschaftsentwicklung begegnet uns bei Bachelard insbesondere die Methode der Konstruktion von „epistemologischen Profilen“ der wissenschaftlichen Grundbegriffe[9]. Die Überlagerung der Profile bezüglich der Zeitachse müßte nach Bachelard eine genaue Charakteristik der Dynamik des konzeptualen Apparates der Wissenschaft erlauben, die seiner Meinung nach insgesamt in folgendem besteht: in der Entwicklung und im Anwachsen einer vollkommeneren Form der Rationalität, im Verlust der metaphorischen und bildlichen Begriffe sowie in der Vervollkommnung ihrer Operationalität und Abstraktheit, die sie flexibler und objektiver in Hinsicht auf das Erfassen des inneren Wesens der Natur machen. Aber eben diese Bewertungskriterien der Begriffsevolution lehnt Foucault ab, wobei er speziell hervorhebt, daß sein Begriff der „épistémè“ keine Unterscheidung der Niveaus der Rationalität oder des Grades der Objektivität der Erkenntnisformen erlaube.

2. Bachelard, der nicht gänzlich mit der gefestigten positivistischen Tradition, die zu überwinden er angetreten war, gebrochen hatte, meinte, daß eine Einschätzung des allgemeinen Niveaus der Rationalität einer bestimmten Wissenschaftsdisziplin möglich sei, indem man die „epistemologischen Profile“ ihrer Grundbegriffe summiert. Bei ihm dominierte der Teil gegenüber dem Ganzen. Für Foucault ist ein derartiger „reduktionistischer“ Gedankengang völlig unannehmbar. Er geht im Gegenteil vom bedingungslosen Primat des Ganzen vor dem Teil aus. Bei ihm fungiert das Ganze als das alles Wissen ordnende „epistemologische Feld“. Und dessen Bestimmungen sind Foucault zufolge unmöglich durch die Summierung einzelner Begriffskomponenten aus verschiedenen Wissenschaften, sondern umgekehrt: alle Wissenschaften, die einer historischen Epoche und demzufolge einem „epistemologischen Feld“ zugehören, hängen seiner Meinung nach in ihren konzeptualen Grundlagen von dieser „épistémè“ selbst ab.

3. Für Bachelard erfolgen wirkliche Erkenntnisschübe nur in den konkreten Wissenschaften, vor allem in den Naturwissenschaften, und nicht in der Philosophie, nicht in Erkenntnistheorien. Diese hätten nur die Aufgabe, aufmerksam neue Erkenntnissituationen und die darin zum Ausdruck kommenden Veränderungen in den Denkmechanismen zu erfassen. Der Horizont der möglichen wissenschaftlichen Erkenntnis gebe somit das „epistemologische Feld“ vor. Es beschreibe jenen Raum, in dem sich die Erkenntnisvorgänge in den einzelnen Wissenschaften vollziehen, vor allem im konkreten naturwissenschaftlichen Erkennen. Bachelard postulierte als Grundaufgabe der Philosophie seinerzeit die Schaffung einer der Wissenschaft des 20. Jahrhunderts adäquaten Philosophie und Erkenntnistheorie. Dabei hielt er den Positivismus und die verschiedenen Formen des philosophischen

[9] G. Bachelard, Essai sur la connaissance approchée, Paris 1927.

Irrationalismus für untauglich, das Wesen des neuen wissenschaftlichen Denkens auszudrücken. Der Horizont des Vorgehens bei Bachelard war durch die Analyse der Naturwissenschaften und der ihre verborgenen Erkenntnisprozeduren verallgemeinernden Philosophie begrenzt. Außerhalb des Blickfeldes der historischen Epistemologie Bachelards blieben das Humanwissen, die Kultur des Humanitären überhaupt, einschließlich — und dies vor allem — der Kunst und Literatur. Die von ihm vorgenommene Trennung von „wissenschaftlicher" und „humanitärer" Kultur bleibt ein wesentlicher Mangel in der Philosophie Bachelards, obgleich dieser auch als Kunsttheoretiker wirkte.

Anders verhält es sich mit der „Archäologie" des Wissens bei Foucault. Von Anfang an steht bei Foucault das Problem der Wissenschaftsentwicklung und dementsprechend das Problem der Geschichte wissenschaftlichen Wissens auf dem Boden der Analyse der Kultur der Epoche als ganzheitliches System. Während bei Bachelard die Vorstellung und der auf die rationale Erkenntnis gerichtete Verstand völlig getrennt waren, vereinte Foucault schon in der ersten Etappe der Herleitung seiner „Archäologie" des Wissens diese beiden menschlichen Aktivitäten im Rahmen des von ihm vorgeschlagenen Herangehens. Während Bachelard die exakten Wissenschaften als die vorderste Erkenntnisfront ansah, auf deren Analyse sich die Philosophie orientieren müßte, um auf der Höhe der Aufgaben ihrer Zeit zu sein, so sah umgekehrt Foucault die innersten Determinanten der allgemeinen Erkenntnis-„Matrizen" — der „épistémè" — eher in der Kunst als in den Naturwissenschaften oder den Wissenschaften überhaupt. Bachelard und Foucault anerkennen die Bedeutung des Unbewußten in der Wissensentwicklung. Während jedoch Bachelard das Unbewußte in bezug auf den Fortschritt des Wissens negativ als eine Barriere bestimmt, stellt Foucault demgegenüber das Unbewußte als die Möglichkeit von Wissen in seiner positiven Seite dar.

Diese aufgezeigten Unterschiede der Positionen Foucaults und Bachelards dürfen aber nicht über die vielen Berührungspunkte zwischen ihnen hinwegtäuschen. Zu Recht gelten Foucault und mit ihm Canguilhem, Serres und einige andere französische Epistemologen und Wissenschaftshistoriker als „Schüler" Bachelards. Bei diesen Autoren dominieren die von Bachelard (anhand vor allem der Geschichte der Physik und Chemie) aufgeworfenen und ausgearbeiteten Themata, so das Thema der „Diskontinuität" in der Wissenschaftsgeschichte und das Thema der „epistemologischen Brüche" und der „epistemologischen Barrieren".[10] Seit Bachelard läßt sich die Wissenschaftsentwicklung nicht mehr in Vorstellungen von einem allmählichen, kumulativ verlaufenden, kontinuierlichen Prozeß der Anhäufung von Fakten und Entdeckungen, die eine lange Reihe von „Vorgängern" abschließen, analysieren. Die Epistemologie Bachelards ist tatsächlich eine „Epistemologie der Brüche" (so ein Ausdruck Canguilhems). Foucault folgt hierin Bache-

[10] Ebenda; G. Bachelard, La dialectique de la durée, Paris 1936; G. Bachelard, La formation de l'esprit scientifique. Contribution á une psychoanalyse de la connaissance objective, Paris 1938; G. Bachelard, L'activité rationaliste de la physique contemporaine, Paris 1951.

lard. Seine Bemühungen gehen dahin, mit noch größerer Bestimmtheit — um nicht zu sagen: Einseitigkeit — die Kategorie des Kontinuums, die Vorstellung von einer historischen Kontinuität im Entwicklungsprozeß der Wissenschaft, der Kategorie der Diskontinuität in ihren verschiedenen Erscheinungsformen unterzuordnen.

2. Foucaults erste Variante einer „Archäologie" des Wissens in „Die Ordnung der Dinge"

Ehe wir zur konkreten Analyse des Problems der Entwicklung des Wissens im ersten Stadium der „Archäologie" übergehen, bleibt zu klären, wie Foucault den Begriff „Archäologie des Wissens" aufgefaßt wissen will. Die Archäologie, von der Foucault so viel spricht, wobei er die Semantik des gewöhnlichen Gebrauchs des Wortes „Archäologie" verwendet, versteht sich bei ihm ausschließlich als Archäologie des *Wissens*. Aber was ist das Wissen in Foucaults Konzeption? In der ersten Variante seiner Konzeption ist Wissen fast gänzlich mit *Sprache* identisch. Deswegen hält Foucault die sprachliche Repräsentation für das wahre innere Wesen der Wissenschaft. Das ursprünglichste Wesen der Wissenschaft ist für ihn ihre Einbindung in ein System von sprachlichen Beziehungen. Das Wesen der Sprache wiederum sei — von ihrem ersten Wort an — die Erkenntnis.[11] Die Bedingungen selbst der Möglichkeit verschiedener Wissenschaften wurzeln nach Foucault in der faktischen Gleichsetzung von Wissen und Sprache. „Wissen" und „Sprechen" werden als Synonyme verwendet. Der Unterschied zwischen Sprache und Wissen, Wissen und Wissenschaft wird für Foucault erst im zweiten Stadium der Erarbeitung seiner Konzeption[12] grundlegend. In der ersten Variante der „Archäologie" des Wissens sind für ihn die Bedingungen der geordneten Rede über Objekte auch die Bedingungen ihres Wissens. So wird von ihm zum Beispiel im 17. und 18. Jahrhundert eine derartige Bedingung durch die entsprechende „épistémè" vorgegeben. Diesem entsprechend verteilten sich die „Wörter" geordnet im Vorstellungsraum, im Raum einer Tabelle, in taxonomischen Reihen, in Klassifikationen u. ä. m. Das Wort erschien laut Foucault in der klassischen Epoche als Vorstellungsmuster der zu erkennenden Dinge. Dieses völlig determinierte und streng fixierte Regime der Verbindung von Wort und Ding bestimmt den Inhalt seines „épistémè"-Begriffs der gegebenen Epoche.

Wie aber faßt Foucault das Problem der Entwicklung des Wissens und des Denkens in seiner Schrift „Die Ordnung der Dinge"? Er formuliert das Problem folgendermaßen: Was heißt auf allgemeine Weise, nicht mehr einen Gedanken denken zu können? Wenn nämlich der Gedanke da ist, so ist er sich selbst gleich, und in ihm selbst gibt es keine hinreichende Grundlage dafür, ihn durch einen anderen Gedanken zu ersetzen. — Als Subjekt des Denkens wird von Foucault

[11] M. Foucault, Die Ordnung der Dinge, a. a. O., S. 127.
[12] M. Foucault, Archäologie des Wissens, a. a. O.

faktisch die Kultur insgesamt bestimmt. Warum, so Foucault weiter, denkt die Kultur erst das Eine und dann das Andere, beginnt sie anderes und anders zu denken? Und er kommt zu folgender Aussicht auf eine Lösung dieses — man kann sagen: im elastischen Stil — formulierten Problems. Es sei noch verfrüht, nach den Gründen von Neubildungen in der Sphäre des Denkens zu fragen. Wahrscheinlich müsse man den Moment abwarten, bis die „Archäologie" des Denkens sich gefestigt haben wird, bis sie ihre Möglichkeiten zur direkten und positiven Beschreibung besser offenbart habe, bis sie die spezifischen Systeme und inneren Verkettungen „epistemologischer Felder" bestimmt habe. Erst dann könne mit der Untersuchung des Denkens begonnen werden, da es sich selbst begrenzt und auf eine „Erosion des Außen"[13] verweist.

Foucault glaubt, daß die Frage nach den Gründen für den Wechsel der Denkformen erst nach der empirischen Untersuchung, die die „diachronen" Abschnitte und die sie verbindenden „Unterbrechungen" beschreibt, sinnvoll gestellt und beantwortet werden kann. Deswegen konstatiert Foucault einfach einen Bruch, eine am Umbruch der Epochen stattfindende „epistemologische Mutation". Zu Beginn des 17. Jahrhunderts, sagt er, „. . . hört das Denken auf, sich in dem Element der Ähnlichkeit zu bewegen".[14] Das Denken der Renaissance auf der Grundlage der „épistémè" der Ähnlichkeit (nach welcher die Ähnlichkeiten von Dingen herauszufinden schon hieß, sie zu erkennen) wird so dargestellt, als sei es einfach vom Denken des 17. Jahrhunderts mit seiner Orientierung auf die Kategorien der Identität und des Unterschieds abgelöst worden: „Das Ähnliche, das über lange Zeit eine fundamentale Kategorie des Wissens (savoir) gewesen war — gleichzeitig sowohl Form und Inhalt der Erkenntnis — findet sich in einer in Termini der Identität und des Unterschieds erstellten Analyse aufgelöst."[15] Weiter stellt Foucault wieder nur fest, daß dadurch die ganze „épistémè" der abendländischen Kultur in ihren fundamentalen Dispositionen modifiziert[16] worden ist.

Foucault anerkennt den Wechsel der „épistémè", aber die Gründe hierfür werden unzureichend nur in folgendem analysiert. Er beschränkt sich zunächst darauf, zu zeigen, wie die „épistémè" der Ähnlichkeit von Bacon und Descartes kritisiert wurde. Foucault deutet auch an, daß der Wechsel der „épistémè" durch eine „äußere Erosion" im Denken der gegebenen Epoche vor sich ging. Schließlich unterscheidet Foucault im Raum der Kultur zwei Schichten. Die erste werde von Voraussetzungen des Wissens gebildet, die vom Denken noch nicht reflexiv erfaßt würden. Die zweite Schicht bestehe aus Denkschemata, die in jeder Epoche explizit erkannt werden. Diese Unterscheidung sei für das Verständnis des Wechsels der „épistémè" wichtig. Aus ihr erwachsen für Foucault zwei Arten der Kritik einer gegebenen „épistémè". Die erste Art der Kritik erfolgt noch auf der Basis

[13] M. Foucault, Die Ordnung der Dinge, a. a. O., S. 83.

[14] Ebenda.

[15] Ebenda, S. 87.

[16] Ebenda.

der alten „épistémè", die zweite Art der Kritik schon von den Grundlagen einer neuen aus (in „Die Ordnung der Dinge" die Kritik von F. Bacon und A. Smith oder von D. Ricardo und R. Descartes).

Foucault vergleicht auch „Die Ordnung der Dinge" mit seinem vorhergehenden Buch „Wahnsinn und Gesellschaft"[17], wo genau dieselbe geschichtliche Periode untersucht wird, aber als die Geschichte des Anderen der Vernunft, das heißt des der westlichen Kultur fremden, aber nichtsdestoweniger ihr wesenseigenen Phänomens „Wahnsinn", psychische „Pathologie" oder „Unordnung". Demgegenüber ist das Hauptthema der Arbeit „Die Ordnung der Dinge" das Problem der Geschichte der *Identität*, das heißt die Geschichte der Ordnungsbeziehungen der Dinge, die Geschichte ihrer Erkenntnis in Klassifikationen, in Tableaus, Gleichungen und schließlich im ökonomischen Austausch. — Zweifellos ergänzen sich beide Bücher zu einer Deskription des Bruches zwischen den „epistemologischen Feldern" der Renaissance und Klassik. Aber auch in ihrer Einheit stellen beide Analysen noch keine Erklärung dafür dar, warum und wie diese, wie Foucault sagt, „Transformation" vonstatten ging. Die Kritik Foucaults an anderen Arten der Wissenschaftsgeschichtsschreibung, daß diese das Problem der Entwicklung des Wissens nicht zu lösen vermögen,[18] fällt auf seine eigene Konzeption, hier noch deren erste Variante, zurück.

Wenngleich die Analyse der Wissensentwicklung, der Transformation, schon in der ersten Variante der Archäologie beabsichtigt war, so steht sie dort realiter doch im Hintergrund. Foucault protestiert dagegen, daß er als Autor einer Geschichtsphilosophie angesehen wird, die auf dem Begriff der Diskontinuität beruhe. Er betont, daß für ihn die Beschreibung der Diskontinuitäten nur den Beginn der Untersuchung darstellt, wodurch überhaupt erst das Problem gestellt werden kann, die Transformation selbst erklären zu müssen.[19] Jedoch dürfen wir Foucaults Erklärungsziel, wozu er selbst vor dem Publikum neigte, nicht schon für die theoretisch realisierte Erklärungsleistung halten. Die weit verbreitete Meinung, daß Foucault Vertreter einer geschichtsphilosophischen Konzeption der Diskontinuität sei, ist nicht unbegründet. In dieser Hinsicht liegt der Schlüssel zu seinem ganzen Schaffen schon in seiner „Historie de la Folie" von 1961, in der er das Kontinuierliche als in Wirklichkeit die Erscheinung des Diskreten verstand.

[17] M. Foucault, Folie et déraison, a. a. O.

[18] M. Foucault, Die Ordnung der Dinge, a. a. O., S. 25/26.

[19] M. Foucault, Un entretien inédit avec Michel Foucault, in: L'Express (Paris), 13 Juillet 1984, p. 56—62. — Die Ansicht, daß Foucault ein Vertreter der Geschichtsphilosophie ist, die auf dem Begriff der Diskontinuität beruht, wird u. a. auch dokumentiert in: Le Petit Larrousse. Dictionnaire encyclopédique, Paris 1978. — Foucault räumt früh der Bestimmung von Diskontinuitäten gegenüber der von Kontinuitäten den Vorrang ein (vgl. M. Foucault, Folie et déraison, a. a. O., S. 131).

Natürlich räumt Foucault ein, daß die Wissenschaftsgeschichte auch als kontinuierliche Folge sich entwickelnder allgemeiner Ideen und Themen behandelt werden kann, daß es möglich sei, eine Geschichte der kontinuierlichen Bewegung europäischer Vernunft zu entwickeln. Eine solche Kontinuität aber sei „wahrscheinlich nur eine Oberflächenentwicklung“[20]. Sie verschwinde auf dem von ihm vorgeschlagenen Analyseniveau. An ihre Stelle treten deutlich ausgeprägte Brüche (ein Bruch in der Mitte des 17. Jahrhunderts und der zu Beginn des 19. Jahrhunderts). Für tiefreichende und historisch nachweisbare Verbindungen verschiedener Wissenschaftsdisziplinen und anderer kultureller Gebilde hält Foucault nur die Verbindung synchroner Ordnung. So ist seiner Meinung nach zum Beispiel die Naturgeschichte Tourneforts und Linnés nicht mit der Biologie des 19. Jahrhunderts in Bezug zu setzen, sondern mit der allgemeinen Grammatik Beauzées, mit der Geld- und Reichtumsanalyse von Law und anderen.[21] Die Brüche oder „epistemologischen Mutationen“ schließen gewissermaßen die Kulturepochen in sich selbst ein. Foucaults Konzeption nimmt daher Züge an, die sie in gewisser Hinsicht in die Nähe der Spenglerschen Geschichtskonzeption rücken, obgleich sie auf anderem Boden ausgearbeitet wurde.

Foucault betont, daß die Übergänge von einer „épistémè“ zur anderen rätselhaft und unfaßbar sind. So schreibt er über den, uns schon näher liegenden, Ende des 18. Jahrhunderts begonnenen Umbruch: „Diese Diskontinuität ist in ihrem Prinzip und in ihrer primitiven Zerrissenheit ebenso rätselhaft wie jene, die die Kreise des Paracelsus von der kartesianischen Ordnung trennt“[22]. Der veränderte Charakter der „epistemologischen Dispositionen“ ist tatsächlich unerwartet und unverständlich im Rahmen des von Foucault entwickelten Herangehens. Foucault stellt sich erst die Frage, wie dieser veränderliche Charakter zu verstehen sei, welches das Gesetz des Wechsels im Denkstil, das Gesetz des Bruchs in den Grundlagen der Erkenntnis sei. Und er antwortet: „Für eine Archäologie des Wissens kann diese tiefe Öffnung in der Schicht der Kontinuität, wenn sie ... minutiös analysiert werden soll, nicht mit einem einzelnen Wort ‚erklärt‘ oder auch nur aufgenommen werden.“[23] Foucault meint, daß dieses „fundamentale Ereignis“ in der wissenschaftlichen Erkenntnis und in der Kultur, der Bruch um 1800, uns zu einem großen Teil entgehe, „sicher weil wir noch in ihm befangen sind“.[24] Wir können laut Foucault diesen Bruch nicht verstehen, weil wir noch außerstande zur Betrachtung von außen, noch nicht unbeteiligte Betrachter dieses Umbruchs seien.

[20] M. Foucault, Die Ordnung der Dinge, a. a. O., S. 25/26.

[21] Ebenda.

[22] Ebenda, S. 269.

[23] Ebenda.

[24] Ebenda, S. 273.

Dennoch analysiert Foucault den Prozeß der Transformation der „épistémè“ der klassischen Epoche (17. und 18. Jh.) in die der modernen Epoche. Aber er analysiert diesen Prozeß realiter im Geiste einer der traditionellen Ideengeschichte nahestehenden Weise, obgleich er sich gerade davon abgrenzen wollte. Er beschreibt die Ablösung der klassischen durch die moderne „épistémè“ als einen schrittweisen, in zwei Phasen ablaufenden Prozeß. In der ersten Phase (1775—1795) unterliegen die drei von Foucault behandelten Disziplinen einer inneren Veränderung, die, obwohl sie die Grundlagen des klassischen Denkens nicht untergrabe, in das klassische Denken wie ein trojanisches Pferd solche Begriffe einführe, die in der zweiten Phase bereits den zentralen Platz der Denkstrukturen einnehmen. So ist z. B. bei Foucault für den Übergang von der klassischen Analyse des Reichtums zur politischen Ökonomie der Arbeitsbegriff von Adam Smith grundlegend. Nach einem Verbindungspunkt 1795—1800 setzt Foucault die zweite Phase bis 1825 an. In dieser seien die fundamentalen Seinsweisen positiven Wissens bereits verändert. In bezug auf die Transformation der klassischen Reichtumsanalyse in die politische Ökonomie heißt dies z. B., daß bei D. Ricardo der Arbeitsbegriff bereits von der Tauschsphäre losgelöst aufgefaßt wird und als die führende Kategorie einer neuen Denkweise fungiert. Für Foucault verläuft die Umwandlung der Wissenschaften allmählich, die erste Phase bereitet die Ablösung in der zweiten Phase vor.

In der ersten Variante einer „Archäologie“ des Wissens wird von Foucault die Frage nach der Entwicklung des Wissens widersprüchlich gestellt. Einerseits dringt die Analyse nicht zur Bestimmung der Ursachen für die Brüche vor, da letztere schwer faßbar seien und genetische Fragen für die Deskription des Wissens noch verfrüht wären. Andererseits obwaltet in Foucaults Darstellungen wider seine Absicht ein durchaus traditionelles Konzept der Veränderung im Denken als die Erklärung des Wandels der „épistémè“. Unseres Erachtens zeigt sich in diesem Widerspruch das Auseinanderfallen von einerseits dem Radikalismus Foucaults als eines Philosophen und Methodologen und andererseits dem Konservativismus Foucaults als eines arbeitenden Historikers. In dieser Etappe der Entwicklung Foucaults ist die Bestimmung synchroner Einheiten des Wissens übergreifend. Als Mittel zur Aufdeckung einer solchen Einheit dient ein verallgemeinertes linguistisches oder sogar bestimmtes semiotisches Herangehen. Das Regime des Funktionierens von Wissen und Kultur als semiotisches System ist für Foucault im Rahmen eines „epistemologischen Feldes“ prinzipiell einheitlich.

Aber der „Export“ eines linguistischen Herangehens an die Wissenschaftsanalyse führt zum Verschwimmen der angewandten methodologischen Mittel. Wenn linguistische Modelle außerhalb eines bestimmten Gebietes angewandt werden, so erwerben sie die Unverbindlichkeit einer Metaphernsprache. Als eine derartige amorphe Erscheinungsform mag die Unklarheit gelten, mit der Foucault das „archäologische Niveau“ ortet: „So gibt es zwischen dem bereits kodifizierten Blick und der reflektierenden Erkenntnis ein Mittelgebiet, das die Ordnung in ihrem Sein selbst befreit . . . diese ‚Mittel‘-Region kann, insoweit sie die Seinsweisen der Ordnung manifestiert, sich als die fundamentalste erweisen, als den Worten vorangehend, vor den Perzeptionen und den Gesten liegend."[25]

Man darf annehmen, daß das behauptete „archäologische Niveau" der Analyse eine ontologische Vorannahme hat, die sich auf eine vorverbale Bestimmung des möglichen Seins, einen vordiskursiven allgemein-kulturellen Horizont möglicher Reaktionen oder Entäußerungen, die auf den Ausdruck der „Dinge" in „Worten" gerichtet sind, bezieht. Wir können auch versuchen, diesem Niveau eine historisch-philosophische „Leseart" zu geben, indem wir darin einen eigenartigen Versuch erblicken, Lévi-Strauss mit Kant zu verbinden — Lévi-Strauss' „Struktur" mit dem Kantschen „Apriori". Foucault nennt tatsächlich seine „épistémè" — diese „Struktur" auf einem „archäologischen Niveau" — ein „historisches Apriori". Das Attribut „historisch" dient zur Korrektur des Kantschen ahistorischen Apriorismus. Der inhaltliche Sinn dieses „historischen Apriori" erinnert jedoch eher an die Struktur von Lévi-Strauss. Allerdings grenzt sich Foucault auch wieder von Lévi-Strauss' Soziologismus ab. Eine soziologische Semantik in der „Archäologie" wird von Foucault abgelehnt. „Aber wenn die Zugehörigkeit zu einer sozialen Gruppe auch erklären kann, daß diese oder jene ein Denksystem eher als das andere gewählt hat, besteht die Bedingung dafür, daß dieses System gedacht worden ist, niemals in der Existenz dieser Gruppe."[26]

Foucault sieht die Gründe für den Wechsel der „épistémè" nicht in den Veränderungen von Sozialstrukturen. Wo aber dann? Wie wir schon bemerkten, ist bei Foucault die Kultur das Subjekt aller die „Dinge" bezeichnenden „Wörter". Foucault versucht dennoch den Wechsel der „épistémè" darzustellen. Er schreibt: „Es ist, als applizierte die Kultur, während sie sich zu einem Teil von ihren linguistischen, perzeptiven und praktischen Rastern befreit, auf diese einen zweiten Raster, der die ersten neutralisiert, der sie, indem er sie verdoppelt, erscheinen läßt und gleichzeitig ausschließt, und als befände sie sich gleichzeitig vor dem rohen Sein der Ordnung."[27] Eben dieses „rohe Sein der Ordnung", das in den Tiefen der Kultur seinen Platz habe zwischen den verfestigten Codes der Sprache, der Empfindungen und Verhaltensweisen einerseits und dem reflexiven und philosophierenden Bewußtsein andererseits, ist das „archäologische Niveau", worauf die „épistémè" aufbaut.

Will man Foucault interpretieren, kann man offenbar unter einer „épistémè" die verborgenen fundamentalen allgemeinkulturellen Codes fassen, gewissermaßen die für eine Epoche ursprünglichen noch vorreflexiven Codes, die sich von den bewußt werdenden und in der Philosophie zum Ausdruck kommenden Postulaten, von den ontologischen und gnoseologischen Voraussetzungen der Erkenntnis

[25] Ebenda, S. 23.
[26] Ebenda, S. 252.
[27] Ebenda, S. 23.

unterscheiden. Die Ordnung eben solcherart „reinen Praxis der Ordnung“[28] ist die „épistémè“. Das Wort „Ordnung“ kann bei Foucault durchaus durch das Wort „Struktur“ ersetzt werden. Dann fixiert der Ausgangspunkt der strukturbildenden Funktion der Kultur eben das „archäologische“ Niveau. Derartig interpretiert erscheinen die „épistémè“ als strukturelle „Kerne“ bestimmter Kulturepochen. Ihr Wechsel trägt den Charakter schneller Mutationen, deren Ursprung nicht analysiert wird. Die „épistémè“ strukturiert den gesamten Raum der Kultur — im Feld der „épistémè“ verläuft die Bewegung aller Kulturelemente. Hier entsteht aber notwendig die Frage, ob sich die Codes selbst verändern oder ob sie durch die Aktivität der Menschen verändert werden. In der Frage nach dem realen Subjekt der historischen Veränderungen zeigt sich die Grenze der Konzeption von Foucault.

Statt der Beantwortung dieser Frage wird von Foucault der Wechsel der „épistémè“ als der Wechsel von „Räumen“ vorgestellt. Der „Raum“ ist bei Foucault eine Metapher (wie die Mehrzahl seiner Hauptbegriffe), aber er wird immer als ein konkretes Gebilde gedacht, das die „Wörter“ den „Dingen“ zuordnet. So gesehen handelt es sich immer um Raum im Sinne der aristotelischen Physik — das heißt ein Raum mit einem System „natürlicher Orte“, an denen bzw. auf die in jeder Kultur die „Wörter“ „gemischt“ und „verteilt“ und dementsprechend die „Dinge“ geordnet werden.

3. Foucaults zweite Variante einer „Archäologie“ des Wissens

Von der ersten Variante unterscheidet sich die Variante der „Archäologie“, die Foucault in der auch so betitelten „Archäologie des Wissens“ (1969) vorschlägt, durch die exakte Problemstellung der Veränderung oder, um Foucaults bevorzugten Ausdruck zu gebrauchen, der „Transformation diskursiver Formationen und Praktiken“. Der semiotisch-kulturologische Strukturalismus[29] macht hier einem neuen Herangehen Platz. In den Mittelpunkt der Analyse treten solche Begriffe wie „diskursive Praktik“ und „diskursive Formation“. Foucault ist bemüht, auf die Alternative Struktur/Werden, da sie der geschichtlichen Wirklichkeit inadäquat sei, zu verzichten. Diese Alternative, sagt er, „ist weder für die Definition des historischen Feldes noch wahrscheinlich für die Definition einer strukturalen Methode zutreffend“.[30] Anstelle des Terminus „Werden“ verwendet er den Ausdruck „Transformation“, und statt „Struktur“ stehen bei ihm die

[28] M. Fuko, Slova i vešči, Archeologija gumanitarnych nauk, Moskva 1977, S. 38; vgl. Anmerkung 32.

[29] Die Arbeit „Die Ordnung der Dinge“ trug anfangs den Untertitel: „Archäologie des Strukturalismus“; vgl. H. L. Dreyfus/P. Rabinon, Michel Foucault. Beyond Strukturalism and hermeneutics, a. a. O., S. 17.

[30] M. Foucault, Archäologie des Wissens, a. a. O., S. 22.

Ausdrücke „Regeln", „Gesetz der Verteilung", „Figur" u. a. m. Foucaults Hauptabsicht ist eine konkrete objektive Analyse der „diskursiven Formationen". Die „diskursiven Formationen" fallen bei ihm aber nicht mit den Disziplinen oder Wissenschaften zusammen. Zwar ist in ihnen die Einheit der sprachlichen Äußerungen fixiert, aber dieser Einheit liegen die Beziehungsregeln und -methoden der in den Äußerungen zum Vorschein kommenden Themen, Begriffe, Objekte und Aussagetypen zugrunde. Die „diskursiven Formationen" werden also vor allen durch bestimmte Beziehungsregeln aller dieser Elemente charakterisiert. Daß sich diese „diskursiven Formationen" und „Praktiken" ändern, erkennt Foucault an. Aber er hält es für notwendig, sich von der für eine genaue Analyse nicht greifbaren Vorstellung vom Werden oder der Veränderung des Wissens zu trennen und diese durch die Vorstellung von „Transformationen" zu ersetzen, da letztere einer strengen Beschreibung zugänglich seien. Dabei müssen für Foucault in der konkret historischen Analyse jetzt nicht nur die Brüche (wie in der ersten Variante der „Archäologie" dargelegt), sondern auch die Kontinuitäten im zeitlichen Funktionieren der „diskursiven Formationen" bestimmt werden. Foucault polemisiert gegen das „Unverständnis" seitens seiner Kritiker, die in seinen Konstruktionen ausschließlich die Absage an die Geschichte und die Substitution der Kategorie „Veränderungen" („Werden") mit der ihr eigenen Vorstellung von der Kontinuität des Geschichtsprozesses durch den Begriff „Bruch" („Diskontinuität") erblicken. Er anerkenne neben den Brüchen auch das Element der Kontinuität im Verlauf der konkreten Transformation einer „diskursiven Formation" in die andere. Für ihn seien die Begriffe selbst nicht so wichtig wie die Methoden der analytischen Erschließung des realen Transformationsprozesses in beiden Begriffen: bestimmte Formationselemente verschwinden, um den neuen Platz zu machen, andere bleiben demgegenüber erhalten. Foucault führt zugunsten eines derartigen Vorgehens eine Vielzahl von Beispielen aus ihm vertrauten Gebieten an, wie der Naturgeschichte, der allgemeinen Grammatik, der Biologie, der Philologie und der politischen Ökonomie.

Foucault gibt jedoch keine entfaltete Theorie der Transformationen diskursiver Gebilde. Seine diesbezüglichen Überlegungen zwingen zu der Annahme, daß die Wechselwirkung von „diskursiven" und „nichtdiskursiven Praktiken" die Grundlage der Transformation bildet. So begründet er die relativ langsame Transformation der Reichtumsanalyse der klassischen Epoche in die politische Ökonomie des 19. Jahrhunderts damit, daß diese Wissenssphäre eng mit vielfältigen „nichtdiskursiven" Bedingungen und Praktiken, mit der Warenzirkulation, der Geldzirkulation, dem System des Handelsprotektionismus und anderen Prozessen verbunden war.[31] Obwohl dies in der „Archäologie des Wissens" noch nicht eindeutig ausgeführt ist, klingt bei Foucault hier schon die später klarer fixierte These an, daß die Wechselwirkung „nichtdiskursiver" und „diskursiver Praktiken" im Rahmen ihrer konkret-historischen Verbindung die Entwicklung des

[31] Ebenda, S. 249/250.

Wissens bedinge und daß das System der Praktiken faktisch ein sich selbst entwickelndes System darstelle.

Im Grunde genommen ersetzt Foucault also in der „Archäologie des Wissens“ das semiotisch-kulturologische Herangehen durch ein sozio-linguistisches. Die linguistischen Modelle behalten zwar weiterhin ihre Bedeutung, spielen aber infolge der Einbeziehung von nichtdiskursiven Praktiken ins Analysefeld eine geringere Rolle. Den zentralen methodologischen Stellenwert erhält die Analyse der Verbindung von „nichtdiskursiven“ und „diskursiven Praktiken“ erst in der Konzeption vom „Herrschaftswissen“, die Foucault in der dritten Etappe der Ausarbeitung einer „Archäologie“ des Wissens entwirft. Ein wichtiger neuer, positiv zu wertender Akzent in der Konzeption ist die Betrachtung aller diskursiven Fakten durch das Prisma der *Praxis*[32], obwohl der Foucaultsche Praxisbegriff ziemlich abstrakt und allgemein reduziert wird auf bloße Tätigkeit in einem System von Beziehungen, und nach Regeln, die historischen Transformationen unterliegen.

Für Foucault besteht die Aufgabe der „Archäologie“ nicht in der Analyse der schon bestehenden Aufgliederung der Wissenschaft in Disziplinen, sondern in einer Analyse, die die Klärung der eigentlichen Mechanismen der Genesis einer derartigen Aufgliederung ermöglicht. Die „diskursive Praktik“ im Sinne Foucaults kann ungehindert verschiedene Arten von unmittelbar gegebenen, d. h. positiven Sprechpraktiken und von Disziplingliederungen durchziehen. So untersucht er z. B. eine bestimmte Verfahrensweise mit und Auffassung von Nervenkrankheiten zur Zeit der französischen Klassik, d. h. bevor es eine spezielle psychiatrische Disziplin gab, als „diskursive Praktik“. Dann zeige sich u. a.: Diese Praktik „war zwar in die Medizin eingebettet, aber ebenso in die Verwaltungsordnung, in die literarischen oder philosophischen Texte, in die Kasuistik, in die Theorien oder Projekte der Zwangsarbeit oder Armenfürsorge“.[33]

Einen wichtigen Platz in dieser zweiten Variante der „Archäologie“ des Wissens nimmt die Vorstellung über die Verbindung von Wissen und Wissenschaften wie auch die Vorstellung über die Verwandlung von Wissen in wissenschaftliche Gebilde unterschiedlichen Reifegrades (Schwellentheorie) ein. Im Werk „Archäologie des Wissens“ definiert er den Begriff des Wissens genauer. Während die strukturalistische Epistemologie und die traditionelle Wissenschaftsphilosophie im Verständnis von Foucault das Verhältnis „Bewußtsein — Erkenntnis — Wissenschaft“ als Hauptforschungssache wählten, so wählt die „Archäologie“

[32] [Anmerkung der Herausgeber: Gegenüber dem französischen Begriff der „pratique“ und dem russischen der „praktika“ kann im Deutschen zwischen „Praktik“ und „Praxis“ unterschieden werden. In Absprache mit dem Autor Vizgin verwenden wir den „Praxis“-Begriff, wenn es um die marxistische Interpretation und Kritik der Konzeption von Foucault geht, den „Praktik“-Begriff aber, wenn es um die Darstellung der Verwendungsweise von „pratique“ bei Foucault geht. Vgl. Anmerkung 28 und 50.]

[33] M. Foucault, Archäologie des Wissens, a. a. O., S. 255.

eine neue Achse: „Diskursive Praktik — Wissen — Wissenschaft".[34] Daraus erwächst eine grundsätzliche Änderung der Voraussetzungen und der Richtung der Forschung, insbesondere der Ersatz von „Bewußtsein" als Ausgangsbegriff durch den Begriff der „diskursiven Praktik".

Die „diskursiven Praktiken" bezeichnet Foucault als anonym; sie würden nicht von der Persönlichkeit des „Sprechenden", nicht von seiner „Psyche" bestimmt, sondern von unpersönlichen Mechanismen sozialer und diskursiver Art. Der Platz der „kognitiven Archetypen" und der „mentalen psychischen Strukturen" wurde ganz und gar von den sozial bedingten Regelmäßigkeiten der „diskursiven Praktiken" eingenommen. Hierin zeigt sich ein Versuch Foucaults, die idealistische Haltung in Erkenntnistheorie und Geschichte zu überwinden. Ein solcher Versuch aber bleibt schon deswegen ohne ernste Konsequenz, weil er seinen Kardinalbegriff der „pratique" nicht berührt. Dieser verharrt im Abstrakten, und die sprachlichen Beziehungen überdecken weiterhin die nichtdiskursiven Praktiken und Verbindungen.

Wie definiert Foucault nun von dieser Position aus seinen Wissensbegriff? Unter „Wissen" versteht Foucault in der „Archäologie des Wissens" eine Menge von Elementen, die von einer „diskursiven Praktik" regelmäßig gebildet werden und die für die Konstitution einer Wissenschaft unerläßlich sind, ohne daß diese Elemente notwendig für die Konstitution einer Wissenschaft vorbestimmt wären.[35] Es ist dies eine formale Definition, die völlig vernachlässigt, daß Wissen immer Ausdruck der Außenwelt mit Mitteln einer speziellen Sprache ist. Foucault löst hier die erkenntnistheoretische Definition gewissermaßen in soziale Verhältnisse und Praktiken auf.

Demgegenüber führt die Bestimmung der gegenständlich-praktischen und historisch-konkreten Tätigkeit der Menschen in der marxistischen Philosophie, in der der rationelle Gehalt der klassischen deutschen Philosophie vom Erkenntnissubjekt aufgehoben wurde, nicht zu einer solchen Auflösung. Foucault widerspricht mit seiner These von der Eliminierung des Subjekts seiner anderen Orientierung, die Erkenntnis durch das Prisma der Praktiken zu erklären. Sein Bestreben, das Subjekt der Erkenntnis zu eliminieren, bleibt nur Anspruch. In der historischen Analyse kommt Foucault nicht umhin anzuerkennen, daß diskursive Tätigkeiten ihr Subjekt haben. Als Subjekt des Wissens und der Erkenntnis treten immer Menschen auf, jedoch in konkret-historischen, soziokulturellen Kontexten ihrer Tätigkeit.

Fußend auf der genannten Definition des Wissens, gliedert Foucault einige funktionale Wesensmerkmale des Wissens aus:

Erstens erfülle das Wissen seine Funktion als Integrator neuer Aussagen; auf den Matrizen von schon fertigem Wissen erfolge der Prozeß der Aussagenformulierung, ihre Klassifikation. In dieser Hinsicht ergebe sich Wissen als „Feld

[34] Ebenda, S. 260.

[35] Ebenda, S. 259.

der Koordination und Subordination von Aussagen, wo die Begriffe erscheinen, bestimmt angewandt und verändert werden".[36]

Zweitens werde Wissen durch die Möglichkeiten seiner Anwendung und Nutzung, die durch die Bestimmung des Wissens als diskursive Praktik faßbar werden, charakterisiert. So sei beispielsweise politökonomisches Wissen in der klassischen Epoche keine Sammlung verschiedenartiger Behauptungen, sondern die Gesamtheit der Verbindungen einer diskursiven Praktik mit anderen, darunter auch nichtdiskursiven Praktiken. Bei Foucault ist Wissen vor allem mit Funktionen des Hervorbringens von Aussagen versehen, und in dieser Hinsicht stellt es sich dar „als Raum, in dem das Subjekt die Stellung einnehmen kann, um von Gegenständen zu sprechen, mit denen es in seinem Diskurs zu tun hat (in diesem Sinn ist das Wissen der klinischen Medizin die Gesamtheit der Funktionen des Blicks, der Befragung, der Entzifferung, der Registrierung, der Entscheidung, die das Subjekt des medizinischen Diskurses ausüben kann)"[37]. Nach der Ersetzung des Ausgangsbegriffes „Bewußtsein" durch „diskursive Praktik" setzt Foucault die Profilierung seiner „Archäologie" fort in der Gegenüberstellung der Mittelglieder der beiden Forschungsachsen „Erkenntnis" und „Wissen". Auch diese Gegenüberstellung richtet sich gegen die ideengeschichtlich konzipierte Wissenschaftsgeschichte. Während „die Ideengeschichte", schreibt Foucault, „den Gleichgewichtspunkt ihrer Analyse im Element der Erkenntnis findet (wodurch sie, und sei es gegen ihren Willen, der transzendentalen Frage zu begegnen gezwungen sein wird), findet die Archäologie den Gleichgewichtspunkt ihrer Analysen im Wissen — das heißt in einem Bereich, wo das Subjekt notwendigerweise angesiedelt und abhängig ist, ohne daß es dort jemals als Inhaber auftreten kann (sei es als transzendentale Aktivität, sei es als empirisches Bewußtsein)."[38]

Foucaults Auffassung von „Wissen" richtet sich gegen die Annahme, daß Wissen Produkt oder Rohentwurf von Wissenschaft sei, wozu eine Forschungsachse verleite, die sich um den Erkenntnisbegriff drehe. Foucault führt „Wissen", unter Ausnutzung des französischen Doppelsinns von „savoir" als „wissen" und „können" oder „fertigbringen", auf das Zusammenspiel von „nichtdiskursiven" und „diskursiven Praktiken" zurück. Es kann etwas gekonnt werden, ohne daß es im Sinne einer vollständigen sprachlichen Artikulation gewußt würde, geschweige im Sinne der Standards wissenschaftlichen Wissens bewußt wäre. „Das Wissen ist nicht nur in Demonstrationen eingehüllt, es kann auch in Fiktionen, in Überlegungen, in Berichten, administrativen Verordnungen, in politischen Entscheidungen liegen."[39] Die Wissenschaften entstünden auf der Basis

[36] Ebenda, S. 260.
[37] Ebenda.
[38] Ebenda.
[39] Ebenda, S. 261.

von Wissen im Element „diskursiver Formationen".[40] Die „diskursive Formation" charakterisiert bei ihm einen Zusammenhang von „nichtdiskursiven" und „diskursiven Praktiken", wobei letztere zwar die Ausdifferenzierung von Wissenschaft ermöglichen, nicht aber mit dieser von vornherein zusammenfallen. „In jeder diskursiven Formation findet man eine spezifische Beziehung zwischen Wissenschaft und Wissen ..."[41] Die „Archäologie" hat diese, immer konkret-historische Beziehung herauszufinden und sie „positiv" zu beschreiben, d. h. ohne Verweis auf die Subjekte, nur durch die Analyse der Regelmäßigkeiten dieser Formation.

Auf diese Weise müsse auch das Problem des Verhältnisses von Wissen und Ideologie, von Wissenschaft und Ideologie betrachtet werden. Dieses Problem sei nicht durch die Bestimmung derjenigen sozialen Umstände, die in der Wissenschaft widergespiegelt werden oder die ihre Anwendung beeinflussen, zu lösen, sondern unter dem Gesichtspunkt der Betrachtung der Wissenschaft selbst als „diskursiver Praktik", die sich in Wechselwirkung mit anderen Praktiken befindet. Ideologie sei aus der Sphäre der Wissenschaftlichkeit nicht auszuschließen, das Vorhandensein von Ideologie im Bestand der Wissenschaft kein hinreichender Grund dafür, den Aussagen dieser Wissenschaft Fehlerhaftigkeit oder Widersprüchlichkeit oder fehlende Objektivität zuzuschreiben. Allerdings können logische Widersprüche und Wissenslücken das ideologische Moment in der Wissenschaft signalisieren. Die Analyse des letzteren aber hätte auf der Ebene der Beziehungen zwischen den Regeln der „diskursiven Formation" und den Strukturen der Wissenschaftlichkeit zu erfolgen. Foucault unterstreicht, daß die Stärkung des wissenschaftlichen Elements innerhalb des wissenschaftlichen Wissens nicht zu einer völligen Säuberung vom ideologischen Moment führe: Die Rolle der Ideologie im Diskurs „wird nicht in dem Maße geschmälert, in dem die Strenge zunimmt und die Falschheit verschwindet".[42] Ideologische Wahrnehmung als Synonym einer verzerrten Wahrnehmung der Dinge entstehe dann, wenn der Forscher der Analyse der Praktiken, ihrer Wechselwirkung und Verflechtung, aus dem Wege geht.

Die Analyse des Verhältnisses von Wissenschaft und Ideologie dient bei Foucault als Einleitung für eine ausführliche Antwort auf die oben von ihm selbst gestellte Frage nach den Regeln der Ausgliederung des wissenschaftlichen Wissens aus dem Element des Wissens als solchem. Wie entsteht, um zu dem Schlußglied beider Forschungsachsen zu kommen, in einer bestimmten „diskursiven Formation" das spezifisch wissenschaftlich formierte Gebiet von Aussagen? Zur Beantwortung dieser Frage entwirft Foucault eine Schwellentheorie, die verschiedene Ebenen der Ausdifferenzierung von Wissenschaft aus dem Wissen (savoir) beschreibt. Diese Schwellentheorie wie auch die auf ihr aufbauende

[40] Ebenda, S. 262.
[41] Ebenda, S. 263.
[42] Ebenda, S. 269.

Klassifikation der Typen der Wissenschaftsgeschichte sind von größtem Interesse für Wissenschaftsmethodologen und -historiker.

In der Entwicklung einer „diskursiven Formation" treten nach Foucault bestimmte Stufen hervor, die untereinander durch bestimmte Schwellen verbunden sind. Er fixiert den Moment, da sich die „diskursive Formation" individualisiert und Eigenständigkeit oder Autonomie erlangt, das heißt den Moment, da ein unikales System zur Bildung von Aussagen entsteht, als die *Positivitätsschwelle*. „Wenn im Komplex einer diskursiven Formation eine Gesamtheit von Aussagen sich herausschält und vorgibt..., Verifikations- und Kohärenznormen zur Geltung zu bringen und eine beherrschende Funktion ... im Hinblick auf das Wissen ausübt, wird man sagen, daß die diskursive Formation eine *Schwelle der Epistemologisierung* überschreitet."[43] Wenn dann die entstandene epistemologische Figur beginne, sich einer Reihe bestimmter *formaler* Kriterien unterzuordnen, wenn sich die entsprechenden Aussagen nicht nur den Regeln ihrer Entstehung aus dem Element des Wissens („den archäologischen Regeln der Bildung von Aussagen"), sondern darüber hinaus bestimmten Gesetzmäßigkeiten der Satzkonstruktion unterordnen, dann überschreite die Entwicklung der „diskursiven Formation" die nächste Schwelle, die *Schwelle der Wissenschaftlichkeit*. „Wenn schließlich dieser wissenschaftliche Diskurs seinerseits die für ihn notwendigen Axiome, die von ihm benutzten Elemente, die für ihn legitimen propositionellen Strukturen und die von ihm akzeptierten Transformationen wird definieren können, wenn er so und von sich aus das formale Gebäude, das er konstituiert, wird entfalten können, wird man sagen, daß er die *Schwelle der Formalisierung* überschritten hat."[44]

Foucault zufolge besteht in der Untersuchung der Entstehung dieser Schwellen in der Zeit, ihrer Aufeinanderfolge, in der Beschreibung dessen, wie sie von verschiedenen Wissenschaften überwunden werden, die Hauptaufgabe der „archäologischen" Wissenschaftsgeschichte. Jedoch sei die Chronologie der Schwellen für verschiedene Wissenschaften nicht ein und dieselbe. Die Rhythmen der Entwicklung verschiedener „diskursiver Formationen" unterscheiden sich nach Foucault wesentlich. Die einen „diskursiven Formationen" befänden sich in einer bestimmten Epoche auf einem bestimmten Entwicklungsniveau, wohingegen andere ein völlig anderes durchlaufen würden. Diese Schwellen seien nicht verbindlich und notwendig für jede Wissenschaft: es gehe nicht um die Beschreibung eines Entwicklungsrhythmus von der Art eines biologisch signifikanten Reifungsprozesses, von dessen Stadien ein jedes notwendig und in dem der einzig veränderbare Parameter die Zeit des einen oder anderen Stadiums sei. Die Entwicklung von „diskursiven Formationen" weise eine bedeutend größere Variantenvielfalt auf.

[43] Ebenda, S. 265/266.

[44] Ebenda, S. 266.

Die Besonderheit der Schwellen illustriert Foucault an einer Reihe von Beispielen aus der Wissenschaftsgeschichte. Mitunter bliebe die Schwelle der Positivität sehr weit hinter der theoretisch nachfolgenden Schwelle der Epistemologisierung zurück, ein anderes Mal fielen beide zeitlich zusammen. Als Beispiel für den erstgenannten Fall könne, so Foucault, die Psychopathologie dienen, die ihre Epistemologisierung zu Beginn des 19. Jahrhunderts mit den Arbeiten Pinels, Heinroths und Esquirols erreichte, also als Positivität schon lange existierte. Für den zweiten Fall sei die Entwicklung der politischen Ökonomie typisch. Deren Positivitätsschwelle, mit dem Merkantilismus beginnend, liege nah an der Schwelle der Epistemologisierung, die Ende des 17. Jahrhunderts mit Locke und Cantillon erreicht war. Mitunter erwiesen sich die Schwellen der Wissenschaftlichkeit mit dem Übergang von einer Positivität zur anderen ververbunden. So ist, Foucault folgend, der Übergang von der Naturgeschichte zur Biologie nicht eine Bewegung im Rahmen ein und derselben Positivität einer „diskursiven Formation", sondern er ist die Entstehung einer neuen Positivität, die mit der Überschreitung ihrer Schwellen der Epistemologisierung und Wissenschaftlichkeit, welche vor allem von Cuvier vollendet wurde, zusammenfällt. Aber nicht immer gehe die Überschreitung der Schwelle der Wissenschaftlichkeit auch mit der Herausbildung einer neuen Positivität einher. So ändere zum Beispiel die neue Wissenschaftlichkeit, die durch den Evolutionismus in die Biologie eingeführt wurde, nicht die schon vorher in der Biologie existierende Positivität.

Die Einführung der Annahme von Schwellen in die Analyse der Wissenschaftsgeschichte erlaubt es nach Foucault, die Dürftigkeit der Opposition „Wissenschaftliches — Unwissenschaftliches", die nahezu allen wissenschaftsgeschichtlichen Beschreibungen zugrunde liegt, zu überwinden. Foucault betont, daß der Historiker gewöhnlich damit beschäftigt sei, das Werden der Wissenschaft aus dem, was er nicht für Wissenschaft halten kann, herauszufinden. Foucault aber übernimmt diesen kumulativistischen Standpunkt, der die Wissenschaftsgeschichte gleichsam als „Orthogenese der Vernunft" versteht, nicht. Die Annahme von Schwellen gestatte es methodisch, die Wissenschaftsgeschichtsschreibung an ihre vielfältige und komplizierte Realität annähern zu können.

Aber es existiert eine und nur eine Wissenschaft, die sich nicht mit Hilfe dieser Vorstellungen von verschiedenen Schwellen beschreiben läßt. Das ist die Mathematik. Die Mathematik ist für Foucault die einzige „diskursive Praktik", „die mit einem Mal die Schwelle der Epistemologisierung, die der Wissenschaftlichkeit und die der Formalisierung überschritten hat".[45] Allein schon in der Struktur der Mathematik existiert die Positivität sofort in Form formalisierten Wissens, weswegen die Entstehung der Mathematik so rätselhaft sei. Foucault betont: „Wenn man aber die Errichtung des mathematischen Diskurses als Prototyp für das Entstehen und Werden aller anderen Wissenschaften nimmt,

[45] Ebenda, S. 268.

dann läuft man Gefahr, alle besonderen Formen der Historizität zu homogenisieren ..."[46] Die Mathematik könne zwar ein Modell für andere Wissenschaften in Bezug auf die Strenge der Darstellungen geben, aber sie kann nicht als Modell für den Wissenschaftshistoriker dienen.

Aus der Annahme von Schwellen leitet Foucault eine Typologie verschiedener Formen wissenschaftsgeschichtlicher Forschung ab. Vor allem sondert er die auf dem Niveau der Formalisierung wirkende Wissenschaftsgeschichte aus. Offensichtlich ist diese Art der Geschichtsschreibung angemessen für die Geschichte der Mathematik, die sich im gesamten Verlauf ihrer Geschichte auf diesem Niveau bewegt. In dieser Hinsicht findet Foucault für jede historische Bewegung des Wissens ihre formale Lokalisierung, die diese Wissensform im Gebäude des formal aufgebauten Wissens unterbringt. Diesen Typ der Wissenschaftsgeschichte nennt Foucault „rekurrente Analyse", die nur auf eine Wissenschaft wie die Mathematik, also eine vom Beginn ihrer Entstehung an auf dem Niveau der Formalisierung sich befindende Wissenschaft, anwendbar sei.

Ein anderer Typ der historischen Wissenschaftsanalyse liegt auf dem Niveau der Wissenschaftlichkeit. Ihre Forschungsaufgabe bestünde darin, das Erreichen dieser Schwelle ausgehend vom Niveau der Epistemologisierung zu beschreiben. Foucault erklärt diesen Typ der Wissenschaftsgeschichte so: „Es handelt sich beispielsweise darum, zu erfahren, wie ein Begriff — noch mit Metaphern oder imaginären Fakten beladen — gesäubert worden ist und Statut und Funktion eines wissenschaftlichen Begriffes annehmen konnte."[47] Einer solchen Wissenschaftsgeschichtsschreibung geht es darum herauszufinden, wie das vorwissenschaftliche Niveau des Wissens, das gleichzeitig sowohl als Nährboden wie auch als Hemmnis für die Entstehung der Wissenschaft diente, im Verlauf der Entwicklung der Wissenschaft überwunden wurde. Bachelard und Canguilhem lieferten Foucault Beispiele für eine solche Art der Geschichtsschreibung. Dieser Geschichtstyp der Wissenschaft hängt notwendig von der Opposition von Wahrheit und Irrtum, Rationalem und Irrationalem, Wissenschaftlichem und Unwissenschaftlichem ab. Diesen Typ nennt Foucault die epistemologische Geschichte der Wissenschaften.

Ein dritter Typ der Analyse der Wissenschaftsgeschichte „arbeitet" auf dem Niveau der Epistemologisierung: Dabei beschäftige man sich mit der Untersuchung der Frage, wie „diskursive Formationen" mit ausgebildeter Positivität die Schwelle der Epistemologisierung erreichen und sie überschreiten. Einen solchen Typ der historischen Analyse, für die Normen der Wissenschaftlichkeit nicht weiter Gegenstand der Untersuchung sind, nennt Foucault die „archäologische" Geschichte des Wissens. Nach Foucault ist dies die tiefste Wissenschaftsgeschichte, weil sie darin bestehe, die Abhängigkeit der Epistemologisierung und Wissenschaftlichkeit von der Struktur der Positivität, das heißt von den am

[46] Ebenda, S. 269.
[47] Ebenda, S. 270.

tiefsten verborgenen Regeln und Normen, die die „diskursiven Praktiken" regulieren, aufzuzeigen. Dieser Geschichtstyp besteht nach Foucault in der Begründung einer „épistémè", das heißt in der Untersuchung eines kulturhistorischen Ensembles von Verhältnissen. In diesem Ensemble können die „diskursiven Praktiken", in denen die epistemologischen Figuren, Wissenschaften und möglicherweise auch formalisierte Systeme ihren Platz finden in eins zusammengefügt werden.[48] Anders gesagt erscheint in der „Archäologie des Wissens" (und darin unterscheidet sich diese Arbeit vom vorhergehenden Buch „Die Ordnung der Dinge") die „épistémè" als eine spezifische Zusammenfügung von Verhältnissen und Praktiken, eine Zusammenfügung, die in einer gegebenen Epoche zwischen verschiedenen Wissenschaften existiert, wenn sie auf dem Niveau der sprachlichen Regelmäßigkeiten analysiert werden. Foucault unterstreicht energisch dieses Moment im Bemühen um Abgrenzung von allen „Subjektivismen" und „Anthropologismen". Die „épistémè" sei kein Typ der Rationalität, der die Einheit des erkennenden Subjektes, Geistes oder der Epoche demonstriere. In einer „épistémè" würden keine Postulate, aus denen auf richtige Weise alles Wissen der Epoche hervorgeht, rekonstruiert. Die Erforschung der „épistémè" besteht nach Foucault in der Analyse des immer offenen Feldes von Verbindungen, auf dem sich die „diskursiven Praktiken" herausbilden und entwickeln und in einer bestimmten Etappe ihrer Bewegung als Wissenschaften Gestalt annehmen. Für Foucault ist es wichtig, die unendliche Beweglichkeit der „épistémè", ihre — wie man sagen kann — historische Situativität, zu unterstreichen.

Der Begriff der „diskursiven Praktiken" saugt jetzt auch den der „épistémè" auf, der einerseits fast verschwindet und andererseits wesentlich neugefaßt wird. Die „épistémè" gilt jetzt nicht mehr als das historische kulturelle Apriori. Vielmehr wird sie nun als eine ganz und gar lokale und bewegliche Regelmäßigkeit in den Praktiken verstanden, als ein bedingtes Netz von Beziehungen, dem bestimmte „diskursive Praktiken" unterworfen sind. Damit reagiert Foucault auf die Kritik an der ersten Version seiner Konzeption. Er hebt jetzt hervor, daß die frühere Vorstellung der „épistémè" der Renaissance oder der klassischen Epoche nicht als eine absolute kulturelle Invariante zu verstehen sei. Die „épistémè" würde anders bestimmt werden müssen, legte man andere Disziplinen oder Praktiken der Analyse zugrunde. Foucault rückt an die Stelle seines früheren kulturellen Universalismus einen stärkeren Empirismus der Praktiken.

Ziehen wir die Bilanz unserer Analyse des Problems der Entwicklung des Wissens in der zweiten Variante der „Archäologie" des Wissens. Foucault errichtet hier einen neuen methodologischen Apparat in der Absicht, mit größerer Genauigkeit die Transformationen des Wissens zu analysieren. Foucault bemängelt an den Begriffen der „traditionellen Geschichte" deren Metaphorität — vor allem der Begriffe des Werdens, der Evolution, des Geschichtsflusses, der

[48] Ebenda, S. 272/273.

Tradition, des Einflusses usw. Aber, wie wir schon bemerkten, gelingt es ihm selbst nicht, die Metaphorität seiner Begriffe zu überwinden, und an die Stelle der alten Metaphern treten bei ihm neue (Mutation, Schwelle und andere). Doch sein Bemühen um größere analytische Genauigkeit der Grundbegriffe, in denen man den Entwicklungsprozeß des Wissens ausdrücken könnte, ist anzuerkennen. Allerdings bleibt die Frage nach den „Metaregeln" oder Gesetzen, nach denen die Transformationen der „diskursiven Formationen" verlaufen, ungelöst. Hier läßt Foucault nur eine empirische Analyse des konkreten „Profils" der Dispersion der „Brüche" und „Kontinuitäten" in verschiedenen Fällen historischer Veränderungen zu. Aber in seinem Bemühen, sowohl das Diskontinuierliche wie auch das Kontinuierliche in den Transformationen des Wissens, ausgehend von der Annahme von Praktiken, zu begründen, ist ein positives Herangehen an die Analyse von Problemen der Entwicklung des Wissens nicht zu übersehen.

4. Ausblick auf die dritte Variante einer „Archäologie" des Wissens

Im dritten Stadium der Evolution der „Archäologie" des Wissens, dargestellt vor allem seit der 1976 verfaßten Schrift „Der Wille zum Wissen"[49], erfährt das Problem der Entwicklung des Wissens seine umfassendste Entfaltung. Man kann sogar sagen, daß in dieser und den sie flankierenden Schriften Foucaults ein Modell der Entwicklung des Wissens aufgebaut wird. Die Grundlage dieses Modells bildet die folgende neue Vorstellung über das Wesen des Wissens.

In Weiterführung früherer Einschätzungen definiert Foucault Wissen jetzt als ein System von „Herrschaftswissen"[50] (pouvoir — savoir). Wissen wird hier nicht mehr als etwas Besonderes und losgelöst von politischen Verhältnissen, die Foucault außerordentlich weit, als praktisch die gesamte Gesellschaft durchdringend versteht, gedacht. Als konkrete Form der Realisierung des Systems „Herrschaftswissen" werden „Herde" im Sinne von Elementarformen oder „Zellen" des „Herrschaftswissens" angenommen. Im Rahmen dieser Zellen erfolge, wie in sich selbst entwickelnden Systemen, die Akkumulation von Wissen, seine Entwicklung und Mutation.

Das Funktionieren dieser „lokalen" historisch bestimmten Zellen ordnet

[49] M. Foucault, Histoire de la sexualité. Part 1: La volonté du savoir, a. a. O.

[50] [Anmerkung der Herausgeber: In der Verwendungsweise von „pouvoir — savoir" bei Foucault und der russischen Übersetzung als „vlast'-znanije" ist „Machtwissen" mitintendiert, nicht nur, wie hier der Kürze halber wiedergegeben, „Herrschaftswissen". In dem Begriff des „pouvoir — savoir" scheinen noch das an Gewaltausübung gebundene „Machtwissen" und das mit dem Problem der legitimen Geltung verbundene „Herrschaftswissen" verschmolzen zu sein.]

Foucault globalen sozio-ökonomischen Strategien der Entwicklung der Zivilisation unter. So sei z. B. die Entwicklung des Wissens über sexuelle Erscheinungen und Beziehungen nötig für die Gewährleistung der Reproduktion und Aufrechterhaltung des erforderlichen Maßes von Arbeitskräften im Rahmen der kapitalistischen Ordnung. Diese Strategie funktioniere in dem Maße, in dem das Netz des Wissens über das Sexualleben und über die Methoden seiner praktischen Anwendung die sich entwickelnden Systeme der Medizin, der Bildung, der Familie, der Psychiatrie durchziehe. Foucault beharrt besonders darauf, Herrschaft nicht nur rein juristisch als Recht zu verstehen, sie nicht zu verstehen als gegenüber dem Sex, der Sphäre des Wünschens nur prohibitive, repressive Instanz. Herrschaft ist für Foucault zunächst Bio-Herrschaft oder Lebensmacht. Er betrachtet sie als ein komplexes und allseitiges Netz von Beziehungen, das ein ganzes Ensemble von Funktionen erfüllt. Dieses Netz gewährleiste das Wohlbefinden der Individuen zum Zwecke ihres effektiven Funktionierens in der zunehmend rational organisierten gesellschaftlichen Wirklichkeit der westlichen Zivilisation.

Wie nun wird die Entwicklung des Wissens in Foucaults Konzeption dieser Periode modelliert? Nehmen wir eine solche Form „pastoraler Macht" (ein Terminus Foucaults) wie das „Geständnis". Darunter versteht Foucault sowohl das Geständnis in der Beichte als auch das Eingeständnis der Vergehen von Kindern vor ihren Eltern, das Geständnis von Schülern vor Lehrern, von Kranken gegenüber Ärzten und die Geständnisse in juristischen Instanzen. In all diesen Formen des Geständnisses erfolge eine Formulierung von Wissen, das in die Verfügungsgewalt des Herrschaftssystems gelangt. Foucault zeigt, wie mit dem allgemeinen Prozeß der Entwicklung kapitalistischer Verhältnisse und den durch diesen Prozeß hervorgerufenen Erfordernissen an lenkbarer und „gesunder" Arbeitskraft (in deren erweitert kontrollierter Reproduktion) allmählich die Umwandlung von Wissen über Sexualität in eine Wissenschaftsdisziplin (scientia sexualis) erfolgt. Die Ausweitung der Wirkungssphäre des Geständnisses (anfangs ist dies vor allem eine religiös-rituelle Prozedur) führe zur Herausbildung eines ganzen „Archivs" von Wissen über das Sexualverhalten des Menschen. Das Anwachsen des Archivs erfordere seine Systematisierung und Ordnung. So erfolge die Mutation im Wissen vom Sexualleben: den Platz des Beichtvaters vertrete der Arzt und Wissenschaftler und anstelle der herkömmlichen „ars erotica" entsteht die „scientia sexualis". Bereits zu Beginn des 19. Jahrhunderts, konstatiert Foucault, werde der Diskurs über das Sexualleben sowohl von Geständnisprozeduren als auch von wissenschaftlichen Normen geregelt.

Für die Zivilisation des Westens, meint Foucault, ist die Wechselwirkung zweier fundamentaler, seine Geschichte konstituierender Willen charakteristisch: des Willens zur Herrschaft und des Willens zum Wissen. Diese beiden Willen seien wesentlich identisch. Auf jeden Fall überschnitten sie sich gegenseitig und wirkten aufeinander ein. Eben „der dem modernen Westen eigene Wille zum Wissen", bemerkt Foucault, „zwang die Geständnisrituale, in den Schemata wissenschaftlicher Regelmäßigkeit zu funktionieren".[51] Wissen wird von Foucault nach wie vor als Praktik, aber nicht einfach als „diskursive Praktik", sondern als Praktik von „Herrschaftswissen" beschrieben.

Wir können die letzte Entwicklungsvariante der Konzeption Foucaults folgendermaßen resümieren: Das Modell der Entwicklung des Wissens wurde von ihm am Beispiel der Herausbildung der Wissenschaft der Sexuologie ausgearbeitet. Als Elementarform der Wissensentwicklung dient ihm eine jeweils situative, konkret-historische Zelle von „Herrschaftswissen" (pouvoir — savoir). Diese Zelle fungiere zugleich als das Medium der globalen und bei Foucault immer anonymen Strategie einer wachsenden Rationalisierung des gesamten westlichen Gesellschaftssystems. Solche Zellen können mit anderen kooperieren, die einen werden faktisch in andere transformiert. In diesen Zellen erfolgen die Generierung von Wissen und seine Umformung oder „Mutation". Auf Grund dessen, daß die Zelle genügend vollständig die ganze Gesellschaft reproduziert und in dieser Reproduktion „offen" sei, sei sie zur Selbstentwicklung fähig.

Foucaults Analyse ist in vielem einerseits von der „Genealogie der Moral" Nietzsches, andererseits zweifellos von Marxschen Ideen abhängig. Allein die Idee von der Ausgangs-„Zelle" der Eigenentwicklung des Wissens erinnert an die These von der Warenform als der Zellenform des ökonomischen kapitalistischen Systems, dargestellt bei Marx,[52] obwohl Foucaults Analyse bar der marxistischen Klassenanalyse der Gesellschaft ist.

Worin besteht nun die Bedeutung dieses Ansatzes laut Foucault für die Geschichte und Theorie der Entwicklung der Wissenschaften überhaupt und insbesondere der Naturwissenschaften?

Im Prinzip verneint Foucault nicht die Allgemeingültigkeit seiner Ideen und ihrer Bedeutung auch für die Analyse der Entwicklung exakten Wissens und der Wissenschaften über die Natur. In seinen Vorlesungen zur Geschichte der Denksysteme (1971—1972) umreißt er die Theorie des „Herrschaftswissens", auf die wir kurz eingegangen sind, auch als ein Mittel der Rekonstruktion des empirischen und theoretischen Wissens von der Natur.[53] „Untersuchung" (enquête) steht bei ihm als Vorform und Matrize für Erforschung überhaupt, darunter auch für die Erforschung der Natur. Dieses Thema wurde jedoch von ihm nicht weiter ausgeführt. Praktisch berühren alle Forschungen Foucaults ausschließlich die Wissenschaften über den Menschen (Humanwissenschaften). Zwar analysiert er in den schon erwähnten Arbeiten auch die Naturgeschichte und Biologie, aber darauf beschränkt er sich auch. Weder Foucault noch seine Schüler haben bisher — soweit uns bekannt ist — die Ideen der „Archäologie" des Wissens zur Analyse der Geschichte der Naturwissenschaften, zur Analyse solcher Wissenschaften wie der Physik, Chemie und anderer oder

[51] M. Foucault, Histoire de la sexualité. Part 1. La volonté du savoir, a. a. O., S. 87.
[52] K. Marx, Das Kapital, Erster Band, in:MEW, Bd. 23, Berlin 1972, S. 12 und 49.
[53] M. Foucault, The Subject and Power, a. a. O., S. 208—226.

auch der Mathematik angewandt. Bezüglich des Humanwissens — insbesondere der Medizin, Psychiatrie, Psychoanalyse — erfuhr Foucaults „Archäologie" des Wissens ihre weitere Ausarbeitung.

Unlängst veröffentlichte einer der Mitarbeiter und Schüler Foucaults, Francois Delaporte, eine Untersuchung zur Geschichte der Botanik im 18. Jahrhundert[54]. Am Beispiel dieser Arbeit kann man sehen, wie die Methodologie Foucaults praktisch arbeitet, über welche realen Möglichkeiten sie hinsichtlich der Geschichte der Naturwissenschaften verfügt. Aber Delaporte gelang es nicht, das gesamte filigrane methodologische Instrumentarium Foucaults, das dieser mit solcher Virtuosität in der „Archäologie des Wissens" aufgebaut hat, in die Untersuchung einzubringen. Einige Ideen Foucaults wurden von diesem Historiker aber tatsächlich, unseres Erachtens erfolgreich, auf die Analyse der Geschichte der Botanik des 18. Jahrhunderts angewendet. Zu den gelungenen Momenten zählt die Untersuchung der botanischen Argumentation in Verbindung mit „äußeren" Faktoren — dem Verhältnis der damaligen Gesellschaft zur Religion oder zu Problemen der Sittlichkeit. Auch die Philosophie, die Weltanschauung wird zur Analyse der Botanik herangezogen. Dabei ist die ganze Untersuchung hinreichend streng, homogen, problemorientiert aufgebaut, ohne die für Historiker so häufige „Ergänzung" der gegenständlichen und konzeptualen Analyse mit Auskünften über die Persönlichkeit der Gelehrten, über ihre Biographie u. ä. Wie der Autor selbst sagt, „genügt es, um die Fallen des Psychologismus zu umgehen, die verschiedenen Positionen, die die Subjekte einnehmen können, zu beschreiben"[55]. In Übereinstimmung mit dem allgemeinen Herangehen Foucaults werden in der Arbeit hauptsächlich „diskrete" Beziehungen, Brüche und Unterschiede in Gesichtspunkten und grundsätzlichen Positionen analysiert.

Aber worin besteht die Begrenztheit eines solchen Vorgehens, wie kommt dieses in der konkreten Arbeit zur Geschichte der Wissenschaft zum Ausdruck? — Darin vor allem, daß die hauptsächlichen Veränderungen im wissenschaftlichen Wissen außerhalb der historischen Analyse verblieben. Delaporte beschränkte sich auf die Analyse der Botanik nur bis zum Beginn ihrer Umwandlung in die Vitobiologie, also ohne Analyse der Umbruchsmomente in der Struktur des Wissens. Es gibt bis dato keine „archäologische" Analyse wissenschaftlicher Revolutionen, d. h. kardinaler Umwälzungen im wissenschaftlichen Wissen. Dies ist offenbar nicht zufällig, sondern hat konzeptionelle Gründe, die kurz resümiert werden sollen.

[54] F. Delaporte, La second Règne de la Nature. Essai sur les questions de la végétalité au XVIII siècle, Paris 1979.

[55] Ebenda, S. 201.

5. Schluß

Der Vergleich der drei Versionen, die auch drei Etappen der Ausbildung einer „Archäologie" des Wissens darstellen, läßt im folgenden Sinne einen Fortschritt in der Konzeption Foucaults erkennen. Foucault schreitet von der synchronen Beschreibung epochaler „épistémè" mittels eines linguistischen Strukturmodells voran zu der Erfassung des Zusammenhanges zwischen „nichtdiskursiven" und „diskursiven Praktiken". So stellt er sich dem Problem der funktionalen Bestimmung „diskursiver Praktiken" in bezug auf „nichtdiskursive Praktiken" und dem Problem der Transformation „diskursiver Formationen" in diachronischer Analyse. In dem Maße aber, in dem Foucault den Entwicklungszusammenhang zwischen „nichtdiskursiven" und „diskursiven Praktiken" thematisiert, reicht die am Anfang seines Weges stehende Übernahme linguistischer Erklärungsmodelle nicht mehr aus. In eben dem gleichen Maße, in dem sich Foucault dem Problem der Transformation in diachronischer Analyse stellt, wird auch der anfänglich eindeutig strukturalistische Charakter seiner Erklärungsart von Wissen fraglich, da die strukturalistische Bestimmung wohl synchrone Einheiten der Verteilung von Wissen beschreiben, nicht aber die Entwicklung „diskursiver Formationen" erklären konnte. Insofern fallen gegenüber dem linguistischen und strukturalistischen Ausgangspunkt von Foucault in seinem weiteren Entwicklungsweg eine materialistische Tendenz (Zusammenhang „nichtdiskursiver" und „diskursiver Praktiken") und eine entwicklungstheoretische Tendenz (Transformation oder Entwicklung dieses Zusammenhanges) zusammen.

Allerdings fehlt Foucault eine dialektisch-materialistische Auffassung von der gesamtgesellschaftlichen Entwicklung. Der entwicklungstheoretische Trend seines Gesamtwerkes wird nicht explizit dialektisch, sondern verbleibt in strukturalen und funktionalen Bestimmungen des Phänomens der Wissensentwicklung. Der materialistische Trend seines Gesamtwerkes stößt nicht zu einer historisch-materialistischen Bestimmung der Spezifik von gesellschaftlicher Entwicklung vor, sondern weist auf eine lebensphilosophische Tradition von Nietzsche zurück, die in Foucaults Annahme von Willensarten zum Ausdruck kommt, wie dem Willen zum Wissen und zum Herrschen. Foucaults strukturaler und funktionaler Historisierungsversuch der Apriori-Konstruktionen von Kant bleibt letztendlich in dem Spannungsverhältnis von Nietzsche und Marx ungelöst stehen. Es war uns hier nicht mehr möglich, dies auch anhand der herrschaftstheoretischen Überlegungen und des konzeptionellen Wandels in Foucaults letzter Entwicklungsetappe ab Ende der 70er Jahre zu demonstrieren. Diese Entwicklungsetappe bleib zudem unvollendet, da dieser große französische Denker im Juni 1984 verstarb.

Hans-Peter Krüger

Grenzen der „Theorie des kommunikativen Handelns“ von Jürgen Habermas für die Begründung einer Theorie der Wissenschaftsentwicklung

1. Anliegen

Die Tragweite des Begründungsproblems von Wissenschaftstheorie blieb unerkannt, solange Wissenschaftstheorie positivistisch als ein disziplinärer Ersatz für Philosophie und Gesellschaftstheorie galt. Die sogenannte postempiristische Wende in der bürgerlichen Wissenschaftsforschung nach dem zweiten Weltkrieg brachte das spätbürgerliche Begründungsdilemma einer Theorie der Wissenschaftsentwicklung erst umfassend zum Vorschein. Im spätbürgerlichen Streit um die Begründung einer Theorie der Wissenschaftsentwicklung überschneiden sich vor allem philosophische (vorwiegend als „rationalitätstheoretisch“ diskutierte), gesellschaftstheoretische und entwicklungstheoretische (zumeist als „evolutionstheoretisch“ diskutierte) Fragestellungen. Die grundlagentheoretisch begründete Überschneidung dieser drei Fragerichtungen wäre nötig, um den spezifisch *rationalen* Charakter des *sozialen* Phänomens der *Wissenschaftsentwicklung* wenigstens makrostrukturell erfassen zu können.

Habermas ist kein Wissenschaftstheoretiker im engeren Sinne und erhebt keine solchen Ansprüche, auch wenn er von 1971 bis 1983, in der Nachfolge C. F. v. Weizsäckers, als Direktor am Max-Planck-Institut zur Erforschung der Lebensbedingungen der wissenschaftlich-technischen Welt in Starnberg tätig war und ebendort (1977—1981) die „Theorie des kommunikativen Handelns“[1] geschrieben hat. Aber Habermas entwirft in diesem seinem Hauptwerk einen spezifisch kommunikationstheoretischen Zusammenhang zwischen der rationalitäts-, gesellschafts- und evolutionstheoretischen Fragerichtung. Er hält das Problem der rationalen Entwicklung von Gesellschaft, damit auch deren Organs, der Wissenschaft, für kommunikationstheoretisch begründbar und lösbar. Dabei geht in seine „Theorie des kommunikativen Handelns“ die postempiristische Wende in der Wissenschaftsforschung als eine theoriegeschichtliche Voraussetzung ein.[2] Umgekehrt erhebt Habermas am Ende seines Hauptwerkes den Anspruch, die Begründung der Wissenschaftstheorie, außer der von Gesellschaftstheorie und

[1] J. Habermas, Theorie des kommunikativen Handelns, Bd. 1: Handlungsrationalität und gesellschaftliche Rationalisierung, Bd. 2: Zur Kritik der funktionalistischen Vernunft, Frankfurt/M. 1981.

[2] Vgl. ebenda, Bd. 1, S. 16/17, 161—163, 504; ebenda, Bd. 2, S. 11/12.

neben der von Ästhetik und Ethik, grundlagentheoretisch ermöglicht zu haben.[3] Seine Vorstellungen über die Begründung der Wissenschaftstheorie zielen auf die Überwindung der „Zweideutigkeiten" der „postempiristischen" Wende ab, bei Wahrung deren richtiger Positivismus-Kritik. Als Zweideutigkeiten dieser Wende traten insbesondere deren irrationale Konsequenzen und deren Objektivierungsnot hervor.[4]

Die von Habermas angestrebte kommunikationstheoretische Begründung einer Theorie der Evolution der Wissenschaften ist bislang weder von ihm noch von anderen realisiert worden. Daran ändert sich auch nichts durch die stark begrenzte Verwandtschaft zwischen den Konzeptionen von Habermas und Toulmin (in vor allem argumentationstheoretischer Hinsicht)[5], zwischen Habermas und den konzeptionellen Entwürfen der sogenannten Starnberger Gruppe um G. Böhme, W. Krohn u. a. (in vor allem lebensweltlich-phänomenologischer und diskurstheoretischer Hinsicht)[6], zwischen Habermas und Piaget (insofern Habermas seinen sprachlich-kommunikativen Handlungsansatz auf Piagets genetische Erklärung der Intelligenz aus kooperativem Handeln aufbaut)[7] oder durch die Annahme, daß sich die Habermassche und Kuhnsche Konzeption ergänzen können.[8]

Im folgenden möchte ich zeigen, daß sich die Theorie der Wissenschaftsentwicklung nicht im Anschluß an die „Theorie des kommunikativen Handelns" begründen lassen wird. Und dies nicht deshalb, weil die auch von marxistischer Seite ausstehende Begründung der Theorie der Wissenschaftsentwicklung[9] auf den kommunikationstheoretischen Zugang zur Wissenschaftsentwicklung verzichten könnte. Vielmehr ortet Habermas das Problem der gesellschaftlichen Kommunikation in der Gesamtkonstruktion seines Theorienensembles falsch, woraus der Wissenschaftsforschung kommunikationstheoretische Fehlorientierungen erwachsen. Der für die marxistische Begründung der Theorie der Wissenschaftsentwicklung notwendige kommunikationstheoretische Zugang läßt sich nur im Kontext der materialistischen Dialektik und des historischen Materialismus gewinnen, wobei insbesondere an die kommunikationspsychologische Forschungstradition in der Sowjetunion, von L. S. Vygotskij in den 20er Jahren

[3] Vgl. ebenda, Bd. 2, S. 583—591.

[4] Vgl. ebenda, Bd. 1, S. 504.

[5] Vgl. J. Habermas, Theorie des kommunikativen Handelns, Bd. 1, a. a. O., S. 46—61.

[6] Vgl. ebenda, Bd. 1, S. 297/298; ebenda, Bd. 2, S. 355.

[7] Vgl. ebenda, Bd. 1, S. 17/18, 76, 104—110; ebenda, Bd. 2, S. 218.

[8] Vgl. K. Raj, La notion de „science" chez Habermas et Kuhn, Dissertation (Pantheon-Sorbonne) Paris 1982.

[9] Vgl. G. Kröber, Zu Stand und Problemen der Wissenschaftsforschung in der DDR, in: Deutsche Zeitschrift für Philosophie (im folgenden: DZfPh), 2/1981.

bis zu A. A. Leont'ev und B. F. Lomov[10] in der Gegenwart, angeschlossen werden kann.

Habermas vermag nicht, den überzogenen Geltungsanspruch seiner Theorie einzulösen. Statt der kommunikationstheoretischen Überwindung des Gegensatzes von System- und Handlungstheorie verdoppelt er diesen Gegensatz innerhalb der Kommunikationstheorie. Statt der evolutionstheoretischen Synthese dieses Gegensatzes gelingt Habermas nur eine strukturalistische Überbrückung desselben. Der Habermassche kommunikative Handlungsansatz bleibt an den spätbürgerlichen Diskussionskontext gebunden, philosophisch an die sprachpragmatische Wendung transzendental-phänomenologischer Annahmen, gesellschaftstheoretisch an den Dualismus zwischen System- und Handlungstheorie. Diese Bindungen gestatten keine Überwindung der Zweideutigkeiten des „Postempirismus" in der Wissenschaftsforschung.

Reinigt man hingegen die „Theorie des kommunikativen Handelns" von ihren überzogenen Geltungsansprüchen und spätbürgerlichen Bindungen, bleibt der zweifellos vorhandene rationelle Problemgehalt dieses Werkes, die kommunikative Rationalitätsauffassung, zu bergen. Wie kann der im engeren Sinne sprachlich-kommunikative Handlungsansatz wissenschaftstheoretisch rationell werden? Was müßte positiv in dem marxistischen kommunikationstheoretischen Zugang zur Wissenschaftsentwicklung an die Stelle des bei Habermas strukturalistischen Überbrückungsversuches von systemfunktionalistischer und handlungstheoretischer Erklärung treten? Wie können die von Habermas an den Systemfunktionalismus abgetretenen kommunikationstheoretischen Aufgaben so gestellt werden, daß sie für eine marxistische Theorie der Wissenschaftsentwicklung relevant werden? Gegenüber der handlungstheoretischen Einschränkung des Kommunikationsansatzes von Habermas auf die symbolische Reproduktion von Lebenswelt müßte eine marxistische Theorie gesamtgesellschaftlicher Kommunikationsweisen die kommunikationstheoretischen Möglichkeiten ausschöpfen, den wissenschaftstheoretischen Gegensatz zwischen externalistischen und internalistischen Erklärungen zu überwinden. Dieses Problem ist in der internationalen Forschung, sowohl auf kommunikationstheoretischem als auch wissenschaftstheoretischem Gebiet, ungelöst. Es können hier nur erste Vorschläge für die einzuschlagende Lösungsrichtung unterbreitet werden.

Zunächst verdeutliche ich den ideologischen Kontext der internationalen Habermas-Rezeption in den USA und Westeuropa während der 80er Jahre. Daran schließt sich ein Überblick über die systematische Gesamtkonstruktion des Hauptwerkes von Habermas an. Sodann kritisiere ich die Gesamtkonstruktion der

[10] Vgl. L. S. Wygotsky, Denken und Sprechen, Berlin 1964; A. N. Leontjew, Tätigkeit — Bewußtsein — Persönlichkeit, Berlin 1979; A. Lurija, Sprache und Bewußtsein, Berlin 1982; A. N. Leont'ev/A. A. Leont'ev/E. G. Judin, Grundfragen einer Theorie der sprachlichen Tätigkeit, Berlin 1984; B. F. Lomov, Problema obščenija v psichologii, Moskva 1981.

„Theorie des kommunikativen Handelns“, wobei ich zunächst immanent den von Habermas selbst eingestandenen paradoxen Charakter seiner Gesamtkonstruktion in Frage stelle. Schließlich orte ich positiv, innerhalb der marxistischen Forschungstradition, den entwicklungstheoretischen Stellenwert gesamtgesellschaftlicher Kommunikation. Dies erübrigt die Fehlinterpretation des Marxschen Ansatzes durch Habermas.

2. Der ideologische Kontext der internationalen Habermas-Rezeption in der westlichen Welt der 80er Jahre

Im Sommer 1984 veranstaltete die französische, linksbürgerlich und sozialdemokratisch orientierte Zeitung „Le Monde“ eine große Philosophie- und Soziologie-Umfrage zu dem Thema „Die Vernunft heute“. Dieses Thema war inmitten der sich seit Ende der 70er Jahre vollzogenen neokonservativen, irrationalen und rechten Wende in den USA und Westeuropa gewagt, einer Wende, die zu Beginn der 80er Jahre in dem noch sozialdemokratisch regierten Frankreich besonders dramatische Formen angenommen hatte. Als einziger Beitrag eines Ausländers wurde die Stellungnahme von Jürgen Habermas abgedruckt.[11] Habermas beschreibt die Situation der im letzten Jahrzehnt zwischen den USA und Westeuropa internationalisierten philosophisch-sozialwissenschaftlichen Diskussion als eine neue konzeptionelle Offenheit, die aber auch eine „neue Unübersichtlichkeit“[12] darstelle und zu einem „eigentümlichen Synkretismus“ geführt habe. Außer dieser sich international überkreuzenden Tendenz der Auflösung nationaler Sondertraditionen gäbe es auch gleichlaufende Tendenzen: die „Toleranz gegenüber den Verfahrensweisen weicher Wissenschaften“ mit dem dazugehörigen „Kontextualismus“, die „Ablösung des Bewußtseinsparadigmas“ der insbesondere von Kant inaugurierten Subjektphilosophie und die auf der „anarchistischen Lichtung der Postmoderne“ total gewordene Vernunftkritik: „Der Kreuzzug gegen eine zur Totalität aufgespreizte instrumentelle Vernunft nimmt selber totalitäre Züge an.“[13] Die „im Ökonomischen verwurzelten Stimmungslagen“ führen zu einer „total gewordenen Vernunftskritik, die einen diffusen Zeitgeist eher symptomatisch zum Ausdruck als auf den Begriff bringt“.[14] Demgegenüber müsse die Übertragung der wissenschaftlich-technischen Zweck-Mittel-Rationalität auf alle Lebensbereiche der spätkapitalistischen Gesellschaft, so Habermas, auf das spezifisch kapitalistische Selektionsmuster für gesellschaftliche Rationalisierung zurückgeführt werden.[15]

[11] Deutsche Fassung: J. Habermas, Untiefen der Rationalitätskritik, in: Die Zeit (Hamburg) vom 10. 8. 1984, S. 30.

[12] Vgl. J. Habermas, Die neue Unübersichtlichkeit, in: Merkur (München), 1/1985.

[13] J. Habermas, Untiefen der Rationalitätskritik, a. a. O., S. 30.

[14] Ebenda.

[15] Vgl. J. Habermas, Theorie des kommunikativen Handelns, Bd. 2, a. a. O., S. 480—488.

Habermas verdeutlicht in dieser Stellungnahme die politisch-ideologische Gefahr der gegenwärtigen Wende, — eine Gefahr, die auch durch das derzeitige theoretisch-konzeptionelle Vakuum in den USA und Westeuropa erhöht werde —, wenn er an die deutsche Vorgeschichte der faschistischen Machtergreifung erinnert: „Eine vermeintlich radikale Kritik erzeugt Gefühle der objektlosen Erweckungsbereitschaft; und das Ausharren vor den unbestimmt avisierten künftigen Wahrheiten läßt ein Vakuum entstehen, in das die unüberprüften Wahrheiten der Religion und der Metaphysik umso unbekümmerter einströmen können. Noch besteht glücklicherweise eine Arbeitsteilung zwischen denen, die wir in Deutschland einmal die Jungkonservativen genannt haben, und denen, die die pseudoradikale Vernunftsfeindschaft beerben möchten. Noch unterscheiden sich die, die heute dem späten Heidegger folgen, mit kritischem Gestus Gehorsamkeitsbereitschaft einüben und die Kräfte der Kritik stillegen, von denen, die eine derart stimulierte Erweckungsbereitschaft trocken zur Kasse bitten."[16] Habermas sieht ebenso, daß zu dem Rechtsruck die gezielte massenwirksame Organisation eines „Büßerhemdes" nur für Linke gehört. Gegenüber dem pseudoradikalen Irrationalismus beharrt Habermas darauf, auch wenn er für „altmodisch" gehalten werde, „daß sich der abendländische ‚Logozentrismus' nicht einem Zuviel, sondern einem Zuwenig an Vernunft verdankt", und daß die „kognitiv-instrumentelle Vereinseitigung des modernen Begriffs der Rationalität . . . die objektive Vereinseitigung einer kapitalistisch modernisierten Lebenswelt" spiegelt.[17]

Diese kritische Charakterisierung des grundlagentheoretischen Forschungsstandes in der gegenwärtigen spätbürgerlichen Diskussion und der ideologischen Gefahren desselben im Kontext der Rechtswende in den wichtigsten staatsmonopolistischen Industriestaaten stammt von einem Kritiker des Marxismus-Leninismus, der über den „Verdacht" einer Sympathie für die reale Entwicklung der sozialistischen Gesellschaft erhaben ist. Diese Abgrenzung vom Marxismus-Leninismus war der ideologische Preis seines Werdeganges. Habermas gerät bei seinem Versuch einer selbstkritischen Fortsetzung der Aufklärung generell in einen Zwiespalt. Einerseits muß er, um überhaupt an dem Anspruch der Fortsetzung sozialkritischer Aufklärung festhalten zu können, wenigstens Elemente der marxistischen Neubegründung der Aufklärung verwenden. Um überhaupt den irrationalen Konsequenzen der total gewordenen Vernunftkritik entkommen zu können, bedarf er einer kapitalismuskritischen Argumentationsrichtung, die progressiv im Marxismus ausgebildet worden ist. Andererseits integriert er marxistische Argumente in den spätbürgerlichen Diskussionskontext, für den aber gerade der

[16] J. Habermas, Untiefen der Rationalitätskritik, a. a. O., S. 30.
[17] Ebenda.

Bruch mit dem klassisch-bürgerlichen Vernunftsanspruch, erst recht mit der marxistischen Neubegründung, ideologisch grundlegend ist.[18]

Der Zwiespalt zwischen dem Rückgriff auf Elemente der marxistischen Neubegründung sozialemanzipatorischer Aufklärung und der Integration dieser Elemente in den spätbürgerlichen Konzeptionsstreit spitzt sich in der neokonservativen, irrationalen und rechten Wende zu. In dieser Wende tritt der spätbürgerliche Bruch mit dem aufklärerischen Anspruch auf rational fortschreitende Gestaltung des Entwicklungszusammenhanges zwischen Natur und Gesellschaft und auf Überwindung antagonistischer Sozialstrukturen massiv hervor. Im Kontext der gegenwärtigen Rechtswende werden, schrittweise und noch mit liberalem Gewand, die ideologischen Grenzen des spätbürgerlichen Diskussionsraumes neu gezogen. Wer bisher, in der Ära sozialliberalen und sozialdemokratischen Krisenmanagements für den staatsmonopolistischen Kapitalismus, eher in der Mitte plaziert schien wie Habermas, wird in die Rolle des eben noch zumutbaren Kritikers von links gedrängt, bis alles Linkere ausgegrenzt ist. Gelingt diese Ausgrenzung, wird als nächster ausgegrenzt, wer heute noch als zumutbar links gilt. Der fortschreitende Rechtsdruck ist zwar eine reale Gefahr, die sich aber nicht zwangsläufig realisieren muß, weder vom Standpunkt der globalen Systemauseinandersetzung, insofern in dieser eine Politik der „Koalition der Vernunft" durchgesetzt werden kann, noch vom Standpunkt der staatsmonopolistischen Reproduktion, insofern diese auf die Verwertung hocheffizienter Rationalitätspotentiale für Teilfunktionen angewiesen ist und auch das rechte Krisenmanagement zu Kompromissen gezwungen werden kann.

Habermas wuchs während der 70er Jahre in der BRD zu einer philosophisch-soziologischen Integrationsfigur der linksbürgerlich kritischen Intelligenz heran, vor allem jener Teile der bundesdeutschen Intelligenz, die sich einer „sozialen Demokratie" verpflichtet fühlen, teilweise auch dem „sozialen Liberalismus" angehören oder die sich, an der Peripherie des Habermasschen Wirkungsspektrums, um die Rationalisierung „alternativer"" und „grüner" Protestpotentiale bemühen.[19] Seine Rolle als Integrationsfigur wurde u. a. durch seine Herausgabe der zweibändigen „Stichworte zur ‚geistigen Situation der Zeit'" deutlich, in denen vorwiegend Vertreter der linksbürgerlichen Intelligenz der Bundesrepublik, einschließlich führender sozialdemokratischer Politiker, ihre Orientierungskrise Ende der 70er Jahre diskutierten, im Angesicht der desillusionierenden Resultate sozialdemokratischer Regierungspolitik und der sich abzeichnenden Wende nach rechts.[20] Auch die Tatsache, daß Habermas nach dem Bonner

[18] Vgl. W. Heise, Aufbruch in die Illusion, Berlin 1964; A. Gedö, Philosophie der Krise, Berlin 1978; M. Buhr/R. Steigerwald, Verzicht auf Fortschritt, Geschichte, Erkenntnis und Wahrheit, Berlin 1981.

[19] Vgl. J. Habermas im Gespräch mit A. Honneth, E. Knödler-Bunte u. A. Widmann, Dialektik der Rationalisierung, in: Ästhetik und Kommunikation, Berlin(West), 45/46/1981.

[20] Vgl. J. Habermas (Hrsg.), Stichworte zur „geistigen Situation der Zeit", 2 Bde., Frankfurt/M. 1979.

Regierungswechsel 1982 der Einladung von P. Glotz in die Friedrich-Ebert-Stiftung nachgekommen ist und seine dort vorgetragene Kritik an neokonservativen Gesellschafts- und Kulturauffassungen in den USA und der Bundesrepublik in „Die neue Gesellschaft“ publiziert hat, spricht für sich.[21]

Nahezu parallel zur Ausbreitung der neokonservativen und irrationalen Wende in den USA und Westeuropa wächst die internationale Rezeption des Habermasschen Werkes in diesen Ländern, insbesondere seit Ende der 70er Jahre in der angelsächsischen, inzwischen auch französischen Diskussion.[22] In der ersten Hälfte der 80er Jahre ist Habermas international eine ähnlich integrative Rolle gegenüber der Wende entstanden, wie er sie bereits in der 2. Hälfte der 70er Jahre innerhalb der Bundesrepublik übernommen hat. 1982 erschien in der renommierten, von Anthony Giddens herausgegebenen Reihe „Gegenwärtige Sozialtheorie“ ein eigens das Werk von Habermas diskutierender Band. In der Einleitung der Herausgeber, J. B. Thompson und D. Held, wird Habermas nicht nur als der heute führende deutsche Sozialdenker bezeichnet, sondern auch das grundlagentheoretische Interesse an der internationalen Habermas-Rezeption genannt. Im Unterschied zu anderen Ansätzen biete der von Habermas die Chance zur Überwindung des grundlagentheoretischen Vakuums durch interdisziplinäre Integration, die von der Politologie und Soziologie über die Philosophie und Psychologie bis zur Sprach- und Kommunikationsforschung reicht.[23]

Habermas hat in den 70er Jahren einen kommunikationstheoretischen Weg erkundet, der von den mehr oder weniger rein philosophischen Diskussionen zum Entwurf eines grundlagentheoretischen Forschungsprogrammes mit breiten interdisziplinären Anschlußmöglichkeiten geführt hat. Dieser Weg ist theoretisch zweifellos ein Fortschritt gegenüber dem praktisch resignativen und theoretisch negativen (Adorno) Ausgang der Frankfurter Schule in der Zeit der 68er Studentenunruhen. Aber abgesehen von der noch zu erörternden grundlagentheoretischen Brüchigkeit dieses Weges handelt es sich eher um einen Schritt zur theoretischen denn praktischen Aufhebung reinen Philosophierens. Von marxistischer Seite

[21] J. Habermas, Die Kulturkritik der Neokonservativen in den USA und in der Bundesrepublik. Über eine Bewegung von Intellektuellen in zwei politischen Kulturen, in: Die neue Gesellschaft, hrsg. für die Friedrich-Ebert-Stiftung v. J. Rau, H. O. Vetter, H.-J. Vogel, H. Wehner unter der Chefredaktion von P. Glotz, (Bonn), 11/1982.

[22] Vgl. zur Habermas-Diskussion u. a.: A. Giddens, Studies in Social and Political Theory, London 1977; T. McCarthy, The Critical Theory of Jürgen Habermas, Cambridge (Mass.) 1978; Telos (St. Louis), 39--40/1979; J.-F. Lyotard, La condition postmoderne, Paris 1979; D. Held, Introduction to Critical Theory, London 1980; A. Honneth/U. Jaeggi (Hrsg.), Arbeit, Handlung, Normativität, Frankfurt/M. 1980; J. B. Thompson, Critical Hermeneutics: A Study in the Thought of Paul Ricœur and Jürgen Habermas, Cambridge 1981; J. B. Thompson/D. Held (Hrsg.), Habermas, Critical Debates, London 1982. Vgl. auch J. Habermas, Vorlesungen zum Diskurs der Moderne, Paris (Manuskriptdruck am Collège de France) 1983.

[23] J. B. Thompson/D. Held (Hrsg.), Habermas, Critical Debates, a. a. O., S. 1.

gebührt H. Holzer das Verdienst, zutreffende grundsätzliche Einwände gegen den Rekonstruktionsversuch des historischen Materialismus durch Jürgen Habermas, wie dieser Versuch Mitte der 70er Jahre vorlag, erhoben zu haben. Holzer hat aber 1979 auch den neuen Weg von Habermas als „perspektivreiches Forschungsprogramm akzeptiert" und die Nützlichkeit der Auseinandersetzung mit Habermas „für die Präzisierung historisch-materialistischer Entwicklungstheorie" erkannt.[24] Obgleich in die erste Runde der internationalen Habermas-Rezeption zwischen 1977 und 1982 bereits die Vorarbeiten zur „Theorie des kommunikativen Handelns" Eingang gefunden hatten, beginnt Mitte der 80er Jahre eine zweite Runde, die sich an die Übersetzungen der auf deutsch Ende 1981 erschienenen „Theorie des kommunikativen Handelns" anschließt.[25]

3. Die Gesamtkonstruktion der „Theorie des kommunikativen Handelns" im Hinblick auf Begründungsfragen einer Theorie der Wissenschaftsentwicklung

3.1. Der von Habermas angestrebte Paradigmenwechsel

Habermas versucht, einen umfassenden sozialwissenschaftlichen Paradigmenwechsel zu begründen, den „Paradigmenwechsel von der Zwecktätigkeit zum kommunikativen Handeln"[26]. Dieser Begründungsversuch erfolgt in der „Theorie des kommunikativen Handelns" auf dem Wege zahlreicher theoriegeschichtlicher Rekonstruktionen der vor allem spätbürgerlichen Diskussion seit der Jahrhundertwende.

Habermas verfolgt den zentralen Stellenwert des Begriffes der Zwecktätigkeit in den Orientierungen der insbesondere transzendentalphilosophischen Tradition. Diese ging von einem bewußten und seiner selbst bewußten Subjekt aus und

[24] H. Holzer, Evolution oder Geschichte?, Berlin 1979, S. 130 u. 190; vgl. zur Selbstkritik der Frankfurter Schultradition J. Habermas, Die Verschlingung von Mythos und Aufklärung, in: K. H. Bohrer (Hrsg.), Mythos und Moderne, Begriff und Bild einer Rekonstruktion, Frankfurt/M. 1983.

[25] Vgl. von den theoretisch relevanten Diskussionsbeiträgen in der BRD u. a. H. Schnädelbach, Transformation der Kritischen Theorie, in: Philosophische Rundschau (Tübingen), 3–4/1982; J. Berger, Die Versprachlichung des Sakralen und die Entsprachlichung der Ökonomie, in: Zeitschrift für Soziologie (Bielefeld), 4/1982; N. Luhmann, Autopoiesis, Handlung und kommunikative Verständigung, in: ebenda; H. Müller, Marx, Mead und das Konzept widersprüchlicher Praxis, in: Zeitschrift für Soziologie (Bielefeld), 2/1983; F. Cerutti, Habermas und Marx, in: Leviathan (Düsseldorf), 3/1983; B. Freitag, Theorie des kommunikativen Handelns und genetische Psychologie, in: Kölner Zeitschrift für Soziologie und Sozialpsychologie, 5/1983; U. Matthiesen, Im Dickicht der Lebenswelt, München 1984.

[26] J. Habermas, Theorie des kommunikativen Handelns, a. a. O., Bd. 2, S. 9.

endete in einem reflexionstheoretischen „Zirkel“.[27] Die Habermassche Kritik an dieser Bewußtseins- oder Subjekt-Philosophie, vom Neukantianismus über Husserl bis zur Begründergeneration der Frankfurter Schule selber (Adorno/Horkheimer), ist wissenschaftsphilosophisch zweifellos relevant. Die Begründung einer Theorie der Wissenschaftsentwicklung ist erkenntnistheoretisch von vornherein verfehlt, wenn sie nicht diesem idealistischen Zirkel entkommt: das seiner selbst bewußte Subjekt soll sich erst in seiner Zwecktätigkeit konstituieren und muß sich gleichwohl in der Zwecksetzung schon immer voraussetzen.

Habermas verfolgt den zentralen Stellenwert des teleologischen (oder zweckmittel-rationalen) Handlungsbegriffes auch in der spätbürgerlichen Diskussion zur Begründung von Soziologie seit Max Weber, bis hin zur Übertragung der teleologischen Handlungsstruktur auf System-Umwelt-Relationen mit funktionaler Differenzierung in Subsysteme bei T. Parsons und N. Luhmann.[28] Auch diese Kritik von Habermas ist wissenschaftstheoretisch, insbesondere wissenschaftssoziologisch gehaltvoll. Die im angelsächsischen Raum verbreitete analytische Handlungstheorie unterstellt intentional handelnde und sozial atomisierte Aktoren, was wissenschaftsphilosophisch dem logischen Positivismus verwandt ist. Auch der Systemfunktionalismus ist, u. a. mit den Namen R. Merton, N. Storer oder N. Luhmann verbunden, in die Wissenschaftsforschung eingeführt worden. Er verheimlicht seinen Idealismus, indem er Zwecksetzungen anonymisiert und als systemfunktionale Selektionen vorstellt, deren Voraussetzungen nicht hinterfragt werden. Die, ob in der analytischen Handlungstheorie oder dem Systemfunktionalismus, teleologischen Annahmen blockieren die Thematisierung von Entwicklung durch Vergesellschaftung der Individuen. Evolutionstheoretisch gesprochen wird durch solche Annahmen von der bereits vergesellschafteten Genese der Varianten und von dem gesellschaftlichen Rationalitätspotential für die Selektion der Varianten abstrahiert.

Den Paradigmenwechsel bezieht Habermas auf drei Frageebenen, nämlich auf die metatheoretische Frage nach den Rationalitätsimplikationen derjenigen Begriffe, die eine sozialwissenschaftliche Untersuchung anleiten; auf die methodologische Frage nach den Rationalitätsimplikationen, die dem sinnverstehenden Zugang zum sozialwissenschaftlichen Objektbereich eigen sind; und auf die empirisch-theoretische Frage, in welchem Sinne die Modernisierung von Gesellschaft (oder ihrer Bereiche) als Rationalisierung beschrieben werden kann.[29] Alle drei Fragen stehen nicht nur in der spätbürgerlichen Diskussion zur Begründung von Sozialwissenschaften überhaupt, sondern insbesondere der von Wissenschaftstheorie an.

[27] Ebenda, Bd. 1, S. 528.
[28] Vgl. ebenda, S. 240—260; ebenda, Bd. 2, S. 374—391.
[29] Vgl. ebenda, Bd. 1, S. 22—24.

Jedes wissenschaftstheoretische Konzept enthält metatheoretisch (philosophisch) bereits eine bestimmte Rationalitätsauffassung, etwa die, daß als rational gelten könne, was die Kriterien formallogischer Korrektheit und der Verifizierbarkeit oder Falsifizierbarkeit erfüllen kann. Demgegenüber hat die „postempiristische“ Wissenschaftsforschung in zahlreichen wissenschaftshistorischen Fallstudien gezeigt, daß diese, vom logischen Positivismus erstellten Rationalitätskriterien nicht die wissenschaftshistorisch wirksamen Kriterien des Wissenschaftswandels sind. Daraus konnte vorschnell die Konsequenz gezogen werden, daß sich Wissenschaft historisch ebenso irrational ändere wie andere Ideologien oder vorreflexive Traditionen auch (P. Feyerabend), oder es wurde die Notwendigkeit einer schon metatheoretisch neuen Rationalistätsauffassung erkannt, um Wissenschaftsentwicklung überhaupt wissenschaftstheoretisch thematisieren zu können (S. Toulmin).

Wissenschaftstheorie steht auch vor der methodologischen Frage, wie sie die hermeneutischen Probleme rational bewältigen kann, die ihr im Zugang zu ihren Objektbereichen entstehen. Inwiefern kann und muß der Wissenschaftstheoretiker das Selbstverständnis der zu Untersuchenden teilen, gleichwohl aber wissenschaftstheoretisch objektivieren? Inwiefern ist bereits die Datengewinnung in der Wissenschaftsforschung an Interpretationsleistungen gebunden und wie sind letztere zu rationalisieren? Die Anwendung der „postempiristischen“ Wissenschaftstheorie auf sich selber, die sich extrem seit den 70er Jahren vollzieht, problematisiert die Übertragung logisch-positivistischer Orientierungen auf die Wissenschaftstheorie gänzlich. Was „sieht“ und „rekonstruiert“ derjenige Wissenschaftstheoretiker, der die Rolle des unbeteiligten empirischen Beobachters und des formalen Buchprüfers der Theoriendynamik[30] zu spielen meint, außer seinem Selbstverständnis? Der Aufschwung der hermeneutisch orientierten Wissenschaftstheorie und sogenannten interpretativen Wissenschaftssoziologie im letzten Jahrzehnt signalisiert die methodologische Gefahr, daß sich der Wissenschaftstheoretiker im zu Untersuchenden verliert oder das zu Untersuchende auf eine Projektion seines Selbstverständnisses reduziert.

Habermas diskutiert im Einleitungskapitel die metatheoretische und methodologische Frage nach den Rationalitätsimplikationen der sozialwissenschaftlichen Untersuchung auch anhand der für die westliche wissenschaftstheoretische Diskussion der letzten Jahrzehnte charakteristischen Autoren, von u. a. W. Stegmüller und K. R. Popper bis zu J. Piaget, S. Toulmin und der Ethnomethodologie. Im folgenden möchte ich mich aber auf die Darstellung der Gesamtkonstruktion seines positiven Gegenentwurfes konzentrieren.

[30] Vgl. S. Toulmin, Darwin und die Evolution der Wissenschaften, in: H. H. Holz/H. J. Sandkühler (Hrsg.), Dialektik 5, Köln 1982.

3.2. Die fünf Hauptschritte seiner Gesamtkonstruktion

Positiv soll die Begründung der „kommunikativen Vernunft" den Zugang zu drei miteinander verschränkten Themenkomplexen ermöglichen: zu einer kommunikativen Rationalitätsauffassung, zu einem zweistufigen (sowohl systemfunktionalistischen als auch handlungstheoretischen) Gesellschaftskonzept und schließlich zur evolutionstheoretischen Kombination beider Teilkonzepte in einer „Theorie der Moderne"[31]. Im Hinblick auf die Begründung einer Theorie der Wissenschaftsentwicklung kann die Gesamtdarstellung von Habermas systematisch in fünf Schritten zusammengefaßt werden.

1. „Theorie der kommunikativen Rationalität"
Habermas entwirft eine Theorie der kommunikativen Rationalität, in der über kognitiv-instrumentelle Rationalität hinausgehend auch rechtlich-moralische und ästhetische Rationalistätsformen erfaßt werden. Seine Kritik der Zweck-Mittel-Rationalität ist nicht von aus-, sondern einschließender, aber auch unterordnender Art. Habermas führt den „Begriff der kommunikativen Rationalität am Leitfaden sprachlicher Verständigung" ein.[32] Er bildet seinen universellen Rationalitätsbegriff auf formal-pragmatische Weise, d. h. durch Untersuchung der formalen Eigenschaften der Verwendungsweisen von Wissen seitens sprach- und handlungsfähiger Subjekte. Kommunikatives Handeln bezeichnet bei Habermas einen „Typus von Interaktionen, die durch Sprechhandlungen koordiniert werden, (aber) nicht mit ihnen zusammenfallen".[33] „Der Begriff des kommunikativen Handelns ist so angesetzt, daß die Akte der Verständigung, die die teleologisch strukturierten Handlungspläne verschiedener Teilnehmer verknüpfen und damit Einzelhandlungen zu einem Interaktionszusammenhang erst zusammenfügen, nicht ihrerseits auf teleologisches Handeln reduziert werden können."[34]

Habermas setzt die formale Semantik, die sprachpragmatische Wende des späten Wittgenstein im allgemeinen und die Sprechakt-Theorien von Austin und Searle im besonderen voraus. Er universalisiert die Gebrauchstheorie der Bedeutung sprachlicher Ausdrücke, indem er in Analogie zum Geltungsanspruch und Weltbezug konstativer (propositionaler) Ausdrücke entsprechende Geltungsansprüche und Weltbezüge für regulative und expressive Ausdrücke annimmt. Der illokutionäre Bestandteil von Sprechakten spezifiziere, welchen Geltungsanspruch ein Sprecher mit seiner Äußerung vor allem erhebt, wie er ihn erhebt, und für was er ihn erhebt.[35] Nach Habermas fungieren so Sprechakte als Medium der Verständigung auf dreierlei Weise. Sie dienen der Herstellung

[31] J. Habermas, Theorie des kommunikativen Handelns, a. a. O., Bd. 1, S. 8—9.
[32] Ebenda, S. 114.
[33] Ebenda, S. 151.
[34] Ebenda, S. 388.
[35] Ebenda, S. 375/376, 389, 414.

und Erneuerung interpersonaler Beziehungen (Geltungsanspruch der Richtigkeit), der Darstellung oder Voraussetzung von Zuständen und Ereignissen (Geltungsanspruch der Wahrheit) und der Manifestation von Erlebnissen (Geltungsanspruch der Wahrhaftigkeit).[36]

Nun interessieren aber den kommunikativen Handlungsansatz die illokutionären Bindungskräfte von Sprechhandlungen nicht als solche, sondern insofern diese die Funktion der Handlungskoordinierung übernehmen. Der Verständigungsprozeß bezieht sich gleichzeitig auf den Inhalt der Äußerung, auf sprechaktimmanente Gewährleistungen und interaktionsfolgenrelevante Verbindlichkeiten.[37] Der Sprecher verdanke die bindende Kraft seines illokutionären Erfolges zunächst dem „Koordinationseffekt der Gewähr“, die der Sprecher dafür bietet, den mit seiner Sprechhandlung erhobenen Geltungsanspruch gegebenenfalls einzulösen.[38] Nimmt man, wie Habermas, an, daß der verständigungsorientierte Sprachgebrauch die sozialen Handlungen koordiniert, „eignen sich die reinen Typen des *verständigungsorientierten Sprachgebrauchs* als Leitfaden für die Typologisierung sprachlich vermittelter Interaktionen“.[39]

Die sprachlichen Koordinierungsversuche können innerhalb der kommunikativen Handlungsfolge fehlschagen, weil aus den unterschiedlichsten Gründen, die den Zusammenhang der pragmatischen, semantischen und empirischen Ebene betreffen, der Koordinationseffekt der Gewähr nicht eintritt. Tritt der Koordinationseffekt auch nach der Gewährung, d. h. nach der begründeten Einlösung des erhobenen, inzwischen aber kritisierten Geltungsanspruches nicht ein, kann das kommunikative Handeln nur fortgesetzt werden, indem der problematisierte Geltungsanspruch selbst zum Thema wird. Dies geschieht nach Habermas durch den Übergang zur diskursiven Argumentation. Diskursive Argumentation könne als die „*reflexiv gewendete Fortsetzung* verständigungsorientierten Handelns mit anderen Mitteln begriffen werden“.[40] So sei der theoretische Diskurs die Argumentationsform, in der kontrovers Wahrheitsansprüche zum Thema gemacht werden. Kontroverse Wahrheitsansprüche können sowohl infolge negativer Erfahrungen im teleologischen (instrumentellen und strategischen) Handeln als auch in der Konversation (in konstativen Sprechhandlungen, in denen empirisch-theoretisches Wissen dargestellt wird) entstehen. In entsprechender Weise skizziert Habermas auch für das normenregulierte und dramaturgische Handeln den Übergang zum praktischen Diskurs und zu therapeutischer sowie ästhetischer Kritik. Da der verständnisorientierte Sprachgebrauch schon immer die begründete Kritik oder Affirmation von Geltungsansprüchen enthält und zudem als die Handlungskoordinierung gilt, hat der ganze kommunikative Handlungsansatz von Ha-

[36] Ebenda, S. 412—419.
[37] Ebenda, S. 399, vgl. S. 398.
[38] Ebenda, S. 406; vgl. ebenda, Bd. 2, S. 45.
[39] Ebenda, Bd. 1, S. 437.
[40] Ebenda, S. 48.

bermas einen argumentationstheoretischen Charakter. Argumentationstheoretisch unterscheidet Habermas, in kritischem Anschluß an Toulmin, drei Aspekte: „die Rhetorik befaßt sich mit der Argumentation als *Prozeß*, die Dialektik mit den pragmatischen *Prozeduren* der Argumentation, und die Logik mit deren *Produkten*".[41]

Da der Bindungseffekt illokutionärer Kräfte ironischerweise dadurch zustande komme, daß die Interaktionsteilnehmer zu Sprechaktangeboten „Nein" sagen können, dieses Nein-Sagen aber nicht auf bloßer Willkür, sondern begründeter Negation beruhe, muß Habermas das Erlernen der Fähigkeit zu begründeter Negation bzw. Affirmation und zu selbstkritischer Reflexion voraussetzen.[42] Er sieht das „Konzept der Begründung mit dem des Lernens verwoben", wobei er auf Piaget zurückgreift, um die Genese der formalen Weltkonzepte des kommunikativen Handelns (objektive, soziale und subjektive Welt) erklären und den Übergang zur diskursiven Argumentation als ein reflexives Strukturlernen (im Unterschied zum Inhaltslernen) erfassen zu können.[43] Nach Piaget könne die kognitive Entwicklung nicht nur als Konstruktion eines äußeren Universums verstanden werden, „sondern als die Konstruktion eines Bezugssystems für die *gleichzeitige* Abgrenzung der objektiven und der sozialen von der subjektiven Welt. Kognitive Entwicklung bedeutet allgemein die *Dezentrierung* eines *egozentrisch geprägten Weltverständnisses*".[44]

2. „Komplementarität" und „Doppelkonzept"

Habermas schließt seine kommunikative Rationalitätsauffassung an das transzendentalphänomenologische Lebensweltkonzept von Husserl an und schränkt die Gültigkeit seines kommunikativen Handlungsansatzes auf die symbolische Reproduktion von Lebenswelt (im Gegensatz zur materiellen Reproduktion der Gesellschaft) ein. Dieser zweite Hauptschritt seiner Gesamtkonstruktion soll die drei wichtigsten Voraussetzungen seines bislang am Leitfaden des verständigungsorientierten Sprachgebrauches eingeführten Rationalitätsbegriffes einholen: a) Die sprachpragmatische Erklärung von Rationalität kann erst einsetzen, wenn „Wissen" bereits sprachlich organisiert ist. Von welcher Art ist jenes „Wissen", das dem verständigungsorientierten Sprachgebrauch vorhergeht? b) Die sprachpragmatische Erklärung von Rationalität ist kommunikationstheoretisch nur relevant, wenn die Kontexte des Gebrauchs der Sprache bestimmt werden. Welches sind die Kontexte des verständigungsorientierten Sprachgebrauchs? Dies führt c) auf die Frage, inwiefern die Annahme von Habermas, daß der verständigungsorientierte Sprachgebrauch als Medium der Koordination sozialen Handelns fungiert, überhaupt gesellschaftstheoretisch realistisch ist.

[41] Ebenda, S. 49.
[42] Ebenda, Bd. 2, S. 114—117.
[43] Ebenda, Bd. 1, S. 38—39, 104/105.
[44] Ebenda, S. 106.

Die Voraussetzungen a) und b) versucht Habermas dadurch einzuholen, daß er die Komplementarität von „kommunikativem Handeln" und „Lebenswelt" annimmt. Als „Lebenswelt" fungiert eine Menge symbolischer Verweisungszusammenhänge, die das Handeln, d. h. die Bewältigung von Situationen, als Hintergrundwissen orientiert.[45] Das kommunikative Handeln schließe das lebensweltliche Hintergrundwissen je nach der Relevanz von Situationen zu kommunikativ rationalem Wissen auf, wodurch komplementär die Lebenswelt rationalisiert werde. „Das Rationalitätspotential sprachlicher Verständigung muß in dem Maße aktualisiert werden, wie der gemeinsame lebensweltliche Kontext, in dem kommunikatives Handeln eingebettet ist, seine Naturwüchsigkeit verliert."[46] Habermas versteht unter „Lebenswelt" noch nicht historisch und empirisch identifizierbare „Lebensformen", sondern deren „invariante" Symbolstrukturen, soweit diese einer formalpragmatischen Analyse zugänglich sind, die die Transzendentalphilosophie beerbt.[47] Er nimmt menschheitshistorisch drei vorsprachliche Wurzeln des kommunikativen Handelns an, den kognitiven Umgang mit wahrnehmbaren und manipulierbaren Gegenständen, die Expression von Erlebnissen über Sinnesreizungen bzw. Bedürfnisse im Kontakt mit der Natur und den religiösen Symbolismus.[48]

Habermas entwirft ein Strukturmodell der modernen Lebenswelt, die im Übergang zur kapitalistischen Gesellschaftsformation entsteht und einer reflexiven „Entwicklungslogik" im Sinne Piagets folgt. Das kommunikative Handeln diene unter dem funktionalen Aspekt (als Verständigung) der Reproduktion der lebensweltlichen Strukturkomponente „Kultur" (kulturelle Reproduktion); unter dem Aspekt der Handlungskoordinierung der Reproduktion der lebensweltlichen Strukturkomponente „Gesellschaft" (soziale Integration) und unter dem Aspekt personaler Identität der Reproduktion der lebensweltlichen Strukturkomponente „Persönlichkeit" (Sozialisation). Der strukturellen Differenzierung moderner Lebenswelt entspreche die funktionale Spezifikation der Reproduktionsprozesse, so in professionelle Expertenkulturen (Wissenschaft, Kunst), demokratische Formen der öffentlichen diskursiven Willensbildung und die Pädagogisierung von Erziehungsprozessen.[49]

Habermas zeigt, wie die drei Teilprozesse der symbolischen Reproduktion von Lebenswelt einander bedingen und schlägt ein deskriptives Modell zur Erfassung derjenigen Krisenerscheinungen (Sozialpathologien) vor, die durch Störung eines Teilprozesses in diesem und in der Reproduktion der jeweils beiden anderen Strukturkomponenten entstehen.[50] Als evolutionäre Trends der strukturellen

[45] Ebenda, Bd. 2, S. 66, 87, 89, 193/194, 204/205.

[46] Ebenda, S. 393.

[47] Ebenda, S. 182.

[48] Vgl. ebenda, S. 40, 51, 96/97, 119, 132.

[49] Vgl. ebenda, S. 208, 220/221.

[50] Vgl. ebenda, S. 212—217.

Differenzierung von gegenwärtiger Lebenswelt hebt Habermas u. a. hervor, daß sich „für die Kultur ein Zustand der Dauerrevision verflüssigter, reflexiv gewordener Traditionen; für die Gesellschaft ein Zustand der Abhängigkeit legitimer Ordnungen von formalen Verfahren der Normsetzung und der Normbegründung; und für die Persönlichkeit ein Zustand kontinuierlich selbstgesteuerter Stabilisierung einer hochabstrakten Ich-Identität" ergeben.[51]

Die genannte Voraussetzung c) relativiert Habermas dahingehend, daß der Komplementäransatz Lebenswelt-kommunikatives Handeln nur die symbolische Reproduktion von Gesellschaft erfasse, wohingegen für die materielle Reproduktion von Gesellschaft der systemfunktionalistische Erklärungsansatz notwendig bleibe. Die „Lebenswelt als der Horizont, in dem sich die kommunikativ Handelnden ‚immer schon' bewegen, (wird) ihrerseits durch den Strukturwandel der Gesellschaft im ganzen begrenzt und verändert".[52] Die immanente Grenzbestimmung des kommunikativen Handlungsansatzes besteht in folgendem: „Der wachsende Rationalitätsdruck, den eine problematisierte Lebenswelt auf den Verständigungsmechanismus ausübt, erhöht den Verständigungsbedarf, und damit nehmen der Interpetationsaufwand und das (mit der Inanspruchnahme von Kritikfähigkeiten steigende) Dissensrisiko zu. Diese Anforderungen und Gefahren sind es, die durch Kommunikationsmedien abgefangen werden können."[53]

Kommunikationstheoretisch gesehen unterscheidet Habermas zwei Wege, auf denen das Problem des wachsenden Verständigungsbedarfes, Interpretationsaufwandes und Dissensrisikos gelöst wird: einerseits für Kontexte der symbolischen und andererseits für Kontexte der materiellen Reproduktion der Gesellschaft. Er unterscheidet „die Mechanismen der Handlungskoordinierung, die die *Handlungsorientierungen* der Beteiligten untereinander abstimmen, von Mechanismen . . ., die nicht-intendierte Handlungszusammenhänge über die funktionale Vernetzung von *Handlungsfolgen* stabilisieren".[54] Bei der ersten Art von Mechanismen kann der zur Handlungskoordinierung erforderliche Konsens bereits normativ gesichert sein, wie etwa in der vormodernen religiösen Lebenswelt, oder er muß erst, wie in der modernen Lebenswelt, kommunikativ hergestellt werden, insbesondere durch funktionsspezifische Ausdifferenzierung diskursiver Argumentation. Bei der zweiten Art von Mechanismus wird, wie im Fall des kapitalistischen Warenmarktes, eine nicht-normative Regelung von subjektiv unkoordinierten Einzelentscheidungen hergestellt, die über das Bewußtsein der Beteiligten hinausreicht, zu Fetisch- oder Verdinglichungseffekten führt.[55]

Diese kommunikationstheoretische Unterscheidung trifft für Habermas mit der gesellschaftstheoretischen Unterscheidung zwischen Vergesellschaftungsprinzipien,

[51] Ebenda, S. 219/220.

[52] Ebenda, S. 180--182.

[53] Ebenda, S. 272.

[54] Ebenda, S. 179, 226.

[55] Vgl. ebenda, S. 278.

zwischen sozialer und systematischer Integration, zusammen. Soziale Integration setzt an den Handlungsorientierungen an und ist daher aus der Teilnehmerperspektive faßbar, aus der Gesellschaft *„als Lebenswelt einer sozialen Gruppe konzipiert“* wird. Systematische Integration setzt an den Handlungseffekten an, weshalb sie, komplexe Differenzierung vorausgesetzt, aus der Beobachterperspektive analysiert werden müsse. Aus der Beobachterperspektive werde Gesellschaft „als ein *System von Handlungen* begriffen, wobei diesen Handlungen, je nach ihrem Beitrag zur Erhaltung des Systembestandes, ein funktionaler Stellenwert zukommt.[56]

3. Evolutionstheoretischer Lösungsversuch
Habermas will den gesellschaftstheoretischen Gegensatz zwischen Systemfunktionalismus und Handlungstheorie einer evolutionstheoretischen Lösung zuführen. Er versteht die soziale Evolution „als einen Differenzierungsvorgang zweiter Ordnung: System und Lebenswelt differenzieren sich, indem die Komplexität des einen und die Rationalität der anderen wächst, nicht nur jeweils als System und als Lebenswelt — beide differenzieren sich gleichzeitig auch voneinander“.[57] Diesen Vorgang nennt Habermas die *„Entkopplung von System und Lebenswelt“*, die er historisch als eine „notwendige Bedingung für den Übergang von den stratifizierten Klassengesellschaften des europäischen Feudalismus zu den ökonomischen Klassengesellschaften der frühen Moderne“ darstellt.[58] Die Erfassung des Evolutionszusammenhanges von System und Lebenswelt erfordere, System- und Lebensweltperspektive „ineinander zu transformieren“, indem die Zusammenhänge „zwischen der Komplexitätssteigerung des Systems und der Rationalisierung der Lebenswelt“ aufgedeckt werden.[59] Die Komplexitätssteigerung der Gesellschaft als System könne in der *„Entwicklungsdynamik“* und die wachsende Rationalisierung der Lebenswelt in deren *„Entwicklungslogik“* rekonstruiert werden.[60]

Im Hinblick auf die evolutionstheoretische Lösung des gesellschaftstheoretischen Dualismus faßt Habermas Gesellschaften als *„systemisch stabilisierte* Handlungszusammenhänge *sozial integrierter* Gruppen“ auf.[61] Gegenüber dem Systemfunktionalismus erhebt er für den kommunikativen Handlungsansatz einen evolutionstheoretisch übergreifenden Geltungsanspruch. Die allgemeine oder am organischen Leben orientierte Systemtheorie vermag es nicht, aus sich die soziokulturellen Ausgangsbedingungen und die soziokulturelle Spezifik von sozialen Systemen zu bestimmen. Vor allem vermag die Systemtheorie nicht, aus sich das

[56] Ebenda, S. 179.
[57] Ebenda, S. 230; vgl. S. 180.
[58] Ebenda, S. 420 und 451.
[59] Ebenda, S. 232.
[60] Ebenda, S. 218, 223, 562.
[61] Ebenda, S. 228.

Problem zu lösen, wie die Selektionskriterien eines gegebenen Systems evolvieren. Demgegenüber betont Habermas, „daß die Rationalisierung der Lebenswelt zu einer gerichteten Variation der den Systembestand definierenden Strukturmuster führt“.[62] Habermas verlagert die „Beweislast für die allgemeine, Kulturen und Epochen übergreifende Geltung des Lebensweltkonzepts ... auf den Komplementärbegriff ‚kommunikatives Handeln‘“[63].

Der Kampf zwischen Systemfunktionalismus und Handlungstheorie um evolutionstheoretisch übergreifende Geltung findet insbesondere auf medientheoretischem Gebiet statt. Beide stehen vor der Frage, wie durch Kommunikationsmedien (angesichts der Komplexitätssteigerung bzw. der wachsenden Rationalisierung) von dem enorm wachsenden Kommunikationsaufwand entlastet werden kann. Dabei geht es aber nicht um eine Entlastung von nicht mehr zu bewältigendem Kommunikationsaufwand schlechthin, sondern um eine solche Entlastung, die Evolution sichert, d. h. die den evolutionären Zusammenhang zwischen Variation und selektiver Stabilisierung medial herstellt. Habermas unterscheidet zwischen „*Kommunikationsmedien*, die die sprachliche Verständigung entweder *kondensieren* oder *ersetzen*“, d. h. zwischen „generalisierten Formen der Kommunikation“ („Einfluß“ und „Wertbindung“) und „Steuerungsmedien“ („Geld“ und „Macht“). In generalisierten Formen der Kommunikation werde die sprachliche Konsensbildung durch eine Spezialisierung auf bestimmte Geltungsaspekte (diskursive Argumentation) und durch eine Hierarchisierung der Einigungsprozesse (Medienöffentlichkeiten) gerafft. Durch Steuerungsmedien werde hingegen die soziale Handlungskoordinierung von sprachlicher Konsensbildung und lebensweltlichen Kontexten abgekoppelt.[64] Während der semantische Gehalt sprachlicher Kommunikation von einzelnen Handelnden nicht exklusiv angeeignet werden kann, es sei denn infolge künstlicher Kommunikationsbarrieren, muß der semantische Gehalt von Steuerungsmedien nach einem abstrakten objektiven Wert (wie z. B. dem Arbeitswert) meßbar, zirkulierbar und deponierbar sein, wodurch er von einzelnen exklusiv angeeignet werden kann.[65] Habermas führt diesen „Mediendualismus“ anhand formalpragmatischer Merkmale durch.[66]

Damit tritt evolutionstheoretisch die Frage in den Mittelpunkt, wie diese beiden Medienarten zusammenhängen. Habermas spricht von einer „*Mediatisierung der Lebenswelt*“, um jene „Interferenzphänomene“ zu bezeichnen, „die dort entstehen, wo sich System und Lebenswelt soweit voneinander differenziert haben, daß sie aufeinander einwirken können“.[67] Die Lebenswelt begegne ihrer Mediatisierung dadurch, daß sie in eine private und öffentliche Ordnung ausdifferenziere.

[62] Ebenda, S. 223; vgl. auch S. 227, 258/259.

[63] Ebenda, S. 217.

[64] Ebenda, S. 269–273.

[65] Ebenda, S. 397–406, 410.

[66] Ebenda, S. 419; vgl. S. 409–412.

[67] Ebenda, S. 277.

Öffentlichkeiten lösen Kommunikationsvorgänge aus der Provinzialität raumzeitlich beschränkter Kontexte. Aus der Entkopplung von Lebenswelt und System und beider Rückwirkungen aufeinander kann nach Habermas „noch nicht auf lineare Abhängigkeiten in der einen oder anderen Richtung" geschlossen werden. „Man könnte sich beides vorstellen: die Institutionen, die Steuerungsmechanismen wie Geld und Macht in der Lebenswelt verankern, kanalisieren entweder die Einflußnahme der Lebenswelt auf die formal organisierten Handlungsbereiche oder umgekehrt die Einflußnahme des Systems auf kommunikativ strukturierte Handlungszusammenhänge."[68] In der Problemstellung, wie Lebenswelt und System interferieren, reformuliert Habermas die Frage nach dem jeweiligen soziokulturellen Apriori rationalen Handelns, das er „*Verständigungsform*" nennt. Verständigungsformen stellen „jeweils einen Kompromiß zwischen den allgemeinen Strukturen verständigungsorientierten Handelns und den innerhalb einer gegebenen Lebenswelt thematisch nicht verfügbaren Reproduktionszwängen dar".[69]

4. „Theorie der Moderne"

Die konkrete theoretische Durchführung des evolutionstheoretisch projektierten Zusammenhanges zwischen Lebenswelt und System erfordere eine bislang ausstehende interdisziplinäre „Theorie der Moderne"[70], deren Aufgaben Habermas auch nur umreißt. Die Entkopplung von Lebenswelt und System sowie die Mediatisierung des evolutionären Zusammenhanges beider stellen für ihn ein Potential der modernen gesellschaftlichen Evolution dar, aber ein Potential, das infolge des spezifisch kapitalistischen Selektionsmusters nur einseitig realisiert wurde: Das „kapitalistische Muster der Modernisierung ist dadurch gekennzeichnet, daß die symbolischen Strukturen der Lebenswelt unter den Imperativen der über Geld und Macht ausdifferenzierten und verselbständigten Subsysteme verformt, d. h. verdinglicht werden".[71] Nicht moderne gesellschaftliche Evolutionen schlechthin, sondern die kapitalistische Modernisierung folge einem Muster, „demzufolge die kognitiv-instrumentelle Rationalität über die Bereiche von Ökonomie und Staat hinaus in andere, kommunikativ strukturierte Lebensbereiche eindringt und dort auf Kosten moralisch-praktischer und ästhetisch-praktischer Rationalität Vorrang erhält", wodurch „in der symbolischen Reproduktion der Lebenswelt Störungen hervorgerufen werden", die Habermas auch kurz als „Kolonialisierung der Lebenswelt" umschreibt.[72]

Habermas verfügt über keine eigene Kapitalismus-Theorie, die ihm die Spezifikation der kapitalistischen Modernisierung gestatten würde. Er verweist diesbezüglich positiv auf die Marxsche Forschungstradition und schätzt selbst ein, daß

[68] Ebenda, S. 275.
[69] Ebenda, S. 278/279.
[70] Vgl. ebenda, S. 420—426, 447—488.
[71] Ebenda, S. 420.
[72] Ebenda, S. 451; vgl. S. 480, 484, 583.

sich Klassenstrukturen „mit handlungstheoretischen Mitteln allein nicht zureichend erfassen" lassen.[73] Die von ihm konzipierte Theorie der Moderne hebt auf die Erklärung der strukturellen Möglichkeiten moderner sozialer Evolution ab, soweit diese Möglichkeiten nicht von klassenspezifischem Charakter sind und eine zu bewahrende evolutionäre Errungenschaft gegenüber vormodernen Gesellschaften darstellen. Die Kapitalismus-Kritik müsse vom Standpunkt der Entwicklungstrends der kommunikativen Rationalisierung und gesellschaftlichen Modernisierung selbst aus erfolgen, statt mit einer evolutionär rückfälligen Kritik an Rationalisierung und Modernisierung überhaupt zusammenzufallen.

Positiv entwirft Habermas ein sozioevolutionäres Lernmodell für Gesellschaften, in dem sich die evolutionstheoretisch übergreifende Geltung des kommunikativen Handlungsansatzes gegenüber dem Systemfunktionalismus dreifach zeige. Erstens könne durch den kommunikativen Handlungsansatz die entwicklungslogische Bildung und sozialintegrative Erprobung der Varianten für die soziale Evolution erklärt werden.[74] Zweitens könne somit durch diesen Ansatz die kritische Differenz zwischen den entwicklungslogischen Möglichkeiten der sozialen Evolution und den jeweiligen Selektionen der Varianten durch Mechanismen der Systemdifferenzierung erfaßt werden. Drittens könne die Rückwirkung der Rationalisierung der Lebenswelt, die die neue Eigendynamik des Systems ermöglicht hat, auf die Lebenswelt als deren Kolonialisierung in Form von Sozialpathologien bestimmt werden.[75] Andererseits fehlt aber dem kommunikativen Handlungsansatz das Potential, die „unaufhaltsame Eigendynamik" von gesellschaftlichen Systemen zu erklären[76], weshalb er mit der systemfunktionalistischen Erklärung evolutionstheoretisch kombiniert werden muß. Auch verbleibt dem sozioevolutionären Lernmodell für die Entstehung moderner Gesellschaften „als Hauptaufgabe die Beschreibung des evolutionären Lernvorganges in Begriffen sozialer Bewegungen und politischer Umwälzungen"[77].

Im Hinblick auf die Krisenphänomene des gegenwärtigen „Spätkapitalismus" unterstreicht Habermas das Erfordernis, die strukturellen Differenzierungen, die moderne soziale Evolution charakterisieren, von deren klassenhistorischen Institutionalisierungsformen unterscheiden zu müssen. Das systemische Differenzierungsniveau müssen heute „*jede* moderne Gesellschaft, gleichviel wie ihre Klassenstruktur beschaffen ist", aufweisen.[78] Die Kritik von Habermas setzt

[73] Ebenda, Bd. 2, S. 449; vgl. S. 462/463, 466, 488/489; vgl. auch J. Habermas im Gespräch mit A. Honneth, E. Knödler-Bunte u. A. Widmann: Dialektik der Rationalisierung, a. a. O., S. 142/143.

[74] Vgl. J. Habermas, Theorie des kommunikativen Handelns, a. a. O., Bd. 2, S. 260—267, 463—465.

[75] Ebenda, S. 273—275, 451/452, 471—476.

[76] Ebenda, S. 484, 465—468.

[77] Ebenda, S. 468.

[78] Ebenda, S. 501.

da ein, wo sozioevolutionäre Errungenschaften in der spätkapitalistischen Gesellschaft verkehrt werden. Im Spätkapitalismus werde der sozioevolutionäre Zusammenhang von Lebenswelt und System medial einseitig zugunsten des Systems kanalisiert und kommunikatives Handeln als der Mechanismus symbolischer Reproduktion tendenziell durch Steuerungsmedien ersetzt (Kolonialisierung der Lebenswelt auf dem Wege ihrer Monetarisierung und Bürokratisierung). Habermas lokalisiert in den Austauschbeziehungen zwischen einserseits dem kapitalistischen Wirtschaftssystem und „sozialstaatlichem" Verwaltungssystem sowie andererseits der privaten und öffentlichen Lebenswelt einen „neuen Typus von klassenunspezifisch ausgelösten Verdinglichungseffekten"[79]. Die Steuerungskrisen des spätkapitalistischen Systems können nur zwischen Staat und Markt hin und her „verschoben", nicht aber gelöst werden, woraus „Systemungleichgewichte" resultieren.[80] Können die genannten Austauschbeziehungen nicht wieder durch sozialstaatliche Umverteilungen in ein Gleichgewicht gebracht werden, brechen teils traditionelle Klassenkonflikte anhand von Verteilungsproblemen wieder auf, teils neue Konflikte, die infolge der spätkapitalistischen „Ersetzung von Steuerungskrisen durch lebensweltliche Pathologien" auftreten und sich „an Fragen der *Grammatik von Lebensformen*" entzünden.[81] Die neuen Konflikte, „die nicht primär in klassenspezifischer Gestalt auftreten und gleichwohl auf eine in systemisch integrierte Handlungsbereiche verdrängte Klassenstruktur zurückgehen", entstehen an den „Nahtstellen zwischen System und Lebenswelt"[82], d. h. in den Bereichen der kulturellen Reproduktion, der sozialen Integration und der Sozialisation. Insofern sei mit einer „Überlagerung alter durch neue Konflikte" zu rechnen.[83]

5. *„Analyse der kulturellen Moderne"*

Während in der Theorie der Moderne die systemfunktionalistische und handlungstheoretische Erklärung evolutionstheoretisch kombiniert werden sollen, ist der kommunikative Handlungsansatz näher für die Analyse der spezifisch kulturellen Moderne konzipiert.[84] Habermas will zeigen, wie die kulturelle Moderne, die historisch zweifellos als bürgerliche Ideologie entstanden und dementiert worden ist[85], aus ihrer ideologischen Funktion durch den Prozeß der kommunikativen Rationalisierung herauswächst und zu einem Potential nicht mehr klassenbedingter sozialer Evolution wird. Im Gegensatz zur gegenaufklärerischen Wiederbelebung vorrationaler Mythen, Religionen und Ideologien bejaht Habermas den Prozeß der

[79] Ebenda, S. 513.
[80] Ebenda, S. 565.
[81] Ebenda, S. 566 u. 576.
[82] Ebenda, S. 515, 576, 581.
[83] Ebenda, S. 577–582.
[84] Vgl. ebenda, S. 505–524, 548–554, 571–593.
[85] Vgl. ebenda, Bd. 1, S. 316; ebenda, Bd. 2, S. 283, 486.

kommunikativen Rationalisierung, will aber auch dessen Paradoxon herausstellen, das in spätkapitalistischen Kontexten zu Gefahren führt. „Mit der Profanisierung der bürgerlichen Kultur treten die kulturellen Wertsphären scharf auseinander und entwickeln sich nach Maßgabe eines geltungsspezifischen Eigensinns."[86] Es beginnen die „internen Geschichten" der auf eigenen Handlungs- und Diskursebenen ausdifferenzierten spezifischen Geltungsansprüche von Recht und Moral, Wissenschaft und Kunst. Mit dieser Ausdifferenzierung, deren Etappen Habermas genauer verfolgt, büße die moderne Kultur in der Konsequenz gerade diejenigen formalen Eigenschaften ein, die ideologisch funktionierbar sind. Sie kann den praxiswirksamen Totalitätsanspruch der Weltbilder auf „Gesamtdeutung" nicht mehr erfüllen.[87]

Das schwierigere Problem sieht Habermas darin, daß im gegenwärtigen Spätkapitalismus ein funktionales Äquivalent für die Ideologiebildung entstanden sei, das vom derzeitigen entwicklungslogischen Niveau der kommunikativen Rationalisierung selbst ermöglicht wird: die Fragmentierung des Alltagsbewußtseins. Dieselbe Ausdifferenzierung, durch die sich die Kultur ihrer ideologischen Funktionierbarkeit entziehe, beraube das Alltagsbewußtsein seiner synthetisierenden Kraft. Der Effekt der Fragmentierung trete nicht durch diese Ausdifferenzierung schlechthin ein, sondern durch die expertenkulturelle Abspaltung der diskursiven Argumentation von dem in der Alltagspraxis naturwüchsig fortgebildeten und vital motivierenden Traditionsstrom. „Das Alltagsbewußtsein sieht sich an Traditionen verwiesen, die in ihrem Geltungsanspruch (expertenkulturell — H.-P. K.) bereits suspendiert sind, und bleibt doch, wo es sich dem Bannkreis des Traditionalismus entzieht, hoffnungslos zersplittert. An die Stelle des falschen tritt heute das *fragmentierte* Bewußtsein, das der Aufklärung über den Mechanismus der Verdinglichung vorbeugt. Erst damit sind die Bedingungen einer *Kolonialisierung der Lebenswelt* erfüllt."[88]

Die „Analyse der kulturellen Moderne" stehe daher vor allem vor der folgenden Frage: Wie kann eine neue Einheit, nicht nur der ausdifferenzierten Diskurs- und Kritikformen untereinander, sondern dieser mit der kommunikativen Alltagspraxis hergestellt werden? Aber wie kann diese neue Einheit erzeugt werden, ohne daß eine Regression auf die vormoderne Funktionsweise von Weltbildern in kultischen Praxen einsetzt, in denen die evolutionäre Errungenschaft der kommunikativen Rationalisierung verloren ginge? Habermas stellt insbesondere der „Theorie der Wissenschaften", der „Theorie des Rechts und der Moral" sowie der „Ästhetik in Zusammenarbeit mit den entsprechenden historischen Disziplinen" die Frage nach dem für die weitere moderne soziale Evolution entscheidenden Kulturpotential: „ob die objektiv in ihre Momente auseinandergetretene Vernunft noch eine Einheit wahren kann, und wie die Experten-

86 Ebenda, Bd. 2, S. 292.
87 Ebenda, S. 519/520.
88 Ebenda, S. 522.

kulturen mit der Alltagspraxis vermittelt werden können".[89] Die Herstellung einer „formal prozeduralen" Einheit derselben käme einem neuen sozioevolutionären Lernvorgang via kommunikatives Handeln gleich, vergleichbar dem in der Entstehung moderner Gesellschaften. Die drei angesprochenen Theorien hätten beharrlich diejenigen verschlungenen Pfade zu rekonstruieren, „auf denen Wissenschaft, Moral und Kunst auch miteinander kommunizieren", und vorrangig die „*Gegenbewegungen*" innerhalb eines jeden der drei Differenzierungsprozesse auszuwerten, „die unter dem Primat des herrschenden Geltungsaspekts jeweils die beiden anderen wieder einholen" und die Einheit mit der kommunikativen Alltagspraxis herzustellen vermögen.[90]

4. Kritik der Gesamtkonstruktion von Habermas im Hinblick auf kommunikationstheoretische Fragen der Wissenschaftsentwicklung

4.1. Das evolutionstheoretische Paradoxon der Gesamtkonstruktion

1. Das Bedeutende und Problematische dieses Theorieentwurfes

Das Bedeutende an der „Theorie des kommunikativen Handelns" besteht darin, daß Habermas die Reduktion von Rationalität auf Zweck-Mittel-Rationalität in einer kommunikativen Rationalitätsauffassung aufzuheben versucht. Insofern er den kommunikativen Rationalisierungsprozeß moderner Kultur beschreibt und darin ein gesamtgesellschaftliches Entwicklungspotential ortet, welches im staatsmonopolistischen Kapitalismus verkehrt wird, gleichwohl aber über die spätkapitalistische Gesellschaft hinausweist, gelangt er zu einer rationellen Problemstellung. Diese gestattet es ihm, sich sowohl von der Apologetik der im Kapitalismus realisierten Rationalitätsformen als auch von dem irrationalen Protest an der kapitalistischen Fehlrationalisierung abzugrenzen. Dabei ist sich Habermas in anregender Weise des interdisziplinären grundlagentheoretischen Charakters der kommunikationstheoretischen Problemstellung bewußt.

Auch der marxistische Begründungsweg einer Theorie der Wissenschaftsentwicklung bedarf eines komplexen Verfahrens, um die Marxschen Charakterisierungen der Wissenschaft einholen zu können. So charakterisiert Marx Wissenschaft u. a. als „das Produkt der allgemeinen geschichtlichen Entwicklung in ihrer abstrakten Quintessenz"; als eine „allgemeine gesellschaftliche Produktivkraft" im Unterschied zu den „Produktivkräften der gesellschaftlichen Arbeit";[91] als eine „gesellschaftliche Tätigkeit", in der Sprache das „Material" und „Element"

[89] Ebenda, S. 585/586.

[90] Ebenda.

[91] K. Marx, Theorien über den Mehrwert. Erster Teil, in: MEW, Bd. 26.1., Berlin 1972, S. 367—369.

des Denkens ist;[92] als eine Form „allgemeiner Arbeit“, die aber im Unterschied zur gemeinschaftlichen Arbeit (der unmittelbaren Kooperation der Individuen) teils „durch Kooperation mit Lebenden, teils durch Benutzung der Arbeiten Früherer“ bedingt ist;[93] als eine „gesellschaftliche Tätigkeit“, durch die Menschenkraft durch Naturagentien ersetzt und damit „Arbeit“ aufgehoben werden kann;[94] als den „general intellect“, die intellektuelle Seite der „Kultur ... des gesellschaftlichen Menschen“, der „Entwicklung des gesellschaftlichen Individuums“ in der „modernen Welt“[95].

Das Problematische an der „Theorie des kommunikativen Handelns“ besteht in der Art und Weise, in der Habermas die kommunikative Rationalitätsauffassung begründet. Sein Versuch, spätbürgerliche Forschungstraditionen miteinander zu kombinieren, führt zu einer Gesamtkonstruktion, die in sich paradox wird. Habermas stellt den paradoxen Charakter seiner Gesamtkonstruktion als das Paradoxon des kommunikativen Rationalisierungsprozesses selbst vor: „Paradoxerweise setzt aber die Rationalisierung der Lebenswelt beides zugleich frei — die systemisch induzierte Verdinglichung *und* die utopische Perspektive“ einer posttraditionalen Alltagskommunikation, „die der Eigendynamik verselbständigter Subsysteme Schranken setzt, die die eingekapselten Expertenkulturen aufsprengt und damit den kombinierten Gefahren der Verdinglichung wie der Verödung entgeht.“[96]

2. Der Grund für den paradoxen Charakter der Gesamtkonstruktion

Warum ist Habermas gezwungen, seine kommunikative Rationalitätsauffassung als ein Paradoxon zu begründen? Weil er fälschlicherweise den Paradigmawechsel von der Zweckrationalität zur kommunikativen Rationalität mit dem Verhältnis von Systemtheorie und Handlungstheorie identifiziert. Habermas glaubt, den Paradigmawechsel zur kommunikativen Rationalität nur „*innerhalb* der Handlungstheorie“ ansetzen zu können. Diese Verbindung hat nicht systematisch zwingende, sondern theoriegeschichtliche Gründe. Bei aller Selbstkritik schließt Habermas doch an die Frankfurter Schultradition (Horkheimer/Adorno) an. Deren „aporetische Erörterung der Kritik der instrumentellen Vernunft“ hat als die beiden Grundprobleme das Verhältnis von System- und Handlungstheorie sowie den Paradigmawechsel zurückgelassen.[97]

[92] K. Marx, Ökonomisch-philosophische Manuskripte 1844, in: MEW, Ergänzungsbd., erster Teil, Berlin 1972, S. 538 u. 544.

[93] K. Marx, Das Kapital. Dritter Bd., in: MEW, Bd. 25, Berlin 1971, S. 113/114.

[94] K. Marx, Theorien über den Mehrwert. Zweiter Teil, in: MEW, Bd. 26.2., Berlin 1972, S. 554; K. Marx, Grundrisse der Kritik der Politischen Ökonomie (im folgenden: Grundrisse), Berlin 1953, S. 583—600.

[95] K. Marx, Grundrisse, a. a. O., S. 386—388.

[96] J. Habermas, Theorie des kommunikativen Handelns, a. a. O., Bd. 2, S. 486; vgl. auch S. 277, 470, 491, 522, 593; ebenda, Bd. 1, S. 458/459.

[97] Ebenda, Bd. 2, S. 173.

Dadurch, daß Habermas die kommunikative Rationalisierungsauffassung nur handlungstheoretisch begründen zu können glaubt, gerät er in den Gegensatz von Handlungs- und Systemtheorie. Habermas akzeptiert seit seiner Kontroverse mit N. Luhmann diesen Gegensatz und reformuliert ihn als Doppelkonzept von Gesellschaft. Nun will Habermas aber die evolutionstheoretisch übergreifende Geltung der „Theorie des kommunikativen Handelns" gegenüber dem systemfunktionalistischen Gesellschafts- und Kommunikationskonzept begründen. Dies bringt seinen kommunikativen Handlungsansatz in eine evolutionstheoretisch paradoxe Lage. Die „Theorie des kommunikativen Handelns" wird innerhalb des Gegensatzes zum Systemfunktionalismus entworfen. Sie soll aber zugleich in diesem Gegensatz von evolutionstheoretisch übergreifender Geltung sein. Dieser Geltungsanspruch wird näher als die evolutionäre Priorität der kommunikativen Lernprozesse gefaßt, die die Systemdynamik strukturell erst ermöglichen.[98] Um diese evolutionäre Priorität als realistisch erweisen zu können, ist Habermas gezwungen, in der kommunikativen Rationalisierung gerade jene Varianten an Strukturformen sozialen Handelns entstehen zu lassen, die für die folgende Systemdynamik funktional sein werden. Insofern muß der kommunikative Handlungsansatz die dem systemfunktionalistischen Ansatz entsprechenden Strukturformen sozialen Handelns vorwegnehmen (Lernprozeß in der Entstehung der Moderne) und auf paradoxe Weise in sich verinnerlichen (Fragmentierung). Je realistischer Habermas die evolutionstheoretisch übergreifende Geltung seines Ansatzes zu demonstrieren sucht, desto stärker muß er seinen Ansatz dementieren: Die kommunikative Rationalisierung ermögliche eine Systemdynamik, von welcher sie zerstört wird, und sie zerfalle auf dem Wege ihrer Fragmentierung in sich selbst.

Andererseits sollte der kommunikative Handlungsansatz aber gerade den Maßstab der Kritik an verselbständigter Systemdynamik begründen. Durch ihn wollte Habermas dasjenige Entwicklungspotential an kommunikativer Rationalität erklären, das von den Systemselektionen nicht ausgeschöpft wird, das eine neue Einheit der kommunikativen Rationalisierung ermöglicht, durch die der „Kolonialisierung" widerstanden werden könne. Der einerseits evolutionstheoretisch übergreifende und der andererseits sozialkritische Geltungsanspruch der „Theorie des kommunikativen Handelns" dementieren sich gegenseitig, da Habermas den Dualismus von System- und Handlungstheorie voraussetzt.

3. Überschreitungen der Grenzen handlungstheoretischer Erklärung

Aus der evolutionstheoretisch paradoxen Lage, in die Habermas seinen handlungstheoretischen im Gegensatz zum systemfunktionalistischen Ansatz bringt, kommt er nur durch Notkonstruktionen heraus. Er stattet seine Handlungstheorie mit drei Anleihen aus, durch die er sich von der üblichen Grenze des handlungstheoretischen Verfahrens befreien will.

[98] Ebenda, S. 232, 258/259, 462—470.

Erstens stattet er seine Handlungstheorie mit den Erklärungsvorteilen aus, die der Standpunkt der sprachlichen Kommunikation, bis hin zur diskursiven Argumentation, bietet. Damit befreit er sich von den Grenzen der analytischen Handlungstheorie, die von der Intentionalität einsamer Aktoren ausgeht, und von den Grenzen des symbolischen Interaktionismus, der an die Teilnehmerperspektive gruppenspezifischer Handlungssequenzen gebunden bleibt. Diese üblichen Handlungstheorien sind dem Systemfunktionalismus von vornherein unterlegen, wenn es um die Erklärung gesamtgesellschaftlicher Strukturen geht, die der Teilnehmerperspektive der Aktoren entgehen. Die sprachliche Einheit von Kommunikation (Verhaltenskoordinierung) und Denken (Kognition) stellt in der Tat den höchst entwickelten rationalen Vergesellschaftungsmodus menschlicher Individuen dar, sowohl im Unterschied zu der natürlichen Evolutionsart höherer Tiersozietäten als auch im Unterschied zu den klassenantagonistischen Vergesellschaftungsarten der „Vorgeschichte der menschlichen Gesellschaft" (Marx). Dies ist gerade von marxistischer Seite, insbesondere durch L. S. Vygotskij und dessen Schule, erkannt worden. Das Problem besteht aber darin, daß die Entstehung und Entwicklung dieses hochvergesellschafteten rationalen Kreativitätspotentials der menschlichen Gesellschaft eine natürliche und klassengesellschaftliche Vorgeschichte hat, die nicht handlungstheoretisch erklärt werden kann. Habermas vereinnahmt für seine Handlungstheorie die Erklärungsvorteile der sprachlichen Einheit von Kommunikation und Denken, ohne daß die sozionatürliche und gesamtgesellschaftliche Genese dieser Einheit handlungstheoretisch zu fassen wäre.

Zweitens versucht Habermas, den Grenzen von Handlungstheorien auf eine quasi philosophische Weise zu entkommen, indem er seinen kommunikativen Handlungsansatz komplementär an die transzendentale Phänomenologie anschließt. Dadurch will er seiner Handlungstheorie, die schon immer „Wissen" voraussetzt, die kulturellen Ressourcen der gesamtgesellschaftlichen Entwicklung erschließen. Ehe Habermas mit seiner Erklärung einsetzen kann, daß die Koordinierung sozialer Handlungen durch verständigungsorientierten Sprachgebrauch rationalisiert wird, muß es schon eine kontextgebundene Bedeutung und sprachliche Organisation von Symbolen geben, die dann in kommunikativen Handlungen gebraucht werden. Aber woher kommt dieser Horizont kultureller Kodes? -- Durch den Anschluß an die transzendentale Phänomenologie läßt Habermas seiner Handlungstheorie die symbolischen Kodes menschlicher Kultur verfügbar werden. Aber damit ist nicht die bis in die Naturgeschichte zurückreichende gesamtgesellschaftliche Genese kultureller Kodierungen erklärt.

Sowohl sprachliche Kommunikation als auch kulturelle Kodes stellen, evolutionstheoretisch gesprochen, aus früheren Evolutionsprozessen resultierende „Voranpassungen" der menschlichen Gesellschaft dar.[99] Habermas einverleibt seiner Handlungstheorie Erklärungsvorteile, die aus der Existenz kultureller und

[99] S. Toulmin, Kritik der kollektiven Vernunft, Frankfurt/M. 1978, S. 568–582.

sprachlich-kommunikativer „Voranpassungen" der menschlichen Gesellschaft resultieren. Aber was er aus diesen „Voranpassungen" im Namen der Handlungstheorie erntet, vermag er nicht handlungstheoretisch zu erklären: die gesamtgesellschaftliche Entstehung und Entwicklung der symbolischen Kulturpotentiale und sprachlichen Kommunikationspotentiale. Dieses Problems ist sich Habermas insofern bewußt, als er die Grenzen traditioneller Handlungstheorien in einer dritten Richtung überschreitet.

Drittens eignet sich Habermas die Erklärungsvorteile an, die aus der strukturalistischen Forschungstradition stammen, insbesondere der des genetischen Strukturalismus. Diese vor allem in den französischsprachigen Diskussionen unseres Jahrhunderts ausgebildete Forschungstradition liegt thematisch und methodologisch gleichsam zwischen den Gegensätzen Systemtheorie und Handlungstheorie, insofern nämlich in ihr die für die gesamtgesellschaftliche Reproduktion relevanten Gruppenstrukturen untersucht werden. Insbesondere Piaget kombinierte in genetischer Erklärungsabsicht systemtheoretisch-kybernetische Erklärungsschritte mit einem kooperativen Handlungsansatz. Habermas rezipiert diese Tradition einerseits zur Erklärung vormoderner Gesellschafts- und Kulturentwicklung, so wenn er auf die Darstellung der Verwandtschaftsbeziehungen von M. Godelier, die strukturale Rekonstruktion mythischer Praxis durch C. Lévi-Strauss oder auf E. Durkheims These von der Versprachlichung des Sakralen zurückgreift. Andererseits rezipiert er vor allem Piaget, und dies nicht nur in dem Sinne, daß Piaget die psychogenetischen Vorstufen sprachlich-kommunikativen Handelns kläre, sondern in einem weiteren Sinne.

Habermas braucht den genetischen Strukturalismus auch als eine methodologische Richtschnur für die Erklärung moderner Gesellschafts- und Kulturentwicklung. Er wendet die Methode der strukturfunktionalen Differenzierung doppelt an, zum einen auf die Komplementarität von Lebenswelt und kommunikativem Handeln, zum anderen in seinem sozioevolutionären Lernmodell. Dies führt in erster Hinsicht zu einem strukturfunktionalen Modell für die symbolische Reproduktion moderner Gesellschaft, mit den drei genannten, ineinander greifenden Reproduktionsprozessen. Der klassifikatorische Deskriptionswert dieses Modelles für die spätkapitalistische Gesellschaft steht außer Zweifel. Aber warum trägt Habermas seine strukturfunktionale Modellierung, die an keine gruppenspezifische Teilnehmerperspektive mehr gebunden ist, als eine handlungstheoretische Leistung vor? Auch in seinem sozioevolutionären Lernmodell überbrückt er die systemfunktionalistische und handlungstheoretische Erklärung durch strukturalistische Vergleiche. Er bedarf der strukturalistischen Komponente, um Individual- und Gesellschaftsentwicklung durch kollektive Strukturen zu überbrücken. Der Weg von der gruppenspezifisch erlernten Variation eines rationalen Handlungsniveaus bis hin zu einem allgemein höheren Niveau der gesellschaftlichen Rationalisierung ist ein Weg des formalen Vergleichs kollektiver Strukturen (von Rationalitätsformen, Weltbildern und Institutionen).[100]

[100] J. Habermas, Theorie des kommunikativen Handelns, a. a. O., Bd. 2, S. 463—468.

Gegenüber der früher bei Habermas unvermittelten Trennung zwischen „Arbeit" und „Interaktion" ist die in den 70er Jahren erfolgte Rezeption des genetischen Strukturalismus zweifellos ein Fortschritt.[101] Damit steht er nun aber vor dem entwicklungstheoretischen Problem der strukturalistischen Forschungstradition, vor der Frage, wie Piaget schrieb, nach der Transformation der Struktur und der Struktur der Transformation.[102] Die von Habermas in seinem sozioevolutionären Lernmodell benutzten formalen Strukturvergleiche lösen dieses Problem nicht. Selbst wenn eine formale Gleichartigkeit zwischen unterschiedlichen Strukturebenen innerhalb einer Gesellschaft besteht, läßt sich allein aus dieser formalen Strukturgleichheit noch nicht begründen, geschweige beweisen, welcher dieser Strukturebenen evolutionäre Priorität bzw. evolutionärer Primat zukommt. Seine diesbezüglichen Schlußfolgerungen, daß nämlich moralische Lernprozesse die Schrittmacherfunktion in der sozialen Evolution innehaben[103], stellen eine vorschnell verallgemeinernde Interpretation dar, die idealistischen Motiven folgt.

4. Die philosophische Verankerung des Paradoxons

Insbesondere die strukturalistische Überbrückung zwischen Systemfunktionalismus und Handlungstheorie rückt eine andere Forschungsperspektive als die von Habermas vorausgesetzte in den Vordergrund. Warum unternimmt er nicht den Versuch, eine einheitliche Theorie der gesellschaftlichen Entwicklung zu begründen, die frei ist von dem vorausgesetzten Dualismus zwischen System- und Handlungstheorie, in dem das Paradoxon der Gesamtkonstruktion doch wurzelt? Für die Beantwortung dieser Frage lassen sich wieder nicht systematisch zwingende, sondern nur theoriegeschichtliche, in dem philosophischen Werdegang von Habermas liegende Gründe angeben.

Habermas geht bei der Unterscheidung zwischen „Lebenswelt" und „System" von der methodologischen Frage nach dem Zugang zu sozialen Phänomenen aus der Teilnehmer- oder Beobachterperspektive aus.[104] Insofern scheint es sich bei dieser Unterscheidung nur um eine methodische Abstraktion oder um ein modelltheoretisches Konstrukt zu handeln, um soziale Phänomene komplementär *als* Lebenswelt *und als* System untersuchen zu können. Aber diese Unterscheidung wächst zu einem fundamentalen Dualismus aus. Habermas ordnet den Konstrukten „Lebenswelt" und „System" eindeutig soziale Handlungsbereiche zu.[105] Er identifiziert die methodische Unterscheidung zwischen „Lebenswelt" und „System" mit der gesellschaftsphilosophisch substanziellen Entgegensetzung von

[101] Vgl. J. Habermas, Zur Rekonstruktion des Historischen Materialismus, Frankfurt/M. 1976, S. 35–40, 169–172, 485; vgl. auch J. Habermas, Theorie des kommunikativen Handelns, a. a. O., Bd. 2, S. 551–554, 587/588.

[102] J. Piaget, Der Strukturalismus, Olten 1973, S. 68 u. 129.

[103] J. Habermas, Theorie des kommunikativen Handelns, a. a. O., Bd. 2, S. 232, 464, 467.

[104] Ebenda, S. 179.

[105] Vgl. J. Berger, Die Versprachlichung des Sakralen und die Entsprachlichung der Ökonomie, a. a. O., S. 359–365.

symbolischer und materieller Reproduktion der Gesellschaft. Dadurch verwandeln sich „Lebenswelt“ und „System“ in sozialontologisch aparte Personen der Moderne, wobei diesen Personen eine quasi anthropologische Referenz zugeschrieben wird.[106] Dieser „fundamentalistische“ Rückfall in einen philosophiehistorisch verjährten Zwei-Substanzen-Dualismus kontrastiert auffallend mit dem Selbstverständnis von Habermas, uns von Fundamentalismus zu befreien.[107] Habermas schleppt, wenngleich modifiziert, philosophisch eine dualistische Tradition mit, die historisch auf die bei Kant im Hintergrund obwaltende anthropologische Skepsis gegenüber dem dualistisch „krummen Menschenholze“ zurückgeht und über den Neukantianismus, den jungen Lukács und die Begründergeneration der Frankfurter Schule vermittelt ist.

Habermas begründet nirgendwo in seinem Werk, wie ein entweder materielles, aber symbolloses Verhalten oder ein symbolisches, aber immaterielles Verhalten als soziales Verhalten überhaupt möglich sein soll. Seine fundamentale Fehlidentifikation verfestigt den Gegensatz zwischen Handlungs- und Systemtheorie in dem Dualismus von symbolischer und materieller Reproduktion der Gesellschaft. Daher muß seine Gesamtkonstruktion paradox bleiben, ja, den entwicklungstheoretischen Erklärungsversuch abbrechen. Für Habermas scheint sozialanthropologisch angemessen zu sein, daß materielle Reproduktion von Gesellschaft überhaupt durch „verdinglichende“ Steuerungsmedien und symbolische Reproduktion von Gesellschaft überhaupt durch kommunikatives Handeln erfolge. Was er kritisiert, ist nurmehr die systemfunktionale Ersetzung des kommunikativen Handelns (als des Mediums der symbolischen Reproduktion) durch systemische Steuerungsmedien der materiellen Reproduktion. Er fordert gleichsam nur eine „*Ent*kolonialisierung“ der „Kolonialisierung der Lebenswelt“, nicht aber eine prinzipiell neue Entwicklungsstufe in dem sozioevolutionären Zusammenhang zwischen Lebenswelt und System, nicht eine Stufe, die ein evolutionär höheres Niveau der Differenzierung und Integration auch des Wirtschafts- und Verwaltungssystems einschlösse. Das grundlegende systematische Defizit an einer Theorie der Entwicklung von Produktionsweisen durch deren Vergesellschaftung hat Habermas von jeher zu einem unsicheren Wechsel in der Anerkennung anderer Theorien für diesen Themenbereich geführt. Folgte er früher teilweise dem Schema der Produktivkraftentwicklung von A. Gehlen oder marxistischen Ansätzen[108], so akzeptierte er später den Systemfunktionalismus von N. Luhmann als die für diesen Themenbereich angemessene Theorie.[109] Damit ist für Habermas die Überwindung des Paradoxons seiner Gesamtkonstruktion unmöglich geworden.

[106] Vgl. J. Habermas, Theorie des kommunikativen Handelns, a. a. O., Bd. 2, S. 209/210, 226, 278, 285, 476/477, 592/593.

[107] Vgl. ebenda, Bd. 1, S. 9, 531/532; ebenda, Bd. 2, S. 587/588.

[108] Vgl. u. a. J. Habermas, Technik und Wissenschaft als „Ideologie“, Frankfurt/M. 1968, S. 55/56, 80–84.

[109] Diese Akzeptanz begann schon in den 60er Jahren und ist insbesondere begründet worden in:

4.2. Kommunikationstheoretische Fehlorientierungen, die einer Theorie der Wissenschaftsentwicklung aus der „Theorie des kommunikativen Handelns“ erwachsen

1. Vorzüge der kommunikativen Rationalitätsauffassung unter wissenschaftsphilosophischem und wissenschaftspsychologischem Aspekt

Die Vorzüge der weiten kommunikativen Rationalitätsauffassung von Habermas sollten nicht einer Kritik an den paradoxen Konstruktionsnöten zum Opfer fallen, in die er auf Grund des vorausgesetzten Dualismus von Handlungs- und Systemtheorie gerät. Bevor ich auf die kommunikationstheoretischen Fehlorientierungen einer Theorie der Wissenschaftsentwicklung eingehe, die aus seiner Gesamtkonstruktion erwachsen, möchte ich die rationellen Ansatzpunkte nennen, die teils auf einer wissenschaftsphilosophischen und teils auf einer wissenschaftspsychologischen Ebene der Rationalitätsauffassung liegen.

Solange in der philosophischen Grundlegung von Gesellschaftswissenschaften, insbesondere in der Wissenschaftstheorie, Sprachwissenschaft, Sozial- und Kulturpsychologie, ein Tätigkeitsbegriff benutzt wird, der (explizit oder implizit) mit zweck-mittel-rationalem Handeln identifiziert wird, entstehen entwicklungstheoretische Schwierigkeiten. Die entwicklungstheoretischen Grenzen eines solchen Tätigkeitskonzepts sind in der marxistischen Literatur insbesondere von E. G. Judin und H. Laitko analysiert worden.[110] Dieser Tätigkeitsbegriff hat bei allen in der Literatur herausgestellten heuristischen Möglichkeiten die Schwierigkeit, in der Zwecksetzung ein Subjekt voraussetzen zu müssen, welches in anderer Hinsicht erst aus dem Prozeß der Tätigkeit hervorgeht. Im aktualen Vollzug der Tätigkeit kommt zwar eine Entwicklung des Zusammenhanges von Zweck (Ziel) und Mitteln sowie Objekt und Subjekt zustande, aber die Zweck- oder Zielbildung bleibt vorausgesetzt.

Diese Grenzbestimmung kann einerseits überwunden werden, indem, wie bei A. N. Leont'ev, auf die der reflexiv bewußten Zwecksetzung vorausgehende Motivbildung zurückgegangen wird[111], oder indem andererseits Zwecktätigkeiten in gesellschaftliche Reproduktionsprozesse unter natürlichen Voraussetzungen funktional eingeordnet werden. Beides ist in gewisser Hinsicht richtig, worauf ich zurückkomme, unterschätzt aber die Möglichkeiten des Tätigkeitskonzeptes selbst, sobald nämlich „Tätigkeit“ nicht auf zweck-mittel-rationales Handeln reduziert

J. Habermas/N. Luhmann, Theorie der Gesellschaft oder Sozialtechnologie, Frankfurt/M. 1971, S. 270–277.

110 Vgl. E. G. Judin, Das Problem der Tätigkeit in Philosophie und Wissenschaft (russ. 1978), in: A. N. Leont'ev/A. A. Leont'ev/E. G. Judin, Grundfragen einer Theorie der sprachlichen Tätigkeit, a. a. O.; H. Laitko, Das Tätigkeitskonzept der Wissenschaft – seine heuristischen Möglichkeiten und Grenzen, in: DZfPh, 2/1981.

111 Vgl. A. N. Leontjew, Tätigkeit – Bewußtsein – Persönlichkeit, a. a. O.

wird, sondern als eine kommunikative, darunter vorsprachlich, sprachlich und metasprachlich koordinierende Tätigkeit verstanden wird.[112] Es wäre auch falsch, den in der Geschichte der dialektischen Philosophie seit Hegel ausgebildeten Tätigkeitsbegriff auf zweck-mittel-rationales Handeln zu reduzieren. Der Begriff der „geistigen Tätigkeit" bei Hegel setzt schon die Problematisierung der Übertragung der Begriffe der Arbeit und des politisch zweckmäßigen Handelns auf den philosophischen Tätigkeitsbegriff voraus.[113] Vom Standpunkt der materialistischen Dialektik ist von einem kommunizierenden Gemeinwesen auszugehen. H. H. Holz setzt, im Unterschied zu natürlichem Verhalten und Naturprozessen, die Spezifik der „Gegenständlichkeit" des sozialgeschichtlich-menschlichen Verhaltens mit der kommunikativen Spiegelung der reflexiven Subjekt-Objekt-Verhältnisse im zwischenmenschlichen Verhalten an.[114]

Unter diesem Gesichtspunkt ist es rationell, wenn Habermas einen theoretisch einheitlichen Zugang zu der ganzen Breite und Gerichtetheit kommunikativer Rationalisierungsprozesse sucht. Dadurch können die kommunikativen Zusammenhänge zwischen differenzierten expertenkulturellen Tätigkeiten und dieser mit den alltäglichen sozialen Handlungen thematisiert werden. In diesem Zusammenhang entwickelt Habermas wichtige Argumentationen zu der Einheit sprachlich differenzierter Geltungsansprüche (darunter dem Problem des Geltungstranfers), zu der Intensivierung der kommunikativen Rationalisierung durch ihre diskursive Verdichtung auf argumentativen Lernniveaus und zu dem Kreativitätspotential der sprachlichen Kommunikation. Die rationalitätstheoretische Dimension des Werkes von Habermas bietet insofern die Möglichkeit zu einem instruktiven Vergleich mit dem Forschungsprogramm der materialistischen Dialektik, als er immerhin den prozeduralen Argumentationsbegriff als „Dialektik" versteht und der Gesellschaftskritik den prozeduralen Begriff der kommunikativen Rationalisierung zugrunde legen will.[115]

Weder die materialistische Dialektik, die die Ausarbeitung einer marxistischen Theorie der Wissenschaftsentwicklung philosophisch orientiert, noch die sowjetische Psychologie im Anschluß an Vygotskij, aus der sich die wissenschaftspsychologische Komponente einer marxistischen Theorie der Wissenschaftsentwicklung ergäbe, verzichten auf einen Begriff der kommunikativen Rationalität. Insofern Habermas seinen sprachlich-kommunikativen Handlungsansatz auf die psychogenetische Erklärung von Piaget aufbaut, ergibt sich auch in wissenschaftspsychologischer Hinsicht die Möglichkeit eines instruktiven Vergleichs mit dem

[112] Siehe die Kapitel von A. A. Leont'ev in: A. N. Leont'ev/A. A. Leont'ev/E. G. Judin, Grundfragen einer Theorie der sprachlichen Tätigkeit, a. a. O.

[113] Vgl. zu dieser etappenweisen Problematisierung unter ideologiegeschichtlichem Aspekt: H.-P. Krüger, Heroismus und Arbeit in der Entstehungsgeschichte der Hegelschen Philsophie zwischen 1793 und 1803, (Dissertation) Berlin 1979.

[114] Vgl. H. H. Holz, Dialektik und Widerspiegelung, Köln 1983, S. 46—48, 130—133.

[115] J. Habermas, Theorie des kommunikativen Handelns, a. a. O., Bd. 1, S. 49, 113.

Ansatz von Vygotskij. Wie der kritische Anschluß dieser sowjetischen Forschungstradition an Piaget zeigt, ist für die Grundlegung einer komplexen Sozial- und Kulturpsychologie ein sprachlich-kommunikativer Handlungsansatz sinnvoll.

Die sprachlich differenzierte Einheit von „geistigen Handlungen" (Galperin) und „kommunikativen Handlungen" (A. A. Leont'ev) kann aus den Koordinationsproblemen kooperativen Handelns genetisch erklärt werden. Der Marxsche Kooperationsbegriff wird nicht ökonomistisch mißdeutet, sondern als ein phasenweiser Entwicklungszusammenhang von Subjekt-Subjekt- und Subjekt-Objekt-Beziehungen in Spiel, Lernen, Arbeit u. a. „Tätigkeiten" entfaltet. Dieser Kooperationsbegriff ist, als sprachlich-kommunikativer Handlungsansatz präzisiert, mit dem dreifunktionalen Organon-Modell der Sprache von K. Bühler und den drei Weltbezügen kommunikativer Akte bei Habermas[116] in Kohärenz zu bringen. Dies betrifft auch den Versuch von Habermas (in der problembewußten Frontstellung gegenüber sowohl Reflexionsphilosophien des Bewußtseins als auch vulgärmaterialistischen Analogien zu Geld und Macht), das der sprachlichen Kommunikation eigentümliche soziale Koordinationspotential aufzudecken, den, wie es Habermas nennt, „Koordinationseffekt der Gewähr".

2. Kommunikationstheoretische Grenzen des Ansatzes von Habermas: Mediendualismus, Formalpragmatik und transzendentalphänomenologische Intersubjektivität

Beiden kommunikativen Rationalitätsauffassungen, der von Habermas und der der materialistischen Dialektik bzw. sowjetischen Kommunikationspsychologie, ist eine entwicklungstheoretische Intention gemeinsam. Diese Gemeinsamkeit ist von negativer Art. Sie richtet sich gegen die logisch-positivistische Reduktion von Rationalität und deren irrationalistische Kehrseite. Positiv aber laufen die Begründungsstrategien dieser beiden kommunikativen Rationalitätsauffassungen auseinander. Vom Standpunkt der materialistischen Dialektik ist zunächst die Genese des Widerspruchs zwischen dem kontextualen *Inhalt* und der *Form* von Kommunikation zu erklären, wodurch die Lösung dieses Widerspruchs durch den *Gehalt*[117] der Kommunikationsform und die Rückkopplung dieses Gehaltes an den Kontext begreiflich werden. Habermas verfährt anders. Er führt durch eine *formalpragmatische*, insbesondere sprechakttheoretische Typologie sogleich sprachliche Kommunikationsformen ein, wobei er sowohl von den kontextualen Inhalten als auch mentalen Gehalten dieser sprachlichen Kommunikationsformen abstrahiert. *Kontextuale* Bestimmungen holt Habermas erst über die nachträgliche Einführung des *Lebenswelt*-Konzeptes ein. Die mentalen *Gehalte* (die Bedeu-

[116] Ebenda, Bd. 2, S. 192.

[117] Vgl. zu der dialektischen Begriffsfolge Inhalt — Form — Gehalt G. W. F. Hegel, Wissenschaft der Logik II, in: G. W. F. Hegel, Werke in zwanzig Bänden, Bd. 6, Frankfurt/M. 1969, insbesondere S. 262—269. — Vgl. zur Verwendungsweise dieser Begriffsfolge bei Marx insbesondere V. A. Vazjulin, Logika „Kapitala" K. Marksa, Moskva 1968.

tung der symbolischen Verweisungszusammenhänge) werden in der transzendentalphänomenologischen *Intersubjektivität* vorausgesetzt, ehe sie durch das kommunikative Handeln zur Sprache gebracht werden.

Warum ist Habermas für die Begründung seines Kommunikationsansatzes auf diese formalpragmatische und transzendentalphänomenologische Notkonstruktion angewiesen? Diese Notkonstruktion verlängert den handlungstheoretischen Kommunikationsansatz, der gruppenspezifischer Geltung unterliegt, auf die Ebene gesamtgesellschaftlicher Kommunikation, die dadurch aber nicht von vornherein entwicklungstheoretisch angegangen wird. Habermas vermag nicht, Piagets genetische Erklärungsweise, die aber auf der psycho- und gruppenspezifischen Ebene liegt, auf die gesamtgesellschaftliche Ebene zu transponieren. Piagets Erklärung der Genese moralischer und kognitiver Intelligenz erfolgt aus den Koordinationsproblemen, die im Kontext kooperativen Handelns entstehen. Die von Habermas beabsichtigte Übertragung des psychogenetischen Erklärungsmusters auf die gesellschaftstheoretische Ebene müßte vor allem einen dem kooperativen Handeln in der Psychogenese erklärungsanalogen Ansatz für die gesamtgesellschaftliche Kommunikation formulieren. Diese Aufgabe läßt sich aber, auf Grund der gruppenspezifischen Geltungsgrenzen des handlungstheoretischen Erklärungsverfahrens, nicht wieder handlungstheoretisch lösen. Da Habermas die Bestimmung der makrostrukturellen Kontexte, insbesondere der materiellen Reproduktion, für durch den Systemfunktionalismus gepachtet hält, bleibt ihm nur die formalpragmatische und transzendentalphänomenologische Notkonstruktion.

Die formalpragmatische und transzendentalphänomenologische Notkonstruktion tritt an die Stelle der eigentlich zu lösenden entwicklungstheoretischen Erklärungsaufgabe: Aus welchem Entwicklungszusammenhang zwischen kontextualen Inhalten und medialen Formen der gesellschaftlichen Kommunikation geht eine Folge höherer Kommunikationsformen bis zur diskursiven Argumentation hervor, und durch welche kontextualen Rückkopplungen werden die ausdifferenzierten Diskurse für die gesamtgesellschaftliche Entwicklung relevant? Kann, wie bei Habermas, für die gesamtgesellschaftliche Kommunikation kein dem kooperativen Handlungsansatz erklärungsanaloger Ansatz bestimmt werden, bleiben eine „Dekontextualisierung" und „Formalisierung"[118] der Erklärung gesamtgesellschaftlicher Kommunikation unausweichlich. Habermas geht in der gesellschaftstheoretischen Übertragung des kommunikativen Handlungsansatzes der Erklärungsvorteil des Kooperationsbegriffes wieder verloren. Der kooperative Entwicklungszusammenhang zwischen Subjekt-Objekt- und Subjekt-Subjekt-Beziehungen wird, dem Dualismus von System- und Handlungstheorie entspre-

[118] J. Habermas, Moralbewußtsein und kommunikatives Handeln, Frankfurt/M. 1983, S. 190–192.

chend, aufgespalten.[119] Habermas abstrahiert in seinem handlungstheoretischen Kommunikationsansatz mit transzendentalphänomenologischer Deckung von den gegenständlich und symbolisch vermittelten Subjekt-Objekt-Beziehungen zugunsten symbolischer Subjekt-Subjekt-Beziehungen. Er erklärt nicht genetisch, sondern rezipiert lediglich das Erklärungsresultat von Piaget, die Stufe der formal-operationalen und konventionalen Intelligenz. Dieses Resultat unterzieht er einer dekontextualisierten Selbstreflexion in Richtung auf Diskurs und Metadiskurs ohne Rückkopplungen.

Die damit verbundene Abstraktion von den Kontexten der Genese und der Rückkopplung der Diskurse entkommuniziert das *sprachliche* Handeln, das ja nur als kontextgebundene Koordinierung sozialer Handlungen *kommunikatives* Handeln ist. In seiner idealen Sprechsituation koordiniert das sprachliche Handeln außer sich selbst nichts mehr, womit dieser *Sprach*ansatz in der Konsequenz für *Kommunikations*theorie irrelevant wird. Die transzendentale Selbstreflexion von Sprache geht des kommunikationstheoretischen Erklärungsvorteiles wieder verlustig, der darin besteht, Sprache als Einheit von gesellschaftlicher Verhaltenskoordinierung und Denken zu begreifen und damit dem Auseinanderfallen der Erklärung in Soziologismus und Kognitivismus zu begegnen. Wird die sprachliche Kommunikationsform von ihrem Kontext abgekoppelt, d. h. von den gesellschaftliche Koordinierung erheischenden Kooperationen, müssen alle Fragen der Objektivierung von Rationalität, insbesondere die Frage nach der objektiven Wahrheit kognitiver Rationalität, doch wieder in einen referenzlosen intersubjektiven „Fallibilismus" aufgelöst werden.[120]

Habermas verschenkt die entwicklungstheoretischen Erklärungsmöglichkeiten einer einheitlichen Theorie der gesellschaftlichen Kommunikation. Er verdoppelt nur den vorausgesetzten gesellschaftstheoretischen Dualismus von System- und Handlungstheorie innerhalb der Kommunikationstheorie. Für die Erklärung des o. g. „Mediendualismus" benötigt er außer seinem kommunikativen Handlungsansatz noch einen systemtheoretisch orientierten. Schließlich müßte nun erst noch ein dritter synthetischer Kommunikationsansatz konzipiert werden, der die strukturale Interferenz in den „Verständigungsformen" aufklärt. Einstweilen haben wir es aber noch mit einem kommunikationstheoretischen Dualismus zu tun, der zu formalistischen und intersubjektivistischen Konsequenzen nötigt.

Diese Konsequenzen der paradoxen Gesamtkonstruktion ließen sich wohl vermeiden, wenn sich Habermas auf die Erfüllung jener „Hauptaufgabe" konzentriert hätte, die in seinem sozioevolutionären Lernmodell offen bleibt: den sozioevolutionären Lernvorgang „in Begriffen sozialer Bewegungen und politischer Umwälzungen" zu formulieren.[121] Der medienstrukturale Kompromiß von „Verständi-

[119] Vgl. J. Habermas, Theorie des kommunikativen Handelns, a. a. O., Bd. 1, S. 374/375, 423–426.

[120] Ebenda, S. 426.

[121] Ebenda, Bd. 2, S. 468.

gungsformen" tritt bei Habermas an die Stelle des gesellschaftlichen Praxisbegriffes im Historischen Materialismus[122] und dessen möglicher kommunikationstheoretischer Fassung als kommunikative Praktik, die zu diskursiven Praktiken ausdifferenzieren kann. Wie sich zeigt, müßte der philosophische und psychologische Zugang zur kommunikativen Rationalitätsauffassung über den Praxisbegriff des Historischen Materialismus verbunden werden.

3. Sprachwissenschaftliche Grenze des Ansatzes von Habermas: Sprechakttheorie mit transzendentalem Rückschluß

Habermas schließt sprachphilosophisch bzw. sprachwissenschaftlich nicht an die Erklärungsmöglichkeiten der dialektischen Logik, der System- und struktualen Linguistik an, sondern einseitig an die Sprachpragmatik, darunter die Sprechakttheorien. Seitens der marxistischen Sprachwissenschaft sind die Vorzüge der sprachpragmatischen Wende kritisch gewürdigt worden, worauf ich hier nur verweisen kann.[123] Ich ziehe auch nicht die Leistung von Habermas in Zweifel, formale Sprachpragmatik auf drei Geltungsansprüche sinnvoll universalisiert zu haben. Auch begründet er m. E. überzeugend, daß die Illokution nicht den pragmatischen vom propositionalen Bedeutungsgehalt trennt, sondern die Art und Weise des mit einer sprachlichen Äußerung erhobenen Geltungsanspruches handlungsbezogen (pragmatisch) spezifiziert. Dieses Verständnis der Illokution erweitert, was bisher in der formallogischen Tradition von Frege als „Intension" bezeichnet wurde, d. h. als die (handlungsbezogene) Regel zur Identifikation der Extension.[124] Ist die Kompetenz, sprachlich zu handeln, entstanden, ist nicht mehr das Objekt der empirischen Wahrnehmung, sondern das „innere Modell der Extensionsbereich sprachlicher Äußerungen".[125]

Nicht die Universalisierung der sprachpragmatischen Wende auf alle tradierten Gegenstandsbereiche der Sprachwissenschaft ist problematisch. Problematisch ist die Reduktion des Potentials sprachwissenschaftlicher Begründungen auf Sprachpragmatik und die Identifikation der sprachpragmatischen Wende mit den Sprechakt-Theorien von Austin und Searle. Die objektive Bedeutung sprachlicher Äußerungen kann nicht unabhängig von der Einlösung des betreffenden Geltungsanspruchs geklärt werden. Darin besteht der rationelle Gehalt der pragmatischen Wende, die einem Rückfall in philosophisch substantielle Vorannahmen entgegenwirkt. Aber der Standpunkt des aktualen Sprachgebrauchs, der sprechakt-theoretisch eingenommen wird, unterstellt, daß Intentionalität und symbolische Inter-

[122] Vgl. H. J. Sandkühler, Praxis und Geschichtsbewußtsein, Frankfurt/M. 1973; ders., Geschichte, gesellschaftliche Bewegung und Erkenntnisprozeß, Berlin 1984.

[123] Siehe W. Motsch/D. Viehweger (Hrsg.), Richtungen der modernen Semantikforschung, Berlin 1983.

[124] M. Bierwisch, Psychologische Aspekte der Semantik natürlicher Sprachen, in: W. Motsch/D. Viehweger (Hrsg.), Richtungen der modernen Semantikforschung, a. a. O., S. 38–40.

[125] Ebenda, S. 51.

aktivität schon immer handlungsbezogen gegeben sind. Daraus, daß Bedeutung und Geltung nicht unabhängig vom Gebrauch der entsprechenden sprachlichen Ausdrücke geklärt werden können, folgt nicht, daß Bedeutung und Geltung sprachlicher Ausdrücke vom Standpunkt des aktualen, handlungstheoretisch faßbaren Sprachgebrauches hinreichend erklärbar wären[126]. Die Genese der allgemeinen kontextualen, formalen und mentalen Strukturbedingungen für die Möglichkeit, sprachlich zu handeln, ist nicht *handlungs*theoretisch einzuholen. Das sprechhandlungstheoretische Vorgehen verkürzt die nur im Kontext der gesamtgesellschaftlichen Reproduktion zu begründende Objektivität der Bedeutung und Geltung von sprachlichen Ausdrücken auf die intersubjektive Anerkennung derselben in aktualen Handlungssequenzen.

Die sprechhandlungstheoretischen Untersuchungen greifen implizit schon immer auf die von der strukturalen oder sog. System-Linguistik erkannten Eigenschaften der Sprache zurück. Das methodische Konstanthalten der Sprecher- und Situationsmerkmale kann zur Erkenntnis der der Sprache eigentümlichen Gesellschaftlichkeit führen. Diese den Sprachsystemen oder allgemeinen Sprachstrukturen eigentümliche Gesellschaftlichkeit ist dem gruppenspezifischen Sprachgebrauch als allgemeine Strukturbedingung seiner Möglichkeit inhärent, ohne intendiert sein zu müssen. Erst aus den den Sprachsystemen eigentümlichen Strukturen von möglicher Vergesellschaftung wird der Widerspruch von sprachlichen und sozialen Strukturen begründbar[127], um den es auch Habermas sozialkritisch geht. Die von Habermas angenommene Komplementarität der sprachlichen Kommunikationshandlungen zur Lebenswelt und deren dualistische Entgegensetzung zu Systemen legt die kommunikationstheoretische Fehlorientierung nahe, daß Diskurse nicht aus kommunikativen Praktiken der gegenständlichen und gesellschaftlichen (nicht nur symbolischen) Reproduktion entstehen können und daß die mentalen Gehalte von Diskursen keine Referenz außerhalb der symbolischen Reproduktion von Lebenswelt haben.

4. Die der „postempiristischen" Wissenschaftsforschung und dem Habermasschen Kommunikationsansatz gemeinsamen Zweideutigkeiten

Habermas kann auf Grund des paradoxen Charakters seiner Gesamtkonstruktion die wissenschaftsphilosophischen und -psychologischen Vorzüge einer kommunikativen Rationalitätsauffassung nicht zum Tragen bringen. Sein Zugang zur kommunikativen Rationalitätsauffassung ist nicht der Zugang der materialistischen Dialektik bzw. marxistischen Kommunikationspsychologie, die beide über

[126] Vgl. dagegen J. Habermas, Theorie des kommunikativen Handelns, a. a. O., Bd. 1, S. 423 426.

[127] Siehe W. Hartung, Gesellschaftlichkeit der Sprache, in: DZfPh, 11/1981; W. Hartung/H. Schönfeld (Leiter d. Autorenkoll.), Kommunikation und Sprachvariation, Berlin 1981.

die kommunikationstheoretische Fassung der historisch-materialistischen Praxiskonzeption verbunden werden müßten. Vielmehr verdoppelt er den von ihm unterstellten spätbürgerlichen Dualismus zwischen System- und Handlungstheorie auf kommunikationstheoretischem Gebiet. Sein Kommunikations- und insbesondere Diskursansatz führt unter diesen dualistischen Voraussetzungen zu formalistischen und intersubjektivistischen Konsequenzen. Diese Konsequenzen gestatten nicht die Überwindung der Zweideutigkeiten postempiristischer Wissenschaftsforschung, sondern bestätigen sie. Habermas vermag nicht, den Wahrheitsgehalt der Diskurse in den gesellschaftlichen Kontexten der praktischen Genese und Rückkopplung dieser Diskurse zu objektivieren. Kann aber der Wahrheitsgehalt theoretischer Diskurse nicht entwicklungstheoretisch objektiviert werden, entstehen erneut irrationale Konsequenzen, dieses Mal nicht in Abwehr der Reduktion von Rationalität auf Zweck-Mittel-Rationalität, sondern im Anschluß an den nur intersubjektiven Gehalt theoretischer Geltungsansprüche.

1982 nahm Habermas, in Replik auf die international erhobenen Einwände[128], eine selbstkritische Zwischenbilanz der bisherigen Resultate seiner kommunikationstheoretischen Begründungsstrategie vor. Er hält „das Monitum", daß er „die ‚referentielle Dimension' des Wahrheitsbegriffs bisher nicht angemessen berücksichtigt habe, für berechtigt".[129] M. Hesse, eine der prominentesten Vertreterinnen der „postempiristischen" Wissenschaftstheorie, hatte richtig eingewendet, daß die Habermassche Diskurstheorie der Wahrheit da stark sei, wo Tarskis Korrespondenztheorie der Wahrheit schwach sei, nämlich hinsichtlich der Erklärung des intersubjektiven Sinnes von Wahrheit; daß die Habermassche Diskurstheorie aber da schwach sei, wo die Korrespondenztheorie stark sei, nämlich bei der Frage, wie die Wahrheit elementarer Beobachtungssätze in Erfahrungen beim Umgang mit Gegenständen wurzelt.[130] Habermas räumt ein, daß eine befriedigende kommunikationstheoretische Erklärung des Entwicklungszusammenhanges zwischen der „Konstitution" von Objekten im Kontext experimentellen Handelns und der diskursiven Argumentation ausstehe und daß die kommunikative Rationalitätsauffassung eigentlich zu der Frage führe, wie „neue Formen der Praxis" entstünden, woraus er aber keine gesamtkonzeptionellen Konsequenzen zieht.[131]

Wie unbefriedigend die dualistische, formalpragmatische und transzendentalphänomenologische Konstruktion von Habermas für wissenschaftstheoretische Erklärungsbedürfnisse ist, soll abschließend noch ein kurzer Vergleich mit dem

[128] Diese Einwände werden vorgetragen in: J. B. Thompson/D. Held (Hrsg.), Habermas, Critical Debates, a. a. O.

[129] Ich zitiere die deutsche Fassung der Erwiderung von Habermas nach J. Habermas, Replik auf Einwände, in: J. Habermas, Vorstudien und Ergänzungen zur Theorie des kommunikativen Handelns, Frankfurt/M. 1984, S. 555.

[130] M. Hesse, Science and Objectivity, in: J. B. Thompson/D. Held (Hrsg.), Habermas, Critical Debates, a. a. O., S. 98—115.

[131] J. Habermas, Replik auf Einwände, a. a. O., S. 557—559 u. 497.

Problembewußtsein von W. Krohn und den Schlußfolgerungen eines jüngeren Phänomenologen, G. Böhme, zeigen.

Auch W. Krohn, auf dessen Arbeiten Habermas hinsichtlich der Entstehung neuzeitlicher Wissenschaft verweist, rezipiert Piaget, aber anders als Habermas. Krohn rezipiert nicht die formalen Intelligenzstufen, um diese einer transzendentalen Selbstreflexion zu unterwerfen, sondern die genetisch-strukturale Erklärungsweise des Überganges von einer Intelligenzstufe zur nächsten. Er nennt die Erklärung des Entwicklungszusammenhanges zwischen einerseits Handlungen und Handlungskoordinationen und andererseits Objekten und deren Gesetzmäßigkeiten, d. h. die Koordination der subjektiven Handlungen und objektiven Erfahrungen, die „Grundidee“ der Erkenntnistheorie von Piaget.[132] Dabei betont Krohn in materialistischer Richtung den progressiven Charakter der an kooperative Naturaneignung gebundenen Akkomodationen des Erkenntnissubjekts gegenüber dem konservativen Charakter der Assimilationen von Objekten an gegebene kognitive Strukturen.[133]

Aber im Unterschied zur Ontogenese entsteht die reflexive Abstraktion auf der Ebene „der Intellektualgeschichte der Gattung“ nicht in unmittelbarer, sondern gesellschaftlich mittelbarer Kooperation, d. h. für Krohn aus Handlungssystemen, die sozial wie logisch „heterogen“ sind.[134] Die wissenschaftstheoretische und wissenschaftshistorische Analyse bedarf nicht der Dekontextualisierung, sondern der historisch-konkreten Bestimmung der Kontexte, d. h. bei Krohn der Handlungssysteme, in denen wissenschaftliches Wissen generiert und angewendet wird. Nun zeichnet sich aber wissenschaftliches, d. h. bei Krohn durch reflexive Abstraktion erzeugtes Wissen durch eine Generalisierung (nicht Dekontextualisierung) der Kontexte aus. Insofern kann die Spezifik wissenschaftlicher Geltungsansprüche weder durch die Reduktion auf den bestimmten Kontext der Genese noch den bestimmten Kontext der Anwendung erfaßt werden. Krohn wendet sich gegen diesen genetischen oder teleologischen Fehlschluß in der soziologischen Erklärung wissenschaftlicher Geltungsansprüche.[135] Nach diesen Fehlschlüssen scheint die Erklärung der Spezifik wissenschaftlicher Geltungsansprüche doch wieder durch eine aprioristische Erkenntnistheorie geleistet werden zu müssen. An die Stelle dieses Scheins rückt Krohn aber Dialektik (von Hegel bis Piaget) als diejenige Strukturierung von Erkenntnis, die die reflexive Selbstthematisierung wissenschaftlicher Handlungen und damit den Ursprung spezifisch wissenschaftlicher Geltungsansprüche aufzudecken ermöglicht.[136]

132 W. Krohn, Die „Neue Wissenschaft“ der Renaissance, in: G. Böhme/W. van den Daele/W. Krohn, Experimentelle Philosophie, Frankfurt/M. 1977, S. 116 u. 19.

133 W. Krohn, „Wissen ist Macht“, Zur Soziogenese eines neuzeitlichen wissenschaftlichen Geltungsanspruches, in: K. Bayertz (Hrsg.), Wissenschaftsgeschichte und wissenschaftliche Revolution, Köln 1981, S. 29—32, 37—40.

134 W. Krohn, Die „Neue Wissenschaft“ der Renaissance, a. a. O., S. 29.

135 W. Krohn, „Wissen ist Macht“, a. a. O., S. 33.

136 Ebenda, S. 37 u. 41.

Zwar bleibt auch Krohns Erklärungsansatz in vielerlei Hinsicht unbefriedigend, so wenn er die funktional und historisch besonderen Handlungssysteme nicht gesellschaftstheoretisch im gesamtgesellschaftlichen Entwicklungsprozeß der Menschheit orten und darauf die generellen Geltungsansprüche von Wissenschaft kommunikationstheoretisch beziehen kann. Aber worauf es hier ankam, war zu zeigen, daß unter progressiven nichtmarxistischen Wissenschaftstheoretikern Piaget bereits fruchtbarer rezipiert wird, als es Habermas vorschlägt. Wenn Krohn von heterogen bestimmten Handlungssystemen ausgeht, ist er weder auf den gesellschaftstheoretischen Dualismus zwischen materieller und symbolischer Reproduktion festgelegt, noch folgt er einer formalen Abstraktion von den kontextualen Inhalten der Genese wissenschaftlichen Wissens. Wenn Krohn die Spezifik wissenschaftlicher Geltungsansprüche problematisiert, bedarf er nicht der Annahme der Dekontextualisierung mit transzendentaler Rückversicherung, sondern geht er von der Piaget zur umfassenderen Dialektikrezeption über.

Auch hinsichtlich der Verwendbarkeit des Lebensweltkonzeptes ist das selbstkritische Problembewußtsein jüngerer Phänomenologen stärker ausgebildet als bei Habermas. Obgleich sich Habermas und G. Böhme darin einig sind, den wissenschaftskritischen Gehalt des Lebensweltbegriffs durch eine Neufassung desselben zu bewahren, divergiert das begriffliche Vorgehen beider stark voneinander und führt zu entgegengesetzten Schlußfolgerungen. G. Böhme schreibt: „Die analytische Kraft, die dem Begriff der Lebenswelt zukommt, da er die Perspektive des Menschen auf mit Sinn belegte Welt einzunehmen erlaubt, wird ... durch die doppelte Gefahr eines Subjektivismus und Universalismus geschwächt. Diese Gefahr läßt sich jedoch dadurch auflösen, daß die objektiven Grundlagen der Lebenswelt und die Intersubjektivität der in ihr vollzogenen Sinngebung herausgearbeitet werden. Beides tritt immer schon in einer besonderen historischen und sozialen Gestalt auf, in der die allgemeinen Voraussetzungen der inneren und äußeren Natur des Menschen eine bestimmte Form angenommen haben."[137]

G. Böhmes Selbstkritik an dem Intersubjektivismus und Universalismus der Lebenswelt-Konzeption gründet sich auf Anleihen beim Marxismus. Er versucht, in deutlichem Unterschied zu dem Dualismus symbolisch-materiell bei Habermas, im Lebensweltbegriff die objektiven Bedingungen und die subjektive Erfahrung der sowohl natürlichen als auch sozialen Wirklichkeit zu verbinden. Dabei setzt er den Lebensweltbegriff im gruppenspezifischen Plural, nicht transzendental als die eine Lebenswelt an. Die objektiven Grundlagen von Lebenswelten werden hinsichtlich des Zusammenhanges zur äußeren Natur über den gesellschaftlich organisierten Stoffwechsel zwischen Gesellschaft und Natur bestimmt[138], hinsicht-

[137] G. Böhme/M. v. Engelhardt, Zur Kritik des Lebensweltbegriffs, in: dies. (Hrsg.), Entfremdete Wissenschaft, Frankfurt/M. 1979, S. 20.

[138] G. Böhme/J. Grebe, Soziale Naturwissenschaft. Über die wissenschaftliche Bearbeitung der Stoffwechselbeziehung Mensch — Natur, in: G. Böhme, Alternativen der Wissenschaft, Frankfurt/M. 1980, S. 245—248, 256—259.

lich des Zusammenhanges zur inneren Natur der Individuen über die soziale Konstitution der sinnlichen Erfahrung im Anschluß an die Kritische Psychologie[139] aufgefaßt, hinsichtlich der gesamtgesellschaftlichen Voraussetzungen „in der historischen Ausprägung von Gesellschaftsformationen, sozialen Klassen und Schichten sowie sozialen Institutionen und Praxisfeldern“[140] gesehen.

Die Einverleibung so vielfältig differenzierter, natur- und sozialhistorischer Prozesse in den Lebensweltbegriff kommt einer Auflösung der ursprünglichen Lebensweltkonzeption gleich, auch wenn Böhme diese Konsequenz nicht zieht. Seine tendenzielle Auflösung kontrastiert mit zwei Aspekten des Rückgriffes von Habermas auf das Lebenswelt-Konzept. Habermas vermag es nicht, die nur symbolistische Fassung von Lebenswelt zu überwinden. Auch wird er, im Rahmen des paradoxen Charakters seiner Gesamtkonstruktion, dazu gezwungen, mit dem modernen Gegensatz zwischen System und Lebenswelt auf eine quasi anthropologische Ebene zurückzuweichen, statt zur Bestimmung historisch-konkreter Lebenswelten vorzustoßen.

W. Krohns Piaget-Rezeption bringt, im Unterschied zu der von Habermas, das wissenschaftstheoretische und wissenschaftshistorische Bedürfnis einer Dialektik-Rezeption zum Ausdruck. Um die genetische Erklärung wissenschaftstheoretisch durchhalten zu können, ohne in Psychologismen oder Soziologismen zu geraten, ist der Rückgriff auf die dialektische Erklärung der Spezifik wissenschaftlicher Geltungsansprüche notwendig. G. Böhmes Ausweitung des Lebensweltbegriffes auf dem Wege der Anleihen beim Marxismus bringt im Unterschied zu Habermas das wissenschaftstheoretische und wissenschaftshistorische Bedürfnis nach historischer Konkretion und Objektivierung der „Lebensform“ Wissenschaft zum Ausdruck. Böhmes phänomenologische Selbstkritik enthält das indirekte Eingeständnis, daß der symbolische Universalismus und Intersubjektivismus der Lebensweltkonzeption durch die marxistische Geschichts- und Gesellschaftsauffassung historisiert und objektiviert werden kann. Auf Grund seiner dualistischen, formalpragmatischen und transzendentalen Vorgehensweise vermag Habermas nicht, dieses wissenschaftstheoretische und wissenschaftshistorische Bedürfnis nach materialistischer Dialektik und historischem Materialismus zu befriedigen. Dieses erkenntnistheoretische und gesellschaftstheoretische Defizit bei Habermas hängt unmittelbar mit seiner Fehlinterpreation der marxistischen Forschungstradition zusammen.

[139] G. Böhme, Die Verwissenschaftlichung der Erfahrung, in: G. Böhme/M. v. Engelhardt (Hrsg.), Entfremdete Wissenschaft, a. a. O., S. 117.

[140] G. Böhme/M. v. Engelhardt, Zur Kritik des Lebensweltbegriffes, a. a. O., S. 19.

5. Das Problem der Entwicklung einer neuen gesamtgesellschaftlichen Kommunikationsweise im Hinblick auf Wissenschaftstheorie

5.1. Einwände gegen die Habermassche Fehlinterpretation der marxistischen Forschungstradition

Ehe ich die genannte Problemstellung skizzieren kann, richten sich meine Einwände gegen das Selbstverständnis, mit dem Habermas das Erfordernis einer kommunikationstheoretischen Orientierung der interdisziplinären marxistischen Forschung vorträgt.

1. Habermas spart den Weg der philosophischen Begründung des historischen Materialismus durch materialistische Dialektik und damit überhaupt die Problemgeschichte moderner Dialektik seit Hegel aus. Wenn schon, wie M. Theunissen gezeigt hat, in Hegels „Wissenschaft der Logik" der philosophische Entwurf einer „Theorie kommunikativer Freiheit" aufgedeckt werden kann[141], solide Forschungsbeiträge zur Marxschen und Leninschen Handhabung von Dialektik vorliegen[142], sich dialektische Logik zur Hinterfragung strukturaler Logik in U. Ecos Semiotik[143] bewährt hat, hätte man erwarten können, daß Habermas fundiert Stellung nimmt zu dem Orientierungspotential dialektischer Philosophie für den Aufbau von Kommunikationstheorie. Stattdessen scheint er die Problemgeschichte der modernen Dialektik mit jenem „geschichtsphilosophischen Ballast"[144] zu identifizieren, der die Begründergeneration der Frankfurter Schule in eine theoretische Defensive geführt hat.

2. Die Abkopplung des historischen Materialismus von der materialistischen Dialektik ist in der „Theorie des kommunikativen Handelns" nur der erste Schritt zu einer gänzlich reduktionistischen Interpretation des „Marxschen Ansatzes"[145].

Als Marxscher Ansatz wird anstelle des Marxschen Gesamtwerkes die Theorie des Arbeitswertes interpretiert, die keine originäre Leistung von Marx, sondern der klassischen politischen Ökonomie von W. Petty über A. Smith bis D. Ricardo darstellt. Selbst wenn man von Marxens philosophisch universellem Forschungsprogramm absieht und nochmals unter den von ihm realisierten Programmteilen von seinen geschichtswissenschaftlichen und gesellschaftstheoretischen Studien abstrahiert; selbst wenn man sich schließlich nur auf den größtenteils realisierten Programmteil der „Kritik der Politischen Ökonomie" einläßt und auch hier

141 M. Theunissen, Sein und Schein, Frankfurt/M. 1978.

142 V. A. Vazjulin, Logika „Kapitala" K. Marksa, a. a. O.; J. Zelený, Die Wissenschaftslogik bei Marx und „Das Kapital", Berlin 1968; H. H. Holz, Dialektik und Widerspiegelung, a. a. O.

143 U. Eco, Einführung in die Semiotik, München 1972.

144 J. Habermas, Theorie des kommunikativen Handelns, a. a. O., Bd. 2, S. 562.

145 Vgl. ebenda, S. 489—504.

wieder allein die ersten drei Bände von „Das Kapital" in Betracht zieht, setzt die Spezifik der Marxschen Leistung auf einer anderen Ebene als der der Arbeitswerttheorie ein. Marxens genetische Darstellung von der Wertform bis zur trinitarischen Formel erbringt auf dem Wege einer immanenten „Kritik der Politischen Ökonomie" den Nachweis, daß die von der klassischen politischen Ökonomie begründete Theorie des Arbeitswertes universelle Gültigkeit nur unter spezifisch industriekapitalistischen Bedingungen sowohl der gegenständlichen Produktion als auch der modernen bürgerlichen Gesellschaft beanspruchen kann. Aber selbst diese, schon historisierte Gültigkeit kann sie nicht als Theorie des Arbeitswertes schlechthin beanspruchen, sondern in der von Marx originär vorgenommenen Begründung als Theorie des Mehrwertes und der Wertmodifikationen.[146] Marx begreift als immanente Grenzbestimmung der kapitalistischen Produktionsweise ja gerade, was in der Gegenwart in den entwickelten Ländern empirisch massenhafte Bestätigung findet: daß *die* Arbeit aufhört, *der* Grundpfeiler materieller Produktion und *das* gesellschaftliche Maß von Reichtum zu sein.[147] Die Marxsche Philosophie, die die Kritik der Arbeitswerttheorie ermöglicht hat, kann sich ihrerseits nicht einer Grundlegung durch die Arbeitswerttheorie verdanken.

Wenn an das Marxsche Werk gesellschaftstheoretische Fragen gerichtet werden, muß, statt diese der dafür nicht konzipierten Arbeitswerttheorie vorzuhalten, der Marxschen Erklärung des Entwicklungszusammenhanges zwischen Produktionsweisen[148], Gesellschaftsformationen[149] und Lebensweisen[150] nachgegangen werden. Diese Erklärung läßt sich in der Tat nicht in die für Habermas charakteristische Dichotomie von System und Lebenswelt zwängen. In dieser, wie Habermas selbst schreibt, stark stilisierten Interpretation von Marx stellt Habermas Behauptungen auf, die wieder an der Spezifik des Marxschen Problembewußtseins vorbeigehen.

Marx sei a priori davon überzeugt gewesen, daß er im Kapital nichts anderes als die mystifizierte Gestalt einer Klassenbeziehung vor sich hat. Er verwende das Modell der Einheit einer zerrissenen sittlichen Totalität, das die Erfassung des hohen strukturellen Differenzierungsgrades moderner Gesellschaften nicht gestatte, und proklamiere eine Art Triumph der Lebenswelt über das System der entweltlichten Arbeitskraft[151]. Die Darstellung von Habermas läuft darauf hinaus,

[146] K. Marx, Das Kapital. Erster Band sowie Dritter Band, in: MEW, Bd. 23 u. 25, a. a. O.

[147] K. Marx, Grundrisse, a. a. O., S. 583–600; ders., Das Kapital. Erster Band, a. a. O., S. 511/512.

[148] Siehe A. K. Pokrytan, Das Historische und das Logische, Berlin 1981.

[149] Siehe G. Stiehler, Gesellschaft und Geschichte, Berlin 1974; ders., Widerspruchsdialektik und Gesellschaftsanalyse, Berlin 1977; E. Engelberg/W. Küttler (Hrsg.), Formationstheorie und Geschichte, Berlin 1978.

[150] Siehe u. a.: L. Kühne, Zum Begriff und zur Methode der Erforschung der Lebensweise, in: Weimarer Beiträge, 8/1978; I. Dölling, Zur Vermittlung von gesellschaftlichem und individuellem Lebensprozeß, in: ebenda, 10/1981.

[151] J. Habermas, Theorie des kommunikativen Handelns, a. a. O., Bd. 2, S. 498–504.

daß im Marxschen Werk der arbeitstheoretisch verfehlten Erklärung von Verdinglichung eine Art romantischer Revolutionarismus entspreche. In dieser Komplementarität vermag ich zwar nicht die strategischen Orientierungen von Marx zu erkennen, wohl aber die für das Marx-Bild der Frankfurter Schule konstitutive Vorgeschichte. Der ökonomistischen Revision des Marxschen Ansatzes durch führende deutschsprachige Vertreter der II. Internationale war ein geschichtsphilosophischer Subjektivismus gefolgt, der das proletarische Klassensubjekt in einer geschichtsteleologischen Garantieerklärung auratisierte.[152]

Wie Marx' entwicklungstheoretische Gruppierung von primären, sekundären und tertiären Formationen zeigt[153], war seine Verfahrensweise nicht die einer arbeits- und klassentheoretisch reduzierten Erklärung der Formationsentwicklung. Auch die Entdeckung der Klassenstrukturen und der klassentheoretische Erklärungsversuch von sozialen Phänomenen waren längst vor Marx geleistet worden, so u. a. von den Historikern der Französischen Revolution aus der Zeit der Restaurationsperiode. Demgegenüber fragt Marx danach, wie der klassenantagonistische Entwicklungsmodus von Gesellschaft enstanden ist, reproduziert wurde und ersetzt werden kann, ohne daß die zivilisatorischen Errungenschaften der kapitalistischen Gesellschaftsformation durch einen Rückfall auf das vorkapitalistische Entwicklungsniveau vernichtet werden.[154]

Marx' entwicklungstheoretische Gruppierungsversuche von Gesellschaftsformationen sind unvollendet geblieben. Insbesondere der späte Engels hat gegen die sich abzeichnende ökonomistische Revision des Marxschen Ansatzes hervorgehoben, daß Marx und er aus historisch verständlicher Frontstellung gegenüber dem deutschen Idealismus Fragen der Formierungsweise der Gesellschaft im Vergleich zu Problemen der materiellen Produktion wenig systematisch ausgearbeitet haben.[155] Es gehört zu der von beiden verfochtenen Strategie, die traditionelle Art reinen Philosophierens praktisch und theoretisch aufzuheben, wenn ihre geschichtsphilosophischen Orientierungen zur Untersuchung der Formierungsweise von Gesellschaft einer interdisziplinären Forschung systematisch zugeführt werden. In diesem Sinne werden geschichtsphilosophische Modalbestimmungen kommunikationstheoretisch thematisierbar, so wenn A. A. Leont'ev den Marx-

152 Siehe G. Lukács, Geschichte und Klassenbewußtsein, Neuwied 1975.

153 E. Engelberg/W. Küttler (Hrsg.), Formationstheorie und Geschichte, a. a. O., Kapitel III u. IV.

154 Siehe K. Marx/F. Engels, Manifest der Kommunistischen Partei, in: MEW, Bd. 4, Berlin 1972, S. 482; K. Marx, Theorien über den Mehrwert. Zweiter Teil, in: MEW, Bd. 26.2., S. 111; ders., Grundrisse, a. a. O., S. 79/80.; F. Engels, „Anti-Dühring", in: MEW, Bd. 20, S. 262–264; ders., Dialektik der Natur, in: MEW, Bd. 20, S. 323/324.

155 Vgl. E. Engelberg/W. Küttler, Formationstheorie und Geschichte, a. a. O., Kapitel V; F. Engels, Einleitung zur Einzelausgabe von Marx' „Die Klassenkämpfe in Frankreich 1848–1850", in: MEW, Bd. 21. Siehe auch die Briefe des späten Engels in: MEW, Bde. 38 u. 39.

schen Begriff der „Verkehrsformen“ als gesellschaftliche Kommunikation untersucht.[156]

3. Die an theoriegeschichtlichen Rekonstruktionen reiche „Theorie des kommunikativen Handelns“ spart ausgerechnet diejenige Forschungstradition aus, der thematisch die Priorität gebührt hätte. Dadurch könnte der Eindruck entstehen, als würde die marxistische Forschung den zentralen Stellenwert der Problematik sprachlicher Kommunikation eben erst entdecken. Es ist das große Verdienst von L. S. Vygotskij, bereits ab Ende der 20er Jahre dargestellt zu haben, wie das philosophisch universelle Forschungsprogramm von Marx für die historisch-materialistische Begründung einer komplexen Sozial- und Kulturpsychologie spezifiziert werden kann, nämlich durch die interdisziplinäre Untersuchung der sprachlichen Einheit von Kommunikation und Denken. Die von ihm in der marxistischen Forschung eingeleitete Wende zur kommunikationstheoretischen Durchführung des philosophischen Forschungsprogrammes von Marx ist in den Schriften von A. N. Leont'ev, P. Ja. Galperin, A. R. Lurija, D. Elkonin sowie insbesondere von A. A. Leont'ev und B. F. Lomov umfassend begründet, interdisziplinär ausgebaut und empirisch durch eigene Untersuchungen bestätigt worden.

5.2. Zur naturhistorischen Voraussetzung und dem menschheitsgeschichtlichen Kontext der gesellschaftlichen Kommunikation

1. Biokommunikation — naturhistorische Voraussetzung gesellschaftlicher Kommunikation

Gegenüber der Vorgehensweise von Habermas gestattet die kommunikationstheoretische Wende in den naturwissenschaftlichen Konzeptualisierungen von Evolution[157], insbesondere die biokommunikationstheoretische Fassung der ohnehin schon verhaltenstheoretisch reformulierten Evolutionstheorie[158], den kommunikationstheoretischen Anschluß seitens der Gesellschaftstheorie. Biokommunikation stellt einen erheblichen Selektionsvorteil dar, der das ganze natürliche Selektionsgefüge verändert. Biokommunikative Lernprozesse ermöglichen die individuelle Aneignung der Erfahrungsmuster der Population, die individualgeschichtliche Kumulation von Erfahrung und deren Weitergabe, wodurch eine positive Rückkopplung der Ontogenese an die Phylogenese entsteht. Durch biokommunikative

[156] Siehe A. A. Leont'ev, in: A. N. Leont'ev/A. A. Leont'ev/E. G. Judin, Grundfragen einer Theorie der sprachlichen Tätigkeit, a. a. O., S. 61—72.

[157] Vgl. I. Prigogine, Vom Sein zum Werden, München 1979; I. Prigogine/I. Stengers, Dialog mit der Natur, München 1981.

[158] Vgl. G. Tembrock, Biokommunikation I und II, Berlin—Oxford—Braunschweig 1971; ders., Grundriß der Verhaltenswissenschaften, Berlin 1980; ders., Verhaltenswissenschaften in Theorie und Praxis, in: Sitzungsberichte der AdW der DDR Nr. 7/N, Berlin 1983.

Lernprozesse wird ein populationsspezifisches Maß der Kopplung der Evolutionsmechanismen erreicht[159], wodurch die Genese der Evolutionskriterien nicht mehr teleologisch erklärt werden muß. Kommunikationsforschung erübrigt den sinnlosen Streit über die falsch gestellte Frage, welche Vorform der analytisch getrennten und naturhistorisch vorprojizierten Merkmale des menschlichen Wesens im Übergang zur sozialen Evolution herrschend geworden sein soll. Das menschliche Wesen resultiert aus keiner subsumtiven Neukombination von Faktoren, wie Werkzeugherstellung, sozietären Interaktionen oder vorkulturellen Traditionen, sondern aus der Evolution des Modus der gesellschaftlichen Entwicklung selbst. Diese Evolution erfolgt zunächst im Kontext der „Vorgeschichte der menschlichen Gesellschaft"[160].

2. Zum menschheitshistorischen Kontext der Herausbildung der bewußten Art und Weise gesellschaftlicher Entwicklung

Es ist angesichts des Defizits der „Theorie des kommunikativen Handelns", den makrostrukturellen Kontext für den Übergang zu einer menschheitshistorisch neuen gesamtgesellschaftlichen Kommunikationsweise angeben zu können, und angesichts der desorientierenden Marx-Interpretation durch Habermas sinnvoll, diese Problemstellung bei Marx selbst zu rekonstruieren. Marx unterscheidet schon die Produktionsweisen der Gesellschaftsformationen danach, ob in ihnen noch die „Naturbeziehung" oder bereits das „gesellschaftlich, historisch geschaffene Element" dominiert.[161] Der gesellschaftliche *Produktions*prozeß entstand, indem er durch gesellschaftliche Teilung der Arbeit im allgemeinen, besonderen und einzelnen zum gesellschaftlichen *Arbeits*prozeß wurde. Unter dieser Voraussetzung bildet die kooperative Organisation der unmittelbaren Produktion „historisch und begrifflich den Ausgangspunkt der kapitalistischen Produktion".[162] Das Kapital beruht damit substantiell auf abstrakter Arbeit. Es reproduziert sich allgemein erst nach der ihm adäquaten Industrialisierung des Produktions- und Reproduktionsprozesses.

Die spezifisch kapitalistische Einheit von Produktion und Konsumtion durch verselbständigten Warenaustausch ist keine undifferenzierte Einheit, sondern ein

159 Siehe zum Problem des Kopplungsmaßes der Evolutionsmechanismen, ohne die Erkenntnis, daß dieses Problem kommunikationstheoretisch gestellt werden müßte, die Beiträge von R. Harré und S. Toulmin in: H. H. Holz/H. J. Sandkühler (Hrsg.), Dialektik 5: Darwin und die Evolutionstheorie, Köln 1982, S. 68—78, 94—104. — Die Bestimmung des Maßes der Kopplung der Evolutionsmechanismen würde eine Beantwortung der Frage nach der Evolution der Evolutionskriterien ermöglichen. Vgl. zum Problem der Evolution der Evolutionskriterien: K. M. Zavadskij/E. I. Kolčinskij, Evoljucija Evoljucii, Leningrad 1977.

160 K. Marx, Kritik der Politischen Ökonomie. Vorwort, in: MEW, Bd. 13, S. 9/10.

161 K. Marx, Einleitung zur Kritik der Politischen Ökonomie, in: MEW, Bd. 13, S. 638; vgl. ebenda, S. 615, 637; vgl. auch K. Marx/F. Engels, Die deutsche Ideologie, in: MEW, Bd. 3, S. 65—67.; K. Marx, Grundrisse, a. a. O., S. 384, 386.

162 K. Marx, Das Kapital, Erster Band, in: MEW, Bd. 23, S. 341.

sich in Krisen widersprechender Prozeß, ist auch kein in sich geschlossener Prozeß, sondern ein Prozeß, der von der Natur bis zur Kultur an ihm „äußerliche Bedingungen" geknüpft ist.[163] Die Produktion und Realisation des relativen Mehrwertes ist an eine intensive Erweiterung des produktiven und konsumtiven „Zirkels" kapitalistischer Reproduktion gebunden. Diese Erweiterung kann, staatsmonopolistisch vermittelt, gegenüber der natürlichen Umwelt und den Existenzgrundlagen des gesellschaftlichen Lebens destruktiv erfolgen. Sie kann aber auch insofern progressiv erfolgen, als die „Kultur aller Eigenschaften des gesellschaftlichen Menschen . . . ebenso eine Bedingung der auf das Kapital gegründeten Produktion"[164] wird.

Marx untersucht die progressiven Entwicklungstendenzen des Kapitals erstens im Hinblick auf die wissenschaftlich-technische Emanzipation der Vergesellschaftungsweise des unmittelbaren Produktionsprozesses von den Grenzen des Arbeitsprozesses. In der Reproduktion der noch industriellen Produktionsweise war das Durchlaufen neuer Arbeitsteilungen, der Kombinationsformen und technischen Vergegenständlichungen dieser Arbeitsteilungen notwendig. In der wissenschaftlich-technischen Revolution werden die beiden ausdifferenzierten Bedingungen und Resultate von gesellschaftlicher Reproduktion an den Produktionsprozeß rückgekoppelt: Wissenschaft und gesellschaftliche Kommunikationen.[165] Die Spezifik beider beruht nicht substantiell auf Arbeit, sondern entspringt dem kulturellen Vergesellschaftungsmodus von gesellschaftlicher Reproduktion, den Marx häufig in klassisch-deutscher Tradition als unmittelbar gesellschaftliche Tätigkeit bezeichnet.

Marx untersucht die progressiven Entwicklungstendenzen des Kapitals zweitens im Hinblick auf den Übergang vom kapitalistisch verselbständigten Warenaustausch zur planmäßigen Proportionierung des Gesamtprozesses der Reproduktion. Kapital setzt voraus, daß der Austausch von Tätigkeiten dem Produktions- und Konsumtionsprozeß gegenüber verselbständigt ist. Dies ist im Warenaustausch der Fall, da Arbeit gesamtgesellschaftlich nicht in actu, d. h. nicht primär als Tätigkeit ausgetauscht werden kann, sondern in der „Form des Seins", in gegenständlicher Produktform, ausgetauscht werden muß.[166] Nun führt aber der Kapitalmechanismus nicht nur zu einer drastischen Verkürzung der gesellschaftlich notwendigen Arbeitszeiten, sondern auch der für die Mehrwertrealisation unproduktiven Zirkulationszeiten. Dies nennt Marx die Revolution der Kom-

[163] Siehe K. Marx, Grundrisse, a. a. O., S. 231, 422–432, 583–588, 591–600; K. Marx, Theorien über den Mehrwert. Erster Teil, in: MEW, Bd. 26.1., S. 367–370; K. Marx, Theorien über den Mehrwert. Dritter Teil, in: MEW, Bd. 26.3., S. 252–256.

[164] Vgl. u. a. K. Marx, Grundrisse, a. a. O., S. 583–600.

[165] Ebenda, S. 311/312; vgl. K. Marx, Das Kapital. Dritter Band, a. a. O., S. 254–266, 500, 835–839; K. Marx, Theorien über den Mehrwert. Zweiter Teil, in: MEW, Bd. 26.2., S. 492–495.

[166] K. Marx, Das Kapital. Erster Band, a. a. O., S. 195, 204.

munikations- und Transportmittel. Obgleich ihm historisch erst Eisenbahnen und Telegraphie vor Augen stehen konnten, vergleicht er doch die Bedeutung dieser Revolution bereits mit der Bedeutung der industriellen Revolution.[167] Durch die heutige Kombination der innovativen Produktions- und Kommunikationstechnologien kann eine aktuale Synchronisation des Gesamtprozesses der Reproduktion erreicht werden, die den der Kapitalreproduktion vorausgesetzten verselbständigten Warenaustausch erübrigt, damit auch die post festum durch Krisen erfolgende Proportionierung des Gesamtprozesses. Dies schließt die Beibehaltung des Geldes als Zeichen zur Steuerung volkswirtschaftlicher Proportionen ein.[168]

Schließlich diskutiert Marx die progressiven Entwicklungstendenzen des Kapitals drittens im Hinblick auf die Neuproduktion des Produzenten und Konsumenten. Die Umstellung der naturwüchsigen und traditionellen Reproduktion der Individuen als Arbeitskraft und Klassenindividuum auf die Produktion „gesellschaftlicher Individuen" durch moderne Kultur durchbricht den produktiven und konsumtiven Zirkel der Kapitalreproduktion progressiv.[169] Im Gegensatz zur Warenproduktion ist in der kulturellen Art des Produzierens die „Produktion . . . nicht trennbar von dem Akt des Produzierens", oder es entsteht nur für den stofflichen Träger der kulturellen Gebrauchsweise ein „Intervall zwischen Produktion und Konsumtion".[170] Im Gegensatz zum Warenaustausch erfolgt der Austausch von kulturellen Fähigkeiten in actu, d. h. der Austausch stofflicher Symbolträger funktioniert kulturell nur, wenn er dem aktualen Austausch von Tätigkeiten entspricht. Historisch hat Marx Kultur vom allgemeinen Volksunterricht bis zu der möglichen Verallgemeinerung der Aneignung von Wissenschaften und Künsten vor Augen. Als Übergangsformen vom Waren- zum Tätigkeitsaustausch untersucht er „Dienstleistungen", in deren Kaufen „das spezifische Verhältnis von Arbeit und Kapital gar nicht enthalten" ist.[171]

Unter diesen drei Gesichtspunkten läßt sich die Tendenz zur Auflösung der Substanz des Kapitals erkennen. Die gesamtgesellschaftlichen Arbeitsteilungen im allgemeinen, besonderen und einzelnen werden revolutioniert.[172] Auf diesen

167 Vgl. K. Marx, Das Kapital. Dritter Band, a. a. O., S. 81; vgl. K. Marx, Das Kapital. Erster Band, S. 404/405; vgl. K. Marx, Das Kapital. Zweiter Band, S. 262/263.

168 Marx lehnt innerhalb der Kapitalanalyse Geldauffassungen ab, die nicht die Geldform aus der Genesis der Wertform begreifen, spricht außerhalb dieses Kontextes aber auch vom Zeichencharakter des Geldes. (Vgl. zu diesen Unterscheidungen K. Marx, Grundrisse, a. a. O., S. 61/62, 80, 137, 903, 908; K. Marx, Das Kapital. Erster Band, a. a. O., S. 66, 88, 100, 103–107, 118, 126.)

169 Vgl. K. Marx, Grundrisse, a. a. O., S. 438–440, 593–600; K. Marx, Das Kapital. Erster Band, a. a. O., S. 511/512.

170 K. Marx, Theorien über den Mehrwert, Erster Teil, a. a. O., S. 385/386.

171 Ebenda, S. 379–381; Vgl. K. Marx, Das Kapital. Dritter Band., a. a. O., S. 311/312.

172 Vgl. K. Marx, Grundrisse, a. a. O., S. 25, 204/205, 595–597; K. Marx, Das Kapital. Erster Band, a. a. O., S. 511; K. Marx, Theorien über den Mehrwert, Dritter Teil, a. a. O., S. 252/253.

Arbeitsteilungen aber und ihrer klassengesellschaftlichen Reproduktion beruhte der bisherige Entwicklungszusammenhang von Produktionsweisen und Gesellschaftsformationen.[173] Die progressive Aufhebung des Kapitalverhältnisses bedeutet mehr als einen innerklassengesellschaftlichen Formationswechsel. Sie erfordert die Freisetzung der der kapitalistischen Gesellschaft bereits inhärenten und gleichwohl in dieser Gesellschaft nur antagonistisch realisierbaren Entwicklungstendenzen. Diese faßt Marx in der „bewußten Rekonstitution der menschlichen Gesellschaft" zusammen.[174] Die universelle Tendenz des Kapitals ist, daß der „Prozeß der Entwicklung selbst als Voraussetzung desselben gesetzt und gewußt" wird.[175]

Marx und Engels haben keinen substanzialisierten Begriff von „Bewußtsein" mehr. Sie fassen „Bewußtsein" in seiner unmittelbaren Wirklichkeit als sprachliche Praxis und in seiner dadurch gesellschaftlich vermittelten Wirklichkeit als „bewußtes Sein" auf.[176] Sprache wird genetisch aus der Notwendigkeit des Verkehrs der Individuen, d. h. aus der gesellschaftlichen Kommunikation verstanden. In der Sprache werden gesellschaftliche Kommunikation und kognitive Reflexion zusammengeschlossen. Im Unterschied zur nur sinnlichen Widerspiegelung fungiert in der rationalen Erkenntnis die Sprache als derjenige „Spiegel", durch den die Reflexion der Reflexion (diskursives Denken) möglich wird. „Gegenständlichkeit" setzt schon immer ein kommunizierendes Gemeinwesen voraus.[177] Die Sprache ist genetisch nicht nur Produkt der gesellschaftlichen Reproduktion, sondern wird zum „selbstredenden Dasein" des Gemeinwesens.[178] Marx weist die ökonomistische Übertragung des Verdinglichungseffektes der Geldform (als Wertform) auf die Sprachauffassung ausdrücklich zurück.[179] W. Hartung zeigt, daß instrumentalistische Sprachauffassungen den gesellschaftlichen Charakter der Sprache verfehlen und sich nicht auf Marx berufen können.[180]

„Bewußte Rekonstitution der menschlichen Gesellschaft" beinhaltet demnach den menschheitshistorischen Wechsel vom klassenantagonistischen zum kulturellen Entwicklungsmodus der Gesellschaft. Aber der Entwicklungszusammenhang von Produktionsweisen, Gesellschaftsformationen und Lebensweisen ist schon im-

[173] Vgl. K. Marx/F. Engels, Die deutsche Ideologie, a. a. O., S. 2--24, 32--34, 50—52, 74/75, 347, 364, 424; K. Marx, Das Kapital, Erster Band, a. a. O., S. 371—388; K. Marx, Das Kapital. Zweiter Band, a. a. O., S. 42/43.

[174] K. Marx, Das Kapital. Dritter Band, a. a. O., S. 99, vgl. S. 828—830; vgl. K. Marx, Theorien über den Mehrwert. Zweiter Teil, a. a. O., S. 111; K. Marx, Grundrisse, a. a. O., S. 79.

[175] K. Marx, Grundrisse, a. a. O., S. 438—440, vgl. S. 600.

[176] K. Marx/F. Engels, Die deutsche Ideologie, a. a. O., S. 28, 30.

[177] Siehe H. H. Holz, Dialektik und Widerspiegelung, a. a. O.

[178] K. Marx, Grundrisse, a. a. O., S. 390.

[179] Vgl. ebenda, S. 80.

[180] Siehe W. Hartung, Gesellschaftlichkeit der Sprache, a. a. O.; W. Hartung/H. Schönfeld (Leiter des Autorenkollektivs), Kommunikation und Sprachvariation, a. a. O.

mer insofern ein kultureller, als er durch Mengen von Zeichen vermittelt wird[181], die aber objektiv und subjektiv bestimmt sind. Kulturen sind objektiv derart geordnete Zeichenmengen, daß durch sie, im Unterschied zum stofflichen Ersatz von Elementen der gesellschaftlichen Produktion, die gesellschaftlichen Strukturen der Naturaneignung tradiert und aktualisiert werden können. Zeichenmengen fungieren subjektiv als Kultur, insofern sie „Tätigkeit" ermöglichen, d. h. die individualgeschichtliche Ausbildung von Persönlichkeitsstrukturen, nach denen objektiv bedeutungsvolles Verhalten als subjektiv sinnvolles Handeln produziert werden kann.[182] Die „bewußte Rekonstitution" erfordert nicht schlechthin kulturelle Weisen des Produzierens, sondern diese auf dem bereits modernen Entwicklungsniveau der sprachlichen Einheit von gesellschaftlich-praktischer Kommunikation und diskursivem Denken.

5.3. Zur Entwicklung einer neuen gesamtgesellschaftlichen Kommunikationsweise

Die Herausbildung einer neuen *gesamtgesellschaftlichen Kommunikationsweise* läßt sich als der widersprüchliche Entwicklungszusammenhang zwischen *kommunikativen Tätigkeiten* (bei Habermas der kommunikative Handlungsansatz im engeren Sinne), *kommunikativen Praktiken* (bei Habermas die strukturalistische Überbrückung) und *kommunikativen Verhältnissen* (bei Habermas an die Systemtheorie delegierte Aufgaben) thematisieren. Im Hinblick auf die marxistische Theorie der Wissenschaftsentwicklung lassen sich unter diesen drei Aspekten drei kommunikative Lösungsformen des Widerspruches zwischen externen und internen Determinenten der Wissenschaftsentwicklung formulieren.

1. Kommunikative *Tätigkeiten* sind Persönlichkeitsstrukturen, nach denen die Reproduktion von *unmittelbaren* Kooperationen koordiniert wird. Sie entstehen in dem Prozeß „individueller Vergesellschaftung"[183], der im Kontext gruppenspezifischer *Lebensweisen* stattfindet. Der Begriff der Lebenweise hebt die soziokulturelle Struktur der natürlich-sozialen Lebensäußerungen von Indidviduen in Gruppen hervor. Die Reproduktion gruppenspezifischer Lebensweisen hängt objektiv von den gesamtgesellschaftlichen Verhältnissen und gegenständlichen Lebensbedingungen ab[184], subjektiv von der Entwicklung der Individuen zu Persönlichkeiten. „Persönlichkeit" kann als Entwicklungszusammenhang von

[181] Vgl. J. M. Lotman, Kultur — Information — Sprache, in: J. M. Lotman, Kunst als Sprache, Leipzig 1981, S. 27—29.

[182] Vgl. A. N. Leont'ev, Tätigkeit — Bewußtsein — Persönlichkeit, a. a. O., S. 102—109, 140—151; A. Lurija, Sprache und Bewußtsein, a. a. O., S. 129—131, 156—159, 172/173, 282—290; D. Elkonin, Psychologie des Spiels, a. a. O., S. 335—366.

[183] K. Holzkamp, Gesellschaftlichkeit des Individuums, Köln 1978, S. 156.

[184] Vgl. L. Kühne, Zum Begriff und zur Methode der Erforschung der Lebensweise, a. a. O., S. 31.

Tätigkeiten, Handlungen und Operationen untersucht werden.[185] Die wechselseitige Zuordnung der objektiven und subjektiven Determinanten der Lebensweise könnte durch die Bestimmung von „Individualitätsformen" erfolgen.[186]

Die grundlegende These der an Vygotskij und A. N. Leont'ev anschließenden Sozialpsychologie besteht zu Kommunikation (A. A. Leont'ev) und Denken (Galperin) in folgendem: Kommunikation und Kognition entwickeln sich von kommunikativen und geistigen Handlungen, die in noch *vor*sprachlich motivierte Lebenstätigkeiten eingebettet sind, zu den besonderen *Tätigkeiten* der sprachlichen Kommunikation und des diskursiven Denkens. Sprachlich-kommunikative und intellektuelle Tätigkeit entwickeln sich dann ihrerseits über eigene Handlungs- und Operationsebenen. Dies restrukturiert und verallgemeinert den Ausgangspunkt einer noch vorsprachlich motivierten, aber im Sinne von A. Lurija bereits „sympraktischen" Lebenstätigkeit. Wahrnehmung, Willensbildung und Kognition werden durch ihre sprachliche Organisation rationalisierbar.[187] Dieses rationale Kreativitätspotential entsteht im sprachlich-kommunikativen Gebrauch diskursiv-kognitiver Strukturen und im diskursiv-kognitiven Gebrauch sprachlich-kommunikativer Strukturen.[188] Die Genese der metasprachlichen Lösungsform von Widersprüchen zwischen beiden Gebrauchsweisen setzt voraus, daß sprachliche Kommunikation und diskursives Denken bereits „textsprachlich"[189] produziert und rezipiert werden.

Der irreduzible Kern des Vermögens zu wissenschaftlicher Tätigkeit besteht, kommunikationstheoretisch gesehen, in der Fähigkeit, textsprachlich zu denken. Der unmittelbare Kontext, in dem diese Fähigkeit personal entsteht, ist der bestimmter Lebensweisen und Individualitätsformen. Diese werden wissenschaftshistorisch und wissenschaftstheoretisch relevant, wenn es um die Frage geht, welche persönlichen Handlungskompetenzen welchen objektiven Funktionen in der Wissenschaftsentwicklung adäquat sind und auf Grund welcher personaler Verarbeitungsweisen neue wissenschaftliche Probleme gestellt werden können. Die kommunikativ vergesellschafteten Persönlichkeitsstrukturen von Wissenschaftlern sind der Wissenschaft weder extern noch intern. Vielmehr stellen sie die subjektive Lösungsform des Widerspruches zwischen der objektiven Bestimmtheit und der subjektiven Bestimmung der Wissenschaft als einer Lebensweise dar. Durch die Untersuchung der kommunikativen Tätigkeitsstrukturen der Wissenschaftler kann der mikrostrukturelle Aspekt des Gegensatzes zwischen Externalismus und Internalismus überwunden werden.

[185] Siehe A. N. Leont'ev, Tätigkeit – Bewußtsein – Persönlichkeit, a. a. O., S. 154, 220.

[186] K. Holzkamp, Gesellschaftlichkeit des Individuums, a. a. O., S. 156; vgl. I. Dölling, Zur Vermittlung von gesellschaftlichem und individuellem Lebensprozeß, a. a. O.

[187] Vgl. A. Lurija, Sprache und Bewußtsein, a. a. O., S. 129–131, 156–160, 288–291.

[188] Siehe A. N. Leont'ev/A. A. Leont'ev/E. G. Judin, Grundfragen einer Theorie der sprachlichen Tätigkeit, a. a. O., S. 112/113, 117–120, 263–266.

[189] Vgl. J. M. Lotman, Kunst als Sprache, a. a. O., S. 16, 113–116.

2. In der Ausbildung textsprachlich differenzierter Einheiten von Kommunikation und Kognition interferieren kontextual gesehen bereits bestimmte *Lebensweisen* und die Genese diskursiver *Praktiken* aus kommunikativen Praktiken. Textsprachliche und deren metasprachliche Einheiten entwickeln sich nicht nur in der Lösung von Widersprüchen (struktural: von Inhomogenitäten) zwischen „Bedeutung" und „Sinn" (A. N. Leont'ev, J. M. Lotman) innerhalb der lebensweisebedingten Kontexte, sondern auch in der Lösung der Widersprüche zwischen den Texten und den nicht lebensweisebedingten Kontexten. Die Frage nach der objektiven Reproduzierbarkeit gruppenspezifischer Lebensweisen differenziert die Lebensäußerungen der Individuen als *Handeln* und *Verhalten.* Die Individuen handeln zunächst in unmittelbaren Kooperationen nach subjektiven Tätigkeitsstrukturen. Indem aber die Individuen handeln, verhalten sie sich objektiv, d. h. erfüllen sie Funktionen der gesamtgesellschaftlichen Reproduktion, die über den gruppenspezifischen Kontext der Reproduktion ihrer Lebensweise hinausgehen. Kommunikative *Praktiken* stellen zunächst schichtspezifisch ausgebildete soziokulturelle Verkehrsformen dar, durch die die gesellschaftliche Reproduktion von raumzeitlich nur *mittelbaren* Kooperationen koordiniert wird. Probleme der gesellschaftlichen Mittelbarkeit (Mitteilbarkeit) von Kooperation entstehen sowohl in der gegenständlich-produktiven Naturaneignung als auch in der gesellschaftlich-praktischen Reproduktion von Produktionsweisen und Gesellschaftsformationen als auch in der interkollektiven Reproduktion von Lebensweisen.

Die Reproduktion gesellschaftlich mittelbarer Kooperation schließt eine Emanzipation von dem in unmittelbarer Kooperation erworbenem Erfahrungswissen ein. Die historische Folge der Genese kommunikativer Praktiken von symbolischen zu diskursiven Praktiken auf höher entwickeltem Niveau kann hier nicht erörtert werden. Es ließe sich z. B. wissenschaftshistorisch zeigen: Wenn die Reproduktion mittelbarer Kooperationen (in den entsprechenden Kontexten von Produktionsweisen, Gesellschaftsformationen und Lebensweisen) kontinuierlich notwendig und intensiv erweitert wird, differenzieren die dafür erforderlichen diskursiven Praktiken zu Natur-, Gesellschafts- und Humanwissenschaften[190] mit stabiler Rückkopplung an ihre Kontexte aus. Wissenschaftshistorisch und wissenschaftstheoretisch gesehen, stellen diskursive Praktiken die besonderen Lösungsformen des Widerspruchs zwischen externen und internen Determinanten der Wissenschaftsentwicklung dar (im Unterschied zu den einzelnen Lösungsformen durch die kommunikativen Tätigkeitsstrukturen der Wissenschaftler). Solche besonderen kommunikativen Makrostrukturen zeichneten z. B. den polisgemeinschaftlichen Charakter philosophischer Wissenschaft in der griechischen Antike aus, den synthetisch

[190] Zu „Humanwissenschaften" im Unterschied zu dem Gegensatz von Natur- und Gesellschaftswissenschaften vgl.: J. Piaget, Erkenntnistheorie der Wissenschaften vom Menschen, Frankfurt/M. – Berlin (West) – Wien 1973.

offenen Charakter der Renaissancewissenschaft, den sogenannten Baconschen oder klassischen Weg in der Ausbildung der neuzeitlichen Wissenschaft.

3. Die Integration diskursiver Praktiken zu einer *gesamtgesellschaftlichen Kommunikationsweise*, in der der Entwicklungszusammenhang von Produktionsweise, Gesellschaftsformation und Lebensweisen koordiniert wird, kann aus keiner Summierung der besonderen Inhalte und Formen dieser Praktiken entstehen. Diese Integration erfordert, daß die Prinziplösungen für kontextuelle und textuelle Widersprüche überhaupt diskursiv begründet und in einem Ensemble von öffentlichen Kommunikationsmedien institutionalisiert werden. Eine solche Integration könnte aber erst dann als gesamtgesellschaftliche Kommunikationsweise funktionieren, wenn die kommunikativen *Verhältnisse* verändert werden. Darunter verstehe ich diejenigen allgemeinen Voraussetzungen von gesellschaftlicher Kommunikation, die sprachliche Kommunikation optimieren, ohne daß sie sprachlich aktualisiert werden müssen. Dazu gehören negativ der Ausschluß der Möglichkeit, Kommunikationsmittel monopolisieren zu können, und positiv bestimmte Kommunikationstechnologien.[191] Das oberste Bestimmungskriterium solcher *Kommunikationstechnologien* wäre, daß sie die allgemeine Teilnahme an öffentlicher Kommunikation ermöglichen und gleichzeitig durch die Operationalisierung von sprachlichen Handlungsebenen eine Entlastung von sprachlichem Kommunikationsaufwand ermöglichen.

Der bisher in der erwähnten sowjetischen Forschung erkannte Entwicklungszusammenhang von Tätigkeits-, Handlungs- und Operationsebenen läßt folgendes erwarten: die kommunikationstechnologische Operationalisierung bisheriger Ebenen des diskursiven Handelns wird zu einer Restrukturierung der sprachlichen Tätigkeit auf höherem diskursiven Argumentationsniveau führen. Gelingt die Entwicklung und Verbreitung solcher Kommunikationstechnologien, wäre menschheitshistorisch erstmals ein Typ von Kommunikationsmitteln verfügbar, der nicht, wie auch noch industrielle Kommunikationsmittel, schon technisch gesehen zu Verdinglichungseffekten führt, da der neue Typ aus der Operationalisierung diskursiver Argumentation selbst hervorginge.

Die gegenwärtige Revolution der Informations- und Kommunikationsmittel, die alle gesellschaftlichen Bereiche erfaßt, hebt nicht nur die bislang gesellschaftlich separierte Stellung von Wissenschaft und Technik auf. Sie führt gerade in den Natur- und Technikwissenschaften, die seit der industriellen Revolution für den gegenständlichen Produktions- und Reproduktionsprozeß als allgemeine

[191] Vgl. zum Aufbau einer diesen Aspekt der Theorie der gesellschaftlichen Kommunikation behandelnden „Informatik" K. Fuchs-Kittowski, Wechselbeziehungen zwischen Automat und Gesellschaft. Zu Strategien des Einsatzes der automatisierten Informationsverarbeitung als Rationalisierungs- und Erkenntnismittel, in: Wissenschaftliche Zeitschrift der Humboldt-Universität zu Berlin, Math.-Naturwiss. Reihe, Heft 5/1979.

Arbeit[192] fungiert haben, zu einer bedeutenden Umstrukturierung. Die vom Prinzip her selben polyfunktionalen Komplexe von Produktions-, Informations- und Kommunikationstechnologien, die den Arbeitsprozeß als den Grundpfeiler der materiellen Produktion aufheben werden, werden von der allgemeinen Tendenz her auch den experimentellen Arbeitsprozeß in den Natur- und Technikwissenschaften aufheben. An die Stelle der innerwissenschaftlichen Bedeutung der experimentellen Arbeit rückt die modellierende Tätigkeit als Bindeglied zwischen experimenteller Produktion und theoretischem Diskurs in der Wissenschaft.[193]

[192] Vgl. H. Laitko, Wissenschaft als allgemeine Arbeit, Berlin 1979.

[193] K. Fuchs-Kittowski, Wechselbeziehungen zwischen Automat und Gesellschaft, a. a. O., S. 715–718.

Regina Wegner

Zu den entwicklungstheoretischen Grenzen des sogenannten Finalisierungskonzeptes (dargestellt am Beispiel der Geschichte der Gärungsforschung)

In den Jahren 1972/73 formulierte eine Gruppe von jüngeren und sozialkritisch gesonnenen Mitarbeitern des Max-Planck-Institutes „Zur Erforschung der Lebensbedingungen der wissenschaftlich-technischen Welt" in Starnberg (kurz: die „Starnberger Gruppe") eine sog. Finalisierungskonzeption. Dieser Gruppe gehörten u. a. an: G. Böhme, W. Krohn, W. v. d. Daele, R. Hohlfeld und W. Schäfer. Das „Finalisierungskonzept" verfolgte das Anliegen, die Steuerbarkeit der Wissenschaft theoretisch zu begründen. Die Frage nach einer gesellschaftlich emanzipatorischen Steuerung der Wissenschaftsentwicklung erforderte, sich dem Problem des Zusammenhanges von Gesellschafts- und Wissenschaftsentwicklung zu stellen. Dies bedeutete in der etablierten Debatte bürgerlicher Wissenschaftstheorien insbesondere, das Verhältnis von „externen" und „internen" Determinanten der Wissenschaftsentwicklung neu zu bestimmen.

Das Anliegen der Gruppe widersprach der traditionellen Vorstellung von einer autonomen Entwicklung der Wissenschaft ohne gesellschaftliche Steuerung. Es widersprach auch insofern der wissenschaftspolitischen Praxis in staatsmonopolistischen Ländern, als diese unter dem liberalen Gewande der Autonomie der Wissenschaft realiter nach Staats- und Konzerninteressen bestimmte Wissenschaftsentwicklungen förderte oder hemmte, ohne die wissenschaftspolitischen Prioritäten der öffentlichen demokratischen Kontrolle zu unterwerfen. Entsprechend scharf wurde die Gruppe von Konservativen im Namen der „Freiheit der Wissenschaft" attackiert.

Inzwischen hat sich die Gruppe aufgelöst, und dies nicht nur infolge des massiven konservativen Drucks. Die Frage nach der gesellschaftlichen Steuerbarkeit von Wissenschaftsentwicklung führt — politisch-ideologisch wie grundlagentheoretisch — zu Problemen, die innerhalb bürgerlicher Denktraditionen nicht mehr gelöst werden können. Dies förderte offenbar auch den Differenzierungsprozeß innerhalb der Gruppe.

In dem folgenden Beitrag wird versucht, sowohl Anregungen aufzuzeigen, die sich diesem Konzept entnehmen lassen, als auch seine Grenzen zu bestimmen, wenn es um die theoretische Erklärung der Entwicklung von Wissenschaften geht.[1] Zu diesem Zwecke wird eine Fallstudie zur Geschichte der Gärungsfor-

[1] Wertvolle Hinweise für die kritische Beschäftigung mit dem sog. Finalisierungskonzept sind vor allem den Arbeiten von W. G. Fedotova, Štarnbergskaja gruppa (FRG) o zakonomernost-

schung im 19. Jahrhundert vorgelegt, die mit der von G. Böhme konfrontiert wird, so daß aus dieser Gegenüberstellung die entwicklungstheoretischen Schwierigkeiten des „Finalisierungskonzepts" konkret deutlich werden.

Die „Starnberger Gruppe"[2] geht bei ihrem Konzept der „Steuerbarkeit der Wissenschaft" von zwei Voraussetzungen aus.

Die erste Voraussetzung ist theoretischer Natur. Aus dieser Sicht reduzieren die bis dahin vorliegenden Konzeptionen — etwa die von Lakatos und Kuhn — die Wissenschaftsentwicklung auf Einflüsse und Prozesse, die den Rahmen der entsprechenden Wissenschaftlergemeinschaft nicht verlassen. Diese Reduktion betrifft sowohl die Konzeption der Konkurrenz von Forschungsprogrammen (Lakatos) als auch die der „revolutionären Phasen" der Wissenschaftsentwicklung (Kuhn). Die Schwäche dieser Konzeptionen liegt nach Meinung der „Starnberger Gruppe" darin, ungenügend den wechselseitigen Einfluß von Wachstumsbedingungen der Wissenschaft und dem „historischen Status quo" der Wissenschaft für die politische Steuerung der Wissenschaft berücksichtigt zu haben. Sie selbst versuchen mit ihrer „Finalisierungskonzeption" zu beschreiben, „welche Eigenschaften der gegenwärtigen Wissenschaftsstruktur die Voraussetzung dafür schaffen, daß eine von wissenschaftlichen Interessen und sozialen Bedürfnissen gleichermaßen getragene Forschungsplanung möglich ist".[3]

Die zweite Voraussetzung ist historischer Natur. Die Mitglieder der „Starnberger Gruppe" gehen davon aus, daß mit dem 19. Jahrhundert ein entscheidender Einschnitt in der Wissenschaftsentwicklung erfolgt sei. In dessen Gefolge seien Bedingungen entstanden, unter denen die ehemals spontane Entwicklung der Wissenschaft nun nach gesellschaftlichen Zwecksetzungen rational gesteuert werden kann. Dieser Einschnitt wird in einem Zwei-Phasen-Modell beschrieben, welches die allgemeine Wissenschaftsdynamik erfassen soll. In diesem Modell unterstellen die Autoren „einen evolutionären Übergang von der darwinistischen zur finalistischen Wissenschaftsgeschichte".[4] Während sie die „darwi-

jach razvitija nauki, in: Voprosy filosofii, 3/1984; R. Mocek, Finalisierung — kritisch bedacht, in: R. Mocek (Hrsg.) Arbeitsblätter zur Wissenschaftsgeschichte (Martin-Luther-Universität Halle-Wittenberg), 7/1980; R. Mocek, Gedanken über die Wissenschaft. Die Wissenschaft als Gegenstand der Philosophie, Berlin 1980 und G. Kröber/H. Laitko, Wissenschaft als soziale Kraft, Berlin 1976 zu entnehmen. Für die konstruktive Kritik an dem Entwurf meines obigen Textes habe ich insbesondere H.-P. Krüger zu danken.

[2] Die grundlegenden Arbeiten der Gruppe stammen aus den Jahren 1972 und 1973. Soweit sich die theoretischen Positionen mit dem in diesen Arbeiten entwickelten Konzept in Übereinstimmung befinden, verwenden wir den Begriff „Starnberger"; wo die Auffassungen darüber hinausgehen, werden die Mitarbeiter mit Namen genannt.

[3] G. Böhme/W. v. d. Daele/W. Krohn, Die Finalisierung der Wissenschaft, in: W. Diederich (Hrsg.), Theorien der Wissenschaftsgeschichte. Beiträge zur diachronischen Wissenschaftstheorie, Frankfurt/M. 1974, S. 286.

[4] W. Schäfer, Normative Finalisierung. Eine Perspektive, in: G. Böhme/W. v. d. Daele/W. Krohn, Die gesellschaftliche Orientierung des wissenschaftlichen Fortschritts (Starnberger Studien I), Frankfurt/M. 1978, S. 382.

nistische" Phase dahingehend charakterisieren, daß in ihr „Entscheidungen über Alternativen der Richtung theoretischen Fortschritts gefallen sind, die weder aus zwingenden Maßstäben wissenschaftlicher Rationalität (Wahrheit), noch aus bewußten Strategien der Wissenschaftler, sondern nur als Resultate der Einflüsse der Umwelt der Wissenschaft verstanden werden können"[5], sei die „finalistische" Phase dadurch gekennzeichnet, daß durch „explizite Wissenschaftspolitik die Existenz- und Wachstumsbedingungen der Wissenschaft einer rationalen Verfügung unterliegen"[6]. In bezug auf die letztgenannte Phase sind nach Ansicht der „Starnberger Gruppe" mit dem 19. Jahrhundert vier konkrete historische Bedingungen erfüllt, die eine Veränderung des Verhältnisses von Wissenschaft und Gesellschaft widerspiegeln:

1. die Gegenstände, über die man nach „externen" Zwecken verfügen will, sind selbst zunehmend Laborphänomene geworden;

2. Theoriefortbildung wird in zunehmendem Maße für spezielle Gegenstandsbereiche die Form, in der die Wissenschaft ihre Beziehung auf externe Zwecke realisiert;

3. Verwissenschaftlichung der Gegenstandsbereiche erfolgt seit dem 19. Jahrhundert auf dem Boden einer „fertigen Theorie";

4. die Wissenschaft der Gegenwart ist technikerzeugend.[7]

Mit Hilfe ihres Zwei-Phasen-Modells der allgemeinen Wissenschaftsdynamik suchten die „Starnberger" jene Betrachtungen zu überwinden, die sich lediglich auf wissenschaftsinterne Faktoren beschränken und demzufolge den realen Prozeß der Wissenschaftenwicklung nur ungenügend widerspiegeln. Die „Starnberger" vertraten die Position, daß „ein rationaler Diskurs über wissenschaftliche Alternativen" über den Bereich der „internen" Faktoren bzw. Regulative hinaus möglich ist, „nämlich etwa über die Nützlichkeit, Relevanz und über die Legitimität wissenschaftlicher Forschung".[8]

[5] G. Böhme/W. v. d. Daele/W. Krohn, Die Finalisierung der Wissenschaft, in: Zeitschrift für Soziologie (Stuttgart), 2/1973, S. 132/133.

[6] G. Böhme/W. v. d. Daele/W. Krohn, Alternativen in der Wissenschaft, in: Zeitschrift für Soziologie (Stuttgart), 4/1972, S. 313.

[7] In einer Untersuchung über die Genese wissenschaftlicher Geltungsansprüche unternimmt W. Krohn den Versuch, die Frage zu beantworten, wie die „beiden Ebenen der objektiven Erfahrung und der subjektiven Reflexionen zusammenhängen" (W. Krohn, ‚Wissen ist Macht'. Zur Soziogenese eines neuzeitlichen wissenschaftlichen Geltungsanspruchs, in: K. Bayertz [Hrsg.], Wissenschaftsgeschichte und wissenschaftliche Revolution, Köln 1981, S. 39, 40). Diese Arbeit Krohns verdeutlicht, daß das Zwei-Phasen-Modell — das die Zäsur mit dem 19. Jahrhundert setzt — zu relativieren ist und dies z. T. durch die ehemaligen Vertreter des „Finalisierungskonzeptes" selbst schon geschieht.

[8] G. Böhme/W. v. d. Saele/W. Krohn, Alternativen in der Wissenschaft, in: Zeitschrift für Soziologie (Stuttgart), 4/1972, S. 313.

Das Bestreben der „Starnberger", „interne" und „externe" Faktoren der Wissenschaftsentwicklung zu vermitteln[9], bzw. mit Blick auf die Planung von Wissenschaftsprozessen, sowohl „interne" als auch „externe" Einflußfaktoren gelten zu lassen, führte unmittelbar nach der Veröffentlichung der für ihre Konzeption grundlegenden Artikel in den Jahren 1972 und 1973 zu einer heftigen forschungspolitischen Debatte, die ihren Höhepunkt 1976 auf der Tagung des Arbeitskreises „Wissenschaftsforschung in der BRD" in München erreichte. Die „Antifinalisten", unter ihnen solche bekannten Philosophen und Wissenschaftstheoretiker wie K. Hübner, N. Lobkowicz, G. Radnitzky und G. Andersson, sahen die Fiktion der „autonomen", der „freien" Forschung (vor allem der Grundlagenforschung) bedroht und gingen soweit, die von der „Starnberger Gruppe" entwickelte theoretische Konzeption als neomarxistisch zu verteufeln.
In Verkennung oder absichtlich einseitiger Darstellung der konzeptionellen Modellvorstellungen der „Starnberger" wurde ihre Konzeption als „Bernalscher Wein in von Kuhn geborgten Schläuchen" diskreditiert. Offenbar hielten die Gegner des „Finalisierungskonzeptes" grundlagentheoretische Forschung für gefährdet, wenn die von den „Starnbergern" vertretene Position wissenschaftspolitisch umgesetzt würde.

Einer von ihnen, G. Andersson, drückte diese Befürchtung so aus: „Wenn die Finalisierungsthese ernst genommen werden sollte, würde das das Ende der theoretischen Weiterentwicklung der Grundlagen einer Disziplin bedeuten, was vielleicht auch eine Art Finalisierung ist".[10] Solche Art von Polemik im Namen der „Freiheit der Wissenschaft" erübrigt nicht die wissenschaftstheoretische Diskussion des Zwei-Phasen-Modells, in dem die „Starnberger" versuchten, „externe" und „interne" Faktoren zu vermitteln, die Beziehungen von Wissenschaft und Produktion sowie Wissenschaft und Technik der wissenschaftstheoretischen Erörterung zu erschließen.[11]

[9] Wir erkennen die Berechtigung der Verwendung dieser beiden Kategorien da an, wo sie als „Handwerkszeug" die Untersuchungen des Analytikers leiten. Ansonsten stimmen wir der Auffassung von S. R. Mikulinskij (Scheinkontroversen und reale Probleme der Theorie von der Entwicklung der Wissenschaft, in: Sowjetwissenschaft, Gesellschaftswissenschaftliche Beiträge, 7/1978) zu, der die Gegenüberstellung als „Scheinkontroverse" bezeichnet. Darauf wird im weiteren noch einzugehen sein.

[10] K. Hübner/N. Lobkowicz/H. Lübbe/G. Radnitzky (Hrsg.), Die politische Herausforderung der Wissenschaft. Gegen eine ideologisch verplante Forschung, Hamburg 1976, S. 72.

[11] W. Krohn hat sich in seinen Arbeiten zur soziologischen Interpretation der neuzeitlichen Wissenschaft (in: E. Zilsel, Die sozialen Ursprünge der neuzeitlichen Wissenschaft, Frankfurt/M. 1976; Die „neue Wissenschaft" der Renaissance, in: G. Böhme/W. v. d. Daele/W. Krohn, Experimentelle Philosophie. Ursprünge autonomer Wissenschaftsentwicklung, Frankfurt/M. 1977; „Wissen ist Macht". Zur Soziogenese eines neuzeitlichen wissenschaftlichen Geltungsanspruchs, in: K. Bayertz [Hrsg.], Wissenschaftsgeschichte und wissenschaftliche Revolution, a. a. O.,) besonders verdient gemacht um die Analyse der Entstehung der modernen Naturwissenschaft in der Renaissance, womit, wie bereits angeführt, andere Akzente in der Entwicklung des Verhältnisses von Wissenschaft und Gesellschaft gesetzt werden.

Die „Starnberger“ selbst wollen in ihrem Zwei-Phasen-Modell sowohl den historischen als auch den aktuellen Bezug widerspiegeln. Sie wandten sich selbst gegen eine einseitige Betrachtung ihrer Konzeption und betonten immer wieder das Wechselverhältnis von „externer“ Einflußnahme auf die Wissenschaft und deren eigenem theoretischen Entwicklungsstand: „Die These von der Finalisierung der Wissenschaft besagt ... gerade, daß die Ausrichtung an externen Zwekken durch die Theorieentwicklung selbst bedingt ist“.[12]

In der Betonung dieses Wechselverhältnisses liegt auch der rationelle Kern ihrer Fragen: Ihr Modell soll die Prozesse der Wissenschaftsentwicklung transparent machen, soll diejenigen Punkte markieren, an denen die Planung von Wissenschaftsprozessen anzusetzen hat; soll die Frage beantworten, welche Voraussetzungen sowohl von seiten der Wissenschaft als auch von seiten der Gesellschaft erfüllt sein müssen, um die Planung von Wissenschaftsprozessen vornehmen zu können. W. Schäfer drückte dies treffend so aus: „Wissenschaftliche Erkenntnisse, die gesellschaftliche Interessenkonflikte RATIONALISIEREN und, umgekehrt, gesellschaftliche Interessen, die wissenschaftliche Erkenntnisprozesse ORIENTIEREN: das ist unsere Perspektive ... Erst wenn die Vermittlung zwischen wahren Erkenntnissen und vernünftigen Interessen gelungen ist, kann unser Handeln in der Natur und in der Gesellschaft als zugleich verantwortlich und aufgeklärt gelten.“[13]

Gelingt es aber den „Starnbergern“ tatsächlich, der realen Dialektik von „externen“ und „internen“ Faktoren der Wissenschaftsentwicklung auf die Spur zu kommen? Ehe wir ihren theoretischen Spuren detaillierter folgen, bleiben wir zunächst bei ihrem Zwei-Phasen-Modell. Mit dem 19. Jahrhundert ist tatsächlich eine entscheidende Veränderung im Verhältnis von Wissenschaft und Produktion eingetreten, eine Veränderung, die schon Marx in seiner Darstellung der Entwicklung der Produktivkräfte von der Kooperation bis hin zur Anwendung der Maschinerie als „scientific power“, als vergegenständlichte Wissenskraft, analysiert hat.[14] Es ist das historische Verdienst von Marx, herausgearbeitet zu haben, wie entwickelte Wissenschaft auf der einen Seite und die kapitalistische Produktionsweise durch den hohen Grad der Vergesellschaftung auf der anderen Seite die Anwendung von Resultaten der wissenschaftlichen Forschung ermöglichen.

Marx stellte den Entwicklungszusammenhang von Produktion und Wissenschaft, insbesondere von Technik und Naturwissenschaft, nicht kurzschlüssig dar, sondern vermittelt durch das ganze Spektrum der gesellschaftlichen Verhält-

[12] G. Böhme/W. v. d. Daele/W. Krohn, Die Finalisierung der Wissenschaft, in: W. Diederich (Hrsg.), Theorien der Wissenschaftsgeschichte. Beiträge zur diachronischen Wissenschaftstheorie, a. a. O., S. 293, Anmerkung.

[13] W. Schäfer, Normative Finalisierung. Eine Perspektive, in: G. Böhme/W. v. d. Daele/W. Krohn, Die gesellschaftliche Orientierung des wissenschaftlichen Fortschritts, a. a. O., S. 400.

[14] Siehe K. Marx, Grundrisse der Kritik der politischen Ökonomie, Berlin 1974, S. 592.

nisse, insbesondere der Produktionsverhältnisse. Da die „Starnberger“ diese Verhältnisse nicht als die entscheidende Vermittlungsebene erkennen[15], können sie folglich auch in ihrem Zwei-Phasen-Modell die Trennung von Externem und Internem nicht wirklich überwinden. Der Einschnitt zwischen den beiden angenommenen Phasen läßt sich nur begreifen, wenn die von den „Starnbergern“ beschriebenen Phänomene der neueren Wissenschafts- und Technikgeschichte in den Kontext der Entwicklung der kapitalistischen Gesellschaftsformation eingeordnet werden. Anstelle der Marxschen Theorie der Gesellschaftsformation gehen führende „Starnberger“ aber von phänomenologischen Überlegungen aus.

1. Zu den theoretischen Traditionslinien der „Starnberger“

Die mit dem 19. Jahrhundert — dieser „Epochenschwelle“ — eintretenden Veränderungen auch des Selbstverständnisses der Wissenschaft werden von den „Starnbergern“, besonders von G. Böhme und W. Schäfer kritisch gewertet. Sie fordern sogar Alternativen und schreiben: „Die Verwissenschaftlichung aller Bereiche unserer gesellschaftlichen Praxis erzeugt eine Fülle von Problemen: Probleme von Herrschaft und neuer Unmündigkeit, des Verlustes von lebensweltlichem Wissen und von gesellschaftlicher Praxis selbst. Hier müßte zunächst einmal aufgeklärt werden, worin Verwissenschaftlichung eigentlich besteht, dann müßte deutlich werden, daß Verwissenschaftlichung nicht nur auf eine Weise möglich ist, und schließlich müßte das Verhältnis von Wissenschaft zu anderen Wissensformen aufgeklärt werden. Hier wird die Frage nach dem ‚Anderen‘ teils die Forderung bedeuten, in der Wissenschaft Alternativen wahrzunehmen, teils zur Rehabilitation und Kultivierung anderer Wissensformen führen müssen“.[16]

Nicht mehr allein die bloße Naturbeherrschung wird für G. Böhme und W. Schäfer zum Problem, sondern die Beherrschung der Naturbeherrschung. Diese neue Orientierung für die Gestaltung des Stoffwechselprozesses Mensch — Natur wird, vor allem von W. Schäfer, als Programm der „Sozialen Naturwissenschaft“ bezeichnet. Er geht davon aus, daß zunächst die Wissenschaft — die Naturwissenschaft — selbst auf Entwicklungen verweisen kann, die das „klassische Weltbild des Determinismus“ zerstört haben. Die Thermodynamik und der Darwinismus, die Meteorologie und die im Labor ermittelte Tatsache,

[15] Recht anregende Gedanken zu dieser Dialektik äußert R. Mocek in seinen Überlegungen zur „anteiligen Realisierung der Produktionsverhältnisse durch die Wissenschaft“ (R. Mocek, Gedanken über die Wissenschaft. Die Wissenschaft als Gegenstand der Philosophie, a. a. O., S. 118, 119). Vgl. auch R. Mocek, Zur Frage der Außensteuerung, in: Wissenschaft und Technik — Humanismus und Fortschritt. Beiträge der DDR-Delegation zum XVI. Internationalen Kongreß für Geschichte der Wissenschaften in Bukarest, Berlin 1981, S. 163.

[16] G. Böhme, Alternativen der Wissenschaft, Frankfurt/M. 1980, S. 18.

daß DDT insektizide Wirkung hat, haben die „Generalität der klassischen Physik" relativiert. Seitdem sei eine „empirisch gehaltvollere Wissenschaftskonzeption" möglich, gestützt auf solche Faktoren wie Zeitlichkeit der Natur, Besonderheit der Phänomene, Konstitutionsbedingungen der Naturerkenntnis, Transformation natürlicher Objekte und Lebenszusammenhänge und die technische Anwendung wissenschaftlicher Erkenntnisse. W. Schäfer sucht schließlich einen neuen Wissenschaftsbegriff zu initiieren: „Der neue Wissenschaftsbegriff müßte unter anderem mit- und vorauszubedenken erlauben, daß empirische Wissenschaft handelnd Erfahrungen macht — er müßte sowohl die menschliche als auch die natürliche Geschichte der Natur integrieren".[17]

Die von G. Böhme und W. Schäfer in diesem Zusammenhang verwandte Formulierung „Verlust von lebensweltlichem Wissen" und die Warnung davor, Wissenschaft lediglich nur einseitig unter dem Aspekt der Wissenserzeugung zur Beherrschung der Natur zu betrachten, lassen deutlich werden, wie sie sich in diesem Punkt der philosophiehistorischen Tradition einer von Husserl begründeten Betrachtung der Wissenschaft annähern. Husserl spricht von einer Krise der Wissenschaft, da sich seiner Meinung nach ab Ende des 19. Jahrhunderts die Wissenschaft auf den physikalischen Objektivismus reduzierte und das Subjekt aus dem Bereich des Forschens eliminiert wurde. Die Situation charakterisiert Husserl so: „Bloße Tatsachenwissenschaften machen bloße Tatsachenmenschen."[18] Fragen nach „Sinn oder Sinnlosigkeit dieses ganzen menschlichen Daseins" und damit Fragen nach Vernunft und Unvernunft des Menschen, seiner Freiheit und Verantwortlichkeit blieben ungestellt. Husserl macht zwar den Versuch, diese Krise zu überwinden, indem er den Begriff „Lebenswelt" einführt, bleibt aber mit der von ihm gesetzten „Besinnung auf die Lebenswelt" der transzendentalen Subjektivität — ohne konkreten Bezug auf reale bzw. Alltagsprozesse — verhaftet. Die Traditionslinie zu Husserl ist aber nur insoweit direkt zu ziehen, als auch G. Böhme und W. Schäfer das Anliegen haben, die Verantwortung des Menschen gegenüber der Natur, ihrer Erkenntnis und Ausnutzung, wieder mehr zum Thema theoretischer und über politische Maßnahmen auch praktisch wirksamer Erörterungen zu machen. Diese Überlegungen richten sich bei ihnen auf „das neue Durchdenken der Aktivität der Erkenntnis und der Grenzen sowie der objektiven Bedingungen dieser Aktivität, das Problem des Zusammenhanges zwischen der geistigen Aneignung der Wirklichkeit und der Praxis".[19]

Aber indem G. Böhme in dem Begriff Lebenswelt „objektive Bedingung

[17] W. Schäfer, Normative Finalisierung. Eine Perspektive, in: G. Böhme/W. v. d. Daele/W. Krohn, Die gesellschaftliche Orientierung des wissenschaftlichen Fortschritts, a. a. O., S. 392.

[18] E. Husserl. Die Krisis der europäischen Wissenschaften und die transzendentale Phänomenologie, in: W. Biemel (Hrsg.), Husserliana, Bd. VI, Den Haag 1962, S. 4.

[19] A. Gedö, Philosophie der Krise, Berlin 1978, S. 207.

und subjektive Erfahrung der natürlichen und sozialen Wirklichkeit des Menschen" miteinander verbunden sehen will, überschreitet er bereits Husserls tranzendentale Phänomenologie in Richtung auf die empirische Untersuchung von historisch-sozialen Lebenswelten. Es geht ihm vor allem darum, das Verhältnis von Wissenschaft zu anderen Wissensformen aufzudecken, um so zu einem neuen Verständnis der Wissenschaft und ihrer Beziehung zur Lebenswelt der Menschen zu gelangen. Die Bestimmung von Alternativen zur neuzeitlichen Wissenschaft sei bisher immer davon ausgegangen, das lebensweltliche Wissen einfach als Nichtwissen bzw. als schwächeres Wissen zu kennzeichnen. Sein Vorschlag zur präziseren Bestimmung dieses Verhältnisses geht dahin, „das Verhältnis von lebensweltlichem Wissen und Wissenschaft an solchen Fällen zu untersuchen, wo sich für beide Wissensformen soziologisch identifizierbare Träger ausmachen lassen und wo die Entgegensetzung beider Wissensformen ein reales — d. h. nicht bloß theoretisches — Problem ist".[20]

G. Böhme und andere knüpfen in der Tradition der Lebensweltproblematik über Husserls Philosophie hinausgehend auch an die phänomenologische Soziologie von A. Schütz und Th. Luckmann an, die versuchen, die Wissenschaft unter dem Aspekt der Wissensform und ihrer Gebundenheit an „soziale Träger" zu analysieren. Die von A. Schütz — fortgesetzt durch seinen Schüler Th. Luckmann, aber auch in gewissem Sinne durch die Ethnomethodologen — unternommenen Versuche, „nach Prinzipien des Verhältnisses zwischen gesellschaftlich konstruierter Wirklichkeit, Kommunikation und subjektiven Bewußtseinsleistungen" zu suchen,[21] finden von G. Böhme und anderen Unterstützung, weil in dieser Auffassung von Lebenswelt Wissensformen des Alltags von denen der Wissenschaft abgegrenzt werden.[22] Dabei setzen G. Böhme und M. v. Engelhardt dort mit ihrer Kritik an den Auffassungen von A. Schütz und anderen an, wo deren Analyse der Lebenswelten in den soziologischen Untersuchungen auf „interne Gruppeninteraktionen" beschränkt bleibt. Die Charakteristik von Lebenswelten der Menschen muß nach Ansicht von Böhme/Engelhardt auch historische und soziale Bedingungen auf der makrostrukturellen Ebene einschließen.

In ihrer Einleitung zur Kritik des Lebensweltbegriffes schreiben sie: „Grundlagen für die Lebenswelt des Menschen ergeben sich aus den konkreten Bedingungen seiner Arbeit, seiner privaten Existenz, seines politischen und gesellschaftlichen Lebens, die eingebettet sind in historische Entwicklungsprozesse und

[20] G. Böhme, Alternativen der Wissenschaft, a. a. O., S. 31.

[21] Vgl. Th. Luckmann, Lebenswelt und Gesellschaft. Grundstrukturen und gesellschaftliche Wandlungen, Paderborn 1980, S. 100; vgl. aber auch A. Schütz/Th. Luckmann, Strukturen der Lebenswelt, Neuwied—Darmstadt 1975; P. L. Berger/Th. Luckmann, Die gesellschaftliche Konstruktion der Wirklichkeit. Eine Theorie der Wissenssoziologie, Frankfurt/M. 1969.

[22] Zum Standpunkt von Th. Luckmann vgl.: Vorüberlegungen zum Verhältnis von Alltagswissen und Wissenschaft, in: P. Janich (Hrsg.), Wissenschaftstheorie und Wissenschaftsforschung, München 1981.

allgemeine Strukturen der jeweiligen Gesellschaft."[23] Daraus schlußfolgern sie, daß die Lebenswelt einem historischen Veränderungsprozeß unterliegt. Um diese These zu belegen, wird von G. Böhme u. a. eine Fallstudie zur Entwicklung der Geburtshilfe und — entsprechend seiner Auffassung von der Gebundenheit bestimmter Wissensformen an gesellschaftliche Träger — der Entwicklung des Berufes der Hebamme vorgelegt. In dieser Studie kommt er zu dem Ergebnis, daß mit der Entstehung von Geburtskliniken die Geburt aus der Lebenswelt verschwunden und somit das Wissen von der Geburt in der Lebenswelt verkümmert ist. Er schreibt: „Die Verwissenschaftlichung der Geburtshilfe hat eine phantastische Spezialisierung, Steigerung und Präzision der technischen Kompetenzen der Geburtshilfe gebracht. Faktisch verloren gegangen ist dabei das Wissen von der Geburt als einem biographischen Ereignis und einem sozialen Handlungszusammenhang."[24]

Ähnliche Feststellungen werden in dem o. g. Programm der „Sozialen Naturwissenschaft" getroffen, welches sich zum Ziel setzt, den wissenschaftlich-technischen Fortschritt mit „universaler menschlicher Bedürfnisbefriedigung" zu verbinden. Es muß heute darum gehen, den Stoffwechsel Mensch — Natur als „gesellschaftlich organisierten Naturprozeß" zu verstehen, denn, so G. Böhme, „eine Theorie dieses ‚gesellschaftlich organisierten Naturprozesses' wird folgerichtig zusätzlich sozial-wissenschaftliche Elemente integrieren müssen".[25]

Mittels dieses Programms einer „Sozialen Naturwissenschaft" wollen deren Verfasser zu praktikablen Lösungen gesellschaftlicher Zielstellungen z. B. in der Ökologie vorstoßen. Ihre entsprechende Forderung lautet: „Der nicht mehr vernachlässigbare Einfluß des Menschen auf die Natur verlangt nach einer *sozialen Rekonstruktion der Natur, nach einem Entwurf von Reproduktionszusammenhängen*, in dem gesellschaftliche Ziele mit den Möglichkeiten der Natur abgestimmt werden".[26]

Zusammenfassend kann an dieser Stelle festgehalten werden, daß sich vor allem G. Böhme und W. Schäfer dort von den Auffassungen Husserls und der phänomenologischen Soziologie abgrenzen, wo sie deren Überbetonung der Subjekt-Subjekt-Beziehung kritisieren. Das Anliegen von Böhme und Schäfer geht darüber hinaus und bezieht den Stoffwechselprozeß Mensch — Natur ein. Das bringt sie theoretisch in die Nähe folgender Marxscher Überlegungen: „In fact aber, wenn die bornierte bürgerliche Form abgestreift wird, was ist der Reichtum anders, als die im universellen Austausch erzeugte Universalität der Bedürfnisse, Fähigkeiten, Genüsse, Produktivkräfte etc. der Individuen? Die volle Entwicklung der

[23] G. Böhme/M. v. Engelhardt, Zur Kritik des Lebensweltbegriffs, in: G. Böhme/M. v. Engelhardt (Hrsg.), Entfremdete Wissenschaft, Frankfurt/M. 1979, S. 20.

[24] G. Böhme, Alternativen der Wissenschaft, a. a. O., S. 48, 49.

[25] Ebenda, S. 257.

[26] Ebenda, S. 261.

menschlichen Herrschaft über die Naturkräfte, die der sogenannten Natur sowohl, wie seiner eigenen Natur?"[27]

Insbesondere G. Böhme und W. Schäfer rezipieren Marx, um den Schwierigkeiten der ahistorisch bleibenden Transzendentalphänomenologie von Husserl und der intersubjektivistisch werdenden phänomenologischen Soziologie von A. Schütz zu entkommen. Aber sie rezipieren Marx, ohne die Konsequenz einer wissenschaftlichen Sozialismus-Konzeption — sie bleiben konzeptionell der phänomenologischen Betrachtungsweise verhaftet.

2. Das Drei-Phasen-Modell der Wissenschaftsentwicklung

Das von den „Starnbergern" entwickelte Zwei-Phasen-Modell der Wissenschaftsentwicklung widerspiegelt die Veränderungen des Verhältnisses Wissenschaft und Technik im 19. Jahrhundert und verdeutlicht dies sozusagen im großen historischen Zuschnitt. Dieses Modell der allgemeinen Wissenschaftsentwicklung wird durch ein Modell ergänzt, mit dessen Hilfe die Entwicklung der einzelnen Wissenschaftsdisziplinen adäquat erfaßt werden soll.

Wenn, so meinen die „Starnberger", für die „finalistische Phase" der Wissenschaft charakteristisch ist, daß die Forschungen durch soziale, militärische und ökonomische Zwecke determiniert sind, so sei aus der Sicht der Wissenschaft selbst kennzeichnend, „daß ‚theoretische Reife' einer Wissenschaft eine Eigenschaft ist, die die Integration von Zwecken in das Forschungsprogramm der Theorie ermöglicht und fordert".[28] Die Theorieentwicklung in der Wissenschaft selbst wird als wichtige Voraussetzung für das Eintreten der Wissenschaft in die „finalistische Phase" verstanden. Auch im Drei-Phasen-Modell soll durch diesen Bezug zur Theorieentwicklung eine Abgrenzung der „Starnberger" vom bloßen Externalismus gelingen.

Nach Ansicht der „Starnberger" läßt sich die Entwicklung der Wissenschaftsdisziplinen in drei Phasen darstellen, die im Folgenden interpretiert werden:

1. Die „präparadigmatische" oder „explorative Phase"
Diese Phase umfaßt die Entwicklung der Disziplin vor dem Auftreten einer Theorie und führt über vorwiegend experimentelle und apparative Forschung zur Herausbildung eines wissenschaftlichen Gegenstandsbereiches. In dieser Phase geht es vorwiegend um Entdeckung, nicht um Erklärung.

[27] K. Marx, Grundrisse der Kritik der Politischen Ökonomie, a. a. O., S. 387.

[28] G. Böhme/W. v. d. Daele/W. Krohn, Die Finalisierung der Wissenschaft, in: Zeitschrift für Soziologie (Stuttgart), 2/1973, S. 128—144.

2. Die „paradigmatische" oder „autonome Phase"
Diese Phase ist durch die Suche nach einer fundamentalen Theorie gekennzeichnet, und die Probleme der Theorie bestimmen die Fortsetzung der Forschung. Die verschiedenen Ansätze theoretischer Natur erzeugen aus ihren inneren Problemen und durch ihre Konstellationen zueinander die intern bestimmte Forschungsfront.

In diesem Zusammenhang spielt der Begriff der „abgeschlossenen Theorie" eine wesentliche Rolle. Die „Starnberger" gehen davon aus, daß es eine Stabilität von Theorien gibt, die auch Revolutionen in dem entsprechenden Wissenschaftsgebiet „überleben", eine These, die auf Heisenberg zurückgeht. In seiner Analyse der Newtonschen und Quantenmechanik kommt dieser zu dem Schluß, daß es berechtigt sei, von einer „abgeschlossenen Theorie" zu sprechen, da auch heute noch der Newtonschen Mechanik ein Wahrheitsgehalt zugesprochen werden könne. „Die klassische Mechanik ist eine in sich geschlossene wissenschaftliche Theorie. Sie ist überall eine streng ‚richtige' Beschreibung der Natur, wo ihre Begriffe angewendet werden können".[29] Ihre Gültigkeit bis heute gründet sich nach Heisenberg auf den Anwendungsbereich, resultiert aus der Tatsache, daß die Theorie dort Gültigkeit hat, wo sie einen entsprechenden Erfahrungsbereich widerspiegelt.[30] An diese Feststellung schließt auch G. Böhme an, wenn er bemerkt, daß der Begriff „abgeschlossene" oder „reife" Theorie eine gewisse „Vollständigkeit des begrifflichen Materials" bedeute und somit eine sehr „intime Beziehung von Theorie und Erfahrung in einem bestimmten Phänomenbereich" zum Ausdruck bringt.[31]

Nun ist dieser Begriff der „abgeschlossenen" oder „reifen" Theorie in der Literatur zu Recht sehr umstritten. Von den „Starnbergern" wird er zur Charakteristik der zweiten Phase angewandt, um die autonome Entwicklungsphase der Wissenschaft als selbständige Phase im Sinne der Suche nach einer fundamentalen Theorie zu beschreiben. Wie relativ die Anwendung des Begriffes „abgeschlossene" Theorie ist, zeigt die Analyse eines historischen Beispiels, die G. Eberlein und N. Dietrich auf der Basis einer von den „Starnbergern" durchgeführten Fallstudie nachvollzogen.

Die Hydrodynamik des 20. Jahrhunderts wird von den „Starnbergern" als eine Disziplin bestimmt, der eine fundamentale Theorie zugrundeliegt und die sich also in der „postparadigmatischen Phase" befindet, in der die Entwicklung von „externen" Zwecken bestimmt wird. Die Analyse von Eberlein/Dietrich zeigt aber, daß es disziplinäre Gründe waren, die im Zusammenhang mit der Erforschung der Turbulenz zu einer Modifikation der Theorie führten. Damit gerät die Hydrodyna-

[29] W. Heisenberg, Der Begriff „abgeschlossene Theorie" in der modernen Naturwissenschaft, in: W. Heisenberg, Schritte über Grenzen, München 1971, S. 91.
[30] Vgl. ebenda.
[31] Vgl. G. Böhme, Wie kann es abgeschlossene Theorien geben?, in: Zeitschrift für allgemeine Wissenschaftstheorie (Wiesbaden), 2/1979, S. 346.

mik — nach den Phasenvorstellungen der „Starnberger“ — aber z. T. wieder in die „paradigmatische Phase“. So ziehen Eberlein/Dietrich den Schluß, daß „eine Theorie, die sich in der postparadigmatischen Phase befinden müßte, faktisch durch Forschungsprozesses gekennzeichnet (ist), die zugleich der präparadigmatischen und der paradigmatischen Phase zuzuordnen sind“.[32]

Im Ergebnis der Analyse des historischen Verlaufs der Entwicklung einer Disziplin muß man feststellen, daß der Abgeschlossenheitsbegriff der Theorie tatsächlich nur begrenzt — eben bezogen auf den durch den Gegenstand der Forschung festgelegten Geltungsbereich — verwendbar ist.

3. Die „postparadigmatische“ oder „Finalisierungsphase“

In dieser Phase läßt sich die Forschung nach externen Zwecken planen und orientieren. Es liegt eine „reife“ Theorie vor und externe Zwecksetzungen bestimmten den weiteren Verlauf der Forschung.[33]

Die Vorstellung des Drei-Phasen-Modells zeigt deutlich, wie sehr die „Starnberger“ dem Kuhnschen Gedanken der Wissenschaftsentwicklung als Ablösung von Paradigmen verhaftet sind. Auch für die „Starnberger“ ist der Begriff der „scientific community“ ein Schlüsselbegriff, über den die Entwicklung von Wissenschaft erklärt werden kann. G. Böhme ordnet die Bedeutung der „scientific community“ in das Anliegen des sogenannten Finalisierungskonzeptes ein. Er schreibt: „Wenn man sich für eine Vermittlung internalistischer und externalistischer Konzepte der Wissenschaftsgeschichte interessiert, so liegt es nahe, die scientific community als Instanz dieser Vermittlung anzusetzen: sie ist selbst als soziales Gebilde Teil der Gesamtgesellschaft und ist deren Normen, Bedürfnissen und Ansprüchen unterworfen: ihr Systemziel aber ist die Produktion von Wissenschaft.“[34]

Wissenschaft unter dem Aspekt der „scientific community“ zu verstehen und zu analysieren ist durchaus ein Ansatz, Wissenschaft nicht nur als Theorie, sondern auch als ein kollektives Produkt zu begreifen, das sich wiederum nach

[32] G. Eberlein/N. Dietrich, Die Finalisierung der Wissenschaften. Analyse und Kritik einer forschungspolitischen Theorie, Freiburg—München 1983, S. 169.

[33] Zur Darstellung des Drei-Phasen-Modells vgl. G. Böhme/W. v. d. Daele/W. Krohn, Die gesellschaftliche Orientierung des wissenschaftlichen Fortschritts, a. a. O., S. 12—16. In dem Sammelband: Geplante Forschung. Vergleichende Studien über den Einfluß politischer Programme auf die Wissenschaftsentwicklung, hg. von W. v. d. Daele/W. Krohn/P. Weingart, Frankfurt/M. 1979, werden verschiedene Fallstudien vorgestellt, die an unterschiedlichen Beispielen (z. B. die Erarbeitung des Programmes zur Krebsforschung in den USA) darstellen, wie die Steuerung wissenschaftlicher Forschung durch politische Maßnahmen funktioniert. Diese Studien sind durchaus von wissenschaftpolitischem Interesse dort, wo sie den Mechanismus der politischen Steuerung von Forschungsarbeiten durch Institutionen des Staates und von Monopolen aufdecken.

[34] G. Böhme, Die Bedeutung praktischer Argumente für die Entwicklung der Wissenschaft, in: Philosophia naturalis (Meisenheim/Glan), Bd. 15, 1/1974, S. 136.

bestimmten normativen Aspekten konstituiert. Die Kategorie der „scientific community“ kann, wie K.-H. Lüdtke in seinem Beitrag über Kuhn in dem hier vorliegenden Band zeigt, den gemeinschaftssoziologischen Aspekt der Wissenschaftsentwicklung erfassen. Gerade in der Hervorhebung des Einflusses der Wissenschaftlergemeinschaft muß das Verdienst von Kuhn im Vergleich zu vorwiegend am logischen Positivismus orientierten Wissenschaftskonzeptionen gesehen werden.

Es sei aber noch einmal daran erinnert, daß die „Starnberger“ ein wesentliches Defizit gerade der Kuhnschen Auffassung darin sehen, daß diese Konzeption nicht aufzeigen kann, in welcher Art und Weise und auf welchem Stand der Wissenschaftsdisziplin „äußere“ Einflußfaktoren im Wachstumsprozeß der entsprechenden Disziplin wirksam werden. An diesem Punkt setzen die „Starnberger“ mit ihren konzeptionellen Überlegungen ein.

Die „Starnberger“ verstehen ihre Auffassung als Einwand gegen den von Kuhn vertretenen Darwinismus der Wissenschaftsentwicklung, der kein eindeutiges Kriterium für Entscheidungen über mögliche Richtungen der Wissenschaftsentwicklung festschreibt. Und tatsächlich muß man an Kuhn die Fragen stellen: Wie kommt es zu Anomalien in der Entwicklung der Wissenschaft? Wie kommt es zu einem Paradigmawechsel? Wo liegen die Ursachen für einen Paradigmawechsel? Die „Starnberger“ charakterisieren ihre Position als „faktischen Darwinismus“ und erheben die These, daß „wissenschaftsexterne Zwecke zum Entwicklungsleitfaden von Theorien“[35] werden, zu ihrem Credo. Das drückt sich auch in ihrem Drei-Phasen-Modell aus. Indem sie allerdings solche strikte Abtrennung von interner Entwicklung (der Prozeß bis zur Etablierung einer fundamentalen Theorie) und externer Entwicklung (der mit der „postparadigmatischen Phase“ auftretende Einfluß ökonomischer, militärischer, medizinischer Ziele) vornehmen, bleiben die „Starnberger“ selbst der Gegenüberstellung von externen und internen Faktoren verhaftet. Sie liefern lediglich eine neue Variante dieser Gegenüberstellung. Um den wirklichen Gang der Wissenschaftsentwicklung widerzuspiegeln, sind die „innere“ und die „äußere“ Geschichte einer Wissenschaftsdisziplin in ihrer Einheit zu betrachten und zu analysieren.[36]

Die Kritik am Drei-Phasen-Modell schließt aber noch einen anderen entscheidenden Aspekt ein. Neben der Tatsache, daß die „Starnberger“ die Gegenüberstellung von „externen“ und „internen“ Faktoren der Wissenschaftsentwicklung durch die Verteilung auf Phasen letztendlich beibehalten, so leugnen sie auch jeden Fortschritt der Wissenschaftsentwicklung, soweit dieser im Sinne der Widerspiegelungstheorie als Entwicklungsprozeß wahrer wissenschaftlicher Erkenntnis verstanden wird. Nach Ansicht der „Starnberger“ kann die „Entwicklung der

[35] G. Böhme/W. v. d. Daele/W. Krohn, Die Finalisierung der Wissenschaft, in: Zeitschrift für Soziologie (Stuttgart), 2/1973, S. 132.

[36] Vgl. S. R. Mikulinskij, Scheinkontroversen und reale Probleme der Theorie von der Entwicklung der Wissenschaft, in: Sowjetwissenschaft/Gesellschaftswissenschaftliche Beiträge, 7/1978.

Wissenschaft bisher weder als Approximation an wahre Erkenntnis noch als entelechische Entfaltung eines Wesens noch ... als bewußtes, zielgeleitetes Unternehmen menschlicher Praxis hinreichend verstanden werden".[37]

Die „Lebensfähigkeit" einer Theorie wird an ihr Vermögen geknüpft, die Existenz einer „scientific community" zu gewährleisten. In letzter Konsequenz läuft dieser Standpunkt auf eine evolutionistische Betrachtung der Wissenschaftsentwicklung hinaus. Um eine nähere Bestimmung der Auffassung der „Starnberger" über die Wissenschaftsentwicklung zu erlangen, ist es notwendig, danach zu fragen, wie die Wahrheit als philosophische Kategorie im „Finalisierungskonzept" verankert ist.

Bei genauer Analyse zeigt sich, daß die „Starnberger" treu ihrem Drei-Phasen-Modell auch die Kategorie Wahrheit aufspalten. Sie unterscheiden dabei zwischen einer Wahrheit, die sich in der direkten Auseinandersetzung mit dem Objekt erweist, und einer Wahrheit, die im Prozeß der Argumentationen begründet wird und zu einem kognitiven Konsens führt.[38]

Nach Auffassung der „Starnberger" geht es in der wissenschaftlichen Argumentation um die Akzeptation bzw. Verwerfung von Sätzen durch die Gemeinschaft der Wissenschaftler. Wissenschaftliche Sätze werden dann akzeptiert, wenn man berechtigt ist, sie *für wahr zu halten*. Der Inhalt von wissenschaftlichen Argumentationen sei die Beibringung von Gründen, mit der sich die Akzeptation von Aussagen in der Wissenschaft rechtfertigen lasse.

In die Argumentation gehen auch allgemeine Vorstellungen ein, wie etwa Weltanschauungen. Die Argumentation vollzieht sich ihrer Meinung nach, indem der Wissenschaftler seine These mit dem verbindet, was die anderen Wissenschaftler, an die er sich wendet, schon akzeptiert haben. Es wird also ein Satz von Voraussetzungen und möglichen Argumenten für die Argumentation als für alle Partner verbindlich angenommen. G. Böhme meint, daß man die Frage nach bereichs- und disziplinspezifischen Argumentationsschemata stellen muß, ohne daß man jedoch bereits heute etwas dazu sagen könne. Für eine wissenschaftliche Argumentation werde ein gewisser Grundkonsensus vorausgesetzt, wobei es in Einzelfragen Meinungsverschiedenheiten geben könne (und müsse). Das Ziel der wissenschaftlichen Argumentation ist nach Ansicht der „Starnberger" auf lange Sicht der Konsensus, auf kurze Sicht die Problematisierung von Thesen durch Gegenargumente.

In der wissenschaftlichen Argumentation setzen sich wissenschaftliche Thesen durch, die im Resultat der Argumentation als wahr gelten können, oder sie würden durch stichhaltige Gegenargumente widerlegt; dann hätten sie sich als falsch

[37] G. Böhme/W. v. d. Daele/W. Krohn, Alternativen in der Wissenschaft, in: Zeitschrift für Soziologie (Stuttgart), 4/1972, S. 313.

[38] In diesem Punkt zeigt sich deutlich, daß die „Starnberger" Habermasschen Gedankengängen verwandte Positionen vertreten.

erwiesen.[39] G. Böhme versteht unter wissenschaftlicher Argumentation „... die geregelte argumentative Auseinandersetzung zwischen realen Kommunikationspartnern, d. h. also in unserem Zusammenhang einen sozialen Prozeß, der nach Normen wissenschaftlicher Rationalität abläuft".[40]

Zum Wesen der Argumentation im Verständnis von G. Böhme kann zusammengefaßt werden:

1. Im Verlaufe der Argumentation wird eine These gerechtfertigt, von der angenommen wird, daß sie der Partner ebenfalls akzeptiert.

2. Im Verlaufe der Argumentation wird der vertretenen These mit Gegenargumenten entgegengetreten.

3. Der Konsensus, der im Verlaufe einer Argumentation erreicht wird, muß durchaus als vorübergehend angesehen werden, wenn z. B. neue Thesen vorgebracht werden, die akzeptiert werden sollen.[41]

Von G. Böhme wird eingeräumt, daß man „in der Auseinandersetzung über Thesen immer wieder an Stellen (kommt), an denen man argumentativ nicht mehr weiter kommt — und dann etwa zur Messung oder — in der Mathematik — zur Konstruktion schreiten muß".[42] Als Beispiel für solch eine Situation führt er aus der Wissenschaftsgeschichte den Streit zwischen Pasteur und Liebig an. Pasteur war es, der Liebig herausgefordert hat, bestimmte Gärungsversuche, die zwischen ihnen strittig waren, vor einer Kommission der Académie du Royal durchzuführen (Liebig hat übrigens nicht reagiert). Böhme schreibt: „Der Erweis der Wahrheit einer These muß immer eine Demonstration am Objekt sein, argumentativ kann man höchstens beweisen, daß man gewissen Thesen für

[39] Vgl. G. Böhme, Die Ausdifferenzierung wissenschaftlicher Diskurse, in: Kölner Zeitschrift für Soziologie und Sozialpsychologie (Opladen), Sonderheft 18, 1975, S. 246.

[40] G. Böhme, Die Bedeutung praktischer Argumente für die Entwicklung der Wissenschaft, in: Philosophia naturalis (Meisenheim/Glan), S. 149.

[41] Vgl. G. Böhme, Die soziale Bedeutung kognitiver Strukturen. Ein handlungstheoretisches Konzept der scientific community. in: Soziale Welt (Göttingen), 2/1974, S. 196. — Wenn die autonome Phase der Wissenschaftsentwicklung charakterisiert wird, muß auch etwas zur Problematik der wissenschaftlichen Diskurse gesagt werden, ohne daß im Rahmen dieses Beitrages eine ausführliche Behandlung dieses Aspektes des „Finalisierungskonzeptes" möglich ist. G. Böhme hebt in einem Aufsatz hervor, daß sich mit der Ausdifferenzierung der wissenschaftlichen Diskurse Systeme autonomer Evaluierung und autarker Problemerzeugung ergeben. „Wir behaupten nun, daß sich mit der Ausdifferenzierung und Vervielfältigung wissenschaftlicher Diskurse wissenschaftliche Gemeinschaften herausbilden, die diesen Diskursen zuzuordnen sind, daß also der Ursprung von ‚Disziplinen' und Fachgemeinschaften in dem von uns beschriebenen Differenzierungsprozeß liegt" (G. Böhme, Die Ausdifferenzierung wissenschaftlicher Diskurse, a. a. O., S. 248). In diesem Kontext sind dann auch die Aussagen einzuordnen, die die Rolle der Argumentation im Prozeß der Herausbildung wissenschaftlicher Disziplinen, sprich Diskursgemeinschaften, herausarbeiten.

[42] G. Böhme, Die soziale Bedeutung kognitiver Strukturen. Ein handlungstheoretisches Konzept der scientific community, in: Soziale Welt (Göttingen), 2/1974, S. 197.

wahr hält."[43] Bei ihm erfolgt nicht nur die Unterscheidung, sondern eine strikte Trennung zwischen dem experimentellen *Nachweis* der Wahrheit und dem argumentativen Fürwahr*halten* einer These.

Gelegentlich muß G. Böhme selbst zugestehen, daß eine solche strikte Trennung problematisch ist: „Selbst für die Entwicklung reifer Disziplinen, die durch eine Folge einander verdrängender grundlegender Theorien und Konzepte gekennzeichnet ist ... sind bisweilen neue Forschungstechniken (Instrumente, Apparate), durch die neue Phänomene entdeckt oder bekannte besser bestimmt werden, die entscheidenden Durchbrüche."[44] Solche Feststellungen haben aber keine Konsequenzen für die Gesamtkonzeption. Wenn die argumentative Seite von der experimentellen Seite des einheitlichen Forschungsprozesses getrennt wird, erscheint die Argumentation als ein nur sozialer Prozeß ohne gegenständlichen Inhalt. Es entsteht aufgrund dieser Trennung der Anschein, als ob im Prozeß der Argumentation die Frage nach der objektiven Wahrheit von Theorien nicht gestellt werden kann. Der Widerspiegelungscharakter und die Funktion der objektiven Wahrheit im Prozeß der wissenschaftlichen Forschung werden geleugnet, da die „Starnberger" konzeptionell nicht in der Lage sind, den Entwicklungszusammenhang von Experiment und Argumentation zu erfassen.

Die mit dem „Finalisierungskonzept" angestrebte Vermittlung von „externen" und „internen" Faktoren der Wissenschaftsentwicklung erfährt im Drei-Phasen-Modell eine spezielle Lösungsvariante für Wissenschaftsdisziplinen: Die allgemein angestrebte Vermittlung von Externem und Internem wird auf die Darstellung des Verhältnisses von Experiment und Argumentation verlagert. Im folgenden soll in einer wissenschaftshistorischen Fallstudie nachgewiesen werden, daß man die Entwicklung einer Wissenschaftsdisziplin nur erfassen kann, wenn die beiden Ebenen der wissenschaftlichen Arbeit — Experiment und Argumentation — nicht getrennt voneinander betrachtet werden. Es wird dabei versucht, die Frage nach der Dialektik von Experiment und Argumentation zu beantworten, genauer: wie sich durch das Experiment der argumentative Kontext einer Wissenschaftsdisziplin verändert. Dabei werden die Ergebnisse dieser Fallstudie zur Geschichte der Gärungsforschung im 19. Jahrhundert mit der von G. Böhme zum gleichen Thema vorgestellten Fallstudie konfrontiert.

3. Das Beispiel der Geschichte der Gärungsforschung

G. Böhme wählt die Entwicklung der Gärungsforschung im 19. Jahrhundert als Beispiel für die Darstellung einer sich in der autonomen Phase befindlichen Wissenschaftsdisziplin, die sich noch nicht auf eine fundamentale Theorie stützte.

[43] Ebenda.

[44] G. Böhme, Erfahrung als Programm. Über Strukturen vorparadigmatischer Wissenschaft, in: G. Böhme/W. v. d. Daele/W. Krohn, Experimentelle Philosophie, Ursprünge autonomer Wissenschaftsentwicklung, a. a. O., S. 198.

Für ihn stellt sich die Gärungsforschung in den Jahren von 1830 bis 1900 wie folgt dar: „Fortführung ... konkurrierender Ansätze; sie ist beherrscht durch eine Fülle wissenschaftlicher Kontroversen. Ihr Hauptergebnis ist die experimentelle Erschließung des Gärungsphänomens und schließlich die Konvergenz der theoretischen Ansätze zur Enzymologie".[45] Die Arbeiten Eduard Buchners hatten in diesem Zusammenhang fundamentale Bedeutung. G. Böhme kommt nach seiner Analyse der Gärungsforschung des 19. Jahrhunderts zu dem Schluß, daß sie ein Beispiel dafür sei, wie die Entwicklung einer Wissenschaftsdisziplin durch die internen Problem- und Behauptungskonstellationen bestimmt werde. „Die Wissenschaftler blicken quasi gebannt auf die Diskussion über die Gärungstheorie. Was für sie ein lohnendes Problem ist, ist von daher bestimmt, was als bedeutender Beitrag gilt, bemißt sich an seinem argumentativen Wert."[46] Die Entwicklung der Gärungsforschung, ihr Fortschritt, wird also seiner Meinung nach durch den argumentativen Wert bestimmt.

Mit der Fallstudie zur Gärungsforschung sollten die kognitiven Bedingungen der Entwicklung einer Wissenschaftsdisziplin untersucht werden. An anderer Stelle kennzeichnet G. Böhme die kognitive Ebene durch zwei Faktoren: die Beziehung zum Objekt (Datenerzeugung, Experiment, Theorienbildung) und die Beziehung zum anderen Wissenschaftler (Argumentation).[47]

In der Fallstudie, die G. Böhme zur Geschichte der Gärungsforschung durchführte, erfolgt eine Einschränkung der Entwicklung dieser Wissenschaftsdisziplin auf die argumentative Ebene, und im folgenden soll der Nachweis geführt werden, daß dies eine einseitige, den eigenen theoretischen Positionen geschuldete Darstellung ist. Das Ergebnis der vorliegenden historischen Fallstudie ist, daß es nicht durch den argumentativen Wert als solchen, sondern durch die Veränderung des experimentellen Kontextes der Argumentation gelingt, die fundamentale Theorie zu finden und damit eine neue Betrachtung des Gärungsphänomens zu ermöglichen. Die in dieser Fallstudie vorgestellte Entwicklung ist in der von G. Böhme erarbeiteten vollkommen vernachlässigt worden. Es ist aber dieser Entwicklungszusammenhang von Experiment und Argumentation, der für den Fortschritt in der Wissenschaftsdisziplin entscheidend ist.

Im Zentrum der Gärungsforschung des 19. Jahrhunderts stand die Klärung der Rolle und Funktion der Hefe im Prozeß der Gärung. Darum drehte sich auch der Streit zwischen Pasteur und Liebig. Eduard Buchner konnte den Nachweis führen, daß Elemente sowohl aus der vitalistischen Gärungstheorie (Pasteur) als auch aus der mechanisch-chemischen Gärungstheorie (Liebig) in das neue Konzept eingehen. Infolge seiner Entdeckung ist zu unterscheiden zwischen der physiolo-

[45] G. Böhme, Autonomisierung und Finalisierung, in: G. Böhme/W. v. d. Daele/W. Krohn, Die gesellschaftliche Orientierung des wissenschaftlichen Fortschritts, a. a. O., S. 80.

[46] Ebenda, S. 113.

[47] Vgl. G. Böhme, Die Bedeutung praktischer Argumente für die Entwicklung der Wissenschaft, in: Philosophia naturalis (Meisenheim/Glan), S. 136.

gischen oder Zellgärung, die innerhalb der lebenden Zelle vor sich geht *und* der zellfreien oder Zymasegärung. Es sind drei wesentliche Punkte, die seine Position charakterisieren:

1. die alkoholische Zuckerspaltung wird durch den Zymasekomplex — einem System von Enzymen, dem Buchner den Namen „Zymase" gibt — bewirkt;

2. die Wirkung der Zymase ist nicht an die lebende Hefezelle gebunden;

3. *aber* die lebende Hefezelle ist notwendig, um das Enzymsystem zu bilden.

Da bei G. Böhme vom „gebannten Blicken" der Wissenschaftler auf die Fortschritte in der Gärungsforschung die Rede war, sei eingefügt, daß diese Entdeckung einem Zufall entsprang. Im Arbeitskreis seines Bruders Hans Buchner am Münchner Pflanzenphysiologischen Institut wurde die Entdeckung geboren. An diesem Institut wurden Zellsäfte aus Mikroben für therapeutische Zwecke hergestellt. Die Mitarbeiter standen vor dem Problem, die gewonnene Flüssigkeit vor dem Schlechtwerden zu schützen. Sie wandten deshalb die bewährte Konservierungsmethode an, wie man sie aus der Küche kennt. Dem Preßsaft wurde Zucker hinzugefügt, um eine Zuckerkonzentration zu erhalten, die das Wachstum der Mikroorganismen verhindert. E. Buchner nahm während eines Urlaubs an den Versuchen teil und beobachtete eine Fermentation.[48]

Wenn an dieser Stelle von einem Zufall die Rede ist, so muß präzisiert werden, daß E. Buchner den beobachteten Prozeß als Fermentation einstufen konnte bzw. es für notwendig erachtete, die Beobachtung einer gründlicheren Nachprüfung zu unterziehen, da er sich *als Chemiker* schon seit längerer Zeit (eine erste Arbeit stammt aus dem Jahr 1886) und besonders seit Anfang der 90er Jahre bei A. v. Baeyer, wo er sein eigenes kleines Laboratorium besaß, mit Gärungsproblemen beschäftigte. Er kannte also die zu diesen Fragen geführten Kontroversen und war somit in der Lage, auf dieser Basis der Kenntnis der Argumentationen, das Experiment einzuordnen.

Sein Bruder H. Buchner vertrat als Anhänger der Protoplasma-Biologie noch in einer Sitzung der Münchner Morphologisch-physiologischen Gesellschaft, in der er von den gemachten Experimenten berichtete, die Auffassung, daß es sich bei der Zymase um Protoplasma handele. Die Brüder Eduard und Hans Buchner verkörpern somit die zu dieser Zeit geführten Kontroversen zwischen vorwiegend chemisch und vorwiegend physiologisch arbeitenden und denkenden Naturwissenschaftlern. In Tübingen, wo E. Buchner an der Universität tätig war, wurden dann die experimentellen Arbeiten vervollkommnet, um den objektiven Beweis der vermuteten These zu belegen.[49]

[48] Vgl. F. R. Jevens, Biochemie des Lebens, München 1971, S. 65/66.

[49] Zum Hintergrund und zur Rezeption der Buchnerschen Entdeckung vgl. R. E. Kohler, The Background to Eduard Buchner's Discovery of Cell-Free Fermentation, in: Journal of the History of Biology (Cambridge/USA), 1/1971; R. E. Kohler, The Reception of Eduard Buchner's Discovery of Cell-Free Fermentation, in: Journal of the History of Biology (Cambridge/USA), 2/1972.

Ein entscheidender Faktor für die Anerkennung der Entdeckung war der Nachweis, daß es sich wirklich um tote Hefezellen handelt (exakter: um einen Hefepreßsaft, in dem kein lebendes Protoplasma mehr enthalten ist). Die Methode des Zerreibens und Zermahlens der Hefezelle ist zum Zeitpunkt Buchners nicht neu (Lüdersdorf 1846), und es gab bereits früher die Vermutung, daß die lebende Hefezelle zur Gärung nicht notwendig ist.

Im weiteren gehen wir nun etwas näher auf die Buchnerschen Arbeiten ein. In einer „Vorläufigen Mitteilung" der „Berichte der deutschen chemischen Gesellschaft" aus dem Jahre 1897, verfaßt von Eduard Buchner, liest man folgenden Satz zur Einleitung: „Eine Trennung der Gährung von den lebenden Hefezellen ist bisher nicht gelungen; im Folgenden sei ein Verfahren beschrieben, welches diese Aufgabe löst".[50]

Die zitierte „Vorläufige Mitteilung" erscheint im ersten Band der „Berichte der deutschen chemischen Gesellschaft" des Jahres 1897. Im dritten Band desselben Jahrganges meldet sich die russische Chemikerin Maria von Manasseina zu Wort, die darauf verweist, daß sie 1871 im Laboratorium von Julius Wiesner in Wien Versuche zur alkoholischen Gärung durchführte. Im Resultat ihrer Versuche ist sie zu folgendem Schluß gekommen: „Auf Grund aller dieser Versuche halte ich mich für berechtigt, zu behaupten, daß lebende Hefezellen zur alkoholischen Gährung nicht nothwendig seien. Es ist mehr als wahrscheinlich, daß das spezifische Ferment der alkoholischen Gährung in der lebenden Hefezelle und in einigen Schimmelarten . . . gebildet werde."[51]

M. v. Manasseina betont in ihrem Artikel, daß auch sie die alkoholische Gärung nicht als physiologischen sondern als chemischen Prozeß betrachtet — dies aber eben schon ein Vierteljahrhundert vor Buchner. Damit nimmt M. v. Manasseina für sich indirekt in Anspruch, die Entdeckung der zellfreien Gärung als erste gemacht zu haben.

Warum wurde die Arbeit von M. v. Manasseina von 1871 nicht zur Kenntnis genommen? Hat sie ihre Entdeckung nicht überzeugend genug dargestellt? Hat Buchner nichts von dieser Arbeit der Manasseina gewußt? Buchner selbst gibt darauf Antwort und bekennt 1898, daß ihm die Arbeit bekannt war: „. . . diese für die damalige Zeit verdienstliche Arbeit beweist wohl, daß die Verfasserin subjectiv von der Existenz eines Gährungsenzyms überzeugt war . . . es fehlt aber der objective Beweis für die Richtigkeit der Annahme, welcher allerdings bei dem Stand der Kenntnisse und Methodik zu jener Zeit kaum beigebracht werden konnte".[52]

50 E. Buchner, Alkoholische Gärung ohne Hefezellen, in: Berichte der deutschen chemischen Gesellschaft, Bd. 1, 1897, S. 117.

51 M. v. Manasseina, Zur Frage der alkoholischen Gährung ohne lebende Hefezellen, in: Berichte der deutschen chemischen Gesellschaft, Bd. 3, 1897, S. 3061.

52 E. Buchner. Alkoholische Gärung ohne Hefezellen, in: Berichte der deutschen chemischen Gesellschaft, Bd. 1, 1898, S. 212.

M. v. Manaisseinas Versuche ließen lediglich die *Vermutung* zu, daß die alkoholische Gärung als ein enzymatischer bzw. chemischer Prozeß aufzufassen sei. Ihr Experiment gab nicht die *Garantie*, daß sich in den durch Zerreiben und Erhitzen zerstörten Hefezellen kein lebendes Protoplasma befand. Sowohl die Vermutung von Maria von Manasseina als auch die Hypothese des Physiologen Felix Hopp-Seyler, der 1878 schreibt, daß es sich aus seiner Sicht bei der alkoholischen Gärung um einen chemischen Prozeß handeln muß „... sobald es nämlich gelungen sein wird, eine grössere Anzahl der Gährungsprocesse als einfache chemische Vorgänge aufzufassen ...“[53] bleiben eben nur Vermutung bzw. Hypothese, solange nicht der experimentelle Nachweis für die Richtigkeit dieser Auffassungen geliefert werden kann. Diesen Nachweis erbrachte E. Buchner mittels neuer experimenteller Hilfsmittel.

Im Gegensatz zu der schon früher angewandten Methode des Zerreibens und Zermahlens der Hefezelle, wendete Buchner zusätzlich die hydraulische Handpresse an und erreichte dadurch die 100%ige Zerstörung der Hefezelle. Der Nachweis der toten Hefezelle, den Buchner durch die Anwendung bis dahin bekannter Methoden der chemischen Forschung zur Zerstörung von lebendem Protoplasma führt, wird nicht nur im Artikel gegen Maria von Manasseina vorgebracht, sondern auch in weiteren zahlreichen Artikeln, die von ihm als Antwort auf Zweifel an der Richtigkeit der vertretenen These verfaßt werden. Zu diesen bekannten Methoden gehört u. a. der Zusatz von antiseptischen Mitteln wie Chloroform, Benzol und Natriumarsenit, die das Wachstum von lebenden Hefezellen verhindern, aber die Gärkraft nicht beeinträchtigen. Dazu gehört weiterhin der Zusatz von Glyzerin, vom Hefegift Toluol, der Zusatz von Blausäure. Hieraus läßt sich noch einmal der Beweis ableiten, daß eine 100%ige Zerstörung der Hefezelle erreicht werden konnte, ohne den Prozeß der Gärung zu verhindern.

Der Kampf um die Anerkennung seiner Entdeckung war ein langwieriger und an Auseinandersetzungen reicher Prozeß. Erwähnenswert ist vor allem das Auftreten Buchners vor der Versammlung der Gesellschaft deutscher Naturforscher und Ärzte 1899 und auf der Weltausstellung 1904 in St. Louis, als er sein Experiment der zweifelnden Schar von Naturwissenschaftlern, vor allem Physiologen, vorführte.[54]

Durch das gelungene Experiment E. Buchners wurde es möglich, das Gärungsphänomen aus neuer theoretisch-konzeptioneller Sicht zu erklären. Die Gärung wurde nun allgemein als ein enzymatischer chemischer Prozeß begriffen, was

[53] F. Hoppe-Seyler, Über Gährungsprocesse, in: Zeitschrift für physiologische Chemie, 2/1878–79, S. 2.

[54] Vgl. in diesem Zusammenhang auch die bereits angeführte Analyse von R. E. Kohler aus dem Jahre 1972, in der er beschreibt, warum gerade die Schüler Pasteurs am Institut in Paris Emile Duclaux und Emile Roux die Entdeckung Buchners zustimmend aufnahmen: es war vor allem ihr Interesse an der chemischen Methode der Untersuchung der entsprechenden Prozesse und Substanzen.

übrigens in den Überlegungen Liebigs indirekt auch schon angeklungen war. Damit wurden bisher gültige vitalistische Auffassungen, die „verboten", das Leben als chemischen Prozeß aufzufassen, widerlegt. Das ist sehr bemerkenswert, da seit Pasteur die Hefegärung als Hauptbeweis für die vitalistische Theorie gegolten hatte. Das Experiment von E. Buchner gibt aber darüber hinaus zwei Wissenschaftsdisziplinen, der Enzymologie und der Biochemie, entscheidende Anstöße.

Was die Enzymologie betrifft, so kann man Buchner als Begründer der Enzymologie bezeichnen. Im Ergebnis seines Experiments können die Begriffe „Ferment" und „Enzym" synonym verwendet werden. Allerdings blieben im Ergebnis seines Experiments die Eigenschaften des Enzyms, das er Zymase nennt, noch ungeklärt. Durch seine Entdeckung wurde zwar der Charakter der Gärung erhellt, aber für die umfassende Klärung des Mechanismus des Gärungsvorganges blieben noch viele Fragen offen, so nach der Art und Weise der Entstehung des Enzyms oder nach möglichen Zwischenreaktionen usw.[55] E. Buchner formulierte diese Fragen selbst als Aufgaben für weitere Forschungsarbeiten, und in diesem Sinne wurden die Forschungen auch fortgesetzt. So entdeckten Harden/Young 1905, daß durch den Zusatz von anorganischem Phosphat die Aktivität des Enzyms verlängert werden kann, und 1926 gelang Sumner erstmalig die Kristallisation eines Enzyms; es wurde somit der Nachweis seiner Eiweißnatur erbracht.

Auch für die Biochemie hatte das Experiment von Buchner grundlegende Bedeutung: es ermöglichte dem Forscher, die Bestandteile der Zelle als Forschungsobjekt zu erschließen. In Würdigung des Beitrages von E. Buchner für die Entwicklung der Biochemie wurde festgestellt: „. . . eine wichtige Klasse von Lebensprozessen wurde aus den Zellen in die chemischen Laboratorien verlegt, wo sie mit chemischen Methoden untersucht wurden. Es erwies sich, daß neben der Gärung, Verbrennung und Atmung auch die Zersetzung von Eiweißsubstanzen, Fetten und Karbohydraten und viele andere einfache Reaktionen, die die lebende Zelle charakterisieren, im Reagenzglas ohne jede Kooperation mit der Zelle, imitiert werden können, und daß für diese Reaktionen im ganzen dieselben Gesetze gelten, wie für gewöhnliche chemische Prozesse".[56] Mit vollem Recht ging E. Buchner als Entdecker der zellfreien Gärung in die Wissenschaftsgeschichte ein.

Die Analyse der Geschichte der Gärungsforschung zeigt, daß den Forschungsmitteln im experimentellen Nachweis (oder in der experimentellen Widerlegung) argumentativer Hypothesen eine entscheidende Funktion zukommt.

Gerade diese letztgenannten Zusammenhänge vernachlässigt G. Böhme in seiner Fallstudie vollkommen. Die Darstellung des Verlaufes der Geschichte der Gärungsforschung zeigt, daß in der von G. Böhme vorgelegten Studie entscheidende,

[55] Vgl. E. Buchner/H. Buchner/M. Hahn, Die Zymasegärung. Untersuchungen über den Inhalt der Hefezellen und die biologische Seite des Gärungsproblems, München—Berlin 1903, S. 23.

[56] Les Prix Nobel en 1946, Stockholm 1948, S. 29 (übersetzt von R. W.).

den qualitativen Fortgang der Entwicklung der Wissenschaftsdisziplin beeinflussende Faktoren unterschlagen werden.

Aus vorliegender historischen Fallstudie sind folgende Schlußfolgerungen zu ziehen:

1. Die Gärungsforschung ist *kein* Beispiel für eine Disziplin, die sich in der „autonomen Phase" befindet. Autonom (im Sinne der „Starnberger") so verstanden, daß es keine „externen" Zwecksetzungen — im Sinne der Beeinflussung der Forschungen durch bestimmte gesellschaftliche Bedürfnisse und Anforderungen — für die theoretischen Forschungen gab. G. Böhme gesteht zwar in seiner Fallstudie ein, daß bei Pasteur z. B. „Fragen der industriellen Produktion als Auslöser der Gärungsforschung denkbar sind",[57] das sei aber nicht generalisierbar. Dabei hat G. Böhme die gesellschaftlichen Zeitumstände, gerade der 70er Jahre des 19. Jahrhunderts, ignoriert, die auch die Entwicklung der Gärungsforschung berührten. Das fand unter anderem seinen Ausdruck im Konkurrenzkampf zwischen den deutschen und französischen Brauindustriellen um die Qualität ihrer Biere, und das motivierte Pasteur nicht zuletzt, sich mit Fragen der Gärung zu befassen. Er veranstaltete zahlreiche Umfragen in verschiedenen Brauereien Frankreichs, besuchte Englands große Brauereien; führte aufgrund dieser gesammelten Erfahrungen genaue Laboratoriumsversuche zum Erhalt reiner Hefe durch und erarbeitete ein neues Verfahren zur Biererzeugung, für das er 1873 das „Patent über Erzeugung und Konservierung des Bieres und die Beschreibung industrieller Einrichtungen" erhielt. Ob das französische Bier dann tatsächlich besser war, entzieht sich der Überprüfung, wichtig in unserem Zusammenhang ist: Wenn von Gärungsforschung im 19. Jahrhundert gesprochen wird, dann ist gerade dieses Gebiet ein Beispiel dafür, daß enge Beziehungen zwischen industrieller Produktion und industrieller Forschung bestehen (vgl. z. B. die Aktivität der Fakultät für Brauwesen Weihenstefan und die Einrichtung von wissenschaftlichen Versuchsanstalten für Brauerei). Dieser Einschub soll das Bild der Gärungsforschung im 19. Jahrhundert *ergänzen*, ohne abzustreiten, daß es eine breite „grundlagentheoretische"Forschung zum Phänomen der Gärung gab.

2. G. Böhme geht davon aus, daß der „argumentative Wert" der vertretenen theoretischen Positionen in der Gärungsforschung des 19. Jahrhunderts darüber entscheidet, welche Konzeption sich behaupten kann. Gerade die Analyse der Forschungen von E. Buchner — die in der Fallstudie von G. Böhme fehlen, aber den entscheidenden qualitativen Schritt in der Entwicklung bringen — zeigt, daß das *Experiment* als Kontext der Argumentation den Durchbruch zu dem grundlegenden theoretischen Konzept der Gärungsforschung, aber auch darüber hinaus, erbringt.

[57] G. Böhme, Autonomisierung und Finalisierung, in: G. Böhme/W. v. d. Daele/W. Krohn, Die gesellschaftliche Orientierung des wissenschaftlichen Fortschritts, a. a. O., S. 75.

Kommen wir nun zu unserer grundlegenden Frage zurück: Wie verändert das Experiment den argumentativen Kontext innerhalb der Entwicklung der Wissenschaftsdisziplin?

Die in einem Experiment erschlossenen objektiven Möglichkeiten für weitere Forschungen bilden ein Kriterium dafür, den Fortschritt in der Entwicklung einer Wissenschaftsdisziplin feststellen zu können. In der Argumentation schlägt sich dies in neuen Begriffen, Denkstrukturen, Fragestellungen nieder. Den Fortschritt allein in der Argumentation der Wissenschaftler, im Finden eines gemeinsamen Konsensus zu bestimmten Fragen zu suchen, schließt aus, ein hinreichend objektives Kriterium des wissenschaftlichen Fortschritts fixieren zu können. Die experimentelle Reproduzierbarkeit eines Phänomens „entscheidet", welche der verschiedenen, vor diesem objektiven Nachweis hypothetisch vertretenen, Argumentationen sich als wahr erweist. In dieser *Wechselwirkung* sind die Bedeutung von Experiment und Argumentation sowohl *innerhalb* der Entwicklung einer Wissenschaftsdisziplin als auch *am Beginn* der Entwicklung einer neuen Wissenschaftsdisziplin zu verstehen.

Am Beispiel der Gärungsforschung haben wir gesehen, daß eine Wissenschaftsdisziplin, die sich nach Auffassung von G. Böhme in der „autonomen Phase" befindet, den entscheidenden Fortschritt erst durch ein Experiment erfährt. Dies gehört aber, entsprechend den „Starnberger" Modellvorstellungen, eigentlich in die erste Phase. Aus diesen Feststellungen muß der Schluß gezogen werden, daß es nur durch Überwindung der Gegenüberstellung von „äußeren" und „inneren" Faktoren der Wissenschaftsentwicklung gelingen kann, den tatsächlichen Gang der Wissenschaftsentwicklung und damit auch den Fortschritt darzustellen. Die „Starnberger" verteilen diese Gegenüberstellung auf Phasen und sind darum nicht in der Lage, den Fortschritt in der Entwicklung der Wissenschaften adäquat widerzuspiegeln.

4. Zusammenfassung

1. Die Vertreter des „Finalisierungskonzeptes" unternehmen mit ihren Modellvorstellungen den Versuch, den realen Verlauf der Wechselwirkung zwischen Wissenschaft und Gesellschaft widerzuspiegeln. Sie gehen davon aus, daß das 19. Jahrhundert einen entscheidenden Wendepunkt darstellt, nach dem eine zielgerichtete Planungstätigkeit auch für die Wissenschaft möglich wird. Auf der Grundlage dieser Feststellung formulieren sie ein Zwei-Phasen-Modell der allgemeinen Wissenschaftsentwicklung. Neuere Analysen der Vertreter der ehemaligen „Starnberger Gruppe" wenden sich zum einen wissenschaftshistorischen Fallstudien zur Untersuchung der Entstehung der neuzeitlichen Wissenschaft (auf der Grundlage ihrer Beziehung zu den gesellschaftlichen Verhältnissen — z. B. W. Krohn) zu, artikulieren aber auch auf der Basis der Untersuchung aktueller Prozesse ihr Unbehagen, Wissenschaft und Technik nicht länger ein Mittel der Unterdrückung bzw. Vernichtung der Menschen sein zu lassen.

In diese Richtung gehört z. B. auch eine Aussage Böhmes, der den verheerenden Einfluß der Existenz der Atombombe nicht nur auf die Wissenschaftler als „eine schmerzliche Wunde, an der jeder einzelne Wissenschaftler mehr oder weniger bewußt leidet“ beschreibt, sondern appelliert, das von Bacon stammende Wort der normativen Orientierung der neuzeitlichen Wissenschaft als Verwendung „zum Nutzen und Segen der Menschheit“ wieder zum Leitfaden wissenschaftlicher Forschung zu machen.[58] Um dieses Ziel zu erreichen, ist allerdings die genaue Analyse der Wechselwirkung von Wissenschaft und Produktionsverhältnissen, des prägenden Einflusses der Produktionsverhältnisse auf einen entsprechenden Wissenschaftstyp[59], erforderlich. Zwar leugnen die Vertreter des sogenannten Finalisierungskonzeptes nicht den Einfluß sozialer und ökonomischer Bedingungen, aber die Bestimmung dessen, wie konkret die — in unserem Verständnis — Produktionsverhältnisse auf die Wissenschaftsentwicklung prägend sind, bleiben ungenau.[60] Obgleich diese Autoren aus einer Selbstkritik der phänomenologischen Tradition heraus zu makrostrukturellen Fragen vorstoßen, weist das „Finalisierungskonzept“ das entscheidende gesellschaftstheoretische Defizit auf, nicht den formationellen Entwicklungszusammenhang von Gesellschaft und Wissenschaft auf den Begriff bringen zu können.

2. In einem Drei-Phasen-Modell wollen die „Starnberger“ vor allem die Entwicklung von Wissenschaftsdisziplinen reflektieren. Die zu diesem Zweck durchgeführten wissenschaftshistorischen Fallstudien müssen gegenüber dem logischen Positivismus und auch im Unterschied zu Kuhns Analysen als Anregung für wissenschaftstheoretische Arbeiten angesehen werden. Dies um so mehr, als die Wissenschaftstheorie auch international als Disziplin noch auf der Suche nach einer geeigneten, durch einzelwissenschaftliche Untersuchungen gestützte, Reflexion der Gesetzmäßigkeiten der Wissenschaftsentwicklung ist.

Generell muß aber kritisiert werden, daß sich die „Starnberger“ selbst durch die Leugnung der Widerspiegelungstheorie und die Ignoranz gegenüber dem Begriff der objektiven (nicht nur intersubjektiven) Wahrheit innerhalb der wissenschaftlichen Forschung den Weg zu einer Erfassung und objektiven Bewertung der realen Wissenschaftsprozesse als Entwicklungsprozesse sui generis versperren. Sie suchen zwar den entscheidenden Fortschritt in den Wissenschaftsdisziplinen in der Dialektik von Argumentation und Experiment, aber diese Dialektik wird — analog ihrem Drei-Phasen-Modell — auseinandergerissen. Dies haben wir versucht anhand einer wissenschaftshistorischen Fallstudie zur Geschichte der Gärungsfor-

[58] Vgl. G. Böhme, Die Rolle der Wissenschaft in der Waffenentwicklung, in: Universitas (Stuttgart), 10/1983, S. 1021, 1022.

[59] Vgl. F. Engels, Die Lage Englands, in: MEW, Bd. 1, Berlin 1981, S. 550, 551.

[60] Über die Notwendigkeit einer solchen detaillierten Bestimmung und ihre Konsequenzen im Rahmen wissenschaftspolitischer Folgerungen vgl. neben der bereits angeführten Arbeit von R. Mocek auch G. Kröber/H. Laitko, Wissenschaft als soziale Kraft, a. a. O.

schung herauszuarbeiten, um nachzuweisen, daß die strikte Gegenüberstellung von argumentativer und experimenteller Ebene dem wirklichen Verlauf der Entwicklung dieser Wissenschaftsdisziplin nicht gerecht wird.

Der reale historische Verlauf der Entwicklung von Wissenschaftsdisziplinen läßt sich in kein Modell zwängen, in dem der weiter unterstellte Dualismus von „externen“ und „internen“ Faktoren nur phasenweise aufgeteilt wird.

Personenregister

Sachwortregister

Kolibri 360 GmbH
Ferdinand-Jühlke-Straße 7
99095 Erfurt, Deutschland
produktsicherheit@kolibri360.de